岩土锚固新技术的工程应用

罗　强　朱国平　王德龙　关　彪　主编

人民交通出版社股份有限公司
China Communications Press Co.,Ltd.

内 容 提 要

本书为中国施工企业管理协会岩土锚固工程专业委员会第二十三次全国岩土锚固工程学术研讨会文集，共编入论文83篇。内容包括岩土锚固技术专题综述、理论研究与工程测试、工程设计与施工技术、边坡加固与滑坡治理工程、深基坑支护与基础抗浮工程、隧道与地下工程、施工机具与工程材料等。

本书内容丰富、实用性强，可供铁路、公路、水利、水电、市政、城建、地矿和军工等部门从事岩土锚固工程设计、施工、科研、教学的技术人员参考。

图书在版编目(CIP)数据

岩土锚固新技术的工程应用／罗强等主编. — 北京：人民交通出版社股份有限公司，2014.9

ISBN 978-7-114-11676-6

Ⅰ.①岩… Ⅱ.①罗… Ⅲ.①岩土工程—锚固—文集 Ⅳ.①TU43-53

中国版本图书馆CIP数据核字(2014)第202522号

书　　名:岩土锚固新技术的工程应用
著 作 者:罗　强　朱国平　王德龙　关　彪
责任编辑:吴有铭　潘艳霞
出版发行:人民交通出版社股份有限公司
地　　址:(100011)北京市朝阳区安定门外外馆斜街3号
网　　址:http://www.ccpress.com.cn
销售电话:(010)59757973
总 经 销:人民交通出版社股份有限公司发行部
经　　销:各地新华书店
印　　刷:北京市密东印刷有限公司
开　　本:787×1092　1/16
印　　张:20.25
字　　数:720千
版　　次:2014年9月　第1版
印　　次:2014年9月　第1次印刷
书　　号:ISBN 978-7-114-11676-6
定　　价:128.00元

《岩土锚固新技术的工程应用》编审委员会

前　　言

2005 年，在这座山清水秀的江南名城——无锡，我们召开了第十四次全国岩土锚固工程学术研讨会。今天，参加第二十三次学术研讨会的各界朋友又一次聚集在这太湖之滨欣欣向荣的美丽城市，大家将以极大的兴趣对岩土工程和岩土锚固新技术的发展进行研究和探讨。

本次会议在论文征集期间共收到论文 107 篇，经论文编审委员会的审阅，共有 83 篇论文被选入本次《岩土锚固新技术的工程应用》文集。逐本翻开协会已出版的 11 本文集，我们将会看到，众多论文都反映了在高边坡、深基坑、地下工程等岩土工程设计施工中，在应用锚固新技术、新工艺、新机具和采用不同的先进工法方面不断进步的脚印。第一，所有论文在内容上不断有新理念和新思路诞生，都在工程应用方面做了大量工作。比如，在收录的论文中，很多论文反映了在水电站工程、大型铁路工程、地质矿山工程、城市地铁建设过程中所采用的新型锚固技术以及采取先进、实用的造孔技术解决高大边坡、破碎岩层和软土淤泥中的难题等内容。以上工程的应用充分证明了，先进技术的研究和采用是大型岩土工程建设成功的一个关键的因素。第二，监控量测和信息化技术历来是在地下工程中广泛采用的核心技术之一，它对工程安全和设计验证起到了重要作用。有若干论文对岩土锚固工程中采用的自动变形监测系统和远程自动监测系统等进行了详细阐述，反映出我国工程监测技术已经与国际先进水平站在了一个同等的高度上。一些论文除了介绍实际监测对锚固工程的作用以及方法的改进之外，还在实测数据的基础上，采用反分析方法对岩土体的力学参数进行了研究。第三，论文中有一批关于岩土锚固作用机理、各类锚杆设计理论、岩土体中锚杆受力及稳定性评价、锚固工程设计与分析的计算机软件和数值模拟、模糊数学方法的应用等方面的论述，而且无一不是以实际工程为背景。上述成果使我们在解决具体设计问题、验证工程稳定性以及丰富岩土锚固设计理论方面又迈出了坚实的一步。第四，应该说，无锡是我国锚固钻机在研究、创新、制造和应用领域的重要基地之一，而锚固钻机的研制应用及其技术进步则是岩土锚固工程技术发展的最基本条件。根据有关专家的系统研究，近十年来，我国锚固钻机的技术进步主要表现在以下两方面：一方面是技术水平的进步，其中包括国产化系列化（最深 200m 系列）、装载形式多样化、适用施工方法多样化、传动控制呈现机电液一体化、动力和元件配置多样化、钻机设计人性化等；另一方面是创新和亮点，其中包括回转冲击动力头、声波（回转振动）动力头等复合钻进动力头替代单一回转动力头、液压夹持器卸扣器自动拧卸钻杆、复合动力形式、中高风压钻具、土层锚索自动跟进钻具、高强度凿岩钎杆等等，以上所有技术进步的成果都是协会全体会员经过多年刻苦钻研和奋力拼搏获得的。

本次文集的顺利出版就像本次研讨会的成功举办一样，得益于无锡金帆钻凿设备股份有限公司的全力支持。为此，我们对“金帆股份”全体员工表达深深的谢意！

最后，预祝第二十三次全国岩土锚固工程学术研讨会圆满成功！

中国施工企业管理协会岩土锚固工程专业委员会　理事长

徐祯祥

2014 年 9 月

目　录

一、专题综述

二、理论研究与工程测试

三、工程设计与施工技术

四、边坡加固与滑坡治理工程

五、深基坑支护与基础抗浮工程

六、隧道与地下工程

七、施工机具与工程材料

一、专题综述

浅述国内外全液压锚固钻机发展趋势

关　彪　朱国平　王占丑　王德龙

（无锡金帆钻凿设备股份有限公司）

摘　要　本文简述了国内外全液压锚固钻机现状，介绍了各型号钻机的性能参数及其各自的优缺点，并展望了全液压锚固钻机的发展趋势。

关键词　全液压锚固钻机　性能参数　发展趋势

1　引言

锚固钻机已广泛应用在矿山、水电、交通、建筑、地质灾害防治等工程建设领域施工中。

(1)地下结构支护工程：包括矿山井巷、道路隧道、地下输水隧洞、地下铁道、地下维修洞室、地下停车场、地下人防工程、水电站地下厂房、地下商场等的临时性或永久性支护。

(2)边坡稳固工程：包括岩土边坡的加固、斜坡挡土墙、锚固挡墙以及滑坡防治等。

(3)深基坑支护工程：包括深基坑的桩锚、板锚、墙锚、管锚及撑锚支护，喷锚网支护，锚钉墙支护等。

(4)其他岩土锚固工程：如大坝坝体加固工程、地面高塔或高架结构的加固、道桥基础加固等。

随着锚固工程施工工艺技术的快速发展，目前工程施工领域中应用的锚固钻机种类较多，按实现钻机输出功能的方式可分为气动式、电动式、机械液压组合式以及全液压式。全液压锚固钻机因其输出功能的各种动作(如：回转、给进、夹持钻杆、调整角度、迁移等)均采用液压元件驱动，具有可靠性高，功能及性能参数多元化，结构简单的显著特点，在锚固工程的各个领域都得到了广泛应用。

2　全液压锚固钻机现状

2.1　国外钻机现状

国外锚固工程施工主要采用全液压多功能钻机，如Bauer公司Klemm KR805(图1)、Soilmec公司的SM-14、Koken公司的RPD-180CBR、Casagrande公司的C6 XP等。

图1　德国宝峨—克莱姆KR805钻机

国外钻机的特点是部件通用性好，可以完成不同配置。具体参数如表1所示。

国外典型钻机主要性能参数表　　表 1

型号 项目		KR805	SM-14	RPD-180CBR	C6 XP
动力头	回转式	标配	标配		
	冲击回转式	选配	选配	标配	HB50A
	双动力头式	可配	可配		
桅杆	给进行程(mm)	4 000	4 000	2 760	4 000
	给进力(kN)	100	45	60	85
	起拔力(kN)	100	89	60	85
绞车单绳拉力(kN)		10	20		
底盘	形式	履带	履带	履带	履带
	行走速度(km/h)	2.4	2.7	2.2/4.4	0～2.2
	接地比压(MPa)	0.057	0.07	0.072	
动力	形式	柴(CAT)	柴(Cummins)	电(主)+柴(辅)	柴(TCD2012
	功率(kW)	129	123	75+24.1	95
质量(t)		14	13.4	16	14
运输尺寸(m)		8×2.28×2.7	6.72×2.3×2.18	8.5×2.6×3.1	7.2×2.25×2.8
制造商		Bauer	Soilmec	Koken	Casagrande

国外钻机通常配置的功率大，自动化程度高，对操作者的安全性、操作舒适度好，零部件的首次无故障时间长；但是售价与维护成本高，配件供应周期长，体积大、笨重等。

2.2　国内钻机现状

我国岩土锚固工程钻孔设备的发展是跟随着锚固技术的研究发展、推广应用而逐步发展起来的。在 20 世纪 60 年代末到 70 年代中期，我国开始研究专门的岩土锚固工程钻孔设备，到 90 年代全液压锚固钻机开始出现，进入 21 世纪后，全液压锚固钻机得到了迅速发展。

目前已经有多个厂家具有研制、生产不同规格的全液压锚固钻机的能力，钻机的品种规格能满足绝大部分锚固工程施工的需要。市场上应用的国产锚固钻机其专用性强，形式分为分体式与整体式。图 2 和图 3 分别为无锡金帆钻凿设备股份有限公司生产的分体式钻机和整体式钻机。

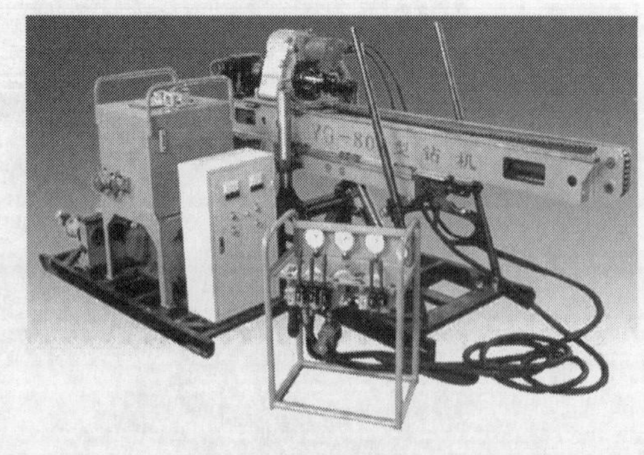

图 2　无锡金帆分体式 YG-80 钻机

图 3　无锡金帆 YGLO-130Q 钻机

表 2 列举了国内典型分体式钻机的主要技术参数，表 3 列举了国内典型整体式钻机主要技术参数。

国内典型分体式钻机主要性能参数表

表 2

型号	名义钻深（m）	最大扭矩（N·m）	给进行程（mm）	最大起拔力（kN）	驱动功率（kW）	质量（kg）	制造单位
YG-50	50	2 300	1 800	30	18.5	1 100	无锡金帆
YG-80	80	3 500	1 800	45	30	1 700	
MD-50	50	2 200	1 700		18.5	1 200	锡探
MD-60A	60	3 000	1 800	40	22	1 550	
MGY-80	80	3 500	1 800	50	22	1 710	重探
YXZ-70	100	4 000	1 800	45	18.5	1 265	成都哈迈
YXZ-100	120	8 000	1 800	75	30	1 760	

分体式全液压钻机具有可拆性好，重量轻，能在脚手架上施工，搬迁、安装迅速方便等特点，并且具有可实现无级调速，远距离操纵，维修保养方便，易损件少，适用多种施工工艺等优点。

国内典型整体式钻机主要技术参数表

表 3

项目	型号	YGL-130Q	YGL-150A	MDL-120E	MDL-135D	MFD-180
动力头	回转扭矩（N·m）	7 500	7 500	6 500	6 800	
	冲击回转式		选配 HB50A			HB50A
	双动力头式		可配			
桅杆	给进行程（mm）	3 500	3 500	3 600	3 400	3 500
	给进力（kN）	40	45	40	33	130
	起拔力（kN）	60	65	78	65	130
绞车单绳拉力（kN）		12	12			
底盘	形式	履带	履带	履带	履带	履带
	行走速度（km/h）	1.2	1.5			2.15
	接地比压（MPa）	0.05	0.05			0.07
动力	形式	电或柴	柴（Cummins）	柴（Cummins）	电	柴
	功率（kW）	55 或 74	125	90	55+18.5+2.2	132
质量（kg）		6 500	7 500	7 100	6 000	13 000
运输尺寸（m）		5.6×2.0×2.5	6.15×2.2×3.0	5.7×2.1×1.95	5.4×2.1×2.0	
制造商		无锡金帆钻凿		无锡探矿厂		土行孙
项目	**型号**	**GL-4000**	**GL-6000**	**JD110A**	**JD180A**	**YTA820**
动力头	回转扭矩（N·m）	4 000	6 000			
	冲击回转式			HB40A	HB50A	标配
	双动力头式					

续上表

项目 \ 型号		GL-4000	GL-6000	JD110A	JD180A	YTA820
桅杆	给进行程(mm)	3 000	3 000	4 100	4 100	4 020
	给进力(kN)	50	50	53	57	35
	起拔力(kN)	110	110	71	85	70
绞车单绳拉力(kN)		—	—	—	—	—
底盘	形式	履带	履带	履带	履带	履带
	行走速度(km/h)	1.5	2.3	2.71	4.1	4.5
	接地比压(MPa)					
动力	形式	电	电	柴	柴	柴
	功率(kW)	30	55	110	180	155
质量(kg)		3 000	7 900	11 000	17 000	13 000
运输尺寸(m)		4.95×1.8×2.04	5.6×2.0×2.98	6.55×2.2×2.8	8.35×2.2×2.9	6.8×2.3×2.64
制造商		西安探矿厂		建研机械		宇通重工

整体式全液压钻机多数配有履带底盘、夹持卸扣器，具有移机、定位方便，劳动强度低，使用范围广、效率高等特点，并且适用多种施工工艺。有的机型还可以进行顶部液压冲击回转动力头、双动力头等变形配置，能够有效解决复杂地层钻进时的成孔困难问题。

3 全液压锚固钻机发展趋势

全液压锚固钻机的发展是与锚固工程技术、碎岩技术、液压技术、机械制造技术等的发展以及市场需求密不可分的，新技术的不断发展和应用必将推动未来全液压锚固钻机向多功能、高可靠性、高效率、高安全性和节能环保这几个方向发展。

4 结语

(1)全液压动力头多功能钻机将成为未来液压锚固钻机发展的主流，在城市深基坑支护等地下空间利用工程施工中扮演主角。多功能钻机为多工艺钻进技术的应用提供了可能的技术方法和手段，钻机的一机多用途不仅降低了投资成本，也为工程施工方法的转换带来了便利。

(2)全液压钻机的主要部件结构将趋于模块化、标准化，只要更换部分部件就能得到不同的主要功能输出来满足不同工程施工的需要(如扩大头锚杆、管棚超前支护、工程勘察取样施工等)，钻机部件的更换、维护和保养也将更加方便。

(3)研发用于一些特殊施工场所(如低矮狭窄空间、高边坡、交通困难等)的轻便高效微小型专用钻机，用于边坡稳定性治理的快速排水、观察监测钻孔的施工等。

(4)高效率、环保型钻机也将是今后发展的方向，以适应低噪声、无污染，快速高效等环保型施工方法的需要，其中，全液压声波钻机(即高频振动)钻进，将会应用到工程施工中，同时，钻机的程控自动化程度也将得到发展，通过采用品质精良的元器件，配备完善的监控仪表，采用精良的制造工艺来进一步提高钻机的性能和工作可靠性，从而工程施工的效率将会得到大幅提高。

(5)由于安全生产的要求更加严厉，钻机也将会被强制配置能够保证人身和设备安全的机构或装置。

参考文献

[1] 彭春雷，杨晓东，马栋. 锚固与注浆设备手册[M]. 北京：中国电力出版社，2013.

[2] 奎中. 浅谈我国岩土锚固工程钻孔设备的发展[C]//第十六届全国探矿工程技术学术交流年会论文集. 北京：地质出版社，2011.

[3] http://www.bauerchina.net/c_Products_Kemm.htm.

抗浮锚杆技术在国内应用情况调查及特点分析

付文光[1,2]　张俊峰[1]

（1. 中国京冶工程技术有限公司　2. 深圳冶建院建筑技术有限公司）

摘　要　抗浮锚杆指用于结构物抵抗因地下水引起的上浮力的锚杆。结构物的抗浮措施可分为配重类、锚固类、借物法类及疏导类共4类。抗浮锚杆是其中工程造价最低的方法之一。抗浮锚杆的设计施工均应考虑到其特殊的工作环境，满足其特定功能。本文调查了抗浮锚杆在国内的工程应用情况，收集整理了140余个工程案件，对抗浮锚杆的各种技术参数进行了全面总结。通过与抗拔桩对比，总结分析了抗浮锚杆的技术特点，并对特点形成的原因进行了分析。

关键词　抗浮锚杆　配重类　借物法类　疏导类　技术参数　调查分析　抗拔桩

抗浮锚杆技术是岩土锚固技术的一个重要分支。抗浮锚杆的应用较晚，笔者收集到的有公开记载的国内较早案例为原建天津市纪庄子污水处理厂45m直径沉淀池[1]（目前已迁建）和上海龙华污水处理厂二次沉淀池[2]抗浮锚杆工程，前者有关论文中没有记载施工日期，从相关资料推测为1983年，后者施工日期为1985年，即，抗浮锚杆在国内的工程应用史约为30年右。

20世纪80年代中期以后，抗浮锚杆技术逐渐被人们所熟识，在多个行业逐渐开始应用发展。进入21世纪以来，高层建筑日益增多，抗浮锚杆在民用建筑中得到了越来越多的应用，因此，也受到了越来越多的关注及研究，可视为一种较新技术。实际上，近些年，随着城市建设的迅速发展，抗浮锚杆在土木工程多个领域都得到了广泛应用：①建筑物的地下室、半地下室及基础抗浮；②地下停车场、地下仓库、地下商业街、大型地下综合体、地下洞室等地下空间；③污水处理池、消防池、游泳池、泵井等给排水构筑物；④地铁、地下车站、隧道、地下人行通道等地下交通设施；⑤体育场馆、大型公共建筑等大跨度空间结构；⑥下沉式广场、水池、花池等景观休闲设施；⑦地下箱涵、地下综合管道、渠道等市政设施；⑧水电站厂房、泵房、水闸、船闸、溢洪道、消力池、水库等水工建构筑物；⑨油罐、储液罐、储物池等设备基础；⑩船坞等港工建构筑物及人工岛、海洋平台等海工建构筑物等。此外，用于挡土墙、堤坝、桥台、设备基础、高耸结构等主要起抗倾覆作用的竖向锚杆，在有地下水作用时，其工作性状也与抗浮锚杆类似，通常可作为抗浮锚杆处理（但设计计算理论有所不同）。

1　抗浮锚杆的定义及功能要求

1.1　抗浮锚杆定义

尚未见有技术标准对“抗浮锚杆”进行定义。根据抗浮锚杆的技术特征，本文将之定义为：用于结构物抵抗因地下水引起的上浮力的锚杆。有的技术标准将抗浮锚杆称为抗拔锚杆，本文认为不够准确，因为锚杆几乎都是起抗拔作用的，可以设置在无地下水的环境中，如边坡、基坑、巷道、桥台、隧洞等工程锚杆。“抗拔锚杆”一词不能体现出抗浮锚杆的主要技术特征。此外，本文也不赞同将抗浮锚杆称为抗浮桩，同样认为“抗浮桩”一词不够准确，与“抗浮锚杆”的概念应该不尽相同。

1.2 抗浮措施概述

结构物的抗浮措施大体可分为配重类、锚固类、借物法类及疏导类等4类：①配重类，又分为加厚底板或内外墙等自重法，及顶板上覆土、底板上回填、底板或墙趾外挑以承托上覆土、板底与板下混凝土连接（例如沉井与封底混凝土连接）、梁之间设置配重层等压重法，目的均为通过增加结构物的重量以抵抗上浮力；②锚固类，即设置抗拔桩或抗浮锚杆，靠桩或锚杆与岩土层间的摩阻力（及桩的自重）来平衡传递到桩或锚杆上的上浮力；③借物类，借用对象通常为地下室基坑支护结构物，如在地铁车站抗浮设计中常用到压顶梁法，即在车站基坑支护结构桩（墙）顶设置一压顶梁，利用支护结构物的自重及其与土层的摩阻力来增加抗浮力；建筑工程中也有类似做法，如采用锚筋将地下室外墙或底板与支护结构锚接；或者将地下室外墙与基坑支护结构靠紧、利用两者之间的摩阻力增加抗浮力；④疏导类，采用截排降泄等方法，通过截、排（主要指设置滤层、滤井及盲沟等向地势较低处自流排水，以及采用自渗井等向下层透水层中排水）、降（主要指用水泵抽降）水等方法，堵截、抽排地下水及地表水，使地下水水位保持在预定的高程之下，减少或消除浮力；或者采用泄水法，在底板、外墙上设置泄水减压系统直接排泄水减压。前三类措施的原理是加大抵抗力，最后一类的原理是减少浮力。大多工程综合应用了上述方法。此外，还有观察井法，即设置水位观察井，在水位较低时将水池等结构物内的水排出检修，以及直接将地下水引入结构物内抽排等。在这些方法中，边墙加厚、底板或墙趾外挑等方法通常用于局部抗浮。一般来说，用于局部抗浮的方法都适用于整体抗浮，反之则不一定。

几类方法各有长短，适用条件不太相同。在民用建筑地下室中，各种方法通常综合采用；就单一方法而论，按工程统计结果，配重法使用最多，抗拔桩次之，抗浮锚杆再次之，利用基坑支护结构法最少。经济性方面，很难笼统比较，就一般经验而言，对于民用建筑地下室及水池等自重较小的结构物，如采用单一方法，借物法工程造价最低，但可提供的抗力有限且可能妨碍地下空间的使用；抗浮锚杆工程造价通常较低，抗拔桩较高，配重法最高，疏导类施工成本低但工后的管理运营维护费用较高，造价不易比较。

1.3 抗浮锚杆的工作环境及功能要求

抗浮锚杆的设计施工应考虑到其特殊的工作环境，满足以下使用功能：

（1）抗浮锚杆的服务对象主要为空腔式结构物。在地下水（包括地表水的向下渗透）的浮力作用下，空腔式结构物可能会发生上浮现象。用于挡土墙抗浮时，其主要作用是抵消上浮力造成的挡土墙重量损失。

（2）抗浮锚杆通常为永久性锚杆。永久性锚杆的安全储备通常要大一些，耐久性措施要多一些。

（3）抗浮锚杆工作在有地下水的岩土层环境中，对抗腐蚀的要求较高。

（4）抗浮锚杆所受荷载为周期性荷载。地下水位通常随季节、降雨、潮汐等作用循环变化，浮力也随之变化。在周期性变化的荷载作用下，抗浮锚杆可能会产生疲劳破坏，其破坏荷载可能要低于抗拔力设计值。如何保持其力学稳定性，是抗浮锚杆要解决的主要问题之一。

（5）抗浮锚杆可能会处于受压状态。在地下水位较低时，抗浮锚杆可能会因没有浮力作用或所受浮力较小而受到被服务对象的自重压力。如果锚杆刚度较大，受压时锚固段对周边土体反向剪切，容易扰动土体致使其强度及粘结强度降低，从而导致锚杆抗拔力降低甚至失效。

(6)为避免引起底板上浮，抗浮锚杆的工后变形(主要指在浮力作用下的新增伸长量)应控制在允许范围内。应有使预应力长期保持稳定的措施。

(7)抗浮锚杆施工完成后，锚头通常被密封在底板等结构物中，很难进行检查、保养、维护及二次张拉等，也很难进行长期应力监测，对技术要求及质量要求更高一些。

(8)地下室通常有保护接地的电气设备，难免在岩土层中产生杂散电流，抗浮锚杆应有防护措施。

2 有关文献资料的收集情况

为了解抗浮锚杆在国内的工程应用现状，笔者从多渠道对相关文献资料进行了收集整理，来源包括：①国家、行业及地方编制的各种与岩土工程相关的技术标准；②程良奎、梁炯鋆、曾宪明、闫莫明、田裕甲、苏自约、徐祯祥、赵其华、王泰恒、胡定等专家学者编著、主编或编译的多本著作；③《岩土锚固工程》、《岩土工程学报》、《岩石力学与工程学报》、《施工技术》等多种专业学术期刊及电子出版物；④多种学术会议论文集；⑤笔者及其他公司的内部设计文件；⑥在互联网上搜索到的文献资料等。

归纳总结这些文献资料，可以得出以下几点结论：

(1)抗浮锚杆的历史名称较多，如垂直锚杆、竖向锚杆、土层锚杆、垂直土层锚杆、抗浮地锚、抗浮锚桩、垂直土锚、抗拔锚杆等。大致从21世纪初开始，“抗浮锚杆”一词开始占主导地位，也有技术标准称“抗拔锚杆”。

(2)文献资料中，缺少综述性论文或著作，缺少对抗浮锚杆的技术特点、目前应用水平、设计理论及方法等的全面介绍。

(3)国家、行业及地方均没有抗浮锚杆的专项技术标准，现行综合类技术标准中也没有关于抗浮锚杆的专门章节。已废止的上海市地方标准《地基基础设计规范》(DGJ 08-11—1999)设有“11.9 垂直土层锚杆”一节，但内容与抗浮锚杆的相符性并不是很强且有值得商榷之处，修订为DGJ 08-11—2010版时，取消了这部分内容。现行技术标准中，一些地方技术标准有“抗浮设计”、“地下水作用”或“岩石锚杆”等章节，但均缺少针对抗浮锚杆的内容。

(4)收集到与抗浮锚杆相关的论文170余篇、各类技术标准36版次、著作及论文集19部。从中挑选了130多个工程案例(有的工程中有几种不同类型的锚杆，每种类型作为1个案例)，与笔者所亲历案例合计145个，这些案例至少记录了锚杆类型、长度、设计抗拔力及锚杆材料。文献中工程具体实施时间大多不详，文献的公开发表时间大多在2000年之后。这固然与2000年之前的资料不易收集有关，但更大程度上体现了抗浮锚杆近些年来的蓬勃发展态势。案例多在北京、深圳、广州、大连、青岛等经济发达城市或岩石地基较多地区，这体现了抗浮锚杆技术的历史发展特点及技术特点。

3 技术参数统计

对上述文献资料中锚杆的技术参数统计如下：

(1)锚杆类型以全长粘结型非预应力锚杆(以下简称全长粘结型)为主、普通拉力型(也称拉力集中型)预应力锚杆为次，少见压力分散型预应力锚杆及扩体(或称扩大头)型锚杆，压力集中型预应力锚杆2例、拉力分散型预应力锚杆及中空型锚杆各1例。未见拉压复合型、剪力型、摩擦型、可回收型、自钻式、全长粘结预应力型(全长采用有粘结钢绞线，自由段不防护，张拉锁定后对自由段后注浆，形成水泥结石后直接握裹自由段钢绞线)等其他类型。

(2)全长粘结型锚杆中，13.1%为土层锚杆，53.1%为岩石锚杆。岩石类型为坚硬岩～极软岩。由于锚杆抗浮稳定验算需要，笔者将未风化～中风化的坚硬岩及较坚硬岩、未风化～微风化的较软岩及软岩作为岩石考虑，而强风化～全风化的各种岩、中风化的较软岩及软岩、极软岩等按土体考虑。岩石及岩体分级按《工程岩体分级标准》(GB 50218—94)[3]，符合这种条件的岩石锚杆有26.2%。

(3)锚固段均设置于较好岩土层中，如风化岩、碎石土、砂土、粉土及可塑～坚硬状态粘性土，未见设置于淤泥、淤泥质土、填土等不良土层中。收集到的锚杆全长均在软弱土层中的案例都在2002年之前。没有收集到抗浮锚杆在膨胀土、多年冻土、盐渍土、红粘土、湿陷性土、污染土中及高寒地区应用的案例，有几个在岩溶地层应用的案例。没有收集到在红粘土的应用案例多少有些意外。

(4)可能是依据的技术标准不同的原因，文献中对相应于抗拔力设计值的名词不统一，有标准值、特征值或实测值等不同用法。名词术语不同通常意味着安全系数不同，但都以抗拔力极限值为基准，彼此之间可以相互比较。

(5)安全系数不统一。土层锚杆抗拔安全系数一般为1.5～2.5，岩石锚杆抗拔安全系数差异很大，一般大于2.0，有的甚至超过10.0。杆体材料抗拉安全系数(以材料极限标准强度为基准)一般为1.4～2.4，范围值相近，但每个具体工程中通常并不同步。例如，某个设计中抗拔安全系数为2.5，但抗拉安全系数为1.6。

(6)抗浮锚杆的抗拔力设计值(有些为标准值、特征值或实测值，下同)与边坡锚杆工程相比，范围较窄，离散性较小。全长粘结型锚杆共100例，抗拔力设计值集中在100～670kN之间。预应力锚杆45例，86.4%在200～670kN之间，6例超过670kN，占锚杆总数的4.1%，其中最大值为1 260kN。扩体锚杆有3例设置了自由段能够施加预应力，按预应力锚杆统计，其余5例按全长粘结型锚杆统计。

(7)全长粘结型锚杆100例。长度超过12m的5例、5.0%，最长为20m；少于3m的6例、6.0%，最短1.5m；即89.0%的长度为3～12m。预应力锚杆45例，88.9%的长度为11～20m，超过20m的4例、8.9%，小于11m的1例、2.2%。预应力锚杆自由段长度2～15m，其中65.9%为4～6m。长度小于3m的锚杆案例施工时间在2005年之后的就很少了，推测和《岩土锚杆(索)技术规程》(CECS 22—2005)等技术标准的发布实施有关，这些技术标准一般规定锚杆的最小长度不宜小于3m。

(8)锚杆布置形式有3种：点状布置，布置在柱下；线状布置，布置在地梁下；面状布置，在底板下均匀布置。后者工程应用最多，约80%以上。

(9)在记录了锚杆间距的案例中，80.0%的案例(50个)不小于1.5m，20.0%的案例(10个)小于1.5m，其中1例为预应力锚索，间距1.3m，其余为全长粘结型锚杆，最小间距0.6m。间距小于1.5m的锚杆案例施工时间2005年之后就很少了，推测和《岩土锚杆(索)技术规程》(CECS 22—2005)等技术标准的发布实施有关，这些技术标准一般规定锚杆的最小间距不宜小于1.5m。

(10)有72个案例记录了锚杆钻孔直径，其中，88.9%为110～180mm，70.8%为130～150mm；大于180mm的为6.9%，小于110mm的为4.2%。样本中等截面直径最大值为250mm，扩体直径最大的设计值为700mm。

(11)在锚杆材料中，71.7%采用了带肋钢筋，21.4%采用了钢绞线，4.8%采用了预应力混凝土用螺纹钢筋，2.1%采用了无缝钢管。带肋钢筋中2例为余热处理钢筋，1例为冷轧钢筋，其余均为热轧钢筋，钢筋强度等级为 335MPa、400MPa 及 500MPa 级。钢绞线类型中，16 例预应力混凝土用钢绞线、2 例环氧涂层钢绞线及 11 例无粘结钢绞线，强度等级以 1 860MPa 为主，直径以 15.2mm 为主。

(12)锚固方式均采用了有粘结注浆锚固，未见机械式、摩擦式、自钻式等锚固方式，未见水泥卷锚固方式。

(13)注浆方式有一次注浆及两次注浆两种，未见多次注浆。二次注浆均采用了水泥净浆。

(14)二次注浆压力一般为 2.5～5.0MPa。

(15)有 68 个案例介绍了粘结材料，其中，初次注浆时 51.5%采用了水泥砂浆，30.8%为水泥净浆，8.8%为细石混凝土，5.9%为水泥土，水泥土内裹水泥浆体及水泥—水玻璃双液浆各 1 例，未见树脂系列等其他粘结材料。

(16)注浆体抗压强度等级 90.6%为 20～40MPa，其中 62.5%为 30MPa，1 例为 60MPa，3 例注浆体为水泥土，强度等级为 1～5MPa。

(17)注浆水泥 88.2%为普通硅酸盐水泥，其余为复合水泥或硅酸盐水泥，其中 82.4%为早强水泥。水泥强度等级通常为 32.5～52.5MPa，仅 1 例为 62.5MPa。

(18)拌和料的水灰比(个别为水胶比)，水泥净浆的一般为 0.33～0.55，水泥砂浆的一般为 0.45～0.7。加入减水剂可显著降低水灰比及水胶比。

(19)采用钢绞线制作的预应力锚索均进行了张拉，锁定值为设计值的 60%～100%。

(20)此外，设计时均没有计算群锚效应；压力型及压力分散型锚杆承载体的材料中，钢材及非金属材料均有。

(21)未见对地下水的电导率、地层视电阻率、极化电流密度、氧化还原电位、杂散电流、质量损失等对钢腐蚀条件的专项测试及评价案例。

(22)有 2 例对锚索应力进行了短期监测。未见长期应力监测的案例。

(23)有 16 例进行了基本试验或研究性试验；未见蠕变试验的案例；工程锚杆均进行了验收试验。

(24)验收抗拔试验方法及破坏评判标准通常按《岩土锚杆(索)技术规程》(CECS 22—2005)[4]进行，但最大试验荷载并不统一且相差较大，一般为设计值(特征值、标准值等)的 1.2～2.0 倍。

(25)防腐做法：锚固段主要靠注浆体及锚杆本身防腐，如采用无粘结或环氧涂层钢绞线、增大钢筋直径等。仅 1 例水利工程中增加了波纹管防腐，建筑工程中未见报道。预应力锚杆自由段都采用了双层甚至多层防腐措施，锚头大多数涂刷了防腐剂或环氧树脂等防腐材料。有 1 例为中空锚杆，无水泥浆保护层；有几例滨海地区的案例，地下水可能因氯离子超标等原因具有腐蚀性；有几例季节性冻土地区的案例，但文献均没有介绍防腐措施。

(26)锚杆进入地下室底板、承台或地梁时基本都采取了防水措施。

(27)抗浮锚杆很少单独应用，大多数情况下与配重法、疏导法及抗浮桩等其他抗浮措施联合使用。

4 抗浮锚杆的特点及特点形成原因分析

4.1 抗浮锚杆的工程应用特点

(1)抗浮锚杆均为有粘结锚杆或有水泥砂浆保护的压力(分散)型锚杆。这主要因为抗浮锚杆为永久性工程，耐久性要求很高，需要有水泥结石保护层以利于防腐。

(2)没有收集到抗浮锚杆在膨胀土、多年冻土、盐渍土、红粘土、湿陷性土及污染土中应用的案例，可能和这些特殊性岩土中不宜设置抗浮锚杆以及相应地区的建构筑物地下室埋深不深、不需设置抗浮锚杆有关。承载力较低的土层中大多采用压力分散型锚杆以获得较高的抗拔力及减少蠕变。

(3)拉压型锚杆及剪力型锚杆的结构较为复杂，可能还有知识产权保护原因，尚未得到普及，抗浮锚杆工程中未见应用。

(4)树脂系列粘结剂凝固时间快，费用较高，适用于需快速加固工程且不太适用于土层，故抗浮锚杆工程中未见应用。

(5)抗浮锚杆总体而言长度较短，长度极少超过 20m；承载力较低，设计抗拔力极少超过 1 000kN。

(6)全长粘结型锚杆应用多、预应力锚杆应用少，这与边坡锚杆及基坑锚杆工程大相径庭。分析原因有：

①边坡及基坑等工程中，预应力锚杆自由段的主要功能是使锚固段穿过被加固岩土体的假定破裂面进入稳定的地层中，而抗浮锚杆不存在被加固岩土体及其稳定性问题，故理论上可以不需要自由段。

②这种状况还与抗浮锚杆通常由结构专业、而非岩土专业设计有关。很多结构专业设计人员对锚杆不太熟悉，觉得全长粘结型锚杆更可靠一些，且工作性状与抗拔桩更易匹配。

③全长粘结型锚杆的防腐设计施工比预应力锚杆容易一些。

(7)全长粘结型锚杆应用地层一般为岩层及坚硬土层。土层较为软弱时大多采用预应力锚杆，几乎都把软弱土层中的长度设置为自由段。

(8)采用一次注浆法多、二次注浆法少；初次注浆时采用水泥砂浆多、水泥净浆少。与上述原因相同，很多结构专业设计人员对锚杆不太熟悉，觉得水泥砂浆更可靠一些，有时甚至采用细石混凝土。业界对水泥砂浆、水泥净浆及细石混凝土与岩土层的界面粘结强度的对比研究不多，已有的工程经验表明，三者彼此之间没有明显差别。但锚杆孔径小，细石混凝土很难灌注，工程应用很少；水泥泵浆需要砂浆泵灌注，而目前不少国产砂浆泵性能不是很高，需要砂灰比较小及水灰比较大才能泵送出去，反而觉得效果不如水泥净浆。水泥净浆施工最方便，广受施工人员欢迎。

(9)受条件限制，工程中很少监测抗浮锚杆的预应力，对底板的变形监测亦不多。

(10)笔者认为很多工程中的防腐措施不够。例如：全长粘结型锚杆的孔口上下是防腐重点。地下室底板受到浮力后，经常会有轻微上浮变形，在底板垫层底面与地层表面(孔口)之间产生微小缝隙，锚杆受拉略有伸长，缝隙内的伸长后的锚筋暴露在地下水环境中，得不到水泥砂浆的保护，如果没有其他防腐措施，将成为防腐薄弱环节，而大多数工程没有加强保护措施。

4.2 抗浮锚杆与抗拔桩的比较

很多技术人员笼统地把锚杆及桩合称为锚桩，将抗浮锚杆称为抗浮桩。就功能而言，抗浮桩是抗拔桩的一种，但单纯作为抗浮使用的桩很少，“抗浮桩”名词亦使用不多。两者相比：

(1)抗拔桩的直径通常较大，一般不小于 400mm，而锚杆的直径通常较小，一般不大于 250mm。

(2)抗拔桩大多兼抗压桩，而锚杆只提供抗拔力，不能提供抗压力。

(3)桩筋体材料均为钢筋，而锚杆可为钢筋、钢绞线及预应力螺纹钢等。

(4)桩的粘结材料均为混凝土，而锚杆常用水泥砂浆及水泥净浆，很少用混凝土。

(5)设计计算方法及构造措施有所不同。

(6)抗浮锚杆可提供预应力，而抗拔桩通常不能。但后张预应力灌注桩工法通过预埋钢绞线对灌注桩进行后张拉以施加应力，目的是减少抗拔桩受力后的桩身裂缝，与压力集中型锚杆的机理及工艺类似。

(7)两者通常均主要依靠与土层的摩阻力提供抗浮力。抗浮锚杆直径较小，同体积时的表面积，即比表面积较大，则单位摩阻力较大，故其效率更高，圬工量更低，工程造价更低。

(8)单桩承载力一般较大，间距较大，对底板的荷载集中效应较明显，梁板所受弯矩较大，底板通常需要加强（如加大断面尺寸、加强配筋或增强地梁等），从而提高了工程造价；而锚杆的密度通常更大一些，对底板的作用更接近于均匀布置，更有利于底板的防裂抗渗。

(9)抗拔桩的配筋通常由裂缝宽度不超过 0.2～0.3mm 这一指标进行验算控制，配筋率较大，工程造价较高。也许是因为没有适合的方法，抗浮锚杆目前基本没有验算裂缝，采用其他措施进行防腐，提高耐久性。

(10)因缺少有效的钢筋或接头钢板的防腐蚀手段，抗拔桩桩头钢筋的耐腐蚀性往往较差，而锚杆采用防腐措施更容易一些。

(11)抗拔桩的数量相对要少很多，施工工艺比抗浮锚杆简单，故施工速度要快一些。

(12)抗拔桩对复杂地质条件的适应能力更强一些；在土层中抗拔桩的适用性更强一些，而在岩层中抗浮锚杆的适用性则更强一些。

综上所述，抗拔桩与抗浮锚杆有所差别，但并没有本质上的差别，且由于使用功能的日益多样化，两者的差别越来越小。工程中，通常直径较小时称为锚，较大时称为桩，使用不同的名词，表达效果可以更准确一些，故不宜将抗浮锚杆称为抗浮桩或抗拔桩。

就深圳地区而言，笔者粗略估计，已往抗浮工程中使用抗拔桩的比例为 75%～90%，仅 10%～25%采用了抗浮锚杆。就抗浮功能而言，通常抗浮锚杆的技术更为合理，经济性更好，但为什么实际工程中采用抗拔桩更多一些呢？笔者认为主要原因有：

(1)抗浮锚杆缺乏相关的技术标准。设计、施工、监理、检测、监督等工程相关各方均无标准可依，建设中一旦产生矛盾或出现问题，往往无章可循、无法可依，而人们的法律及规范意识越来越强，需要工程各环节均有相应的规范可依。而抗拔桩已有相应的技术标准。

(2)抗浮锚杆与抗拔桩一样，通常由结构专业完成设计。锚杆的岩土属性更强一些，很多结构专业设计人员对锚杆不太熟悉，不愿或不敢使用，而他们往往对桩更熟悉一些。

(3)抗浮锚杆的应用史较短，尚属于较新技术，除了设计单位，很多开发商、总承包单位等也不熟悉，推广使用尚需要时间。相信正在编制的《抗浮锚杆技术规程》及《建筑物抗浮技术规范》等技术标准发布后，将极大促进抗浮锚杆的工程应用。

5 结语

(1)抗浮锚杆指用于结构物抵抗因地下水引起的上浮力的锚杆。

(2)结构物的抗浮措施可分为配重类、锚固类、借物法类及疏导类 4 类，抗浮锚杆通常是其中工程造价较低的方法之一。

(3)抗浮锚杆的设计施工均应考虑到其特殊的工作环境，满足其特定功能。

(4)调查了抗浮锚杆在国内的工程应用情况，收集整理了 140 余个工程案件，对抗浮锚杆的各种技术参数进行了全面总结。

（5)通过与抗拔桩对比，总结分析了抗浮锚杆的技术特点，并对特点形成的原因进行了分析。

参考文献

[1] 任家琪，唐身修. 爆扩法垂直抗浮锚杆技术[J]. 中国给水排水，1985,2：39-42.

[2] 杨永浩，余南元. 饱和软土垂直土锚施工技术研究及应用[J]. 建筑机械化，1987,1：2-6.

[3] 中华人民共和国水利部. GB 50218—94 工程岩体分级标准[S]. 北京：中国建筑工业出版社，1995.

[4] 中冶集团建筑研究总院. CECS 22—2005 岩土锚杆(索)技术规程[S]. 北京：中国计划出版社，2005.

基坑支护中安全问题的探讨

张　勇　赵清荣　张胜民　张福明

（总参工程兵科研三所）

摘　要　随着我国工程建设的飞速发展和城市化进程的加快，深基坑支护工程越来越多，施工环境越来越复杂。尽管国家建设主管部门对基坑工程高度重视，并颁布了相关的法规，但重大基坑坍塌事故仍然时有发生。本文对深基坑支护工程中存在的主要安全问题进行了分析，阐述了相应的安全措施和对策，期望对深基坑支护工程的设计和施工有一定的借鉴意义。

关键词　基坑支护　安全　对策

随着我国城市化进程的快速推进，大中型地下市政建设和高层建筑逐渐增多，城市地下空间的开发利用已经成为实现城市可持续发展的重要组成部分。由于地下建筑和高层建筑的持续增加，相应的深基坑支护工程越来越多。大部分深基坑处于地下管线纵横交错、建筑物密集的闹市区，施工环境复杂、场地狭窄、支护设计与施工人员水平参差不齐，由此造成深基坑工程安全事故频发，同时也造成了巨大的经济损失和不良的社会影响。

1　深基坑支护工程中存在的主要问题

深基坑支护工程是一项涉及水文地质、工程地质、施工技术、工程结构和工程管理的系统工程，所以影响深基坑工程安全的因素很多，其中地质条件、设计方案的选择和施工因素是主要原因。此外，施工过程中的质量检测和变形监测对保证基坑的安全也十分重要。目前国内深基坑工程中存在的主要问题主要表现为以下几方面：

1.1　地质方面

地质条件与深基坑支护工程的安全密切相关，每一个深基坑工程的开挖深度、所处位置的地质条件千差万别、各不相同。例如地下水埋藏条件、地层构造、地层性质等均不相同，有时甚至相差巨大。由于地质埋藏条件的复杂性、岩土性质的变化性、水文地质条件的复杂性和不均匀性，也给深基坑工程的安全带来了很大的不确定性。

1.2　设计方面

由于深基坑支护属于临时性工程，因此，不少建设单位对工程安全抱有侥幸心理，为了节省工程费用而降低对设计方案质量的要求。资料显示[1]，由于设计因素造成的深基坑事故比例约为46%，这是因为深基坑工程的设计和自然条件关系密切。设计时如果不能全面地掌握基坑所处的水文地质、工程地质和气候条件，如果没有考虑车辆振动、多次降雨雪和周边堆载等许多不利条件带来的设计荷载的变化，如果对基坑周边各类地下管线、管道和基础等情况掌握不够深入透彻，就很容易发生突发性安全事故。

1.3　施工方面

深基坑工程的安全事故除部分设计考虑不周外，绝大多数与施工因素有关。主要表现在施工中任意更改设计方案、偷工减料、各工种工序之间的协调不够、施工质量差、不严格遵守施工规程、不按照设计要求的分层分区开挖、专项施工方案不合理、应急措施不到位和基坑周边随意堆载和超载等。

1.4 检测和监测方面

质量检测和变形监测是确保深基坑工程施工安全的重要手段。缺少质量检测和忽视基坑变形监测，就不能把基坑事故消除在萌芽状态。此外，信息反馈不及时，忽视目测巡视，发现异常情况不能及时处理或处理不及时不到位，也是不少基坑发生安全事故的原因之一。

1.5 其他方面

由于深基坑支护工程多为临时性工程，不少建设单位出于经济利益考虑、抱有侥幸心理，不愿意在基坑加固施工和安全方面投入经费，能省则省、能压则压；建筑市场的无序竞争和恶意压价，必然造成施工中的不规范和偷工减料现象，给深基坑施工安全埋下隐患。

2 安全措施与对策

2.1 了解周边环境、掌握相关资料

由于地理条件和地层条件的不同，目前国内各地区和各城市对深基坑的定义有所区别，一般而言，深基坑是指开挖深度大于 5m 的基坑。按照住建部有关规定，深基坑工程必须进行支护处理且应有专项支护设计方案，深基坑设计施工前必须全面了解以下情况和掌握下列资料：

(1)深基坑支护工程必须进行详细的地质勘察，勘察范围及深度满足相关规范。设计者应了解建筑场地及周边、地表至支护结构底面下一定深度范围内地层结构、岩土性状、分布情况、岩土体的物理力学参数、地下水情况、含水层性质、各土层渗透系数等。

(2)了解基坑支护施工影响范围内地面和地下建筑物和埋设物的情况。应了解已有邻近建筑的位置，层数、高度、结构类型和基础类型及埋深，掌握地下埋设物和地下管线的类型、位置、尺寸、埋深和走向等资料，并对其安全性和影响大小进行评估。

(3)调查基坑周围的地面排水情况，分析地面雨水、流水、上下水管线排入或漏入基坑的可能性，充分考虑施工和使用期间的车辆振动、多次降雨雪和周边堆载等不利条件带来的设计荷载的变化。

2.2 重视设计方案、提高设计质量

深基坑工程设计要确保岩土开挖、地下结构施工的安全，并确保周围环境不受损害，其主要内容包括支护设计、降水或截水设计、土方开挖设计、对周边环境影响的控制设计和监测设计。支护设计主要满足边坡和支护结构稳定的要求，既不产生倾覆、滑移和整体或局部失稳，基坑底部不产生隆起、管涌，锚杆部位不致抗拔失效，同时还必须满足水平位移和地基沉降不超过允许值，支护结构构件本身受力后不致弯曲折断、剪断和压弯。降截水设计除使得地下水满足工程施工需要外，还应控制由降水引起的地基沉降不致对邻近的建筑物和重要管线产生过量沉降而影响正常使用或危及其安全。土方开挖设计应满足分层、分段、对称、平衡、适时的原则，确保土方开挖安全、运输合理。根据基坑周边环境的复杂程度及环境保护要求，进行变形控制设计，保护周边环境安全。监测设计主要满足信息化施工的要求，使工程安全事故防患于未然。深基坑支护从开挖开始，即应进行支护结构顶部位移观测和邻近建筑的沉降观测，及时将施工中发现的问题向监理和设计单位反馈，使支护设计更加经济合理，以预防基坑事故的发生。

基坑工程设计还应对方案和技术经济性进行比较，这样设计者的工程经验和对基坑支护

理论的认知决定了设计方案的质量，因此，必须强调基坑支护设计方案应由具有相应资质的设计单位和具有丰富工程经验的设计者承担。

2.3 制订专项施工方案、严把施工质量

深基坑支护工程也是一项隐蔽性工程，一旦施工完成很难发现问题，而一旦发生问题，必然造成人员的伤亡和财产的损失。所以，深基坑支护施工必须制订专项施工方案，施工方案也应通过相关专家的评审，施工中应在监理工程师的监督下严格按照施工方案实施。

深基坑专项施工方案一般应包括工程概况，基坑支护设计概述，编制依据，基坑工程的难点、重点和关键点，施工组织管理机构，人员配置及职责，资源配置计划，施工方法及技术措施，质量检测和变形监测，应急措施，质量保证措施，安全措施，文明施工，环境保护措施等技术内容。

施工前应做好设计交底，理解设计意图，针对深基坑施工的工艺和作业条件，制订措施得力，针对性强，合理全面的专项施工方案。施工方案应充分认识深基坑施工的难点、重点、施工工艺的特点。制订的质量安全控制目标恰当，保证措施到位，施工组织合理，检验监测严谨。施工人员要熟悉基坑支护的施工工艺，掌握基本的施工参数，了解主要施工机械及配套设备的技术性能。水泥、砂石、钢筋、锚杆、钢板桩等主要原材料及其制品应进行质量检验，保证材料和施工质量。应根据场地特点和不同的施工阶段，采取合适的降水或截水措施。土方开挖应分层分段进行，控制挖土深度和进度。对雨季施工，既要注意防止地面雨水倒流入基坑，又要注意雨季水的渗入，以免造成土体强度降低和土压力加大而引发基坑坍塌事故。

2.4 强化信息化施工、重视变形监测

由于影响基坑安全稳定的因素很多，加强变形监测、完善设计方案是确保基坑安全的有效手段。深基坑支护工程的特点是在结构与岩土共同作用下通过计算确定的，岩土本身性状的不确定性和结构与岩土界面关系的不确定性，构成了深基坑施工的复杂性和实践性很强，因此工程类比法的施工方法在深基坑施工中得到广泛应用。深基坑设计的合理性，专项施工方案的合理性不仅在方案阶段要进行反复的比较，而且必须在施工中根据监测资料，及时反馈给监理、设计、施工方，及时修正设计和指导施工。近年来，由于深基坑设计方案不合理造成的基坑事故屡有发生，因此，基坑开挖中的施工监测显得十分重要，必须落实监测方案，其中包括监测方法、监测点布置，观测周期、精度要求，图表绘制、信息反馈等。

基坑主要的监测项目有支护结构顶部位移、基坑地面变形沉降或隆起、邻近建筑的沉降以及其他变形监测。这样，才能有效监控并及时修正设计和指导施工。

同时，应建立、完善有效的安全事故应急预案和组织，根据施工的各工种、各工序，有针对性地做好事故防范及应急救援准备。必须充分发挥各方面的主动性和力量。形成统一、高效的救援指挥部，一旦有事故发生，能迅速启动救援机制，迅速有效地组织实施救援，尽可能避免伤亡事故发生。

2.5 抵制恶意压价、形成有序竞争

目前国内建筑市场竞争日益激烈，特别是深基坑支护施工单位越来越多，施工单位之间互相压价和最低价中标在部分地区已成为普遍现象。不难想象，其结果是工程质量难以保障，施工单位的利益受到损害，同时也成为深基坑支护工程事故频发的原因之一。为了确保深基坑支护工程的安全，需要各方努力抵制恶意压价、杜绝施工中的不规范和偷工减料现象，形成有序竞争市场氛围。

3 结语

基坑常用的支护方法有全喷锚支护、土钉墙支护、锚杆和土钉墙复合支护、排桩支护、钢板桩支护、地下连墙支护和深层搅拌支护等。目前，上述支护方法在国内均已发展和使用多年，大量工程实践证明了深基坑支护技术的先进性和有效性[2-3]。为了保证基坑的安全稳定，首先应根据基坑所处的周边环境、工程地质条件、水文地质条件和施工条件合理选择支护方法，严格按照设计施工，保证施工质量。此外，还要始终坚持预防为主、防治结合的原则，提高对基坑安全和危害性的认识，防患于未然，切实把安全隐患消除在萌芽状态。

参考文献

[1] 陈跃忠.建筑工程深基坑施工安全探讨[J].建筑知识，2013(9).

[2] 陈波.建筑深基坑支护技术探讨[J].建材与装饰，2013(33).

[3] 郝全辉，李新芳. 如何加强建筑深基坑支护施工技术[J].中国科技博览，2013(36).

让压技术对压力分散型锚索结构改进的研究

甘国荣　陈钰烨　曹　佼　左海宁

（柳州欧维姆机械股份有限公司）

摘　要　本文通过对超载工况下结构保护技术的分析，研究了可以满足不增加抗拉构件强度的新型让压锚具技术，并利用其连续恒力输出的特性对压力分散型锚索进行了结构改进，提出了让压分散型锚索的结构原理，有效克服了压力分散型锚索原有的结构缺陷。经过工程应用，证明其结构合理，锚固方便，极大提高了施工的可靠性。

关键词　预应力　岩土锚固　压力分散　锚索

1　引言

“让压”技术大多应用于地下锚固工程中，是适用于地震、爆破、意外撞击、岩体变形等额外超载环境下的结构保护技术。与传统以增强材料强度来提高结构安全度不同，“让压”技术能产生一定的塑性变形能力，通过可控的结构形变来释放部分外部的载荷增量，保持加固结构的可靠性，如在矿山工程中使用的单束锚索、让压锚杆等。

为了提高结构的变形能力，增加其延性，相关文献对让压锚具进行了研究，比较典型的方法是在锚具下增加应变筒，如图1所示。这种让压方法以提高抗拉构件内力为前提，占用了抗拉构件的设计强度，其提供的变形能力和结构安全度是有限的，其典型让压曲线如图2所示。

图1　典型让压锚具

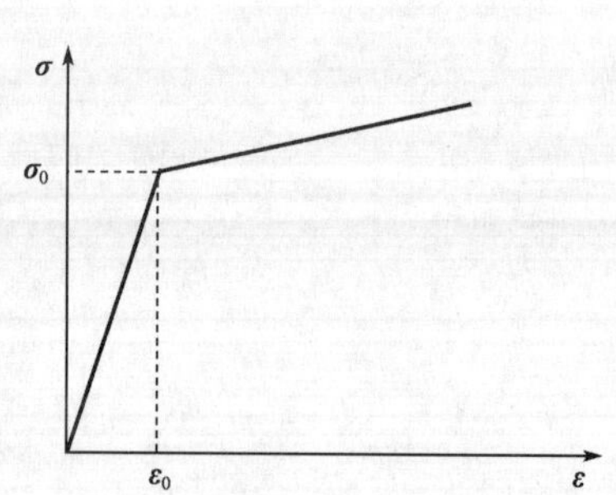

图2　典型让压曲线示意图

2　新型让压锚具研究

为了适应超载工况下较大的变形，给加固体提供较大的安全富裕度，新型让压锚具需要满足在不增加抗拉构件强度的情况下，提供结构足够的变形能力。结合预应力锚索的应用特点，经过大量的试验研究，确定了新型让压锚具采用挤压式锚具形式，由让压套和让压簧组成，如图3所示。通过特殊的结构形式，保证让压锚具在钢绞线一定的拉力作用下的恒力屈服，并降低材料剪胀及钢绞线防腐油脂的影响，保持让压锚具恒力屈服的持久有效，其让压特性曲线如图4所示。

图3 新型让压锚具示意图

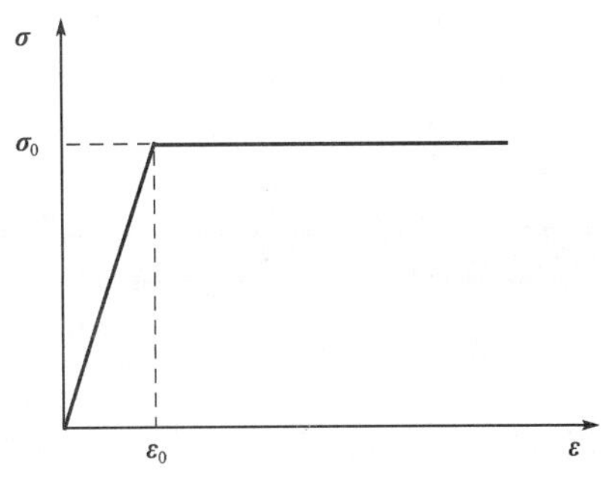

图4 让压特性曲线图

通过对让压锚具让压点 σ_0 的设计，让压锚具能保持对钢绞线的额定恒力输出，稳定输出距离超过 1m，对钢绞线力学性能无影响。在实际应用时，可根据需要设计不同让压点 σ_0 的让压锚具，通过图 5 所示的配套专用机具 GYJD50-250 型挤压机，可保证让压锚具安装的可靠性。

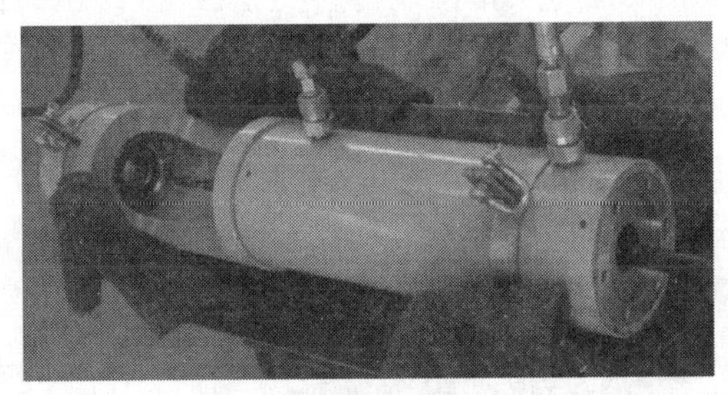
图5 专用挤压千斤顶装置

3 锚索体结构的改进研究

3.1 压力分散型锚索的应用现状

压力分散型锚索在预应力岩土锚固工程中得到了大量的应用，尤其在边坡工程，是一种能有效提供锚固力的锚索体系。有相关研究文献指出，压力分散型锚索具有张拉施工复杂、钢绞线应力不均匀、索力调整困难和极限锚固力无法验证等结构性缺陷。在索体钢绞线不多的情况下，该体系的缺陷还不明显，当索体钢绞线较多时，其索体结构缺陷很容易引起施工安装的质量参差不齐，也是近年来压力分散型锚索锚固失效时有发生的重要原因。

压力分散型锚索安装时采用的是等应力张拉法。因其索体钢绞线不等长的特点，该锚索是典型的安装工况和使用工况不符的锚索体系，当需要锚索发挥其抗力时，往往是最靠近孔口的承载板的钢绞线先破断，荷载将传递给下一级承载体，造成下一级承载体的超载破坏，由此引起结构体系的“多米诺骨牌”破坏方式，其锚索实际极限抗拔力远小于设计值。

3.2 让压分散型锚索

新型锚索结构通过应用新型让压锚具技术，形成多级让压分散承载锚固单元，使新型索体结构具有与原压力分散型锚索相同的作用机理，但却能较好克服原压力分散型锚索的结构缺陷。

新型让压锚具结构小巧，可安装在锚索索体内部，与单元承载体合二为一，不占用锚索的张拉空间和结构空间，其安装使用条件与压力分散型锚索的是一致的。在钢绞线拉力作用下，让压锚具产生恒力屈服，在锚索的内锚固段形成由让压锚具组成的让压分散体系，使各承载单元形成共有的合力，改善锚索索体的整体受力性能，锚索基本结构如图 6 所示。

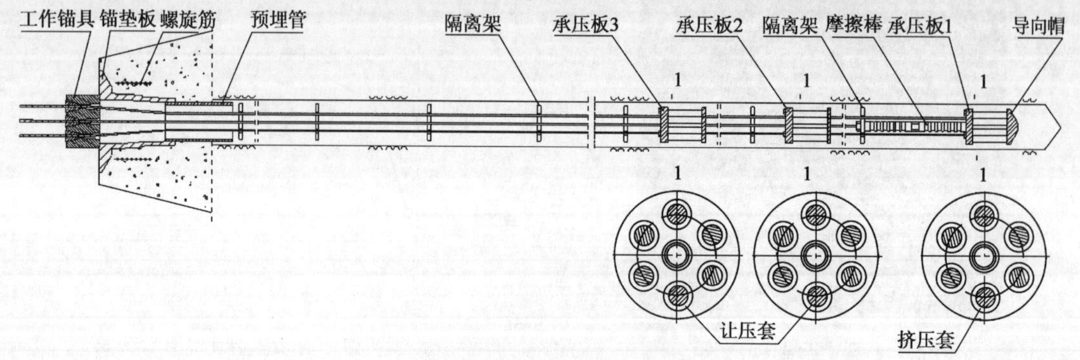

图 6　让压分散型锚索基本结构示意图

锚索可设 n 级承载分散结构，相同位置的让压锚具固定在同一承压板上，形成分级承载锚固单元。其中第一级采用固定端锚具，为密封挤压锚，从第二级以上采用让压分散结构。锚索索体全长采用无粘结钢绞线，张拉力从张拉端传递到让压锚，让压锚自动将超过额定让压力的张拉力依次逐级传递，直至第一级密封挤压锚发生作用。张拉完成后，各级承载单元的锚固力为张拉力的 $1/n$。其内锚固段多级承载结构如图 7 所示。

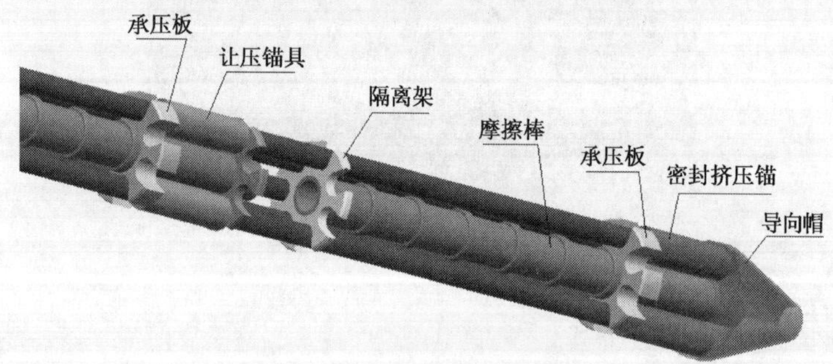

图 7　多级承载结构示意图

锚索锚固段的多级让压锚具能自动传递钢绞线的拉应力，这给张拉施工带来了简便，整束锚索实现了整体一次张拉到设计索力，其锚索锚固段作用机理与原压力分散型锚索一致，有利于锚束的整体受力。在实际应用中，为方便编索和降低承载结构的锚下应力，让压分散型锚索采用专用的承压板和摩擦棒。

让压分散型锚索一般设三级承载分散结构，在该三级承载结构中采用了二级让压体系。与压力分散型锚索的每根钢绞线对应一个锚固单元不同，让压分散型锚索的每根钢绞线同步对应三个锚固单元，因其索体钢绞线全长等长，能有效防止“多米诺骨牌”式破坏，大大提高了锚固可靠性，其结构原理如图 8 所示。

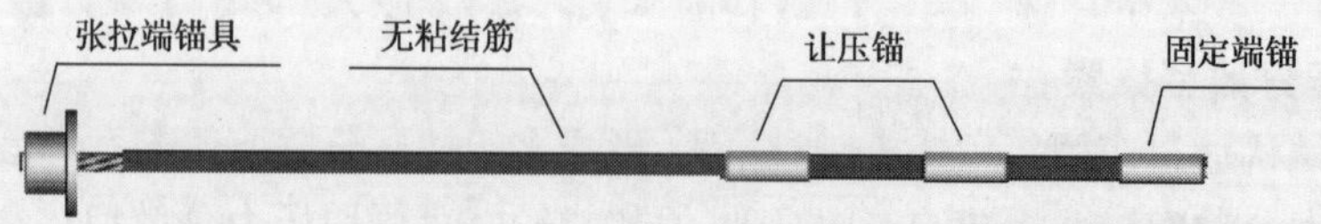

图 8　锚索结构原理简图

作为固定端锚的密封挤压锚具性能需满足《预应力筋用锚具、夹具和连接器》(GB/T 14370—2007)的要求，索体无粘结钢绞线需满足《无粘结预应力钢绞线》(JG 161—2004)的要求，环氧涂层钢绞线需满足《单丝涂覆环氧涂层预应力钢绞线》(GB/T 25823—2010)的要求。

4 工程应用

根据勘察阶段、施工及除险加固勘察资料，新疆克孜尔水库右坝肩山体边坡形成以后，岩层正常产状倾角基本直立，岩体强度低，在边坡应力场作用下，表部岩层逐渐向外弯曲倾倒变形，折断拉裂产生了座滑变形。右坝肩山体变形范围为坝轴线东(下游)125m到主坝轴线西(上游)450m，高程为1 214～1 250m。山体表面岩体风化强烈，呈张拉裂隙或裂缝，裂隙短小密集，将岩体切割成碎块状，架空结构发育。通过勘察及施工阶段PD08～PD17号平洞以及除险加固PD18、PD19号平洞的资料的分析，右坝肩所处三角面状山坡岩体，大多倾倒变形，倾倒变形体水平深度为23～52m；右坝肩新鲜完整岩体的干抗压强度8.7～14.2MPa，软化系数为0.26，属软岩。正常地层产状56°NW∠70°～90°，发育迭瓦断层产状65°SE∠20°～25°。

经水质分析，通过右坝肩渗流排泄到排水廊道的地下水对混凝土有分解类溶出型(HCO_3)弱～中等腐蚀，无一般酸性(pH)、硫酸镁型侵蚀，个别有分解类碳酸型中～强腐蚀。对混凝土主要为硫酸盐(SO_4^{2-})强腐蚀，部分环境水对抗硫酸盐水泥有弱～中等腐蚀，右坝肩地下水中的Cl^-对钢筋有中等腐蚀。

根据该项目的特点，预应力锚索采用了具有优良抗腐蚀性能的OVM环氧喷涂钢绞线无粘结筋，以及新型OVM.YJM15-6XJA让压分散型锚索共计180束左右，最长索长51m/束，设计张拉力为1 000kN。

经过现场拉拔试验和工程批量应用，OVM.YJM15让压分散型锚索的配套机具和施工工法得到了成功验证，极大提高了预应力锚索锚固的可靠性和简化了张拉施工操作。

5 结语

本文通过介绍新型让压锚具技术，提出其恒定的让压力输出特性在不增加抗拉构件强度的情况下，具有满足结构足够变形的能力。作者通过分析压力分散型锚索的结构特点及缺陷，应用新型让压锚具技术对锚索结构形式进行了改进研究，并提出了让压分散型锚索的结构原理，经过工程应用验证了该新型锚索的结构合理，张拉锚固简便，希望本文在新型预应力锚索结构上的研究成果能在岩土锚固工程中进一步推广应用。

参考文献

[1] 程良奎，范景伦，等.岩土锚周[M].北京：中国建筑工业出版社，2003.

[2] 闫莫明，徐祯祥，苏自约.岩土锚固技术的新进展[M].北京：人民交通出版社，2000.

[3] 田裕甲.压力分散型锚索与拉力型锚索的比较[J].岩土锚固工程，2002(3).

[4] 刘宁，高大水，等.岩土预应力锚固技术应用及研究[M].武汉：湖北科学技术出版社，2002.

[5] 闫莫明，徐祯祥，苏自约.岩土锚固技术手册[M].北京：人民交通出版社，2004.

[6] 刘玉堂，袁培中，白彦光.压力分散型锚索不宜作为永久性锚索[J].岩土锚固工程，2008(2).

[7] 郑静，朱本珍.荷载分散型锚索差异补偿荷载的广义确定[J].铁道工程学报，2008(1).

[8] 何炳银，张士环，尹建国.高地压巷道锚索让压支护技术的探讨[J].煤炭工程，2005(9).

[9] 董涛，谢友友，祝华林.让压与锚注法在软岩巷道中的研究与应用[J].采矿与安全工程学报，2008，25(1).

荷载分散型锚索应用情况调查及分析

任晓光

（中冶集团建筑研究总院）

摘　要　收集和整理荷载分散型锚索相关文献资料，对荷载分散型锚索的工程应用、设计参数、施工参数、检验和检测方法进行统计，并对统计结果进行分析。

关键词　荷载分散型锚索　压力分散型锚索　拉力分散型锚索

1　调查概述

1.1　荷载分散型锚索概述

预应力锚索根据锚固段受力的不同，分为荷载集中型和荷载分散型两大类。其中，荷载分散型锚索又可分为拉力分散型、压力分散型和拉压分散型锚索。

拉力分散型锚索是将钢绞线分成几个单元，被分单元分层锚固在锚孔不同深度而成。压力分散型锚索是在无粘结钢绞线不同深度布置多个承载体，无粘结钢绞线相应地分成多个单元并与各自的承载体相连而成。拉压分散型锚索是将拉力分散型锚索与压力分散型锚索相组合，锚固段钢绞线既有剥皮段形成拉力分散型，又有承载体形成压力分散型的一种结构形式。

不同类型锚索工作性能比较见表1。从表1可以看出，与传统的荷载集中型锚索相比，荷载分散型锚索将集中力分散为若干个较小的力分别作用于长度较小的锚固段上，使锚固段上的粘结应力分布较为均匀且峰值大大降低，可以充分调动锚固范围内土层的固有强度，从而可以获得更高的承载力、更好的工作特性和长期工作性能。

不同类型锚索性能比较　　表1

锚索的内力分布及工作特性	荷载集中型		荷载分散型	
	拉力型	压力型	压力分散型	拉力分散型
受荷时杆体轴力及粘结应力	峰值高，应力集中现象严重	峰值高，应力集中现象严重	峰值显著降低	峰值显著降低
锚索承载力	锚固长度超过8～10m后，承载力增长极其微弱或不增长	锚固长度超过8～10m后，承载力增长极其微弱或不增长	承载力随锚固长度增加成比例提高，可得高承载力的锚索	承载力随锚固长度增加成比例提高，可得较高承载力的锚索
耐久性	受荷时，灌浆体易开裂防腐性能差	受荷时，灌浆体受压，不易开裂，防腐性能好	受荷时，灌浆体受压，不易开裂，预应力筋有多重防护，耐久性好	受荷载时，灌浆体易开裂，耐久性不如压力分散性锚索
施工工艺难度	简单	简单	较复杂	较简单

1.2 调查目的

对荷载分散型锚索应用情况进行统计，并且对相关设计施工参数进行分析，从而为设计施工提供参考，为编制相关规范标准提供依据。

1.3 调查对象与方法

本次调查通过收集和整理相关文献资料，对荷载分散型锚索的工程应用、设计施工检测方法进行统计分析。文献资料来源包括：

(1)国家、行业及地方编制的各种与岩土工程相关的技术标准；

(2)程良奎、曾宪明、苏自约、徐祯祥、梁炯鋆、闫莫明、田裕甲、赵其华、王泰恒、胡定等专家学者编著、主编或编译的多本著作；

(3)《岩土锚固工程》、《岩土工程学报》、《岩石力学与工程学报》、《施工技术》等多种学术期刊及电子出版物；

(4)多种学术会议论文集；

(5)公司内部设计文件；

(6)互联网上搜索到的文献资料等。

1.4 文献资料收集情况

收集到与荷载分散型锚索相关的论文 203 篇、相关规范标准 8 本、相关著作 8 部。相关论文的时间跨度为 1998 年到 2014 年。相关论文主题分为四种：压力分散型、拉力分散型、拉压分散型、荷载分散型。

2 荷载分散型锚索应用情况

2.1 压力分散型锚索应用情况

2.1.1 发展历史

1988 年英国首次将压力分散型锚索应用于某粘土地层中，由五级锚固单元组成，锚固力可达 1 337kN。同一时期，日本 KTB 协会经过长期对永久性锚索技术的研究，开发出 KTB 压缩分散型锚固工法，在边坡加固中得到广泛应用。

国内应用压力分散型锚索相对较晚，1997 年我国原冶金部建筑研究总院、长江科学院等单位首次开发出此类锚索。在北京中银大厦基坑支护工程首次成功采用了压力分散型锚索后，越来越多的岩土工程开始采用这一锚固技术。

2.1.2 应用情况

收集到与压力分散型锚索相关的论文 163 篇，包含工程案例 75 例。

在 53 例边坡加固工程中，40 例为公路边坡加固，9 例为水利工程边坡加固，1 例为输变电工程边坡加固，其余 3 例为景观边坡支护工程、码头后方生活与办公区边坡支护工程、某山庄边坡加固工程；在 6 例滑坡治理工程中，4 例为公路滑坡，1 例为水利滑坡，1 例为古建筑滑坡；在 6 例基坑工程中，1 例为化肥厂的永久性基坑，其余 5 例都为城市建筑的临时基坑；4 例基础抗浮工程均为地下车库抗浮；在 4 例水利工程中，永久船闸室工程 2 例，泵站工程 1 例，大坝基础处理工程 1 例；其他 2 例为地下洞室加固、隧道洞口防护。

2.2 拉力分散型锚索应用情况

收集到与拉力分散型锚索相关的论文 14 篇，包含工程案例 8 例。其中，基坑工程 5 例，边坡加固 3 例。

在 5 例基坑工程中，明挖隧道基坑支护占 4 例，建筑基坑支护占 1 例；在 3 例边坡加固工程中,2 例为公路边坡,1 例为水电站边坡。

2.3 拉压分散型锚索应用情况

收集到与拉压分散型锚索相关的论文篇 2 篇,包含工程案例 1 个,为公路边坡加固。

3 技术参数统计

对锚索的设计参数、施工参数、质量检验和检测进行了统计分析。其中,设计参数包括:锚索杆体材料、锚索平面布置、锚索总长度、锚固段长度、锚索锁定拉力值、轴向拉力标准值、单元体个数、单元体钢绞线数目、单元体锚固长度。施工参数包括:注浆方式、钻孔直径、张拉锁定方法。质量检验和检测包括:基本试验和验收试验。

3.1 压力分散型锚索

(1)锚索杆体材料:除有两个案例采用 7ϕ5-12.7mm 抗拉强度标准值 1 860MPa,其余均采用 7ϕ5-15.2mm 抗拉强度标准值 1 860MPa,钢绞线均为无粘结钢绞线。

(2)锚索布置形式:均匀布置,梅花布置。后者应用较少仅一个案例。

(3)锚索总长:长度在 8~70m 范围内,其中 8~20m 占 19.4%,20~40m 占 65.3%,40~70m 占 2.3%。

(4)锚固段长度:长度在 6~18m 范围内,其中 6~10m 占 48.7%,10~14m 占 33.3%,14~18m 占 18.0%。

(5)轴向拉力标准值:文献中对相应于轴向拉力标注值的名词不统一,有“设计永久锚固力”、“设计拉应力”、“设计张拉力”、“设计拉力”、“设计锚固力”、“设计吨位”、“设计张拉吨位”、“单根锚索设计值”、“某某 kN 级”、“设计荷载”、“张拉吨位”、“锚索设计承载力”、“设计承载力”等。案例中轴向拉力标注值最大的为 15 500kN,最小的为 200kN。其中 200~400kN 的占 5.9%,400~600kN 的占 22.1%,600~800kN 的占 36.8%,800~1 000kN 的占 8.8%,1 000~1 200kN 的占 4.4%,1 200~2 000kN 的占 10.3%,2 000~3 000kN 的占 4.4%,≥5 000kN 的占 7.4%。

(6)锚索锁定值:未见记录。

(7)单元体个数:单元体个数有 2、3、4、5 四种,其中,2 个单元的占 28.3%,3 个单元的占 47.8%,4 个单元的占 19.6%,5 个单元的占 4.3%。

(8)单元钢绞线数目:2 条的占 83.9%,3 条的占 12.9%,4 条的占 3.2%。

(9)单元体锚固长度:0.8~2m 的占 24.14%,2~4m 的占 34.48%,4~6m 的占 27.59%,6~8m 的占 13.79%。

(10)钻孔直径:130mm 占 57.9%,150mm 的占 13.2%,160mm 的占 10.5%,其余的占 18.4%。

(11)注浆方式:有注浆记录的案例 41 例,其中,36 例采用一次性常压注浆(采用孔底返浆法),5 例采用一次常压注浆加二次劈裂注浆。

(12)张拉锁定方法:有记录张拉锁定方法的案例 28 例,其中,27 例采用补偿张拉法,1 例采用单拉单锁法。

(13)有 17 例进行了基本试验,未见蠕变试验,工程锚索均进行了验收试验。

3.2 拉力分散型锚索

(1)锚索杆体材料:除有两个案例采用 7ϕ5-12.7mm 抗拉强度标准值 1 860MPa,其余均采用 7ϕ5-15.2mm 抗拉强度标准值 1 860MPa。4 例采用钢绞线套塑料管形成自由段,2 例采用无粘结钢绞线。

(2)锚索布置形式：两个案例为入射角 10°和 15°交错布置，一个案例为不同长度交错布置。

(3)锚索总长：长度最短的为 18m，最长的为 55m。18m、19m 各有 1 个案例，20～30m 范围有 4 个案例，另外，还有 1 个案例的长度为 40m、45m、50m、55m 四种。

(4)锚固段长度：只有 3 个案例有锚固段长度，长度为：18.5m、12m 和 19m、18m。

(5)轴向拉力标准值：文献中对相应于轴向拉力标注值的名词不统一，有“轴向拉力设计值”、“锚索设计荷载”、“某某 kN 级”、“锚索预应力设计值”、“轴向拉力”。只有 5 个案例记录了该值，分别为：轴向拉力设计值 580kN、750kN 相应锁定值 340kN、450kN，2 000kN 无对应锁定值，560kN、640kN 相应锁定值 300kN、420kN，1 105kN 相应锁定值 500kN。

(6)单元体个数：单元体个数有 2、3、4 三种，其中，2 个单元的有 3 个案例，3 个单元的有 2 个案例，4 个单元的有 1 个案例。

(7)单元钢绞线数目：2 个案例为 2 条，1 个案例为 1 条，其余案例没有记录。

(8)单元体锚固长度：只有 3 个案例记录了单元锚固体长度，1 个为 6m、6.5m、9.2m，另外 2 个分别为 6m、9m。

(9)钻孔直径；3 个案例为 150mm，1 个案例为 140mm，其余的案例没有记录。

(10)注浆方式：有注浆记录的案例 5 例，其中 2 例采用一次性常压注浆(采用孔底返浆法)，3 例采用一次常压注浆加二次劈裂注浆。

(11)张拉锁定方法：有记录张拉锁定方法的案例 4 例，均采用补偿张拉法。

(12)有 2 例进行了基本试验，未见蠕变试验，工程锚索均进行了验收试验。

3.3 拉压力分散型锚索

仅收集到拉压分散型工程案例 1 例，为广西桂柳高速公路 K248 路基加固工程。该工程锚索设置为 3 排，排间距为 4m×3m，每根锚索长度为 19～27.5m，锚固段长度无记录，单根设计锚固力为 600kN，采用注浆泵进行一次常压注浆，张拉采用分批、分级、对称同时张拉。先张拉最里端承载板上的两根钢绞线，再张拉第 2 层承载板上的 2 根钢绞线。

3.4 小结

综合上述统计结果，可得锚索总长度分布图(图 1)，锚固段长度分布图(图 2)，轴向拉力标注值分布图(图 3)，单元体个数分布图(图 4)，单元锚固长度分布图(图 5)。

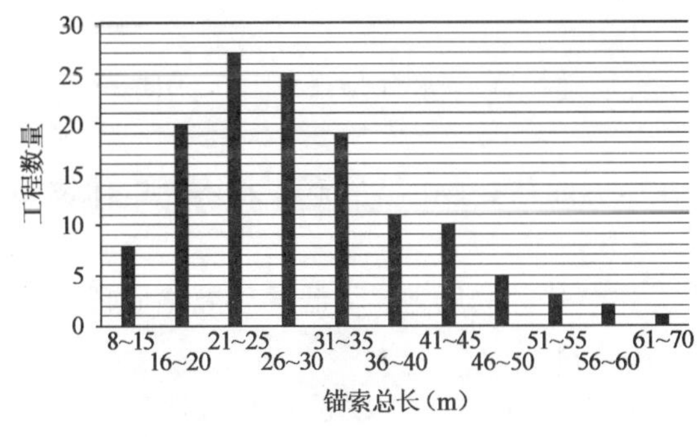

图 1　锚索总长分布图

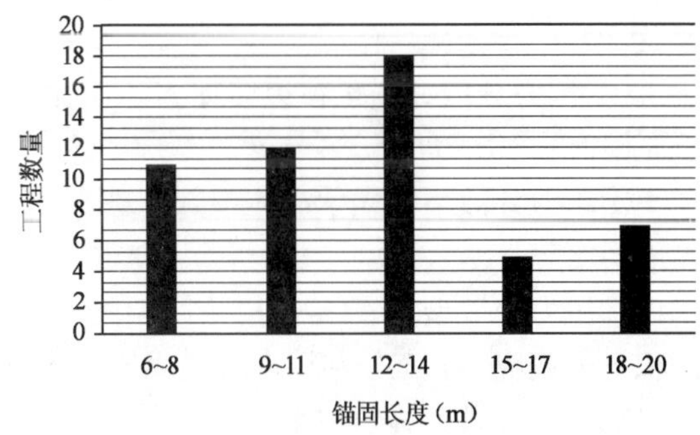

图 2　锚固段长度分布图

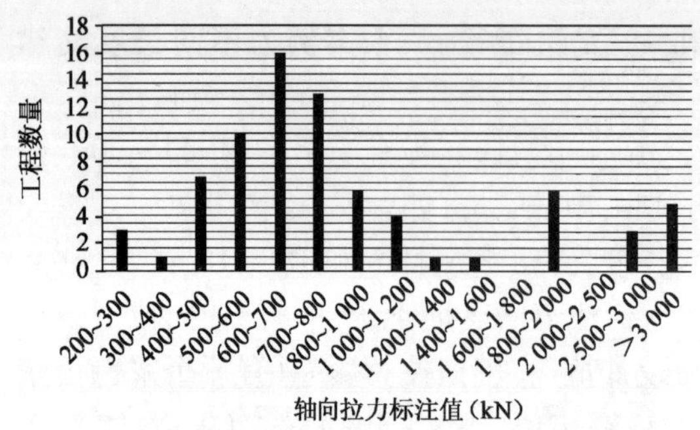

图 3　轴向拉力标注值分布图

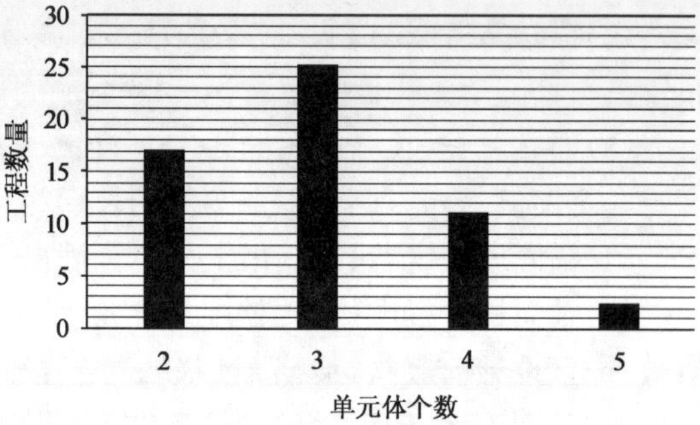

图 4　单元体个数分布图

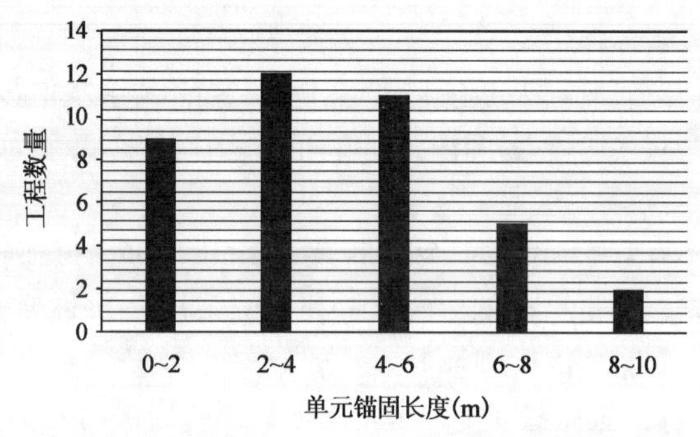

图 5　单元锚固长度分布图

4　统计结果分析

(1)荷载分散型锚索在岩土工程领域总的应用比例偏小,分析原因有:成本偏高、相关技术不够成熟有待改进。

(2)荷载分散型锚索应用以压力分散型锚索为主、拉力分散型为次,少见拉压分散型。分析原因有:

①荷载分散型锚索多应用于永久性工程,压力分散型锚索比拉力分散型锚索防腐耐久性要好;

②拉压分散型锚索结构较为复杂,施工难度大,可能还有知识产权保护原因,尚未得到普及。

(3)压力分散型锚索在边坡加固工程、滑坡治理、基础抗浮等永久性工程中应用居多。分析原因有:

①压力分散型锚索承载体根部荷载大,靠近孔口方向荷载变小,有利于将不稳定体锚固在地层深部;

②压力分散型锚索结构将一个集中拉力转化成几个分散的压力,降低了有效锚固段单位面积上的剪应力,充分利用有效锚固段,缩短了锚固段长度;

③压力分散型锚索体采用无粘结钢绞线,外涂油脂后,再热挤 PE 护套和水泥砂浆的握裹,形成多层防护,具有更高防护性能,提高使用寿命;

④在基坑工程等临时性工程中,以普通拉力型锚索为主,仅在周围环境复杂、地质条件差,使用普通拉力型锚索无法达到设计要求时,才考虑使用压力分散型锚索。

(4)锚固段长度集中在6～14m范围内。分析原因有:单元锚固长度大多集中在2～6m范围内,单元个数以3个为主,因此,锚固段长度多集中在6～14m之间。

(5)与轴向拉力标准值相对应的名词不统一。分析原因有:

①依据的标准不一样,标准的版次不同;

②不同行业间称呼习惯不同。

(6)单元体个数以3个为主,2个、4个次之,5个的很鲜见。单元体钢绞线数目以2条为主,3条次之,4条很少见。分析原因有:3个单元体与每个单元体2条钢绞线已经足以提供所需承载力,过多的单元体和钢绞线会增加施工难度。

(7)单元锚固体长度集中在2～6m范围内,大于8m的很少见。分析原因有:荷载分散型锚索多为岩石锚索,在此类工程中,大多认为2～6m范围为最佳锚固长度。

(8)几乎都采用一次注浆,二次注浆很少。分析原因有:荷载分散型锚索本身构造比较复杂若采用二次注浆需多加一条注浆管,增加了施工难度和锚索截面面积。

5 结语

岩土锚固中应用的新型预应力锚索结构越来越多,荷载分散型锚索就是其中之一。通过对荷载分散型锚索工程应用情况的调查和分析,可以初步得出以下结论。

(1)荷载分散型锚索类型以压力分散型锚索为主、拉力分散型为次,少见拉压分散型。

(2)荷载分散型锚索在边坡加固工程中应用居多,其中以公路边坡为主。

(3)荷载分散型锚索九成以上应用于永久性工程,很少一部分应用于临时性工程。

参考文献

[1] 程良奎,李象范. 岩土锚固·土钉·喷射混凝土——原理设计与应用[M]. 北京:中国建筑工业出版社,2008.

[2] 程良奎,范景伦,韩军,等. 岩土锚固[M]. 中国建筑工业出版社,2003.

[3] 中华人民共和国行业标准. CECS 22—2005 岩土锚杆(索)技术规程[S]. 北京:中国计划出版社,2005.

[4] 梁炯鋆. 锚固技术十年发展与展望[M]. 北京:中国矿业大学出版社,1998.

[5] 田裕甲. 压力分散型锚索与拉力型锚索的比较[J]. OVM通讯,2002(3):32-40.

声波钻机在国内外钻探施工领域的新应用

罗　强[1]　王德龙[1]　陈　明[2]　肖　华[3]　何有强[1]

（1.无锡金帆钻凿设备股份有限公司　2.株式会社东亚利根社
3.四川地矿局113地质队）

摘　要　通过对国内外声波钻机的应用介绍，了解声波钻机的性能特点、应用领域、可钻地层、钻进效果、取样效果等。

关键词　声波钻机　勘察取样　地热井　环境土壤调查

岩土钻凿设备（也称钻机）主要是在地层上钻进各类孔道的专用设备，是具有机电液一体化的专门装备，广泛地应用于地质矿产勘察、石油勘察、海洋地质勘察、岩土锚固、地基加固、水井钻孔、地热钻孔等多个领域，在国民经济中特别是在重大基础设施建设中发挥很大的作用，钻凿设备的技术性能与装备水平已成为国际上衡量一个国家国力的重要标志之一。传统钻机大多为纯回转钻进钻机、纯冲击钻机及低频冲击回转钻机。随着新技术、新材料、新工艺的发展，一种新型钻机——声波钻机应运而生。

声波钻机的主要部件是振动回转动力头，动力头能够产生可以调节的高频振动和低速回转作用，通过围绕平衡点进行重复摆动而形成振动，能量在钻杆中积累，当达到其固有频率时，引起共振而得到释放、传递，能量通过钻杆的高效传递，使钻杆和钻头不断向岩土中钻进。振动波能量垂直传递到钻柱上，频率一般可达到4 000～10 000次/min，冲击功可达到20 000～200 0001bf(1bf＝4.448 22N)。由于振动频率属于较低的机械波振动范围，能够引起人的听觉，所以习惯上称为声波钻进。

声波钻机有如下技术特点：

(1)应用范围广。广泛适用于工程勘察、环境保护调查孔、地源热泵孔、砂金地质勘探、大坝及尾矿监测孔、海洋工程勘察、大坝基础的钻探取样及灌浆，以及微型桩、水井孔等。

(2)地层适应范围宽。在0～300m的深厚堆积体、各种松散层：如砂土、粉砂土、粘土、砾石、粗砾、漂砾、冰碛物、碎石堆、垃圾堆积物以及软岩中，能有效、高速地进行连续原状取样钻进以及全套管成孔。而这是传统钻进工法无法比拟的。

(3)成孔速度快，钻孔直线度高。声波钻进是振动、回转和加压三种钻进力的有效叠加，特别是振动作用，不仅有效破碎岩石，同时也使岩土排开和液化，从而获得较高的钻进速度。通常钻速在20～30m/h，比常规回转钻进方法快5倍以上。钻孔直线度高，偏差低于1%。

(4)岩土样保真度好。声波钻进采用全套管护孔，可在覆盖层和软基岩中采集直径大，代表性强，保真度好、不混层的连续岩土样。扰动降到最低，尤其适合应用在需要采集原状样及无污染样品的场合。

(5)环境污染少，是绿色施工法。通常情况下，声波钻进可不使用泥浆或添加泥浆处理剂的钻井液，少用水或者不用水，钻进产生的废弃物比常规钻进少70%～80%，从而减少了钻井液对环境的污染。此外，施工过程环保，施工时噪声低，对周边环境影响小。

(6)安全性好。声波钻进采用了套管跟进护壁技术，套管跟进和取样同时进行。外套管能够很好地保护孔壁，防止孔壁坍塌。同时还可隔离含水层，避免交叉污染。由于有外层套管的保护，因此，不怕卡钻、埋钻，钻孔过程孔内事故少。

(7)施工工艺多样。可以使用绳索钻进工艺，实现不提钻取样；也可采用单管、单动双管取样钻进。能用较大直径的套管(4～12寸，1寸≈0.033m)高效连续钻进。

(8)钻进成本低。

国外声波钻机施工，除坚硬基岩外的常规覆盖地层，一般每天钻进进尺100m以上，由于钻进速度快，缩短了施工周期，降低了劳动力费用；不用泥浆及少水钻进，材料消耗少；钻进产生的废物少，减少了现场清理费用。

1 国内声波钻机的应用

1.1 YGL-S100型声波钻机在向家坝的应用

无锡金帆钻凿设备股份有限公司生产的YGL-S100声波钻机，2013年1月在云南省水富县向家坝水电站进行观察孔施工及取样施工。

向家坝水电站位于云南省水富县(右岸)和四川省宜宾县(左岸)境内金沙江下游。坝址位于云南省水富县(右岸)和四川省宜宾县(左岸)的金沙江下游河段上，左右岸分别安装4台80万kW的机组。向家坝电站装机总容量640万kW，单机80万kW水轮发电机组为世界最大，装机规模仅次于三峡和溪洛渡水电站，为目前中国第三大水电站。

水电站坝区地层复杂，上部地层主要为冲积层，砂砾为主，厚度不均。

向家坝水电站建成后，坝区居民反映居住的建筑物有不明震感，为查明震源，决定在库区及居民点地下埋设地震仪器，查明引起震动的原因。埋设地震仪器，需钻凿一定深度的孔，下入仪器后，用水泥固结。地震仪器直径为ϕ102mm，长度550mm。根据地震测量需要，共布置16孔，钻孔深度为50～150m，钻孔直径≥120mm。钻孔穿过地层自上而下主要的地层分别为：填方层主要为混凝土块、灰岩块石、砾石、少量沙土；砂卵砾石层主要为中粗砂含少量砾石，砾径一般在10～50mm之间，个别地层砾径达1～2m；基岩主要为泥岩。岩芯取样是对具体地方的具体地质状况判断的依据，因此，需所取的样品完整、连续，即要求岩样保真度要高，钻机在取样过程中对地层扰动要小。

该地区地质条件复杂，根据以前钻进取样显示，钻进过程要先后穿过堆石层、松散砂砾层、强风化层以及基岩；砂砾层取样率不高、保真度较低；回填层碎石较硬，易塌孔，采用常规回转钻进方法成孔非常困难，以致1～2个月不能钻一个孔。

为了提高成孔效率，项目工程决定利用声波振动回转钻进的特点，使用YGL-S100型声波钻机来钻孔施工(图1)。

图1 YGL-S100型声波钻机在向家坝水电站做监测孔施工

YGL-S100型声波钻机在向家坝水电站进行了两种施工工艺：监测孔采用不取样快速成孔

工艺，取样孔采用绳索取芯钻进工艺。

1.1.1 全套管不取样快速成孔

监测孔不要求取样，能顺利下入地震检测仪即可，因此，使用全套管不取样快速成孔钻进工艺，配 BW-200 泥浆泵清渣。钻进选用 ϕ140 特制的厚壁套管、ϕ160 钻头。

1.1.2 绳索取芯钻进

近年来，绳索取芯钻进已成为的首选的取样钻进方法。其最大优点就是取样速度快，劳动强度低，向家坝取样钻进中使用了特制的绳索取芯钻具，见图 2，实现了绳索取芯取样。

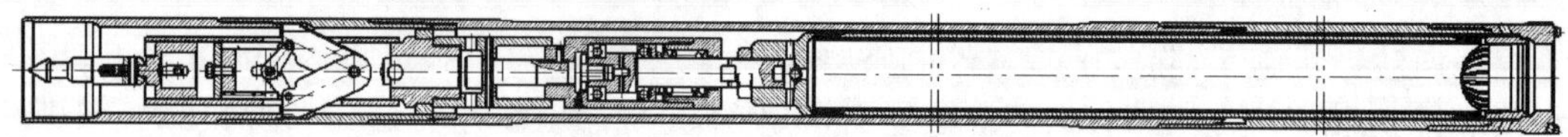

图 2 SS140-00 绳索取芯钻具

取样钻进一共钻了两个孔，钻进借用了 ϕ140 特制的厚壁套管作为绳索钻杆、ϕ155 钻头，取样直径 ϕ98。为达到保真取样的目的，钻头设计成特殊的侧喷结构，以保证循环液不冲刷样品。

1.1.3 套管护壁、单动双管钻具取样钻进

对仅需部分取样钻进的钻孔，采用全套管快速成孔钻进工艺。在取样段使用单动双管钻具钻进取样，取样效果等同于绳索取芯钻进。钻进时，钻套管内直接下入取样器取样，取样后，钻套管继续钻进护壁成孔。

1.2 YGL-S100 声波钻机在溧阳水电站施工

2012 年 10 月，YGL-S100 声波钻机在溧阳水电站，位于下池与天目湖之间堤坝上，进行取样钻进，提取堤坝基础样品。该地域上部为新近填方，中下部为原地貌。填方为土加碎石；原地貌中依次为淤泥、粘土、细砂层、砾石、基岩。

为了顺利完成施工任务，决定采用 ϕ108 套管护壁，ϕ91 单管取样工艺。先取样，再下取样工具取样。为冷却振动器及水龙头，施工中加少量清水冷却，冷却水在取样管上部排出，不进到孔底，不会对岩样造成污染，确保样品真实；取样钻具如图 3 所示。

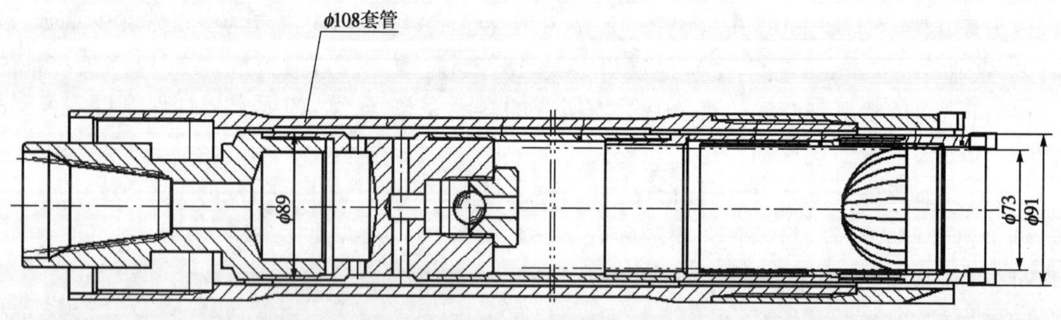

图 3 YGL-S100 型声波钻机取样钻具在溧阳蓄能电站做勘察取样施工

2 国外声波钻机的应用实例

2.1 环境调查取样和修复

2.1.1 土壤污染调查

当工厂土地变更时，尤其是废弃物处理厂、炼钢厂、化肥厂、化工厂等污染比较厉害的工厂搬迁之后，必须对其原址土壤进行调查分析，在确定污染情况后，有必要采取一定的措施对该

地区土壤进行净化或处理。

2.1.2　土壤污染治理与净化

当利用声波钻机精确获得土壤污染状况后，比如污染物、污染范围、污染深度等就可以利用声波钻机钻孔进行土壤修复和净化。

土壤的修复和净化处理基本方式有三种：一是置换法，当确定了土壤污染物为重金属污染之后，可以利用此方法来修复土壤，利用声波钻机钻孔，然后再孔内灌入药物，循环往复，将土壤中的重金属元素置换出来，然后集中收集；二是化学中和法，取样之后确定土壤污染为酸碱污染后，可以利用相应的化学物质将其中的酸碱物中和达到修复的目的(图4为日本东京土壤酸化处理的过程)；三是微生物处理法，利用孔内注入微生物，通过微生物的活动，将土壤中的污染物分解掉。

图4　声波钻机进行土壤酸化处理

2.1.3　环境监测调查取样

美国科罗拉多的Del Norte附近的Summitville矿山尾矿区，据美国环保部门的资料，该矿山被列为北美污染最严重的地区之一。在该矿区环境监测调查取样中使用两台Boart Longyear公司的声波钻机，成功完成了30个深度为100～210ft(1ft＝0.304 8m)的检测孔，钻孔全部采用“干式”声波钻进完成，没有用水、空气或其他添加剂。

采取的岩心直径为6in(1in＝25.4mm)，平均采取率高达90%。这些钻孔中下了临时套管，以便4in监测设备的安装。施工中每个检测孔平均10～15h完成，比计划提前2周时间完成了该项工程。声波钻进系统在各种淤泥、粘土、砂、砾石、大鹅卵石等组成的混合地层中钻进非常顺利，干式声波钻进限制了大量钻进消耗物，消除了稀释现有污染物的任何机会，大大减少了井眼钻进和清洗时间。

2.2　地质勘探取样

2.2.1　在加拿大的应用

加拿大声波钻机钻进，使用直径154.2mm套管，深度200m的情况下，声波钻机也可以提供完整的、连续的岩样。由于不损坏样品，能连续取样，声波钻机经常用在地质调查取样的工程上。加拿大不列颠哥伦比亚塔布勒岭的一个工程利用声波钻机取样钻进，在进行每隔1.5m(5ft)的土壤渗透性测试取芯样品中，钻探人员发现了古老的蕨类植物叶子的化石。

2.2.2　在美国的应用

位于内华达的西北部一处金矿施工中，客户使用宝长年公司(Boart Longyear)的LS600声波钻机，做金矿取样钻探，深度107m。

宝长年公司称：LS600声波钻机传递先进的声波技术，能够钻进182m(600ft)的深度。能够让钻孔者在不同的困难地层中，钻取到连续的、没有扰动的岩心样品。与传统的钻进方法相比，取出的岩心更精确，少于1%的孔偏差，减少污染，快速取样等优点。对钻孔者来说，LS600

钻机是一台高效的钻机。

2.2.3 在日本的应用

客户使用利根公司 JP-60 型声波钻机，采用 TS118 绳索取样钻具，在砂卵石地层连续取样 124m 深，图 5 为砂卵石样品。

2.2.4 斐济海上取样施工

结合声波钻机的特性，专门设计紧凑型的声波钻机，安装在船上，可以取出海底中的原状样，配合海洋地质调查，如图 6 所示。

图 5 日本利根 JP-60 钻机在砂卵石层取样

图 6 斐济海上取样施工

2.3 地源热泵孔施工

地热在公寓、工厂、医院、大学、街道办事处、发电所等地方取得了广泛的应用。下面所述为声波钻机在地源热采集孔的施工业绩以及各单位地源热的使用状况。

图 7a)是为日本某养老院利用地热的装置，使用里根 SD 型声波钻机，钻成 5 个 100m 深的孔，通过热交换将地热转换，为老人日常生活所需的热水。图 7b)是日本长野医院钻地源热泵孔，其钻孔直径是 200mm，钻孔深度为 150m，在砂卵石地层钻进，钻进时间为 10h。

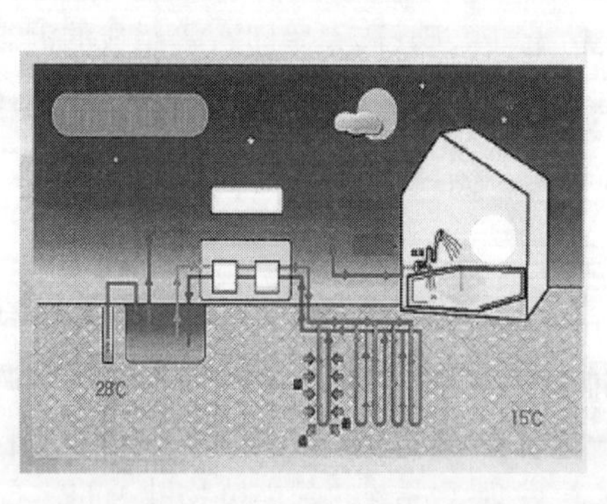

a)

b)

图 7 声波钻机地热钻孔

2.4 灾害治理与预防——防滑坡工程的地下排水施工

边坡锚固：在小规模的土壤崩坏、变形、侵蚀的滑坡斜面，钻孔，下入锚索，灌浆，锚固，以增强边坡的稳定性。边坡锚固钻孔如图 8 所示。

针对滑坡治理，通常情况下是在推测的滑动面的上方打孔，然后放入水泵将其中的积水抽出去。最新的办法是，利用声波钻机钻垂孔，与排水隧道贯通，使用地下排水隧道，将滑坡积水排放干净，可以较为彻底地治理滑坡。

图 8　利用声波钻机进行边坡锚固

2.5　地线工程

利用声波钻机快速成孔以及对环境污染程度低的优势，各发电厂以及工厂采用声波钻机钻孔以安装地线，可将雷击引入地下，防止雷击对电厂元件、发电设施造成破坏，并可预防当设备老化出现破损之后对人员造成危害。

2.6　声波打桩技术的应用

声波钻机可使用在住宅用的微型桩的施工中，该类桩直径较小，利用声波钻机的高速成孔，钻掘一个先导孔，然后更换压头，结合声波钻机的高频振动，将微型桩压入孔中直到微型桩全部进入。该方法利用声波钻机动力头的高频振动(不旋转)，将微型桩周围的土层液化，将微型桩快速压入地下，产生的废物少，污染少，噪声低，施工快速、安全。

3　结语

声波钻机在深厚覆盖层成孔及取样钻进具有独特的优势，世界各地已广泛应用。随着声波钻进技术不断发展，其应用领域也将越来越广，声波钻进工艺必将带来钻进技术的革新。

参考文献

[1]　张燕. 国外声波钻机及应用[J]. 探矿工程(岩土钻掘工程)，2008，7.

[2]　雷开先. 声波钻机在环境地质调查中的应用[J]. 探矿工程(岩土钻掘工程)，2013，6.

[3]　罗强，刘良平，谢士求，等. YGL-S100 型声波钻机及其在深厚覆盖层成孔取样施工实践[J]. 探矿工程(岩土钻掘工程)，2013，6.

城市轨道交通工程变形监测控制指标分析研究

吴锋波[1]　高文新[1]　马　长[2]

（1. 北京城建勘测设计研究院有限责任公司
2. 中国矿业大学(北京)地球科学与测绘工程学院）

摘　要　城市轨道交通工程变形控制指标是工程质量控制的重要措施。通过大量第三方监测数据的统计分析，明确城市轨道交通不同监测项目的变形值分布形态。工程变形受设计、地质条件、施工工艺等多种因素的影响，根据实测结果分析，给出了工程变形控制指标的建议数值。研究成果对城市轨道交通工程变形控制指标的确定具有重要的指导作用。

关键词　城市轨道交通　水平位移　竖向位移　控制指标

1　引言

我国城市轨道交通工程具有规模大、地质和环境条件复杂、施工方法多样和风险突出的特点，工程监测的安全保障作用日益突出。变形控制指标是工程安全风险控制的关键性内容，是工程质量控制的重要措施，是施工过程中工程自身及周边环境安全状态判断的重要依据，是工程技术水平的客观评价标准，也是工程设计、施工及监测等工作的重要控制点。其数值大小直接影响工程自身和周边环境的安全，对施工方法、监测手段、施工工期和造价都有很大的影响。城市轨道交通工程变形受影响因素很多，主要影响因素包括：设计(基坑尺寸、隧道断面形式、覆土厚度等)、施工工法、支护形式和地质条件等。

工程监测可以实时掌控支护结构和周边环境的变形情况，是工程安全风险管控的重要技术手段。通过监测对象变形实测结果的分析及与监测项目控制值的比较，可以为其安全状态的判定提供依据，明确监测对象的预警状态，便于工程安全风险管控工作的开展[1-2]。

变形控制指标是反映工程安全的重要标准，也是工程安全风险监控的重要标准。变形控制指标的具体数值应符合工程可接受准则的基本要求，根据当前经济、社会发展水平和风险监控技术水平的要求进行综合确定[3-5]。

城市轨道交通工程变形控制指标的确定，以往主要依据建筑基坑类规范，缺乏针对城市轨道交通工程的全国性的统一规定。住建部质量督查结果表明，变形控制指标存在类型不全面、数值针对性不强等问题。这些问题导致控制指标超值现象经常发生，工程预警、报警数量增加，风险控制成本增长。因此，2014 年 5 月颁布实施的国家标准《城市轨道交通工程监测技术规范》(GB 50911—2013)在编制过程中，对大量实际工程监测数据进行了统计分析研究，对控制指标的确定具有重要的现实意义。

2　资料收集与统计原则

2.1　资料收集

国家标准《城市轨道交通工程监测技术规范》(GB 50911—2013)将变形控制指标列为专

题研究项目。通过调研整理共收集相关规范、规程和工程标准共53部，其中，国家、行业标准31部，地方标准14部，企业、工程标准6部，其他资料2部。广泛收集了北京、上海、广州等14个轨道交通建设城市的第三方监测资料进行统计分析，包括监测控制值和实际监测结果，工程实测结果具有较强的真实性。

明(盖)挖法基坑工程共收集25条线路、87个工点的实测资料，监测项目包括地表沉降、桩(墙)顶沉降、桩(墙)顶水平位移和桩(墙)体水平位移。盾构法隧道地表沉降共收集7个城市的13条线路、33个工点的实测资料。矿山法隧道地表沉降共收集4个城市的8条线路、43个工点的实测资料。

2.2 统计原则

实际监测结果的统计遵循以下原则：地质条件按照《建筑抗震设计规范》(GB 50011—2010)，将所收集工点的地层条件分为坚硬～中硬土和中软～软弱土两大类，分别进行统计；明(盖)挖法基坑工程根据开挖深度的不同分为基坑深度大于20m、深度10～20m和深度小于10m三个等级；盾构法隧道根据隧道断面直径和埋深(覆土厚度)的不同，分为大断面隧道(隧道直径10m左右)、标准断面隧道(隧道直径6m左右)埋深小于或等于20m和标准断面隧道埋深大于20m三个等级；矿山法隧道按车站和区间进行分类，区间根据隧道断面大小分为标准断面区间(常规单线单洞马蹄形等)和大断面区间(断面高度或宽度大于10m)两类。

3 明挖基坑变形统计分析

明挖基坑变形包括基坑桩(墙)顶竖向位移、水平位移、桩(墙)体水平位移和地表变形等。

3.1 桩(墙)顶竖向位移

该监测项目共收集29个工点303个监测点，工点多位于中软～软弱土地区，竖向位移整体形态近似正态分布，见图1。图中，"+"表示桩(墙)顶隆起，"—"表示桩(墙)顶沉降。

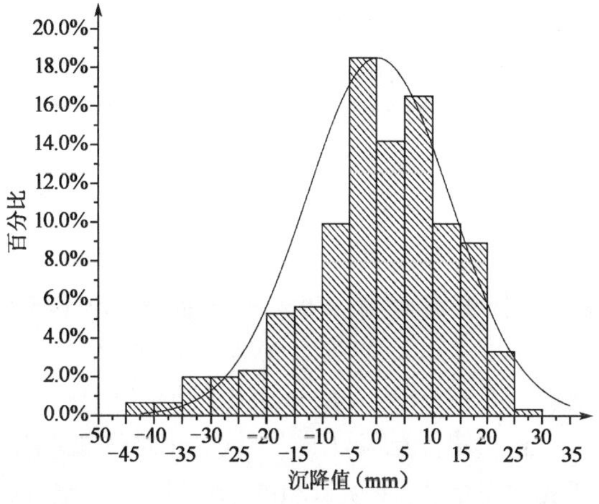

图1 基坑桩(墙)顶最终竖向位移分布频率直方图

由图1可知，基坑桩(墙)顶在竖向上可出现隆起和沉降两个方向的较大位移。约53.1%的监测点出现隆起，46.9%沉降。93.1%分布在—30～+20mm之间。

根据统计结果，基坑桩(墙)顶竖向位移应按沉降和隆起分别控制，最大变化速率的最大值为4.8mm/d，大部分工程监测点最大变化速率在2mm/d以内。对绝大多数工程，桩(墙)顶沉降按—30mm进行控制，隆起按+20mm进行控制，变化速率按4mm/d进行控制，都能够满足安全控制的要求。

3.2 桩(墙)顶水平位移

(1)中软～软弱土地区

该监测项目共收集24个工点311个监测点，水平位移整体形态近似正态分布，见图2。图中，"+"表示桩(墙)顶向基坑内部的位移，"—"表示向基坑外部的位移。

由图2可知，中软～软弱土地区明挖基坑桩(墙)顶水平位移实测数值分布在—15～+40mm范围的监测点数量约占监测点总数的93.9%。

根据统计结果，桩(墙)顶水平位移最大变化速率的最大值为 4.4mm/d，大部分工程监测点最大变化速率在 2mm/d 以内。中软～软弱土地区的桩(墙)顶向基坑内的水平位移按＋40mm进行控制，变化速率按 4mm/d 进行控制，对绝大多数工程都能够满足安全控制的要求。当需对基坑桩(墙)顶向基坑外的水平位移进行控制时，建议控制值为 15mm。

(2)坚硬～中硬土地区

该监测项目共收集 49 个工点 592 个监测点，水平位移整体形态近似正态分布，见图 3。

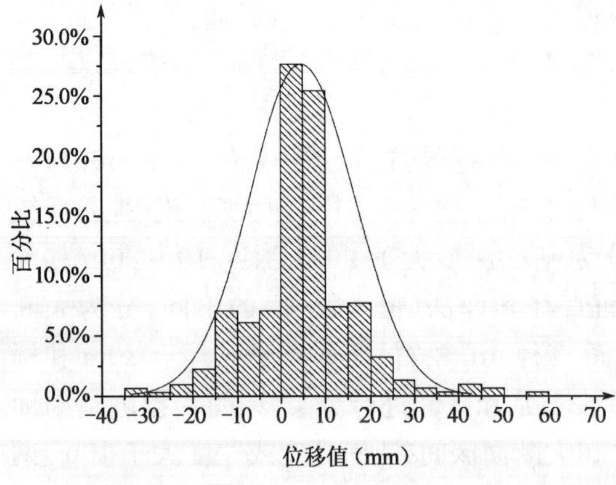

图 2　基坑桩(墙)顶最终水平位移分布频率直方图

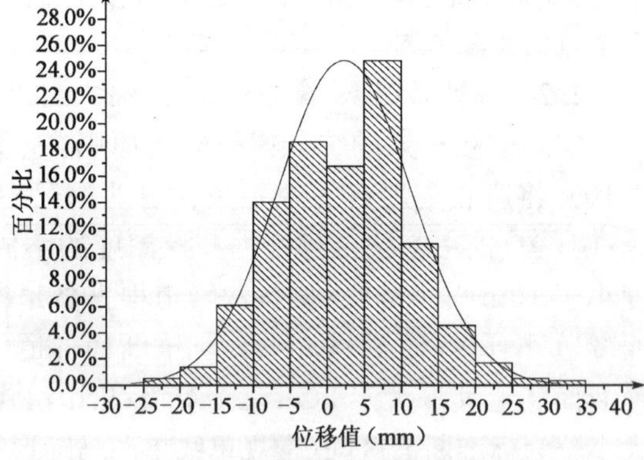

图 3　基坑桩(墙)顶最终水平位移分布频率直方图

由图 3 可知，坚硬～中硬土地区明挖基坑桩(墙)顶水平位移实测数值分布在－15～＋35mm 范围的监测点数量约占监测点总数的 98.2%。

根据统计结果，桩(墙)顶水平位移最大变化速率的最大值为 4.4mm/d，大部分工程监测点最大变化速率在 2mm/d 以内。坚硬～中硬土地区的桩(墙)顶向基坑内的水平位移按＋40mm进行控制，变化速率按 4mm/d 进行控制，对绝大多数工程都能够满足安全控制的要求。当需对基坑桩(墙)顶向基坑外的水平位移进行控制时，建议控制值为 15mm。

3.3　桩(墙)体水平位移

(1)中软～软弱土地区

该监测项目共收集 29 个工点 282 个监测点，水平位移整体形态近似为半正态分布，见图 4。图中，“＋”表示桩(墙)体向基坑内部的位移，“－”表示向基坑外部的位移。

由图 4 可知，中软～软弱土地区明挖基坑桩(墙)体水平位移主要为向基坑内的变形，实测数值分布在 0～＋70mm 范围的监测点数量约占监测点总数的 76.2%。

根据统计结果，中软～软弱土地区桩(墙)体水平位移的最大变化速率多在 5mm/d 以内，变化速率最大值为 8.6mm/d。中软～软弱土地区支护桩(墙)体向基坑内的水平位移按＋70mm和 0.70%H 进行控制，变化速率按 6mm/d 进行控制，对大多数工程都能够满足安全控制的要求。

(2)坚硬～中硬土地区

该监测项目共收集 47 个工点 454 个监测点，水平位移整体形态近似正态分布，见图 5。

由图 5 可知，坚硬～中硬土地区明挖基坑桩(墙)体水平位移存在向基坑内外两个方向较大的水平位移，实测数值分布在－15～＋40mm 范围的监测点数量约占监测点总数的 89.4%。

根据统计结果，坚硬～中硬土地区桩(墙)体水平位移的最大变化速率多在 2mm/d～3mm/d，变化速率最大值为 3.4mm/d。坚硬～中硬土地区支护桩(墙)体向基坑内的水平位移按+40mm和0.20%H进行控制，变化速率按5mm/d进行控制，对绝大多数工程都能够满足安全控制的要求。当需对坚硬～中硬土地区基坑桩（墙）体向基坑外的水平位移进行控制时，建议控制值为15mm。

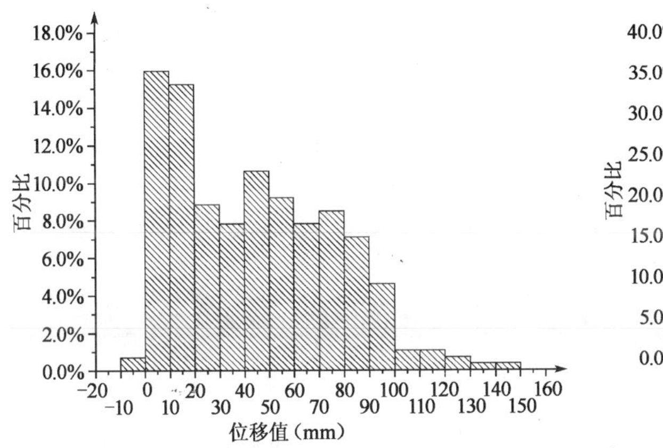

图4　基坑桩（墙）体最终水平位移分布频率直方图

图5　基坑桩（墙）体最终水平位移分布频率直方图

3.4　地表变形

（1）中软～软弱土地区

该监测项目共收集31个工点646个监测点，变形整体形态近似为半正态分布，见图6。图中，"+"表示地表隆起，"－"表示地表沉降。

由图6可知，中软～软弱土地区基坑地表变形实测变形较大，主要为沉降变形。实测数值分布在－60～0mm范围的监测点数量约占监测点总数的83.6%。

根据统计结果，中软～软弱土地区地表沉降的最大变化速率多在2～3mm/d之间，变化速率最大值为7.6mm/d。中软～软弱土地区地表沉降按－60mm和0.60%H进行控制，变化速率按6mm/d进行控制，对绝大多数工程都能够满足安全控制的要求。

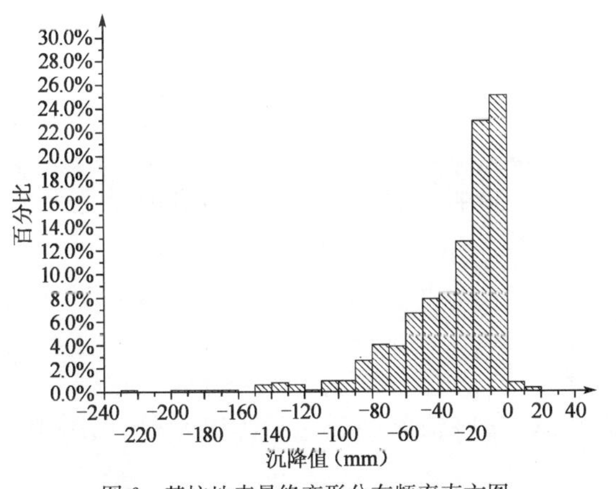

图6　基坑地表最终变形分布频率直方图

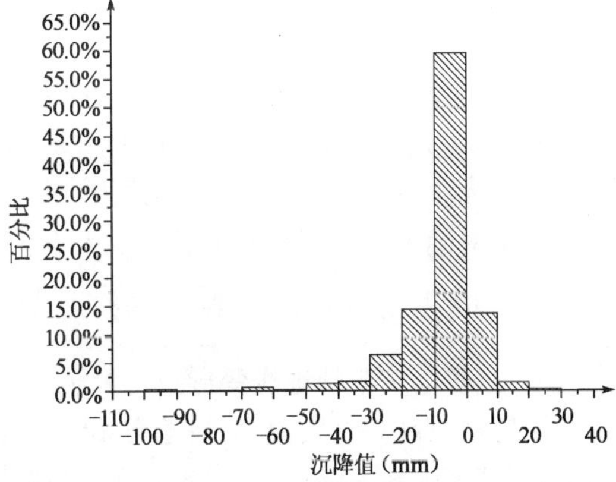

图7　基坑地表最终变形分布频率直方图

（2）坚硬～中硬土地区

该监测项目共收集36个工点912个监测点，变形整体形态近似正态分布，见图7。

由图7可知，坚硬～中硬土地区基坑地表变形存在较大的地表沉降和地表隆起，实测数值分布在－40～+20mm范围的监测点数量约占监测点总数的97.0%。

根据统计结果，坚硬～中硬土地区地表沉降的最大变化速率多在2～3mm/d之间，变化速率最大值为4.4mm/d。坚硬～中硬土地区地表沉降按－40mm和0.20％H进行控制，变化速率按4mm/d进行控制，对绝大多数工程都能够满足安全控制的要求。

4 盾构法标准断面隧道地表变形

盾构法隧道为直径约6.2m的标准断面隧道。

4.1 中软～软弱土地区

该监测项目共收集12个标准断面517个监测点，变形整体形态近似偏态分布，见图8。图中，“＋”表示地表隆起，“－”表示地表沉降。

由图8可知，中软～软弱土地区盾构法标准断面隧道工程地表变形主要为沉降，且数值较大，约90.2％的监测点沉降实测值在 －45mm以内。

根据统计结果，地表隆起控制值为＋10mm，地表沉降控制值中软～软弱土地区为－15～－45mm，对绝大多数工程都能够满足安全控制的要求。

4.2 坚硬～中硬土地区

该监测项目共收集20个标准断面370个监测点，变形整体形态近似偏态分布，见图9。

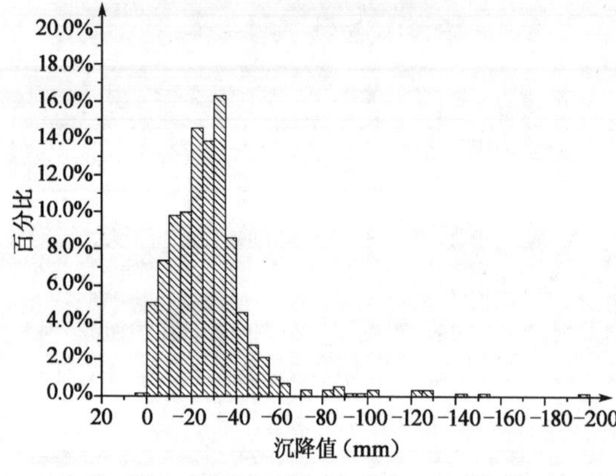

图8 盾构法标准断面隧道地表最终变形分布频率直方图

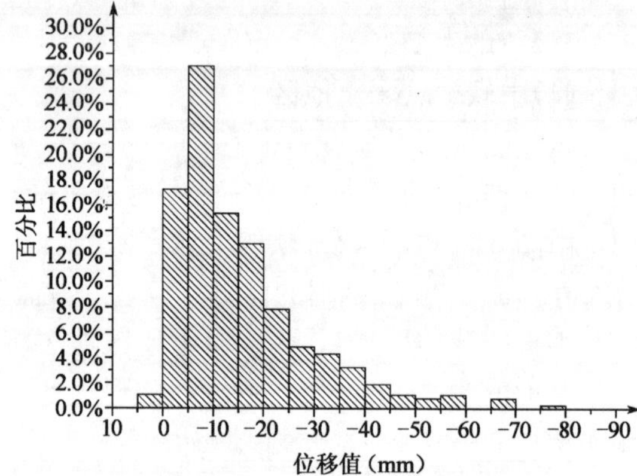

图9 盾构法标准断面隧道地表最终变形分布频率直方图

由图9可知，坚硬～中硬土地区盾构法标准断面隧道工程地表变形主要为沉降，且数值较小，约94.1％的监测点沉降实测值在－40mm以内，隆起实测值多在＋10mm以内。

根据统计结果，地表隆起控制值为＋10mm，地表沉降控制值坚硬～中硬土地区为－10～－40mm，对绝大多数工程都能够满足安全控制的要求。

5 矿山法隧道地表变形

5.1 矿山法车站地表变形

该监测项目共收集16个暗挖车站337个监测点，变形整体形态为多峰值分布，见图10。图中，“＋”表示地表隆起，“－”表示地表沉降。

由图10可知，矿山法车站地表变形主要为沉降，沉降值较大，32.6％的监测点沉降小于30mm；80％的监测点沉降在88.4mm以内。

根据统计结果结合矿山法施工工序较复杂，地层存在多次扰动，建议矿山法车站控制值为－40～－70mm。

5.2 矿山法隧道地表变形

矿山法隧道的断面为标准马蹄形，其地表沉降共收集21个工点、350个监测点，变形呈整体形态近似偏态分布，见图 11。

由图 11 可知，矿山法标准断面隧道地表变形主要为沉降，97.7%的监测点实测值在－40mm以内。根据统计结果，结合矿山法施工工序，地层存在多次扰动，建议矿山法标准断面隧道区间地表沉降控制值为－20～－40mm。

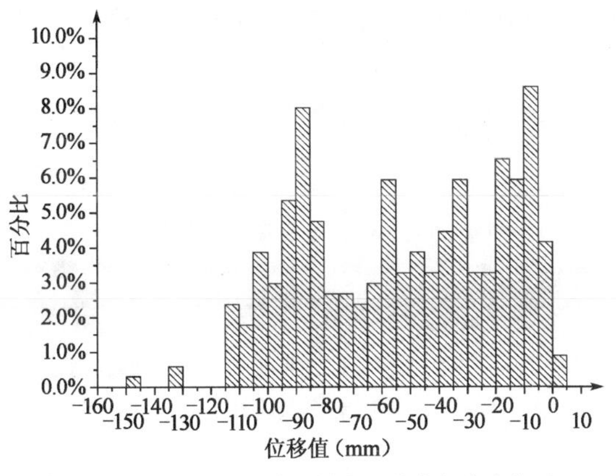

图 10 矿山法车站地表最终变形分布频率直方图

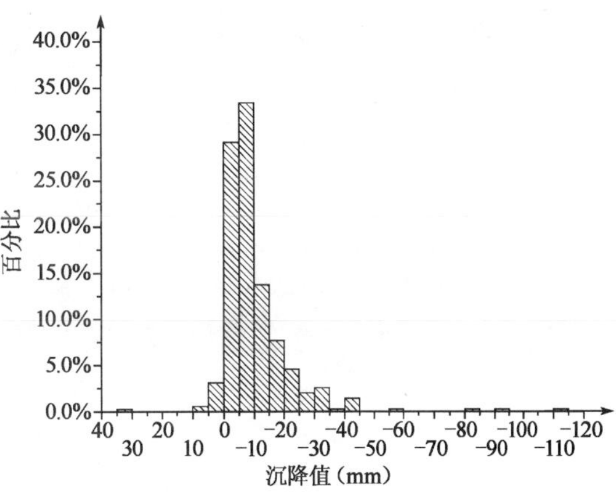

图 11 矿山法隧道地表最终变形分布频率直方图

6 结语

(1)统计结果分析表明，城市轨道交通不同施工工法下变形实测分布有一定的规律。明挖基坑桩(墙)顶竖向和水平位移、坚硬～中硬土地区基坑地表沉降和桩(墙)体水平位移等存在双方向位移时为正态分布；中软～软弱土地区基坑桩(墙)体水平位移和地表沉降、盾构法和矿山法标准断面隧道地表变形等多为半正态分布；矿山法车站地表变形为多峰值分布。

(2)变形控制结果基本反映了各城市设计、施工单位的技术、管理水平，以及建设单位的管控水平(设计单位对变形因素考虑是否全面，施工单位管理是否到位)。

(3)根据基坑监测变形特点，建议桩(墙)顶在竖向、水平方向等均存在两个方向的位移时，应进行双向控制。根据实测结果给出了不同明挖基坑工程监测项目的变形控制建议值。

(4)根据盾构法标准断面隧道地表变形实测结果，建议地表变形控制值中软～软弱土地区为－15～－45mm；坚硬～中硬土地区为－10～－40mm。

(5)根据矿山法工程地表变形实测结果，建议车站地表沉降控制值为－40～－70mm；标准断面隧道区间地表沉降控制值为－20～－40mm。

参考文献

[1] 金淮，张建全，吴锋波，等. 盾构下穿首都机场施工监测变形特性分析[J]. 都市快轨交通，2008，21(5)：53-57.

[2] 马雪梅，吴锋波. 高压电缆下穿轨道交通地面线变形监测[J]. 铁道工程学报，2010，5：77-81.

[3] 金淮，张成满，马雪梅，等. 城市轨道交通安全风险技术管理体系的建立[J]. 都市快轨交通，2010，23(1)：34-37.

[4] 马雪梅，高文新，吴锋波. 城市轨道交通工程监测现状与展望[C]//海峡两岸岩土工程/地工技术交流研讨会论文集.

[5] 吴锋波，金淮，张建全，等. 轨道交通基坑工程变形监测控制指标[J]. 都市快轨交通，2013，26(6)：78-83.

二、理论研究与工程测试

高地应力软岩隧道大变形发生机理及控制技术研究

梅志荣[1]　张军伟[2]　陈永照[1]

（1. 中铁西南科学研究院有限公司　2. 西南石油大学土木工程与建筑学院）

摘　要　针对西部铁路高地应力地质条件下软岩隧道大变形成灾特点和施工难点，采取理论分析和现场试验等方法进行综合研究，形成了高地应力软岩隧道大变形发生机理和以锚杆喷射混凝土为主要支护手段的控制技术。工程试验和实践表明，该研究取得了有效控制高地应力地质条件下软岩隧道大变形的良好效果。

关键词　高地应力　软岩　隧道　围岩　大变形　发生机理　锚杆喷射混凝土

1　引言

随着我国交通事业的快速发展，特别是中西部大开发政策的进一步落实，国家加大了对中西部交通基础设施的投资，例如前不久全面进入施工阶段的成(成都)兰(兰州)铁路，是我国西南地区近年来在建的地形起伏最大(从海拔 500m 至海拔 5 600m)、桥隧比例最大(全线隧道长 337km，其中长度为 10～20km 的隧道 11 座，20km 以上特长隧道 2 座，高达 78%)、方案变化最大的铁路建设项目。已有的地勘资料表明[1]，成兰铁路沿线隧道多穿越高地应力、软弱破碎带、活动性断裂带以及埋深多大于 500m。深埋隧道通过软岩和断层带时，在高地应力和富水条件下通常将会产生大变形。这种隧道围岩变形量大，而且位移速度也很大，一般可以达到数十厘米到数米，如果不支护或支护不当，变形收敛的最终趋势是隧道内净空将被严重封闭侵占，支护系统严重破坏，造成施工极为困难，同时容易形成地质灾害，危及人员生命和财产安全。

针对高地应力软岩隧道大变形危害巨大，严重影响施工工期和线路正常运营，而且整治费用高昂的缺陷，国内学者黄鸿建[2]、李术才[3]、张志强[4]等人利用有限元法模拟分析了高地应力软岩大变形隧道的施工力学行为，并对短距离内隧道变形进行预测。而王洪峰[5]、李永林[6]、王永红[7]、张祉道[8]、刘志春[9]、孙绍峰[10]、李春林[11]、刘高[12]、汪波[13]、张军伟[14-17]、梅志荣[14-17]等人主要从单因素方面分析了软岩隧道大变形的形成原因、发生条件、变形特征以及破坏机理，提出了采取锚杆、围岩注浆、二次衬砌和钢支撑相结合的二次支护控制技术措施。以上研究针对具体工程解决了软岩大变形隧道关键技术难题，但是这些研究还没形成系统理论，无法从根本上消除软岩大变形对隧道施工的危害。鉴于上述存在的问题，基于工程实例，以软岩大变形发生机理为核心，从多因素方面分析隧道大变形发生的原因和基本条件、基本特征、发生机理进行探讨，并提出控制技术措施。本研究具有重要的现实意义与指导作用，可为今后类似工程建设提供参考。

2 软岩隧道大变形实例及发生原因

2.1 软岩隧道大变形实例

(1)岩手一户隧道

位于日本长达25.8km的岩手一户隧道,穿越地质条件为凝灰岩及泥岩互层,单轴抗压强度为2～6MPa。隧道施工采用新奥法施工,施工过程中上断面的净空位移100～400mm,最大为411mm;下断面的净空位移最大为200mm,拱顶下沉为10～100mm。

(2)惠那山隧道

日本惠那山隧道,长8.635km,围岩以花岗岩为主,其中,断层破碎带较多,局部为粘土,岩体节理发育、破碎,岩石的抗压强度为1.7～3.0MPa,隧道埋深为400～450m,原始地应力为10～11MPa。施工时在地质最差的地段,拱顶下沉达到930mm,边墙收敛达到1 120mm,有600cm^2 面积的喷射混凝土侵入模筑混凝土净空。最后采用9.0m和13.5m的长锚杆,并重新喷护20cm厚的钢纤维混凝土后,结构才得以基本稳定。

(3)陶恩隧道

陶恩隧道长6.4km,开挖断面面积90～105m^2,围岩主要岩层为绢云母、千枚岩夹绿泥石为主,抗压强度R为0.4～1.7MPa,洞内无地下水活动,隧道埋深为600～1 000m,原始地应力为16.0～27.0MPa,侧压力系数近似为1.0,围岩强度比为0.05～0.06。采用台阶法施工。由于对在挤压性围岩隧道施工缺乏经验,采用的初期支护参数较小,导致拱顶发生1.2m的位移。而后把锚杆改为6m,并初次采用纵向伸缩缝,缝宽20cm、间隔3m的可缩支撑,并在隧道底部增加了隧底锚杆,喷射混凝土厚度25cm。上述补强措施对大变形起到了一定的控制作用,但已完成段,其洞壁已严重侵入二次衬砌净空,只能采取扩挖的办法处理,增加了施工的难度,同时又具有一定的危险性。此时的净空收敛是20～25cm。更大时,则要增打9m以上长度的锚杆。

(4)阿尔贝格隧道

奥地利阿尔贝格隧道长139.8km,开挖断面面积90～103m^2,围岩主要为千枚岩、片麻岩,局部为含糜棱岩的片岩、绿泥岩,岩石强度为1.2～1.9MPa,隧道的埋深平均为350m,最大埋深为740m,原始地应力为13.0MPa,围岩强度比为0.1～0.2。隧道采用自上而下的分步开挖法。由于阿尔贝格隧道是在陶恩隧道之后施工的,该隧道设计时的初期支护就比较强,喷射混凝土厚20～25cm,锚杆长6.0m,同时安设了可缩刚架。但是由于岩层产状不利,锚杆的长度仍不够,施工中支护产生了很大变形,拱顶下沉量达到15～35cm,最大水平收敛达70cm,变形速率达11.5cm/d,后来采取的锚杆长度增加到9.0～12.0m,变形得到了控制,变形速率降为5.0cm/d,变形收敛时间为100～150d。

(5)家竹箐隧道

家竹箐隧道全长4.99km。隧道位于盘关向斜东翼,属单斜构造,岩层产状N20°～35°E/18°～30°NW。由于距向斜轴部较远,故皱褶、断层不发育,只在隧道中部煤系地层中发育有一正断层F1,其破碎带宽15～20m。隧道横穿家竹箐煤田。隧道南段为玄武岩,北段为灰岩,中部3 890m为砂、泥岩及为钙质、泥质胶结的砂岩夹泥岩的煤系地层。隧道掘进进入分水岭之下的地层深部后,在接近最大埋深(404m)的煤系地层地段,由于高地应力的作用,锚喷支护相继发生严重变形。在一般地段,拱顶下沉为50～80cm,侧壁内移50～60cm,底部隆起50～80cm;在变形最严重地段,拱顶下沉达到240cm,底部隆起达到80～100cm,侧壁内移达到

160cm。为整治病害，具体措施如下：

①设置特长锚杆加固地层；

②改善隧道断面形状，加大边墙曲率；

③采用先柔后刚、先放后抗的支护措施；

④加大预留变形量；

⑤提高二次衬砌的刚度；

⑥加强仰拱。大变形迅速得到整治，衬砌施工后，结构完好，未出现任何开裂现象，经预埋的应力、应变计测试，有足够的安全储备。

(6)木寨岭隧道

木寨岭隧道全长 1 710m，穿越地层围岩主要为二叠系炭质板岩夹砂岩及硅质砂板岩。存在的主要构造体系是山字形构造体系。属地应力集中区，隧道穿越区为沟谷侧，原始地应力难以释放。隧道主要地质为炭质板岩夹泥岩，局部泥化软弱，呈灰黑色，围岩层理呈褶皱状扭曲变形严重，大部分地段围岩较破碎，洞身渗涌水频繁，部分地段呈股流。隧道在高地应力大变形地段，严重处拱顶累计下沉达 155cm。经研究主要采取的处理措施有：

①开挖总体采用双侧壁法；

②初期支护钢架及临时支撑采用 I22 型工字钢、自进式锚杆，超前支护小导管，拱脚两侧增设小导管锁脚。导坑开挖时预留变形；

③修改原设计仰拱；

④二次衬砌采用双层钢筋网，与仰拱预留钢筋焊接；

⑤对需换拱段及开挖后变形较大的地段，除施作长的自进式锚杆外，再采用小导管进行双液注浆。

2.2 隧道大变形发生的原因

隧道围岩大变形主要发生于低级变质岩、断层破碎带及煤系地层等低强度围岩中。发生该类变形的围岩一般被称为软岩(soft rock)、挤出性围岩(squeezing rock)或膨胀岩(swelling rock or expansive rock)。从上述隧道大变形工程案例可以看出，大变形是相对正常变形而言。产生大变形主要有客观和主观两方面原因，地质条件是客观原因，技术措施不当是主观原因，前者是根本原因。从地质条件分析，产生大变形的原因有三种：

(1)膨胀岩作用。具有膨胀性的围岩在一定条件下体积膨胀，使隧道周边产生大变形。如成昆线百家岭隧道、青藏线关角隧道、宝中线堡子梁隧道都属于围岩膨胀引起的大变形。

(2)高地应力作用下的软岩隧道挤压变形。研究表明，当强度应力比小于 0.3～0.5 时，即能产生比正常隧道开挖大一倍以上的变形。此时，洞周将出现大范围的塑性区，随着开挖引起围岩质点的移动，加上塑性区的“剪胀”作用，洞周将产生很大位移。所以高地应力是大变形的一个重要原因，这又称为高地应力的挤压作用。埋深大、地壳经历激烈运动，地质构造复杂的泥岩、页岩、千枚岩、泥灰岩、片岩、煤层等都容易出现较大的挤压变形。

(3)局部水压及气压力的作用。当支护和衬砌封闭较好，周边局部地下水升高或有地下气体(瓦斯等)作用时，支护也会产生大变形，但这种现象并不多见。

3 软岩隧道大变形基本特征及发生机理

3.1 隧道大变形基本特征

软岩在高地应力作用下，发生挤压大变形和破坏特征不仅受围岩自身力学行为的影响，还同高地应力以及工程等因素有关，变形破坏特征如下：

（1）变形量大

岩手一户隧道施工过程中上断面的净空位移100～400mm，最大为411mm；下断面的净空位移最大为200mm，拱顶下沉为10～100mm；惠那山隧道施工时在地质最差的地段，拱顶下沉达到930mm，边墙收敛达到1 120mm；陶恩隧道采用台阶法施工。由于对在挤压性围岩隧道施工缺乏经验，采用的初期支护参数较小，导致拱顶发生1.2m的位移；家竹箐隧道在一般地段，拱顶下沉为50～80cm，侧壁内移50～60cm，底部隆起50～80cm；在变形最严重地段，拱顶下沉达到240cm，底部隆起达到80～100cm，侧壁内移达到160cm；木寨岭隧道在高地应力大变形地段，严重处拱顶累计下沉达155cm。

（2）变形速率高

奥地利的陶恩隧道最大变形速率高达200mm/d，一般也达50～100mm/d。

（3）变形持续时间长

由于软弱围岩具有较高的流变性质和低强度，开挖后应力重分布的持续时间长。变形的收敛持续时间也较长。日本惠那山隧道变形持续时间大于300d。

（4）支护破坏形式多样

由于原始应力状态因方向而异，围岩也具有各向异性，初期支护常常不均匀受力，破坏形式也是多样的。喷层开裂、剥落先在受力较大的部位发生；锚杆锚固作用失效。型钢拱架或格栅发生扭曲，坍塌随即发生。衬砌做好后，大变形常使衬砌严重开裂，挤入净空。底部上鼓使道床严重破坏，只好中断行车。

（5）围岩破坏范围大

高地应力使隧道周边围岩的塑性区增加，破坏范围增大。特别是支护不及时或结构刚度、强度不当时围岩破坏范围可达5倍洞径。一般锚杆长度伸不到弹性区，这常是导致喷锚支护失效的根本原因。

3.2 隧道大变形发生机理

（1）洞室周边产生塑性区条件

圆形洞室弹性阶段理论解：

$$\sigma_r = p_0 - (p_0 - p_i)\left(\frac{R}{r}\right)^2 \tag{1}$$

$$\sigma_\theta = p_0 + (p_0 - p_i)\left(\frac{R}{r}\right)^2 \tag{2}$$

式中：σ_r、σ_θ——洞室周边围岩的径向和切向应力；

p_0——原始地应力；

R——洞室半径；

p_i——r处的地应力；

r——围岩中计算点的半径。

在洞周$r=R$处，$\sigma_\theta=2p_0$，$\sigma_r=0$，所以当应力比$R_{pl}/p_0<2$时，洞室周边将产生塑性变形。

（2）塑性区影响因素分析

基于Mohr-Coulomb强度破坏准则，可得圆形均质地层塑性半径的理论公式：

$$R_{pl} = R \cdot \left[\frac{\left(p_0 + \frac{c}{\tan\varphi}\right) - \left(p_0 + \frac{c}{\tan\varphi}\right)\sin\varphi}{p_i + \frac{c}{\tan\varphi}}\right]^{\frac{1-\sin\varphi}{2\sin\varphi}} \tag{3}$$

式中：R_{pl}——塑性半径；

R——隧道半径；

p_0——原始地应力；

p_i——支护抗力。

当原始地应力 p_0 增大时，塑性半径 R_{pl} 也增大；当围岩抗压强度抗压强度 $2c\cos\varphi/(1-\sin\varphi)$ 减小时，塑性区半径也将增大。

（3）塑性半径与洞壁位移的关系

圆形均质地层洞壁位移的理论公式如下：

$$u_{R}^{pl}(p_i)=-\frac{1+\nu}{E}\cdot\left[\begin{array}{l}\dfrac{R_{pl}^{k_\Psi+1}}{R^{k_\Psi}}\cdot(p_0-p_{pl})+(1-2\cdot\nu)\cdot\left(p_0+\dfrac{c}{\tan\varphi}\right)\cdot\left(\dfrac{R_{pl}^{k_\Psi+1}}{R^{k_\Psi}}-R\right)-\\ \dfrac{1+k_p\cdot k_\Psi-\nu\cdot(k_\Psi+1)\cdot(k_p+1)}{(k_p+k_\Psi)\cdot R^{(k_p-1)}}\cdot\left(p_i+\dfrac{c}{\tan\varphi}\right)\cdot\left(\dfrac{R_{pl}^{k_p+k_\Psi}}{R^{k_\Psi}}-R^{k_p}\right)\end{array}\right] \tag{4}$$

$$k_\Psi=\tan^2\left(45°+\frac{\Psi}{2}\right)=\frac{1+\sin\Psi}{1-\sin\Psi}$$

$$k_p=\tan^2\left(45°+\frac{\varphi}{2}\right)=\frac{1+\sin\varphi}{1-\sin\varphi}$$

式中：Ψ——剪胀角。

当 $\varphi\neq\Psi$ 时，符合非相关流动准则；当 $\varphi=\Psi$ 时，符合相关流动准则。

（4）洞壁位移的影响因素

埋深：当仅考虑自重应力场时，隧道埋深与地应力成正比。

侧压力系数：拱顶竖向位移随侧压力系数增长而增大。

弹性模量：在其他条件不变的情况下，洞壁位移与弹性模量呈线性关系，即洞壁位移随弹性模量的增大而减小。

强度应力比：位移随强度应力比的增大而减小。

4 软岩隧道大变形控制技术

挤压性围岩的隧道设计理念，主要可归纳为减轻作用在支护结构荷载而容许位移的方法和为了控制松弛而尽可能早地控制位移的方法，即所谓的柔性结构设计和刚性结构设计，两者的设计理念是完全相反的。

4.1 柔性结构设计理念

（1）先行导坑法，即先掘进比较长的导坑，通过位移释放一部分初始地压，可减轻作用在扩挖时的支护变形和构件中的应力。概念上是通过导坑发生先行位移，结果是推迟了支护结构的设置时间，从而减轻了作用在支护结构上的形变压力。

（2）多重支护方法。在具有确保设置多层支护的变形富余条件下，在掌子面先设置第一层支护，而后在距掌子面后方 3.0D 以上的位置设置第二层支护，使隧道稳定的方法，基本上是不进行支护替换的方法。本方法的概念是一次支护发生屈服，但因设置二次或者多次支护，地压和支护反力得到平衡。

（3）可缩式支护方法。隧道开挖后及时施作支护，防止围岩松弛，隧道围岩压力增大，通过可缩式锚杆、可缩钢架等支护体系预留更大的变形空间，释放围岩压力，保持支护结构完整的围岩压力与支护抗力平衡。

(4)分阶段综合控制法。长短结合的系统锚杆和补强锚杆围岩加固，用锚杆分阶段控制围岩部分位移。同时，采用刚架、分层喷射混凝土支护，分层施作二次衬砌。当设置的支护因刚性不足，难于控制位移时，为了强化支护刚性，可以分阶段地逐步提高支护刚性来控制位移，使隧道趋于稳定。

4.2 刚性结构设计理念

(1)大刚度支护和衬砌结构。采用掌子面超前长大锚杆和周边系统长大锚杆、大型钢架和大厚度喷射混凝土支护。该方法采用刚性更大的支护结构，以控制位移。也有尽快浇筑仰拱，紧跟掌子面，甚至尽快模筑混凝土结构到达早期闭合，强行使隧道趋于稳定。

(2)大范围围岩加固法。采用超前注浆或旋喷支护，深孔大范围注浆加固补强隧道周边和掌子面前方的围岩，力求在减轻支护土压的同时，使掌子面附近早期闭合而控制位移的方法。

上述挤压性围岩设计理念都有一些成功的工程实例。从技术、经济、工期等综合指标出发，上述各设计理念都有一定的适用性。刚性设计法仅在小埋深、低地应力的软岩，技术上可行、经济上合理，而柔性设计的先行导坑法、多重支护法、可缩式支护法和分阶段综合控制法其基本理念是相同的，都是容许围岩变形，释放地应力，减低支护压力，同时又能约束围岩松弛和控制过分变形，保持隧道稳定的目的。但在技术手段上又各有差异，从经济、工期上具有较大差距，例如先行导坑应力释放法虽然扩挖隧道施工经济，但导坑本身施工仍然困难，增加支护工程量大；可缩式支护结构工艺复杂，技术要求高，施工工期较长。

5 应用实例

某铁路隧道全长 8 989m，是新建铁路襄渝二线的重点控制工程。该隧道设计采用带仰拱的曲墙复合式衬砌，除进出口 39m 为碎石道床外其余均铺设弹性整体道床。整个隧道设 2 座斜井和 1 座横洞，其中：渔王沟斜井长 849.64m，与线路交于 DZK225＋870；险滩沟斜井长 992.14m，与线路交于 DZK227＋150；沙沟横洞长 263.16m，与线路交于 DZK230＋930。于 2005 年 8 月 3 日开工。

隧道洞身通过地层主要以志留系下统云母片岩为主，洞顶局部山体坡面上及部分冲沟内分布有第四系全新统坡积粉质粘土和洪积碎石土，出口端有第四系全新统坡积角砾土、碎石土分布，进口端有第四系全新统坡积块土、粘土。受区域构造的影响，岩体中构造和小褶曲发育，岩体受应力和变质作用的影响，使区域范围产生大的褶区构造，而且使岩层自身形成了局部的褶曲、揉皱，造成产状的多变。施工后分别从进口 DZK224＋025 和险滩沟 DZK226＋378 开始大量出现炭质片岩地质及部分零散段落，共计全长 2 880m。炭质片岩岩体的抗剪强度低且对振动影响很敏感，岩体扭曲、揉皱现象明显，节理发育，岩体节理面光滑亮泽，往往夹杂有石英岩脉侵入体，并伴有地下水渗流。施工过程中出现了不同程度的初期支护变形、侵限、拆换和危及施工安全现象。

经过近 4 年的现场施工情况分析，查明某铁路隧道炭质片岩是一种具有沿片理面蠕滑、软质岩流变和构造破碎综合特性的特殊劣质岩。炭质片岩强度低、具有变形长时段发展的流变性质，在区域地质构造作用下，地层强烈扭曲揉皱，产生大量密集的节理和顺层摩擦镜面，岩体的整体性遭到严重破坏，由于富含炭质滑膜的作用，岩体 c、φ 值极低，是导致初期支护开裂、变形、侵限的基本地质原因。该变形具有变形量大、持续时间长、分布不均匀和不对称性等特点，造成变形控制难度很大。

(1)围岩变形量大:施工过程中围岩变形大,工序转化时对围岩变形收敛影响大,比如掌子面爆破、下台阶落底及仰拱开挖时围岩均有明显的变形加剧现象,DZK224+780 变形量达1 260mm;DZK224+865 最大变形量达 2 250mm。

(2)变形快且变形速率大:隧道开挖后,围岩正常日水平收敛达 30～50mm。一般随隧道的掘进,变形也随之加快,DZK224+865 处 10d 水平收敛超过 920mm,20d 累计变形量超过1 560mm,累计变形达 2 250mm。

(3)变形持续时间长:围岩变形持续时间较长,二衬之后依然存在变形。如:DZK225+260～DZK225+286 段 4 组衬砌拱顶和拱腰出现明显裂纹,渔王沟斜井 DZK225+864～DZK225+883 交叉口套拱混凝土出现开裂,可见变形持续时间长。

(4)变形分布不均匀和不对称。

①隧道普遍存在左右侧变形不均匀和不对称现象,初期支护完成后,不同段落左右侧变形量不同,初期支护开裂掉块严重,侵占二衬空间,钢架扭曲,甚至被剪断。

②拱顶下沉:前期水平收敛明显大于拱顶下沉,后期又出现拱顶下沉明显增大现象。前期水平收敛的速度和累计变形值均明显大于拱顶下沉,拱顶下沉一般累计 105mm 左右,水平收敛累计变形一般大于 500mm。近期出现拱顶下沉达 500～600mm,每天达到 20～30mm。

(5)重复性:在隧道变形地段,由于变形造成侵限,而不得不拆换拱架,每次拆换后,变形依然很大。如 DZK225+220～DZK225+255 和 DZK225+730～DZK225+800 变形侵限拆换3 次。

(6)蠕变、突变现象:变形侵限初期支护拆换后,必须及时施作二衬混凝土,否则围岩发生突变,造成失稳坍塌。在施工仰拱时,易发生突变现象。

针对某铁路隧道高地应力软岩区段实际情况,采用柔性结构设计理念分阶段综合控制法。即首先选择合理的断面形状,留足预留变形量,短锚管超前支护,中等长等系统锚杆和少量补强锚杆围岩加固,多重支护,适当提高衬砌刚度和提前施作衬砌。主要控制技术措施如下:

①优化了施工工艺,对每个工序、工艺进行监控,确保工艺到位。

②严格控制工序步长。

③临时加固措施:部分地段对变形控制采用 4.5m 导管径向压浆加固。采用 ϕ40 的小导管进行注浆处理,间距 80cm×80cm。针对软弱围岩处钢拱架连接处增加锁脚锚杆,并且对其连接板处集中加固和变形严重部位在采取措施之间,增加对口撑,对口撑采用 I20a 型钢。针对三台阶法施工,在每步台阶底部采用钢架加锁脚锚杆,以补强拱脚的稳定性,严格控制步长,在主要变形位置增设横撑(起拱线、大跨)。正台阶施工,在起拱线部位增设临时仰拱,采用I20 型钢按照钢拱架的间距设置,灌注 C20 混凝土,厚度 35cm。根据现场情况,最多时采取两层临时仰拱措施。

④针对隧道变形的特点,增加了预留变形量,由设计的 15cm 增加到 30cm,根据右侧变形大的特点,又加大了右侧预留变形量到 45cm。

⑤在局部采取了渣体反压措施和在拱脚部分设混凝土支墩措施。

⑥为确保工期,在渔王沟斜井中部增设 315m 支洞,以缓解工期压力,起到较大的作用。

⑦二次衬砌结构形式与支护时机。衬砌结构形式与作用在不同围岩地质条件下是不同的,其刚度也不同。衬砌结构的设计应满足实现工程经济、安全与耐久性要求。在坚硬良好围岩地质条件下,支护结构可实现洞室稳定,小刚度衬砌结构仅作为安全储备;而在一般围岩地

质条件下，支护结构仅能暂时或相对短期保持洞室稳定，往往以支护和较大刚度衬砌复合式结构共同作用。为保证衬砌结构安全，往往推迟二次衬砌时机，以达到充分发挥围岩自承作用，尽量减小二次衬砌围岩压力分担比例的目的。在高地应力软岩地质条件下，特别是围岩强度应力比极低时，围岩压力大，流变特性显著，隧道变形持续时间长，可缩式或多重支护可有效控制隧道变形，但很难稳定隧道变形，隧道变形往往持续数周乃至几年。因此，大刚度衬砌适当提前施作是稳定隧道变形的经济和有效方法。适当提前施作二次衬砌，合理施作时机十分重要。衬砌施作时机应考虑将围岩压力大部分释放，衬砌围岩压力分担比例应降低到总压力的70%以下，同时，在考虑围岩蠕变、结构可靠性和耐久性前提下，经理论分析、现场监测等综合手段进行确定。在某铁路隧道工程实践中，衬砌施作时机为隧道全位移达隧道极限围岩的65%～80%以后，施工实测位移与隧道极限位移比值达43%～55%，位移速率占实测总位移比值达1.0%后。

6 结语

(1)地质条件是隧道围岩大变形发生的客观原因，以膨胀岩作用、挤压变形以及局部水压及气压力的作用为主。

(2)隧道大变形基本特征主要为变形量大、变形速率高、变形持续时间长以及支护破坏形式多样。

(3)从隧道大变形发生机理可以看出，高地应力软岩大变形隧道塑性区的大小与隧道埋深、地层侧压力系数、围岩弹性模量以及强度应力比等因素密切相关。

(4)实践表明：通过研究隧道围岩大变形发生机理，选择正确的设计理念和施工方法，优化施工工艺、严格控制工序步长、临时加固措施以及实时控制初期支护和二次衬砌支护时机能够有效控制隧道大变形。

参考文献

[1] 中铁二院设计集团有限公司. 成兰铁路初步设计研究报告[R]. 2012.

[2] 黄鸿健. 堡镇隧道高地应力软弱围岩段施工大变形数值模拟预测研究[J]. 铁道标准设计，2009(3)：93-95.

[3] 王洪峰，钟祖量. 超浅埋大偏压分离式黄土隧道大变形灾害及治理[J]. 地下空间与工程学报，2012，8(S2)：1841-1845.

[4] 戴永浩，陈卫忠，于洪丹，等. 大坂膨胀性泥岩引水隧洞长期稳定性分析[J]. 岩石力学与工程学报，2010，29(S1)：3227-3234.

[5] 李岳，戴俊，顾寅，等. 大变形隧道长短锚杆支护机理及设计应用[J]. 中国安全生产科学技术，2012，8(5)：11-15.

[6] 李术才，朱维申，陈卫忠，等. 弹塑性大位移有限元方法在软岩隧道变形预估系统研究中的应用[J]. 岩石力学与工程学报，2002，21(4)：466-470.

[7] 王永红，齐文彪. 高地应力煤系软岩地层隧道大变形控制研究[J]. 北京交通大学学报，2013，37：16-20.

[8] 李永林. 二郎山隧道在高地应力条件下大变形破坏机理的研究及治理原则[J]. 公路，2000，12：2-5.

[9] 张志强，郑鸿泰. 高地应力条件下隧道大变形的数值模拟分析[J]. 岩石力学与工程学

报,2000, 19(4s):957-960.

[10] 张祉道. 关于挤压性围岩隧道大变形的探讨和研究[J]. 现代隧道技术,2003,40(2):5-14.

[11] 刘志春,朱永全,李文江,等. 挤压性围岩隧道大变形机理及分级标准研究[J]. 岩土工程学报,2008,30(5):690-698.

[12] 孙绍峰. 兰渝铁路软岩隧道特征及大变形控制技术[J]. 现代隧道技术,2012,49(3):125-130.

[13] 李春林,李天斌,陈礼伟. 龙溪隧道左线试验段围岩大变形成因机制分析[J]. 现代隧道技术,2009,46(5):46-51.

[14] 刘高,张帆宇,李新召. 木寨岭隧道大变形特征及机理分析[J]. 岩石力学与工程学报,2005, 24(42):5521-5527.

[15] 张军伟,梅志荣,唐与. 特长隧洞 TBM 施工与锚喷支护应用研究[J]. 铁道工程学报,2011(1):39-46.

[16] 张军伟,梅志荣,唐与,等. 大伙房输水工程特长隧洞 TBM 选型及施工关键技术研究[J]. 现代隧道技术,2010,48(2):1-10.

[17] Zhang Junwei, Mei Zhirong, Quan Xiaojuan. Failure Characteristics and Influencing factors of highway tunnels damage due to the Earthquake[J]. Disaster Advances , 2013,6(S2): 142-150.

[18] Zhang Junwei, Mei Zhirong, Quan Xiaojuan. Composite Support System Optimum of Water Transfer Tunnel by TBM[J]. Disaster Advances ,2013,6(S2): 324-331.

[19] 张文新,孙绍峰,刘虹. 木寨岭隧道高地应力软岩大变形施工技术[J]. 现代隧道技术,2011,48(2):78-83.

[20] 汪波,李天赋,何川. 强震区软岩隧道大变形破坏特征及其成因机制分析[J]. 岩石力学与工程学报,2012, 31(5):928-937.

[21] 刘志春,李文江,朱永全. 软岩大变形隧道二次衬砌施作时机探讨[J]. 岩石力学与工程学报,2008, 27(3):928-937.

[22] 谭准,向浩东. 软岩偏压铁路隧道大变形处治施工技术[J]. 铁道标准设计,2013(4):69-73.

[23] 孙钧,潘晓明. 隧道软弱围岩挤压大变形非线性流变力学特性研究[J]. 岩石力学与工程学报,2012, 31(10):1957-1969.

某公路高边坡压力分散型锚索受力变形特征试验研究

陈安敏　徐景茂　张向阳　顾金才

（总参工程兵科研三所）

摘　要　本文通过现场试验方法研究了压力分散型锚索的受力特征，介绍了现场试验的测试内容、方法及试验结果，给出了压力分散型锚索单元体的最大剪应变分布规律。在压力分散型锚索张拉过程中，多个单元的承载体并非平均受力，通过室内模型试验与现场试验结果对比分析表明，二者在规律上具有较好的一致性，在本试验条件下，注浆体锚固段长度可由 5m 减小为 2.5～3m。

关键词　边坡工程　压力分散型锚索　现场试验　受力特征

1　引言

预应力锚索加固技术已广泛应用于岩土加固工程中[1]。按照锚索锚固段的受力状态，一般可把锚索分为三类：荷载集中型锚索、荷载分散型锚索和拉、压复合型锚索。压力型锚索的张拉力作用在锚索注浆体底部，水泥浆柱主要承受压应力作用，故从锚索受力合理性和防护角度看，压力型锚索可充发挥水泥注浆体的抗压性能，是一种比较合理的锚索结构形式。与拉力型锚索相比，在内锚固段长度相同的条件下，压力分散型锚索具有更高的承载力和更好的耐久性。为了充分调动地层的强度并显著提高锚索的承载力，Barley[2]通过试验研究，首次提出了单孔复合锚固系统（the single bore multiple anchor system）的概念，即在一个钻孔中安装几个锚索单元，且每个锚索单元都有自己的杆体和锚固段，张拉时，每个锚索单元所承受的荷载通过各自的千斤顶来施加，该锚固系统既可用于永久性工程加固，也可用作临时性工程加固。1988 年，压力分散型锚索首次商业应用于英国 Southampton 的某粘土地层中，由五级承载体组成的锚索承载力达到 1 337kN。随后，日本也开发出了 KTB 压缩分散型锚固工法（日本 KTB 协会），并在日本的边坡加固工程中被广泛采用。

与国外相比，国内开展压力分散型锚索应用研究较晚，在作用机理及工程设计计算方法上尚存在一些问题需要研究，如锚索张拉过程中承载体上粘结力变化情况，张拉荷载作用的有效长度大小是多少，承载体底部毗邻处注浆体有无裂纹产生，锚索体的受力变化情况，工程运行期边坡变形引起的锚索体受力变化等，都有待于研究。刘忠臣等[3]研究了压力分散型锚杆的结构构造，并分析其锚固机理；张四平等[4]采用 Mindlin 弹性位移解与有限元相结合方法，计算了压力分散型锚杆的剪应力分布规律，并比较了与拉力型锚杆的区别；卢黎等[5]根据 Kelvin 解，并考虑三向应力状态对锚固段粘结应力的提高作用，推导了压力型锚杆锚固段的弹性粘结应力和正应力分布方程。夏元友等[6]推导了压力分散型锚索在横观各向同性弹性岩体内的剪应力分布方程，并分析了锚固段剪应力随风化岩体弹性模量、剪切模量变化的特点；邢占清、夏元友、靖洪文等[7-9]采用数值分析方法研究了压力分散型锚杆(索)的作用机理、杆体剪应力分布特点及其影响因素;张景成、徐国兴、张勇等[10-12]通过现场试验方法研究了压力分散型锚索的合理结构形式、锚固段应力分布状态、荷载传递机理、极限承载能力及张拉施工工艺等;盛宏光[13]采用理论和试验方法、黄云龙[14]结合工程实例对压力分散型锚索的设计方法进行了研究。上述成果,对指导工程实践和研究压力分散型锚索的作用机理具有借鉴作用。为了更深入地研究压力分散型锚索与岩体的相互作用机理,在室内物理模型试验研究的基础上,结合广贺高速公路边坡加固工程,进行了本次压力分散型锚索现场试验。

现场试验地点选在二广高速公路怀集至三水段。通过现场监测锚索张拉过程中承载体上粘结力变化情况、张拉荷载作用的有效长度、承载体底部毗邻处注浆体有无裂纹产生及锚索体的受力变化情况等,取得压力分散型锚索张拉过程中的相关试验资料,为进一步深入研究其作用机理打下基础。该段边坡高度高(达 40.5m),自然坡率陡,挖方数量大,地质条件复杂。坡体为强风化砂岩,坡面岩体存在潜在滑移面。为防止表层滑塌,中下部坡体主要采用预应力锚索格梁进行加固,以确保路基高边坡稳定。本试验共设 A、B 两根受力性能测量锚索,分别位于三级边坡的坡顶和坡脚附近,高差约 7m。另外,还布置一根无粘结钢绞线进行锚索握裹力试验。该边坡地质条件和边坡加固设计方案示意图见图 1,锚索体采用 4 根 1 860MPa 级,ϕ15.24 高强度、低松弛无粘结钢绞线编制,锚具用 OVM15-4 型。锚索总长度 26m,其中锚固段长度为 10m,分为两个等长为 5m 的锚固单元,安装角为坡面反向下倾 20°。采用 B 型锚斜托结构作为张拉承压结构,锚斜托钢垫板尺寸为 25cm×25cm×2cm。格梁方形布置,间距 3.5m×3.75m,截面尺寸为 0.5m×0.5m。锚索孔径 ϕ130mm,间距 3.5m×3.75m。

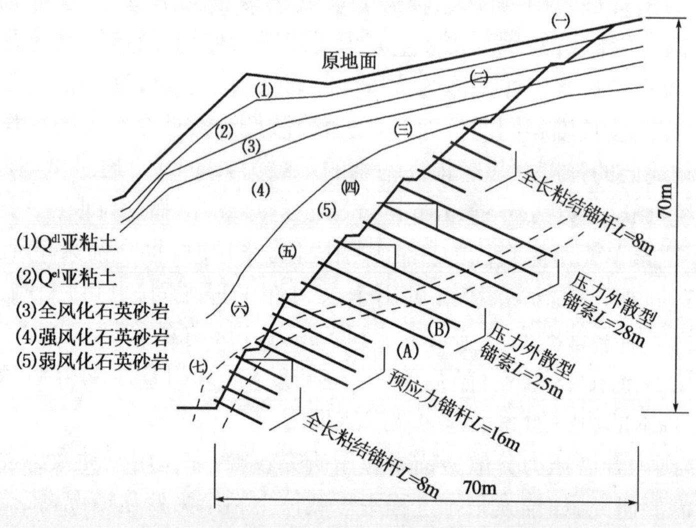

图 1 边坡地质条件和加固设计方案示意图

室内物理模型试验是在总参工程兵科研三所实验室进行的。通过对 3 种不同强度岩体中压力分散型锚索加固效应对比试验研究,给出注浆体轴向应变分布特点及注浆体与孔壁间剪应力分布规律,分析锚索破坏特点、注浆体在承载体附近的压应力集中现象等,详见文献[15]。

2 试验测试内容和方法

2.1 试验测试内容

(1)锚固段轴应变和粘结力测试

为了监测锚固段轴应变和粘结力分布长度及变化规律，在每个锚固段上布置 6 个剪应变测点，每孔锚索共有 12 个剪应变测点，轴应变测点与粘结力测点共用一个沿轴向布置的应变片。A 锚索测点布置见图 2，B 锚索与此相同。

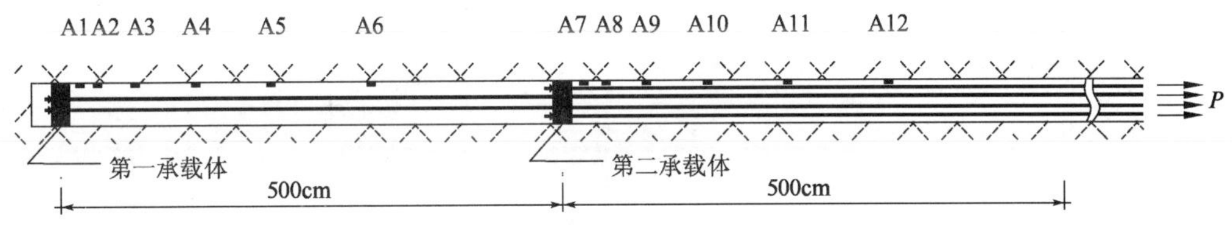

图 2 压力分散型锚索注浆体上剪应变测点布置

剪应变采用 45°应变花测量，应变砖采用两块环氧树脂片胶合而成应变花粘贴及环氧树脂片胶合过程中应采取防潮绝缘处理，应变砖制作好后用铝合金固定条固定于钢绞线上，使剪应变测点位置距离孔壁 1～3cm 处。

(2)锚索体受力监测

为了监测锚索在张拉阶段及运行阶段受力变化，在每根测量锚索外端布置 2 个锚索测力计，测量相对位置的 2 根锚索体的受力变化情况。

2.2 试验方法

压力分散型预应力锚索的施工步骤包括修坡、钻孔、锚索制作、安装、锚固注浆、格梁与锚斜托浇筑、锚索张拉、锁定及封锚施工工序。

在锚索制作阶段需将预先设计制作好的剪应变测点及断裂缝测点按要求的位置和方位安装在索体上，将测量导线穿入 PVC 管中引出，并给予适当的保护，做好防潮绝缘处理。锚索安装、锚固注浆后，对各测点引出的测量导线也要进行保护，做好防潮绝缘处理，以确保锚索张拉阶段各测点正常工作。

在锚索张拉阶段，需先安装锚索测力计，A 锚索的 2 号、3 号测力计安装在两根长索上，B 锚索的 4 号、5 号测力计安装在两根短索上；然后将剪应变测点和锚索测力计通过导线与应变仪连接，监测张拉过程中各测点的变化情况。

锚索张拉时分预张拉、补偿张拉、整体张拉等 7 个步骤进行，预张拉和补偿张拉荷载均为 40kN，分级张拉时，每级荷载分别为设计荷载的 30%、50%、75%、100%，锁定荷载为 110%。每次张拉后稳压约 10min 再开始下一步骤。

3 试验成果及分析

3.1 压力分散型锚索注浆体轴向应变分布规律

以 A 锚索为例来说明。图 3 是 A 锚索在各级张拉荷载下的注浆体轴向应变分布形态。由图可见：A 锚索注浆体轴向均为压应变，压应变最大值发生在承载体附近。随着与承载体距离的增加，受压端注浆体压应变不断衰减，到一定距离压应变值基本为零。

上述轴应变分布特征表明，压力分散型锚索沿其轴线受力是很不均匀的，在承载体与注浆体之间受力最大，离承载体较远处受力较小，超过一定范围（在本试验条件下是 1.5～2.0m 以外）甚至不受力，因此锚索锚固段的长度不是越长越好，应根据张拉荷载的大小来确定。在本试验条件下，如果取张拉荷载等于锁定荷载，即 P=440kN 时，A、B 锚索单元体 1 的轴应变有效长度分别为 1.6m（12.3d，d 表示注浆体直径，下同）和 1.4m（10.8d），单元体 2 的有效长度分别为 1.4m(10.8d)和 2m(15.4d)。另外，由于在承载体与注浆体之间受力最大，在那里注浆体材料有可能产生挤压性破坏。

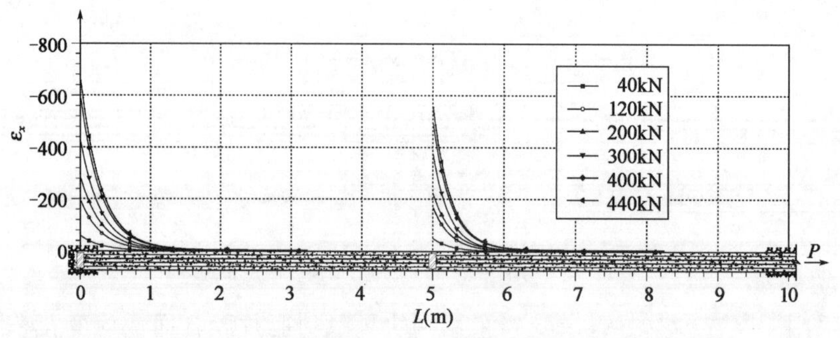

图 3　A 锚索注浆体轴应变 ε_x 分布

3.2　压力分散型锚索内锚固段常规剪应变分布规律（图 4）

由图 4 可见，A 锚索常规剪应变 γ_{xy} 的最大值也发生在承载体与注浆体的接触面上，但它随锚索长度不是一直衰减下去，大约在距承载体 0.8m 处，曲线又向上凸起出现第 2 个较小的峰值。这种现象表明，此处锚索注浆体可能发生了弯曲或鼓胀。

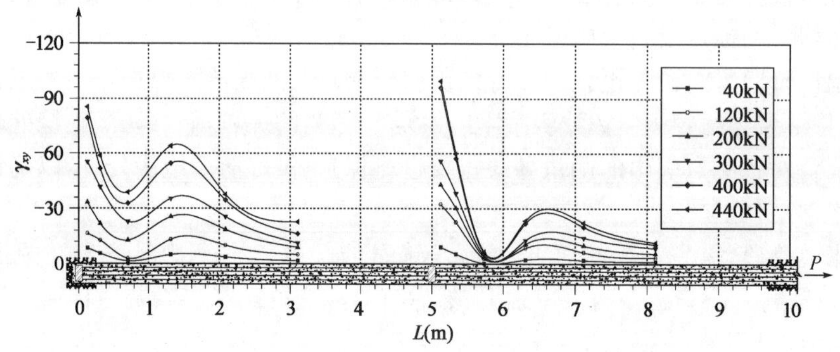

图 4　A 锚索注浆体与孔壁间常规剪应变 γ_{xy} 分布

3.3　压力分散型锚索注浆体与孔壁之间最大剪应变分布规律

实际工程中锚索张力 P 是通过承载体传给注浆体后，再由注浆体与孔壁之间的剪应力传给岩体的，因此，了解注浆体与孔壁之间的最大剪应变分布规律具有重要的工程意义。由实测应变值换算出的 A 锚索注浆体在孔壁处的最大剪应变分布，见图 5。从图中看到，注浆体与孔壁的最大剪应变分布具有如下特征：

(1)注浆体与孔壁间的最大剪应变分布是不均匀的，峰值均在承载体处，即在承载体处产生高度的应力集中。其原因可能是承载体附近注浆体因受压而出现径向变形，径向变形使该部位注浆体直径较其他部位大，从而使得承载体的压应力主要通过该部分注浆体与孔壁之间的剪应力来平衡，导致此处产生高度应力集中现象。

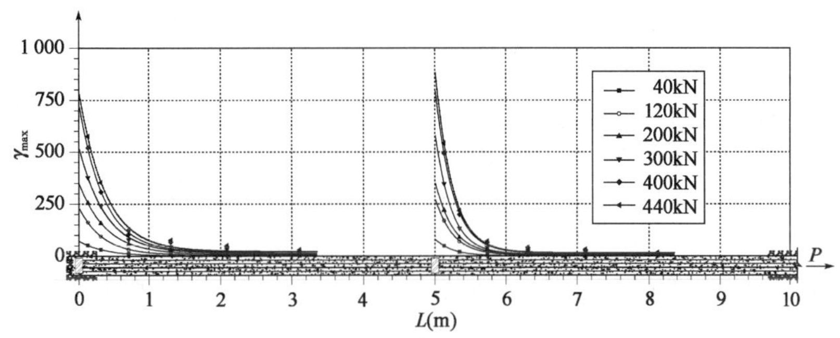

图 5 A 锚索注浆体与孔壁间最大剪应变 γ_{max} 分布

(2)注浆体与孔壁最大剪应变的分布范围只在承载体近端有限的长度上，而不是沿其全长均匀分布。在本试验条件下，如果取张拉荷载等于锁定荷载，即 $P=440$kN 时，A、B 锚索单元体 1 的最大剪应变有效长度分别为 1.6m（12.3d，d 表示注浆体直径，下同）和 1.4m（10.8d），单元体 2 的有效长度分别为 1.4m(10.8d)和 2m(15.4d)，与锚固段相应轴应变的有效长度相同。

(3)有效长度虽然随着张拉力的增加会有所延长，但延长速率不快。从图中明显看到，随着张拉力的增加承载体近端剪应变增加很快，但有效长度增加不多。这种情况产生的原因可能是由于锚固段注浆体有效长度若要增长，则其周边剪应力必须有局部进入极限状态。当注浆体上现有的周边剪应力之合力承担不了施加在承载体上的张拉荷载时，注浆体的受力长度才有可能延长，这样就造成了有效长度随张拉荷载的增加延伸速度较慢现象。

3.4 现场试验与室内试验分布规律的比较

将现场试验所得锚索注浆体轴向应变图和最大剪应变图与文献[15]的室内模拟试验所得应变图对比，可以看到：

(1)现场试验中，锚索注浆体的有效长度大于室内模拟试验注浆体的有效长度。现场试验中，若 $P=440$kN 时，A 锚索单元体 1 的最大剪应变的有效长度为 1.6m(12.3d)，单元体 2 的有效长度为 1.4m(10.8d)。由于室内模拟试验的张拉荷载作用在一个单元体上，室外试验中的张拉荷载 P 对应于室内张拉荷载的 $P/2$。室内模拟试验中，当 $P=220$kN 时，与现场岩体力学参数较接近的模型 M1 注浆体的有效长度为 55cm(4.5d)。现场试验中注浆体有效长度较长的原因可能是由于现场岩体对注浆体的约束力小于室内模拟岩体造成的。

(2)二者注浆体与孔壁之间的最大剪应力(变)分布规律基本一致。二者的剪应力都存在应力集中现象，剪应力最大值发生在承载体附近；在有效长度范围内，同一点剪应力值随荷载增加而增加，同一荷载作用下剪应力值随与承载体距离的增加而减小。

(3)二者在注浆体轴应变的总体分布规律上是一致的，其主要分布规律与最大剪应力类似。

上述结果说明，现场试验与室内模拟试验在规律上具有较好的一致性。同时，现场试验和室内模拟试验的数据表明，锚索注浆体并非全锚固段长度受力，而是有限长度受力，故锚固段太长是没有意义的。在本试验条件下，注浆体锚固段长度可由 5m 减小为 2.5～3m。

4 结语

(1)通过室内和现场试验,实测得到锚索注浆体与孔壁之间的最大剪应变分布规律,为分析计算压力分散型锚索承载能力提供了试验依据;

(2)试验结果表明,注浆体与孔壁间的最大剪应变分布是不均匀的,剪应变峰值发生在承载体处,即在承载体处产生高度的应力集中;注浆体与孔壁之间最大剪应变的分布范围只在承载体近端有限的长度上,而不是沿其全长均匀分布;在本试验条件下,注浆体锚固段长度可由5m减小为2.5~3m。

(3)现场试验与室内模拟试验测得的注浆体与孔壁间的最大剪应变分布结果在规律上具有较好的一致性。

参考文献

[1] 程良奎. 岩土锚固的现状与发展[J]. 土木工程学报,2001,34(3):7-12.

[2] Barley A D. Theory and practice of the single bore multiple anchor system. Proc. Int. Symp. on Anchors in Theory and Practice. A. A. Balkema:Rotterdam,1995.

[3] 刘忠臣,范景伦,张飞,等. 压力分散型锚杆技术[J]. 包头钢铁学院学报,2001,20(2):165-169.

[4] 张四平,侯庆. 压力分散型锚杆剪应力分布与现场试验研究[J]. 重庆建筑大学学报,2004,26(2):41-47.

[5] 卢黎,张永兴,吴曙光. 压力型锚杆锚固段的应力分布规律研究[J]. 岩土力学,2008,29(6):1518-1520.

[6] 夏元友,叶红,刘笑合,等. 风化岩体中压力分散型锚索锚固段的剪应力分析[J]. 岩土力学,2010,31(12):3861-3865.

[7] 邢占清,杨健,杨晓东. 压力分散型无粘结预应力锚索作用机理及内锚固段长度研究[J]. 中国水利水电科学研究院学报,2006(6):88-92.

[8] 夏元友,范卫琴,芮瑞,等. 压力分散型锚索作用效果的数值模拟分析[J]. 岩土力学,2008,29(11):3144-3148.

[9] 靖洪文,曲天智,吴学兵,等. 压力分散型锚杆力学特征影响因素的数值分析[J]. 西安理工大学学报,2008,24(1):32-36.

[10] 张景成,田宝文,王忠义,等. 压力分散型预应力锚索抗拉拔破坏试验[J]. 勘察科学技术,2004(3):12-16.

[11] 徐国兴,雷文杰,查吕应,等. 新型压力均布型锚索锚固机理的试验研究[J]. 中国地质灾害与防治学报,2009,20(2):111-115.

[12] 张勇,赵红玲,张向阳. 压力分散型锚索锚固段力学性能试验研究[J]. 岩石力学与工程学报,2010,29(增1):3052-3056.

[13] 盛宏光. 压力分散型锚索锚固性能与设计方法研究. [D]. 成都:成都理工大学,2003.

[14] 黄云龙. 浅谈压力分散型锚索的设计方法[J]. 科技创新导报,2010(31):41-42.

[15] 夏元友,陈泽松,顾金才,等. 压力分散型锚索受力特点的室内足尺模型试验[J]. 武汉理工大学学报,2010,32(3):33-37.

岩石锚杆整体破坏计算方法研究

李洪斌　王公彬

（长江勘测规划设计研究有限责任公司）

摘　要　目前，对岩石锚杆的整体破坏关注较少，其破坏形式与破坏机理仍不清楚。本文采用FLAC 3D计算软件，以输电线路岩石锚杆基础为研究对象，模拟了锚根岩体的破坏形式及影响因素，指出《架空送电线路基础技术规定》(DL/T 5219—2005)所给公式计算理论不甚明确，假设不甚合理，并基于岩体的破坏形式给出了锚固部分岩体抗剪承载力估算公式，并与数值模拟结果进行了对比分析。

关键词　岩石锚固基础　整体破坏　数值模拟　抗剪承载力

1　引言

近年来，锚固技术在岩土工程中的应用范围不断扩大，对于锚固机理的研究也不断深入。在锚杆粘结应力分布特征及改善锚杆荷载传递机制的方法[1]等方面取得了大量的研究成果，对锚固技术的应用推广起到了很好的指导作用。由于锚固技术应用广泛，锚根部分岩体的受力状态各不相同，其整体破坏的状况并未引起广泛关注。

但对于输电线路岩石锚杆基础，锚根部分的整体破坏是一种常见的破坏形式。因此，《架空送电线路基础技术规定》[2](DL/T 5219—2005)(以下简称《技术规定》)规定了对锚固岩体进行整体抗剪承载力计算。对于其他受力状况类似的锚杆基础，其锚根部分整体破坏的状况也应引起重视。应用中发现《技术规定》中所给公式计算理论不甚明确，假设不甚合理，得到的计算结果偏大。本文采用FLAC 3D计算软件模拟了锚根岩体的破坏形式及影响因素，并基于岩体的破坏形式给出了锚根部分岩体抗剪承载力估算公式，并与数值模拟结果进行对比分析，验证了公式假设及计算的合理性。

2　《技术规定》中的计算方法

《技术规定》中建议计算模型假设：破裂面与竖直方向呈45°(图1)，以均匀分布于倒圆锥体表面的等代极限剪切应力 τ_s 的垂直分量之和来抵抗上拔力。计算见公式(1)：

$$\gamma_f T_E \leqslant \pi h_0 \tau_s (D + h_0) \tag{1}$$

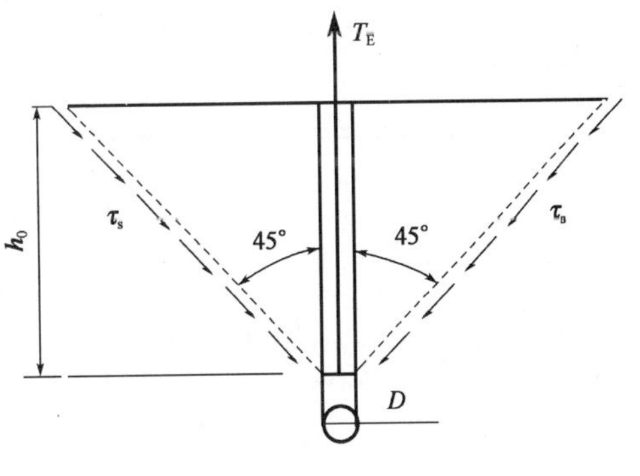

图1　计算简图

式中：γ_f——基础附加分项系数；

T_E——基础上拔力(kN)；

h_0——锚桩有效锚固深(m)；

τ_s——岩石等代极限剪切强度(kPa);

D——单根锚桩底径(m)。

上述方法假设破裂面与竖直方向呈45°,但理论依据不明确,并且计算并未考虑到锥体自身重量,计算方法不严谨。与实际抗拔试验结果相比,其计算结果偏大[3]。

3 锚根岩体整体破坏模式分析

3.1 分析方法及条件设定

本文主要研究锚根段岩体的破坏方式,因此,计算中不考虑由于锚筋拉断或锚筋从砂浆中拉出等破坏方式,只分析锚固岩体的破坏。为更好地分析岩体的破坏形式,采用真实锚杆尺寸(非等效锚杆单元)进行建模。计算采用岩土工程分析软件 FLAC 3D 进行。FLAC 3D 的基本原理与方法出自由 Cundall 等人提出的显式有限差分法。这一方法的主要特点为:

(1)通过对三维介质的离散,使所有外力与内力集中于三维网络节点上,进而将连续介质运动定律转化为离散节点上的牛顿定律;

(2)时间与空间的导数采用沿有限空间与时间间隔线性变化的有限差分来近似;

(3)将静力问题当作动力问题来求解,将运动方程中的惯性项用来作为达到所求静力平衡的一种手段[4]。

3.2 数值模型与计算参数

计算所用岩体数值模型尺寸为 50m×50m×50m,锚杆体(含锚杆及外围灌浆体)直径0.3m,长 3m、5m、7m,为全长粘结型锚杆。除岩体模型的上表面为自由面外,其他各面均施加法向约束。岩体采用8节点六面体实体单元模拟,本构模型采用岩土材料常用的摩尔—库仑模型;锚杆按弹性介质来考虑,在杆顶分级施加拉力,直至岩体破坏。为模拟不同 c、φ 值及锚固深度 h_0 条件下岩体的破坏形态,计算采用以下参数组合,见表1～表3。

参 数 组 合 一

表1

序号	锚杆直径(m)	c(kPa)	φ(°)	h_0(m)	土体重(kN)	体积模量(GPa)	剪切模量(GPa)
1	0.3	50	30	3.0	20	2.2	1.3
2	0.3	70	30	3.0	20		
3	0.3	100	30	3.0	20		
4	0.3	150	30	3.0	20		

参 数 组 合 二

表2

序号	锚杆直径(m)	c(kPa)	φ(°)	h_0(m)	土体重(kN)	体积模量(GPa)	剪切模量(GPa)
1	0.3	70	20	5	20	2.2	1.3
2	0.3	70	30	5	20		
3	0.3	70	40	5	20		

参数组合三

表 3

序号	锚杆直径 (m)	c (kPa)	φ (°)	h_0 (m)	土体重 (kN)	体积模量 (GPa)	剪切模量 (GPa)
1	0.3	70	30	3	20	2.2	1.3
2	0.3	70	30	5	20		
3	0.3	70	30	7	20		

参数组合一主要研究不同 c 值下的破坏形态；组合二主要研究不同 φ 值下的破坏形态；组合三主要研究不同锚固深度下的破坏形态。

3.3 模拟结果及分析

模拟的破坏区分布图如图 2～图 4 所示。

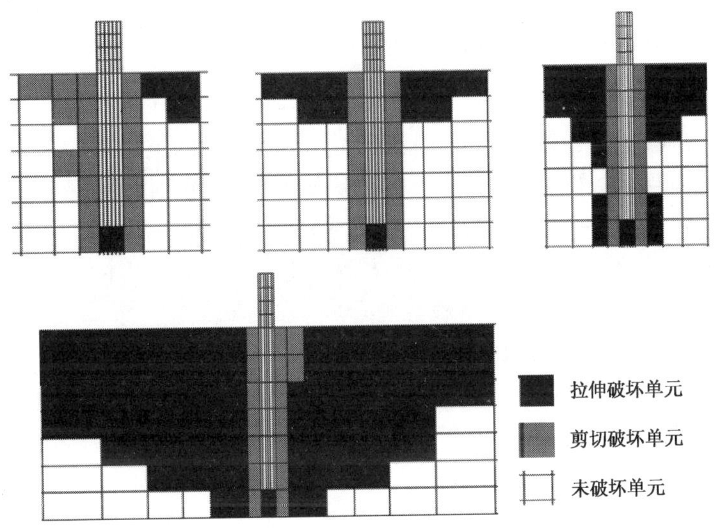

图 2 参数组合一塑性区分布

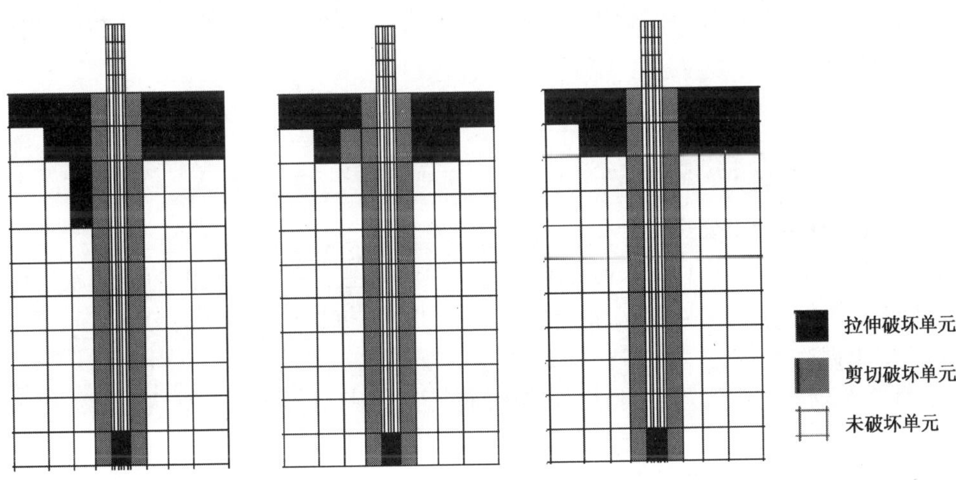

图 3 参数组合二塑性区分布

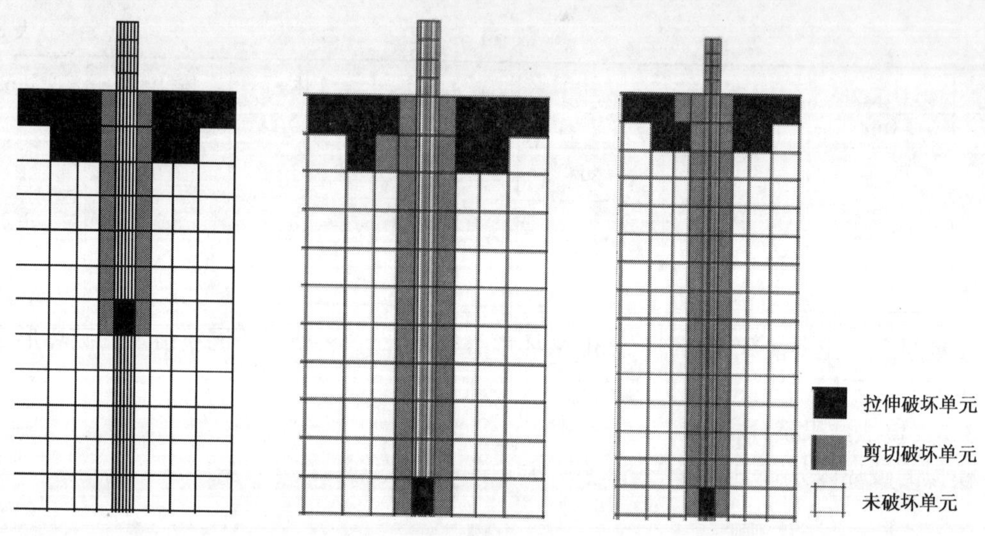

图4　参数组合三塑性区分布

从参数组合一计算结果来看，极限状态下锚杆周围岩体均剪切破坏，拉伸破坏区随 c 值的增加而变大，当 c 值较大时，岩体形成自锚杆底部至岩体表面的倒锥形拉伸破坏区域，但整个倒锥形拉伸破坏区域均满足破坏准则，并不存在明显的滑动面。此外，由于模型并未考虑破坏后抗拉强度的降低，拉伸塑性区的范围实际意义不大。同时可以看出，当 c 值较小时（本例中低于 100kPa），除锚杆临近外端部岩体形成受拉破坏区，锚杆周围岩体剪切破坏外，其他部分岩体并未破坏。

对于某一特定长度的锚杆，锚根周围浅部岩体，岩体单元在上拔力作用下，受到向上的剪力作用，同时受到岩体自重形成的竖向应力和水平应力作用，但由于埋深浅，竖向应力和水平应力相对较小，岩体单元受力状态接近于纯剪状态，大主应力为拉力，而岩土材料受拉能力较差，因此，浅部岩体多为拉伸破坏。对于深部岩体，当 c 值较小时，自重作用下的竖向及水平应力相对较大，岩体单元的主应力均为压力，岩体为受压状态，因此，深部岩体未发生拉伸破坏，仅锚杆周围岩体发生剪切破坏；当 c 值较大时，岩体能承受的极限剪应力相应变大，岩体自重作用下形成的竖向和水平应力与极限剪应力相比相对变小，一定深度范围内岩体受力状态与纯剪状态越接近，其受拉破坏范围较小 c 值时相应变大。因此，锚根深部岩体受拉破坏区的范围与 c 值大小密切相关。

从参数组合二、三模拟结果来看，摩擦角和锚固深度对锚固岩体的破坏形式影响不大。

4　抗拔承载力估算

4.1　抗拔承载力计算公式拟合

由上述分析结果可以看出，锚根部分岩体的破坏形式主要为锚杆周围的岩体发生剪切破坏。本文基于以上分析结果提出浅层锚杆锚固岩体的整体抗拔承载力计算公式。

公式假设条件：

(1)破坏面沿锚杆周围岩体竖向分布，破坏面在临近锚杆体的天然岩体内，见图5。

(2)不考虑因灌浆使锚杆周围岩体强度的增加。

(3)破坏面上满足摩尔—库仑破坏准则。

由于破坏面上满足摩尔—库仑准则，则有：

$$\tau_f = c + \sigma \cdot \tan\varphi \tag{2}$$

式中：τ_f——破坏面上极限剪应力；

c——岩体粘聚力；

φ——内摩擦角；

σ——侧向土压力。可按公式(3)估算：

$$\sigma = \rho g h(1 - \sin\varphi) \tag{3}$$

式中：ρ——岩体重度；

g——重力加速度；

h——埋深；

φ——意义同上。

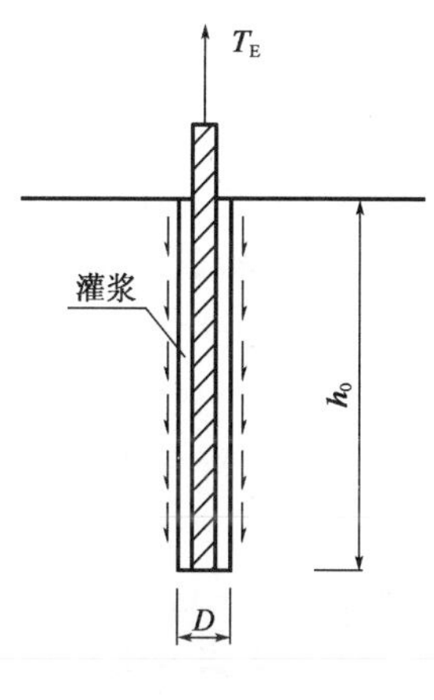

图5　计算简图

则锚固岩体的极限抗拔力为破坏面上剪应力之和，对式(2)沿破坏面积分，则有公式(4)：

$$T_E = \int \tau_f \mathrm{d}S = \pi D h_0 \left[c + \frac{1}{2}\rho g h_0 (1 - \sin\varphi)\tan\varphi\right] \tag{4}$$

式中：T_E——锚固岩体的极限抗拔力。

从计算公式(4)中可以看出，钻孔直径对锚固岩体的上拔承载力有较大影响，因此，在实际计算中，可根据水泥浆对周围岩体强度的加强作用合理选择锚杆的计算直径。

4.2　公式验证

由于公布的浅层锚杆抗拔试验数据较少，本文将数值模拟的锚杆极限抗拔力与公式(4)的计算结果进行对比分析，如表4所示。

计算结果对比表　　表4

序号	c(kPa)	φ(°)	h_0(m)	规范结果(kN)	本文公式(kN)	模拟(kN)
1	50	30	3	1 483.65	165.77	150
2	70	30	3	2 077.11	222.29	220
3	100	30	3	2 967.30	307.07	310
4	150	30	3	4 450.95	448.37	445

由表4中结果可以看出，采用本文计算公式结果与数值模拟结果接近，说明公式的假设与计算合理。同时可以看出规范计算结果偏大，不能有效计算出锚固岩体的上拔极限承载力。

5　结语

(1)本文采用数值模拟的方法，初步分析了输电线路岩石锚杆基础的破坏形式，并对破坏形式的影响因素进行了一系列的分析，发现锚固岩体破坏形式为沿锚杆周围岩体的剪切破坏以及岩体顶部的拉伸破坏为主。拉伸破坏区的主要影响因素是c值。同时指出规范中假设滑裂面与竖直方向呈45°是不甚合理的。

(2)基于数值模拟结果提出浅层锚杆锚固岩体的抗拔承载力计算公式，并与数值模拟的结果进行对比，验证了公式假设与计算的合理性。对于锚固岩体埋置较深的状况应根据实际受力状态具体分析。

(3)本文数值模拟的锚固岩体破坏的极限状态是以岩土数值分析中常用的摩尔—库仑破坏准则为标准的，并未考虑岩体破坏后抗剪强度的降低，与岩体的实际破坏情况有所差别。

(4)锚杆钻孔直径(水泥浆厚度)对锚固岩体的极限抗拔力有重要影响,公式中并未考虑水泥浆对周围岩体强度的加强作用,实际计算中可根据岩体风化程度,合理选择计算直径。

(5)锚根岩体的受力非常复杂,并且其受力随着锚杆荷载的变化不断变化,本文仅是对其极限抗剪能力进行了初步研究,可供在实际设计及规范修订时参考,对于锚根岩体的整体稳定仍需进一步研究。

参考文献

[1] 程良奎. 岩土锚固的现状与发展[J]. 土木工程学报,2001,34(3):7-12.

[2] 中华人民共和国电力行业标准. DL/T 5219—2005 架空送电线路基础技术规定[S]. 北京:中国电力出版社,2005.

[3] 孙长帅. 岩石锚杆基础抗拔承载力计算方法探究[J]. 岩土力学,2009,30(1):75-78.

[4] 丁秀丽,盛谦,韩军. 预应力锚索锚固机制的数值模拟试验研究[J]. 岩石力学与工程学报,2002,21(7):980-988.

某滑坡工后锚索承载性能试验对比分析

赖国泉　张俊德　张红利

（中铁西北科学研究院有限公司）

摘　要　工后边(滑)坡预应力锚固工程的长期工作性能是影响锚固工程安全性的一个关键问题。通过一种改进的拉拔检测设备，对重庆两处滑坡工后锚索结构进行了锚索抗拔力检测，对该处滑坡工后锚索承载性能做出了科学评价，为滑坡的补强治理提供了依据。通过分析工后锚固工程的应力状态及锚索破坏方式表明，锚固段破坏是引起锚固工程失效的主要方式，在今后锚索工程施工时，应重点注意锚索的长度及注浆等施工质量。

关键词　锚索工程　抗拔力检测　长期性能

1　引言

预应力锚固技术由于变被动受力结构支护为主动受力结构支护，可以充分发挥岩土体自稳能力，大大减轻加固结构体自重和节约工程材料，同时又由于其施工的安全性与时效性，从而在岩土工程领域得到了广泛的应用[1-2]。

预应力锚固结构由于其复杂性及隐蔽性，在经历较长的时间（一般 2 年以上），锚索结构的各部分工作性能受岩土体的蠕变、钢绞线的松弛、锈蚀、降雨等的影响，将发生不同程度的变化，主要体现在反力结构、锚头部位结构及预应力损失及承载力的变化[3-7]。

预应力锚固结构长期预应力的损失以及承载能力的降低，存在极大安全隐患，一旦预应力锚固结构失效，有可能引起治理工程的整体失效。因此，研究锚固工程的长期工作性能，对重大的锚固工程进行安全评价，及时对出现预应力损失严重的锚固工程进行合理的工程处治是非常有必要的。目前，预应力锚固结构工后状态评价主要有四种方法[8]：破坏性试验、拉拔试验、长期监控及无损检测。其中，无损检测目前理论尚未成熟，对工后锚固工程检测的可靠性较差，长期监控需要的成本较高，破坏性试验对工后锚索检测不适合，而选取一定数量的锚索，对工后锚索锚固性能检测采用拉拔试验，是可行的[9-12]。

本文以重庆两处工后边（滑）坡工程预应力锚索工程锚固性能检测为例，对两处边（滑）坡锚固工程工作状况进行了分析评估，也为今后评估边（滑）坡长期的稳定性及采取补强治理提供依据。

2　工程概况

两处滑坡工程概况见表 1。

工 点 概 况 表1

编号	工 点 概 况	治理工程措施	备 注
1号工点	该滑坡由1号潜在堆积层滑坡和2号顺层岩石滑坡组成。堆积层滑坡在平面上形成呈簸箕形态，滑面倾角约34°；滑坡体滑体主要物质为崩坡积的块碎石土组成，滑带物质以粘土夹碎石层为主，灰黑色，呈软塑～可塑状，滑床为下伏的砂岩，相对完整，隔水性好。2号为顺层岩石滑坡，主要分布侏罗系黑色泥岩，节理发育较发育	在二～五级边坡段坡面上分别布置3(2)排预应力锚索，锚索长度17～25m，倾角为20°；锚索均由8ϕ^s15.2mm高强度低松弛的1 860级钢绞线组成，锚固段长均为10m；锚索端部设置Ⅰ(Ⅱ)型框架，锚索设计荷载均为880kN，锁定荷载800kN。锚索张拉分五级进行，分别为设计荷载的0.25、0.5、0.75、1.0、1.2倍。共实施锚索535孔，共计14 579m	截至目前边坡已运营2年
2号工点	为切层岩石滑坡，分东西两块滑坡。滑体物质为第四系堆积层，以块碎石土为主，多为残积成因，坡积次之；滑床物质为中～强风化泥岩、砂岩	在一～六级坡面上分别设置2(3)排预应力锚索，锚索由8～9根钢绞线组成，锚索长15～25m不等，锚固段长10m，在锚索端部设置框架，锚索设计荷载分别为770kN(锁定荷载700kN)、880kN(锁定荷载800kN)、990kN(锁定荷载900kN)。张拉分五级进行，分别为设计荷载的0.25、0.5、0.75、1.0、1.2倍。共实施锚索468孔，总长10 878m	截至目前边坡已运营2年

3 检测技术

为研究锚索锚固性能，通过拉拔试验检验锚索抗拔力是否满足要求，根据不同滑坡、不同地层的检测数据，分析锚固体的工后承载性能。

3.1 检测设备

工后边坡锚索已经封锚，传统的拉拔试验，需破坏混凝土受力构件，为了进行无损检测，通过接长钢绞线的办法，对传统的拉拔试验设备进行了改进，见图1。

3.2 检测原理

通过锚索预应力与承载力状态检测设备对锚索进行张拉，当外力逐渐增加并达到与锚索内力(锚索预应力)平衡时，锚索锚筋并未伸长，当外力继续增加至大于锚索原有内力时，锚索锚筋将产生伸长变形，锚索锚筋开始伸长变形时的张拉荷载即为锚索预应力。锚索预应力可以通过锚索张拉荷载—位移曲线来确定(图2)，$OA'B'C$为理想情况下(自由段完全自由)的荷载—位移曲线，$OABC$为自由段存在摩阻情况下的荷载—位移曲线，P_0为确定的锚索预应力。

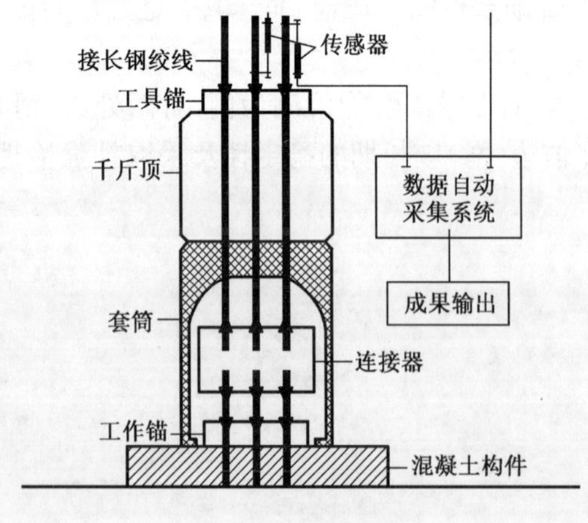

图1 拉拔试验设备

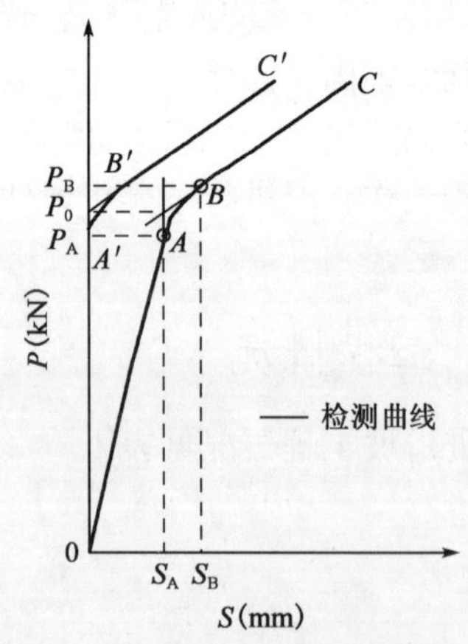

图2 锚索当前预应力值确定图

3.3 检测方法

试验采取分级加载,逐级测量锚索钢绞线变形的方式进行。由于锚索钢绞线上还存在原施工单位施加的荷载,首先进行一道卸荷程序,取出工作锚夹片,使钢绞线处于自然状态后,方可进行拉拔试验。试验按以下方式进行:

(1)拆除锚索端头封锚混凝土,清扫干净锚索并查看锚索张拉情况,并记录;

(2)安装连接器、千斤顶;

(3)试拉几次,使连接器件消除间隙,以确保记录的数据为锚索的真实伸长量;

(4)加荷至设计值的10%后安装记录用百分表;

(5)分别按设计荷载的25%、50%、75%、100%、120%逐级进行循环加荷,若张拉期间每个循环均未出现锚索破坏的现象,则一般不少于两个循环;

(6)对张拉过程中出现的特殊情况进行记录和拍摄影像留存。

3.4 检测评定标准

锚索的破坏准则按如下标准确定:

(1)后一级荷载产生的锚头位移增量达到或超过前一级荷载产生的位移增量的2倍,即荷载—位移曲线出现明显的拐点;

(2)油压表读数突然回落,锚头位移持续增长;

(3)油压表指针瞬间严重摆动,锚索钢绞线断裂;

(4)锚索承载体混凝土结构发生破坏。

出现以上特征之一时,取其前一级荷载作为当前极限荷载值,与设计荷载的比值作为当前安全储备系数。

$$K = \frac{P}{P_{\mathrm{A}}}$$

式中:K——安全储备系数;

P——锚索极限荷载(kN);

P_{A}——锚索设计荷载(kN)。

4 检测结果及分析

现场凿开锚头封锚混凝土,进行锚头检查工作中发现部分锚头外所留钢绞线长度太短、钢绞线缺失(缩回)、锚筋与锚板及夹片滑脱,失去功效,不具备检测条件。

各工点检测锚索选取见表2,实际凿开孔数较表2多。

各工点锚索规格标准 表2

工点编号	锚索孔数	检测孔数	设计荷载(kN)	锁定荷载(kN)	钢绞线规格
1号	535	32	880	800	ϕ^{s}15.24mm
2号	468	20	990	900	ϕ^{s}15.24mm

4.1 检测结果及分析

各工点检测结果见表3和表4。

工点 1 检测结果 表 3

编　号	最大试验荷载(kN)	现锁定荷载(kN)	应力状态(%)	应力变化率(%)	锚索安全储备系数
JCK0－1	960.00	214.76	27	－73.16	1.20
JCK0－2	960.00	169.35	21	－78.83	1.20
JCK1－1	<100	<100	—	—	—
JCK1－2	960.00	214.76	27	－73.16	1.20
JCK1－3	902.86	182.97	23	－77.13	1.13
JCK2－1	960.00	428.24	54	－46.47	1.20
JCK2－2	960.00	196.60	25	－75.43	1.20
JCK2－3	941.48	351.02	44	－56.12	1.18
JCK2－4	373.73	169.35	21	－78.83	0.47
JCK3－1	896.06	169.35	21	－78.83	1.12
JCK3－2	960.00	214.76	27	－73.16	1.20
JCK3－3	101.22	101.22	13	－87.35	0.13
JCK3－4	668.96	260.18	33	－67.48	0.84
JCK4－1	725.73	227.48	28	－71.57	0.91
JCK4－2	960.00	192.05	24	－75.99	1.20
JCK4－3	960.00	196.60	25	－75.43	1.20
JCK1	960.00	234.47	29	－70.69	1.20
JCK5－3	960.00	428.24	54	－46.47	1.20
JCK5－4	960.00	196.60	25	－75.43	1.20
JCK2	960.00	260.18	33	－67.48	1.20
JCK3	960.00	223.85	28	－72.02	1.20
JCK7－1	600.00	183.88	23	－77.02	0.75
JCK7－2	960.00	237.47	30	－70.32	1.20
JCK7－3	960.00	441.86	55	－44.77	1.20
JCK7－4	623.54	282.89	35	－64.64	0.78
JCK8－1	960.00	214.76	27	－73.16	1.20
JCK8－2	960.00	237.47	30	－70.32	1.20
JCK8－3	960.00	234.47	29	－70.69	1.20
JCK8－4	918.77	146.64	18	－81.67	1.15
JCK9－1	960.00	146.64	18	－81.67	1.20
JCK9－2	960.00	196.60	25	－75.43	1.20
JCK9－3	960.00	237.47	30	－70.32	1.20

通过对表 3 分析可知，工点 1 本次抽检 32 孔锚索，2 孔(JCK1－1、JCK3－3)无法测到预应力值(预张拉过程中即出现钢绞线持续被拉出，油压上不去现象，推测可能为预应力损失殆尽或锚固段破坏造成)，其余锚索的预应力值大部分损失 60%以上，只有两孔(JCK7－3、JCK5－3)预应力损失为 45%、46%。说明大部分锚索均未达到设计所预期的工作状态。

工点 2 检测结果　　表 4

编　　号	最大试验荷载（kN）	现锁定荷载（kN）	应力状态（%）	应力变化率（%）	锚索安全储备系数
JCK1—1	903	182.97	20	−79.67	1.00
JCK1—2	1 080	214.76	24	−76.14	1.20
JCK2—1	960	237.47	30	−70.32	1.20
JCK2—2	960	373.73	47	−53.28	1.20
JCK2—3	960	351.02	44	−56.12	1.20
JCK2—4	960	282.89	35	−64.64	1.20
JCK3—1	960	151.18	19	−81.10	1.20
JCK3—2	960	169.35	21	−78.83	1.20
JCK3—3	960	260.18	33	−67.48	1.20
JCK3—4	669	260.18	33	−67.48	0.84
JCK4—1	292	192.05	24	−75.99	0.36
JCK4—2	960	328.31	41	−58.96	1.20
JCK4—3	960	196.60	25	−75.43	1.20
JCK5—1	—	—	—	—	—
JCK6—1	960	196.60	25	−75.43	1.20
JCK6—2	960	214.76	27	−73.16	1.20
JCK7—1	960	73.96	09	−90.76	1.20
JCK7—2	960	196.60	25	−75.43	1.20
JCK8—1	896	196.60	25	−75.43	1.12
JCK8—2	960	441.86	55	−44.77	1.20

7 孔锚索(JCK1—3、JCK2—3、JCK3—1、JCK3—3、JCK4—1、JCK8—1 和 JCK8—4)张拉荷载很小或未达到超张拉时即出现钢绞线被拉断(有一根钢绞线被拉断即停止张拉)，部分锚索拉断时钢绞线位移量超过规范要求，钢绞线位移量未超长而拉断的锚索可能为钢绞线受力不均或长度不够，超长而拉断的可能为锚固段破坏。

4 孔锚索(JCK3—2、JCK5—3、JCK7—2 和 JCK9—1)锚索符合补张拉条件，即能够进行超张拉，超张拉时试验荷载都达到最大试验荷载值，最后一级荷载 15min 持荷观测期间，油压稳定，钢绞线位移最大量不增加，表明锚固段和索体均未出现破坏，张拉后锚头恢复原位，完好无损，故对 5 孔锚索进行了补张拉。

有 24 孔锚索，张拉钢绞线位移超出该荷载范围自由段长度预应力筋的理论弹性伸长值的 80%，且小于自由段长度与 1/2 锚固段长度之和的预应力筋的理论弹性伸长值的规定，在完全卸荷后锚头未能恢复原位，说明锚固段锚固效果差，究其原因可能为锚固段已经破坏或注浆效果较差。

有 11 孔锚索安全储备系数小于 1.2，其中，安全储备系数在 1～1.2 之间的没有破坏迹象，安全储备系数远远小于 1.2 的有破坏迹象。其余抽检锚索锚索安全储备系数等于 1.2，处于临界状态，基本满足建筑边坡规范要求。经过两年的运营，该滑坡锚索结构近 71%安全储备系数仍然满足规范要求。

通过对表 4 分析可知，工点 2 本次抽检 20 孔锚索，1 孔(JCK5－1)无法测到预应力值(预张拉过程中即出现钢绞线持续被拉出，油压上不去现象，推测可能为预应力损失殆尽或锚固段破坏造成)，其余锚索的预应力值大部分损失 60%以上，只有 4 孔预应力损失小于 60%。说明大部分锚索均未达到设计所预期的工作状态。

14 孔锚索在完全卸荷后，锚头未能恢复原位。说明锚固段锚固效果差，究其原因可能为锚固段已经破坏或注浆效果较差。JCK4－1 张拉荷载很小时，钢绞线被拉断。

3 孔(JCK2－1、JCK2－4 和 JCK4－2)锚索能进行超张拉，具备补张拉条件，对其进行了补张拉。

有 5 孔锚索安全储备系数小于 1.2，其中，安全储备系数在 1～1.2 之间的没有破坏迹象，安全储备系数远远小于 1.2 的有破坏迹象。其余抽检锚索锚索安全储备系数大于或等于1.2，满足建筑边坡规范要求。经过两年的运营，该滑坡锚索结构近 75%安全储备系数仍然满足规范要求。

4.2 对比分析

边坡锚索结构工后应力状态主要有[13]：

(1) 应力不足：锚索结构当前应力低于设计荷载的 90%，属于非正常工作状态。

(2) 应力损失：锚索结构当前应力低于设计荷载，但高于设计荷载的 90%，属于正常工作状态。

(3) 应力增加：锚索结构当前应力处于 100%至 120%设计荷载之间，属于正常工作状态。

(4) 应力超限：锚索结构当前应力超过 120%设计荷载，超过安全储备系数，属于非正常工作状态。

(5) 锚固段破坏：锚索结构的锚固段由于强度不足引起的锚固段结构破坏，属于非正常工作状态。

(6) 锚筋破坏：锚索结构由于锚筋材料极限强度低于 120%设计荷载，在试验过程中锚筋被拉断的现象，安全储备系数不足，属于非正常工作状态。

两个工点锚索均处于非正常工作状态。工点 1、2 检测锚索破坏以锚固段破坏为主，典型的 Q-S 曲线见图 3。

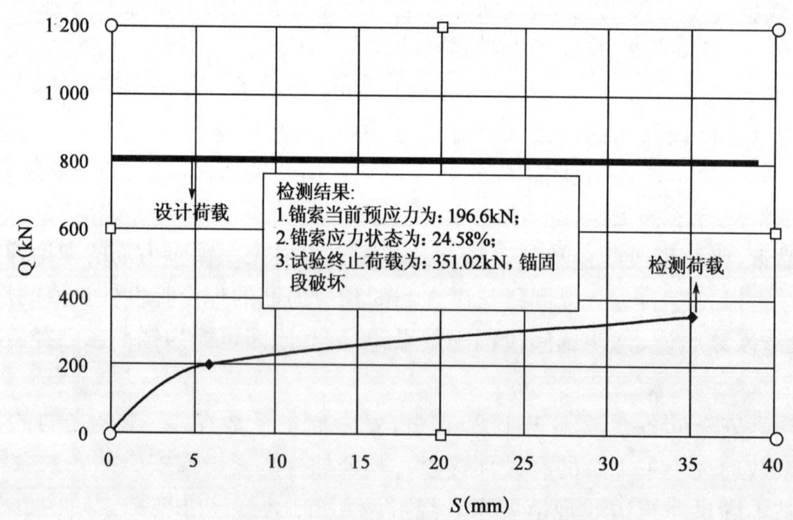

图 3 锚固段破坏典型曲线

之所以出现锚固段的破坏，是因为应力超限锚索数量的增多，随着锚索当前应力的急剧增大，当超过锚固段锚固强度时，锚固段提供的锚固力不足，锚固段被破坏，锚索失效。对于此种锚索，应重点进行锚固力的补强整治。

5 讨论与结语

5.1 讨论

引起预应力损失的影响因素众多[14-17]，锚索锁定后，岩体的变形是影响预应力损失的主要原因。

工点1、2滑体物质第四系堆积层，以块碎石土为主，滑体地下水丰富，滑床物质为中～强风化泥岩、砂岩。锚索自由段多位于堆积层中，锚固段则位于中风化泥岩、砂岩中。根据以往锚索抗拔试验以及张拉经验来看，锚固段可以提供足够的锚固力。但滑体物质松散，工后随时间推移一般会产生一定的沉降变形，土体的沉降变形有可能引起锚索的松弛变形，造成预应力损失；另一方面，锚索端部一般设置框架或地梁作为反力装置，堆积层表层土体松散，在降雨情况下，地表径流易冲刷边坡，进而对框架底进行淘蚀，使得框架底部松散，造成预应力损失；再则滑体物质松散，刚加上预应力时，预应力值均较大，随时间推移，土体在预应力作用下产生一定量的压缩变形，从而造成预应力损失。

由以上分析可知，地层岩性对锚索锚固质量影响较大，预应力锚索不是万能的，有一定的使用条件，对于过于松散破碎或含水率较大的滑坡体尽量避免采用预应力锚索结构。

5.2 结语

(1)通过一种简单、实用、经济的锚索抗拔力检测技术对工后边坡锚索承载性能做出了科学评价，为补强设计提供了科学依据。

(2)岩体变形是导致工后锚索预应力损失主要原因，预应力锚索不是万能的，有一定的使用条件，对于过于松散破碎或含水率较大的滑坡体尽量避免采用预应力锚索结构。

(3)对于大型的边(滑)坡中的预应力锚固工程建议安装锚索测力设备，以便时掌握预应力损失情况，及时进行补张拉，防患于未然。

(4)工后锚固工程的应力状态及锚索破坏方式表明，锚固段破坏是引起锚固工程失效的主要方式，今后锚索工程施工时，应重点注意锚索的长度及注浆等施工质量。

(5)工后边坡安全评估体系，在我国刚刚起步，许多大型、重要锚固工程存在重大安全隐患。因此，完善和提高工后锚索工程承载性能评价系统，是岩土工程领域的一项重大课题。

参考文献

[1] 程良奎. 岩土锚固研究与新进展[J]. 岩石力学与工程学报，2005,24(21):3803-3805.

[2] 程良奎，韩军，张培文. 岩土锚固工程的长期性能与安全评价[J]. 岩石力学与工程学报，2008，27(5)：865-872.

[3] 朱本珍，王建松，郑静，等. 锚索长期工作性能检测与荷载补偿技术研究[J]. 岩土力学，2011，32(增刊2)：683-685.

[4] 郑静，韩龙，朱本珍，等. 边坡锚固工程质量问题及其影响[J]. 铁道工程学报，2009(1)：27-31.

[5] 郑静.，朱本珍. 边坡锚索结构的失效因素与破坏类型[J]. 铁道工程学报，2010(1)：27-31.

[6] 李英勇，王梦恕，张顶立，等. 锚索预应力变化影响因素及模型研究[J]. 岩石力学与工程学报，2008，27(增1)：3140-3146.

[7] 郑静，曾辉辉，朱本珍. 腐蚀对锚索力学性能影响的试验研究[J]. 岩石力学与工程学报，2010，29(12)：2469-2474.

[8] 罗斌，唐树民，唐忠林，等. 边坡锚索无损检测技术及应用[J]. 公路交通技术. 2009，12(6)：45-47.

[9] 聂彪，王建松，高和斌，等. 高边坡锚索结构预应力检测及补强修复技术的应用[J]. 岩土工程学报，2011，33(增1)：239-242.

[10] 韩侃，李登科，吴冠仲. 预应力锚索锚固力拉拔试验分析[J]. 岩土工程学报，2011，33(增1)：385-387.

[11] 王建松，朱本珍，刘庆元，等. 锚固工程质量及长期安全检测新技术在公路建设中的应用[J]. 公路交通科技(应用技术版)，2010(3)：62-65.

[12] 高和斌，马新凯，聂彪. 锚固工程工后检测技术在某高边坡稳定性分析中的应用[J]. 公路交通科技(应用技术版)，2010(6)：76-78.

[13] 聂彪，王建松，高和斌，等. 路堑边坡锚索结构工后应力状态浅析[J]. 公路交通科技(应用技术版)，2010(5)：62-64.

[14] 梁龙龙，程建军，刘庆元，等. 锚索长期承载性能检测技术及安全评价方法研究[J]. 现代交通技术，2011，8(3)：1-3.

[15] 席光勇. 锚索预应力损失的分析与探讨[J]. 铁道标准设计，2006(5)：32-34.

[16] 韩光，朱训国，王大国. 锚索预应力损失的影响因素分析及其补偿措施[J]. 辽宁工程技术大学学报(自然科学版)，2008，27(2)：176-179.

[17] 周德培，蔡伟. 锚索预应力损失的影响因素及对策[C]//第八次全国岩石力学与工程学术大会论文集，610-613.

压力分散型预应力锚索验收试验分析与检验标准研究

闫贵海　王宪章　杨志银　于会来

（深圳冶建院建筑技术有限公司）

摘　要　在当前压力分散型预应力锚索（杆）的验收试验相关规程中，对总位移量控制范围没有明确规定，使得实际施工验收无所适从。本文通过对等位移和等荷载两种张拉法的比较，对压力分散型预应力锚索在验收试验中的总位移量的控制范围进行了研究，并结合实际锚索验收试验给出控制范围的建议值，供该类锚索验收试验相关研究及规范取值参考。

关键词　压力分散型预应力锚索　验收试验　等位移张拉法　等荷载张拉法

1　引言

当前，锚索检验主要参照的是《岩土锚杆（索）技术规程》（CECS 22—2005），但该规程并未对压力分散型预应力锚索验收试验位移量的控制范围做出规定，而目前岩土工程界的分束张拉试验工艺也没有普及，因此，在压力分散型预应力锚索的验收试验位移量的确定还存有疑问，致使压力分散型预应力锚索的施工验收处于尴尬境地。本文对等位移及等荷载两种验收试验的张拉方式进行分析（其中等荷载张拉又分为分束等荷载张拉和对各单元锚杆分别预加荷载再同时分级张拉两种张拉法），总结出三种方法各自的特点，给出其验收试验位移量的控制范围，以供压力分散型预应力锚索的验收试验的研究和标准制定时参考。

2　等位移张拉法分析

2.1　验收试验位移量控制范围

等位移张拉法进行压力分散型预应力锚索验收试验示意图如图 1 所示。其中 ΔL 是验收试验的总位移量，L_1、L_2、L_3 分别是承载体 1、承载体 2 和承载体 3 的钢绞线长度，L 是相邻承载体间距。

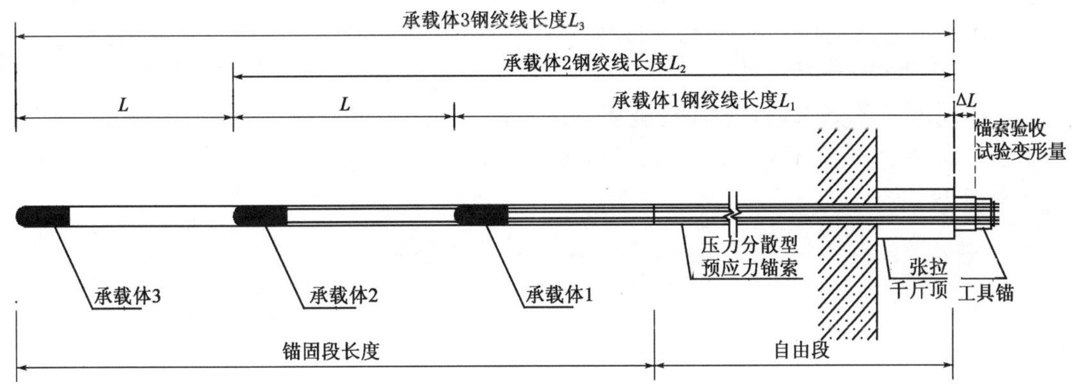

图 1　等位移张拉法进行压力分散型预应力锚索验收试验示意图

等位移张拉过程中，压力分散型预应力锚索的各个承载体上的钢绞线的位移量 ΔL 是相同的，而每个承载体上的钢绞线长度不同，因此，所承受的拉力是不相等的，由弹性力学有如下关系式：

承载体 1：

$$\Delta L = P_1 L_1/(E_s A_s) \tag{1}$$

承载体 2：

$$\Delta L = P_2 L_2/(E_s A_s) \tag{2}$$

承载体 3：

$$\Delta L = P_3 L_3/(E_s A_s) \tag{3}$$

整理后得：

$$P_1 = [(L_1 + L)/L_1]P_2 = [(L_1 + 2L)/L_1]P_3 \tag{4}$$

$$P_2 = [L_1/(L_1 + L)]P_1 \tag{5}$$

$$P_3 = [L_1/(L_1 + 2L)]P_1 \tag{6}$$

则：

$$P_n = \{L_1/[L_1 + (n-1)L]\}P_1 \qquad (n \geqslant 1) \tag{7}$$

式中：L_i——承载体 i 的钢绞线长度(mm)，i=1、2、3；

P_i——承载体 i 的钢绞线的承受的拉力(N)，i=1、2、3；

n——承载体数量；

P_n——承载体 n 的承受拉力(N)；

E_s——钢绞线弹性模量(N/mm^2)；

A_s——钢绞线截面面积(mm^2)。

由公式(4)～式(7)可得如下关系式：

$$P_1 > P_2 > P_3 > \cdots > P_n \tag{8}$$

由上式可知，在等位移张拉法中，承载体 1 承受的拉力最大，即在最大试验荷载作用下承载体 1 最先达到极限，此时，承载体 1 锚筋长度的理论伸长值即为整体张拉验收试验的总位移量 ΔL 的上限值，设为 S_{max}，而根据规程要求，验收试验的总位移量的下限值取为 0.8 倍 S_{max}。

由此有等位移张拉法进行压力分散型预应力锚索验收试验总位移量控制范围公式：

$$0.8\,S_{max} < \Delta L < S_{max} = K_p N_t L_1/(E_s A_s) \tag{9}$$

式中：S_{max}——承载体 1 锚筋长度在 $K_p N_t$ 极限荷载作用下的理论伸长值(mm)；

K_p——单元锚杆锚固段注浆体的局部抗压安全系数[1]；

N_t——单元锚杆的轴向拉力设计值(N)。

2.2　应用实例分析

根据规程[1]要求，验收试验不能破坏锚索结构，即在千斤顶作用力达到 1.5 倍(临时性锚索 1.2 倍)nN_t 时，锚杆不能发生破坏，此时 P_1 达到最大值，设为 F_{max}。

整理公式有：

$$P_1 + P_2 + \cdots + P_n = 1.5nN_t \tag{10}$$

$$F_{max} = 1.5nN_t/\{1 + L_1/(L_1 + L) + \cdots + L_1/[L_1 + (n-1)L]\} \tag{11}$$

由规程[1]7.4.2 知：

$$F_{max} \leqslant K_p N_t \qquad (K_p = 2) \tag{12}$$

将实际工程常用 L_1、L 长度参数带入公式(11)，计算各承载体所受拉力，见表1。

常见工况下各承载体拉力计算值　　表1

工况	L_1(m)	L(m)	$n=1$	$n=2$		$n=3$			$n=4$			
			P_1	P_1	P_2	P_1	P_2	P_3	P_1	P_2	P_3	P_4
一	10	3	$1.50N_t$	$1.70N_t$	$1.30N_t$	$1.88N_t$	$1.45N_t$	$1.18N_t$	$2.05N_t$	$1.58N_t$	$1.28N_t$	$1.08N_t$
二	10	4	$1.50N_t$	$1.75N_t$	$1.25N_t$	$1.98N_t$	$1.41N_t$	$1.10N_t$	$2.20N_t$	$1.57N_t$	$1.22N_t$	$1.00N_t$
三	10	5	$1.50N_t$	$1.80N_t$	$1.20N_t$	$2.08N_t$	$1.39N_t$	$1.04N_t$	$2.34N_t$	$1.56N_t$	$1.17N_t$	$0.94N_t$
四	12	3	$1.50N_t$	$1.67N_t$	$1.34N_t$	$1.82N_t$	$1.46N_t$	$1.21N_t$	$1.97N_t$	$1.58N_t$	$1.31N_t$	$1.13N_t$
五	12	4	$1.50N_t$	$1.71N_t$	$1.29N_t$	$1.91N_t$	$1.43N_t$	$1.15N_t$	$2.11N_t$	$1.58N_t$	$1.27N_t$	$1.06N_t$
六	12	5	$1.50N_t$	$1.76N_t$	$1.24N_t$	$2.00N_t$	$1.41N_t$	$1.1N_t$	$2.23N_t$	$1.57N_t$	$1.22N_t$	$1.00N_t$

由表1可见，在不同 n 值下，各承载体拉力值关系为 $P_1>P_2>P_3>P_4$，考虑到各承载体以 $2.0N_t$ 为拉力极限，则当 $1<n\leqslant3$ 时，锚杆的承载体1安全；当 $n>3$ 时，承载体1的单元锚杆已超极限值。因此，等位移张拉法在承载体个数超过3个时要慎重使用。

3　等荷载分束张拉法分析

压力分散型预应力锚索的分束张拉验收试验的千斤顶布置见图2[2]。

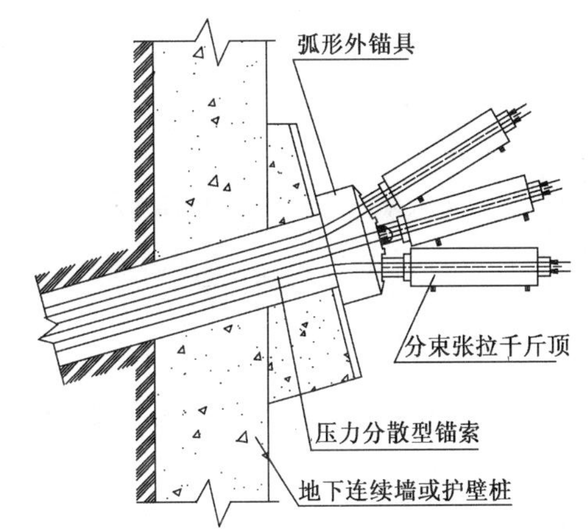

图2　压力分散型预应力锚索分束张拉千斤顶布置示意图

如图2布置的验收试验的最大试验荷载应按照规程[1]9.4.2条确定，但是，其最大荷载应是组成锚索的单元锚杆（承载体）设计荷载 N_t 的1.5倍（临时锚杆为1.2倍 N_t）；而总位移量控制范围如何确定需要进行探讨。按规程[1]9.4.6.1条规定：拉力型锚杆在最大试验荷载下所测得的总位移量，应超过该荷载下杆体自由段长度理论弹性伸长量的80%，且小于杆体自由段长度与1/2锚固段长度之和的理论弹性伸长值。对于压力分散型预应力锚索来说，其锚固段和自由段的钢绞线锚筋并不与注浆体粘结，也就是说，在张拉时锚筋的整个长度都处于自由伸长状态。其总位移量应如何确定和判断其是否合格呢？笔者分析认为，总位移量下限值可以借鉴规程[1]9.4.6.1条规定，各个单元锚杆（承载体）可以单独验收，即每个单元锚杆在其最大试验荷载下所测得的总位移量应超过该荷载下杆体自由段长度理论弹性伸长量的80%；而上限值确定比较复杂。因为没有1/2锚固段长度的伸长量的参考，以整个锚筋长度的理论弹性伸长值作为总位移量的上限；考虑到试验基座的压缩变形、接触变形以及承载体的蠕变等因素，根据不同的地质条件确定一个经验系数，其取值范围为1.05～1.10；砂层取较小值，淤泥质地层取较大值。用该经验系数乘以上述理论弹性伸长值，即为验收试验总位移量的上限值。公式表示如下：

$$0.8S_{iz}\leqslant S_y\leqslant k_jS_i \tag{13}$$

式中：S_{iz}——第 i 个单元锚杆在其最大试验荷载作用下自由段锚筋长度的理论弹性伸长值(mm)；

S_y——第 i 单元锚杆在验收试验时所测得的总位移量(mm)；

S_i——第 i 单元锚杆在其最大试验荷载作用下的锚筋长度的理论弹性伸长值(mm)；

k_j——经验系数(1.05～1.10)。

按照上述方法进行压力分散型预应力锚索(杆)的施工验收，因为每个承载体都是单独张拉，效果比较直观。但是，该方法的张拉操作比较复杂，仅分束张拉千斤顶设备和弧形锚具对大多数施工或验收试验队伍来说还有难度；再者，分束千斤顶的布置困难，钢绞线在弧形锚具处存在弯曲现象，其摩擦力的计算也比较复杂，因此，目前在实际锚索工程中难以推广应用。

4 各单元锚杆分级预加荷载张拉法分析

4.1 验收试验总位移量控制范围

各单元锚杆采用分级预加荷载张拉法进行压力分散型预应力锚索验收试验，张拉示意图如图 3 所示。ΔL 是验收试验的总位移量，S_2 和 S_3 分别是预加荷载后的位移量。

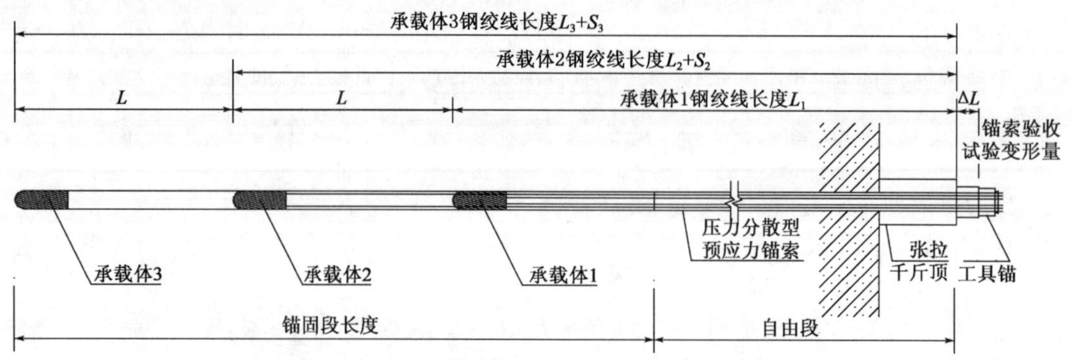

图 3 整体张拉法进行压力分散型预应力锚索验收试验示意图

各单元锚杆分级预加荷载张拉法近似于等荷载张拉法。可参考规程[1]8.5.3.2 的张拉步骤进行张拉(注意规程[1]承载体的标注序列数与本文相反)。在整个张拉过程中压力分散型预应力锚索的各个承载体上除承载体 1 外，其余的承载体的钢绞线都按照规程[1]8.5.3 预加了荷载。其位移量分别是 S_2 和 S_3；然后将最短承载体安装锚夹片后再整体进行张拉，此时所有承载体的位移量是相同的，该位移量可称之为有效位移量(S_y)；其值为最终测得的总位移量减去 S_2 和 S_3。笔者对某边坡支护锚索验收试验的实测数据进行了分析并结合规程[1]9.4.6.1 条规定，认为应以最短锚筋的承载体在其最大试验荷载作用下自由段锚筋长度的理论弹性伸长值的 80%作为位移量下限控制值；而位移量上限值则取最长锚筋的承载体在其最大试验荷载作用下锚筋长度的理论弹性伸长值；这样即保证了最短钢绞线单元锚杆的安全，又检验了锚索的整体质量。以公式表示如下：

$$0.8S_d \leqslant S_y \leqslant S_c \tag{14}$$

式中：S_d——最短单元锚杆在其最大试验荷载作用下自由段锚筋长度的理论弹性伸长值(mm)；

S_y——锚杆在验收试验时所测得的有效位移量(mm)；

S_c——最长单元锚杆在其最大试验荷载作用下的锚筋长度的理论弹性伸长值(mm)。

4.2 工程实例

采用各锚杆分级预加荷载张拉法对深圳市某边坡锚固工程压力分散型预应力锚索进行验收试验，锚筋由无粘结钢绞线制作，由三个单元锚索组成，每个单元锚索由两根无粘结钢绞线内锚于钢质承载体组成。锚索长度分别为20m、23m、25m；其锚固段长度均为9m(3m+3m+3m)，自由段长度分别为11m、14m、16m；设计承载力 N_t 均为300kN。锚索结构如图4所示。

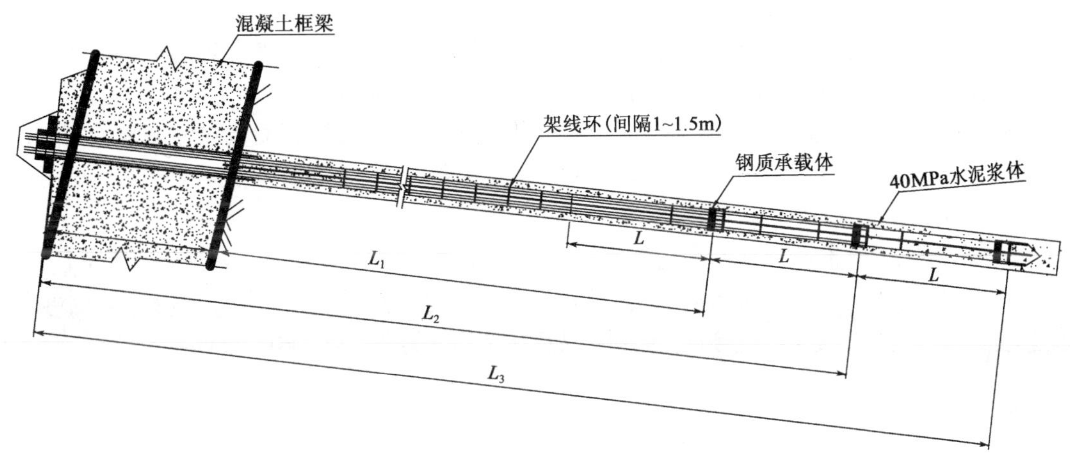

图4　压力分散型预应力锚索结构图

最大验收试验荷载为设计轴向拉力的1.5倍；张拉千斤顶是YCW70B-100。张拉方法是先整体加载至最大试验荷载的15%，将钢绞线拉直，然后卸载松开。先安装最长单元的钢绞线的工具锚夹片并加载至对应荷载(差异荷载 ΔP_1)，然后再安装中间单元钢绞线的夹片同时加载至对应荷载(差异荷载 $\Delta P_1+\Delta P_2$)，最后安装最短单元钢绞线的夹片；再按照规程[1]进行分级加荷载张拉，荷值分别为拉力设计值的0.5、0.75、1.0、1.2、1.33和1.5倍。

采用公式(14)计算的位移量控制范围如下：20m锚索计算位移量控制范围为24.2～54.9mm；23m锚索计算位移量控制范围为30.8～63.2mm；25m锚索计算位移量控制范围为35.2～68.7mm。

按上述位移量控制范围与现场实测有效位移量对照发现：在荷载符合设计要求的情况下，20m长的锚杆共计23根，下限全部满足，其中4根位移量超上限，最小超限是4.3mm，最大超限是7.2mm，平均超限5.5mm；23m长的锚杆共计15根，位移量全部在控制范围；25m长的锚杆共计68根，位移量全部在控制范围。

结合锚固工程实例分析如下：

(1)按公式(14)计算的压力分散型预应力锚索(杆)位移量控制范围比较符合工程实际。至于4根锚索超限问题，应结合规程[1] 9.4.6的第二款进行评判锚索是否合格。

(2)位移量下限值取最短单元锚杆在其最大试验荷载作用下自由段锚筋长度的理论弹性伸长值的80%，与现有规程规定相一致。

(3)位移量上限值取最长单元锚杆在其最大试验荷载作用下锚筋长度的理论弹性伸长值，主要是考虑锚索验收试验时的其他因素所导致的附加位移量，如锚固段蠕变、试验台座的变形以及其他的接触变形。

(4)从公式(14)看，其位移量的控制范围是有意扩大之嫌，这主要是有利于实际验收试验的现场操作，不影响锚杆的安全性。

5　结语

(1)等位移张拉法进行压力分散型预应力锚索验收试验存在明显的危害锚杆安全的缺陷，

锚固验收工程中不宜采用。

(2)等荷载分束张拉法进行压力分散型预应力锚索验收试验虽然可以分别对各个单元锚杆进行验收试验,但是,该方法比较复杂,仅分束张拉千斤顶设备和弧形锚具对大多数施工或验收试验队伍来说还有难度;再者,分束千斤顶的布置困难,钢绞线在弧形锚具处存在弯曲现象,其摩擦力的计算也比较复杂,因此,在工程中也难以推广应用。

(3)各单元锚杆分级预加荷载张拉法进行压力分散型预应力锚索验收试验较符合实际工程验收的要求;并且张拉设备和工艺也较成熟;同时也符合规程[1]的张拉试验要求,因此,在工程中推荐使用公式(14)作为总位移量控制范围。

另外本文之所以推荐分级预加荷载张拉法进行压力分散型预应力锚索验收试验,主要是考虑公式(14)能较全面地反映锚杆的实际锚固质量,并得到实际工程的初步检验且安全可靠;至于是否合适,还有待业内专家进一步探讨以及在今后实际锚固工程中进行验证。

参考文献

[1] 中华人民共和国行业标准. CECS 22—2005 岩土锚杆(索)技术规程[S]. 北京:中国计划出版社,2005.

[2] 王宪章,杨志银,等. 压力分散型锚索的极限承载力试验的研究[J]. 岩土锚固工程,2011,3:9-11.

抗浮锚杆(索)抗裂验算研究

何珊珊　王贤能

(深圳市工勘岩土集团有限公司)

摘　要　抗浮锚杆是用于抵抗地下水浮力作用的结构,其破坏主要包括杆体与土体界面的破坏及杆体自身的破坏;通过研究杆体自身结构及配筋,搜集行业相关规范,对锚杆(索)裂缝宽度控制进行补充和完善,对不同 K 值的锚杆(索)进行计算和分析对比;最后针对抗浮锚杆(索),提出较为合理的最大裂缝宽度限值,总结工程应用中的相关结论。

关键词　抗浮锚杆　裂缝宽度　规范

1　引言

埋深较大的地下构筑物,在地下水较为丰富的情况下经常会出现两类事故[1]:一类是地下室底板隆起开裂导致破坏;一类是建筑物整体上浮,导致梁柱节点处开裂及底板破坏。

地下工程的抗浮问题主要采用压重法、抗浮桩法及抗浮锚杆(索)等方案。其中抗浮锚杆(索)不需要较厚的底板,大大节约了工程造价、缩短工期。因此,随着锚固技术的发展,抗浮锚杆(索)在地下工程中得到了广泛的应用。

概括目前关于抗浮措施裂缝的相关规范得出:抗浮结构构件最大裂缝宽度规定在 0.2～0.3mm 之间[2-6],其中,部分为抗拔桩的相关规定。而抗浮锚杆目前仍缺乏较完整的设计规范及相关埋论[7],尤其在裂缝控制方面,仍处于经验应用状态。

裂缝验算是考虑构件正常使用极限状态下的情况,而锚桩和抗浮试桩所处的是承载力的极限状态;当转化为工程桩时,抗压桩为受压状态,试桩时其产生的裂缝为临时性的,若不大,裂缝将会闭合,因此裂缝的控制可以适当放宽[8]。

大量试验表明,在岩层中的锚杆,锚固砂浆与杆体之间的粘结要比其与周围岩土的粘结薄弱,所以在锚杆中起控制作用。因此,研究锚固体本身的破坏对锚杆的设计和施工有工程实践意义。而杆体的破坏由杆体的裂缝影响,因此本文对锚杆进行裂缝控制验算。

2　裂缝宽度

在正常使用状态下,满足裂缝控制要求的配筋量大于满足构件钢筋强度要求的配筋量[9],因而对地下抗浮锚杆进行裂缝宽度验算具有其必要性。新规范对最大裂缝宽度计算略有放松,本文初步假定锚索裂缝宽度限值 $\omega_{\lim}=0.3\text{mm}$ 。

2.1　预应力锚索

取抗浮设计参数如下进行计算,图 1 为锚索立面布置图。锚固体直径 $D=150\text{mm}$,钢筋轴向拉力设计值 $N_t=500\text{kN}$,预加力锁定值为 $N_0=350\text{kN}$,$E_s=1.95\times10^5\text{N/mm}^2$,$f_{ptk}=1\,860\text{N/mm}^2$。

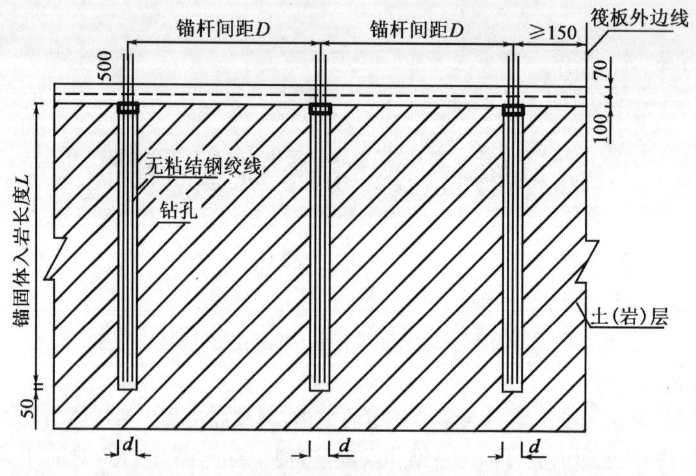

图1　锚索立面布置图(尺寸单位:mm)

《岩土锚杆(索)技术规程》(CECS 22—2005)第7.4.1条:

$$A_s \geqslant \frac{K_t N_t}{f_{yk}}$$

式中:K_t——钢筋杆体的抗拉安全系数,永久性锚杆,钢绞线取1.8,钢筋取1.6,代入数据:

$$A_s \geqslant \frac{K_t N_t}{f_{yk}} = \frac{1.8 \times 500 \times 10^3}{1\,860} = 484\text{mm}^2$$

即采用的4×7ϕ5钢绞线,$A_s = 4 \times 139 = 556\text{mm}^2$ 满足条件。

由《混凝土结构设计规范》(GB 50010—2010)第7.1.2条:

$$\omega_{max} = \alpha_{cr} \psi \frac{\sigma_s}{E_s}\left(1.9c_s + 0.08\frac{d_{eq}}{\rho_{te}}\right) = 0.43\text{mm} > 0.3\text{mm}$$

2.2 锚杆

建筑边坡工程技术规范7.2.2锚杆钢筋截面面积应满足下式要求:

$$A_s \geqslant \frac{\gamma_0 N_a}{\xi_2 f_y}$$

式中:A_s——锚杆钢筋或预应力钢绞线截面面积;

ξ_2——钢筋抗拉工作条件系数,永久性锚杆取0.69,临时锚杆取0.92;

γ_0——边坡工程重要性系数;

f_y——锚筋或预应力钢绞线抗拉强度设计值。

上海市标准《地基基础设计规范》(DGJ 08-11—2010)第9.7.5条:永久性锚固体轴心受拉的最大裂缝宽度不超过0.2mm,并按下式计算:

$$\delta_{fmax} = 2.1\psi \frac{\sigma_g}{E_g} \bar{L}_f$$

$$\psi = 1 - 0.5\frac{fA_s}{f_g A_g}$$

式中:δ_{fmax}——锚固体最大裂缝宽度(cm);

σ_g——锚固体纵向钢筋应力(MPa);

E_g——锚固体纵向钢筋弹性模量(MPa);

ψ——两条裂缝间纵向钢筋应力(应变)不均匀系数;

f ——砂浆抗压强度(MPa);

A_g ——纵向钢筋面积(cm^2);

f_g ——钢筋抗拉设计强度(MPa);

$\overline{L}_f$ ——平均裂缝间距(cm)。

代入数据:

$$\delta_{fmax}=2.1\psi\frac{\sigma_g}{E_g}\overline{L}_f=0.39mm>0.2mm$$

综上讨论,初步提出锚杆(索)需进行裂缝验算[10],且钢筋锚杆及预应力锚索裂缝限值为0.3mm。

2.3 结果分析

根据《混凝土结构设计规范》(GB 50010—2010)与上海市标准《地基基础设计规范》(DGJ 08-11—2010),计算锚杆(索)的裂缝宽度,对比验算如表1、表2所示,由表中计算结果分析得到以下几点。

预应力锚索的裂缝宽度验算 表1

<table>
<tr><th rowspan="3">设计值
N_t
(kN)</th><th rowspan="3">孔径
(mm)</th><th colspan="2">$K=1.8$</th><th colspan="2">$K=2.2$</th><th colspan="2">$K=2.5$</th></tr>
<tr><th colspan="2">修正配筋(mm^2)</th><th colspan="2">修正配筋(mm^2)</th><th colspan="2">修正配筋(mm^2)</th></tr>
<tr><th>配筋</th><th>ω(mm)</th><th>配筋</th><th>ω(mm)</th><th>配筋</th><th>ω(mm)</th></tr>
<tr><td>300</td><td rowspan="3">130</td><td rowspan="3">3×7ϕ5</td><td>0.26</td><td rowspan="2">3×7ϕ5</td><td>0.26</td><td>3×7ϕ5</td><td>0.26</td></tr>
<tr><td>350</td><td>0.31</td><td>0.31</td><td rowspan="2">4×7ϕ5</td><td>0.21</td></tr>
<tr><td>400</td><td>0.37</td><td>4×7ϕ5</td><td>0.25</td><td>0.25</td></tr>
<tr><td>300</td><td rowspan="6">150</td><td rowspan="3">3×7ϕ5</td><td>0.28</td><td rowspan="2">3×7ϕ5</td><td>0.28</td><td>3×7ϕ5</td><td>0.28</td></tr>
<tr><td>350</td><td>0.34</td><td>0.34</td><td rowspan="2">4×7ϕ5</td><td>0.22</td></tr>
<tr><td>400</td><td>0.40</td><td rowspan="2">4×7ϕ5</td><td>0.26</td><td>0.26</td></tr>
<tr><td>450</td><td rowspan="3">4×7ϕ5</td><td>0.30</td><td>0.30</td><td rowspan="2">5×7ϕ5</td><td>0.22</td></tr>
<tr><td>500</td><td>0.34</td><td rowspan="2">5×7ϕ5</td><td>0.25</td><td>0.25</td></tr>
<tr><td>550</td><td>0.38</td><td>0.28</td><td>6×7ϕ5</td><td>0.22</td></tr>
<tr><td>600</td><td rowspan="5">180</td><td rowspan="3">5×7ϕ5</td><td>0.34</td><td rowspan="3">6×7ϕ5</td><td>0.26</td><td>6×7ϕ5</td><td>0.26</td></tr>
<tr><td>650</td><td>0.37</td><td>0.29</td><td rowspan="3">7×7ϕ5</td><td>0.23</td></tr>
<tr><td>700</td><td>0.40</td><td>0.32</td><td>0.26</td></tr>
<tr><td>750</td><td rowspan="2">6×7ϕ5</td><td>0.34</td><td rowspan="2">7×7ϕ5</td><td>0.27</td><td>0.27</td></tr>
<tr><td>800</td><td>0.36</td><td>0.29</td><td>8×7ϕ5</td><td>0.24</td></tr>
<tr><td>750</td><td rowspan="2">200</td><td rowspan="2">6×7ϕ5</td><td>0.36</td><td>6×7ϕ5</td><td>0.36</td><td rowspan="2">8×7ϕ5</td><td>0.24</td></tr>
<tr><td>800</td><td>0.38</td><td>7×7ϕ5</td><td>0.31</td><td>0.26</td></tr>
<tr><td>900</td><td rowspan="3">220</td><td>6×7ϕ5</td><td>0.47</td><td>8×7ϕ5</td><td>0.31</td><td rowspan="3">9×7ϕ5</td><td>0.26</td></tr>
<tr><td>950</td><td rowspan="2">7×7ϕ5</td><td>0.40</td><td rowspan="2">9×7ϕ5</td><td>0.28</td><td>0.28</td></tr>
<tr><td>1 000</td><td>0.42</td><td>0.29</td><td>0.29</td></tr>
</table>

注:1. 表中参数含义与《混凝土结构设计规范》(GB 50010—2010)一致;

2. 锚索张拉索定值为设计值的80%。

(1)预应力锚索

①预加力锁定值为 80% N_t 时，K=1.8，不满足裂缝宽度验算，需增加钢绞线面积；当 K=2.5时，裂缝宽度限值可控制在 0.3mm 以内；

②轴向拉力设计值 N_t ≤700kN 时，配筋 5×7ϕ5 均可满足配筋和裂缝限值要求。

(2)钢筋锚杆

钢筋锚杆的裂缝宽度验算 表 2

设计值 N_t(kN)	孔径 (mm)	K=1.6			K=1.8	
		配筋 A_s(mm^2)		上海规范	修正配筋	
		钢筋	ω(mm)	ω(mm)	A_s'	ω(mm)
100	110	1ϕ25	0.27	0.10	1ϕ28	0.25
200		2ϕ25	0.16	0.08	2ϕ28	0.14
200	130	2ϕ25	0.23	0.10	2ϕ25	0.26
300		3ϕ25	0.21	0.08	3ϕ25	0.23
350		3ϕ28	0.17	0.07	3ϕ25	0.19
400		3ϕ28	0.20	0.08	3ϕ28	0.22
300	150	3ϕ25	0.27	0.09	3ϕ25	0.23
350		2ϕ32	0.27	0.10	3ϕ25	0.27
400		3ϕ28	0.27	0.10	3ϕ28	0.30
450		3ϕ32	0.21	0.11	3ϕ32	0.23
400	180	3ϕ28	0.40	0.11	3ϕ32	0.26
450		3ϕ32	0.32	0.09	3ϕ32	0.30
500		3ϕ32	0.33	0.11	3ϕ32	0.33

①当锚杆孔径 D≤150mm 时，K 取 1.6；当 D≥180mm 时，K 取 1.8，锚杆裂缝宽度均可控制在 0.3mm 以内；

②当轴向拉力设计值 N_t ≤400kN，当 D≤150mm 时配筋不超过 3ϕ28；当 500kN> N_t > 400kN 时，宜采用 3ϕ32；当 N_t ≥500kN 时，宜采用预应力锚索。

3 结语

(1)锚杆(索)在满足设计值配筋条件下，尚应进行裂缝宽度验算；最大裂缝宽度限值取 0.3mm；

(2)对于预应力锚索，保护层厚度不应小于 30mm；当锁定值为 80% N_t 时，部分锚索不能满足验算要求，可取 K=2.5 进行修正配筋；

(3)对于钢筋锚杆，可取 K=1.8；

(4)当轴向拉力设计值 N_t ≤400kN 时，宜采用钢筋锚杆；当 400kN< N_t ≤700kN 时，宜采用预应力锚索进行抗浮设计。

参考文献

[1] 贾金青.软岩地区抗浮锚杆的试验与施工[J].施工技术，2003，32(1)：40.

[2] 中华人民共和国行业标准.JGJ 94—2008 建筑桩基技术规范[S].北京：中国建筑工业

出版社,2008.
[3] 中华人民共和国国家标准. GB 50157—2013 地铁设计规范[S]. 北京:中国建筑工业出版社,2013.
[4] 中华人民共和国行业标准. DL/T 5057—2009 水工混凝土结构设计规范[S]. 北京:中国电力出版社,2009.
[5] 中华人民共和国地方标准. DGJ 08-11—2010 地基基础设计规范[S].
[6] 中华人民共和国国家标准. GB 50010—2010 混凝土结构设计规范[S]. 北京:中国建筑工业出版社,2010.
[7] 王贤能. 土层抗浮锚杆试验破坏标准选取的建议[J]. 地质灾害与环境保护,2001,12(3).
[8] 陆培俊. 抗拔桩结构设计[J]. 结构工程师,2009,25(1):75-76.
[9] 马竹青. 地下室底板抗浮锚杆结构设计[J]. 房屋建筑,2010,6.
[10] 谢醒悔. 预应力混凝土结构裂缝控制验算的简化[J]. 基建优化,2005,26(2):14-15.

地铁基坑混凝土支撑轴力监测精准性的探讨

裴楠楠

（北京中铁瑞威基础工程有限公司）

摘　要　混凝土支撑在深基坑支护系统中应用十分广泛，在基坑施工监测中常综合支撑轴力变化情况判断基坑稳定性，但诸多原因导致了支撑实测轴力和设计轴力存在较大的差异。根据北京地铁8号线林萃路站基坑混凝土支撑轴力监测数据，综合基坑的围护形式、开挖形式和实时工况，对混凝土支撑轴力监测计算结果进行了详细的分析，总结了影响实测轴力变化的主要因素，提出了混凝土支撑轴力计算的优化建议。

关键词　基坑监测　钢筋混凝土支撑　支撑轴力　钢筋应力计

1　引言

在深基坑开挖施工监测过程中，基坑往往处于力学性质相当复杂的地层中，由于地下工程存在较大的不确定性和工程设计估算的简化、假定法的自身缺点，而且在地下工程施工过程中，存在着诸多偶然因素的作用，使对基坑支护结构监测所获得的数据和设计预算的数值存在一定的差异，在类似监测工程中，经常出现混凝土支撑实测轴力远大于设计轴力的情况，对此，许多学者基于工程实例，对产生这一情况的原因进行了初步的研究和讨论。结合北京地铁8号线林萃路站施工监测的具体情况，并在前人研究、分析的基础上，提出了混凝土支撑轴力计算的优化建议。

2　工程概况

北京地铁8号线林萃路站位于林萃桥旁，沿林萃路呈东西走向，基坑开挖采用半盖挖法施工，标准段深约16m，盾构井段约17.7m，全部采用3道混凝土支撑，支撑截面为1 000mm×1 000mm，上下各11根。

3　计算分析

3.1　监测结果与计算结果的差异分析

在实际监测过程中发现随着基坑开挖深度的加深，基坑支撑的监测轴力值变化较快并远大于设计值，有的甚至好几倍，以标准段8-2道混凝土支撑轴力为例，最大监测轴力值接近15 000kN，远远超过该段8 700kN的设计值。

根据监测方案，编号8-2道混凝土支撑内共埋设了2根钢筋计，左右对称布设。在实际监测过程中，2根钢筋计的变形曲线见图1。

由图1可以看出：钢筋计内力增加（钢筋计测量读数减小为支撑受压、轴力增加的结果）与施工工况联系紧密，在基坑土方开挖至下层混凝土支撑浇筑之间的时段，为混凝土支撑轴力增长较快阶段；第三层混凝土支撑浇筑完毕后，第二层混凝土支撑轴力变化速率明显降低。

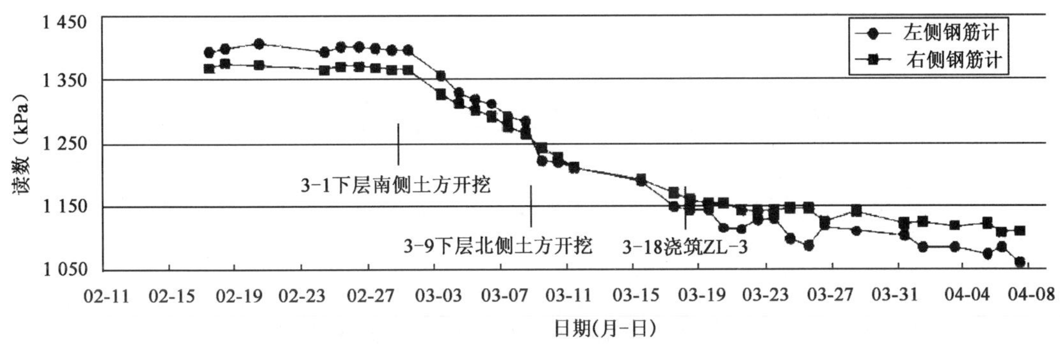

图1　2009年测得ZL8－2钢筋计读数变化过程曲线图

3.2　影响轴力变化的主要因素

混凝土支撑轴力为水泥混凝土及内部钢筋的综合力，应从各个角度分析其轴力变化机理，分析影响轴力变化的主要因素。

(1)钢筋应力计的灵敏度。测试系统的灵敏度高意味着它能检测到被测物理量极微小的变化，但灵敏度越高，往往测量范围越窄，对外界干扰也就越敏感，在实际监测过程中，如何选择合理的传感器对所测的物理量差异也存在一定的影响。

(2)混凝土支撑配筋。目前普遍应用的混凝土轴力计算公式是根据每个应力计测量的平均值计算钢筋单位截面积所受应力值，将混凝土截面积按其和钢筋弹性模量关系折算成钢筋的截面积，再根据单位截面积的应力值，计算换算后的整个支撑截面的应力值，而换算后的计算结果和实际值必然存在一定的误差。因此，混凝土支撑配筋、截面面积以及弹性模量指标也是衡量支撑轴力监测值是否精确的一个重要指标。

(3)混凝土的收缩和徐变。混凝土的硬化过程实际就是水泥拌和物的水化反应，反应过程中混凝土本身会产生一定收缩，而混凝土和钢筋计之间的徐变协调差异也易导致钢筋计产生一定量的附加压力。

(4)基坑开挖后围护结构位移及立柱隆沉。基坑开挖后，基底土体的卸载回弹，基坑内外的土体由原来的静止土压力状态向被动和主动土压力状态转变，应力状态的改变引起立柱隆沉、围护结构承受荷载产生变形，而围护结构、立柱之间的变形差异导致支撑受力并不是单纯的轴向受力，存在必然的扭矩，所测的应力分布不均，计算的轴力也和设计预算值存在一定的差异。

3.3　混凝土支撑轴力计算的优化建议

由于各方面的因素影响，测算的混凝土支撑轴力与设计预算值存在较大差异，因此，在实际的监测过程中，混凝土支撑所测算的轴力不能简单地作为最后的报警依据，需结合工程经验对轴力计算进行优化，结合基坑其他监测项目数据综合分析基坑及周边环境安全情况。针对混凝土支撑轴力的计算提出以下几点优化：

(1)钢筋应力计的选择。选择钢筋应力计时应事先查阅工程设计图纸、设计计算书和有关说明，了解所测支撑轴力在监测期间的最大值和变化范围，合理选择相应量程、灵敏度的钢筋应力计。一般来说，对传感器的基本要求是：

①输入与输出之间成比例关系，直线性好，灵敏度高；

②滞后漂移误差较小；

③不因其接入而使测试对象受到影响；

④抗干扰能力强。

(2)钢筋应力计的布设。目前钢筋混凝土支撑杆件是通过钢筋与混凝土共同工作、变形协调条件反算支撑的轴力。当监测断面选定后监测传感器应布置在该断面的 4 个角上或 4 条边上以便必要时可计算轴力的偏心距，且在求取平均值时更可靠，以防止个别传感器埋设失败或遭施工破坏等情况。

(3)温度。在日常监测过程中应选取每天同一时段温度接近的时候进行测读钢筋应力计的读数，温差变化较大的区域应进行必要的温度修正。

(4)初始值的选取。对于埋设钢筋应力计的混凝土支撑轴力，测量初始值的争议较大，有人认为应该取未安装状态下的值为初始值，或直接用标定系数中的初始值，也有人认为应该取基坑开挖前的值为初始值。在混凝土支撑浇筑后，混凝土的硬化收缩而导致钢筋计产生一定量的附加压力，如采用标定系数的初始值，则后续监测过程中所测算的轴力值就必然包含了这种附加压力，但其并不是因基坑开挖所引起的，这样就会导致测算的轴力显然比设计轴力偏大；而采用第 2 种初值的选取方案则可有效避免附加压力对支撑综合轴力的影响。

(5)同层混凝土支撑体系中建议在典型位置设置几道钢支撑，毕竟钢支撑的支撑轴力是直接的、精准的，这样可以印证校核混凝土支撑监测轴力误差。

4　结语

(1)基坑混凝土支撑实测轴力和设计轴力存在较大的差异是深基坑施工监测工程中经常出现的情况，系受多种因素控制的，只要综合考虑这些影响因素，制订合理的优化方案，便能将这种差异降低到最小。

(2)钢筋应力计的布设是影响轴力计算的关键因素，因此每个混凝土支撑轴力监测点应在该断面的 4 个角上或 4 条边上对称布置钢筋应力计。

(3)混凝土支撑轴力的初始值应在混凝土支撑浇筑完毕达 28d 强度后、基坑开挖前进行采集，这样可有效剔除因混凝土的硬化收缩而使钢筋计产生的附加压力。

(4)由于目前国内仍缺乏可直接测量混凝土支撑轴力的有效实用仪器以及更先进、更近于实际的理论计算方法，因此，仍需进一步加强对混凝土支撑轴力的研究和探讨。

(5)在实际的监测工作中，不能简单根据单根混凝土支撑轴力平均累计值作为最后的报警依据，在关注平均轴力累计值的同时，需要结合施工工况关注其变化趋势，并应结合围护结构的水平位移等其他监测项目数据对支撑轴力的变化进行分析。

参考文献

[1]　高德恒，王小刚，何振元. 混凝土支撑轴力监测分析[J]. 人民珠江，2008(6):24-26.

[2]　梅英宝，朱向荣. 关于地下结构轴力监测方法的一点看法[J]. 工业建筑，2003,33(2).

[3]　刘建航. 基坑工程手册[M]. 北京：中国建筑工业出版社，1997.

拉力集中型锚索体系锚固界面力学分析

杨　栋　王全成

(中国地质科学院探矿工艺研究所)

摘　要　本文在假定锚固界面为理想弹塑性模型及锚索为无限长杆件的前提下，推导了全长粘结拉力集中型预应力锚索砂浆与钢绞线界面、砂浆与岩土体界面的应力分布解析解，在此基础上探讨了应力分布规律的影响因素，认为锚固界面剪应力呈负指数分布模式，最大剪应力在 $x=0$ 处，最大剪应力与锚固力、钢绞线半径、界面摩阻刚度系数 λ_1、λ_2、注浆体半径等有关，认为盲目增加锚固段长度的做法不可取。比较而言，增大注浆体半径对增加锚索工程稳定性更为有效。该解析式的提出对快速确定锚固段长度的方法提供指导。

关键词　锚索　锚固界面　应力解析解

1　引言

在地质灾害防治工程中，岩土锚固技术已被广泛运用，由于对原岩扰动小、施工速度快，且能将将灾害体表层防护工程(如格构等)与深部防治措施有机的结合，极大限度发挥岩土体的自稳能力，取得了良好的经济和社会效益。

但是，由于锚索在岩土介质受力的复杂性，工程设计仍然停留在经验上，或者假设锚杆与粘结材料之间的剪应力沿锚杆体均匀分布。

目前在锚固荷载传递机理方面，前人在试验和现场测试的基础上采用拟合的方法给出锚固段剪应力的分布规律，多为负指数函数。尤春安等人假定砂浆与岩土体性质相同，或者砂浆很薄的情况下，给出了表面锚固型及内部锚固型锚索的应力沿着长度方向的弹性解，有一定的指导性。

但假定条件明显与实际有所出入，因为砂浆柱体的直径往往远大于锚索直径，因此它既不能认为是与岩体性质相同，也不能认为是“很薄的”。

2　全长粘结拉力集中型锚索力学模型分析

如图1所示，全长粘结拉力集中型锚索体系一般包含钢绞线、钢绞线与砂浆界面(图中界面1)、砂浆、砂浆与岩土体界面(图中界面2)及岩土体。

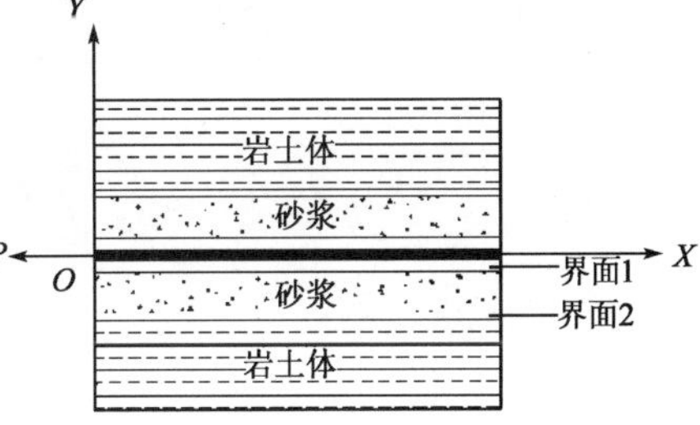

图1　全长粘结拉力集中型锚索体系组成

根据工程经验，锚索破坏的形式有钢绞线拉断及钢绞线滑移两种方式，而往往沿着上述两个锚固界面滑移失效的形式更为常见，因此研究这两个界面的应力分布具有至关重要的意义。现做如下假定：

(1)钢绞线与砂浆、砂浆与岩土体界面均符合理想弹塑性模型孔宪宾等探讨了一种锚固界面载荷传递的理想弹塑性模型，如图 2 所示。图中 λ 为界面摩阻刚度系数，其大小由界面粗糙程度、相互接触的物质物理性质决定，综合反映了多种因素对剪应力的影响。此模型反映了注浆体与锚固岩体之间的剪应力与剪切位移之间的函数关系，函数关系清晰，应用方便。实际工程应用中可以通过 P-s 关系曲线反算获得 λ，其不足之处就是没有反映出注浆体与锚固岩体之间发生真实破坏时的应力情况，但对于研究弹塑性状态下，即两者之间未发生破坏时的锚固机制，此模型是比较合理的。

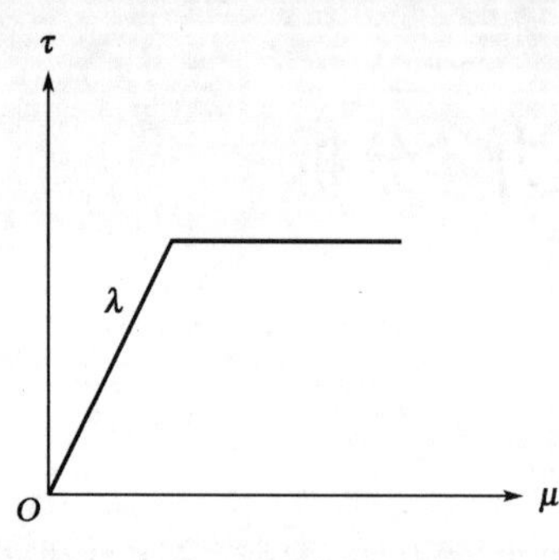

图 2　锚固界面理想弹塑性模型

(2)锚索视为无限长杆件

由于对锚固工程而言，锚索锚固段长度是需要计算的关键性参数。根据前人的研究及室内与现场监测的结果，当锚固段达到一定长度时，钢绞线的应力几乎为 0，因此可将锚索视为无限长杆件。

3　钢绞线与砂浆界面应力分布求解

设预应力锚索锚固力为 P，钢绞线半径为 r_1，面积为 A，弹性模量为 E_1，钢绞线界面摩阻刚度系数为 λ_1。

由于钢绞线与砂浆界面本构为理想弹塑性模型则：

$$\tau_1 = \lambda_1 u_1 \tag{1}$$

式中：τ_1——钢绞线与砂浆界面应力；

u_1——钢绞线与砂浆界面剪切位移。

考虑钢绞线微元体静力平衡：

$$\sigma_1(x+\Delta x)A - \sigma_1(x)A = 2\pi r_1 \Delta x \cdot \tau_1 \tag{2}$$

转化并取极限：

$$\sigma_1'(x) = 2\pi r_1 \tau_1 / A \tag{3}$$

在锚固体系没有破坏之前，由变形协调：

$$u_1(x) = \int_0^x \frac{\sigma_1(x)}{E_1}\mathrm{d}x \tag{4}$$

将式(3)、式(4)代入式(1)并求导得：

$$\sigma_1''(x) - 2\pi r_1 \lambda_1 / AE_1 \sigma_1(x) = 0 \tag{5}$$

其通解为：

$$\sigma_1(x) = c_1 \mathrm{e}^{\sqrt{2\pi r_1 \lambda_1 / AE_1}\,x} + c_2 \mathrm{e}^{-\sqrt{2\pi r_1 \lambda_1 / AE_1}\,x} \tag{6}$$

由边界条件：

$$\sigma_1(0) = P/A, \sigma_1(\infty) = 0 \tag{7}$$

则方程解为：

$$\sigma_1(x) = \frac{P}{A} \cdot \mathrm{e}^{-\sqrt{2\pi r_1 \lambda_1 / AE_1}\,x} \tag{8}$$

将式(8)带入式(3)：

$$\tau_1(x) = -\frac{\sqrt{\lambda_1}P}{\sqrt{2\pi r_1 AE}}\mathrm{e}^{-\sqrt{2\pi r_1 \lambda_1 / AE_1}\,x} \tag{9}$$

将式(9)带入式(1)：

$$u_1(x) = -\frac{P}{\sqrt{2\pi r_1 AE_1\lambda_1}}e^{-\sqrt{2\pi r_1\lambda_1/AE_1}x} \tag{10}$$

本文给出的剪应力解析解如式(9)所示，与前人通过试验总结的形式相同，不同的是每个参数的物理含义明确，是一个很大的进步。

4 砂浆与岩土体界面应力分布求解

由于砂浆与岩土体界面满足理想弹塑性模型，则：

$$\tau_2 = \lambda_2 u_2 \tag{11}$$

由弹性理论：

$$\tau = -G\frac{du}{dr} \qquad (r_1 < r < r_2) \tag{12}$$

式中：G——砂浆层面的剪切刚度。

由砂浆柱体静力平衡：

$$\tau = \frac{\tau_1 r_1}{r} \tag{13}$$

故

$$u = -\frac{\tau_1 r_1}{G}\ln(r) + c \tag{14}$$

则：

$$u_1 - u_2 = \frac{\tau_1 r_1}{G}\ln(r_2/r_1) \tag{15}$$

故：

$$\tau_2 = \lambda_2\left[-\frac{P}{\sqrt{2\pi r_1 AE_1\lambda_1}} + \frac{r_1}{G}\ln(r_2/r_1)\frac{\sqrt{\lambda_1}P}{\sqrt{2\pi r_1 AE}}\right]e^{-\sqrt{2\pi r_1\lambda_1/AE_1}x} \tag{16}$$

在砂浆体“很薄”的情况下，可以认为：

$$r_2 = r_1,\quad \lambda_1 = \lambda_2 \tag{17}$$

则得到与式(9)一致的应力分布表达：

$$\tau_2(x) = -\frac{\sqrt{\lambda_2}P}{\sqrt{2\pi r_2 AE}}\cdot e^{-\sqrt{2\pi r_2\lambda_2/AE_1}x} \tag{18}$$

5 锚固界面应力规律分析

以单根钢绞线为例，设其锚固力 $P=200$kN，钢绞线 $r_1=7.6$mm，钢绞线弹性模量为 $E_1=200\,000$MPa，取不同的界面摩阻刚度系数 λ_1，作钢绞线与砂浆界面剪应力分布图如图 3 所示。

取界面摩阻刚度系数 $\lambda_1=0.3$，设钢绞线锚固力为 50kN、100kN、150kN、200kN、250kN，作不同锚固力下钢绞线与砂浆界面剪应力分布曲线(图 4)。

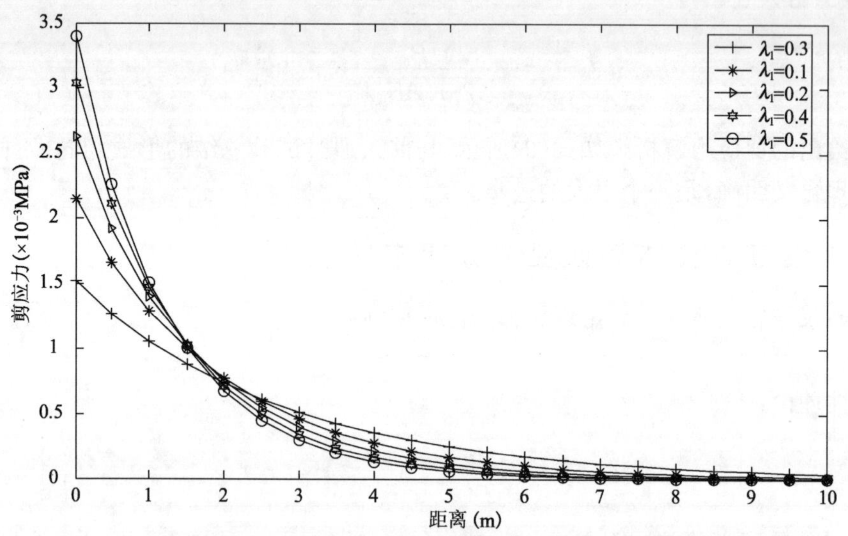

图3　钢绞线与砂浆界面剪应力分布随界面摩阻刚度系数的变化

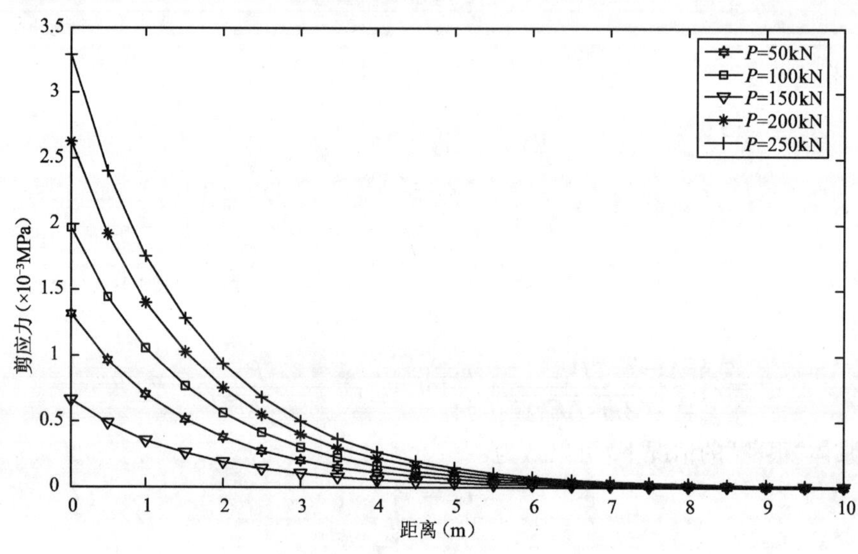

图4　钢绞线与砂浆界面不同锚固力作用下剪应力分布

比较式(9)、式(16)、式(18)，可见钢绞线与砂浆界面、砂浆与岩土体界面形式类似，因此分布规律也一样，现总结如下：

(1)钢绞线与砂浆界面剪应力呈负指数分布模式，最大剪应力在 $x=0$ 处，最大剪应力由锚固力大小、钢绞线半径、弹性模量及界面摩阻刚度系数 λ_1 决定，锚固力越大、钢绞线半径越小、界面摩阻刚度系数越大则最大剪应力越大。

(2)砂浆与岩土体界面应力呈负指数分布模式，最大剪应力在 $x=0$ 处，最大剪应力由锚固力大小、钢绞线半径、弹性模量、界面摩阻刚度系数 λ_1、λ_2 决定，锚固力越大、钢绞线半径越小、注浆体半径越小，界面摩阻刚度 λ_2 系数越大则最大剪应力越大。

(3)界面摩阻刚度系数 λ_1 越大，则最大剪应力越大，所传递的有效锚固长度越短，如图3

所示，有效长度为6～8m，所以进一步说明将锚索视为无限长杆件的合理性。因此盲目增加锚索锚固段长度的做法是不可取的，增大注浆体尺寸比增加锚固段长度的做法更有效。

(4)随着张拉力的增大，最大剪应力增大，锚固段有效长度也在增加。

6 试验验证

室内用ϕ108钢管模拟孔壁，利用磁通量传感器测量钢绞线内力分布，利用应变计测试砂浆受力情况，通过智能张拉系统进行分级张拉，试验测点布置如图5所示。

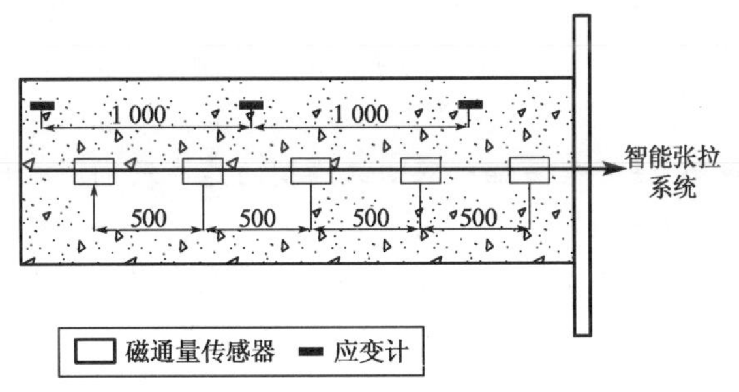

图5　室内试验测点布置示意图

由于本次实验直接获得的数据为轴力，比较式(8)及式(9)，轴力与剪应力表达式形式类似，为消除换算引起的误差放大效应，故可直接研究轴力分布规律，如图6所示，散点为试验数据点，曲线为指数函数拟合曲线，取得了较理想的拟合结果。

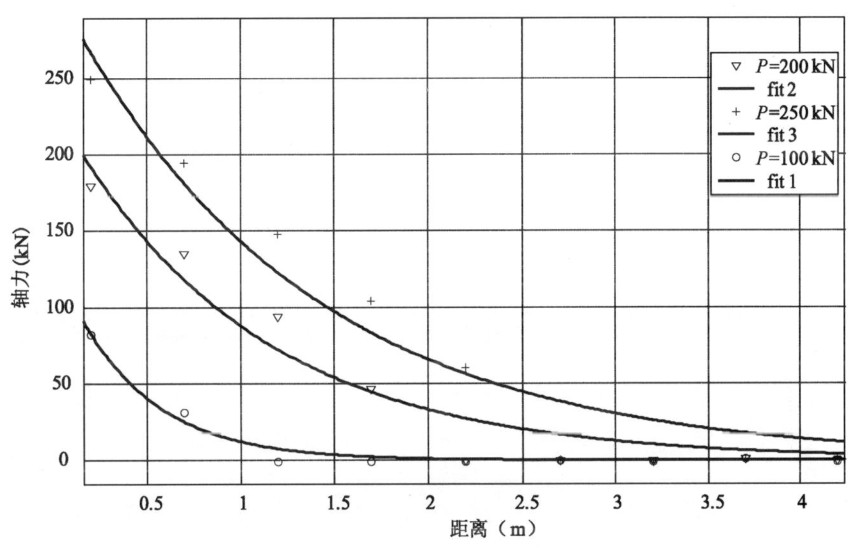

图6　室内试验拟合结果

7 结语

本文在假定锚固界面为理想弹塑性模型及锚索为无限长杆件的前提下，推导了全长粘结拉力集中型预应力锚索砂浆与钢绞线界面、砂浆与岩土体界面的应力分布解析解，力学模型合理，解析式形式简洁，各参数物理意义明确。如果能从工程或是试验中获取大量的界面摩阻刚度系数经验参数，则可快速确定锚固段长度及注浆体的尺寸，有一定的工程指导意义。从文中分析可知，盲目增加锚固段长度的做法不可取，比较而言，增大注浆体半径对增加锚索工程稳定性更为有效。

参考文献

[1] 徐芝伦. 弹性力学[M]. 3版. 北京：高等教育出版社，1998.

[2] Ballivy G, Benmokrane B, Iahoud A. Integral method for the design of grouted rock anchors[A]. In: Proc. 6th ISRM Congr[C]. Mon-treal: McGraw-Hill, 1987.

[3] 尤春安. 全长粘结式锚杆的受力分析[J]. 岩石力学与工程学报，2000，19(3)：339-341.

[4] 汉纳 T H. 锚固技术在岩土工程中的应用[M]. 胡定，译. 北京：中国建筑工业出版社，1986.

[5] 朱训国，杨庆，奕茂田. 注浆岩石锚杆双曲线模型的建立及锚固效应的参数分析[J]. 岩石力学与工程学报，2007，6(4)：692-698.

[6] 何思明，张小刚，王成华. 基于修正剪切滞模型的预应力锚索作用机制研究[J]. 岩石力学与工程学报，2000(15)：2562-2567.

地质雷达在地铁暗挖隧道二衬背后注浆密实度检测中的应用

刘江红[1,2]　郭　盛[1,2]

（1. 北京市市政工程研究院　2. 北京市建设工程质量第三检测所有限责任公司）

摘　要　地质雷达以其非破坏性探测、效率高、分辨率可选、操作方便等优点，在隧道无损检测中广泛应用。实践证明，地质雷达方法检测隧道二衬背后注浆密实度具有独特优势，并且可以进行连续扫描，这是当前其他无损检测方法难以实现的。地质雷达推广应用，取得了良好的社会效益和经济效益。

关键词　地质雷达　地铁暗挖隧道　二衬背后　注浆密实度检测

1　引言

随着我国城市轨道交通的快速发展，地下暗挖隧道工程也越来越多。地铁交通对人们的日常出行、工作和生活的影响越来越大。由于地铁隧道工程建设周期长，成本高，运营量大，使用年限长，因而对工程质量的要求也相对较高。随着地铁线路增多，运营里程加大，隧道混凝土质量问题出现的概率在逐渐增大，地铁隧道的质量问题越来越引起重视。特别是隧道拱部二衬背后的空洞，对地铁正常运营的安全造成较多的影响，甚至会造成较大的安全质量事故。隧道二衬的背后注浆密实度检测尤为重要。

2　地质雷达检测原理

探地雷达是利用频率 10M～2 000MHz 的宽频脉冲电磁波来确定工程结构或构件介质分布的一种电磁方法。雷达天线由接收、发射两部分组成，发射天线向被测体发射电磁波，接收天线接收经介质内部界面的反射波。电磁波在介质中传播时，其路径、电磁场强度与波形将随通过介质的电性质和几何形态而变化。根据接收到的波的旅行时间（双程走时）、幅度、频率与波形等信息，推测地下介质的结构、构造与埋设物体深度的一种电磁波技术。

3　检测前期准备

3.1　场地清理

（1）二衬混凝土达到设计强度，模板拆除后才能进行检测。

（2）隧道路面保持畅通、无障碍物、地面上无杂物。

（3）需要满足要求（高度、宽度等）的移动式支架平台或检测车。

（4）隧道里程号的标注（每 5m 做一个标记，20m 一个里程号标记）。

3.2　资料收集

（1）地质勘察报告、施工工艺、二衬混凝土厚度、浇筑日期、设计强度等级。

(2)施工过程中的异常情况及处理措施。

(3)道路下方管线调查、地勘资料等。

3.3 雷达天线频率选择

地质雷达探测深度随着天线频率的不同而不同，频率越低，探测深度越大，反之，频率越高，探测深度越浅。对隧道二衬混凝土背后注浆密实情况进行探测，一般选用 400～1 600MHz的天线。不同频率的天线使用范围见表 1。

天线频率最大测深及盲区 表 1

中心频率(MHz)	样品应用	盲区(cm)	典型最大测深(m)	典型测程(ns)
1 600	结构混凝土、路面、桥面	2.5	0.5	10～15
900	混凝土、浅层土壤、古迹	10	1.0	10～20
400	浅层地质、公用设施、环境、古迹	15.25	4	20～100

3.4 波速标定(介电常数的标定)

检测前对被测介质的介电常数和电磁波速做现场标定，每个隧道一处，每处实测不少于 3 次，取平均值为该隧道的介电常数和电磁波速。当隧道大于 3km、衬砌材料或含水率变化较大时，增加标定点数。

标定时采用钢尺量测法在已知厚度的部位进行或钻孔实测。标定记录中界面反射信号应清晰、准确。标定结果按下式计算：

$$\varepsilon_r = \left(\frac{0.3t}{2d}\right)^2$$

$$v = \frac{2d}{t} \times 10^9$$

式中：ε_r——相对介电常数；

v——电磁波速(m/s)；

t——双程旅行时间(ns)；

d——标定目标体厚度或距离(m)。

4 工程检测实例

4.1 工程概况及测线布置

北京某地铁暗挖隧道左线区间二衬厚度 300mm，二衬环向钢筋布置间距为 150mm，混凝土设计强度等级为 C40，本次检测的里程段为 K15＋200～ K15＋212，分别在拱顶、左右拱腰、左右边墙布置 5 条测线。现场检测采用美国 GSSI 公司生产的 SIR-3000 型雷达主机，天线选用 900MHz 进行连续扫描。隧道断面图和雷达测线布置见图 1。

4.2 雷达检测结果图像分析(图 2～图 4)

由图 2、图 3 可以看出，雷达图像信号幅度较弱，没有明显界面反射信号；由此可以判断，本次检测的里程段拱腰和边墙二衬混凝土背后注浆密实。

由图 4 可以看出，在 K15＋203～K15＋209 段隧道拱顶二衬背后衬砌界面反射信号强，三振相明显，在其下部仍有反射界面信号，两组信号时程差较大，因此，判断在隧道拱顶(K15＋203～K15＋209)范围内深度约 30cm 处二衬背后存在空洞。经现场钻孔验证，二衬背后脱空厚度约为 10cm。

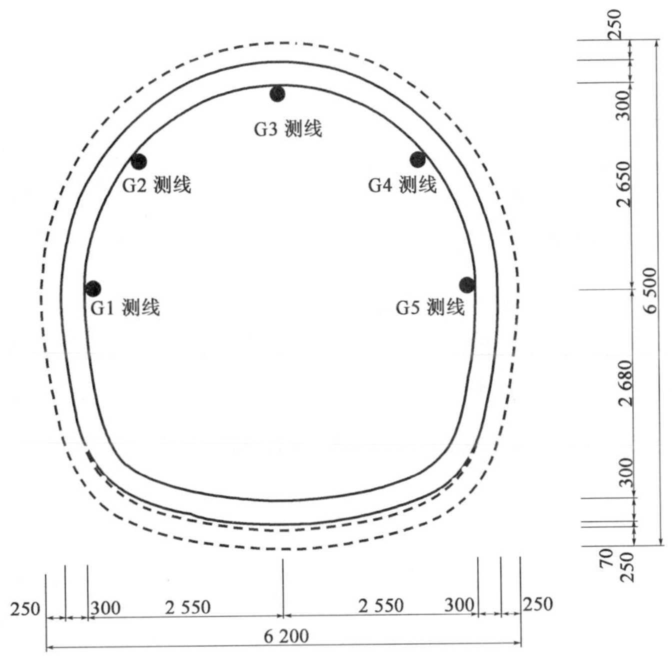

图 1　隧道断面图及雷达测线布置图(尺寸单位:mm)

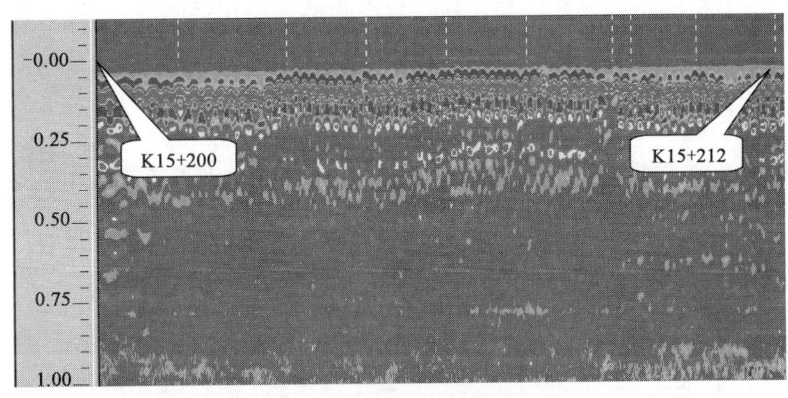

图 2　隧道边墙雷达测试图像

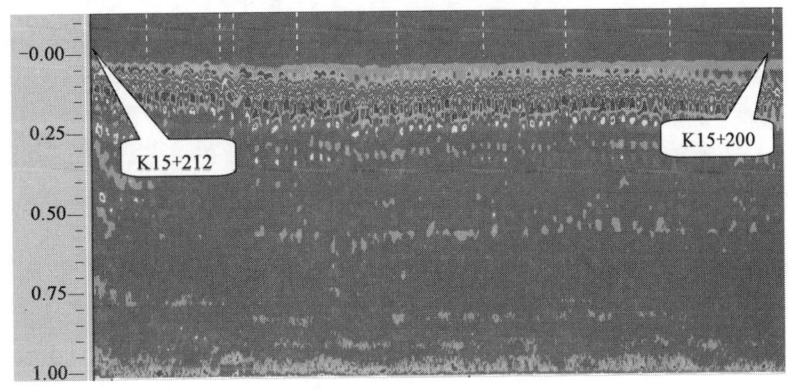

图 3　隧道拱腰雷达测试图像

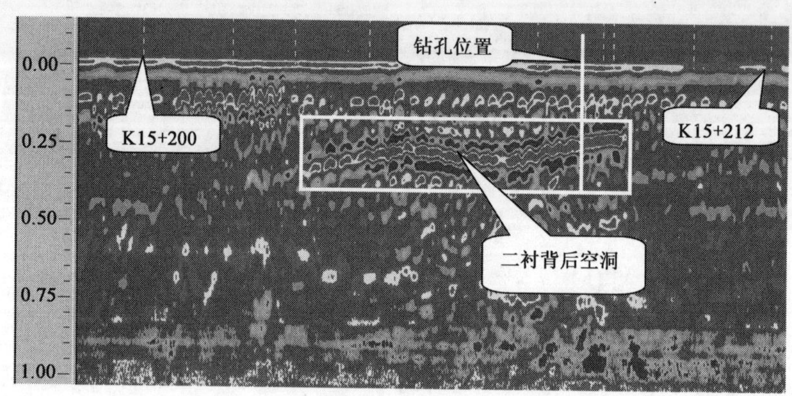

图 4　隧道拱顶雷达测试图像

5　结语

地质雷达在隧道衬砌无损检测中发挥着越来越重要的作用，实践证明，根据目标体的深度选用合适的频率天线检测隧道二衬背后注浆密实度具有良好的效果，特别是二衬背后存在空洞时能够清晰地反映在雷达图谱中。雷达是利用电磁波反射技术来确定被探测物体性质的一种电磁波技术，由于被测物体介电常数差异不明显或受诸多因素的影响雷达图像在一定范围内具有多解性，可对检测结果存在误判，因此，当检测结果存在疑问时，应进行现场验证，以便对病害做出较为准确的判断。

参考文献

[1]　中华人民共和国行业标准. TB 10223—2004　铁路隧道衬砌质量无损检测规程[S]. 北京：中国铁道出版社，2004.

[2]　李大心. 探地雷达方法与应用[M]. 北京：地质出版社，1994.

[3]　杨健，张毅，陈建勋. 地质雷达在隧道工程质量检测中的应用[J]. 公路 2001(3)：62-64.

新型旋进钢管桩质量检验方法及实例分析

郭　盛[1,2]　汤博洋[1,2]　殷廷记[2]

（1. 北京市市政工程研究院　2. 北京市建设工程质量第三检测所有限责任公司）

摘　要　依据北京某老旧小区抗震节能综合改造试点项目新型旋进钢管桩质量检验资料，阐述了新型旋进钢管桩质量检验的方法及程序，从后压浆效果的低应变反射波法检测、承载力的单桩竖向静载荷试验两方面对钢管旋进桩这一新型工艺的施工效果进行了检验，为今后该工艺的改进及大范围推广提供了重要依据。

关键词　旋进钢管桩　质量检验　后压浆效果　承载力　静载荷试验

1　引言

旋进钢管桩施工工艺为采用特种钻进设备将预制复合钢桩旋转钻进土层内，然后进行压浆处理，浆液通过在桩端预留的注浆孔渗入桩底及被管桩叶片扰动的桩侧土层内，并在钢管内灌注无收缩混凝土，最终形成一根扩底桩。

为检验该工艺在实际工程中运用的效果，保障加固改造工程的施工质量，特对某试点工程的试验桩进行质量检验，并为今后该工艺的大范围推广积累技术资料。

2　工程概况

本工程的建筑场地位于北京市朝阳区某老旧小区内，为5层砖混结构，共有4个单元。外套阳台加固及节能改造，原有结构西南侧外扩1.5m，东北侧外扩1.3m。

本工程现场情况比较复杂，施工工期较短。为满足承载力和沉降变形需要，需进行地基加固，采用桩基础形式。应用旋进钢管桩施工工艺，桩长14m，管径180mm，壁厚10mm，叶片直径400mm，共7片，材质Q235B。桩身材料为无缝钢管，桩身焊有预制螺旋叶片，在将桩旋入地基土后，再进行注浆施工。浆液水灰比0.7特制浆液，注浆量满足设计要求时（注浆压力达到3MPa）或地面冒浆即可停止注浆，必要时进行多次注浆。成桩后，桩内灌注C40无收缩混凝土。基础底板与钢桩顶部之间采用焊接，焊接长度不小于$20d$。

桩长范围内的地层，按沉积年代可分为人工堆积层、一般第四纪沉积层二大类，并按岩性及工程特性进一步划分为4个大层：粘质粉土、砂质粉土素填土①层；粘质粉土、砂质粉土②层；粉质粘土、粘质粉土③层；砂质粉土④层。

桩端持力层为砂质粉土④层，应保证桩端进入持力层不小于500mm。

单桩设计承载力特征值为350kN。

3 质量检验内容及方法

3.1 质量检验内容

依据文献[2]及设计方要求，针对旋进钢管桩的质量检验主要有两个方面内容：

(1)通过低应变反射波法检测。评定桩端、桩侧是否注浆以及注浆质量。

(2)通过单桩竖向抗压承载力静载试验。确定试验桩单桩竖向抗压极限承载力，为设计提供依据。

3.2 质量检验方法

(1)低应变反射波法检验后压浆效果

因旋进钢管桩其工艺特点，需通过后压浆，使浆液通过在桩端预留的注浆孔渗入桩底及被管桩叶片扰动的桩侧土层内，并在钢管内灌注无收缩混凝土，最终形成一根扩底桩。故注浆效果是质量检验的一项重要内容。

根据设计方的建议，试图通过低应变反射波法这一手段对桩端、桩侧是否注浆以及注浆质量进行评定，但最终实际效果不太理想。

通过低应变反射波法，仅能对钢管内混凝土完整性进行评价；桩端注浆扩大头的大小无法检验；钢管外侧，土体被叶片搅松，但压力注浆，其最终成形不规则，理论处理范围(ϕ400)内的桩侧注浆效果无法准确判断。

局部开挖验证，浆液沿桩周土体薄弱区域扩散，见图1。

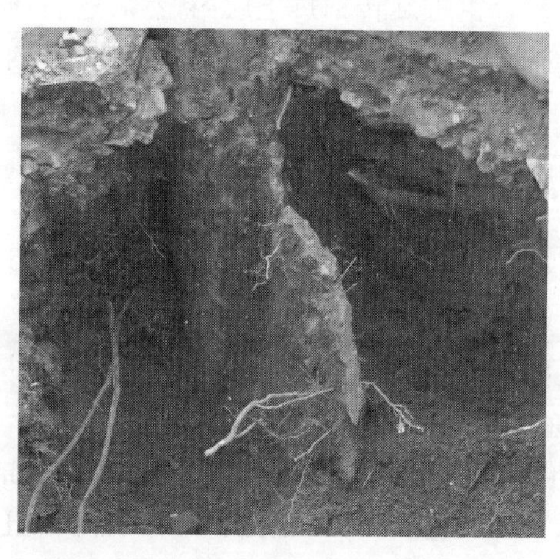

图1　注浆效果开挖验证图

此外，钻孔取芯法同样受到钢管叶片阻碍，取样深度有限。

除了全面开挖验证外，如何更为有效地检验后压浆效果，还有待于进一步探寻。

(2)单桩竖向抗压承载力静载荷试验检验试验桩承载力

单桩竖向抗压承载力静载荷试验，采用单循环慢速维持荷载法。用钢梁、配重块做荷载反力装置，采用油压千斤顶配合高压油泵施加反力荷载，对被试验的单桩进行加载、补载和卸载。在基准梁上安装位移传感器，监测桩体位移量。所有试验数据均由静力载荷测试仪接收存盘，整个试验过程根据相关规范的要求，由微机按预先设定的程序自动完成。详见图2。

在静载荷试验实施细节和关键技术上，有一些容易导致试验结果产生重大偏差、影响试验准确性及成败的关键技术环节，需特别引起注意，以避免或减少其可能产生的对检测数据的影响。

①试验开始时间

本次试桩中，试验开始时间如按文献[2]从成桩到开始试验的间歇时间控制，因土层中包含非饱和粘性土，在桩身强度达到设计要求的前提下，要求不应小于15d；如按文献[1]考虑后注浆工艺对试桩承载力检验的时间要求，在桩身混凝土强度达到设计要求的条件下，应在注浆完成20d后进行，浆液中掺入早强剂时可于注浆完成15d后进行。在本工程中，浆液中未掺入早强剂，故需满足20d的要求，方可进行试验。如未考虑后注浆工艺的特殊要求，贸然将试验开始时间提前，有可能导致试验结果不满足设计条件的情况发生。

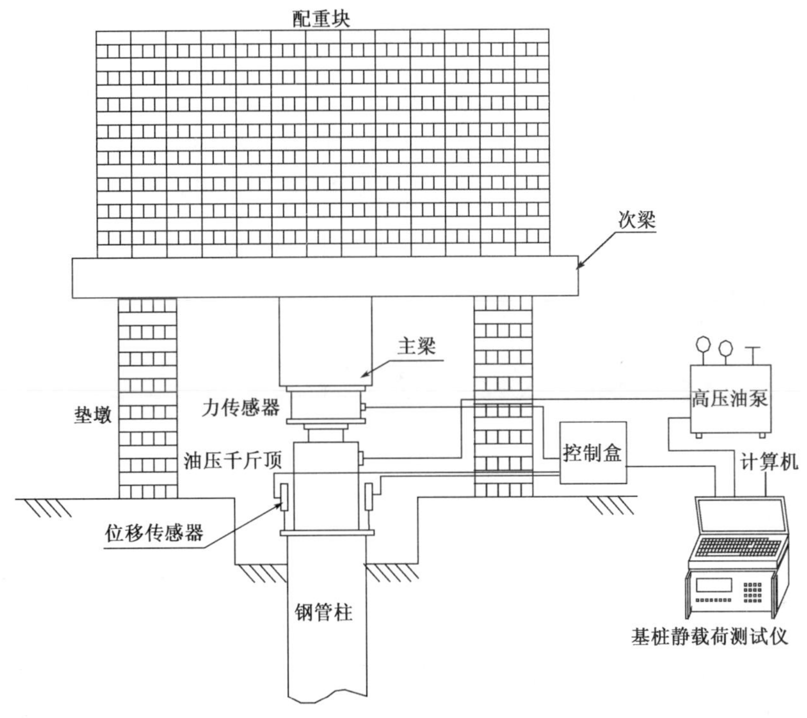

图2 现场承载力检测示意图

②沉降判定标准

与传统试桩的相比而言，沉降要求更为严格，依设计要求：单桩静载荷试验过程中，当竖向压力从0增大至210kN时，桩顶竖向沉降不大于5mm；当竖向压力从210kN增大至420kN时，桩顶竖向沉降不大于3mm。

该方法也将是进行试验结果最终判定的重要指标。

③钢管内需注满无收缩水泥浆

如未在钢管内灌注无收缩水泥浆，钢管本身的压缩对桩顶最终沉降的影响将十分显著。此外，还应控制钢管出露地面的高度，以保持钢管顶面的水平，避免钢管因偏载而导致的压曲。

4 试验数据结果

试验桩静载荷试验结果见表1，试验桩单桩竖向抗压承载力静载试验 *Q-S* 曲线图见图3。

试验桩静载荷试验结果汇总表　　表1

桩号	桩长 (m)	管径 (m)	单桩竖向抗压极限承载力 (kN)	极限承载力对应沉降量 (mm)	设计承载力特征值 (kN)	设计承载力特征值对应沉降量 (mm)	0～210kN对应沉降量 (mm)	210～420kN对应沉降量 (mm)	最终回弹率 (%)
1	14.0	0.18	700	6.43	350	1.85	0.86	2.60	79.0
2	14.0	0.18	700	5.65	350	2.39	1.20	2.96	80.9
3	14.0	0.18	700	7.46	350	2.16	1.20	2.70	77.7

从表 1 可以看出,试验桩的最终回弹率均在 80%左右,可以看出,桩身的弹性压缩量在桩顶沉降中所占的比重非常大。

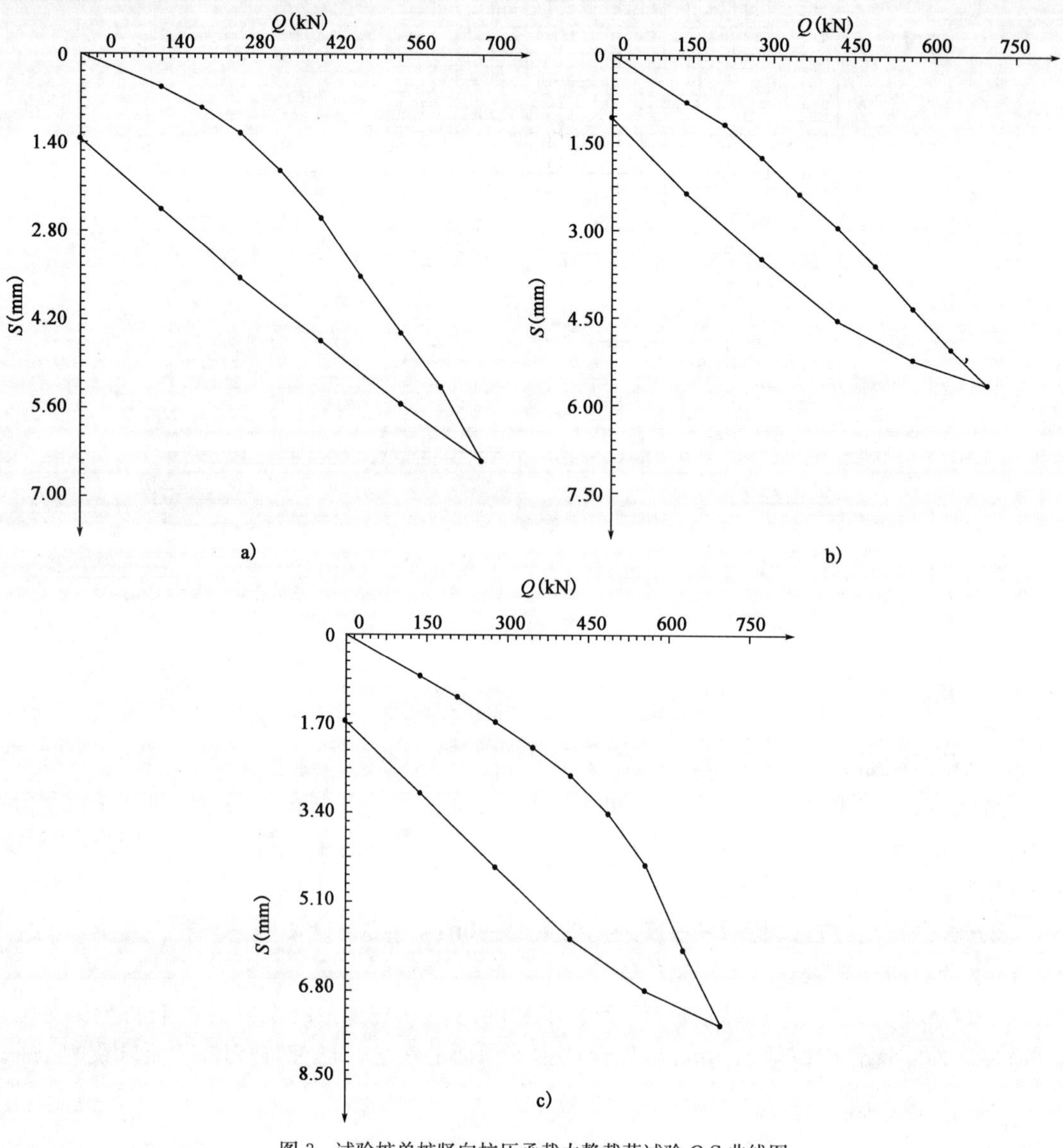

图 3 试验桩单桩竖向抗压承载力静载荷试验 Q-S 曲线图

a)试桩 1;b)试桩 2;c)试桩 3

从检测结果可以看出,试验桩采用的施工工艺能够满足设计对承载力和沉降的要求。

5 结语

旋进钢管桩是一种新型的施工工艺,所需作业空间较小,且无振动、噪声,能够有效地控制沉降,在老旧小区抗震节能综合改造中有巨大推广价值,已得到试点项目的工程实践验证。

随着该工艺在实践中越来越多地被运用,其质量检验的方法也应进一步得以规范和完善。其承载力可以通过单桩竖向抗压承载力静载荷试验来检验,但其后压浆效果通过低应变反射波法来检验被证明是不太适用的,还有待于进一步深化完善。

新型旋进钢管桩在北京某老旧小区抗震节能综合改造试点项目的质量检验方法可为今

后在类似工程中推广应用及质量检验方法的改进和完善积累了经验，提供了重要依据。

参考文献

[1] 中华人民共和国住房和城乡建设部. JGJ 94—2008 建筑桩基技术规范[S]. 北京：中国建筑工业出版社，2008.

[2] 中华人民共和国住房和城乡建设部. JGJ 106—2003 建筑基桩检测技术规范[S]. 北京：中国建筑工业出版社，2003.

[3] 中华人民共和国住房和城乡建设部. JGJ 79—2012 建筑地基处理技术规范[S]. 北京：中国建筑工业出版社，2012.

[4] 陈凡，徐天平，等. 基桩质量检测技术[M]. 北京：中国建筑工业出版社，2003.

[5] 林天健，熊厚金，王利群. 桩基础设计指南[M]. 北京：中国建筑工业出版社，1999.

红层岩体结构面抗剪强度与变形特征

万　军　袁宗峰　蔡　立　张永安

（云南华昆国电工程勘察有限公司）

摘　要　红层由于其特殊的工程地质特性，导致岩体结构面很发育，很多边坡岩体的失稳破坏都是沿软弱结构面的滑移失稳，结构面的调查和强度参数的选取是边坡工程勘察中的关键问题。本文通过试验研究了红层软弱夹层，张开少充填、闭合无充填、厚充填型结构面的抗剪强度与变形特征。

关键词　红层　结构面　强度　变形

1　引言

红层是外观以红色为主色调的中、新生代碎屑沉积岩层，以陆相沉积为主，岩性以砂岩、泥岩、页岩为主，岩性组合以互层状为特征[1]。红层岩体多为软硬互层，以软岩为主且软弱结构面发育。红层岩体中软弱结构面的发育特征及空间形态对岩体的稳定性有重要的控制作用[2]。文献[3]对万州侏罗纪红层软弱夹层特征进行过详细的研究，文献[4-5]对水电建设中出现的软弱夹层的强度及变形特征进行了研究。本文将对红层结构面的抗剪强度及变形特征进行试验研究。

调查区内红层坡体的结构面可归纳为四类：软弱夹层，张开少充填，闭合无充填，厚层充填结构面。本文在采集了以上类型的结构面样品进行了抗剪强度试验，研究结构面的强度及变形特征。

2　软弱夹层的强度与变形特征

红层主要由砂岩、泥岩、粉砂岩等组成，砂泥岩互层间的结构面充填物主要是软弱夹层：它的结构松散，粘土含量一般大于30%，含水率高，重度低，有时泥质团块成定向排列。粘土矿物以高岭土为主的泥化夹层其稳定性较强，以伊利石为主的稳定性稍强，以蒙脱石为主的稳定性最差且经常产生膨胀。夹层的强度对水非常敏感，饱和状态下峰值摩擦角一般小于17°，变形模量一般小于0.05×10^3MPa。夹层呈显著的塑性或流变状态，其稳定性最差。

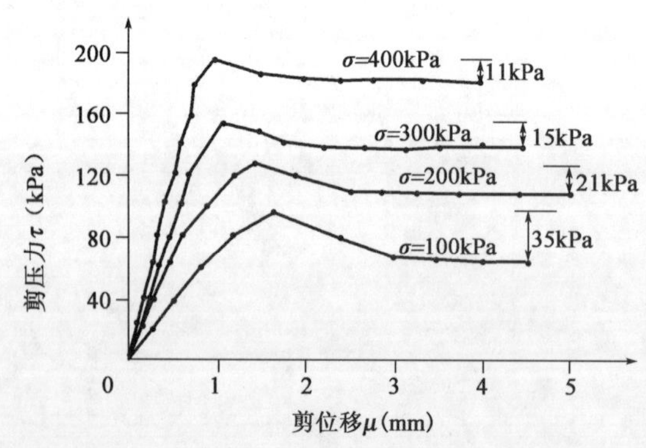

图1　不同正应力作用下泥化夹层的τ-μ关系曲线

图1绘出了泥化夹层典型的剪应力—剪位移关系曲线。在剪应力作用下泥化夹层的变形特征：

(1)过峰值后强度降低缓慢。由图可见，

不同正应力σ、τ作用下，在较小的位移下试件就达到峰值强度τ_{max}而发生破坏，过峰值强度后，试件变形大而强度降低缓慢。强度的降低值$\Delta\tau$随正应力的增加而减少，例如$\sigma=100$kPa时，$\Delta\tau=35$kPa，是峰值强度τ_{max}的40％。当$\sigma=200$kPa，300kPa和400kPa时，$\Delta\tau=21$kPa，15kPa和11kPa，分别是峰值强度τ_{max}的17％，9％和6％。这一特征说明埋深大的深部粘土类的软弱夹层，由于作用在夹层上的压应力大，发生沿夹层剪切破坏的可能性相对较小。

(2) 随着正应力的增加，达到峰值强度时的剪位移小，峰前曲线的线性关系增强。由图1可见，正应力的增加时达到峰值强度的剪位移小，一般是1～1.5mm，峰前曲线的线性关系增加，特别是$\sigma=400$kPa时，曲线表现出很好的线性关系。

上述特征说明峰前变形曲线随正应力的增大而逐渐向直线转化，它表明在正应力作用下粘土泥化夹层的固结与挤出以及上下盘岩层更紧密地接触，使得夹层的塑性减小，而强度显著增大，总位移量减小。另一方面，在泥化夹层中，强度超过峰值后，尽管随着变形的发展，强度有所降低，但由于粘结力不起控制作用以及泥化夹层的松弛，使得变形能不易一下释放出来，所以变形曲线下降梯度较缓，应力降量较小且与正应力大小有关

3　张开少充填结构面的强度与变形特性

张开少充填结构面主要为构造节理面，结构面起伏粗糙，层间胶结差，充填物少，裂隙张开一般3～10mm。这类结构面的岩样在天然含水率下进行抗剪试验，其抗剪强度如表1所示。图2是典型变形曲线。可以看出，这种结构面的抗剪强度较高，其主要原因是粗糙起伏的结构面，增加了剪胀角。在被剪断发生破坏前因结构面内凸出物和结构面的起伏粗糙性，强度高，发生破坏时凸出物及镶嵌结构被剪断，剪切面形成平面，仅靠此平面上的摩擦力抵抗外力，因此其强度很快降低。

张开少充填结构面抗剪强度　　表1

结构面特性	粘结力 c(kPa)	内摩擦角 φ(°)	剪胀角 i(°)
粉砂质泥岩，砂粘土充填物	425	36	14
泥岩，泥质充填物	572	41	18
泥质粉砂岩，砂粘土充填物	632	42	19
粉砂质泥岩，砂泥质充填物	491	39	15

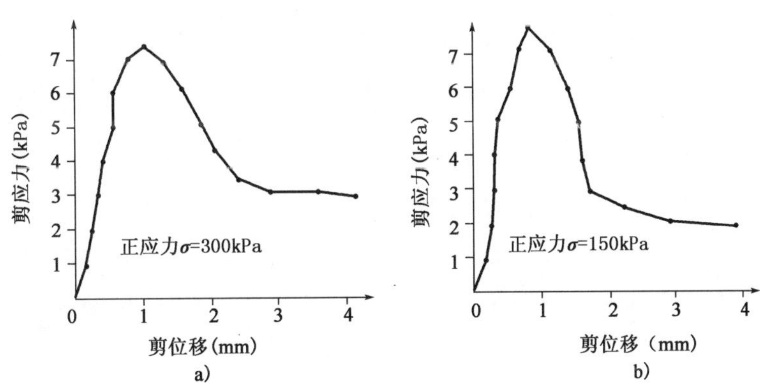

图2　张开少充填结构面的剪应力—剪位移变形曲线

a)粉砂质泥岩；b)泥质粉砂岩

4 闭合无充填结构面的抗剪强度与变形特性

该结构面主要为沉积结构面,层间几乎无充填,但因上下层间有较好的胶结性,而有一定的粘结力。表2是这类结构面的强度参数测试结果,可以看出结构面的粘结力、内摩擦角主要取决于岩性、嵌合程度和粗糙度。结构面的内摩擦角都比较小,为23.8°～34°。粘结力受岩性的影响较大,粉砂岩的粘结力较大,泥岩较小。图3无充填结构面岩样测得剪应力—剪位移曲线,正应力σ=150kPa。

闭合无充填结构面的强度参数 表2

采样工点	岩性	嵌合程度	粗糙程度	粘结力(kPa)	内摩擦角(°)
K90工点、K101	紫红色泥质粉砂岩	好	较差	53	25～34
K90工点	青灰色泥岩	好	较好	35	23.8
K90,K93,K101工点	紫红色泥质粉砂岩	差	好	137	26.8

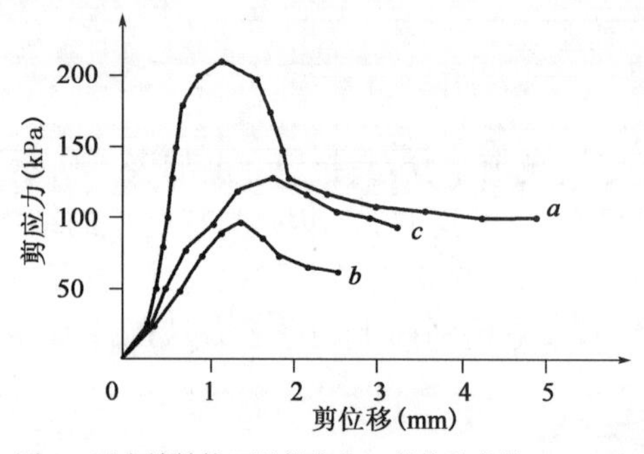

图3 无充填结构面的剪应力—剪位移曲线,σ=150kPa

曲线a是泥质粉砂岩结构面,结构面的嵌合程度好而粗糙度较差,τ-u曲线表现出峰值抗剪强度较高,达到峰值抗剪强度的位移较小,剪断后残余强度下降较快,出现陡降,主要是结构面上镶嵌的岩石结构被剪短,形成滑动摩擦所致;曲线b是青灰色泥岩结构面,结构面的嵌合程度好,粗糙度也较好,τ-u曲线表现出抗剪强度较低,是因为泥岩不易发生脆性断裂,是以滑移、滑擦方式破坏,残余强度较峰值强度下降幅度不大;曲线c是紫红色泥质粉砂岩结构面,由于结构面的嵌合程度差,粗糙度好,结构面的强度取决于岩层的摩擦力,以滑擦方式破坏,破坏后,峰值抗剪强度不明显尖点,残余强度没有出现陡降。

5 充填型结构面的抗剪强度与变形特性

充填型结构面是岩层间的充填物呈厚层状,一般5～30cm,充填物大多是泥质岩类,遇水后形成的泥化物。这种类型的结构面变形特性取决于充填物的性质和厚度(表3)。

不同充填厚度的结构面强度与变形参数 表3

岩性	充填厚度(mm)	结构面形状	c(kPa)	φ(°)	法向刚度(MPa/mm)	切向刚度(MPa/mm)
紫红色泥质粉砂岩	8	厚充填平直型,粘土质充填物	42	20	0.2～0.8	0.02～0.10
泥岩	2	薄充填平直型,粘土质充填物	56	18	0.8～1.5	0.1～0.22
泥质粉砂岩	3.1	薄充填,起伏粗糙型,粘土质充填物	91	24	1.2～2.6	0.11～0.18

对于泥质粉砂岩厚充填结构面，主要在充填物中发生剪切破坏，其剪切变形特性具有粘土质充填物的性质，如图 4 所示，峰值强度后，抗剪强度也是降低缓慢，由此计算出的 $K_s=60kPa/mm$。从法向应力—法向位移曲线测得的 $K_n=400kPa/mm$。对于厚充填结构面的强度和变形特征，厚充填平直型结构面的强度和变形特征，主要受充填物力学性质的控制。

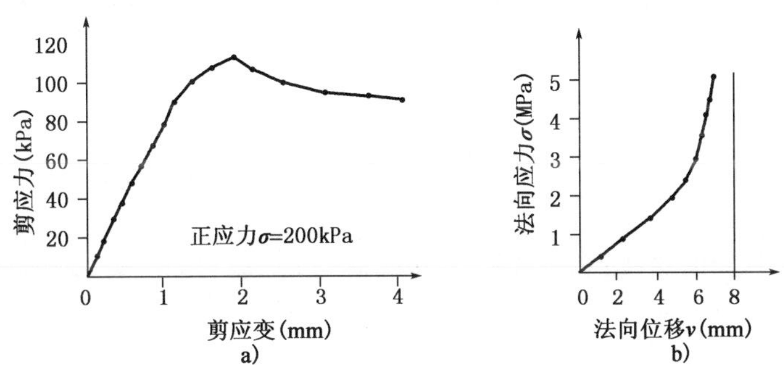

图 4　K90 工点泥质粉砂岩厚充填平直型结构面变形特性曲线
a)剪应力—剪位移曲线；b)法向应力—法向位移曲线

6　结语

调查区内红层坡体的结构面可归纳为四类：软弱夹层，张开少充填，闭合无充填，充填型。结构面内的软弱夹层充填物的力学性质对结构面的强度和变形影响很大，这种充填物的剪切试验结果表明，当剪应力达到峰值强度而发生剪切破坏后，强度减低缓慢，即使在高含水量情况下也是如此。另外，正应力越大强度减低越少，这一特征说明埋深大的有软弱夹层的薄充填和厚充填结构面，由于作用在夹层上的压应力大，发生沿结构面剪切破坏的可能性相对较小。张开少充填型结构面由于结构面起伏粗糙 i 角较大，抗剪强度相对较高，峰值强度后强度降低快。工程上这类结构面一旦破坏，将很快丧失承载能力。闭合无充填结构面的剪切变形特性受结构面的光滑性、粗糙程度的影响较大。充填型结构面的强度和变形特性，受结构面形状和充填物力学性质的影响较大。

参考文献

[1]　程强，寇小兵，黄绍槟. 中国红层的分布及地质环境特征[J]. 工程地质学报，2004，12(1)：34-40.

[2]　程强，周德培，寇小兵红. 层软岩地区公路建设中的主要岩土工程问题[C]//第八次全国岩石力学与工程学术大会论文集. 北京：科学出版社，2009.

[3]　简文星，殷坤龙，马昌前，等. 万州侏罗纪红层软弱夹层特征[J]. 岩土力学，2005，6：901-914.

[4]　黄志全，陈尚星，李华哗，等. 溪洛渡电站软弱夹层剪切强度分析研究[J]. 地质与勘探 2005，7：98-101.

[5]　习汝华，樊卫花. 马家岩水库坝基软弱夹层剪切特征及强度[J]. 岩石力学与工程学报 2004，11：3761-3764.

玻璃纤维筋与混凝土粘结性能试验研究

刘　军　宋早云　周　洪

（北京建筑大学土木与交通工程学院）

摘　要　基于18根玻璃纤维筋混凝土试件的拉拔试验，研究了玻璃纤维筋与混凝土的粘结性能，并与钢筋混凝土粘结性能进行了对比分析。主要研究玻璃纤维筋的直径、保护层厚度对粘结性能的影响，试验结果表明，玻璃纤维筋与混凝土的粘结强度随G其直径的增大而降低，随着保护层厚度的增大而增大。以试验数据和美国ACI440标准为基础，给出了玻璃纤维筋基本锚固长度实用计算公式。

关键词　GFRP筋　粘结强度　粘结—滑移曲线　锚固长度

1　引言

目前，盾构法在城市地铁隧道建设中被广泛使用，盾构法施工一般划分为三个阶段，即盾构始发、正常掘进、接收[1]。与传统的地铁盾构始发、接收竖井相比，在盾构进、出洞位置围护结构采用玻璃纤维筋（Glass Fiber Reinforced Plastics，GFRP筋）代替钢筋，GFRP筋具有较低的抗剪强度使盾构机进、出洞时可以直接切割围护结构通过，避免了事前切断钢筋与凿除洞门的工作，既简化了施工工艺、加快施工进度、减少施工风险，降低成本，同时又减少对围护结构后土体的过多挠动。GFRP筋同时具有抗拉强度高、良好的电、磁绝缘性、不易腐蚀等特点，可用于抗腐蚀、抗磁等工程结构中。GFRP筋的高强度、低弹模等特性，使GFRP筋混凝土表现出和钢筋混凝土不同的破坏特性，如裂缝宽、挠度大，发生脆断等。

GFRP筋与混凝土之间的粘结强度是保证两者协同工作的基础，是GFRP筋增强混凝土结构的重要研究课题。GFRP筋与混凝土的粘结强度受到很多因素的影响，如GFRP筋直径、保护层厚度、GFRP筋埋置长度、混凝土抗压强度、GFRP筋表面形式等。国内外学者均对GFRP筋与混凝土粘结性能进行了大量的研究并取得了一定的成果。

2　GFRP筋混凝土拉拔试验试件制作

试件中采用普通钢筋和新型螺纹状表面粘砂GFRP筋，混凝土等级为C30，直接用于拉拔试验的试件边长为150mm的混凝土立方体试块。GFRP筋和普通钢筋的有效锚固长度均为$5d$（d为钢筋的直径），在靠近自由端用塑料套管把GFRP筋和混凝土隔开来设置未粘结段。为避免试件的加载过程中，GFRP筋被试验机夹具夹碎而滑动，在试件的加载段粘结钢套筒，试件尺寸设计如图1所示。

本试验基于4组共18个试件研究筋种类（GFRP筋和钢筋）、GFRP筋直径、混凝土保护层厚度对粘结强度的影响，试验试件明细如表1所示。

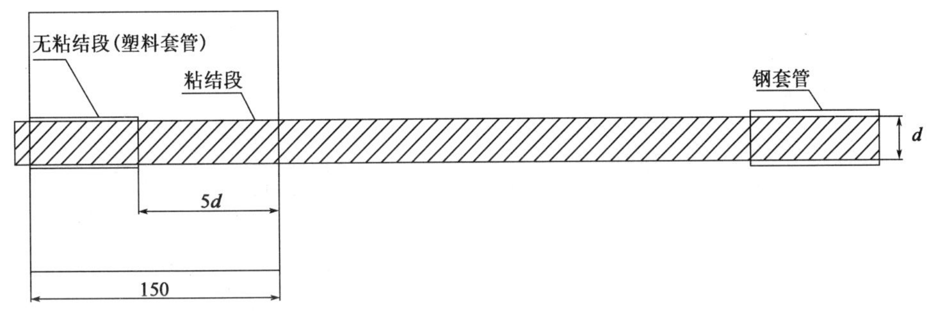

图 1　拉拔试验试件尺寸设计(尺寸单位:mm)

试　件　明　细　　表 1

组　　号	试 件 编 号	筋 的 种 类	直径 d(mm)	c/d
Ⅰ	Ⅰ-30-g-1 Ⅰ-30-g-2 Ⅰ-30-g-3	GFRP 筋	18	3.67
Ⅱ	Ⅱ-30-g-1 Ⅱ-30-g-2 Ⅱ-30-g-3 Ⅱ-30-g-4 Ⅱ-30-g-5 Ⅱ-30-g-6	GFRP 筋	20	3.25
Ⅲ	Ⅲ-30-s-1 Ⅲ-30-s-2 Ⅲ-30-s-3	钢筋	25	2.5
Ⅳ	Ⅳ-30-g-1 Ⅳ-30-g-2 Ⅳ-30-g-3 Ⅳ-30-g-4 Ⅳ-30-g-5 Ⅳ-30-g-6	GFRP 筋	25	2.5

注:试件编号中,30 表示混凝土强度等级,s 表示钢筋,g 代表 GFRP 筋。

3　试验结果及分析

拉拔试验主要试验结果如表 2 所示。

试验结果一览表　　表 2

组号	试件编号	滑移荷载值(kN)	破坏荷载值(kN)	破坏粘结应力(N/mm^2)	破坏滑移位移(mm)	滑移荷载平均值(kN)	破坏粘结应力平均值(MPa)	破坏滑移位移平均值(mm)
Ⅰ	Ⅰ-30-g-1	19	59	11.59	0.211	19.67	11.00	0.218
	Ⅰ-30-g-2	22	48	9.43	0.127			
	Ⅰ-30-g-3	18	61	11.99	0.315			

续上表

组号	试件编号	滑移荷载值(kN)	破坏荷载值(kN)	破坏粘结应力(N/mm^2)	破坏滑移位移(mm)	滑移荷载平均值(kN)	破坏粘结应力平均值(MPa)	破坏滑移位移平均值(mm)
Ⅱ	Ⅱ-30-g-1	23	66	10.5	0.281	21.67	9.73	0.264
	Ⅱ-30-g-2	22	64	10.19	0.235			
	Ⅱ-30-g-3	23	54	8.59	0.243			
	Ⅱ-30-g-4	21	67	10.66	0.308			
	Ⅱ-30-g-5	20	68	10.82	0.316			
	Ⅱ-30-g-6	21	48	7.63	0.204			
Ⅲ	Ⅲ-30-s-1	27	112	11.41	0.180	29.67	12.05	0.149
	Ⅲ-30-s-2	33	114	11.61	0.128			
	Ⅲ-30-s-3	29	129	13.14	0.139			
Ⅳ	Ⅳ-30-g-1	18	73	7.44	0.49	20.67	7.79	0.345
	Ⅳ-30-g-2	19	76	7.74	0.258			
	Ⅳ-30-g-3	20	74	7.54	0.27			
	Ⅳ-30-g-4	22	82	8.35	0.3			
	Ⅳ-30-g-5	24	83	8.45	0.345			
	Ⅳ-30-g-6	21	71	7.23	0.405			

注:试件编号中,30 表示混凝土强度等级,s 表示钢筋,g 代表 GFRP 筋。

18 个试件拉拔试验的最终破坏形式均为劈裂破坏,混凝土破裂,GFRP 筋均未屈服。当拉拔力较小时,粘结锚固力主要由 GFRP 筋和混凝上之间的胶结力提供,自由端滑移位移为零。当拉拔力逐渐增大进入滑移阶段,胶结力破坏,自由端开始滑移,且自由端滑移量随拉拔力的增大逐渐增加,这一阶段胶结力丧失,化学摩阻力和机械咬合力起主要作用。随着拉拔力继续增大,自由端的滑移量也不断增加,直到混凝土内的拉应力将达到其抗拉强度,使混凝土出现裂缝甚至碎裂,此时 GFRP 筋和混凝土之间的胶结力和机械咬合力基本破坏,摩擦力也大幅度降低。所以,试件 GFRP 筋表面的磨损较轻,或者只有轻微的划痕。从表 2 列出的试验结果还可以看出,同一批次试件破坏时的粘结应力和滑移位移离散型较大,出现这种现象的原因有很多,比如混凝土浇筑和玻璃纤维筋产品质量难以保证相同,必然存在差异。

由表 2 的试验结果可以看出,GFRP 筋混凝土试件拉拔试验产生初始滑移的荷载大小为 20kN 左右,普通钢筋混凝土产生初始滑移荷载大约为 30kN,明显要大于 GFRP 筋。与普通钢筋相比,由于 GFRP 筋体表面的横肋较弱,同时自身剪切强度较低,不能和周围混凝土充分地机械咬合,因此初始滑移荷载明显低于普通钢筋。

4 GFRP 筋与混凝土粘结性能的主要影响因素

4.1 筋的种类对粘结强度的影响

表 1 中第Ⅲ组和第Ⅳ组试件(部分)的粘结—滑移曲线如图 2 所示。

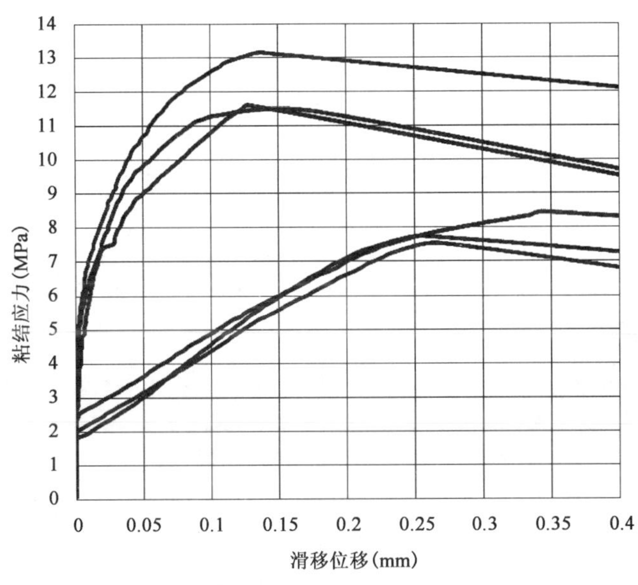

图 2　第Ⅲ组和第Ⅳ组试件(部分)的粘结—滑移曲线

从图 2 和表 2 的试验结果可知,直径 25mm 的 GFRP 筋和钢筋与混凝土之间的粘结强度分别为 7.79MPa 和 12.05MPa,GFRP 筋与混凝土之间的粘结强度只有钢筋与混凝土粘结强度的 65%左右;GFRP 筋和混凝土刚产生滑动位移后,随着粘结应力的增加而显著增加,而钢筋则增加缓慢。GFRP 筋与混凝土粘结强度峰值对应的自由端滑移位移明显大于钢筋,钢筋的自由端滑移位移只有 0.149mm,而 GFRP 筋达到 0.345mm。造成这种现象的主要原因是两种筋在材料上的差异,由纤维和树脂组成的 GFRP 筋,其表面横肋较浅,而且横肋的抗剪能力较差,和混凝土之间的滑动摩擦力小,往往先于肋间混凝土的破坏而引起粘结失效。而且 GFRP 筋的弹性模量较低,只有钢筋的 1/5 左右,试件中 GFRP 筋埋入部分的变形和钢筋相比较大,致使 GFRP 筋的加载端滑移量较大。因此,对于 GFRP 筋,应采用较长的锚固长度或较有效的机械锚固措施来减小粘结滑移量。

4.2　GFRP 筋直径对粘结强度的影响

从表 1 的结果可见,直径 18mm 的 GFRP 筋与混凝土的粘结强度为 11.00MPa,破坏时滑移量为 0.218mm;直径 20mm 的 GFRP 筋与混凝土的粘结强度为 9.73MPa,破坏时滑移量为 0.264mm;直径 25mm 的 GFRP 筋与混凝土的粘结强度为 7.79MPa,破坏时滑移量为 0.345mm。随着直径的增大,GFRP 筋与混凝土的粘结强度降低,而且粘结强度峰值对应的自由端滑移量增大,两者之间的粘结性能越来越差。因为 GFRP 筋与混凝土的粘结强度与两者之间的相对粘结面积成正比,相对粘结面积为 GFRP 筋周长与其截面面积比值,即 $4/d$。一方面,直径较大的 GFRP 筋的相对粘结面积减小,不利于极限粘结强度的提高。

4.3　保护层厚度

GFRP 筋的混凝土保护层厚度是指 GFRP 筋外表面至构件表面的最小距离。为消除 GFRP 筋直径对粘结强度的影响,采用保护层厚度与直径的比值 c/d 来表示保护层厚度。试验表明,粘结强度随保护层厚度的增大而增大。因为增大了保护层厚度,就加强了外围混凝土的抗劈裂能力,提高了试件的劈裂应力和极限粘结强度。因此,厚的混凝土保护层会延缓混凝土的劈裂破坏从而提高了粘结性能。但是,当混凝土保护层厚度较大时,试件不再是劈裂破坏，而是 GFRP 筋沿横肋外围切断混凝土或者是玻璃纤维筋的横肋被剪断而拔出。

5 基本锚固长度计算

由于粘结长度较小，可以假设粘结应力沿 GFRP 筋的埋置长度均匀分布，GFRP 筋的粘结强度定义为在粘结长度内粘结应力的平均值，即拉拔力除以 GFRP 筋埋长部分的表面积。

6 结语

(1)相同的直径、保护层厚度以及相同的试验条件下，GFRP 筋与混凝土之间的粘结强度为钢筋与混凝土粘结强度的 65%左右。

(2)随着 GFRP 筋直径的增大，GFRP 筋与混凝土的粘结强度降低，两者之间的粘结性能降低。

(3)GFRP 筋与混凝土的粘结强度随保护层厚度的增大而增大。

(4)基于试验结果分析和美国 ACI440 标准给出了玻璃纤维筋基本锚固长度实用计算公式。

(5)同一批次试件破坏时的玻璃纤维筋和混凝土之间粘结应力和滑移位移存在较大差异，需在大量试验基础上研究玻璃纤维筋与混凝土的粘结性能。

参考文献

[1] 鲍绥意，关龙，刘军，等.盾构技术理论与实践[M].北京：中国建筑工业出版社，2012.

[2] ACI 440. 1R-03、ACI 440. 1R-04. Guide for the Design and Construction of Concrete Reinforced with FRP Bars. ACI COMMITTEE REPORT.

[3] Faza S S，GangRao H V S. Bending and Bond Behavior of Concrete Beams Reinforced with Plastic Rebars[J]. Transportation Research Record，1990：185-193.

[4] Ehsani M R，Saadatmanesh H，Tao S. Design recommendations for bond of GFRP rebars to concrete[J]. Journal of Structural Engineering，1996，122(3)：247-257.

城市轨道交通建设中急倾斜煤层采空区稳定性数值模拟分析

高振鲲　金　淮

（北京城建勘测设计研究院有限责任公司）

摘　要　在工程中对于复杂的急倾斜煤层采空区稳定性分析主要以半理论半经验公式计算为主，其计算结果往往比较保守。本文以乌鲁木齐轨道交通建设中穿越某急倾斜煤层的老采空区稳定性分析为实例，利用较为成熟的数值模拟软件，分析了复杂急倾斜煤层采空区的稳定性，并对支护方案进行了分析，为类似的工程勘察和采空区的稳定性评价提供借鉴作用。

关键词　急倾斜煤层　采空区　稳定性分析　轨道交通建设

1　引言

目前，中国已有31座城市的轨道交通近期建设规划得到政府批准，共规划线路90多条，总里程约2 700km。城市轨道交通在缓解城市拥堵发挥重要的作用。城市轨道交通建设也不可避免穿过老采空区。采空区的围岩稳定性目前是工程的难点和重点问题。决定采空区稳定性的影响因素众多，如采空区空间分布特征、采空区围岩的物理力学性质、地下水特征、地应力及二次应力重分布状态。其研究方法目前主要有岩体质量分级法、安全评价法[1-2]、块体理论法[3-4]、数值模拟法[5]或长期监测定性评价等方法。

目前，数值模拟技术已成为采空区稳定性研究的重要工具。数值模拟法可以较全面地考虑空区围岩的非线性、各向异性、时间变化的影响及复杂边界条件等问题，可以较大程度地提高采空区稳定性研究的可靠性及实用性，在实际工程中得到广泛的运用。

本文以乌鲁木齐某急倾斜煤层采空区老采矿区工程勘察和稳定性评价为例，说明复杂采空区围岩的稳定性分析方法，为类似的工程勘察和采空区的稳定性评价提供借鉴作用。

2　采空区与轨道交通的相互关系

该轨道交通线路穿越采空区段长度约182m。在采空区段拟采用明挖法施工，轨面高程在798～793m之间，埋深在地面下13～18m之间。该采空区对城市轨道交通建设影响较大。城市轨道交通产生的震动可能诱发采空区塌陷等地质灾害。

3　采空区形成概况

依据勘察报告[6]，乌鲁木齐某煤矿在南大槽和北大槽东段进行开采。南大槽东西向开采长度420m，共开8个采仓（图1），720m水平全部开采，开采深度80～90m，竖井3处两侧30m范围开采了第二水平690m，开采深度120m；北大槽开采750m和710m水平，开采长度共128m，开采深度分别为60m和100m。

1998年4月,在对第4采仓与第3采仓进行回采时,发生了塌陷,导致了严重的冒顶事件。至1998年年底,煤矿矿界范围内的南、北大槽煤层720水平采空区除南大槽第8采仓没有放顶塌陷外,其余采仓全部放顶塌陷完成。

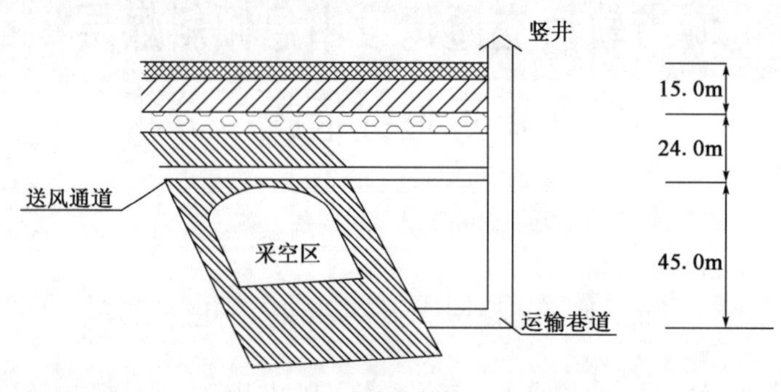

图1 采空区形成概况图

4 采空区围岩工程地质条件

4.1 区域地质构造

拟建场地构造上处于乌鲁木齐山前拗陷带八道湾向斜的南翼。其南以水磨沟～白杨南沟逆断层(走向50°,倾向南东,倾角70°～80°)为界,被雅玛里克～红山背斜分开;其西有近南北向延伸的乌鲁木齐河顺河断裂,其北有碗窑沟逆断层(走向55°,倾向北西,倾角70°～83°)。

拟建场地内岩层倾角一般在60°～75°之间,煤层倾角较大,为65°～75°。岩层浅部倾斜较陡,倾角在70°～75°之间,个别可达80°,向深部变缓为50°～55°。

4.2 水文地质条件

本研究场区主要的地下水类型按照赋存条件分为第四系松散堆积层中的孔隙潜水、基岩裂隙水及构造裂隙水三种。

研究区地下水主要接受南侧和西南、东南侧侧向地下径流补给,遇强降雨天气时还接受少量降水入渗补给;地下水径流方向大体由南向北径流,地下水的主要排泄方式是以地下径流方式向北偏东方向排泄到邻区。

4.3 采空区侧壁围岩的性质

根据地层沉积年代、成因类型及勘察结果,拟建车站场地内主要地层由人工填土层、第四系全新统冲洪积卵石层、第四系上更新统坡洪积角砾层及下伏的侏罗系泥岩、砂岩等构成。

4.4 采空区回填体物理力学性质

塌陷区回填体力学性质差,塌陷区回填体在地震、地面震动、人为扰动等情况下,很可能再次出现塌陷现象。采空区回填体主要成分主要为建筑垃圾及碎石土,未采取逐层夯实措施。非常松散,回填后稳定性很差,且不均匀。回填体以杂填土①－1层、素填土①－2层、卵石填土①－3层、塌落煤体(回填煤渣)①－4层、岩石塌落体①－5层组成。物理力学性质差,且不均匀。从原位测试成果来看,标准贯入击数局部小于1击。局部地段贯入击数大于100,力学性质差异性较大。局部地段出现一定规模的空体。塌陷区很可能会产生一定的塌陷沉降。

5 南北大槽围岩稳定性评价

5.1 采空塌陷区稳定评价

采空塌陷区主要成分主要为建筑垃圾及碎石土，未采取逐层夯实措施。非常松散，回填后稳定性很差，且不均匀。回填体以杂填土①－1层、素填土①－2层、卵石填土①－3层、塌落煤体（回填煤渣）①－4层、岩石塌落体①－5层组成。物理力学性质差，且不均匀。从原位测试成果来看，标准贯入击数局部小于1击。局部地段贯入击数大于100，力学性质差异性较大。局部地段出现一定规模的空体。塌陷区很可能会产生一定的塌陷沉降。

塌陷区回填体力学性质差，塌陷区回填体在地震、地面震动、人为扰动等情况下，很可能再次出现塌陷现象。拟建区间采用明挖施工，地铁结构埋深13～18m。南北大槽塌陷区回填体不宜作为地铁结构直接持力土层。

5.2 采空区FLAC 3D稳定性数值模拟分析

南北大槽围岩及支护体系的变形控制满足轨道交通建设变形控制要求。根据北京地铁建设经验，地铁运行期间基础底部变形应小于3mm。利用岩土通用数值模拟计算软件，分析南北大槽围岩是否满足地铁建设要求。具体分析如下：

（1）计算模型

变形控制分析模型坐标系的选取遵照右手螺旋定则：以沿轨道交通大里程方向线为 x 轴正方向；以竖向为 y 轴指向上为正；垂直 xy 平面方向为 z 轴，厚度取1m。整个模型尺寸为275m×180m×1m，计算模型由21 642个单元和21 763个节点组成。计算模型和计算网格如图2和图3所示。

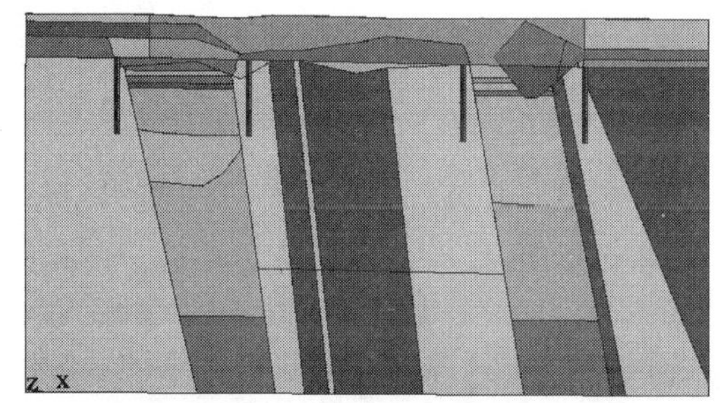

图2 数值模拟计算模型

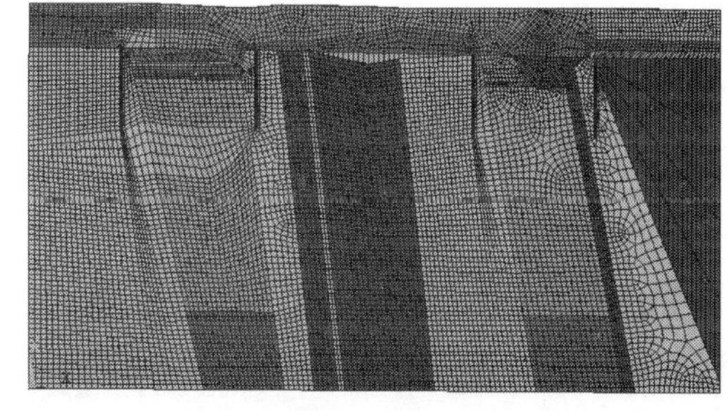

图3 数值模拟计算网格

（2）计算边界条件、本构模型及参数

计算模型地表为自由边界，模型底部固定约束，侧面为法向约束。计算中，岩体采用理想弹塑性模型，屈服准则采用摩尔—库仑屈服准则。

（3）计算工况

①无连续墙支护条件下基坑开挖模拟、有连续墙支护条件下基坑开挖模拟；

②地铁主体结构施工模拟，考虑主体结构荷载0.4MPa；

③地铁运行工况模拟，考虑地铁荷载0.01MPa。

（4）数值模拟计算

①自重应力场数值模拟

初始应力场只考虑自重应力。在自重作用下，应力主要表现为随高程变化的带状分布，随着埋深越深自重应力越大；在南大槽和北大槽位置出现较明显的应力变化，说明南北大槽填土层对研究区域应力分布有一定影响。

②基坑开挖数值模拟

无支护条件基坑开挖数值模拟:无支护条件下基坑开挖后计算不收敛,说明基坑处于失稳状态。无支护条件下进行基坑开挖,南北两侧侧壁土体会发生失稳,通过塑性区分布可以确定侧壁失模式和失稳范围:

a. 南端侧壁失稳模式为以南侧壁为后缘面由南大槽填土层剪出;

b. 北端侧壁失稳模式为北侧壁为后缘面由侧壁坡脚处剪出。

连续墙+钢支撑支护条件下基坑开挖数值模拟:以连续墙进入基坑底部3m,计算不收敛,说明基坑处于失稳状态。连续墙+钢支撑支护条件下,通过位移和塑性区分布图可以确定侧壁失稳模式和失稳范围:以南侧壁为后缘面由南大槽填土层剪出。这是由于基坑南侧边墙与南大槽填土层相交,部分墙角位于南大槽填土层内,即使设计了连续墙也很难完全进入持力层,基坑侧壁可能失稳。这一结论与极限平衡分析结果是一致的。

进行连续墙+钢支撑支护,并将南大槽侧壁向南推移15m。计算结果表明,位移主要表现为基坑开挖后的回填位移,南北大槽填土层位置附近位移最大,南大槽最大回弹位移为18.2cm,北大槽最大回填位移19.5cm为;塑性区主要集中在南北大槽填土层接近开挖面附近,其他区域没有明显塑性区集中区,说明基坑整体稳定性良好。

③地铁主体结构施工模拟

通过施加0.4MPa均布荷载模拟地铁主体结构施工。计算结果表明,随着地铁主体结构施工,基底回弹会明显减小,并逐渐转化为上覆荷载条件下压缩变形,南大槽最大竖向变形为3.1cm,北大槽最大竖向位移为4.0cm;塑性区主要集中在北大槽填土层接近开挖面附近,其他区域没有明显塑性区集中区,说明基坑整体稳定性良好。

④地铁运行工况模拟

首先清除由于基坑开挖及地铁主体结构施工引起的位移,再通过施加0.01MPa模拟地铁荷载。计算结果表明,在地铁荷载作用下,塑性区主要分布在北大槽接近基坑底部附近,没有明显贯通塑性区,整体稳定性良好;基底位移最大竖向位移为9.3mm,超过地铁长期运行控制标准(3mm),因此,必须对南北大槽填土层进行处理。

6 结语

(1)采空区围岩稳定性分析应从是否满足工程要求,主要通过强度和变形两个控制指标进行确定。分别采用极限平衡法数值模拟软件及FLAC 3D软件进行变形分析。对于复杂的急倾斜煤层采空区稳定性分析利用成熟的数值模拟软件,对采空区稳定性评价具有一定工程意义。采空区的稳定性评价还应结合监测资料和工程经验最终采空区稳定性。

(2)城市轨道交通、公路、铁路建设[7]以及工程爆破产生的震动问题[8]可能诱发采空区塌陷等地质灾害,目前,利用数值模拟计算是研究这些工程难题的一个重要手段,很多学者和工程技术人员进行一定研究工作。

参考文献

[1] 赵李,蔡美峰,等.采空区块体稳定性的模糊随机可靠性研究[J].岩土力学,2003,24(6):987-990.

[2] 赵延喜,徐卫.大变形隧洞稳定性模糊概率分析[J].中国矿业大学学报,2010,39(2):

21-218.
[3] 杨庆,杨钢,王忠昶,等.块体理论在荒沟抽水蓄能电站地下厂房系统硐室群围岩稳定性分析中的应用[J].岩石力学与工程学报,2007,26 (8):1618-1624.
[4] 刘享羊,朱珍德,孙少锐.块体理论及其在洞室围岩稳定分析中的应用[J].地下空间与工程学报,2006,2(8):1408-1412.
[5] 刘科伟,李夕兵,宫凤强,等.基于 CALS 及 Surpac-FLAC 3D 耦合技术的复杂空区稳定性分析[J].岩石力学与工程学报,2008,27 (9): 1924-1931.
[6] 北京城建勘测设计研究院有限责任公司.乌鲁木齐市轨道交通 1 号线工程勘察 01 合同段采空区专项勘察岩土工程勘察报告[R].

浅埋偏压小净距隧道围岩与初衬接触应力及钢拱架应力变化规律研究

罗浩威　郭　松　魏土荣

（中铁西北科学研究院有限公司）

摘　要　本文基于浅埋偏压小净距隧道，对隧道围岩与初衬间接触应力及钢拱架应力进行了监控量测。选取典型断面数据，分析围岩与初衬间应力、钢拱架应力随隧道施工的变化规律，并进行了对比分析。分析结果表明：围岩与初衬间接触应力及钢拱架应力在仪器安装完成后7d内急剧变化，并在15d左右趋于稳定。在浅埋小净距偏压隧道施工过程中，当后掘进的隧道开挖时，先掘进的隧道相应断面受其影响较大，采用上下台阶法施工时，隧道下台阶开挖对左线及右线隧道同样有较大影响。随着隧道埋深的增加，偏压系数逐渐减小，隧道结构整体受力更为均衡。

关键词　浅埋　偏压　小净距　接触应力　拱架内力

偏压隧道是指由于地形、地质构造、施工等原因引起的围岩压力呈明显不对称，从而使支护结构承受偏压荷载的隧道。[1]

随着交通事业的发展，我国开始修建越来越多的公路及铁路。当线路受线形限制，有时为避免高填方、深挖方，为了确保施工及运营期间线路安全，通常需要采用隧道方案通过。因地表倾斜，埋深较浅，线形受限形成浅埋偏压小净距隧道。小净距隧道结构介于分离式隧道和连拱隧道之间，克服了分离式隧道接线难度大、占地面积广、高边坡等缺陷，同时较连拱隧道施工质量容易控制且工期短、造价低。[2]

浅埋偏压小净距隧道由于埋深较浅，围岩距地表较近，风化较严重或很严重，主要以松散结构物或节理裂隙发育的Ⅳ级、Ⅴ级围岩为主。同时，由于存在地形偏压，隧道开挖后，支护结构所承受的荷载不均衡，容易导致支护结构产生较大变形，严重影响隧道施工及运营期间安全。[3]

近年来对小净距隧道的研究涉及较多[4-8]，但偏重于施工方法及数值模拟研究，对隧道围岩压力及现场试验研究相对较少。

因此，对浅埋偏压小净距隧道围岩压力及钢拱架受力特性进行现场试验研究，可以有效解决隧道的施工及运营期安全问题，同时为类似隧道设计及施工提供借鉴。

1　工程概况

所监控隧道为双洞四车道偏压小净距隧道，隧道净空10.75m×5m，设计线路最小净距为6.14m。所选监控断面为丘陵斜坡地貌，覆盖层在3～5m之间，下伏基岩为片麻岩，其中全风化呈土状、砂土状，厚度1～2m；强风化层节理裂隙发育，呈碎块状。2号断面隧道位于沟谷，隧道埋深 3～5m，顶板围岩为残坡积层及强风化层，呈松散～碎块状。监控断面处岩质较硬，围岩受断层带影响，两侧岩体完整性很差，岩体破碎，水文地质条件较复杂，该段围岩[BQ]<250，围岩级别为Ⅴ级。隧道采用上下台阶法施工，先掘进洞隧道工作面距后掘进洞开挖工作面距离大于 40m。

1 号断面隧道埋深为 12.5m，隧道外侧拱肩山体最小覆盖层厚度为 8.4m，2 号断面隧道埋深为 4m，外侧拱肩山体最小覆盖层厚度为 2.7m，二者偏压角度相同，为 40°，如表 1 所示。

量 测 断 面 表 1

断面编号	围岩等级	衬砌类型	净距(m)	埋深(m)	平均坡角(°)
1 号	5	SC5P+SC5-JQ	7.4	12.5	40
2 号	5	SC5P+SC5-JQ	7.7	4	40

横断面测点布置图如图 1 所示。仪器在隧道开挖到相应断面后完成，监测内容包括围岩与初衬间应力监测及钢拱架应力监测等。

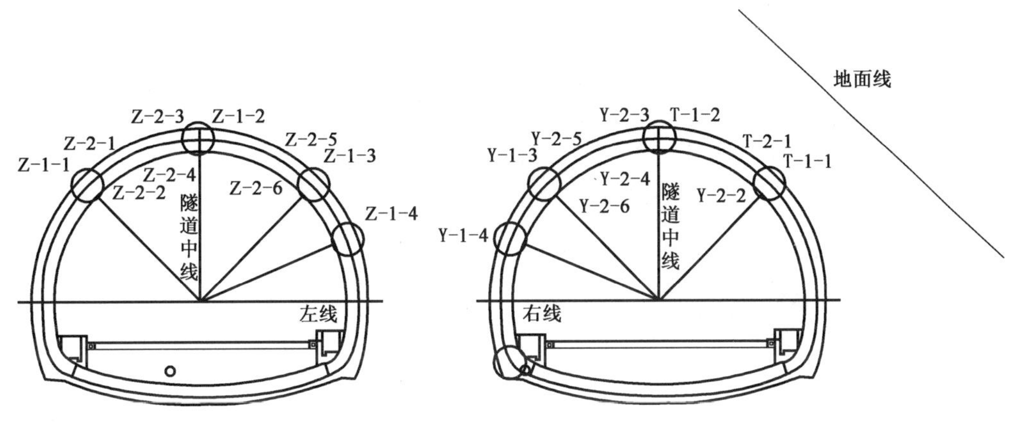

图 1 测点布置图

2 围岩与初衬间接触应力结果及分析

围岩与初衬间接触应力与时间关系曲线如图 2～图 4 所示。对图 2～图 4 进行分析可知：

(1)当土压力盒安装完成后 7d 内，由于喷射混凝土水化热的影响，各测点围岩与初期支护之间的接触压力快速增长，之后逐渐降低，接触压力在初期支护完成后 15～20d 趋于稳定，达到此阶段终值的 70%～90%。

(2)先掘进的右洞在后掘进的左洞开挖经过此断面时，压力发生较明显的变化，特别是右洞拱顶测点，其压力值由 0.019MPa 增加至 0.025MPa，变化率为最终值的 25%左右。

(3)当下台阶开挖经过此断面时，各测点压力产生一定量的突变，变化率占最终值的 40%左右，这说明隧道整个断面开挖完成并封闭成环后，仰拱开始发挥作用，隧道整体开始受力。左线隧道受右线隧道下台阶开挖影响，同样产生突变，以两侧边墙位置测点最为明显，变化率占最终值的 20%左右。

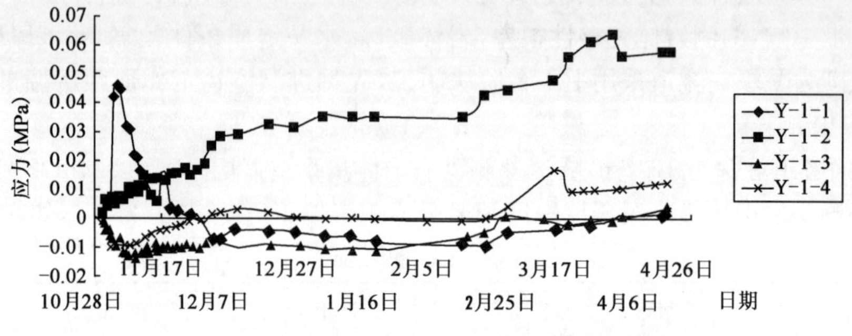

图 2　右线 1 号断面围岩与初衬间应力与时间关系曲线

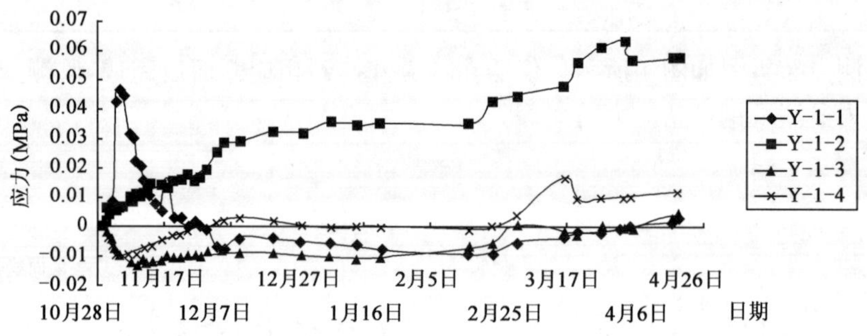

图 3　左线 1 号断面围岩与初衬间应力与时间关系曲线

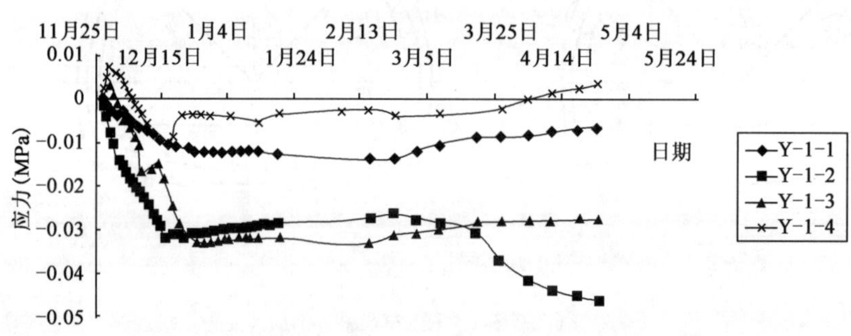

图 4　右线 2 号断面围岩与初衬间应力与时间关系曲线

3　钢拱架应力结果及分析

钢拱架应力时间关系曲线如图 5～图 7 所示，对图 5～图 7 进行分析可知：

(1)当钢筋计安装完成后 7d 内，与围岩与初衬间接触应力类似，由于喷射混凝土水化热的影响，各测点拱架钢内力快速增长，在 15～20d 内趋于稳定，说明钢拱架受力及时，钢拱架支护作用较为明显，在初期支护中起着主要作用。

(2)钢拱架受力主要为压应力，少数部位出现拉应力。从总体上看，钢拱架拱顶位置受力相对较大；同一位置处外侧较内侧受力大。

(3)由于隧道净距较小，先掘进的右洞在后掘进的左洞开挖接近此断面时，钢拱架应力即开始发生较明显的变化。右洞隧道下台阶开挖时对右洞及左洞测点同时产生影响，对于右洞，其变化率约为 80%，对于左洞，其变化率约为 60%，影响效果明显。

(4)右线 2 号断面各监测点对应的围岩与初衬间接触应力以及钢拱架应力离散程度较 1 号断面各监测点对应的应力大，即埋深为 2.4m 的 2 号断面较埋深为 12.5m 的 1 号断面各测点受力差异性大，这说明隧道埋深对浅埋偏压小净距隧道结构受力有明显影响。随着隧道埋深的增加，隧道结构受力更为均衡，同时偏压系数逐渐减小。

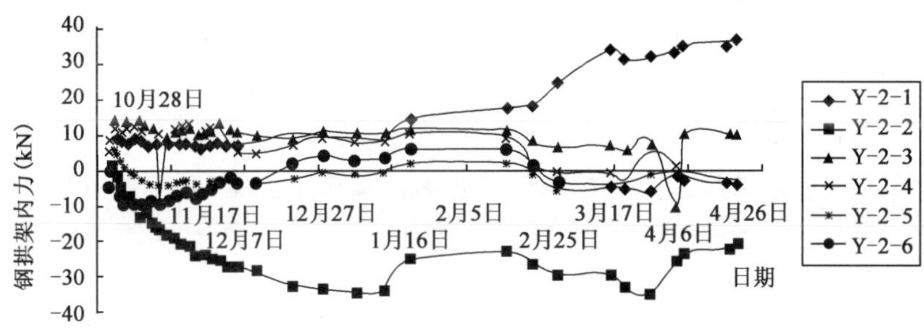

图 5　右线 1 号断面钢拱架应力与时间关系曲线

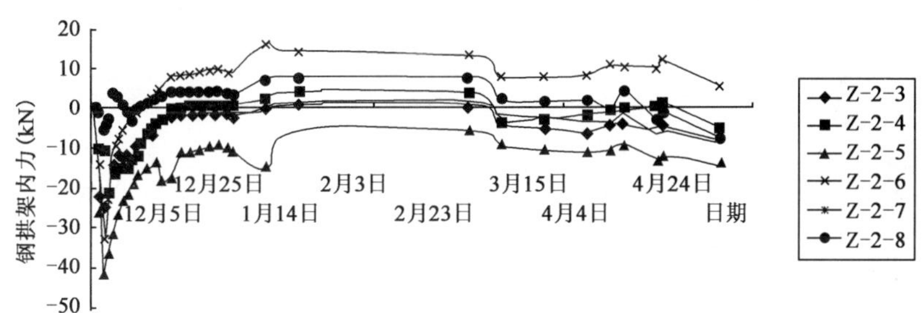

图 6　左线 1 号断面钢拱架应力与时间关系曲线

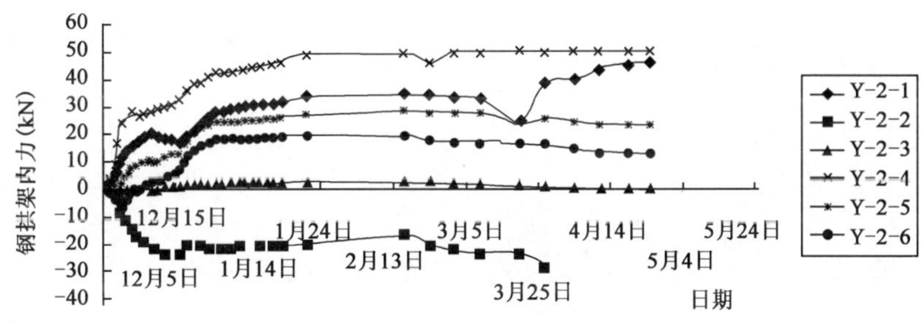

图 7　右线 2 号断面钢拱架应力与时间关系曲线

4　结语

(1)围岩与初衬间接触应力及钢拱架应力在仪器安装完成后 7d 内急剧变化，并在 15d 左右趋于稳定。

(2)在浅埋小净距偏压隧道施工过程中，当后掘进的隧道施工时，先掘进的隧道相应断面受其影响较大，采用上下台阶法施工时，隧道下台阶开挖对左线及右线隧道同样有较大影响。

(3)随着隧道埋深的增加，偏压系数逐渐减小，隧道结构整体受力更为均衡。

参考文献

[1] 王立川.浅埋偏压隧道极限分析法与施工技术[M].北京:人民交通出版社,2013.

[2] 杜菊红.小净距隧道净距研究及施工技术应用[J].地下空间与工程学报,2007,3(3):488-493.

[3] 唐纯勇.基于正交试验设计的浅埋偏压隧道有限元分析[D].西安:长安大学,2006.

[4] 杨海.分离式小净距隧道边仰坡稳定性分析及隧道施工方法数值模拟[D].长沙:中南大学,2012.

[5] 舒志乐.浅压小净距隧道围岩压力分析[J].地下空间与工程学报,2007,3(3):430-433.

[6] 杨建平,陈卫忠,郭小红.小净距公路隧道支护时机对围岩稳定性影响研究[J].岩土力学,2008,29(2):483-490.

[7] 章慧健.小净距隧道夹岩力学特征分析[J].岩土工程学报,2010,32(3):434-439.

[8] 夏才初.大断面小净距公路隧道现场监测分析研究[J].岩石力学与工程学报,2007,26(1):44-50.

地质雷达在上三高速公路护面墙检测中的应用

王桂军

（浙江沪杭甬高速公路股份有限公司）

摘　要　上三高速公路K224＋720～K225＋020左山体自2008年以来，每逢大雨，该山体第二级坡面长约20m范围内有局部泥沙从泄水孔带出，在对护面墙及碎落台的跟踪检查中，局限于目前管理单位的检测设备，未发现空洞、变形。为确保高速公路的安全畅通，此次采用地质雷达对上三高速公路K224＋720～K225＋020左山体的护面墙是否存在空洞进行检测，可快速了解护面墙的厚度、密实度等质量情况。

关键词　地质雷达　护面墙　质量检测　公路工程

1　引言

上三高速公路建于1997年，2000年12月建成通车，K224＋720～K225＋020山体防护类型是护面墙，其中最上面级为裸坡。该山体的地质状况为局部覆盖残坡积含碎石亚粘土、灰黄色，基岩为全风化片麻岩、褐黄色，地貌为低丘陵。该路段为低山丘陵地貌，植被发育较好，局部基岩因人工开挖或表层坍塌而裸露。坡体由粉砂岩组成，切向坡。粉砂岩为褐红色，砂砾结构，层状构造，节理裂隙较发育。上覆第四系残坡积碎石土，为灰黄色，主要由碎石和粘土组成，碎石成分主要为砂岩，结构松散。

整个边坡高36m，分四级开挖支护，坡率分别为1∶0.75/1∶0.75/1∶1/1∶1，坡高分别为8m/10m/10m/8m，各级碎落台宽2m（图1）。第一级至第三级采用浆砌护面墙防护，第四级为裸坡植草，坡顶设置截水沟和隔离栅。隔离栅以上为裸坡，植被覆盖较好。

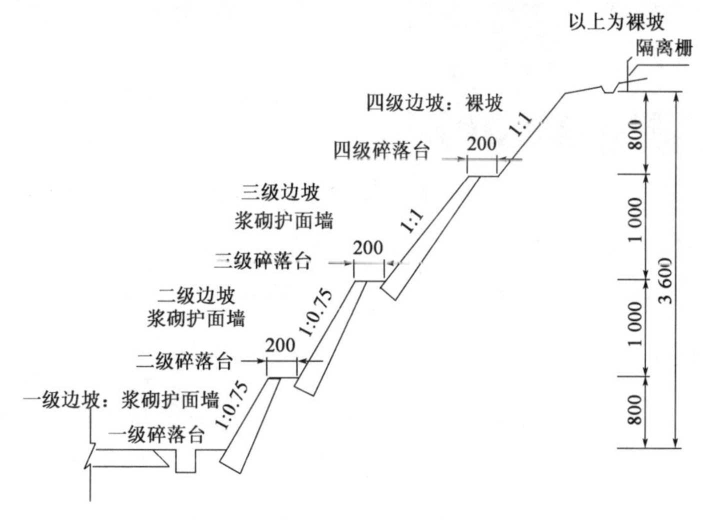

图1　边坡代表性断面图（尺寸单位：cm）

2　地质雷达检测的优点

高速公路护面墙属于隐蔽工程。由于受施工或地质条件的限制，护面墙的厚度施工离散性较大，墙体疏松、回填土密实度不够，富水等质量问题威胁着边坡工程的安全，其质量安全检测手段却相对滞后。长期以来，我们隐蔽工程质量检测与评价方法仍沿用着传统开挖检查的常规技术。

传统的护面墙检测方法多采用开孔或开槽取样验证的方法。这种方法仅为“一孔之见”，代表性差，而且破坏了墙体的整体性。利用地质雷达检测护面墙厚度变化情况，利用弹性波法检测墙体是否存在空洞，是一种快速、简便、无损的检测方法，实践证明，能满足工程质量检测的实际要求。

使用地质雷达对高速公路护面墙进行探测，目前还主要集中在结构层厚度的划分和病害区域定性的解释上，检测效果取决于判读技术人员的经验。因此，获得雷达的典型病害图形就显得尤为重要。通过对护面墙的不同病害的典型雷达图进行分析比较，将复杂病害情况进行分类，从而获得护面墙缺陷的判读指标。

3　检测的必要性

上三高速 K224＋720～K225＋020 山体第二级碎落台 2003 年曾发生过空洞，空洞面积约为 4m^2，深度约 2m，后对该处空洞用片石砂浆砌筑进行简单回填，并重新浇筑空洞处碎落台，2007 年养护科在日常巡查中发现该山体第二级碎落台又存在空洞，在对该碎落台混凝土开孔后发现，该处空洞面积约 6m^2，深度在 3m 左右，经浙江沪杭甬高速公路股份有限公司同意，对空洞位置进行碎石回填、灌浆、重做第二级碎落台，并在第二级坡面上增设 PVC 排水管等。自 2008 年以来，每逢雨量较大时，该山体第二级坡面有泥沙从泄水孔带出，通过对护面墙及碎落台的跟踪检查，未发现空洞、变形。

图 2　地质雷达

由于管理单位局限于当前的监测设备及技术手段，无法作深入检测，目前养护科对该路段的跟踪检查中未发现有空洞，护面墙鼓肚、变形等病害，为确保高速公路的安全稳定，管理单位委托专业地探单位通过地质雷达对该处边坡进行特殊检查(图 2)。

本次运用地质雷达检测一级、二级、三级上边坡护面墙和二级、三级、四级碎落台内部是否存在不密实、空洞现象，探明护面墙后空洞的分布区域。

4　地质雷达工作原理

地质雷达测试技术是一种非破坏性的测试技术。它具有抗干扰能力强、工作条件宽松、工作方法快速简捷、较高的探测精度和分辨率等优点。地质雷达是用高频电磁波(500MHz 或 800MHz)以宽频短脉冲形式，由边坡通过天线中的发射装置(T)送入地下土层。遇到不同界面时，部分电磁波发生反射现象返回，为天线中的另一接收装置(R)所接收。

整个过程脉冲波行程需时：$t=\sqrt{4Z^2+X^2}/V$（V 为电磁波速，X 为天线距，Z 为目的层深度）。当各介质中的速度为已知时，可根据精确测定的 t 值（单位为 ns，$1ns=10^{-9}s$），根据上式可求出反射界面的深度(m)。式中，X 值在雷达扫描过程中是固定不变的，当 V 值难以确定时，可采用 $V=C/\sqrt{\varepsilon_r}$ 近似计算，其中，C 为光速（3×10^8m/s），ε_r 为各介质相对介电常数，可以利用经验数据或测定获得。

雷达扫描记录以连续扫描图形和波形记录显示，遇异常可直观反映出异常体的深度、形态和范围。雷达图形常以脉冲反射波的波形形式记录，波形的正负峰分别以黑白表示，或以灰阶或彩色表示，这样同相轴或等灰度、等色线即可形象地象征各反射界面。

就本次雷达检测而言，空气、浆砌块石层、垫层以及扰动区、脱空区的介电常数以及电磁波在其介质中的传播速度都存在一定的差异，具有利用该方法检测的地球物理前提。

5　工作方法

5.1　地质雷达仪器及参数设置

本次检测工作采用瑞典地质雷达(RAMAC/GPR)，为了在保证探测深度的情况下尽量提高探测精度，采用 500MHz 和 800MHz 收发同置天线配合(RAMAC/GPR)型地质雷达仪器进行检测。

500MHz 选取采样长度为 70ns，采样率 512，扫描率 64 次/s；800MHz 选取采样长度为 48ns，采样率 1 024，扫描率 60 次/s。天线沿测线紧贴边坡以连续扫描方式进行野外实测，对有怀疑地段进行复测，以确保资料完整、可靠。

5.2　地质雷达室内资料处理

应用专门处理软件对原始采集数据进行重复测量的平均处理，抑制随机噪声；邻近道不同的多次测量平均，以压低非目的体杂乱回波，改善背景；自动时变增益或抑制增益以补偿介质吸收和抑制噪声；用偏移处理消除在数据采集过程中引起畸变的二维成像；用反褶积处理消除天线的瞬态和多次反射，提高数据的垂向分辨能力。

5.3　地质雷达原始资料质量保证体系及质量评述

为确保检测质量，保证成果的精确性，采取了下述质量措施：

(1)野外工作仪器的检查和使用，野外工作方法布置及技术措施，室内资料处理和解释等各个环节，都认真参考各相应技术规范。

(2)室内资料由专人负责处理，数据处理采取分段进行滤波，充分突出信噪比，确保滤波后信号不失真，进行道平均和控制增益，时变增益、压缩子波提高垂向分辨率。

6　成果解释

本次检测在各级上边坡护面墙每隔 10m 布置了 1 条地质雷达横测线，发现墙后存在脱空区域时，测线则加密至 5m；在每级碎落台中线布置一条纵测线。经对检测资料进行分析处理后，检测结果如下：

6.1 一级上边坡护面墙检测结果(表1)

一级上边坡护面墙脱空或不密实位置 表1

编 号	一级上边坡护面墙	缺陷位置	深度(cm)	宽度(m)	面积(m^2)
1	测线里程45m	从一级碎落台向上4~5m	20~60	5	5
2	测线里程65m	从一级碎落台向上7~8m	20~40	10	10
3	测线里程75m	从一级碎落台向上6~7m	20~50	7	7
4	测线里程115m	从一级碎落台向上3~6m	10~30	12	36
5	测线里程185m	从一级碎落台向上3~5m	15~30	10	20
6	测线里程195m	从一级碎落台向上3~4m	20~35	3	3
		从一级碎落台向上5~7m	20~35	10	20
7	测线里程205m	从一级碎落台向上2.7m左右	20~30	3	3
		从一级碎落台向上3~4m	20~30	7	7
		从一级碎落台向上5~6m	20~30	8	8
		从一级碎落台向上7~8m	20~30	3	3
8	测线里程225m	从一级碎落台向上2~3m	20~30	2	2
		从一级碎落台向上4~6.5m	20~30	10	25
		从一级碎落台向上7~8m	20~30	3	3
9	测线里程245m	从一级碎落台向上3~4m	10~25	6	6
		从一级碎落台向上6~7m	10~30	8	8
10	测线里程255m	从一级碎落台向上1~2m	9~30	6	6
		从一级碎落台向上3m	8~15	5	5
		从一级碎落台向上8~9m	9~30	10	10
以上测线里程的起点为上边坡护面墙面向上三高速往杭州方向的边角					

6.2 二级上边坡护面墙检测结果(表2)

二级上边坡护面墙脱空或不密实位置 表2

编 号	二级上边坡护面墙	缺陷位置	深度(cm)	宽度(m)	面积(m^2)
1	测线里程40m	从二级碎落台向上2~3.3m	10~40	9	13
		从二级碎落台向上6~7m	10~40	7	7
		从二级碎落台向上9~10m	14~30	9	9
2	测线里程55m	从二级碎落台向上1.5m左右	10~40	5	5
		从二级碎落台向上5~7m	10~30	10	20
3	测线里程80m	从二级碎落台向上1~2m	9~30	5	5
		从二级碎落台向上3m左右	8~25	3	3
		从二级碎落台向上6.5m左右	8~25	3	3
		从二级碎落台向上9~10m	10~30	6	6
4	测线里程110m	从二级碎落台向上4~5m	9~35	6	6
		从二级碎落台向上9m左右	9~35	5	5
5	测线里程165m	从二级碎落台向上9~10m	9~35	8	8
以上测线里程的起点为上边坡护面墙面向上三高速往杭州方向的边角					

三级碎落台上不密实或脱空等不良地质现象的位置有：里程 6～8m 处，深度 30～1.8m 范围，整体表现为不密实；里程 33～36m 和 50m 附近整体表现为含水率高；里程 135～140m 处，深度 30～1.8m 之间范围，整体表现为不密实；里程 185m 附近，深度 40～1.2m 之间范围，整体表现为不密实。

6.3 三级上边坡护面墙检测结果(表 3)

三级上边坡护面墙脱空或不密实位置 表 3

编号	三级上边坡护面墙	缺陷位置	深度(cm)	宽度(m)	面积(m^2)
1	测线里程 25m	从三级碎落台向上 6.5m 左右	8～40	6	5
2	测线里程 30m	从三级碎落台向上 5m 左右	10～40	9	10
3	测线里程 90m	从三级碎落台向上 5～6m	8～30	8	8
以上测线里程的起点为上边坡护面墙面向上三高速往杭州方向的边角					

7 结语

通过本次对上三高速公路 K224＋720～K225＋020 段各级上边坡护面墙和碎落台的地质雷达检测，发现在该山体一级上边坡护面墙区域内，发现在 10 处不密实或脱空等不良地质现象；二级碎落台上未发现有不密实或脱空等不良地质现象。二级上边坡护面墙和三级碎落台区域内各发现 5 处不密实或脱空等不良地质现象。三级上边坡护面墙区域内发现 3 处不密实或脱空等不良地质现。

地质雷达在护面墙的无损检测过程中，能有效地探测到脱空区域、护面墙厚度等数据，对施工方采取加固措施消除安全隐患提供了科学准确的依据，能将隐患排除在事故发生前，对高速公路的安全运营起到了重要作用。

参考文献

[1] 李大心.探地雷达方法与应用[M].北京：北京地质出版社，1994.

[2] 李星平，石爱赣.地质雷达无损探测技术在隧道检测中的应用[J].山西建筑，2008.

[3] 赵明阶，何光春，王多垠.边坡工程处治技术[M].北京：人民交通出版社，2003.

[4] 侯利国，何文选.上三高速公路地质灾害及其处理措施概述[J].高速公路，2002，6：21-36.

三、工程设计与施工技术

抗浮锚杆设计中的几个重要问题探讨

付文光[1,2]

（1. 中国京冶工程技术有限公司　2. 深圳冶建院建筑技术有限公司）

摘　要　土层抗浮锚杆的界面粘结强度比同类地层中边坡及基坑锚杆的低。扩体锚杆的抗拔力必须要通过基本试验确定。深圳市相关规范中确定抗浮设防的规定可供各地区参考。浮力宜取基底静水压力标准值。群锚应验算整体抗浮稳定性，破裂面形状可假定为上半部分长方体、下半部分圆锥体，抗浮力为破裂体内岩土体重量与破裂面摩阻力之和。抗浮锚杆的工后变形按文中建议的公式验算结果应不大于20mm。预应力锚杆应施加适当的预应力，以减少工后变形及与抗拔桩良好地共同工作。抗浮锚杆大多数情况下可不设置自由段，如需设置应尽量短一些。锚头及拉力型预应力锚杆的锚固段与自由段的交接点是防腐重点。锚头的防腐防水问题应同时解决。

关键词　抗浮锚杆　界面粘结强度　抗浮稳定性　工后变形　预应力　自由段　防腐　防水

1　界面粘结强度与抗拔承载力

锚杆从形状上可分为等截面及扩体型两类。等截面锚杆单锚抗拔承载力的实质就是锚固体与周边岩土体的界面粘结强度产生的摩阻力，相关技术标准提供了计算公式。笔者在工程中发现，相对于边坡、基坑等锚杆工程而言，土层中抗浮锚杆验收不合格的概率更高一些。除去验收荷载不同造成的影响(基坑及边坡锚杆验收时的极限荷载通常为1.5倍承载力设计值，而抗浮锚杆通常为2.0倍)，原因有二：

(1)抗浮锚杆几乎都是竖直向下布置的，而在边坡、基坑等工程中，锚杆大致水平布置或倾角较小，因此：

①抗浮锚杆施工质量较难保证:抗浮锚杆所在地层的地下水位通常较高，施工时几乎都是在水下作业，成孔时容易在孔壁上形成泥皮影响粘结强度；抗浮锚杆几乎都是竖向的，钻孔液、地下水及泥渣等需垂直向上排出，相对困难，清孔质量较难保证；灌浆时钻孔内往往已积水，灌浆质量较差。

②钻孔是竖直向下的，与土层重力方向，即最大主应力方向同向，而在边坡、基坑等工程中，钻孔大致水平或倾角较小，与最小主应力方向大致同向。推测土体受此影响，圆拱效应在竖向与水平向开展的强弱程度有所不同，竖孔比水平孔的土拱效应更强一些，孔壁对锚固体的约束更弱一些，故界面粘结强度更低一些。

(2)可能与坑底土体回弹有关。抗浮锚杆几乎都在基坑底施工，随着基坑土方被逐步挖除，坑底土体随应力释放向上回弹隆起，土体物理力学性状变差，提供的粘结强度降低。目前技术标准中推荐的锚杆与土层的界面粘结强度，几乎都是从边坡及基坑锚杆工程得到的经验，相对较高，按其设计计算及验收的极限抗拔力也相对较高；但抗浮锚杆的实际粘结强度及极限抗拔力要低一些，故验收不容易合格。岩石锚杆通常不存在这个问题，一是因为岩石锚杆长度较短、几乎没有泥浆，施工质量较容易保证，二是岩体的圆拱效应在不同方向上开展的强弱程度可能差别不大，三是岩体几乎不产生回弹隆起。故笔者建议，目前技术标准中的岩土层界面粘结强度用于抗浮锚杆设计计算时，应乘以 0.8～1.0 的折减系数。

扩体型分端部扩体及分段扩体两类，国内分段扩体型工程应用很少，扩体锚杆一般指前者，又称扩大头锚杆或扩底锚杆。通常认为，扩底锚杆的抗拔力 T 由三部分组成，即常规锚固段产生的摩阻力（有些类型的扩底锚杆没有这部分）T_1、扩体锚固段产生的摩阻力 T_2 及扩体锚固段的肩承力 T_3，如图 1 所示。

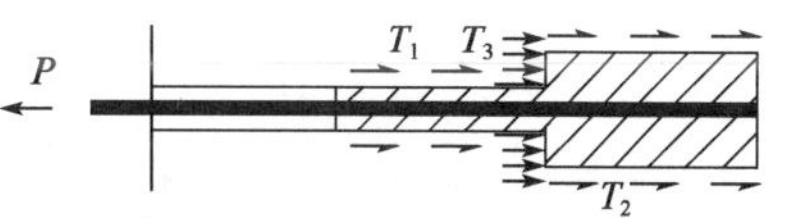

图 1 扩底锚杆抗拔力组成示意图

按目前有关规范中推荐的抗拔承载力公式计算结果与工程实际偏差较大，主要原因有：①T_1、T_2 与 T_3 并不同步；②T_2 计算不准确；③T_3 如何计算是个难题，目前没有可靠的经验及理论。有些类型的扩体锚杆，如囊式扩体锚杆，没有 T_1、T_2 也很短，按规范计算得到的抗拔力很低，比实际可能会低了几倍。此外，施工时扩体段直径是否达到了设计预期通常是个未知数，故扩体锚杆目前必须要通过基本试验确定抗拔力。

2 设计荷载

2.1 抗浮设计水位

抗浮设计水位的确定是抗浮设计要解决的一个重要问题。抗浮设计水位，又称抗浮设防水位，一般可以理解为建筑物基础埋置深度范围内地下水在建筑物运营期间的最高水位，《高层建筑岩土工程勘察规程》（JGJ 72—2004）[1]对其定义为：地下室抗浮评价计算所需的、保证抗浮设防安全和经济合理的场地地下水位。各技术标准对抗浮设计水位的确定方法大体分 3 类：

(1)按长期系统的地下水位观测结果中的最高水位。所谓长期，一般理解应为数十年甚至上百年。由于国内大多数城市及地区没有相关资料，故该方法可行性较差。

(2)取建筑物室外地坪高程。地下结构物的上浮通常与暴雨所引起的水头高度快速增加有关。该方法适用于地势低洼、街道易被水浸的场地。

(3)其他方法。技术标准中的方法大多是原则性的。

2.2 浮力

浮力计算是抗浮设计要解决的又一个重要且争议较大问题。浮力，又称浮托力，《岩土工程基本术语标准》（GB/T 50279—98）[3]将之定义为：地下建筑物受静水位或下游水位的作用，在其底面所受的均布向上的静水压力。各技术标准对静水压力如何计算基本无异议，但对浮力设计值是否应为静水压力标准值存在争议。因砂土、碎石土、节理裂隙发育的岩石等与节理不发育的岩石及粘性土的透水性差异较大，故争议主要体现在基础或底板位于节理不发育的岩石地基或粘性土等弱透水性地基上时，是否应对静水压力进行折减及折减程度，以及是否考虑及如何考虑渗流作用对浮力的影响。此外，上海市地基基础规范等规定，抗震设防类别为甲、乙类的地下建筑物，当基础底面位于或穿过可液化土层时，抗浮稳定验算中的浮力项，除静水压力外，还应该考虑浮力的增加值。

2.3 作用分项系数

地下水浮力是一类特殊的荷载，各技术标准对其属于永久荷载、可变荷载还是偶然荷载尚存在着较大争议，荷载分项系数可能无法直接采用其中一种。《建筑结构荷载规范》(GB 50009—2012)[4]条文说明解释了水位不变的水压力可按永久荷载考虑，而水位变化的水压力应按可变荷载考虑。该解释可操作性不强：对于绝大多数工程而言，连水位到底在哪都无法搞清楚，更别论变与不变。该规范第 3.2.4 条规定结构的抗漂浮验算采用荷载效应的基本组合，没有明确荷载的分项系数，要求"应满足有关的建筑结构设计规范的规定"，但同时规定了"当永久荷载效应对结构有利时，不应大于 1.0"。《建筑地基基础设计规范》(GB 50007—2011)[5]规定了此时作用分项系数均为 1.0，即实际采用了作用效应的标准组合，笔者认为分项系数应采用 1.0，而不宜像一些技术标准中规定小于 1.0。按《工程结构可靠性设计统一标准》(GB 50153—2008)[6]及《建筑结构可靠度设计统一标准》(GB 50068—2001)[7]等技术标准规定，作用或荷载的设计值为荷载标准值乘以荷载分项系数[按《建筑结构荷载规范》(GB 50009—2012)，作用分为直接作用与间接作用，荷载即前者]，因分项系数均不小于 1.0，故荷载的设计值均应不小于标准值。

本文建议，建筑物荷载效应取基本组合的效应设计值，荷载分项系数取 1.0，不计取可变荷载，等于建筑物自重标准值及其上作用的永久荷载标准值之和；地下水浮力荷载分项系数取 1.0，等于建筑物基底地下水静水压力标准值。

3 抗浮锚杆稳定性

锚杆埋深较浅时，上覆土层重量轻，如果界面粘结强度高，可能会发生稳定性破坏，通常假定破坏面形式为倒圆锥体，即锚杆周边的圆锥体内的岩土体与锚杆同时被拔隆起甚至被拔出。一般认为稳定性破坏过程为：随着上拔力的增加，先在锚杆顶部出现锥尖向下的小锥形裂缝，之后逐步向下发展，出现若干组锥形裂缝，直至破坏。技术标准常常规定了锚杆的最小长度，如岩石锚杆不小于 3m、土层锚杆不小于 6m 等，通常能够避免发生这种破坏。但锚杆群共同工作时，因为群锚效应，情况不同了。在群锚工作时，单锚的抗拔力不能得到充分发挥，锚群提供的最大抗力可能为锚杆群破裂面所提供的摩阻力与破裂体内的岩土体重量之和小于个体锚杆单独作用时的摩阻力之和，此时易发生整体稳定性破坏。笔者从收集到的几起抗浮锚杆破坏工程案例计算分析，认为很可能发生了锚杆群的整体稳定性破坏。

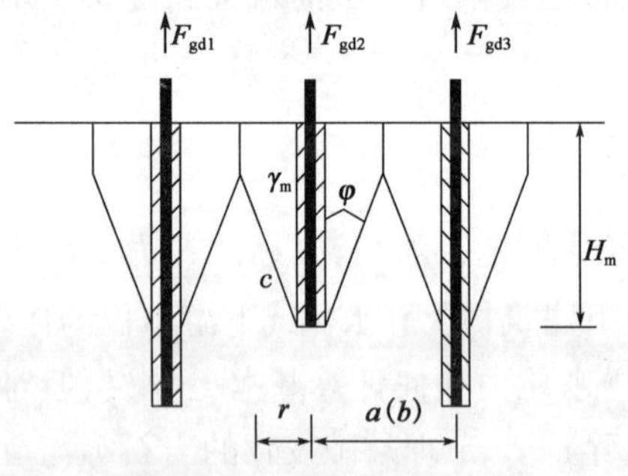

图 2 锚杆抗浮承载力验算示意图

国内外尚未有群锚整体稳定性验算公式。笔者综合了有关手册中的单锚圆锥体破坏模型及《建筑桩基技术规范》(JGT 94—2008)[8]中的群桩抗拔破坏模型，提出了群锚稳定性验算模型及抗浮力验算公式，并从收集到的 140 余个抗浮锚杆工程案例中，选取了记录较为详细的 95 个进行了试算验证。计算简图(图 2)及计算公式如下所示：

$$F_{gd} = [\pi r^3 \cot\varphi/3 + ab(H_m - r\cot\varphi)]\gamma_m/K_{b1} + abc/K_{b2} \tag{1}$$

$$r = (a+b)/4$$

式中：F_{gd}——单锚抗浮力设计值；

r——圆锥体底面计算半径，简化为锚杆纵横向的平均间距；

半锥角 φ——锥尖范围内岩土体平均内摩擦角，最大不超过 45°；

a、b——锚杆纵横间距；

H_m——锥尖深度，取群锚中最小值；

γ_m——锥体内岩土体平均天然重度；

c——锥尖范围内岩体结构面平均粘聚力，无经验时可参考《工程岩体分级标准》（GB 50218—94）[9]及《建筑边坡工程技术规范》（GB 50330—2002）[10]中有关经验数据。抗浮力安全系数取值水准为：不分岩土体类别，统一取 $K_{b1}=1.5$，$K_{b2}=3.0$。群锚整体抗浮力为按式（1）计算的个体锚杆抗浮力之和。

计算模型及验算式中：

（1）岩体中存在着各种软弱结构面，岩体力学性状主要受结构面特征控制，因此式（1）计取了结构面的粘聚力 c 值。如果不计取 c 值，会有相当大部分成功的岩石锚杆工程无法通过验算。

（2）岩石锚杆取 c 值，其他类型锚杆不取。式中把未风化～中风化的坚硬岩及较坚硬岩、未风化～微风化的较软岩及软岩作为岩石，其他岩层均按粘性土考虑。岩石及岩体分级按《工程岩体分级标准》（GB 50218—94）。

（3）做了一些假定或限制条件，如：岩石锚杆计算长度不超过 6.5m，土层不超过 10m，锥尖深度 H_m 为锚固段计算长度与自由段长度之和；不计取群锚外围岩土体提供的摩阻力；假定破裂体形状为上半部分长方体、下半部分圆锥体，圆锥体底面半径为锚杆纵横间距的平均值，岩土体重量按破裂体的体积计取，但结构面按破裂体的底面计取，岩土体取天然重度而不是浮重度等。

4 锚杆抗浮体系稳定性

承载能力极限状态下有抗浮锚杆参与工作时的地下建筑物抗浮体系稳定性验算公式可为：

$$G_d / K_w + \sum R_{wd} + \Sigma F_{wd} \geqslant N_{wd} \qquad (2)$$

式中：G_d——荷载效应基本组合的效应设计值，荷载分项系数取 1.0，不计取可变荷载；

K_w——抗浮稳定安全系数，一般情况下取 1.05；

R_{wd}——单桩抗浮承载力设计值，按相关技术标准执行；

F_{wd} 单锚抗浮承载力设计值，取单锚抗拔承载力设计值及按抗浮稳定验算公式得到的单锚抗浮力设计值中的较小值；

N_{wd}——地下水浮力设计值，荷载分项系数取1.0，等于建筑物基底地下水静水压力标准值，水的重度取 10kN/m^3。

5 变形验算

5.1 变形指标

变形问题对于抗浮锚杆很重要。正常工作时，如果抗浮锚杆变形较大，建构筑物底板可能会上浮较多，从而开裂、破坏，建筑物可能因上浮不均匀产生差异沉降影响到结构安全。抗浮锚杆正常使用极限状态下的最大变形允许值主要取决于建构筑物对上浮变形的要求，但不同的建构筑物功能不同，使用要求不同，上部结构、基础形式及底板不同设计参数等对上浮变形的适应能力不同，故对抗浮锚杆的变形要求不同，很难确定统一标准。作为个案，每个工程可由结构计算单独提出上浮量指标，但作为共性，该如何控制锚杆的变形呢？

笔者收集了 30 余起地下室或水池等建构筑物上浮事故案例，上浮量通常几十公分甚至几米，少于 100mm 的很少。按一些文献的记录，最少 40～50mm 的上浮量就能够被察觉，也可以理解为，上浮量少于 40mm 时，通常不会对底板产生较大危害。业界对锚杆拉拔试验的经验非常丰富，在拉拔试验中，锚杆达到极限抗拔力时，按笔者经验及对工程案例的统计结果，扣除自由段的弹性伸长，锚头位移一般为 4～40mm，两者较为吻合。那么，能不能以 40mm 作为锚杆变形的允许值呢，国内外这方面的研究成果不多。文献[11]介绍，原苏联以不小于 25mm 的上拔位移量作为可终止抗拔桩抗拔试验的一项重要条件；英国对较小直径（d=178mm）的钻孔灌注桩，规定相应于最大上拔工作荷载的桩顶位移为 6mm，相应于极限抗拔承载力的桩顶位移为 25mm（现场土质为含砾粘土）；国内抗拔桩上拔位移量一般控制在 10～20mm 范围内。对于抗浮锚杆，文献[12]建议锚杆取抗拔试验时锚头总位移量 25mm 的荷载为极限抗拔力。各种文献中对抗浮锚杆正常使用状态时的实际变形观测结果不多，少量经验表明，底板上浮量一般为几毫米至二三十毫米。根据这些研究成果，40mm 指标可能有些偏大，锚杆变形达到 40mm 时，有时可能已经超过承载能力极限状态而破坏。但反之亦说明，如果锚杆没有达到极限承载力，一般不会因变形较大引起底板的上浮破坏（因变形较大引起的锚杆防腐蚀水平及应力水平降低则另当别论）。

锚杆完工后，其变形量随着使用荷载的增加而增加，从完工至锚杆正常使用状态下新增加的变形，本文称为工后变形。预应力锚杆如果预加的应力较低，全长粘结型锚杆如果在软弱土层中长度较大而截面刚度较小，当实际承载力达到设计值时，可能会产生较大的工后变形。如果把工后变形量控制在达到承载能力极限状态时的变形量以内，如前所述，则抗浮体系应该是安全的。

笔者从收集到的 140 多个工程案例中选取了 119 个记录较为详细的进行了变形估算。抗浮锚杆设计抗拔力及长度范围一般较窄，即离散性较小。非预应力锚杆（包括那些设置了自由段但没有施加预应力的锚杆）最大设计抗拔力不超过 670kN，锚杆长度超过 12m 的仅 5 例。预应力锚杆最大设计抗拔力超过 670kN 的也很少，仅 6 例，总长度超过 20m 的仅 4 例。估算时，如果案例中没有提供预应力锁定值，则按设计值的 60%～70%估算。可见，可以把工后变形指标确定为 20mm，能够满足工程实际情况，也能够和前述已有的对抗拔桩的正常位移及锚杆的极限位移研究成果大体匹配。

5.2 案例分析

现在分析一个特殊的案例。深圳市东瓜岭某住宅小区由 4 栋 34 层塔楼及 1 栋 3 层群楼组成，地下室 3 层，约一半为纯地下室，位于地下室中央区域，柱距 15.4m×8.1m，一柱一桩，工程桩兼抗拔桩，桩间设地梁，地梁下设抗浮锚杆。2003 年地下室完成回填，2004 年整个项目竣工交付使用，2005 年年底板上发现少量渗水点，其余正常；2006 年陆续发现纯地下室上浮迹象，如局部砌块非承重墙出现裂缝，剪力墙出现裂缝，柱脚处底板出现裂缝并以约 45°角向板中心延伸，底板最大上浮量大于 100mm。之后两年底板裂缝加大，局部有地下水渗出，梁柱出现裂缝，地下室顶面上浮量最大约 330mm，2008 年只得进行加固处理。

绝大多数上浮事故都是一场暴雨或连续暴雨之后短时间内发生的，而本案例是逐年发生的，每个雨季加重一些。实测地下水位，发现较原抗浮设防水位最多高 1.6m，平均高 1.1m，估算每根锚杆实际所受浮力平均约 680kN，最大约 762kN，设计值为 500kN，即超载 1.4～1.5

倍。按原设计，锚端已进入中～微风化花岗石 2～4m，设计极限抗拔力大大超过 1 000kN，安全系数至少为 3.0，锚杆不会拔出破坏；按式(1)得到的抗浮力设计值超过 3 440kN，为设计抗拔力的 6.9 倍，不会上浮破坏；杆体为 1 根 PSB930 直径 32mm 精轧螺纹钢筋，破断力约为 868kN，安全系数约 1.73 倍，当受到估算的最大荷载 762kN 时，应该还有 1.14 的安全系数，理论上也不应该发生杆体拉断破坏。也就是说，因为设计有足够的安全系数，锚杆实际受力在极限值范围之内，即使地下水位比原设计预期的要高，锚杆超载，也不应该发生破坏。锚杆验收试验时最大荷载也为 750kN，与上述估算最大浮力相当，验收合格，证明实际抗拔力是满足设计要求的。拆除地下室底板时未拆除地梁，无法直观锚杆及抗拔桩是否已破坏，锚杆周边土层没有发现明显异常，但有资料推断应该已有个别抗拔桩钢筋被拉断[14]。

上浮量最大区域的地下室桩锚平面布置如图 3 所示。抗拔桩设计抗拔力特征值为 1 260kN(按钢筋强度控制)，每 6 条锚杆与 1 条桩组成一个单元，每个单元设计抗浮力为 4 260kN，抗浮锚杆大体布置在相邻两条桩的中间区域。

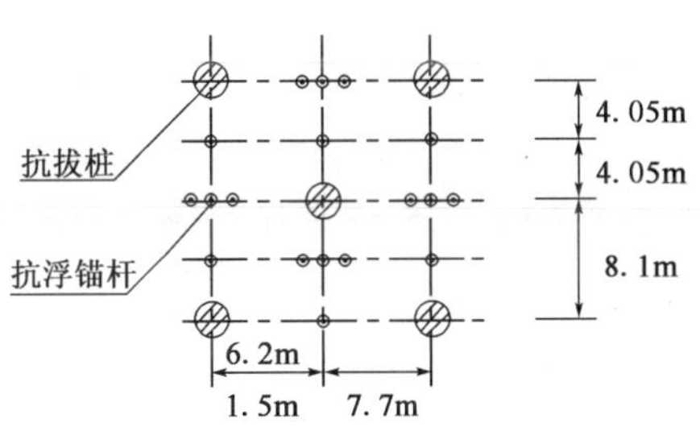

图 3　地下室桩锚平面布置图

原设计抗浮锚杆有 2m 自由段，要求张拉锁定至 400kN，实际工程中设置了自由段却没有张拉。主要问题应该就在这里。底板受到浮力后上浮，本应受到有桩锚固定的地梁约束，但锚杆因没有预加应力成了被动受力构件，反而随地梁一起被底板带动上浮变形。锚杆有自由段，需要一定的变形才能使锚杆承受较大的荷载，但地梁受到抗拔桩及梁上墙柱的约束，刚开始几乎没什么变形，锚杆几乎不受力，本应该由锚杆承受的荷载大部分由抗拔桩来承受了，桩超载很多，产生一定量的上浮变形，地梁随之上浮变形，带动锚杆伸长，锚杆产生了拉应力，开始发挥抗拔作用。因地梁的上浮量较小，锚杆不能发挥其全部抗拔力。

锚杆粘结应力沿锚固段并非均匀分布、而是以单峰波形存在和传递的；初始加载时，主要是锚杆锚固段的头部受力；随着荷载的增加，粘结应力峰值加大、范围加长并向锚杆深处转移，调动深处的锚固段参与受力；锚固段头部向下一定长度范围内由于砂浆的凝固收缩会形成微裂隙，导致极限粘结强度降低，初受荷载时应力集中，较小的荷载就会使锚固体与岩土体脱开退出工作，变成了实际上的自由段；随着荷载的不断增加，粘结应力峰值不断向深处延长发展，如果深处的锚固段提供的极限粘结应力能够与荷载平衡，则锚杆稳定，更深处的锚固段没有提供锚固力，是安全储备；如果不能够平衡荷载、即小于荷载，则粘结应力向更深处发展，直至平衡或锚杆拔出破坏。

原设计抗浮锚杆平均长度 18m，穿过的土层自上而下依次为：0～3m 残积砾质粘性土，2～6m 全风化，7～13m 强风化，2～4m 中、微风化花岗岩。可见本场地的土层特点有两个：

(1)越向上土质越差。土质越差能够提供的粘结力就越低，就越容易与锚固体脱开，使应力向下传递到更好的地层。

(2)以全、强风化花岗岩为主，受扰动后强度下降较多。

锚杆随地梁上浮而伸长变形，其中部分为塑性变形。随着水位下降，底板所受浮力减少，地梁在墙柱压力下回落。因抗拔桩发生了上浮变形，使地梁形成了向下挠度，锚杆所在的跨中部位最大，对锚杆形成反向压力。锚杆承受了计划外的压力，筋杆与套管外的保护砂浆一起向下压迫锚固段，使锚固段头部与孔壁土层脱开，锚杆实际自由段加长。下次降雨水位上升时，地梁需要有更大的上浮变形才能使锚杆发挥较大作用，本该锚杆分担的浮力仍大部分落在了抗拔桩上，桩继续上浮变形。首个雨旱季节结束后，底板上浮量应该不大于20～30mm，否则可能就有破坏迹象被发现了。但几个雨旱季、近百个浮降循环后，锚杆弹塑性变形不断加大，已无法与桩一起对地梁及底板形成有效约束，地下室结构因上浮量过大而产生较多较宽裂缝，个别抗拔桩受力太大而钢筋拉断。

采用全长粘结型锚杆则不会发生这种情况，因为其与抗拔桩一样，微小的变形就会使其发挥较大的抗拔力，能够与抗拔桩共同工作。锚杆施加了预应力也不会发生这种情况，因预拉后会产生约20mm的预变形，对地梁已经施加了预定压力，其能够与抗拔桩共同工作。可见，对于预应力锚杆，必须要施加适当的应力才能防止其工后变形过大，才能与抗拔桩良好地共同工作。

事故处理方案为：采用预应力锚索，进入中风化岩层7m或微风化岩层4m，从底板至中风化或微风化岩层顶面均设置为自由段，锚索长度15～20m，6ϕ15.2钢绞线，抗拔力特征值750kN，设计锁定值400kN(实测约350kN)，设置在底板上。加固效果良好。

6 自由段长度

边坡及基坑等工程中，预应力锚杆自由段的主要作用是使锚固段穿过被加固岩土体的假定破裂面进入稳定的地层中，技术标准中一般规定不小于4～5m。为防止自由段产生较大的工后变形，通常要张拉锁定。张拉锁定后自由段伸长变形，因有回弹趋势而使锚头得到预加压应力。压应力向被加固岩土层扩散，对增加其稳定性、减少变形有一定作用。抗浮锚杆与边坡、基坑等工程锚杆不同，不存在被加固土体及其稳定性问题，抗浮稳定性和自由段也基本无关，不需要类似边坡及基坑锚杆自由段那样的功能。那么，抗浮锚杆是否需设置自由段、其目的又是什么呢？

笔者认为主要功能有两个：

(1)减少工后变形。如果底板下土层软弱、采用全长粘结型锚杆，因粘结强度低，锚固段受力后易与土层逐段脱开拔出，形成实际上的自由段，从而增大工后变形，如前所述。此外，软弱土层的徐变亦较大，也会增大锚杆的变形。因此，应将锚杆穿过软弱土层、锚入到较深处较好的地层中，在软弱地层中的部分则设置为自由段。

(2)辅助获得较高的抗拔力。为了在土层中获得较高的抗拔力，常常采用荷载分散型(压力分散型及拉力分散型)及压力型锚杆，工作原理上，前类锚杆需要设置不同长度的自由段而使单元锚固段分开，后类锚杆则需自由段将固定端置入地层较深处，故这两类锚杆需要设置自由段。地层坚硬时，如岩石锚杆，上述两个功能通常都不需要，故可以不设置自由段。据笔者统计，国内抗浮锚杆工程中近70%为全长粘结型非预应力锚杆，没有自由段。本文建议，抗浮锚杆尽量不要设置自由段，相对锚固段而言，自由段不利于防腐。需要设置时要尽量短一些，不必受长度不少于4～5m的限制，且必须要适度张拉，最好采用压力型或压力分散型锚杆。

7 锚杆防腐

抗浮锚杆一般为永久性锚杆，工作在有地下水的岩土层环境中，所受荷载为不规则周期性荷载，一些地下室会有电气设备接地，难免产生对锚杆造成腐蚀的杂散电流，故工作环境有时较恶劣，防腐问题比较重要。

抗浮锚杆的腐蚀类型主要是电化学腐蚀金属锚筋，腐蚀原因主要是地层和地下水的侵蚀性质、锚杆通过性状差异较大的土层、双金属作用以及地层中存在的杂散电流等[15-17]。锚杆锚筋的防腐原理大致可分为碱性环境防腐、增加腐蚀裕量、电化学保护、采用非金属材料及物理隔离防腐5大类。

(1)硅酸盐水泥拌制的砂浆(包括净浆及混凝土等)提供的碱性环境能够使锚筋表面生成钝化膜以防腐,只要砂浆厚度足够且不被破坏,通常就能对锚固段提供有效的防腐保护。但砂浆受拉后会产生裂缝,影响了防腐的可靠性。

(2)钢材的腐蚀速率是有限度的,可设置钢筋直径足够大,预留一定量用于腐蚀。但文献[18]指出,这种增加腐蚀裕量法也并不可靠,因为锚筋被消耗掉一定厚度后无法受力,只能是失效。

(3)常用的电化学保护方法为阴极保护法,造价高、不易维护,未见在抗浮锚杆中应用的报道。

(4)玻璃钢锚杆是树脂基复合材料,最大的优点就是抗腐蚀性强,但尚未见到用于抗浮锚杆的工程报道。

(5)应用最为普遍的即为物理隔离防腐,常用方法有几种:

①预应力锚杆自由段涂抹防腐油脂后外套塑料套管;

②采用无粘结钢绞线;

③采用波纹管;

④对锚筋表面喷涂环氧树脂;

⑤采用环氧涂层钢绞线或环氧涂层钢筋;

⑥采用无粘结钢绞线及压力型锚杆。

地下室底板受到浮力后,通常会有轻微上浮变形,在底板垫层底面与地层表面(孔口)之间产生微小缝隙,锚杆受拉略有伸长,缝隙内的伸长后的锚筋暴露在地下水环境中,得不到水泥砂浆的保护,如果再没有其他防腐措施,就会成为防腐薄弱环节。对锚杆腐蚀破坏事故的调查统计表明,锚头腐蚀破坏的比例约为60%,远高于自由段的约35%及锚固段的约5%,故锚头防腐是锚杆防腐的重点。

抗浮锚杆防腐首先应根据环境类型及环境作用等级确定防腐级别,然后再确定防腐方法。

8 锚头防水

锚头要进入底板、地梁或独立基础内,如防水问题解决不好,不仅会造成地下室渗漏,更会对锚头造成腐蚀,故锚头的防水与防腐应同时处理。

9 结语

(1)土层抗浮锚杆的界面粘结强度通常要低于同类地层中边坡及基坑锚杆的,为后者的0.8～1.0倍。

(2)扩体锚杆按相关规范公式计算得到的抗拔力与实际相差较大,必须要通过基本试验确定。

(3)抗浮设防水位的确定比较困难。深圳市相关规范中的方法可供各地区参考。

(4)浮力计算及作用分项系数问题亦很复杂。浮力可取基底静水压力标准值。

(5)群锚应验算整体抗浮稳定性。破裂体形状可假定为上半部分长方体、下半部分圆锥体,抗浮力为假定破裂面提供的摩阻力与破裂体岩土体重量之和。

(6)抗浮锚杆的工后变形应不大于 20mm。文中建议了验算公式。

(7)预应力锚杆应施加适当的预应力以减少工后变形及与抗拔桩良好地共同工作。

(8)抗浮锚杆自由段的主要功能是减少工后变形及辅助提高锚杆抗拔力,大多数情况下可不设置,如需设置,应尽量短一些、尽量采用压力型或压力分散型锚杆。

(9)拉力型预应力锚杆的锚固段与自由段的交接点及向下一定长度范围是防腐重点。

(10)锚头是锚杆的防腐重点之一,应与防水问题同时解决。

参考文献

[1] 中华人民共和国行业标准. JGJ 72—2004 高层建筑岩土工程勘察规程[S]. 北京:中国建筑工业出版社,2004.

[2] 中华人民共和国行业标准. SJG 01—2010 地基基础勘察设计规范[S]. 北京:中国建筑工业出版社, 2010.

[3] 中华人民共和国国家标准. GB/T 50279—98 岩土工程基本术语标准[S]. 北京:中国计划出版社,1998.

[4] 中华人民共和国国家标准. GB 50009—2012 建筑结构荷载规范[S]. 北京:中国建筑工业出版社,2012.

[5] 中华人民共和国国家标准. GB 50007—2011 建筑地基基础设计规范[S]. 北京: 中国建筑工业出版社, 2011.

[6] 中华人民共和国国家标准. GB 50153—2008 工程结构可靠性设计统一标准[S]. 北京:中国建筑工业出版社,2008.

[7] 中华人民共和国国家标准. GB 50068—2001 建筑结构可靠度设计统一标准[S]. 北京:中国建筑工业出版社,2001.

[8] 中华人民共和国行业标准. JGJ 94—2008 建筑桩基技术规范[S]. 北京:中国建筑工业出版社,2008.

[9] 中华人民共和国行业标准. GB 50218—94 工程岩体分级标准[S]. 北京:中国建筑工业出版社,1995.

[10] 中华人民共和国行业标准. GB 50330—2013 建筑边坡工程技术规范[S]. 北京:中国建筑工业出版社,2013.

[11] 史佩栋. 桩基工程手册:桩和桩基础手册[M]. 北京:人民交通出版社,2008.

[12] 王贤能,叶蓉,周逢君. 土层抗浮锚杆试验破坏标准选取的建议[J]. 地质灾害与环境保护,2001,3(12):73-77.

[13] 中冶集团建筑研究总院. CECS 22—2005 岩土锚杆(索)技术规程[S]. 北京:中国计划出版社,2005.

[14] 王贤能. 抗浮锚杆在地下室维护中的应用[J]. 岩土锚固工程. 2012,6(2): 7-11.

[15] 梁炯鋆. 锚固与注浆技术手册[M]. 北京:中国电力出版社,1999.

[16] 程良奎,李象范. 岩土锚固 · 土钉 · 喷射混凝土——原理设计与应用[M]. 北京:中国建筑出版社,2008.

[17] H T 汉纳. 锚固技术在岩土工程中的应用[M]. 胡定,邱作中,刘浩吾,译. 北京:中国建筑出版社,1987.

南水北调盾构法施工下穿既有地铁工程关键技术研究

崔晓青[1]　徐祯祥[2]　牛晓凯[1,3]　赵江涛[3]

（1. 北京市市政工程研究院　2. 中国铁道科学研究院　3. 北京交通大学）

摘　要　复杂地质环境中隧道穿越既有地铁线路的沉降和变形控制是一个非常困难和复杂的问题。本文结合南水北调东干渠工程，首先对盾构法下穿施工过程中的关键参数的选取及其对既有地铁线路的影响进行了研究，得出了盾构法下穿过程中的最佳施工参数；然后，针对穿越工程的特点，制订了自动化监测和人工监测相结合的既有隧道结构监测方案；最后，对盾构法穿越施工过程中既有地铁线路的隧道结构和轨道结构的变形数据进行了分析，认为以施工参数优化和监测方案细化为主的关键技术可以有效保证穿越工程的顺利进行。研究结果对今后类似下穿工程具有积极的借鉴意义。

关键词　穿越工程　关键技术　参数优化　监控量测

北京市南水北调东干渠工程为南水北调工程进京后的主要环线工程，基本沿北五环及东五环外侧道路红线 5m 外布置，起点位于团九输水工程末端（关西庄泵站北侧）预留分水口，末端与南干渠工程相接，全长 44.7m。隧道沿线穿越轨道交通 8 号线、轨道交通 5 号线、轨道交通 13 号线、轨道交通 14 号线、轨道交通 15 号线、L1 首都机场快线、轨道交通 6 号线、轨道交通八通线、轨道交通 L2 亦庄线等多条线路，而穿越段地层为岩性较差的粉质粘土、粉土、卵砾石等，围岩级别均为 V 类，围岩软弱，稳定性差，而且地下水丰富。故新建输水隧道下穿既有地铁线路成为工程建设当中等级最高的风险工程。

目前，人们对于穿越工程这种高风险"近接施工"的关注程度越来越高。戴宏伟[1]等基于文克尔地基梁模型，利用有限差分法建立了新施工荷载下地铁隧道的纵向变形计算理论，并提出了隧道结构绝对最大位移不得超过 20mm 的控制要求；李东海[2]结合工程实例，提出盾构法斜交下穿既有地铁线路时，应当严格控制盾构掘进参数，合理设定推进力、推进速度和土压力，同时加强同步注浆和二次补浆，来有效管控既有隧道结构的变形。本文依托于北京市南水北调东干渠工程对盾构法下穿既有地铁线路关键技术进行了详细的研究。

1　机理分析

目前隧道力学中的理论解析解基本都是基于半无限空间单一洞室的力学行为，但当空间中存在两个以上的洞室时，新建隧道的受力和变形模式较单一洞室而言已有了较大的改变，换言之，新建隧道的施工使得围岩应力场在原来多次演变的基础上再次经历多次演变，从而导致了已建和新建隧道的受力变异。

一般而言，上下隧道近接施工可以根据穿越位置不同而分为上穿和下穿两种，当新建隧道上穿既有隧道时，由于开挖卸载作用，会使得既有隧道向上隆起，当新建隧道下穿既有隧道时，由于上部土体的荷载效应，会使得既有隧道发生下沉。因此，为准确判定新建隧道对既有隧道的影响程度，必须对隧道近接施工的影响分区进行研究。

关于交叉隧道近接影响范围的分区，不仅要考虑新建隧道对既有隧道的横向影响范围，还要考虑既有隧道可能受影响的纵向影响范围[4]。两交叉隧道的近接影响分区标准详见图1。显然，当既有隧道纵向位于新建隧道的弱影响区时，就为纵向强影响区，此时，必须考虑纵向效应的影响；而当既有隧道位于新建隧道的强影响区时，则新建隧道施工对既有隧道的横向和纵向影响均较大，因此，不仅要考虑该区段的纵向效应，还要考虑其横向效应。关于其纵向影响范围的确定方法可以采用摩尔—库仑准则，按破裂角 $45°+\varphi/2$ 来确定。

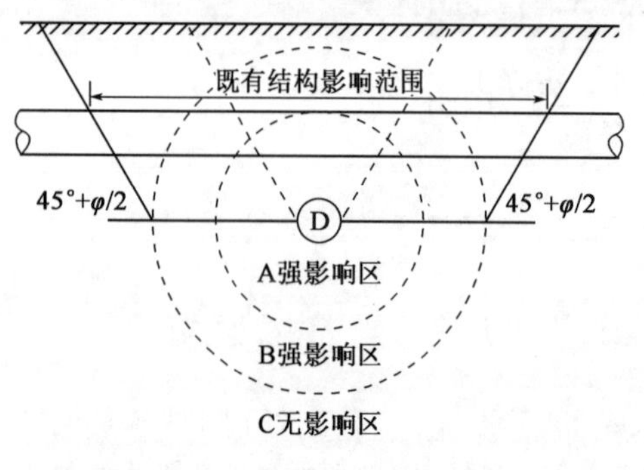

图1　两交叉隧道的近接影响分区标准

2　南水北调隧道下穿既有地铁工程实例

2.1　工程概况

北京市南水北调配套工程东干渠隧道（简称东干渠隧道）下穿15号线具体位置为15号线望京东站—崔各庄站区间K18+700处，属于东北五环北侧。东干渠隧道采用盾构法下穿既有15号线，刀盘外径为6 280mm，结构断面形式为圆形，外径尺寸为6m，内径尺寸为5.4m，采用300mm厚的C50钢筋混凝土管片，管片环宽1.2m，管片设计采用六块方案，错缝拼装。

东干渠隧道采用曲线半径350m下穿15号线区间，东干渠隧道埋深约24m，与15号线区间结构的垂直净距约6m，为近距下穿既有地铁盾构隧道。南水北调输水管线与15号线平面位置关系如图2所示。

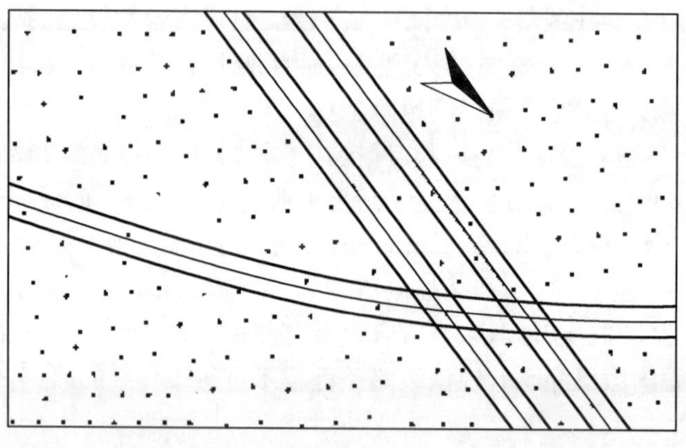

图2　输水管线与地铁15号线平面位置关系示意图

2.2　施工过程关键参数优化

影响穿越施工成败的关键因素很多，为了减小施工引起的沉降对既有隧道的影响，必须对穿越施工关键参数进行优化。本部分采用数值模拟，对新建隧道的施工速度、径向注浆半径和注浆压力进行模拟分析，进而得出最佳的施工参数。

采用有限差分计算软件 FLAC 3D 进行数值模拟，计算所采用的模型如图 3 所示，具体尺寸为 80m×144m×70m（宽×高×长），既有盾构双线隧道中心间距为 13m，新建与既有盾构隧道间距为 6m，交叉角为 46.7°。计算参数依据工程地质资料选取。

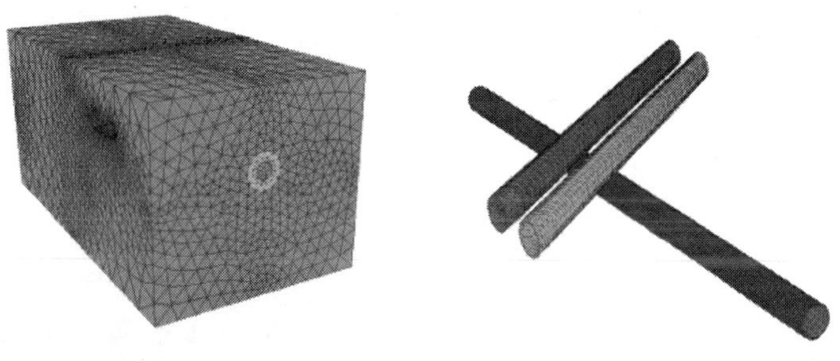

图 3　下穿工程有限差分法计算模型

（1）施工速度优化

施工速度直接关系到新建隧道对既有隧道的影响程度，施工过快容易导致围岩及既有隧道沉降变形过快，施工速度过慢又会严重影响到隧道的施工工期。所以确定出合理的施工速度对于施工安全极为重要。模拟计算时，每环的开挖进尺分别取 0.5m、1m、1.2m、2m、2.5m、3m、3.5m 和 4m 八个工况，见图 4。

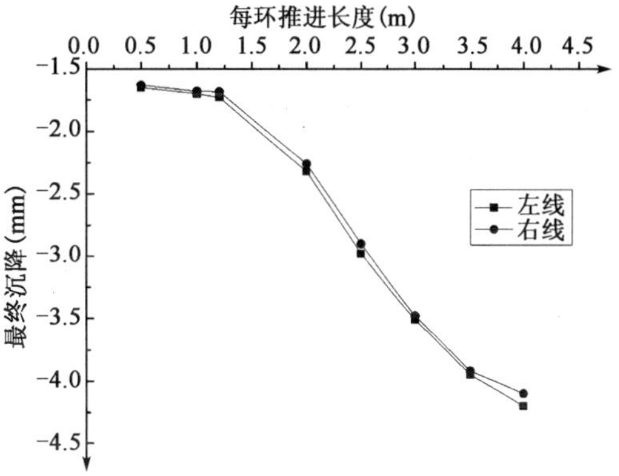

由图 4 可知：

①随着每天开挖进尺长度的减小，既有隧道沉降值逐渐减小，并最终趋于平缓。

②当每天施工进尺大于 1.2m 时，随着施工速度的增大，既有隧道拱底沉降曲线急速增大；而当每天开挖进尺小于 1.2m 时，盾构掘进速度对既有隧道拱底沉降影响微小。故每日最佳开挖进尺长度为 1.2m。

图 4　既有隧道仰拱最大沉降值和每环推进长度关系

（2）注浆半径优化

隧道注浆可有效加固地层，隔断地层变形传递，对于新建和既有隧道的安全尤为重要。当注浆半径较小时，注浆加固地层不能有效控制地层的沉降变形；当注浆半径较大时，由于注浆费用较高，注浆量的增加，必然会带来昂贵的工程造价。模拟计算时，所采用的注浆半径分别为：0m（未注浆）、0.5m、1.5m、2.5m、3.5m、4.5m、5.5m，见图 5。

由图 5 可知：

①随着注浆半径的增大，既有隧道拱底沉降值逐渐减小，并最终趋于平缓。

②当注浆半径大于 3.5m 时，注浆半径继续增大，既有隧道拱底沉降速度明显变小；同时考虑既有隧道结构竖向沉降控制标准 3.0mm，因此，建议合理的注浆半径为 2.5～4.5m。

（3）注浆压力优化

由于新建隧道距离既有地铁线路只有 6m，因此，盾构穿越施工时，过大的注浆压力有可能对既有结构起到抬升作用，从而威胁地铁的运营安全。为了寻求合理的注浆压力，计算时选用如下 8 种注浆压力：0MPa（注浆压力极小）、0.2MPa、0.4MPa、0.6MPa、0.8MPa、1.0MPa、1.2MPa、1.5MPa。

由图 6 可知，当注浆压力为 0MPa～0.4MPa 时，竖向位移为沉降，且左线隧道仰拱最大沉降超过 3mm 的沉降限值；当注浆压力为 0.8～1.5MPa 时，既有结构为抬升位移，且右线隧道仰拱最大沉降大于 1mm 的抬升限值。故盾构隧道最佳径向注浆压力为 0.5～0.7MPa。

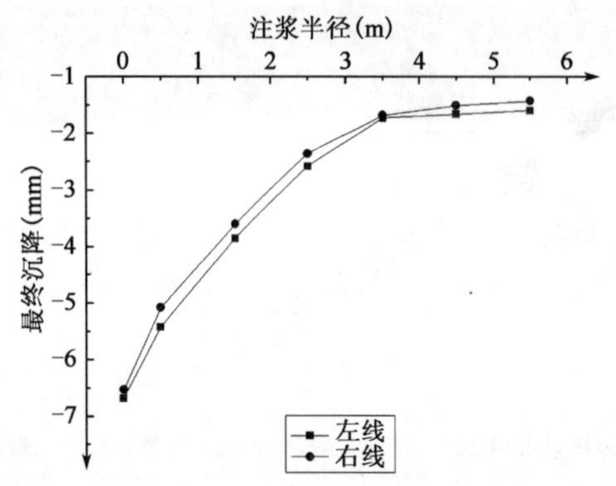

图 5　既有隧道仰拱最大沉降值和注浆半径的关系

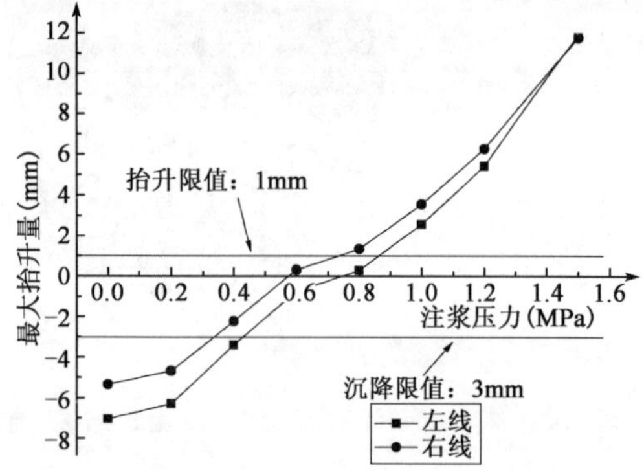

图 6　既有隧道仰拱最大沉降值和注浆压力的关系

2.3　穿越施工过程中的现场监测技术

(1)监测目的

①盾构法下穿地铁线路可造成既有隧道结构的沉降、扭曲、变形缝错动等，从而引发地铁轨道几何形位的改变。因此，对施工范围内的地铁隧道实施监测，可及时发现既有隧道的变形特征，及时采取措施，防止危险发生。

②监控量测是隧道下穿施工的关键技术之一，它可以为设计和施工单位提供真实可靠的数据，有利于实现隧道穿越施工的信息化建设，并对施工对既有隧道结构的影响实现有效的管控。

③北京地铁 15 号线是城市交通大动脉，其正常运营与否直接关系着城市的交通通畅和人民的生命安全，因此，详尽完备的监测方案可为业主提供可靠的数据，用以评定施工对既有隧道结构的影响程度，并使有关各方面有时间对紧急情况做出反应，避免恶性事故的发生。

(2)测点布置原则

①观测测点的类型和数量必须结合本工程的施工特点、地质水文条件和既有隧道结构的特点等因素综合考虑，并且能够全面反映被监测对象的工作状态。

②为验证设计数据而设的测点布置在设计中最不利位置和断面上，为结合施工而设的测点布置在相同工况下的最先施工部位，其目的是及时反馈信息、指导施工。

③在实施多项内容测试时，各类测点的布置在时间和空间上应有机结合，力求使监测部位能同时反映不同的物理变化量，找出内在的联系和变化规律。

④表面形变测点在能够反应既有结构的变形特征的基础上，还要便于观测、易于保护。

⑤埋测点不能影响和妨碍结构的正常受力，不能削弱结构的刚度和强度。

(3)具体监测方案

为了实现对既有地铁 15 号线的全面监测和管控，东干渠工程下穿 15 号线监控量测采用了远程自动化监测与人工监测结合相结合的方法。将下穿段 15 号线的隧道结构、管片拼缝、道床结构、轨道等作为主要监控对象，主要监测东干渠隧道下穿地铁 15 号线引起的隧道结构变形、沉降、轨距变化等。

监测断面布设于既有 15 号线盾构隧道内，沿 15 号线与东干渠隧道交点左右各 30m 范围内布置测点。在距交点位置 10m 范围内每 5m 设一个监测断面，10m 以外范围内，每 10m 设一个监测断面。

3 监测结果分析

3.1 既有隧道结构变形分析

由图 7 可知，既有地铁结构沉降先后经历了 6 个阶段：

(1)前期扰动阶段。此阶段盾构机开挖面刚进入既有结构影响区内，由于距离较远，对既有结构区域内的地层扰动较小。

(2)开挖面前隆起阶段。此阶段盾构机开挖面距既有结构观测点正下方 10m 以内，盾构机对既有结构区域内的地层扰动较大。由于高土压的作用，使得盾构机对前方土体产生挤压变形，并传递到既有结构，使得既有结构略微隆起，最大隆起值约为 0.4mm。

(3)通过期间沉降阶段。此阶段通过之前合理的参数优化，控制了既有结构发生过大的沉降，使其最大沉降值控制在－1.42mm 之内。

(4)通过后洞内注浆阶段。开挖后采取洞内注浆来控制沉降。由于注浆时存在浆液渗透、流失、凝固时体积收缩、后期土体固结等时间和空间效应，使历时曲线出现先上升后下降的阶段，最后使既有结构有一定抬升。从监测数据来看，洞内注浆对控制既有结构沉降起到了很好的效果。

(5)相邻环洞内注浆影响阶段。在穿越 15 号的过程中，每一环都进行洞内注浆，受到相邻环洞内注浆的影响，监测点变形历时曲线存在一个二次上升的阶段，但上升量较小。

(6)盾构机已经远离影响区，注浆效果已经稳定。既有结构最大变形值维持在 0.3mm 左右，说明整个盾构施工过程对既有结构变形控制较好。

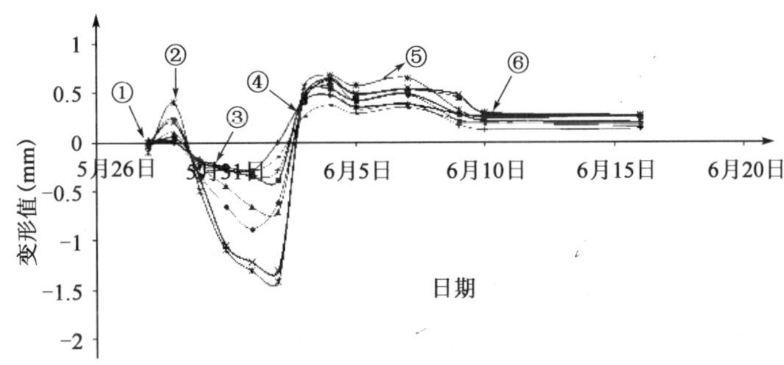

图 7 地铁 15 号线左线隧道结构变形历时曲线

3.2 既有轨道结构变形分析

在东干渠隧道施工过程中，控制轨道结构变形是保证地铁运营安全最直接的手段，因此，也是监控中的重点。

将上述监测结果进行分类，可以看出：

(1)地铁 15 号线右线隧道轨道竖向变形最大的测点为 GGCJ 103 和 GGCJ 104，其累计最大变形分别为－1.5mm 和 1.44mm；左线隧道轨道竖向变形最大的测点为 GGCJ 203 和 GGCJ 209，其累计最大变形分别为－1.5mm 和 1.8mm。均未超过控制值 3mm。

(2)地铁 15 号线左、右线隧道各测点轨距最大变形均为＋1mm 和－1mm。均未超过控制标准＋4mm、－2mm。

(3)地铁15号线右线隧道轨道高低变形最大的测点为GD 1-2和GD 1-6,其最大变形分别为-1.5mm和1.5mm;左线隧道轨道高低变形最大的测点为GD 2-2,其最大变形分别为-1.5mm和1.0mm。均未超过控制值4mm。

(4)地铁15号线右线隧道道床竖向变形最大的测点为DC 103,其累计最大变形分别为-0.54mm和0.42mm;左线隧道道床竖向变形最大的测点为DC 205和DC 202,其累计最大变形分别为-0.55mm和0.66mm。均未超过控制值3mm。

可以看出,南水北调盾构施工对既有15号线轨道变形影响的控制效果总体良好,变形值均未超出相应控制值。

4 结语

(1)在新建盾构隧道下穿既有地铁线路的施工过程中,施工参数的选择十分重要,它直接决定着盾构施工的成败;而监控量测则是施工的保障手段,它能直接反应施工效果,从而实现对整个工程的有效管控。

(2)采用数值仿真计算对盾构穿越施工过程中的关键参数进行了优化,得到施工过程中每日最佳开挖进尺为1.2m,最佳径向注浆半径为2.5~4.5m,最佳注浆压力为0.5~0.7MPa。

(3)采用自动化监测和人工监测相结合的方法,对盾构隧道下穿施工过程中既有地铁15号线的管片结构和轨道结构的沉降与变形进行了详细的监测,监测方案有效地保障了穿越施工的顺利进行。

(4)通过实测数据分析,认为既有地铁结构沉降先后经历了6个阶段,并且最大变形值最终稳定在0.3mm,盾构隧道施工过程对既有隧道结构的变形控制较好;穿越过程中既有轨道沉降、轨距变化、轨道高低和道床沉降均为超过控制标准,盾构隧道施工过程对既有轨道结构的变形控制较好。

参考文献

[1] 戴宏伟,陈仁鹏,陈云敏.地面新施工荷载对邻近地铁隧道纵向变形的影响分析研究[J].岩土工程学报,2006,28(3):312-316.

[2] 李东海,刘军,萧岩,等.盾构隧道斜交下穿地铁车站的影响与监测研究[J].岩石力学与工程学报,2009,28(增1):3186-3187.

[3] 郭宏博.上下交叉隧道近接施工影响分区研究[D].北京:北京交通大学,2008.

砂卵石地层粘土护壁干成孔工艺的基坑施工实例

李　丹　刘兴华　李续冲

（中国京冶工程技术有限公司）

摘　要　在较厚砂卵石层中采用长螺旋钻机成孔较为困难，采用其他成孔方式，也存在一定问题。本文依据某工程实例，针对砂卵石地层，经过工艺试验，得出了一种新型的粘土护壁成孔工艺，解决了较厚较大砂卵石地层中成孔问题，提高施工效率、控制施工成本，具有一定的推广应用价值。

关键词　护坡桩 砂卵石层　粘土护壁　长螺旋钻机　旋挖钻机　成孔工艺

1　引言

随着城市高层建筑的发展和地下车库、地下人防等地下空间的利用，越来越多的建筑物设计出地下三层或地下四层，使得目前的基坑工程开挖深度超过 20m。并且越来越多的新建建筑物周边存在临近建筑或地下管线，为了保证基坑的稳定和周边建筑物的安全，大量深基坑采用了桩锚支护形式。

由于基坑开挖深度较大，在工程的实施中经常会遇到砂卵石地层，而当遇到砂卵石地层时，采用常规的桩基成孔方式对于护坡桩成孔均存在一定的难度。

例如：在北京地区基坑支护工程中，无水砂卵石地层护坡桩施工通常采用人工挖孔、长螺旋钻机成孔和旋挖钻机成孔。但上述三种成孔工艺存在下列优缺点[1]：

人工挖孔成孔设备简单、无振动、方便灵活、桩底可扩底、清土干净、混凝土浇筑质量好、对环境污染小。但由于孔内作业，工人劳动强度大、作业环境差、存在一定的施工风险、混凝土用量大、成孔直径有一定的限制。适宜地下水位以上土层施工，适应性强。水下施工时若采取抽水措施，易引起附近地面沉降、房屋开裂或倾斜等不良后果。

长螺旋钻机成孔振动与噪声较小、成孔精度较高、施工效率高、钻进速度快、无泥浆污染、造价低、施工方便、混凝土灌注量易控制、质量好等优点，但桩端多有虚土，且较难处理；成孔深度和直径都受到设备能力限制；遇到较大粒径卵石层时，成孔难度极大，效率低。

旋挖钻机成孔施工质量能够较好的保证，适用土层范围较广，但造价较高，遇到砂卵石层时需要泥浆护壁，较大的卵石层成孔时钻进也有困难，且造价较高。

文献[2]提出了长螺旋置换与挤密施工工艺，但当遇到较大粒径的卵石地层时，会出现卡钻、别钻，甚至无法成孔。针对此种情况，现场对砂卵石地层成孔工艺进行了大量工程实验，并成功实施了一种新型的干成孔工艺，即粘土护壁干成孔桩基施工工艺。

2　工程实例

2.1　工程概述

中国机械设备工程股份有限公司总部综合楼基坑支护工程位于北京市丰台区，中国戏曲学院正西 300m 和丽泽路南面 500m 的交汇处。拟建建筑物总用地面积 18 704.102m^2，总建筑面积 99 287m^2，由主楼(19 层)及裙房(8 层)等组成，地下 4 层。建设单位为中国机械设备工程股份有限公司，基坑设计及施工单位为中国京冶工程技术有限公司。

地面高程为 44.20m，基坑底高程：深区为－20.25m、浅区－19.75m。深区基坑深度为 20.05m，浅区基坑深度为 19.55m。

本工程基坑等级为一级。

2.2 地质条件

场地现状地形较为平坦，地貌单元属永定河冲洪积扇的中后部。

地层按照成因类型、沉积年代划分为人工填土 层、新近沉积层、一般第四纪沉积层和第三纪泥岩、砾岩层四大类，按其工程性质，地层分为 8 个大层及 7 个亚层，其中①层为人工填土层，②层为新近沉积层，③层～⑥层为一般第四纪沉积层，⑦层、⑧层为第三纪泥岩、砾岩层。本基坑涉及的土层如下：

杂填土①：杂色，中密，稍湿～湿，含碎石、砖块、灰渣等，土质不均匀。该层 下部局部夹有粘质粉土素填土$①_1$：黄褐色，中密，湿，含少量砖块、灰渣等，土质 不均匀。层底深度 1.50～3.50m，层底高程 40.36～42.51m，层厚 1.50～3.50m。

粘质粉土②：褐黄色，中密，湿，含云母、氧化铁。压缩模量平均值 E_{s100}＝6.0MPa，属中高压缩性土。厚 1.80～5.40m。

卵石③：杂色，密实，稍湿。磨圆度较好，多呈圆、亚圆形。粒径一般为 2～4cm，最大 8cm，充填物为细中砂，占 25％～35％，级配良好。实测重型动力触探试验锤击数平均值为 49 击。层厚 3.30～6.60m。

卵石④：杂色，密实，稍湿。磨圆度较好。多呈圆、亚圆形。粒径一般为 3～5cm，最大 10cm，充填物为细中砂，占 25％～30％，级配良好。实测重型动力触探试验 锤击数平均值为 65 击。层厚 2.00～6.50m。

卵石⑤：杂色，密实，稍湿～湿。磨圆度较好。多呈圆、亚圆形。粒径一般为 4～6cm，最大 14cm，充填物为细中砂，占 25％，级配良好。实测重型动力触探试验 锤击数平均值为 85 击。层厚 6.70～10.90m。

卵石⑥：杂色，密实，湿～饱和。磨圆度较好。多呈圆、亚圆形。粒径一般为 4～ 6cm，最大 16cm，充填物为细中砂，占 25％～30％，级配良好。实测重型动力触探 试验锤击数平均值为 118 击。层厚 13.60～18.40m。

2.3 水文条件

地下水位埋深为 25.20～25.50m，相应水位高程为 18.66～19.04m，地下水类型为潜水，含水层为卵石⑥层。即基坑开挖范围内不存在地下水。本场地潜水属渗入—径流型，主要接受大气降水入渗、地下水侧向径流补给，以地下水侧向径流及人工开采为主要排泄方式。

2.4 周边条件

基坑西侧距离基坑坡顶 1.0m 为场地围墙，基坑南侧 7.0m 外为场地临时办公楼。

3 基坑支护设计方案

3.1 基坑支护设计参数及计算方法

基坑设计参数是按照机械工业勘察设计研究院提供的《岩土工程勘察报告》，土层物理力学参数见表 1。

基坑支护的设计采用同济启明星基坑计算分析软件 Frws4.0，土压力按照库仑土压力计算，地面荷载按 20kN/m^2（混凝土地泵、临时堆载距坡顶 3.00m 以外，汽车 5.00m 以外）考虑，施工工作面宽度即建筑物外墙皮距基坑支护内边缘预留 1.40m。西南角区域，由于没有施工场地，工作面宽度调整为 1.00m，地面荷载按 15kN/m^2 考虑。坡道区域地面荷载按 40kN/m^2 考虑。

土层物理力学参数 表 1

土　　层	层底高程(m)	层厚(m)	重度(kN/m^3)	φ(°)	c(kPa)
杂填土①	−1.9	1.7	19	10	0
粉质粘土②$_1$	−4.4	2.5	19	8	10
粘质粉土②$_2$	−5.9	1.5	19	24	10
卵石③	−11.4	5.5	19	35	0
卵石④	−15.9	4.5	19	38	0
卵石⑤$_1$	−25.4	9.5	19	42	0
卵石⑤$_2$	−42.4	17	19	45	0

3.2 基坑支护设计方案选取

根据岩土勘察报告，本工程在基坑开挖深度范围内，没有发现地下潜水，因此，根据地层及水位地质条件，本工程可以采取下列几种支护方案。

第一种：放坡复合土钉墙支护方案。

第二种：护坡桩＋锚杆支护方案。

第三种：土钉墙或砖砌挡墙＋护坡桩＋锚索支护方案。

第一种方案，基坑开挖深度较大，采用复合土钉墙边坡位移较大，且出现险情时施救比较困难；另外需要较大的放坡空间，占用较大的场地，同时土方开挖量较大，后期土方回填量较大，工期较长。

第二种方案，占用场地较小，土方开挖量较小，但造价较高。因此，采取第一种和第二种组合方案，地面以下一定深度范围内采取土钉墙支护，其下采用护坡桩＋锚杆支护方案，既减少了土方开挖量、减少占地，为后续施工创造场地条件，同时也控制了造价。

因此，该工程大部分区域选用土钉墙＋桩锚支护方案。西南角局部区域由于没有放坡场地，基坑支护选用了砖砌挡墙＋桩锚支护方案，见图 1。

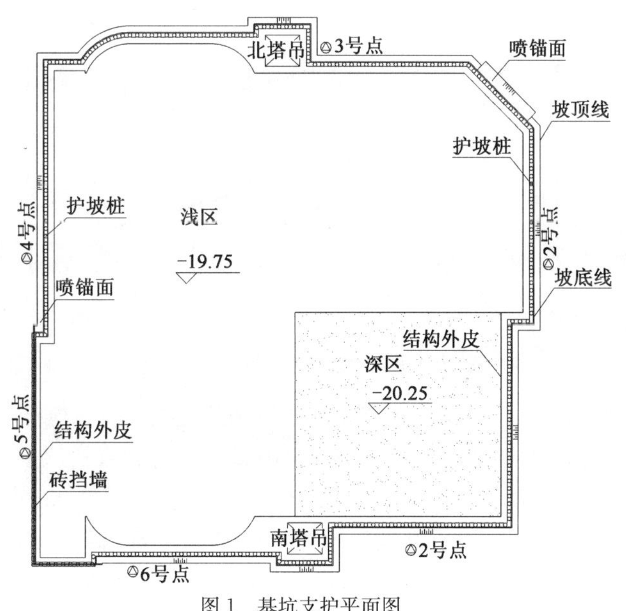

图 1　基坑支护平面图

3.3 基坑支护设计方案

基坑深区：位于基坑东南部，支护高度 20.05m，采用土钉墙＋护坡桩＋3 道预应力锚杆（图 2）；基坑西南部采用砌筑挡墙＋护坡桩＋4 道预应力锚杆（图 3）。

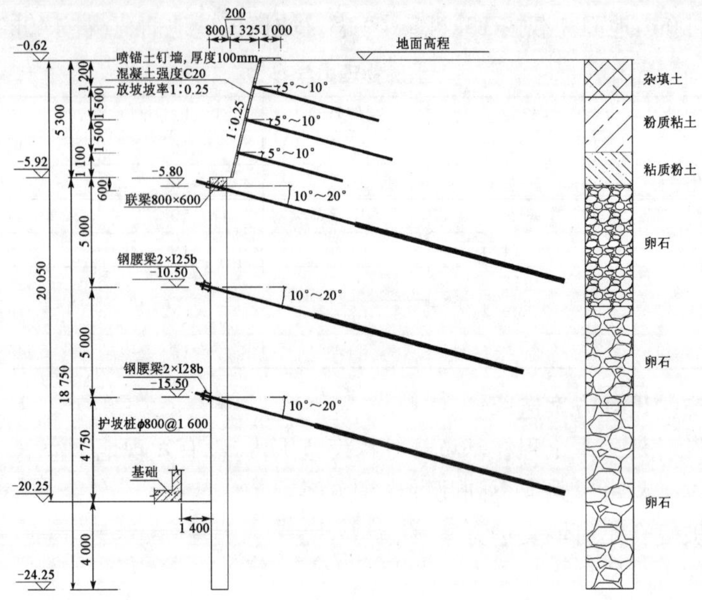

图 2　基坑东南部支护剖面图（尺寸单位：mm）

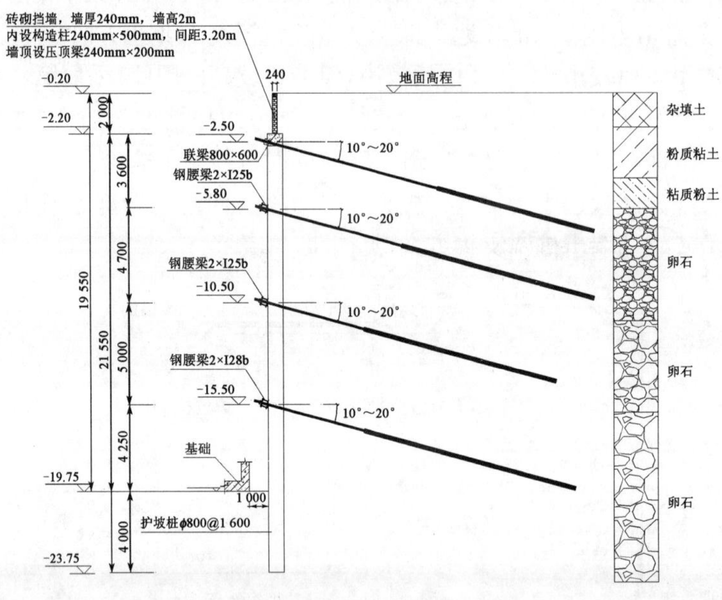

图 3　基坑西南部支护剖面图（尺寸单位：mm）

基坑浅区：支护高度：19.55m，基坑北部及坡道采用土钉墙＋护坡桩＋3 道预应力锚杆。

土钉墙支护参数：地面－0.20～－5.50m；1∶0.25 放坡，共设置 3 排土钉。土钉长度分别为：6.00m、7.00m、5.00m，水平间距 1 500mm，土钉竖向排距 1 500mm，错列布置；土钉锚体采用 ϕ22 加焊 ϕ6 居中隔离架制作而成。坡面铺设 ϕ6@200×200 钢筋网片，锚头部位设置 1ϕ22 水平压筋，喷射混凝土平均厚度 80～100mm，喷射混凝土强度 C20。

护坡桩：桩径为800mm，桩间距为1.60m；桩顶设计高程为－5.50m，深区桩长18.75m，浅区桩长18.25m。桩顶设置一道钢筋混凝土连梁，连梁断面尺寸为800mm×600mm。护坡桩和连梁混凝土强度为C25。

锚杆：设置三道预应力锚杆。第一道锚杆：－5.50m，锚杆长度17.0m，自由段长度7.0m，锚固段长度10.0m，间距3.20m。设计轴力480kN，锁定值400kN。采用1860钢绞线，3ϕ15.2，角度15°～20°。第二道锚杆：－10.50m，锚杆长度15.0m，自由段长度5.0m，锚固段长度10.0m，间距1.60m。设计轴力420kN，锁定值295kN。采用1860钢绞线，3ϕ15.2。第三道锚杆：－15.50m，锚杆长度17.00m，自由段长度5.0m，锚固段长度10.0m，间距1.60m。设计抗拔力560kN，锁定值390kN。采用1860钢绞线，4ϕ15.2，角度15°～20°。水泥浆强度M20，采用P.O42.5水泥，水灰比为0.55～0.60。

砖砌挡墙支护参数：地面－0.20～－2.20m；挡墙厚度240mm，内设构造柱240mm×500mm，间距3 200mm，构造柱与联梁有效连接；挡墙顶设压顶梁240mm×200mm。构造柱及压顶梁混凝土强度C25。

4 基坑支护施工工艺

4.1 砂卵石地层成孔遇到的困难

根据岩土勘察报告，本工程护坡桩施工将遇到三层卵石层③、④、⑤层，其中最大卵石粒径为14cm。护坡桩施工深度范围内没有地下水，根据以往工程经验，采用长螺旋置换与挤密施工工艺。

长螺旋钻机就位后开始进行护坡桩成孔，在进入卵石层③、④时，通过调整钻机钻进速度，采取置换与挤密钻孔工艺等措施，钻进较为正常。但当进入卵石⑤后，钻进中发现粒径较大，卵石粒径有的已经超过了50cm，钻进速度明显减慢，施工难度明显加大，经常发生卡钻、别钻等情况，钻机几次熄火。经过长时间地钻进，勉强达到设计深度。

4.2 粘土护壁干成孔施工工艺

为了解决砂卵石地层成孔困难的问题，本次施工将长螺旋置换与挤密施工工艺进行了改进，形成一种新型的干成孔工艺，即充分利用粘土的粘塑性，向桩孔内充填粘土，利用长螺旋钻机将孔内砂卵石与粘土混合并形成稳定的护壁，通过钻机叶片的旋转挤密，形成稳定的粘土护壁，以防止在干成孔过程中砂卵石孔壁的坍塌。粘土护壁成桩工艺施工效果见图4，工艺流程如下：

第一步：桩位定位。

图4 粘土护壁成桩工艺施工效果图

第二步：第一台长螺旋钻机（钻机1）就位，并引孔至卵石⑤层顶，并对卵石⑤层以上部位进行置换挤密工作，采用推土机向孔内充填粘土并采取置换与挤密工艺，保证该钻进范围内孔壁的稳定。

第三步：旋挖钻机（钻机2）就位，掏挖、松动卵石⑤层至桩底。为了防止旋挖钻机施工时该深度范围内孔壁的坍塌，可以钻进一定深度后，再次向桩孔内填充粘土，利用长螺旋钻机将孔内砂卵石与填入的粘土进行挤密稳固孔壁，之后再利用旋挖钻机钻至设计深度。

第四步：第二台长螺旋钻机(钻机 3)就位，并对整个孔壁进行置换、挤密工艺，保证孔壁的稳固，并成孔至桩底。

在第三步旋挖钻机成孔时，若发现卵石层较厚，或孔壁出现坍塌、松动，或钻进范围内虚土较多，可以重复分段采用长螺旋钻机(钻机 3)进行置换和挤密，以保证旋挖钻机的安全、正常运行。

经过上述四个步骤，护坡桩钻孔完成。由于护坡桩施工场地较为宽松，布置的三台设备，可以采取流水作业的方式，充分发挥各设备的机械效能，从而在加快施工进度的同时，也保证了安全，也降低了机械成本，提高了效益。

4.3 新型干成孔工艺的特点

该种成孔工艺具有如下的特点：

(1)成孔质量好。在砂卵石地层采用粘土护壁干成孔作业，解决了砂卵石层极易塌孔、串孔等质量问题，桩身成孔质量好，满足了设计要求的成桩深度。

(2)施工速度快。提高了机械的施工效率，节约了成本。但需要两种大型设备的协调配合，现场组织协调较重要。

(3)成桩质量高。护坡桩完成后通过开挖情况，发现护坡桩侧壁平整光滑，不存在“大肚子”等问题，保证了结构施工的工作面要求。粘土护壁成桩效果图如图 4 所示。

(4)节约材料。采用粘土护壁，不需要泥浆护壁，桩身成孔质量好，混凝土充盈系数 1.0 左右，与水下施工相比，混凝土浇筑质量可靠，降低了混凝土的充盈系数，节约了混凝土，降低了成本。

(5)采用粘土护壁，不需要泥浆护壁施工环境得到了较大的改善。

4.4 砂卵石地层锚杆施工工艺

在砂卵石地层采用常规锚杆钻机成孔极易出现塌孔和卡钻等成孔问题，故预应力锚杆成孔采用德国进口全套管锚杆钻机进行成孔。成孔直径不小于 $\phi150$，在成孔过程中采用水泥浆护壁工艺，并在自由段套塑料管使钢绞线与水泥浆隔离，锚杆注浆采用纯水泥浆，水灰比 0.55～0.60，水泥采用 P. O42.5 水泥，锚杆均采用一次常压注浆，待锚固结石体强度达到 15MPa 后，进行锚杆张拉锁定。

5 基坑监测数据

工程于 2011 年 12 月开始施工，2012 年 1 月完成护坡桩施工，2012 年 5 月基坑工程施工完毕，基坑设置了 6 个观测点。文献[3]提出：当无明确要求时，最大水平位移允许值：一级基坑为 $0.002h$。本基坑设计最大水平位移计算值为 25mm。根据监测数据本基坑坡顶最大水平位移实测值为 14mm(图 5)满足设计和规范的要求。

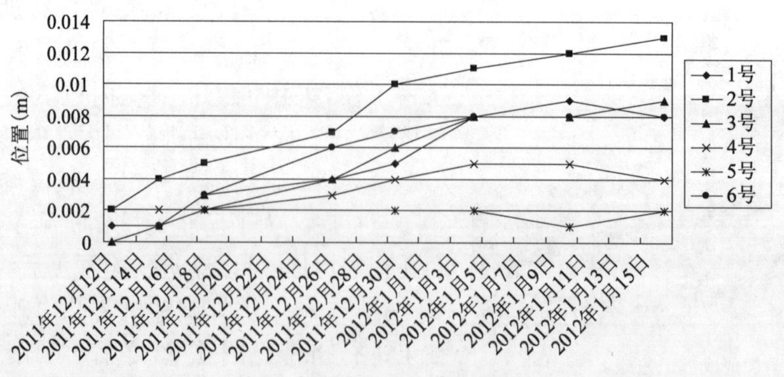

图 5　基坑观测点位移变化曲线

6 结语

本文根据北京地区某工程实例，提出了在砂卵石地层中采用一种新型粘土护壁护坡桩干成孔工艺，即充填粘土利用长螺旋钻机挤密置换＋旋挖钻机在砂卵石地层成孔工艺。

该成孔工艺适合于无水、较大卵石地层，解决了长螺旋钻机遇到较大卵石无法成孔或成孔困难的难题，也解决了旋挖钻机干成孔需要护壁的特殊要求。

该成孔工艺从实践效果来看，是比较理想的，成孔质量良好、稳定，桩身尺寸得到很好的保证，不存在塌孔、串孔等质量问题。

该成孔工艺也可使用于相应地层的工程桩基础施工，对于桩端不可避免地存在较厚的虚土沉渣，可以采取桩端注浆的方式，得到一定程度的解决。

该成孔工艺对桩基的施工具有一定的推广和实用价值。

参考文献

[1] 史佩栋，顾晓鲁. 桩基工程手册(桩与桩基础手册)[M]. 北京：人民交通出版社，2008.

[2] 杨松，王力生，刘登明，赵朝成. 长螺旋置换与挤密钻孔工艺在北京地区砂卵石层中的应用[J]. 工业建筑，2007，37(4)：6-8.

[3] 中华人民共和国地方标准. DB 11/489—2009 建筑基坑支护技术规程[S]. 北京：北京市建设委员会，2008.

“吊脚桩”支护体系计算模型研究

刘建伟　卢致强

（中铁隆工程集团有限公司）

摘　要　本文结合工程实践，根据吊脚桩支护体系受力原理和分步开挖工况，提出系统的“吊脚桩”支护体系计算模型，上部桩锚结构按“零嵌固”排桩模型计算，锁脚锚索通过抗踢脚稳定性验算来计算其承载力，下部岩层基坑分别按复合土钉墙模型进行圆弧稳定性验算和岩质边坡模型进行平面稳定性验算。

关键词　吊脚桩　支护体系　计算模型

1　概述

上土下岩地层的城市基坑，由于周围建筑物林立，距基坑开挖面较近，对基坑稳定及变形的要求非常严格，因此基坑上部土层范围采用桩锚支护结构，桩体下端嵌入的是强风化或中风化岩体，考虑到经济及施工因素，其嵌入岩的深度是有限的，但基坑底面则在基岩以下数米，当基坑开挖到基底时，支护桩桩脚则似吊在空中，即为俗称的“吊脚桩”。

目前这种支护形式在上土下岩地层特征的地区应用非常广泛，但是设计计算理论却很不成熟。全国和地方基坑设计规范中除了《广州基坑设计规范》对于吊脚桩略有涉及外，其他规范都没有吊脚桩方面的相应条文，导致“吊脚桩”支护结构设计无规范可循，对于吊脚桩支护结构的安全性无可靠判断标准。因此，吊脚桩的计算理论有待进一步完善和成熟，以便为实际工程的设计计算与施工提供理论参考依据。基于此，本文对上土下岩地层吊脚桩支护体系进行研究，提出符合工程实际的计算方法，以作为吊脚桩支护体系设计的参考。

2　上部桩锚体系的计算

2.1　计算假定

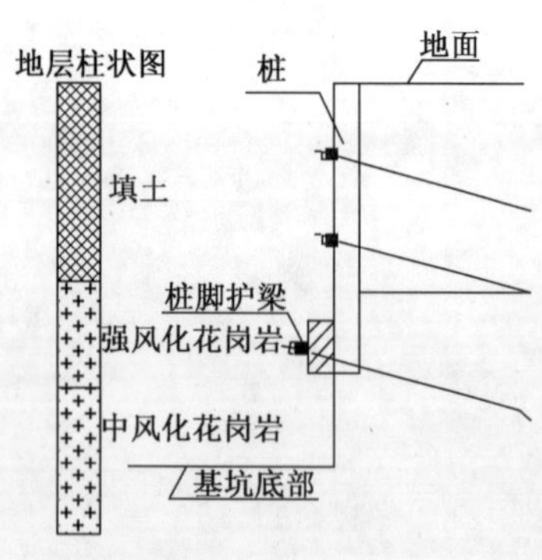

图1　吊脚桩计算简图

在吊脚桩的设计施工时，往往在桩体嵌岩面往下预留一定宽度的岩肩来支撑桩脚，但由于建筑空间的限制，预留岩肩的宽度不能太大，因此，其对桩脚的嵌固力也是有限，一般设计时在桩脚处增加一道锚索来弥补岩肩嵌固力的不足。吊脚桩计算简图如图1所示。

岩肩在实际施工过程中由于爆破、施工扰动、岩爆、岩体自身破碎、自身宽度有限等因素难以起到有效嵌固的作用，如果计算时考虑其嵌固作用，则偏于不安全。因此在上部桩锚计算时开挖最终深度取至桩底，考虑桩底以上所有锚索（支撑)作用,不考虑岩肩的嵌固作用,将上部排桩假定为“零嵌固”的多支点排桩,岩肩的部分嵌固作用仅作为安全储备。

2.2 计算模型

多支点排桩的受力与基坑开挖过程和架设支撑的时间、顺序有密切关系,如采用等值梁法简化计算,其假定条件与排桩在施工过程中的受力情况不符,因此采用弹性地基梁杆体系有限元法,根据施工顺序按增量法原理进行内力计算。

取 1m 宽度支护结构按平面问题分析,排桩在基底以上部分采用梁单元,基底以下部分作为文克勒弹性地基梁,将基坑开挖面以下土体视为弹性变形介质,其水平基床系数按 m 法确定,支撑按弹性支座考虑。

根据施工顺序将每一开挖阶段作为计算工况,每一工况需考虑前后工况土压力的增加量和位移增量,当前工况下的实际内力和位移为与前几步工况内力和位移增量的累计值。此种计算方法反映了土压力随基坑开挖深度增加而逐渐增加的实际情况,在计算中计入结构的先期位移值以及支撑的弹性压缩,符合先变形、后支撑的实际施工工况。

2.3 稳定性验算

(1)抗滑移稳定性

$$K=\frac{G\mu+\sum_{i=1}^{n}T_i}{\sum_{i=1}^{n}E_{ai}}\geqslant 1.3 \tag{1}$$

式中:G——桩体自重(kN);

μ——桩底与基岩的摩擦系数;

T_i——各支点水平反力标准值(kN);

E_{ai}——各土层主动土压力(kN)。

(2)抗倾覆稳定性

各土层主动土压力 E_{ai},各支点反力标准值 T_i 作用下,对桩底的力矩比应满足下式:

$$K=\frac{\sum_{i=1}^{n}T_ih_i}{\sum_{i=1}^{n}E_{ai}b_i}\geqslant 1.2 \tag{2}$$

式中:h_i——各支点与桩底的距离(m);

b_i——各土层主动土压力合力中心点与桩底的距离(m)。

(3)抗踢脚稳定性

锁脚锚索上方的第一道支点下方各土层主动土压力 E_{ai},锁脚锚索的反力标准值 T_1 作用下,对锁脚锚索上方的第一道支点的力矩比应满足下式:

$$K=\frac{T_1h_1}{\sum_{i=1}^{n}E_{ai}b_i}\geqslant 1.2 \tag{3}$$

式中:h_1——锁脚锚索与其上方的第一道支点的距离(m);

b_i——各土层主动土压力合力中心点与锁脚锚索上方的第一道支点的距离(m)。

(4)整体稳定性

假设基坑失稳的滑动面为圆柱面,按平面问题进行分析,将滑动面以上土体等分为 n 个土条,根据极限平衡条件求得土体对滑动面原点的抗滑力矩与下滑力矩,抗滑力矩与下滑力矩之比即为稳定安全系数 K,计算示意图见图 2。

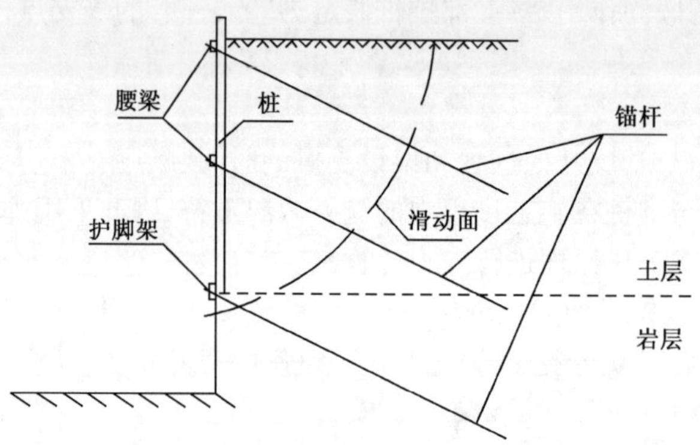

图 2　圆弧滑动条分法整体稳定验算

$$K=\frac{M_{\mathrm{k}}}{M_{\mathrm{q}}}\geqslant 1.3 \tag{4}$$

$$M_{\mathrm{k}}=\sum_{i=1}^{n}c_{\mathrm{ik}}l_i+\sum_{i=1}^{n}(q_0b_i+w_i)\cos\theta_i\tan\theta_i\tan\varphi_{\mathrm{ik}}+\sum_{j=1}^{m}T_{\mathrm{n}j}\left[\cos(\alpha_j+\theta_j)+\frac{1}{2}\sin(\alpha_j+\theta_j)\tan\varphi_{\mathrm{ik}}\right]/s_x \tag{5}$$

$$M_{\mathrm{q}}=\gamma_0\sum_{i=1}^{n}(q_0b_i+w_i)\sin\theta_i \tag{6}$$

$$T_{\mathrm{n}j}=\pi d_{\mathrm{n}j}\sum q_{\mathrm{sik}}l_{\mathrm{n}j} \tag{7}$$

式中：n——滑体分条数；

m——滑体内支锚数；

c_{ik}、φ_{ik}——最危险滑动面上第 i 土条滑动面上土的固结不排水抗剪粘聚力(kPa)、内摩擦角标准值(°)；

l_i——第 i 土条的滑裂面弧长(m)；

s_x——支锚水平间距(m)；

b_i——第 i 土条的宽度(m)；

w_i——作用于滑裂面上第 i 土条的重量，按上覆土层的天然土重计算(kN/m)；

θ_i——第 i 土条弧形中点切线与水平线夹角(°)；

γ_0——基坑侧壁重要性系数；

$T_{\mathrm{n}j}$——第 j 根支锚在圆弧滑裂面外锚固体与土体的极限抗拉力(kN)；

α_j——支锚与水平面之间的夹角(°)；

θ_j——第 j 根支锚与滑弧交点的切线与水平线夹角(°)；

$d_{\mathrm{n}j}$——第 j 根支锚锚固体直径(m)；

q_{sik}——支锚穿越第 i 层土体与锚固体极限摩阻力标准值(kPa)，无试验资料时可按建筑基坑支护规程表 4.4.3 取值；

$l_{\mathrm{n}j}$——第 j 根支锚在圆弧滑裂面外穿越第 i 层稳定土体内的长度(m)。

对于多道支撑的上部排桩体系，可不验算整体稳定性，但需采取可靠措施防止支撑失稳。

2.4　锁脚锚索内力的确定

先根据抗踢脚稳定性计算，可算出锁脚锚索内力值 T_1。然后根据基坑安全等级，调整锁脚锚索预加力，使之满足变形控制标准，得到锁脚锚索内力 T_2。取 T_1 和 T_2 的最大值，即为锁脚锚索的最终内力设计值。

3　下部岩质边坡的计算

3.1　失稳模式

岩质边坡的稳定性主要取决于基坑的岩体结构面的发育情况或其产状与基坑边坡的空间关系，当结构面非常发育导致岩体成碎裂结构时，一般可将其视为松散体介质，采用土质边坡的圆弧滑动法进行分析，当组成边坡的岩体中发育一组或几组结构面时，边坡岩体常沿着某个软弱结构面或某几个软弱结构面的组合面滑动，一般可分为以下几种情况：沿单一软弱结构面滑动、沿两个倾向相同或相近，但倾角不同的结构面组成的滑面滑动，沿交错节理构成的阶梯状滑动，楔形体滑动等，见图 3。其中最常见的是沿单一软弱结构面滑动失稳和圆弧滑动失稳。

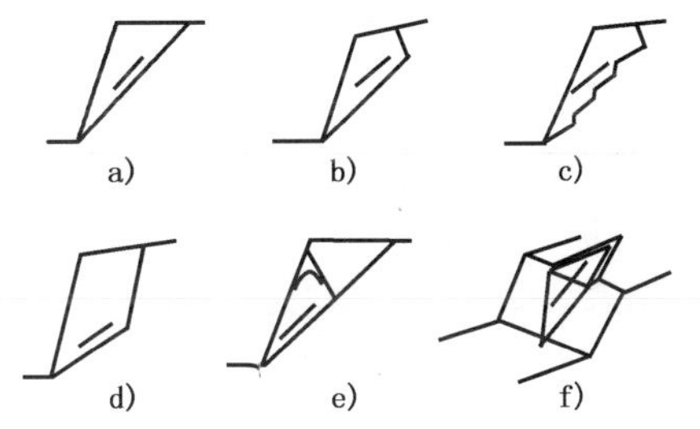

图 3　岩质边坡的失稳模式

a)单一平面滑动；b)带张裂缝的单一平面滑动；c)沿贯通交错节理面的滑动；d)双滑面的滑动；e)两个滑体的滑动；f)楔形体滑动

3.2　计算原则

(1)侧向岩石压力根据建筑边坡工程技术规范(GB 50330—2002)相关条文进行计算，然后根据下部岩质边坡的支护类型对应锚杆挡墙或喷锚支护进行设计。

(2)对较大规模的碎裂结构岩质边坡采用圆弧滑动法进行稳定性计算。

(3)对可能产生平面滑动的边坡采用平面滑动法进行稳定性计算。

(4)下部岩质边坡顶取至岩肩顶，仅考虑桩底下方锚杆(索)的支护作用。

(5)将岩肩上部土层作为超载作用在边坡顶，同时需考虑排桩自重和岩肩上方锚杆(索)拉力标准值的竖向分力。

(6)对无外倾结构面的岩质边坡，以岩体等效内摩擦角按侧向土压力方法计算侧向岩石压力，破裂角按 $45°+\varphi/2$ 确定，φ 为岩体等效内摩擦角。

(7)有外倾硬性结构面时，侧向岩石压力应分别以外倾硬性结构面的参数按边坡规范 6.3.2条的方法和以岩体等效内摩擦角按侧向土压力方法计算，取两种结果的最大值。破裂角取外倾结构面倾角和 $45°+\varphi/2$ 两者中的最小值。

(8)当边坡沿外倾软弱结构面破坏时，侧向岩石压力按边坡规范 6.3.2 条的方法计算。破裂角取外倾结构面倾角和 $45°+\varphi/2$ 两者中的最小值。同时应按第(6)和(7)条进行验算。

4　整体稳定计算

4.1　整体失稳模式

上土下岩基坑通常为第四系土层，下部依次为残积土、强风化岩、中风化岩、微风化岩等，向下风化程度依次减弱。根据不同的岩石产状、性质以及破坏程度，大致发生以下两种破坏模式。

(1)圆弧滑动破坏

基坑上部为第四系土层，下部岩体的状态为：①松散碎裂岩体；②松散页岩；③风化严重的层状岩体在岩层倾角平衡时，如板岩、页岩等；④风化严重的层状岩体在岩层逆向基坑时；

⑤风化严重的层状岩体在岩层侧向基坑时。这几种情况下均可能发生圆弧破坏。上部土层滑动的圆弧与下部岩层滑动的圆弧不一定是同一半径的光滑圆弧，有可能会发生两个独立而又连续的圆弧。为计算方便，可按一个圆弧滑动考虑。

(2)圆弧—平面滑动破坏

圆弧—平面破坏通常发生在上部为杂填土层或一般土层，下部为层状岩层的基坑地层中。圆弧一平面破坏滑移线特征为上部呈圆弧破坏，下部呈平面破坏，两者滑动方向相同。它是两条不同破坏形态的滑移线在一定工程地质条件下的组合，而下部岩层的破坏大多与地下水有关，由于地下水降低了软弱结构面的强度。

整体计算时进行近似简化，分别按复合土钉墙和边坡进行计算，取其设计结果的包络，以保证足够的安全度。

4.2 复合土钉墙计算模型

采用整体复合土钉墙模型，进行强度计算和整体稳定性、抗倾覆和抗滑移稳定性验算，见图 4。对于施工时不同开挖高度和使用时不同位置，对应于每个圆心沿滑移面的安全系数定义为滑移面上抗滑力矩与下滑力矩之比。

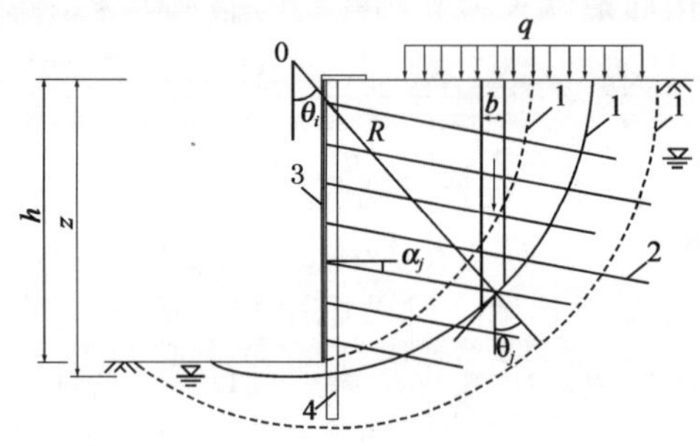

图 4 内部整体稳定计算简图

$$K_s = K_{s0} + \gamma_1 K_{s1} + \gamma_2 K_{s2} + \gamma_3 K_{s3} + \gamma_4 K_{s4} \tag{8}$$

$$K_{s0} = \frac{\sum c_i L_i + \sum W_i \cos\theta_i \tan\varphi_i}{\sum W_i \sin\theta_i} \tag{9}$$

$$K_{s1} = \frac{\sum N_{u,j}\cos(\theta_j + \alpha_j) + \sum N_{u,j}\sin(\theta_j + \alpha_j)\tan\varphi_j}{s_{x,j}\sum W_i \sin\theta_i}$$

$$K_{s2} = \frac{\sum P_{u,j}\cos(\theta_j + \alpha_j) + \sum P_{u,j}\sin(\theta_j + \alpha_j)\tan\varphi_j}{s_{x,j}\sum W_i \sin\theta_i} \tag{10}$$

$$K_{s3} = \frac{f_{v3}A_3}{\sum W_i \sin\theta_i} \tag{11}$$

$$K_{s4} = \frac{f_{v4}A_4}{s_{x,j}\sum W_i \sin\theta_i} \tag{12}$$

式中：K_s——整体稳定安全系数，安全等级为一级、二级、三级的支护结构，取值分别不应小于 1.35、1.3、1.25；

K_{sx}——分别为土、土钉、锚杆(内支撑)、止水帷幕及微型桩产生的抗滑力矩与土体下滑力矩比；

c_i、φ_i、L_i——第 i 个土条在滑弧面上的粘聚力(kPa)、内摩擦角(°)及弧长(m)；

W_i——第 i 个土条重量，包括土条自重、作用在第 i 个土条上的地面及地下荷载(kN/m)；

θ_i——第 i 个土条在滑弧面中点处的法线与垂直面的夹角(°)；

γ_x——土钉、锚杆、止水帷幕及微型桩产生的抗滑力矩复合作用时的组合系数，γ_1取0.8～1.0，γ_2取0.4～0.6，γ_3取0.5～0.8，γ_4取0.1～0.5，两种以上组合时应均取低值；

$s_{x,j}$——第j层土钉、锚杆或微型桩的水平间距(m)，土钉局部间距不均匀时取平均值；

$N_{u,j}$——第j层土钉在稳定区(即圆弧外)的极限抗力(kN)；

$P_{u,j}$——第j层锚杆在稳定区(即圆弧外)的极限抗力(kN)；

α_j——第j层土钉或锚杆的倾角(°)；

θ_j——第j层土钉或锚杆与滑弧面相交处，滑弧切线与水平面的夹角(°)；

φ_j——第j层土钉或锚杆与滑弧面交点处土的内摩擦角(°)；

f_{vx}——止水帷幕或微型桩的抗剪强度设计值(kPa)；

A_x——单位计算长度内止水帷幕的截面积或单条微型桩的截面面积(m^2)。

4.3 边坡计算模型

采用整体边坡模型，按平面滑动法进行计算，取被滑动面、临空面及中风化层顶面切割而成的三角形不稳定结构体作为隔离体，采用块体极限平衡法进行稳定性验算，边坡的安全系数K为作用于滑动面的抗滑力与滑动力之比。为便于计算，将岩层以上土体的滑动面简化为库仑破坏面倾角的直线形，滑动面倾角为$45°+\varphi/2$，并采用分段计算剩余下滑力的方法考虑相邻岩土体的荷载作用(示意图见图5)。

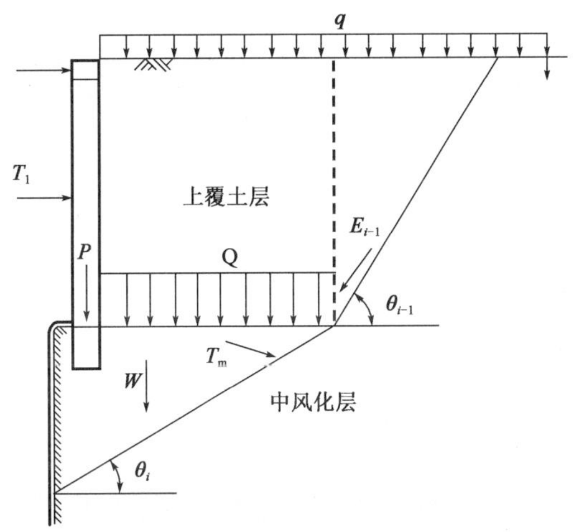

图5　平面滑动稳定计算简图

$$K=\left\{\left[W+P+Q+E_{i-1}\cdot\sin\theta_{i-1}+T_m\cos\left(\frac{\pi}{2}-\theta_i-\alpha\right)\right]\cdot\cos\theta_i\tan\varphi_i+c\cdot l+T_m\cdot\sin\left(\frac{\pi}{2}-\theta_i-\alpha\right)\right\}/[(W+P+Q+E_{i-1}\cdot\sin\theta_{i-1})\cdot\sin\theta_i]\geqslant 1.3 \tag{13}$$

分段计算剩余下滑力的方法：将滑坡体沿滑动面折线转折处条沿主轴方向分成若干块段，取每一条块作为隔离体按极限平衡理论，从上而下逐块计算推力，每一块体向下滑动的力与岩土体阻挡下滑的力之差，即剩余下滑力。剩余下滑力逐块向下传递，当最终一块土体的剩余下滑力为负值或零时，表示整个边坡体是稳定的。剩余下滑力计算公式为：

$$E_i=k(W_i+Q_i)\sin\theta_i-(W_i+Q_i)\cos\theta_i\tan\varphi_i-c_i\cdot l_i+E_{i-1}\cdot\psi \tag{14}$$

$$\psi=\cos(\theta_{i-1}-\theta_i)-\sin(\theta_{i-1}-\theta_i)\tan\varphi$$

式中：E_i, E_{i-1}——第 i 块和第 $i-1$ 块岩土体的剩余下滑力(kN)；

k——安全系数，安全等级为一级、二级、三级的支护结构，取值分别不应小于1.35、1.3、1.25；

W_i——第 i 条块岩土体的重量(kN)；

Q_i——第 i 条块岩土体的地面超载(kN)；

θ_i, θ_{i-1}——第 i 条块和第 $i-1$ 条块的滑动面(或结构面)与水平面的夹角(°)；

φ_i——第 i 条块岩土体沿滑动面岩土的内摩擦角(或岩体等效内摩擦角)(°)；

c_i——第 i 条块岩土体沿滑动面岩土的粘聚力(岩体按有结构面计算时，取为零)(kPa)；

l_i——第 i 条块岩土体滑动面长度(m)；

ψ——传递系数。

5 结语

本文结合现行基坑设计规范和边坡设计规范，根据吊脚桩的受力原理和失稳模式，提出系统的"吊脚桩"支护体系计算方法，可为"吊脚桩"支护体系的设计计算提供参考。根据上述计算方法进行设计，可有效保证设计结果的可靠性，使设计方案做到安全可靠、经济合理和方便可行。

参考文献

[1] 中华人民共和国行业标准. JGJ 120—2012 建筑基坑支护技术规程[S]. 北京：中国建筑工业出版社，2012.

[2] 中华人民共和国国家标准. GB 50330—2002 建筑边坡工程技术规范[S]. 北京：中国建筑工业出版社，2009.

[3] 刘国彬，王卫东. 基坑工程手册[M]. 2版. 北京：中国建筑工业出版社，2009：968-1014.

[4] 朱详山，聂宁，于波. 排桩模型在"嵌岩"基坑工程中的应用[J]. 海岸工程，2008，27(3).

[5] 陈东. 广州地铁2号线江南西站南站厅基坑支护结构设计[J]. 都市快轨交通，2003(6).

快速锚固技术研究进展

王全成　杨　栋　严君凤

（中国地质调查局地质灾害防治技术中心　中国地质科学院探矿工艺研究所）

摘　要　本文主要介绍了预制高强预应力混凝土格构、预应力锚索锚固段钢绞线应力分布等快速锚固技术的研究进展，分析了相关研究成果。重点对自承载式预应力锚索、快速确定合理锚固段长度方法、快速锚固智能张拉及监控监测系统等方面进行深入的研究，并通过其他相关快速锚固技术的集成，形成快速锚固技术的成套产品及工艺，努力为快速锚固技术的发展做出贡献。

关键词　快速锚固　预制混凝土格构　预应力锚索　锚固段钢绞线应力分布　磁通量传感器技术

1　开展快速锚固技术研究的意义

快速锚固技术研究项目为西部复杂山体滑坡快速加固技术研究（该项目为中国地质调查局地质调查工作项目，承担单位是中国地质科学院探矿工艺研究所）。快速锚固技术主要进行预制高强预应力混凝土格构研究、预应力锚索锚固段钢绞线应力分布研究（快速确定合理锚固段长度研究）。

2　预制高强预应力混凝土格构研究

2.1　室内试验研究

2.1.1　试验概况

为方便对比研究，室内试验完成不同设计锚固力（1 000kN 和 1 500kN）、不同混凝土强度等级（C40、C50、C60）、不同断面尺寸（4 种）、不同格构形式（2 种）的预制格构，共 12 组、36 套（表1）。预制格构的 2 种结构形式，一种是十字形，另外一种是加肋的（图 1）。图 2 为预制格构的侧视图。

预制格构室内试验工作量统计表　　表 1

序　号	设计锚固力(kN)	混凝土强度等级	断面尺寸(mm)	格构形式	钢丝数量(根)
1	1 000	C40	300×200	Ⅱ	10
2	1 000	C40	250×200	Ⅱ	12
3	1 000	C40	300×200	Ⅱ	无
4	1 000	C40	300×200	Ⅰ	12
5	1 000	C50	300×200	Ⅱ	10
6	1 000	C50	350×200	Ⅱ	8
7	1 000	C50	300×200	Ⅱ	无
8	1 000	C50	300×200	Ⅰ	12

续上表

序　号	设计锚固力(kN)	混凝土强度等级	断面尺寸(mm)	格构形式	钢丝数量(根)
9	1 500	C60	300×200	Ⅱ	14
10	1 500	C60	350×200	Ⅱ	12
11	1 500	C60	300×200	Ⅱ	无
12	1 500	C60	300×200	Ⅰ	18

注：Ⅰ型结构为十字形，Ⅱ型结构为加强型。

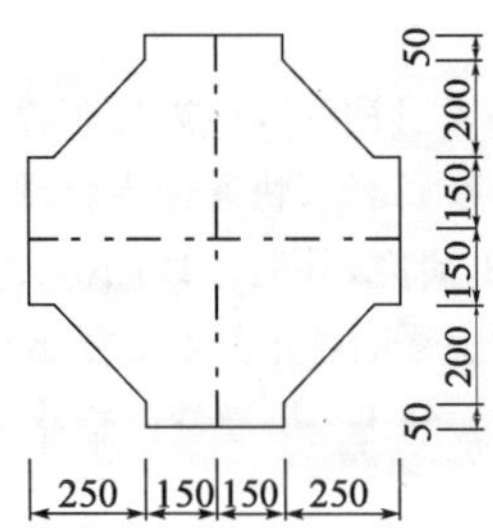

图1　预制格构俯视图
(尺寸单位：mm)

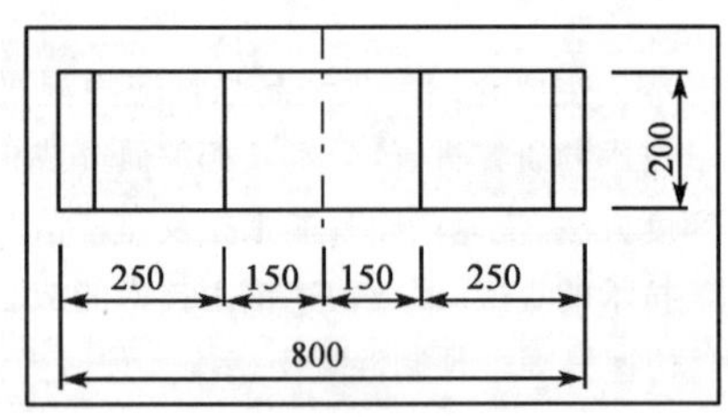

图2　预制格构侧视图
(尺寸单位：mm)

试验工序大致为制作张拉台座、配置钢筋和钢丝、钢丝张拉、架设模板、浇筑混凝土、制作混凝土试块、拆模养护、钢丝放张、锚索张拉进行格构破坏试验。图3为锚索张拉试验现场，在张拉台架上，混凝土格构底面与泡沫板、木板接触以模拟岩土基础，顶面与钢垫板接触，往上依次为千斤顶、传感器、工具锚。在1 860MPa级刻痕钢丝及锚墩表面均贴有应变片，这些应变片与3816静态应变测试系统连接，监控构件在整个试验中所表现的力学性质。

2.1.2　有限元计算模型

以试验中混凝土强度等级为C40的一组为例，构件的尺寸如图1、图2所示。构件的每个方向布置刻痕钢丝10根，分两层布置，同时在每个方向布置两根弯起钢筋(图4)。本文将预应力钢丝、弯起钢筋与混凝土分开建模，分别使用link8单元和solid45单元模拟钢筋及混凝土材料，采用降温法模拟施加荷载，并使用APDL语言实现钢筋与混凝土的粘结，完成建模工作。

图3　锚索张拉现场

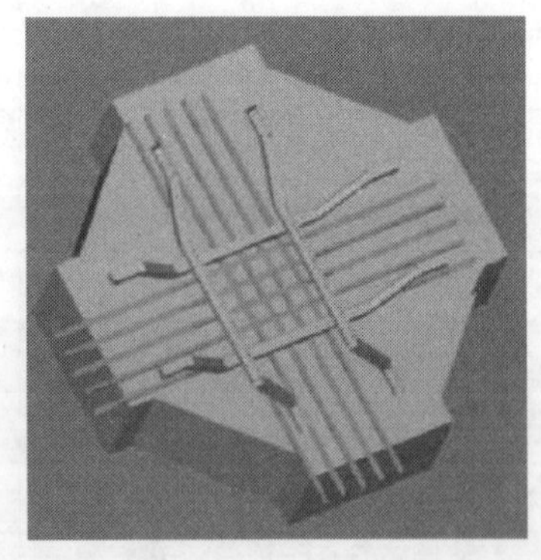
图4　有限元计算模型

为模拟预制格构在实际工作中的承力机制，按照室内试验的实际情况，当使用悬臂梁的支撑方式时，加载到设计锚固力的 1.1 倍时，构件仍没有破坏，如果继续加载，钢绞线将断裂。这时再采用简支梁支撑方式来研究构件的破坏方式及极限承载力。试验中采用的荷载分级如表 2所示。

荷载分级表(单位：kN)　　表 2

类型	Ⅰ	Ⅱ	Ⅲ	Ⅳ	Ⅴ	Ⅵ	Ⅶ
悬臂梁	200	300	500	750	1 000	1 100	—
简支梁	200	300	400	500	600	700	800

注：悬臂梁是指构件底面与十层木板、一层泡沫板完全接触，简支梁是指构件底面在上述基础上在构件底面的端部各垫上一块木垫块使构件中部悬空。

2.1.3　计算结果

使用 ANSYS 软件，按照表 2 的荷载分级对锚墩进行模拟，通过对计算结果的整理和分析，并与试验结果对比，从以下 4 个方面分析构件的受力机制。

(1)应力分析

图 5 为在 1 000kN 荷载作用下，第一种支撑方式混凝土构件底面的最大主应力分布图。从图中可以看到，大部分的应力都在 1.71MPa 以下，这些极少数超过了混凝土抗拉强度的区域会产生微裂。但大部分混凝土构件都是带裂缝工作的，故判定构件能否正常工作，还需要分析构件的裂缝的分布发展情形。

(2)裂缝分析

本文采用 William-Warnke 五参数模型模拟混凝土的失效过程。图 6 和图 7 为设计锚索张拉力(1 000kN)在第一种支撑方式下构件裂缝分布规律，主要集中在 4 个地方：

①上表面钢垫板与混凝土接触面附近；

②端部应力筋附近；

③为斜面中心处；

④斜面与直面相交线。

分布于①、②的裂隙不具备扩展的条件，也不会影响构件的工作性能，分布于③、④处的裂隙均从底面向顶面发展。

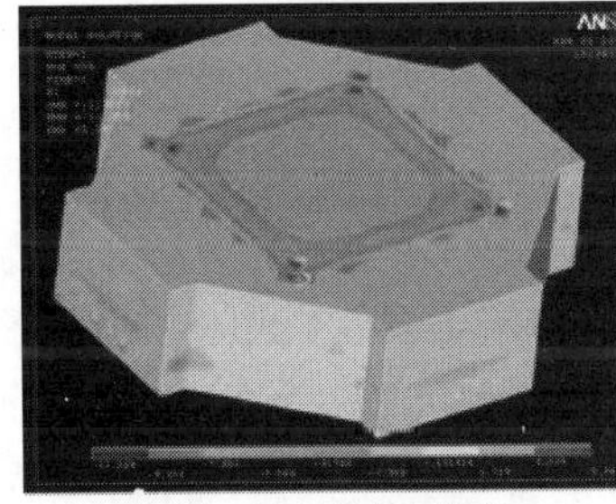
图 5　最大主应力分布

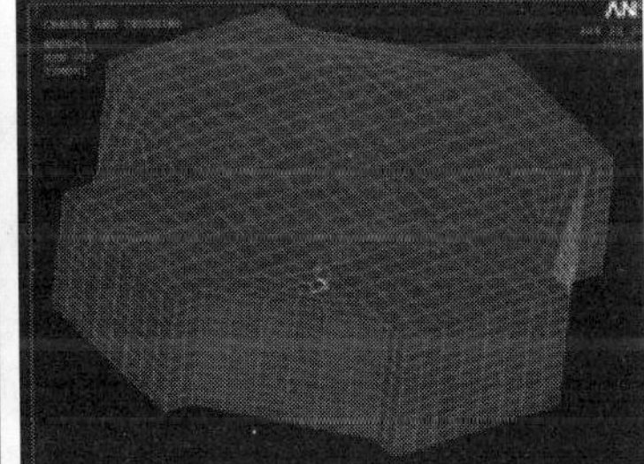
图 6　1 000kN(方式一)裂缝分布

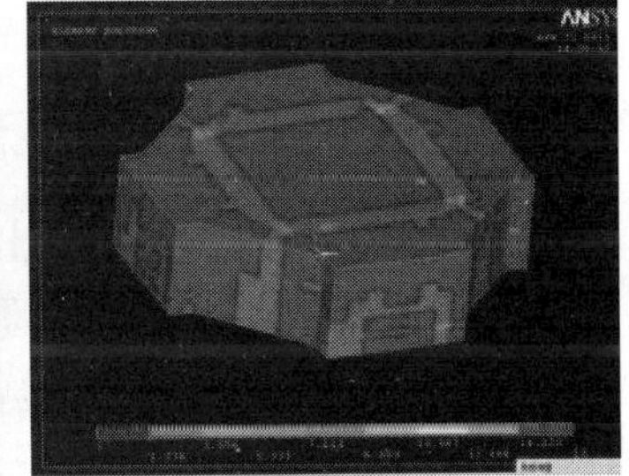
图 7　1 000kN(方式一)裂缝的开裂状况

从图 7 可以看到，构件大体都是完好无损的(开裂指标 16)，只有少数积分点的开裂指标低于 3(各方向裂纹闭合)。且这些低于 3 的积分点的值接近 3，这说明这些裂纹是闭合的，张开度均不大，构件还能带裂纹正常工作，说明构件的设计是合理的。这与试验过程中观察到的现象是一致的，图 8 为构件在 1 000kN 荷载作用下斜面中心处产生的一条裂纹。

此外，通过整理各荷载下的有限元计算结果，将计算结果与试验结果对比，发现数值模拟体现出来的裂缝发展规律与试验观测的结果一致：当荷载为 500kN 以下时，构件无裂纹产生，当荷载为 500～750kN 时，构件出现微裂，微裂部位多见于斜面中线处，自底而顶发展，方向为近竖直，见图 9；当荷载继续增大至 1 100kN 时，裂纹向顶面伸延，方向可能出现一些偏斜，张开程度无明显扩展，仍处于微裂状态，构件在 1 100kN 作用下也能带裂纹正常工作。

比较图 9 与图 6，可以发现，在第二种支撑方式下，当施加荷载为 700kN 时，构件斜面将产生斜裂缝，而不是竖直裂缝。斜裂缝自斜面与直边交界处向斜面中心倾斜扩展。图 9 中的竖直裂缝是在第一种边界条件 1 100kN 级荷载下形成，在第二种边界条件荷载为 700～800kN 的作用下继续发展而形成。700kN 可以视为构件在支撑方式二下的临界点，而 800kN 时构件已不能正常工作，见图 10。

图 8　1 000kN(方式一)裂缝

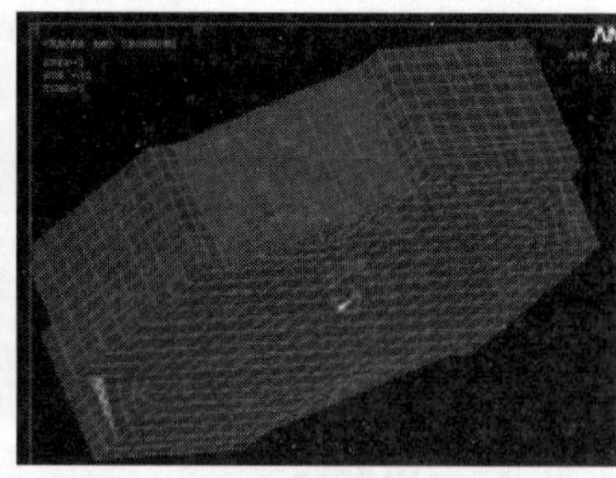

图 9　700kN(方式二)裂缝分布

图 10　700kN(方式二)裂缝

(3)挠度—荷载曲线

混凝土构件在使用中过大的变形将会影响构件的刚度，影响构件的长期使用。通过有限元计算表 2 荷载作用下预应力混凝土构件跨中(构件中心)挠度，挠度—荷载曲线如图 11、图 12 所示。

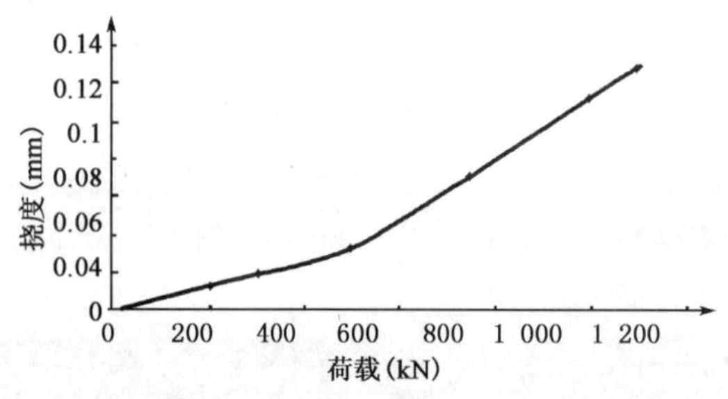

图 11　挠度—荷载曲线(方式一)

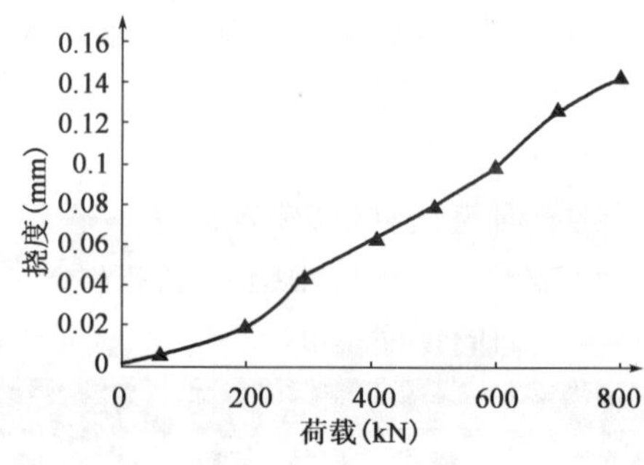

图 12　挠度—荷载曲线(方式二)

从图 11 和图 12 可以看出，在安全系数为 1.1 下，悬臂梁模式时，构件跨中挠度为 0.13mm $<L/250$，在允许的变形范围内。而支撑方式为方式二的情形下，构件破坏点的变形极值为0.15mm，同样满足变形要求。图 11 中，曲线有一个转折点，对应的荷载为 500kN，而通过数值计算与试验结果分析，500kN 恰好是混凝土出现微裂的点。图 12 中的转折点为 600kN，是裂缝继续发展开始的点。

2.1.4　室内试验结论

(1)本文使用 ANSYS 软件分析预应力混凝土，获得的裂缝分布发展规律与试验结果很好的吻合，为使用 ANSYS 设计带裂缝工作的构件提供一条思路，即并不要求构件的每个区域的最大主应力均在混凝土抗拉强度以下。

(2)通过对挠度—荷载曲线的分析发现，变形曲线的转折点即为混凝土开裂(或者裂纹继续发展)的点。

(3)通过对构件的应力、裂缝发展及变形分析,安全系数为 1.1 时,预制构件能够正常工作,设计合理。

2.2 现场试验研究

2.2.1 试验概况

本次试验点为都江堰市虹口乡,位于虹口映秀断裂的北西侧,龙门山主山前边界大断裂上,表层为碎块石土,主要成分为灰绿色安山岩、凝灰岩及安山玄武岩为主,因受构造影响,岩体内发育多组裂隙,因而十分破碎。根据项目前期研究成果,选取试验样本共 2 组 6 套(表 3),其中,格构单体质量为 488.8kg,受压面积 0.47m^2,与日本格构相比,具有体积小而质量轻的特点,因而使得施工更加便利。

预制高强预应力混凝土格构规格表(现场试验) 表 3

序号	承载力(kN)	预应力	数量(套)	单体质量(kg)	受压面积(m^2)
1	1 000	有	3	488.8	0.47
2	1 000	无	3	488.8	0.47
日本格构	1 100			2 100	1.7

整个试验工序包括钻孔、下锚索、注浆、埋设土压力盒、安装预制格构、锚索张拉、补偿张拉。测试内容包括格构下土压力、锚索张拉力及钢丝应变的测量,详见图 13 和图 14。

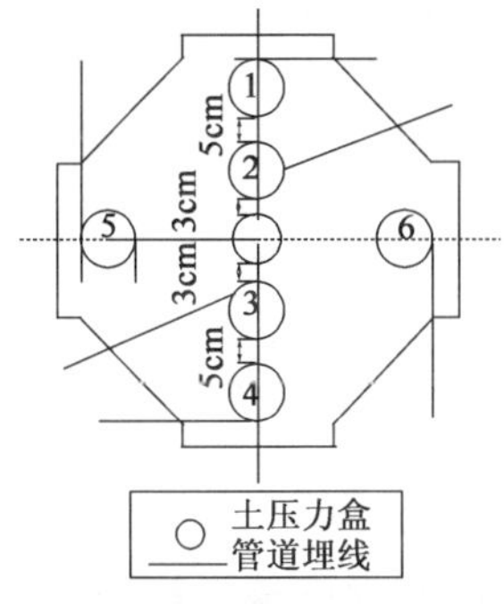

图 13 土压力盒埋设示意图

图 14 锚索张拉及数据测量

2.2.2 试验数据分析及三维数值仿真

(1)模型的建立

为研究预制格构与地基的相互关系,以预应力格构为研究对象,用 ANSYS 建立模型,如图 15 所示。红色部分为土体,计算范围为距中心孔 4m、埋深为 4m 的区域;绿色部分为预制格构构件,其中包含了弯起钢筋、预应力钢筋及中心预留锚索孔的建模,钢筋采用 link8 单元;预应力的施加用降温法模拟,混凝土选用 65 单元,采用 William-Warnke 五参数模型。

(2)计算结果分析

预制格构受拉面的应力云图绘制如图 16 所示,可见混凝土大部分的应力是处于 C50 的抗拉强度设计值 1.89MPa 的,因此,该构件不可能形成贯通的裂缝。只是在中心孔附近的应力较高,达到 4MPa。在试验过程中,未见明显的混凝土裂纹出现,说明该构件的强度达到了设计的要求。

从土压力分布规律可以看到，单体的锚索对土体附近应力影响的范围是有限的，约为1.1m，而超过这个距离，土应力为0；最大土压力约为2MPa，这也与试验结果较为吻合。

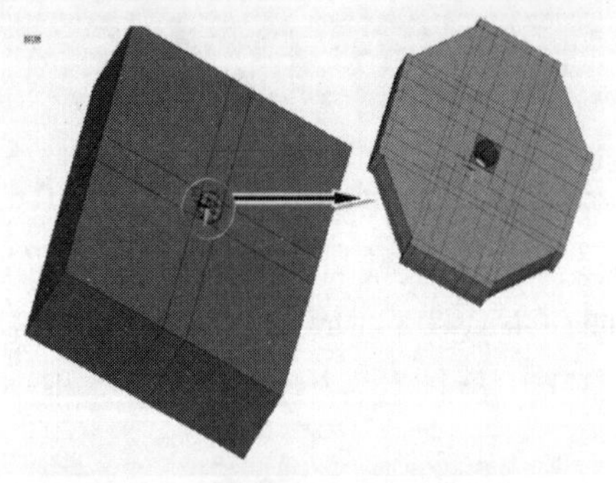

图15　预制格构三维计算模型

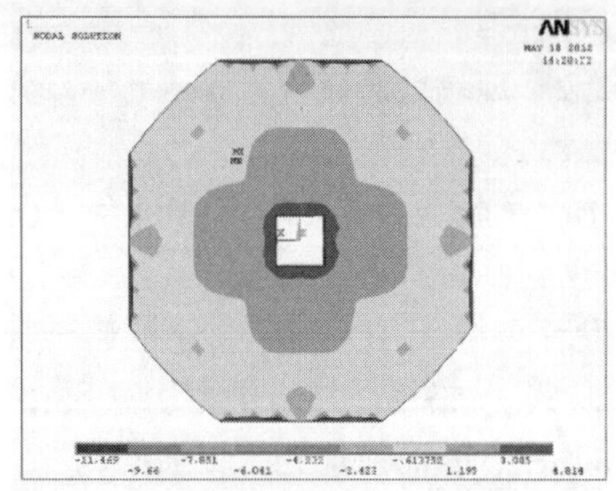

图16　预制格构最大主应力分布云图

从钢丝应力分布情形来看，预应力必须经过一段锚固长度后才能达到稳定值，钢丝整体回缩，使构件下部受压，而当锚索张拉后，钢丝在中部由受压变成了受拉，在整个承载过程中发挥了很大的作用。通过对比分析认为，预应力筋应尽可能地往构件中心靠近。

2.3　现阶段正在开展的工作

前期仅对单点的锚墩格构完成了室内试验和现场试验工作，由于锚墩为单点锚固，承载力大，与地基接触面积较小，对地基承载力要求较高，所以有必要对预制格构进行系统优化，满足大多数适用格构锚固的碎石土地基，扩大预制格构的适用性。为满足一般滑坡防治工程快速锚固的需要，现阶段正在进行500kN预制混凝土格构和500kN钢质锚墩的研究，目前已完成结构的设计和预制加工，即将开展加载试验工作。

3　预应力锚索锚固段钢绞线应力分布研究

3.1　研究目的

快速合理地确定锚固段长度，一直都是一个难题，工程设计中均以经验取值，偏差较大；在锚固体系内部应力（钢绞线和砂浆体应力）的监测方面，开展的工作也不是很多。基于这种现状，锚固体系的合理性、可靠性，特别是经济性就具有不确定性。

在实际的工程应用中，通过锚索的基本试验，如果能准确把握锚固体系内部的应力分布，特别是钢绞线和砂浆体的应力分布，就能准确判断临界锚固段长度，对预应力锚索的设计和施工就能起到定量化的指导作用。基于以上因素考虑，拟采用切实可靠的监测手段，对锚固体系的内部应力进行监测，通过对锚固体系内部应力分布的研究，合理确定锚固段长度。同时，通过试验研究，提供一种快速合理地确定锚固段长度的有效手段，并对锚固体系内部应力的长期监测提供一种可靠有效的方法。

3.2　试验方案

本次试验为现场试验，在现场施工锚索，利用埋设在锚固段的应力传感器，检测锚索锚固段的钢绞线应力传递和分布，研究锚固段钢绞线应力分布规律，对合理确定锚固段钢绞线的长度提供科学依据，为工程优化设计提供依据。

现场实施前，通过对电阻应变片技术、光纤光栅传感器技术、磁通量传感器技术进行了对比分析。相比传统的电阻式应变检测技术，光纤光栅传感器具有良好的耐久性、抗腐蚀、抗电磁干扰，适合于在恶劣环境中长期工作等，在野外试验中具有布线更方便的特点。磁通量传感器通过测量铁磁性材料制成的构件的磁导率变化，来测定构件的内力，具有高精度、非接触测量、自动温度补偿等特点。但光纤光栅传感器存在存活率低、成本高昂的问题，所以综合比选，最终选用磁通量传感器对锚固段钢绞线应力分布进行检测。

本次试验总计施工 3 束 1 500kN 级的拉力集中型锚索(9 根钢绞线)，锚索总长 30m，锚固段长度 10m，在每束锚索中取一根钢绞线作为本次应力分布研究的对象。在自由段两端各布置一套磁通量传感器，在锚固段每隔 1m 布置一套磁通量传感器，总计布置了 12 套磁通量传感器，详见图 17 和图 18。

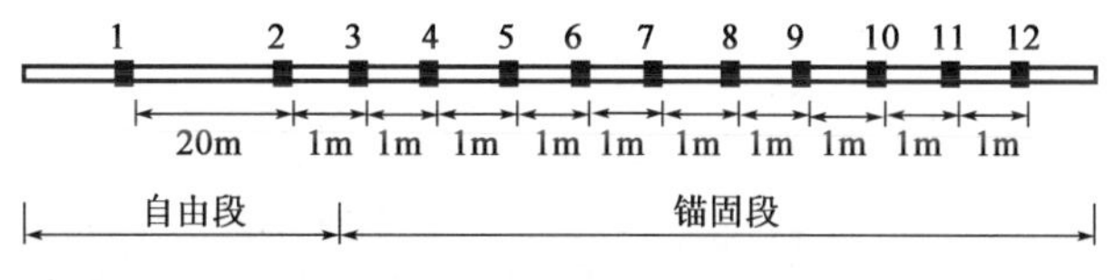

图 17　磁通量传感器布置图

3.3　试验结果分析

为了更准确把握锚固段钢绞线应力传递和分布情况，对锚索进行了分级张拉。由于受地基承载力影响，有两根锚索未达到超张拉值，但不影响对钢绞线应力分布的研究。

图 18　锚索制作及磁通量传感器的安装

3.3.1　*锚固段钢绞线应力传递和分布规律*

在每一级张拉过程中，均对钢绞线应力(磁弹仪测到的数据为钢绞线轴向拉力，所以以下均称为轴向拉力)进行了检测、记录。随锚索张拉钢绞线轴向拉力变化曲线详见图 19～图 21。

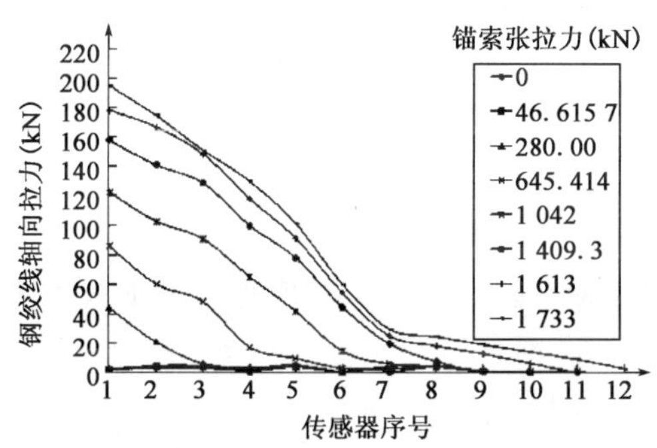

图 19　1 号锚索钢绞线轴向拉力变化曲线

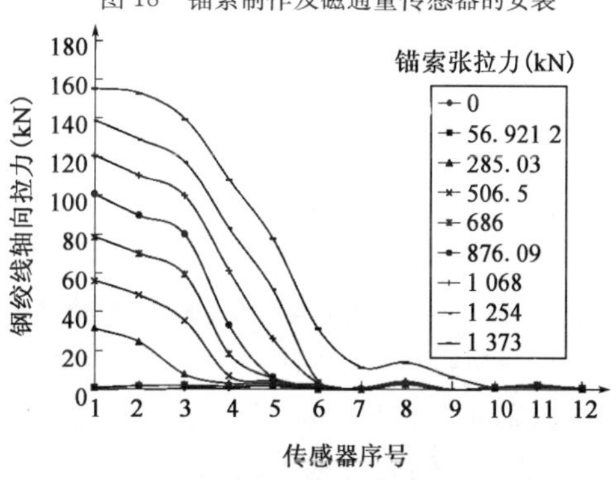

图 20　2 号锚索钢绞线轴向拉力变化曲线

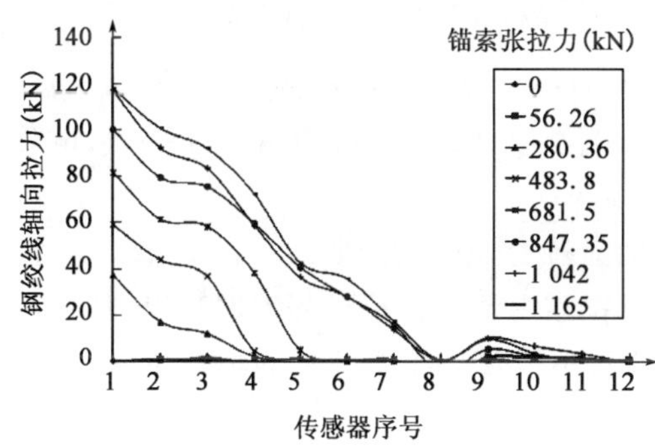

图 21　3 号锚索钢绞线轴向拉力变化曲线

从以上曲线可以看到，随着张拉力的增加，锚固段钢绞线上各位置的轴向拉力由近自由段开始逐渐增加，逐步向锚固段内部传递，靠近自由段的传感器读数增加较快，而近锚固段末端的传感器读数变化不大。锚固段钢绞线轴向拉力的分布呈靠近自由段侧的一段有明显应力集中，靠近孔底端的一段轴向拉力明显衰减，整体分布形态为指数函数形式，与许多学者研究成果相同[5-6]。在设计锚固力时，近自由段 0～4m

范围内的锚固段为主要承力段，近孔底端 2～3m 范围内的锚固段钢绞线轴向拉力基本不受锚索张拉力的影响，轴向拉力接近 0，说明该部分钢绞线未受力，未发挥承载的作用，据此推测，该部分钢绞线可以去掉(或作为安全储备)，在工程应用中，去掉该部分钢绞线，可达到减少锚索长度，节省材料，降低成本的目的。

3.3.2 锚固段钢绞线应力分布的监测

在锚索张拉锁定后，对锚索锚固段钢绞线轴向拉力进行了将近 20d 的长期监测，锚索锚固段轴向拉力长期监测曲线见图 22～图 24。

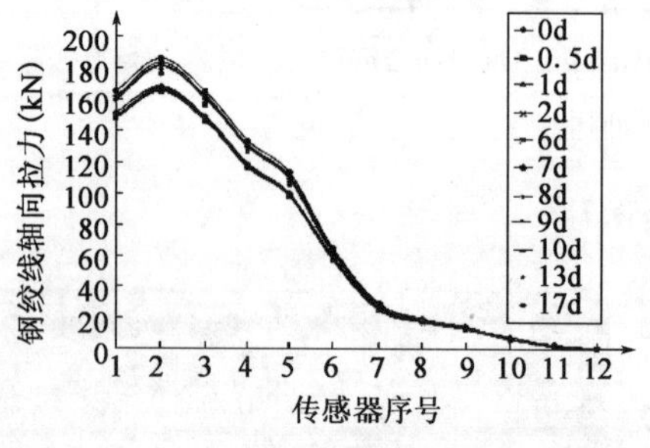

图 22 1 号锚索轴向拉力长期监测曲线

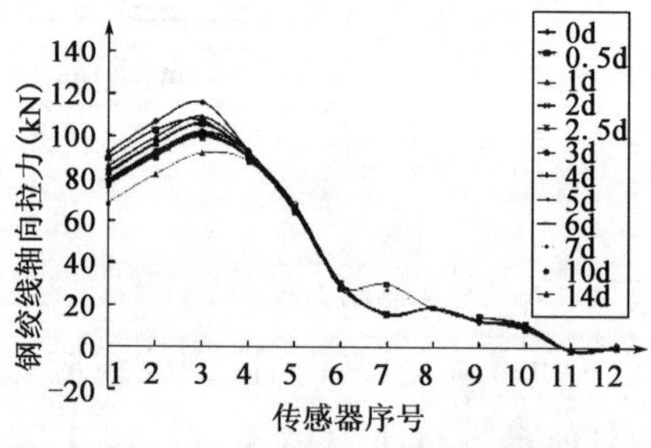

图 23 2 号锚索轴向拉力长期监测曲线

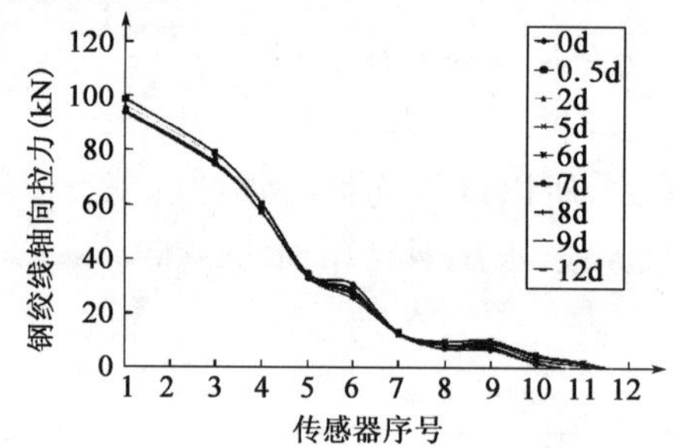

图 24 3 号锚索轴向拉力长期监测曲线

从长期监测曲线可以看出，在张拉锁定后前 3d，轴向拉力损失较大，损失率为 2%～5%，由于 2 号锚索在张拉过程中地基开裂，损失率较大，最大达 12.7%。轴向拉力的损失主要集中在近自由段的 3m 锚固段内，靠近自由段损失率最大，向孔底方向损失率逐渐降低。3d 后，锚固段轴向拉力分布曲线接近重合，轴向拉力分布趋于稳定。

3.3.3 锁定后锚固段钢绞线应力分布调整的分析

对比图 19 和图 22 可以看出，自由段两端的传感器 1、2 处的轴向拉力并不完全相等，在张拉过程中，靠近千斤顶的传感器 1 处的轴向拉力大于靠近锚固段的传感器 2 处的轴向拉力，在张拉锁定后，靠近千斤顶的传感器 1 处的轴向拉力反而小于靠近锚固段的传感器 2 处的轴向拉力，说明即使自由段穿了防护管，也存在摩擦阻力，导致自由段两端的张拉力不一致，试验锚索 20m 自由段两端钢绞线轴向拉力相差 10%～15%。

通过对比分析张拉过程轴向拉力变化曲线和轴向拉力长期监测曲线可以看出，1 号锚索属于正常张拉锁定，所以呈现以上的变化规律。2 号锚索由于在张拉过程中地基出现开裂，在张拉锁定后，由于地基的进一步压缩变形，近孔口的自由段传感器 1、2 处的轴向拉力减小，甚至减小到比锚固段近自由段的传感器 3 处的轴向拉力还小，分析认为，由于受砂浆的握裹力作用，传感器 3 处的轴向拉力下降较少。3 号锚索在张拉过程中发生了整体滑移，导致长期监测曲线中，轴向拉力的分布由靠近孔口向孔底全长锚索范围内呈整体减少的趋势。所以通过轴向拉力的监测，除了能把握锚索轴向拉力的分布外，也能进一步反映锚索的施工质量。

3.4 钢绞线应力分布研究结论

(1)拉力集中型锚索锚固段钢绞线应力分布具有明显的应力集中现象，在设计锚固力时，近自由段0～4m范围内的锚固段为主要承力段，近孔底端2～3m范围内的锚固段钢绞线承受拉力基本为0。

(2)锚索自由段即使设置了防腐管进行防护，还是存在摩擦阻力，导致自由段两端的张拉力不一致，试验锚索20m自由段两端钢绞线轴向拉力相差10%～15%。

(3)采用磁通量传感器技术对锚索锚固段钢绞线的应力分布进行检测或监测，精度高，受干扰小，反映的数据真实可靠，磁通量传感器技术可作为锚索基本试验等各种试验中钢绞线应力分布检测的一种有效的方法。

4 结语

快速锚固技术包含很多内容，比如快速成孔技术、快速扩孔技术、大吨位机械锚头、快速下锚、快速注浆、快速张拉等技术，通过本项目已开展工作的研究，旨在打下基础，并在以后的工作中重点开展自承载式预应力锚索研究、快速确定合理锚固段长度方法研究、快速锚固智能张拉及监控监测系统研究等方面进行深入的研究，并通过其他相关快速锚固技术的集成，形成快速锚固技术的成套产品及工艺，努力为快速锚固技术的发展做出贡献。

参考文献

[1] 凌广，吴同乐，贾永刚．钢筋混凝土有限元分析[J]．四川建筑，2003(5)：51-52.

[2] 戴显荣，蔡若虹．利用 ANSYS 模拟分析预应力混凝土[J]．浙江交通科技，2004(2)：22-24.

[3] 赵晓华，薛国亚，宋启根．带裂缝钢筋混凝土板的断裂力学[J]．东南大学学报，1994(3)：8-11.

[4] 朱晗迓，尚岳全，陆锡铭．锚索预应力长期损失与坡体蠕变耦合分析[J]．岩土工程学报，2005,27(4)：465-467.

[5] 尤春安，战玉宝．预应力锚索锚固段的应力分布规律及分析[J]．岩石力学与工程学报，2005,24(6)：2113.

[6] 丁秀丽，盛谦，韩军．预应力锚索锚固机理的数值模拟试验研究[J]．岩石力学与工程学报，2002,21(7)：980-988.

[7] 陈安敏，顾金才，沈俊．软岩加固中锚索张拉吨位随时间变化规律的模型试验研究[J]．岩石力学与工程学报，2002,21(2)：251-256.

高压旋喷桩与袖阀管注浆技术在高铁软土路基加固中的应用

董　明

（北京中铁瑞威基础工程有限公司）

摘　要　本文以沪宁城际铁路 K300＋208～K300＋283 段的软土路基沉降病害为研究对象，在确定采用高压旋喷桩与袖阀管注浆技术作为整治方案的基础上，通过工程实践，检验了其工艺原理、施工效率及成本、加固效果等关键内容。这也是此项技术在高铁软土路基加固中的首次成功应用，由此获得的施工经验将为今后类似的工程提供借鉴和指导，并为其推广应用奠定理论和实践基础。

关键词　高铁　软土路基　高压旋喷桩　袖阀管注浆

1　引言

随着国民经济的增长和人们生活水平的不断提高，现有的传统交通工具已难以满足大众的出行需求，建设高速铁路成为势在必行的一种趋势[1]。但我国软土分布相当广泛，运营中的很多高铁线路位于高压缩性的软土地区。尤其是南方珠三角、长三角地区，高铁软土路基引发的路基下沉问题尤为突出[2]。

为了解决此类问题，国内外专家提出了各种技术措施，如换填法、强夯法、排水固结法、复合地基法等，但这些方法大多针对的是高速铁路建设期的软土地基处理，而对运营中的客运专线则鲜有涉及。鉴于此，北京中铁瑞威公司针对沪宁城际铁路 K300＋208～K300＋283 段出现的路基沉降病害，与上海铁路局高铁段、沪宁城际公司共同研究制订了高压旋喷桩与袖阀管注浆技术的整治方案，工程实践表明，此项技术的工艺原理合理可行，施工效率和加固效果能够满足高铁软土路基不均匀沉降的治理要求，有着良好的应用前景。

2　工程概况

2.1　地形地貌

项目工点位于南京车站的上海端，属长江冲积阶地，地面高程在 10～13m 之间，地势平坦，起伏微小。

2.2　地层岩性

表层为人工填土，厚度 1.0～1.5m；上部为冲洪积粉质粘土，软塑，基本承载力 120kPa，厚度 1.2～1.5m；中部为冲积淤泥质粉质粘土，流塑，基本承载力 90kPa；下部为冲洪积粉质粘土，硬塑，基本承载力 150kPa；底部为冲洪积质粉质粘土，硬塑，基本承载力 200kPa。

2.3　水文地质条件

地下水不发育，主要为第四系孔隙水。

3 施工工艺

3.1 袖阀管注浆

袖阀管注浆法的工艺流程如图1所示。

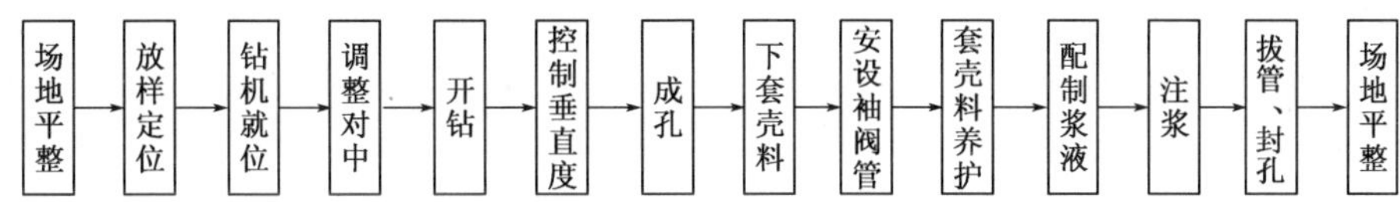

图1 袖阀管施工工艺流程图

(1)放样定位和钻孔

先用全站仪通过基点坐标在桥桩周围引入一些辅助坐标点,再通过这些坐标点,用拉线和卷尺量测的方法定出钻孔孔位。定出孔位后,用水泥砂浆在周围加固。

由于袖阀管孔距仅40cm,为减小孔间的相互影响,在现场施工时每隔两孔钻孔注浆,待一排袖阀管孔注浆结束后,再对之间的袖阀管孔进行钻孔注浆,使得相临孔间距达到1.2m。先钻外侧一圈,注浆完成后,再实施内圈钻孔注浆。

钻机就位后,应使其平整稳固,在开钻前利用吊锤钻头和钻孔的垂直度进行检测,当钻进2m及后续接杆时均需对钻机调平校正,要求钻孔的倾斜度小于1/100。钻进过程中,一般采用合金钻头,当遇到岩石时,换用金刚石钻头。

为防止钻孔塌孔,采用泥浆护壁。刚开钻时,由于泥浆稠度达不到护壁的要求,现场采用膨润土进行调试,护壁泥浆比重为1.05~1.12。泥浆的循环通过皮管和钻杆连接完成,在泥浆循环的过程中,会把大量的粘土和砂砾带到地面的泥浆池中,现场工人通过滤网将其从泥浆池中捞出,始终保持泥浆的比重在1.05~1.12之间。为保证钻孔质量,应注意:

①在钻孔时,保证转速均匀;

②在接换钻杆时,钻杆提升和下放应保持垂直,以免扩孔。

(2)置换套壳料

成孔后,立即用套壳料置换孔内泥浆,方法是将泥浆管接到挤压式注浆机上,在注浆压力的作用下,通过钻杆将孔内泥浆置换成套壳料。套壳料在压力的作用下,通过钻杆进入钻孔底部,随着套壳料的进入,泥浆从地面孔口置换出来,并通过泥浆沟排到泥浆池中。当排出的泥浆中含有套壳料时,停止置换。

(3)插入袖阀管

套壳料置换结束后,立即插入袖阀管。由于每节袖阀管的长度为4m,插入时相邻两节袖阀管用长度为20cm的PVC套管连接,并用U-PVC胶合剂将袖阀管和连接套管粘牢。第一节袖阀管安装好堵头后,再对管中注入清水,目的是减小袖阀管的弯曲值。袖阀管每节连接好后,依次下放到钻孔中,直到孔底,下放时尽量保证袖阀管的中心与钻孔中心重合。现场施工时,地面以下一定深度不注双液浆,所以在插入袖阀管时,在地面以下2m所用的管材为花管,即不在PVC管上钻泄浆孔。同时保证袖阀管的上端头露出地面20cm,再用套头套牢,防止杂物进入管内。

(4)注浆

套壳料养护5~7d,强度达到0.3~0.5MPa后,将注浆内管与双塞管连接好一起放至袖阀管底部,由下往上逐段注入双液浆,并严格控制注浆效果[3]。

3.2 高压旋喷桩止水帷幕

单管旋喷注浆法是利用钻机把安装在注浆管(单管)底部侧面的特殊喷嘴,置入土层预定深度后,用高压泥浆泵等装置,以 20MPa 左右的压力,把浆液从喷嘴中喷射出去冲击破坏土体,使浆液与从土体上崩落下来的土搅拌混合,经过一定时间凝固,便在土中形成一定形状的固结体。

(1)桩位放样

施工前用全站仪测定旋喷桩施工的控制点,埋石标记,经过复测验线合格后,用钢尺和测线实地布设桩位,并用竹签钉紧,一桩一签,保证桩孔中心移位偏差小于 50mm。

(2)钻机就位

钻机就位后,对桩机进行调平、对中,调整桩机的垂直度,保证钻杆与桩位一致,偏差应在 10mm 以内,钻孔垂直度误差小于 0.3%;钻孔前调试空压机、泥浆泵,使设备运转正常;校验钻杆长度,并用红油漆在钻塔旁标注深度线,保证孔底高程满足设计深度。

(3)引孔钻进

钻机施工前,应首先在地面进行试喷,机械试运转正常后,开始引孔钻进。钻孔过程中要详细记录好钻杆节数,保证钻孔深度的准确。

(4)拔出岩芯管、插入注浆管

引孔至设计深度后,拔出岩芯管,并换上喷射注浆管插至预定深度。

(5)旋喷提升

当喷射注浆管插至设计深度后,接通泥浆泵,由下向上进行旋喷,同时将泥浆排出。喷射时,先应达到预定的喷射压力、喷浆后再逐渐提升旋喷管,以防扭断旋喷管。为保证桩底端的质量,喷嘴下沉到设计深度时,在原位置旋转 10s 左右,待孔口冒浆正常后再旋喷提升。钻杆的旋转和提升应连续进行,不得中断,钻机发生故障,应停止提升钻杆和旋转,以防断桩,并立即检修排除故障。为提高桩底端质量,在桩底部 1.0m 范围内应适当增加钻杆喷浆旋喷时间。在旋喷提升过程中,可根据不同的土层,调整旋喷参数。

(6)钻机移位

喷嘴提升到设计桩顶高程后,停止旋喷,提升钻头出孔口,清洗注浆泵及输送管道,然后将钻机移位[4]。

4 施工效果检验

4.1 旋喷桩效果检验

为了检验桩身完整性,试验段完成后,共对桩身进行了 6 次钻芯取样,数量占总桩数的 1%;位置分别位于中间一排桩的中心和内侧一排桩与中间一排桩的咬合部位(图 2),取芯检测结果的最大值为 1.6,最小值 1,平均值 1.2,大于设计标准值,表明桩身完整性良好。

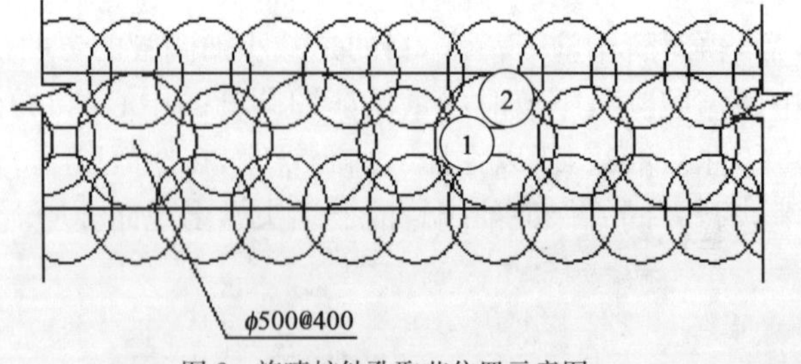

图 2 旋喷桩钻孔取芯位置示意图

为了检验桩身强度,在监理工程师的监理下,留置三组混凝土试块进行强度测试,南京市权威检测机构出具的试桩报告显示，送检试块的无侧限抗压强度达到 1.1～1.5 MPa，符合设计和规范要求。

4.2 袖阀管注浆效果检验

鉴于本项目对施工过程中的轨道几何尺寸变化和路基本体变形控制有着非常高的要求，业主特聘请第三方权威监测机构对施工过程进行 24h 全天候监测，监测内容包括轨面高程变化和轨道水平位移情况。根据监测单位绘制的测点点位图，此次在上下行线路各布置 17 个高程监测点和共计 38 个水平位移监测点。

根据监测数据分别绘制了上下行线路高程变化曲线(图 3、图 4)，从图中可以看出，上行线最大隆起出现在 4 月 29 日，点位为 D01 号测点，最大隆起量 1.515mm，最大沉降则分别出现在 6 月 4 日和 6 月 6 日，点位均为 D21 号测点，最大沉降量为－2.17mm；下行线最大隆起同样出现在 4 月 29 日，点位为 D02 号测点，最大隆起量 1.44mm，最大沉降则出现在 6 月 6 日，点位为 D22 号测点，最大沉降量为－2.89mm。

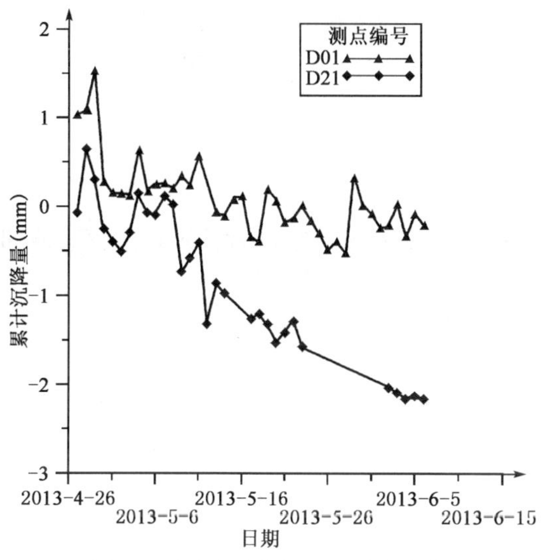

图 3　上行线最大隆起和最大沉降曲线

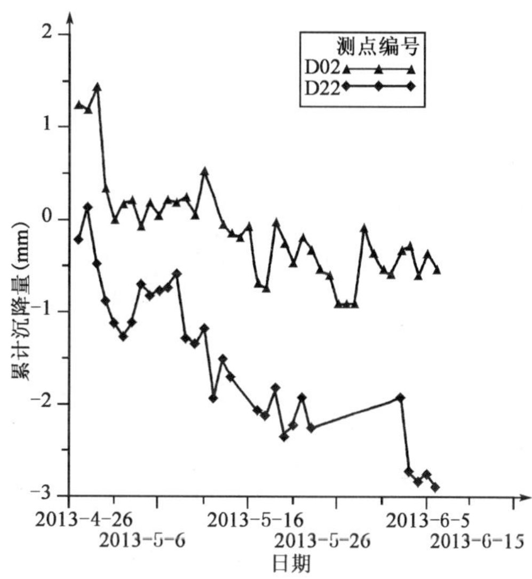

图 4　下行线最大隆起和最大沉降曲线

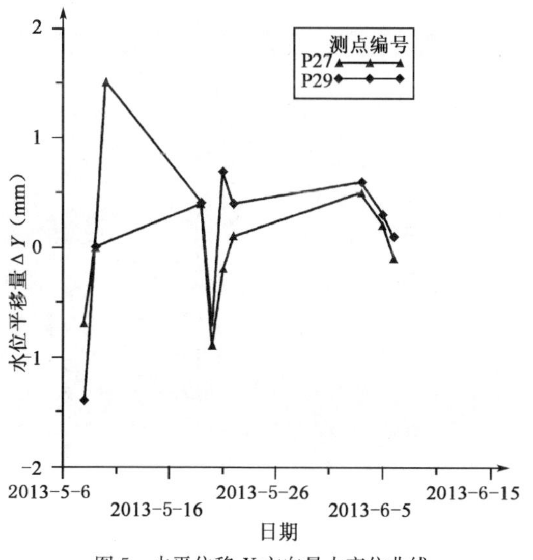

图 5　水平位移 X 方向最大变位曲线

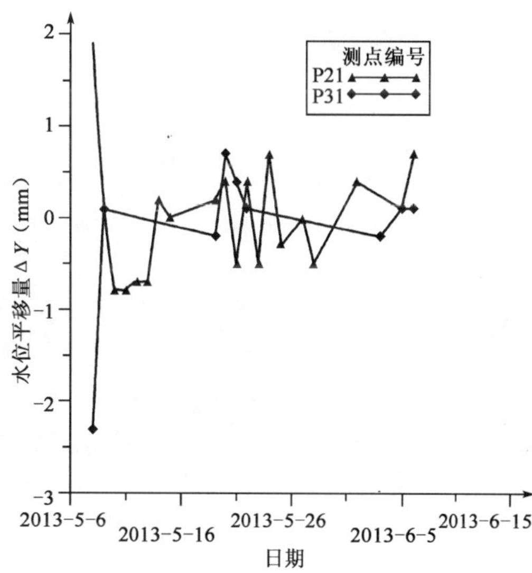

图 6　水平位移 Y 方向最大变位曲线

图 5、图 6 给出了线路水平位移在 X、Y 方向上的最大变位，从图中可以看出，X 方向的最大变位分别出现在 5 月 8 日和 5 月 10 日，点位为 P29 号和 P27 号测点，最大变位值分别为 −1.4mm和 1.5mm;Y 方向的最大变位则出现在 5 月 8 日，点位为 P21 号和 P31 号测点，最大变位值分别为 1.9mm 和 −2.3mm。

从以上的数据分析可知，无论是轨面高程还是线路水平位移的变化幅度均在高铁规范要求的范围之内，未出现超限。

5 结语

(1)对于高铁软土路基沉降病害的整治，高压旋喷桩止水帷幕兼有止水和提高地层承载力的双重作用，考虑到施工过程中对轨道几何尺寸变化和路基本体变形控制有着非常高的要求，施作旋喷桩时需要在注浆管两侧距离 30cm 处各钻设一个泄压孔，以降低注浆压力对路基本体可能造成的影响和扰动。

(2)为了确保加固期间路基本体的安全和保证正常行车，袖阀管注浆必须采用低压慢注的方式，最高压强控制在 0.3MPa 以内，从而有效避免施工过程中由于压力过高引起高铁轨道隆起变形。

(3)实践证明，高压旋喷桩与袖阀管注浆技术高铁软土路基沉降病害的整治效果明显，钻孔取芯和第三方监测结果显示达到了预期要求。

(4)从工艺原理、施工效率及成本、加固效果来说，高压旋喷桩与袖阀管注浆技术较其他加固方法具有价格低、效率高、加固效果好等诸多优点，具有广泛的应用前景。

参考文献

[1] 邱官发. 高速铁路软基的处理方法及其应用[J]. 工程技术，2012(10).

[2] 潘霄，李建国，肖利. 高速铁路软基处理方法及应用现状研究[J]. 水利水电快报，2011，31(1).

[3] 应金星. 袖阀管注浆加固设计与施工工艺研究[J]. 吉林水利，2009(326).

[4] 沪宁城际铁路 K300+208～K300+283 路基注浆施工方案.

浅谈掘进机开挖法隧道施工技术

谢达文

（北京中铁瑞威基础工程有限公司）

摘　要　在硬质围岩隧道工程中施工方法多采用爆破法，若周边环境复杂，尤其经过城区时，建筑物密集，需要控制施工过程中产生的振动，以防产生扰民、上覆地表建筑物振动开裂等影响。本文简单介绍了通过引进隧道单臂掘进机、铣挖机等设备，采用机械开挖来替代或者减少爆破工程量来进行隧道开挖，同时也试验研究了与之适应的施工方法。结果表明，采用机械切削开挖减小对周边的环境影响尤其是振动控制有明显效果，对临近的运营铁路隧道也未产生影响，并且具有一定的施工功效，适用范围在围岩强度不超过 30MPa 的较硬质隧道中采用。

关键词　隧道施工　机械　非爆破　开挖　掘进机

随着铁路、公路的大量兴建，出现了各种条件之下的隧道，同时施工过程中对人们生产生活的影响也与日俱增，导致传统的隧道施工技术满足不了隧道特殊施工的要求，因此发展了许多新型的隧道施工技术，其中非爆破开挖法便是其中之一，非爆开挖法主要包括以下几种：全断面掘进机法（TBM）、悬臂掘进机法或铣挖机法、液压冲击锤法、劈裂法、静态爆破法等。本文主要介绍铣挖机法、单臂掘进机开挖法，该机械适用于埋深浅、邻近建筑物、穿越地质灾害段、小间距隧道施工等工况。

1　铣挖法

1.1　铣挖机械

铣挖机法，采用带有截齿的旋转切削头组成铣挖机，由大型挖掘机配套提供旋转动力，切削掌子面围岩，实现掘进隧道。例如，由 ER2000 型铣挖机配套 PC360 大型挖掘机设备。铣挖机见图 1。

图 1　铣挖机

1.2 开挖方法

整个开挖采用隧道三台阶法(带临时支撑)的开挖工艺,遵循新奥法台阶开挖(短开挖、强支护、早封闭、勤量测),加强隧道施工对地表沉降、造成地表房屋开裂的控制。

台阶法开挖分三部(上中下台阶)如图 2a)所示,铣挖机操作平台设置在中台阶,中台阶距离拱顶不超过 8m,第一部台阶开挖长度控制在 3～5m 内(长度根据临时支撑拆除的时间,由监控量测的数据而定),第二部台阶开挖因有操作平台控制在 10m 内,第三部及时跟上,采用挖机回转铣挖。最后支护快速成环,有利控制地表沉降,每一循环开挖进尺要大于支护进尺 20～30cm,便于支护施工操作和控制支护的超欠挖。

第一步,开挖台阶的第一部如图 2b)所示,在断面的中央开一条一定尺寸的槽,然后在槽的左边或者右边开挖,由于机械的特殊性,每次开挖时依然以槽形的形式开挖,先中间再两边从上向下开挖,开挖进尺大于支护进尺 30cm,支护部位不欠挖,掌子面修整平顺后,进行架设拱架和喷浆支护,即初喷 4cm 厚混凝土,铺设钢筋网,架设钢架,并设锁脚锚杆,安设径向锚杆后复喷混凝土至设计厚度。

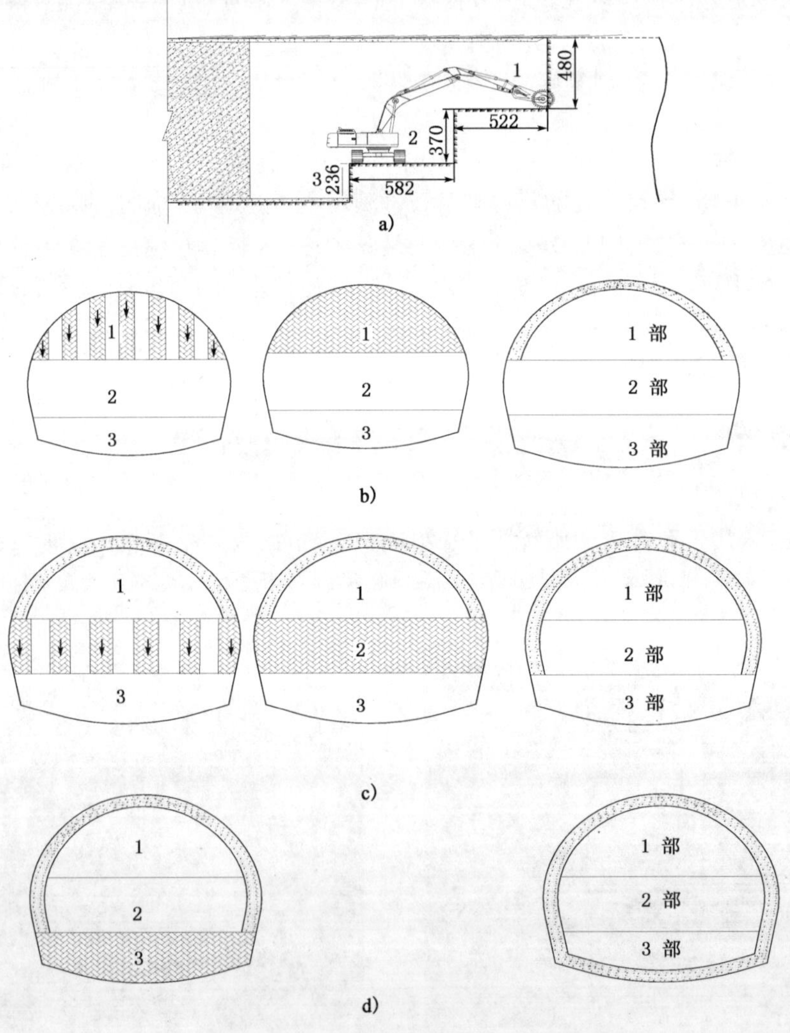

图 2 铣挖隧道施工步骤(尺寸单位:mm)

第二步，开挖台阶的第二部如图2c)所示，与第一步每榀同步前进。同样由于机械的特殊性，每次开挖时依然以槽形的形式开挖，先中间再两边从下向上开挖，开挖进尺大于支护进尺30cm，支护部位不欠挖，掌子面修整平顺后，进行架设二部的拱架和喷浆支护，即初喷4cm厚混凝土，铺设钢筋网，架设钢架，并设锁脚锚杆，安设径向锚杆后复喷混凝土至设计厚度。再架设临时(横撑)钢架，每两榀钢架设置一处。

第三步，开挖台阶的第三部如图2d)所示，当上中台阶往前掘进一段距离后(不超过三台阶法施工要求30m)，铣挖机仍然在中台阶处，可以回转向后掏槽开挖第三部，挖掘机在后方直接出铣挖下的渣，形成连续的工作面。每次开挖时依然以槽形的形式开挖，从上向下30～50cm一层挖机配合把铣挖的渣石挖走，层层铣挖，开挖进尺大于支护进尺30cm，支护部位不欠挖，掌子面修整平顺后，进行架设第三部台阶的拱架和喷浆支护，即初喷4cm厚混凝土，铺设钢筋网，架设钢架复喷混凝土至设计厚度。

这样梯形台阶就形成了，按施工流程图开挖支护完第一部台阶一榀，再开挖支护第二部台阶一榀，再开挖支护第三部台阶一榀。如此循环开挖支护。

1.3 工程案例

(1)新红岩隧道进口

隧道位于重庆市区，洞身上部左线左侧25m、右侧30m范围内分布居民点，隧道上方地表房屋建筑密布，部分段落隧道埋深极浅(最小埋深4m)，因此，隧道开挖过程中容易对周边环境及邻近居民造成影响，为此，针对隧道浅埋段采取机械开挖技术。

隧道地质上覆第四系人工填筑碎石土(Q_4^{ml})，坡残积(Q_4^{dl+el})粉质粘土等；下伏基岩为侏罗系中统上沙溪庙组(J_2^s)泥岩夹砂岩。泥岩夹砂岩强度较低，一般微风化的岩层强度在30MPa以下，并通过取样试验验证，因此，有利于使用切削法施工。

(2)新中梁山隧道

新中梁山隧道进口施工至DK291+135处遇上跨既有襄渝铁路隧道，两线相交角度约34°，两者最小净距1m，属于绝对禁止爆破区域，影响范围90m隧道延米。岩性为灰岩夹白云质灰岩，岩质较硬。现场取样，围岩强度在40MPa以上。

1.4 实际功效研究

实际操作过程中，采取了铣挖与控制爆破结合的方法，上台阶铣挖开挖，下台阶采取控制爆破，在微风化泥岩情况下切削速度10m³/h。实现了每天一循环作业，包括：铣挖爆破，初支、喷浆，2m进尺。

2 单臂掘进机隧道开挖法

2.1 施工机械

试验隧道为泥岩夹砂岩，强度较低，一般微风化的岩层强度在30MPa以下，设备采用三一重工公司产EBZ260H型悬臂掘进机进行掘进。利用掘进机对隧道进行快速掘进，这种机械操作简单，可控性高，具有适合开挖隧道的轮廓线，适用于中低硬度及以下的岩层、冻土岩层等适合的地层中，尤其在破碎岩层等中，具有高效的切削效率，对周边环境的影响也降至最低。EBZ260H型掘进机如图3所示。

2.2 施工方案、工艺及步骤

EBZ260H单臂掘进机外观尺寸为11.5m×3.6m×1.9m，切削范围(高×宽)5.2m×6m，隧道高11.4m，宽12.1m，根据采用的单臂掘进机所需作业空间大小及隧道施工要求确定台阶法施工，见图 4。

图 3　EBZ260H 型单臂掘进机

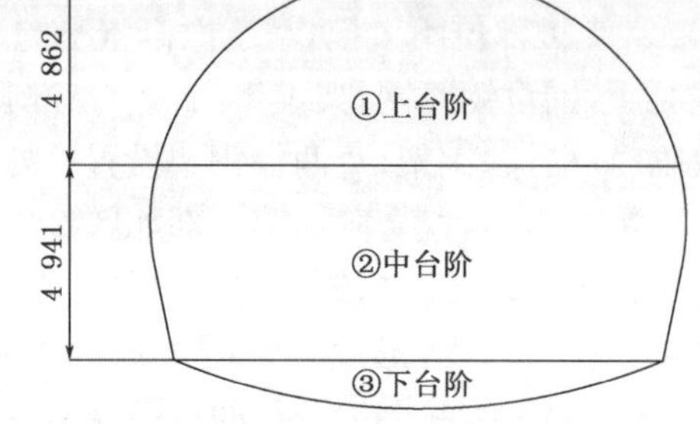

图 4　隧道台阶法施工(尺寸单位:mm)

单臂掘进机施工步骤如下：

第一步，开挖①部上台阶，进尺 2 榀，转换工序拱架安装、施工初期支护，连续开挖 3 次，转换至中台阶施工。开挖的渣石利用小型挖掘机运至中台阶倒运或者直接装车运至洞外临时渣场。

第二步，移动小型开挖台架进行初期支护拱架的安装，安设超前锚杆。

第三步，喷射上台阶初期支护。

第四步，同样的方法开挖②中台阶，同样每循环进尺 2 榀，进尺三次转换工序。切削开挖中台阶的同时，利用挖掘机同时出渣。

第五步，安装、喷射中台阶初期支护。

第六步，③下台阶采取铣挖机开挖。

第七步，施工下台阶初期支护及隧道衬砌仰拱、仰拱填充施工。

单臂掘进机铣挖断面，分左、右两大部分铣挖掘进，先进行试掘，然后根据试掘效果调整断面设计等铣挖参数。悬臂掘进机为纵向铣挖头(铣挖头直径≤1 m)，拨料截齿呈螺旋状，顺时针旋转，铣挖头连接伸长臂决定伸长量 2～3 m。根据铣挖头特点，开挖断面设计按分部条块法开挖，横向左右分部，竖向上下分条块。分块大小:高度 0.8～1.2 m。铣挖时分部分条块铣挖，左右分部，每部从下到上按条块依次铣挖，顺截齿旋转方向，每一条块铣挖时，从左到右铣挖，并不断摆动或调整铣挖头。当铣挖速度或效率降低时将铣挖头游离工作面，等速度回升后再抵近铣挖。铣挖效果的控制以降低粉尘、提高岩碴块度、单位铣挖量为标准。提高悬臂掘进机铣挖效率，边角及卧底部位等铣挖效率低的部位，由人工或其他机械设备清理。质量控制要求开挖循环进尺需满足设计；断面轮廓线虽然不能修整到位，但能铣挖到的地方，必须修整整齐，并要保证隧道中线及高程控制。施工流程见图 5。

2.3　洞内通风与防尘

加强隧道施工通风，设计完善的通风系统，保证通风系统工作的稳定、连续和有效。隧道通风每个作业工班设专职人员管理。凿岩和装渣时，设置专用喷雾器，采取有效的防尘措施。

(1)供水压力 3MPa，水量 30～150L/min，如水压不足可配备增压泵。试验现场采用增压泵解决。

(2)供电电压 1 140V，配备变压器和控制开关，同时配备 1 140V 动力电缆线，线长根据隧道掘进长度确定。

(3)通风要求，保证最小供风 0.15m/s(出风口风量 270m^3/min)，实际供风应在 400～600m^3/min 之间。

(4)为控制粉尘,需适当喷雾,既达到降低粉尘目的又不引起岩渣泥化。喷雾装置为悬臂掘进机自备装置。

(5)排水,采用排水沟进行排水,隧道侧边设置排水沟,在横洞与正线交接处设置一个 5m^3 集水井,集中抽排洞内积水。

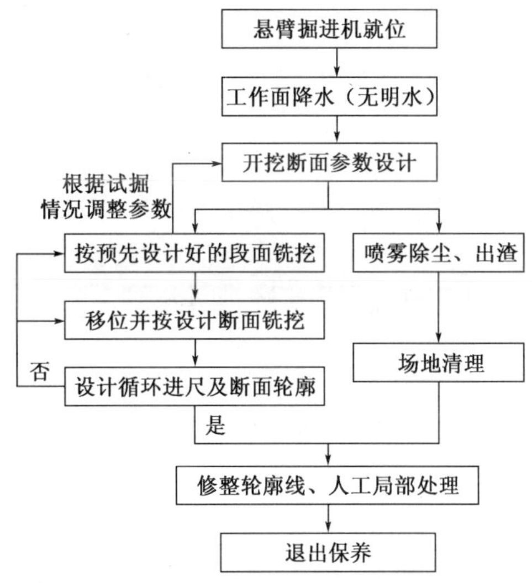

图 5　悬臂掘进机施工工艺流程图

3　结语

(1)采用机械切削开挖对周边的环境影响尤其是振动控制有明显效果,新红岩隧道施工期间未影响到当地居民的正常生产生活,能确保地表建筑物的安全;新中梁山隧道的邻近隧道监测显示正常,也未能对过往列车产生影响。

(2)机械开挖法验证本型号单臂掘进机、铣挖机适用抗压强度在 30MPa 左右的岩层条件,能取得较好施工效率,机械开挖法的试验成功对类似工程具有借鉴意义,尤其在浅埋硬质隧道中可作为一个较适宜的施工方法。

新建地铁隧道下穿运营地铁车站的土体加固和沉降控制

董长明　郜　强　刘昌用

（中铁隆工程集团有限公司）

摘　要　本文列举了新建地铁暗挖区间(或车站)下穿运营中的地铁车站的成功案例,并对北京地铁14号线安～蒲区间下穿5号线蒲黄榆站的土体加固、工法选择、沉降控制、信息反馈等作了详细介绍。

关键词　浅埋暗挖　下穿既有线　施工工法

1　新建地铁暗挖区间(或车站)隧道下穿运营地铁车站的成功案例

1.1　北京7号线崇文门～磁器口区间下穿既有5号线磁器口车站[1]

区间隧道结构断面6.3m×6.6m,呈圆形结构,下穿段隧道所处地层为中粗砂层,粉土及粉质粘土层,无地下水。隧道注浆加固区域为隧道内全断面及隧道开挖轮廓线周边3m范围,设置临时仰拱,台阶法施工。目前已施工完成,施工过程中有沉降预警。

沉降控制指标:3mm,完成后实际沉降值:3～4mm。

1.2　北京地铁10号线二期角门西站暗挖段下穿既有4号线角门西站[2]

下穿段车站隧道结构10m×9.7m,圆形结构,所处地层为卵石④层:杂色,密实,一般粒径2～6cm,最大粒径大于10cm,细中砂充填25%～40%,局部及细砂薄层,连续分布,降水施工。隧道注浆加固区域:隧道内全断面、隧道开挖轮廓线周边1.5m以及两隧道之间全部土体。采用CRD工法施工,目前已施工完成。

沉降控制指标:10mm,完成后沉降值:6mm。

1.3　北京地铁4号线宣武门站暗挖段下穿既有2号线宣武门站[3]

下穿段车站隧道9.85m×9.0m,矩形结构,下穿既有线段全长26.7m,两洞之间净距4.1m,结构垂直净距1.9m,顶部采用双排ϕ295的大管棚,间距300mm,隧道内全断面及结构周边外2m以及两结构之间土体注浆加固,初支采用I20型钢架,格栅间距500mm,300mm厚C25喷混凝土,采用CRD工法分四部开挖施工,临时支撑采用I20型钢支撑。

沉降控制指标:10mm,完成后沉降值:6.78mm。

上述案例说明新建地铁暗挖隧道下穿既有车站,采用超前支护或全断段帷幕注浆加固土体,并根据地质水文和环境条件,结合上、下结构之间夹土厚度,选择合理的断面结构形式和正确的施工方法、施工步序,附之以严密的监控量测手段、应急预案措施,满足运营地铁安全要求。

2 北京地铁14号线隧道下穿既有5号线蒲黄榆车站的工程概况与环境风险

2.1 下穿段工程概况

2.1.1 安蒲区间工程概况

安蒲区间自安乐林站出发后，沿安乐林路并下穿景泰路、蒲黄榆五巷、蒲黄榆二巷及蒲黄榆路交叉路口，至蒲黄榆路下穿5号线并与蒲黄榆站换乘。安乐林路规划道路红线宽30m，车流量较大，线路穿越范围内平房较多，邻近若干高层建筑，距离隧道结构外侧在−0.5～8.0m。区间结构覆土厚度为14.223～27.644m，线间距10～17m 。

2.1.2 既有5号线蒲黄榆站结构形式

既有5号线蒲黄榆站为单柱双层单拱形结构形式，中洞法暗挖施工。车站覆土约5.85m，底板埋深约22.0m，全长168m。车站结构宽22.6m，高16.3m，初支采用300mm厚C20网喷混凝土，二次衬砌采用不小于600mm厚C30、P10防水钢筋混凝土；车站施工时采用ϕ114贯通整个车站拱部超长管棚。

2.1.3 安蒲区间与5号线蒲黄榆站的关系

安蒲区间下穿及邻近段左右线各45m，其中位于既有5号线结构下方长度为22.6m。区间隧道开挖轮廓线距既有蒲黄榆站底部距离为0.348～1.58m。

2.1.4 5号线蒲黄榆站现状检查和安全评估

洞体结构混凝土外观质量完好，未发现渗漏水、露筋现象，结构强度满足设计要求。道床存在宽度在0.21～1.82mm之间的少量裂缝。

2.2 下穿段周边结构环境(图1)

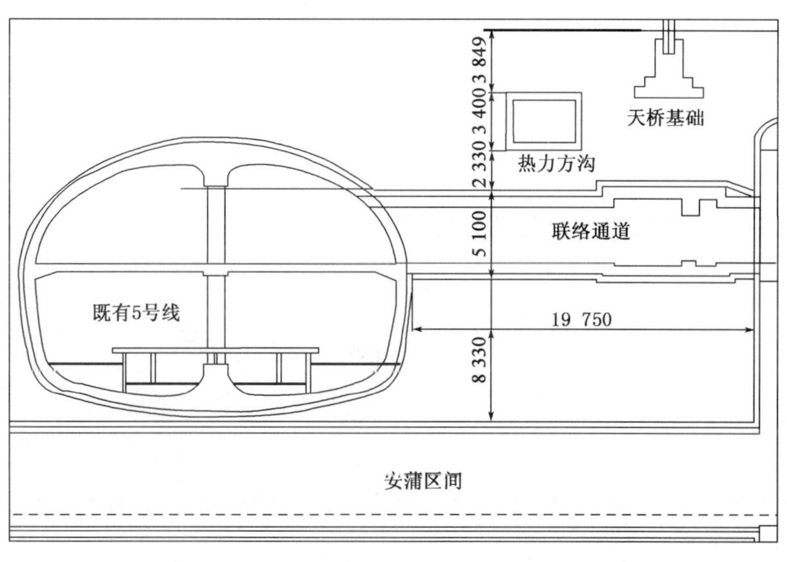

图1 下穿区间与周边结构关系图(尺寸单位:mm)

由图1可看出，既有5号线周边环境复杂，涉及新建14号线与既有5号线换乘通道、热力方沟、人行天桥基础等环境风险源。

3 下穿隧道的工程地质、水文地质及降水现状

3.1 工程地质

下穿段所处地层为中粗砂层与卵石层：杂色，稍实，稍湿～饱和，最大粒径不小于210mm，一般粒径20～40mm，粒径大于20mm颗粒含量约为总质量的60%，亚圆形，中粗砂充填。

3.2 水文地质

隧道所处地层主要地下水为潜水，含水层主要为卵石⑦、中粗砂$⑦_1$、粉细砂$⑦_2$层，初见水位埋深22.3～24.0m，稳定水位埋深21.3～23.6m，主要接受降水及侧向径流补给，以侧向径流和向下越流为主要排泄方式。

3.3 降水

该段设计降水深度8m，降至结构底板下1m，既有5号线两侧共设计31眼井，因周边环境条件限制，实际施工11眼井，靠近既有5号线只有3眼井，降水未达到设计要求。

4 暗挖下穿车站注浆加固方案

4.1 下穿段注浆加固措施

隧道上部2.25m范围内及隧道周边3m注浆加固地层，改良地质条件；下穿段全长32.45m，采用CRD工法施工；竖向临时中隔壁采用200cm×200cm×20cm与250cm×250cm×20cm方钢管。

4.1.1 布孔

深孔注浆，每循环注浆段长12m，开挖10m，隧道上半断面拱部下2.25m及隧道周边外扩3m范围为加固体范围，隧道拱部辅以小导管注浆支护短循环方式施工。

4.1.2 成孔参数(表1)

注浆成孔参数表 表1

编号	孔深(m)	外插角(°)	备注
1	4.1	59	周边孔
2	4.7	38	周边孔
3	8.5	24	周边孔
4	10.6	19	周边孔
5	12.25	11	周边孔
6	12	5	周边孔
7	12	1	中间孔

4.1.3 注浆参数

注浆方式：采用后退式劈裂注浆方式；

注浆孔距：在区间施工掌子面，钻孔直径φ89，跟管钻机钻进成孔，孔间距0.8m，排间距0.8m，梅花形布置。注浆扩散半径不小于0.5m。因注浆地层为砂卵石层，跟管钻机太大，不利于现场作业，建议调整为二重管注浆，便于作业；

注浆材料：采用单液水泥浆(水灰比1:1，可根据试验适当调整)，套壳料(水:水泥:膨润土

比为3∶1∶1，24h强度为2～3MPa。)因砂卵石地层扩散性好，纯水泥浆凝固时间长，双液浆可通过比例调整浆液凝固时间，更有利于地层加固。

4.1.4　施工设备选择

根据隧道实际情况与设备尺寸，选取择二重管钻机，便于洞内施工作业。

4.1.5　注浆压力

注浆压力：初压为0.2～0.5MPa，终压为1.50MPa，注浆量根据加固土体计算，再平均到每米，达到计算用量浆液后停止($Q=D \cdot n \cdot K$，D为加固土体体积；n为岩体孔隙率，取0.8；K为充填系数，为0.3～0.5，取平均值0.4)。

4.2　注浆加固体强度要求与效果检测

注浆要求注浆完成28d后的地基承载力特征值：粉土、细中砂、粉细砂和粉质粘土层的地基承载力特征值应达到500kPa以上；中粗砂、砾砂、圆砾、卵石层的地基承载力特征值达到1MPa以上；渗透系数$\leqslant 1\times10^{-6}$cm/s。

注浆效果检测可采用取芯抗压、标贯试验、压板试验、抽水试验四种方法。

4.3　注浆过程控制

在封闭的掌子面上，按图纸所给的钻孔位置，放样出每个钻孔的具体位置，并用红油漆标示出来，便于控制孔间距与，预防跳孔。

4.3.1　钻机就位

钻机按指定位置就位，调整钻杆的垂直度。对准孔位后，钻机不得移位，也不得随意起降。

4.3.2　钻进成孔

第一个孔施工时，要慢速运转，掌握地层对钻机的影响情况，以确定在该地层条件下的钻进参数。密切观察溢水出水情况，出现大量溢水出水时，应立即停钻，分析原因后再进行施工。每钻进一段，检查一段，及时纠偏，孔底位置应小于30cm。钻孔和注浆顺序由外向内，同一圈孔间隔施工。

4.3.3　注浆

钻孔至设计深度后，即开始加固止水注浆，成孔钻杆代替注浆导管，该钻杆为二重管套管，两种浆液通过钻杆，最后在钻头端部汇合后再压入土体内，通过浆液混合后填充砂卵石之间空隙，达到加固目的。钻杆回抽，在注浆压力达到指定压力并稳定一段时间后，再回抽钻杆，每次回抽长度控制在15～20cm之间。

4.4　施工组织

根据安蒲区间作业面布置，共组织两个注浆班组，两个初期支护作业开挖班组，注浆与施工交叉进行，一个初期支护背后回填注浆班组，跟进初期支护背后注浆。注浆作业人员共计24人，采用TXU-75A钻机成孔，SYB-60/160注浆泵注浆。

4.5　浆液选择

土体加固采用WSS工法进行施工。由A、B、C三种基本浆液，按AB与AC两类进行注浆，其中，AB液为以硅酸钠(水玻璃)与磷酸(H_3PO_4)为主要材料的纯化学浆液，AC液为以硅酸钠(水玻璃)与水泥为主要材料的混合浆液，考虑该处地层主要是砂卵层，降水不能全部到位，该地层本身可注性较好，因此，选用AB与AC相结合的方式作为主要注浆材料。浆液配比见表2。

浆液配比表　　表2

A液		B液		C液	
硅酸钠	100L	Gs剂	8.5%	水泥	42%
水	100L	H剂	6.7%	H剂	4.6%
		C剂	7.1%	C剂	3.2%
		水		P剂	4.5%
				水	

4.6　深孔注浆施工质量控制

隧道开挖至需要进行加固范围前2m时，停止开挖作业，封闭掌子面，施工止浆墙，止浆墙厚40cm，采用网喷混凝土封闭；注浆孔，按设计要求布置钻孔，控制好钻孔角度，确保注浆范围及注浆效果；加固注浆所用的A、B、C三种浆液按要求配制，配制过程中，现场采用体积法控制，并在配浆洞上标明刻度，便于控制，配制好的浆液采用交叉注进的方式进行，确保注浆加固效果；对深孔注浆，初压为0.3～0.75MPa，终压为1.5MPa，在终压状态下，当每分钟进浆量小于3L或注浆压力在终压状态逐步升高时，可停止注浆。

5　监控量测

5.1　监控内容

为确保既有5号线车站运营安全和下穿隧道开挖、支护结构的稳定，本次监控内容共分两部分，第一部分是对下穿既有5号线特级风险源采用人工监测手段，主要监测项目、仪器和周期见表3。第二部分是对区间上方地表及区间结构进行监测。

监测项目表　　表3

量测项目		方法及工具	布　置	量测频率
A项量测	地质及支护观察	观察、描述	开挖后、初期支护后	每次开挖后
	周边位移	收敛计	每5m一个断面，每个断面4条水平测线	开挖面距离量测断面前后<2B时，1次/d；开挖面距离量测断面前后≤5B时，1次/2d；开挖面距离量测断面前后>5B时，1次/周
	拱顶下沉	水准仪、铟钢尺	每5m一个断面	
	地表沉降	水准仪、铟钢尺	横向布置如图，纵向4个主断面。每5m一个必测断面	
	建筑物沉降及倾斜	水准仪、铟钢尺	结合地表点布设	
	地下管线沉降	水准仪、铟钢尺	结合地表点布设	
B项测量	围岩压力	压力盒、频率接受仪	选有代表性的2个断面	开挖面距离量测断面前后<2B时，1次/d；开挖面距离量测断面前后≤5B时，1次/2d；开挖面距离量测断面前后>5B时，1次/周
	钢拱架应力	应变片、频率接受仪	每3m设一组	
	钢筋应力	钢筋计、频率接受仪	选有代表性的2个断面	

5.2　监测布点(图2)

根据设计要求，监测点分地表点与洞内点，布置示意如图2所示。地表均为地表沉降点，各管线点由地表点代替，洞内主要有拱顶沉降点、洞底隆起点、洞内收敛点、土压力盒、钢筋应力计等监测点。

既有 5 号线结构及轨道监测布点及监测由第三方监测组织实施。

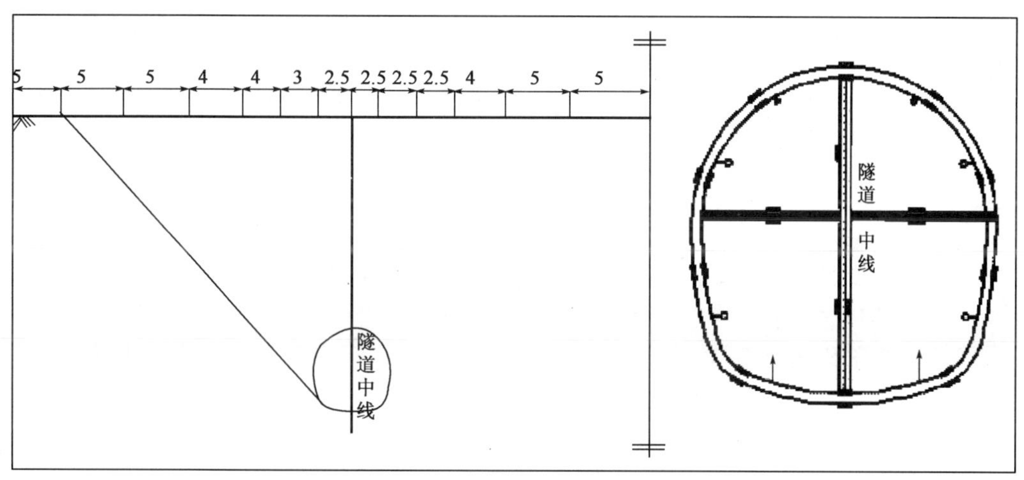

图 2　监测点布置示意图(尺寸单位:m)

5.3　监测控制指标

5.3.1　既有线监测指标(表 4)

既有车站控制指标表　　表 4

控制指标		预警值(mm)	报警值(mm)	控制值(mm)
轨道结构变形	横向变形	0.7	0.8	1.0
	竖向变形	2.1	2.4	3.0
车站主体结构变形	横向变形	0.7	0.8	1.0
	竖向变形	2.1	2.4	3.0
出入口结构变形	横向变形	0.7	0.8	1.0
	竖向变形	2.1	2.4	3.0

5.3.2　一般监测指标(表 5 和表 6)

建筑物沉降变形控制指标基准值表(单位:mm)　　表 5

项　目	控　制　值
沉降值	15.0
差异沉降	6.0
水平位移	12.0
变形速率	2.0mm/d

地下管线控制指标参考数表　　表 6

重要性等级	允许位移控制值(mm)	倾斜控制值
Ⅰ(有压管线)	≤10	≤0.002
Ⅱ(无压雨水、污水管线)	≤20	≤0.005
Ⅲ(无压其他管线)	≤30	≤0.004

5.4 监测信息报送和反馈方式

在施工过程中，对现场测得所有监测数据，均采用信息化管理，由监控小组中从事监控经验丰富的专职人员进行，根据不同的观测要求，绘制不同的数据曲线，打印相关的表格，预测变形发展趋势，定期以简报（日报、周报、月报）的形式汇报。根据实际工况，做到随叫随到，下一个观测时应提供上一次的观测成果。必须随时向业主或监理书面报告，提供技术资料，必要时提供阶段性报告。

参考文献

[1] 李宏达.北京地铁7号线崇磁区间下穿既有5号线磁器口站施工方法[R].

[2] 巩天才.CRD工法在下穿既有线暗挖隧道施工中的应用[J].工程技术，2010.

[3] 王志刚.北京地铁4号线宣武门站下穿既有车站施工方案研究[J].铁道建设，2009，29(5).

[4] 刘昌用.北京地铁复兴门折返线施工[J].铁道建设，1987(8)：2-6.

[5] 贺长俊，蒋中庸，刘昌用，等.浅埋暗挖法隧道施工技术的发展[J].市政技术，2009(3)：274-279.

基桩缺陷检测与施工技术探讨

常志红 刘江红

（北京市建设工程质量第三检测所有限责任公司）

摘 要 混凝土桩基础在现代建设工程中的应用非常广泛，由于桩基础是隐蔽工程，受地质条件和施工工艺的影响，很容易出现质量问题。而桩基础一旦出现质量问题，处理起来非常麻烦。为了提高建设工程施工质量，减少混凝土灌注桩质量问题的发生，必须加强施工中的监理与管理控制。本文从检测角度出发，根据检测信号特征，分析缺陷成因，推断施工过程中发生的问题，提出改进施工工艺，减少缺陷发生的一些办法。并对不同类型的缺陷处理方法进行分析和比较，供施工等相关单位参考。

关键词 混凝土灌注桩 桩身完整性 声波透射法 基桩缺陷 信号特征 处理方法

桩基础的应用非常广泛，在建筑、交通、铁路、水利等行业中大量使用。但是桩基础工程属于隐蔽工程，无法直接观察和检查，桩基础出现的质量问题较多，出现问题后处理难度较大，效果不理想。由于桩基础质量问题，导致上部结构倾斜、裂缝、下沉、失稳、倒塌等事故时有发生，严重危及人民群众的生命财产安全。因此，必须加强施工过程的监督和管理，保证桩基础的灌注质量，并要采取行之有效的检测方法对质量进行检测。

本文从检测角度出发，对缺陷进行了分类和总结，详细分析了缺陷形成的原因，检测信号典型特征，并反推施工过程中发生的问题。从而指导施工相关单位在基桩灌注过程中采取相应的预防措施，防止类似事故的发生，提高成桩的质量。

1 基桩常用检测方法优缺点

基桩完整性常用的检测方法有低应变反射波法、声波透射法、钻芯法、高应变法、静载荷试验法等。几种检测方法各有优势和不足，不同行业，不同地区各种检测方法的搭配使用略有不同。常用的方法是低应变反射波法和声波透射法，发现问题后再结合钻芯法和静载荷试验法进行验证及处理。

低应变反射波法只需要在桩头进行敲击和检测，方法简单方便，应用非常广泛。但存在测试盲区，测试结果比较粗浅，对长桩、大直径桩、桩上部缺陷、桩底沉渣厚度、多缺陷的测试效果不理想，对缺陷也不能进行定量分析。

声波透射法是最近几年应用最广的检测方法。该方法测试精度高，测试无盲区，可定量对缺陷进行描述等，目前已经在各个行业得到了普及应用，是最有发展前景的检测方法之一。如《公路工程基桩检测技术规程》(JTG/T F81-01—2004)中就规定，重要工程钻孔灌注桩 50% 以上要用声波透射法检测。该方法在检测时需要在桩内预埋 2～4 根声测管作为检测的通道，检测过程略为麻烦。

静载荷试验法可以准确确定基桩的承载力，一般用于新型基桩类型或复杂地质条件下确定基桩承载力。由于试验非常麻烦，试验周期长，费用高等原因，仅适用于少数基桩的检测，对大直径、高承载力的基桩不适用。

钻芯法属于对基桩的微破损检测。检测结果非常直观，并可同时测试混凝土强度和完整性。但是成本高，周期长。仅用于少数桩的验证检测。

高应变法可以同时检测基桩完整性和承载力，但设备笨重，对桩头的损害较大。仅能对承载力较小的基桩进行检测。在我国只有少数地区对试验桩和预制桩检测中使用。

2 基桩缺陷的分类

根据缺陷在桩身中的位置，可以对缺陷进行简单的分类，见表1。

根据位置对缺陷进行分类 表1

缺陷类别	桩底缺陷	桩头缺陷	桩身缺陷	整桩缺陷
缺陷位置	桩底向上1～3m	桩头向下1～3m	桩身局部	全桩或多段区域
常见缺陷	沉渣过厚严重离析	分层离析、夹泥、低强、严重缩径	夹泥、离析低强、断桩、缩径、异物	低强、离析多段缺陷

3 基桩缺陷成因分析与检测信号特征

3.1 桩底部位缺陷

桩底部缺陷主要是沉渣过厚和混凝土严重离析两种情况。沉渣过厚主要是由于钻孔完成后，清孔不到位或清孔后放置时间过长泥沙沉淀而形成的；严重离析是由于导管没有加止水阀或密封性不好，导管进水，混凝土骨料分离形成的。值得一提的是有很多人工挖孔干作业灌注桩也发生类似的情况，多数是孔底积水（水深0.5m以上）很难排干净，没有采取处理措施形成的。声波透射法检测时，检测信号特征表现为声速低，幅度低的拖尾巴现象（图1～图3）。低应变反射波法一般观测不到此类缺陷。

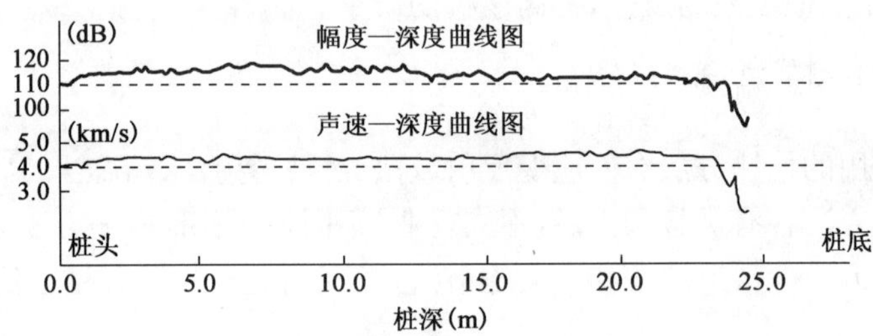

图1 桩底沉渣过厚（渐变型缺陷）

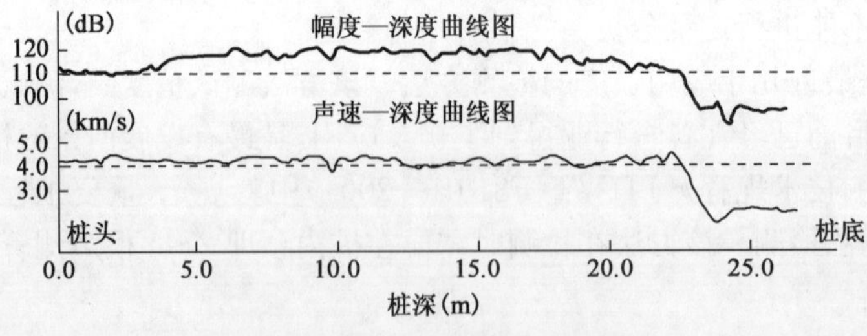

图2 桩底沉渣过厚（突变型缺陷）

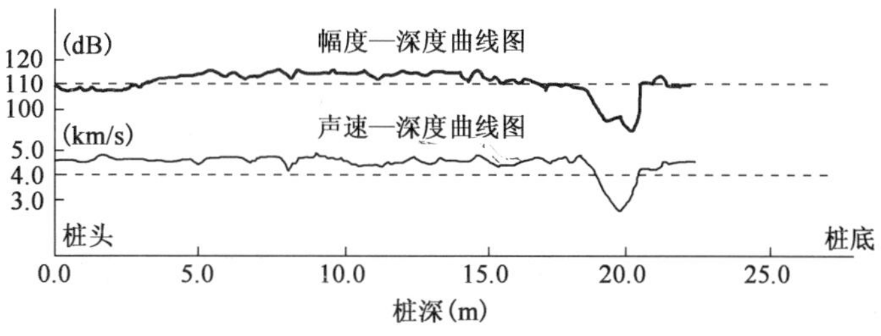

图3 桩底沉渣过厚(夹泥型缺陷)

3.2 桩头部位缺陷

桩头部位的缺陷比较常见，缺陷类型较多，有分层离析、夹泥、低强混凝土，缩径等。除了剔凿桩头不到位之外，大部分缺陷的形成与桩头不正确的导管拔出方式和拔出时间有关。为了充分了解缺陷的形成原因，我们先简单分析一下灌桩过程。

在混凝土自桩底向上浇筑过程中，混凝土上表面形成一层泥浆与水泥浆的混合层，并在下方正常混凝土的挤压下逐渐向上移动，同时该混合层也逐渐加厚。按照国内施工规范的要求，在灌桩完成后桩头一般高出设计桩头1～2m，以保证混合层的底面高出设计桩头高程。成桩后把设计桩头以上的部分剔除掉即可。

桩头部位形成的缺陷主要是混合层与正常混凝土的分界面低于设计桩顶高程，造成设计桩顶高程以下遗留一部分混合层。根据混合层内成分的不同，桩顶缺陷表现为低强混凝土，分层离析，夹泥、缩径及断桩等。

另一方面，基桩灌注过程中，作为混凝土输送通道的导管，其底面始终位于混凝土内部一定深度位置(混合层底面以下2～4m)。当灌注接近桩头时，如果拔掉导管，直接灌注剩余的桩头部分，混合层与混凝土混合后，混凝土中就掺和了大量的泥沙和水泥浆等杂物，成桩后桩头部位的混凝土质量较差。这也是造成桩头缺陷的主要原因之一。

声波透射法检测时，检测信号特征表现出“低头”现象(图4～图6)。低应变反射波法一般观测不到此类缺陷。

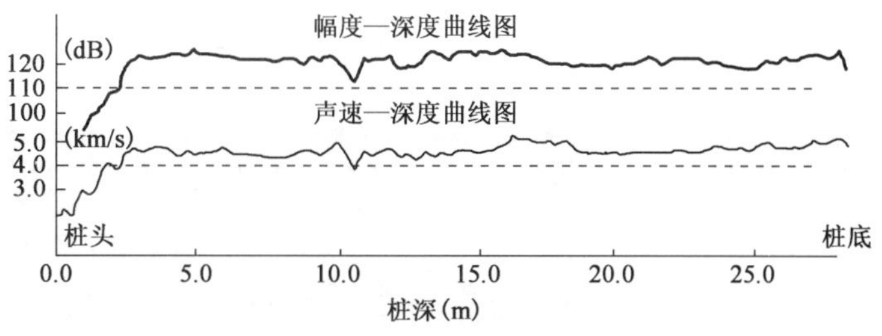

图4 桩头部位缺陷(渐变型缺陷)

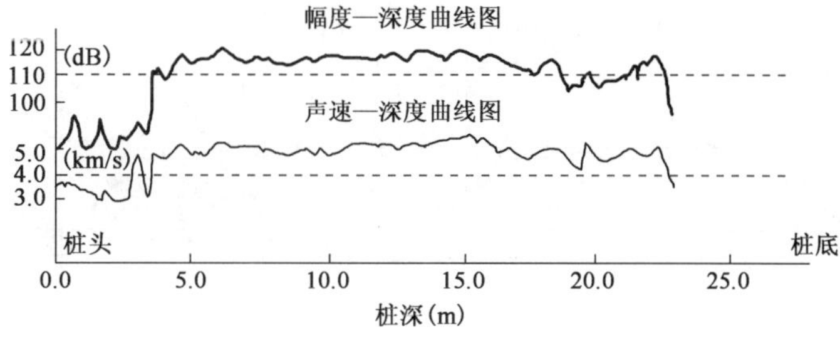

图5 桩头部位缺陷(突变型缺陷)

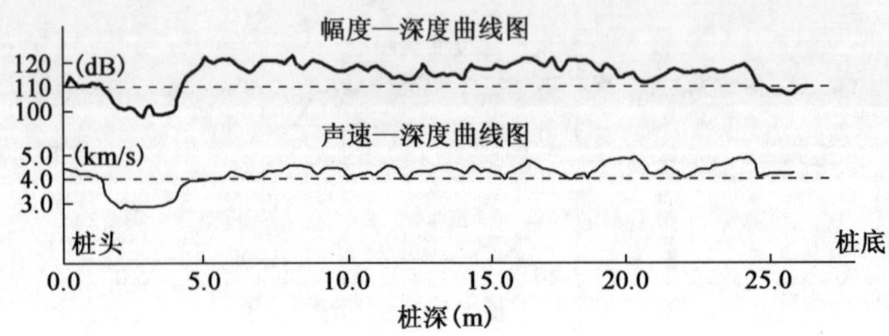

图 6　桩头部位缺陷(夹泥型缺陷)

3.3　桩身缺陷

桩身缺陷与桩头缺陷有点类似,但缺陷类型更多。当导管底面超出混合层底面高度时,缺陷类型和特征与 3.2 节所讲的基本相同,这里不再重复。重点介绍几种特殊的缺陷类型。

当地质条件较差,如松散的砂砾层、低密实弱粘结的砂层、砂土层、杂填土层等,受灌桩过程中振动或碰撞影响,极易形成塌孔。塌落物在混凝土表面堆积后形成断桩、局部严重缩径、夹泥等严重缺陷。

当地层中有含水比较丰富的砂砾层或卵石层时,地下水流动性较强,混凝土极易被冲刷,水泥和砂子被带走,粗集料留在原地,造成严重离析。

在灌桩过程中异物掉落,如导管拔断、枕木或串筒滑落等,也是形成桩身缺陷的主要原因之一。有些单位为了节省材料,人为的向桩内投放大的卵石等材料,也可造成桩身严重缺陷。

声波透射法检测时,检测信号特征表现为"V 形冒尖"现象(图 7)。低应变反射波法检测时表现为同相位的强反射信号(图 8)。

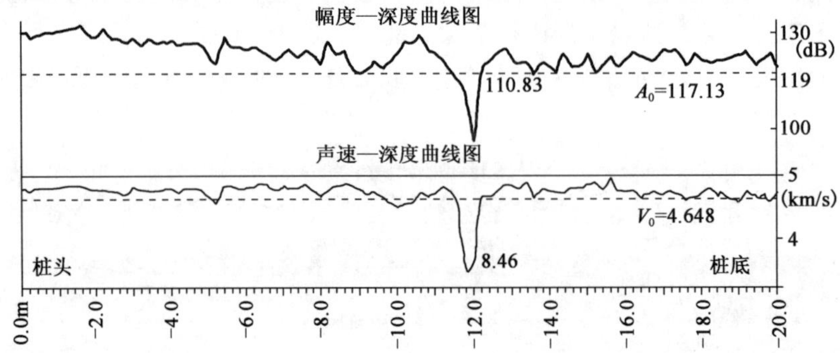

图 7　声波透射法桩身缺陷图

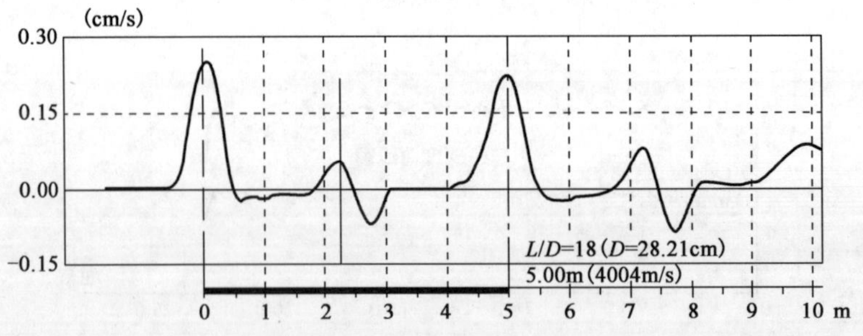

图 8　低应变反射波法典型缺陷图

3.4 全桩缺陷

全桩缺陷多表现为桩身整体混凝土质量较差，混凝土强度较低，或桩身有多段严重的缺陷等。分析原因多是原材料不合格（水泥、砂子质量不合格）、混凝土配合比出错、搅拌过程失控、灌桩工艺不合理等原因造成的。此类缺陷一般不常见，但是我们必须高度重视，因为出现一根后有可能会发现一批基桩都存在类似问题，导致全部基桩报废，造成重大的财产损失。图 9 为某桥梁桩基信号，图中声速较低，平均值约 3.0km/s；相对幅度较低，低于正常混凝土 10dB 以上。该工程同一批灌筑桩中 80％以上基桩信号与图 9 类似。调研结果是搅拌过程严重失控，水灰比严重失调造成的。

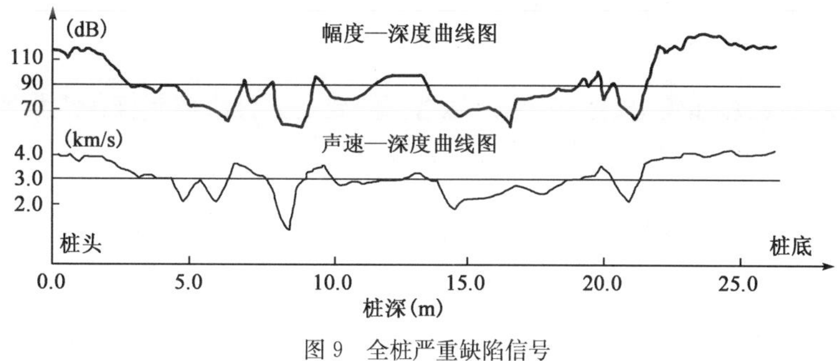

图 9　全桩严重缺陷信号

图 10 显示的是另一个桥梁工程桩基础检测信号，图中有四个明显的缺陷区域，属于桩身多段严重异常。调查后发现，该现象是由于在施工过程中导管高度没有专人负责控制，导管多次被拔出混凝土面造成的多层离析现象。该工程有 60％以上基桩都存在类似问题，导致全桥基桩报废的重大工程质量事故。

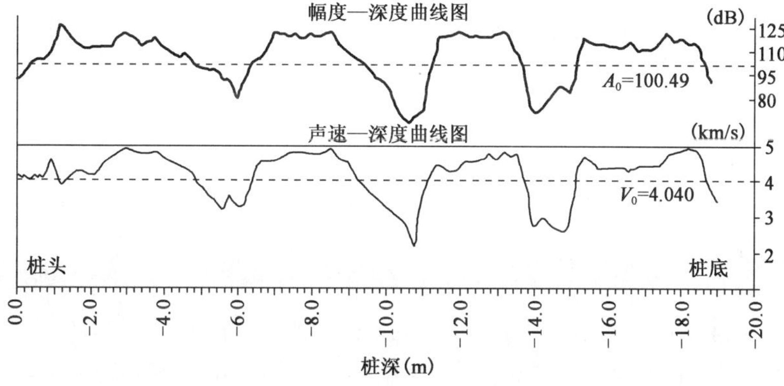

图 10　桩身多段严重缺陷

4　采取的预防措施

为了减少和避免缺陷桩的发生，必须采取行之有效的预防措施，提高成桩质量。施工等相关单位需要做好以下几种工作。

4.1 作业指导书的编制与学习

工程技术人员根据不同的地层条件，不同的基桩类型，不同的工作环境，编写专业的现场作业指导书，并组织相关人员认真学习，是避免缺陷形成的重要措施。参与现场施工的每一位技术人员，对灌桩的工艺流程，应急处理措施等要一清二楚。

4.2 精确计算与控制

技术人员要根据桩长、桩径、集料箱体积等情况，准确计算混凝土上表面的高度，导管的埋入深度，导管每一次的上拔高度等，在施工过程中进行控制。

4.3 全程监控

每一次灌桩都要有专业的技术人员负责和监理全程旁站。对桩底沉渣厚度、导管插入深度、混凝土坍落度、泥浆流量等都要严格监控，发现异常情况及时进行处理。

4.4 备用设备

现场必须有可用的备用设备，如发电机、混凝土罐车、吊车、导管、搅拌机、水泵等，根据情况准备1～2套备用，发生故障及时更换。

4.5 应急处理机制

对现场突发的事故，如停电、停水、卡管、堵管等，技术人员应按照操作规程中相关规定，立即启动应急处理程序，对工程事故进行妥善的处理。

5 基桩缺陷的处理

常见的处理方法有钻孔注浆法、剔凿修补法、接桩法、补桩法、设计复核及变更等方法。对于基桩不同部位的缺陷和不同类型的缺陷，选择什么样的处理方法最有效，每一根问题桩可能都不一样，目前并没有统一的方案。这里对几种常用缺陷的处理方法进行简单介绍，供大家参考。

5.1 桩底缺陷

桩底沉渣层为泥沙或粒径较大的集料时，一般在桩上钻2～4个孔(至桩底部位)，采用高压水对桩底部位进行清孔，然后进行注浆处理，复测结果显示效果比较理想。当沉渣层为混凝土离析或低强混凝土时，这种处理方法效果比较差。可以由设计单位对基桩承载力进行复核计算，提出合理的处理方案。

对以摩擦型为主的基桩，桩底提供的承载力非常小，设计者一般会留有一定的余量。当沉渣层厚度不大(如1.0m以内)时，一般不需进行处理。但是对嵌固型为主的基桩，不允许有沉渣层存在，因此，只能通过静载荷试验法确定基桩实际承载力，再由设计进行相应的变更处理。

5.2 桩头缺陷

桩头缺陷的处理：一般进行浅部开挖，找到缺陷部位后进行局部剔凿。剔凿量比较少时，只要把缺陷部分清除干净，露出正常混凝土面，在上面刷一层高强度等级水泥砂浆，进行修补即可。剔凿量较大时，就需要进行接桩处理，把缺陷部位以上的桩身截除，重新焊接钢筋笼后浇筑混凝土。处理时一定要注意新旧混凝土结合面的质量，不能形成新的缺陷。

5.3 桩身缺陷

桩身缺陷一般采取钻孔注浆的方法进行处理。但是并不是所有桩身缺陷都可以采取这种方法进行处理。必须根据检测信号特征推断缺陷的性质，对夹泥、夹砂类缺陷和粒径较大的集料堆积(如大的卵石)缺陷，可以钻孔到相应的位置，高压水冲孔后注浆可收到较好的效果。但是对分层离析、低强混凝土、水泥浆层等孔隙率较小的缺陷，钻孔注浆的效果很差，达不到消除缺陷的目地，可以参考全桩身缺陷的处理方法。

5.4 全桩身缺陷

全桩身缺陷的处理：处理方法有原位打桩、补桩、加桩、移位、变更基础类型等几种方式。

个别基桩有缺陷时，可利用重锤把缺陷桩震碎，原位重新打孔灌桩，该方法花费时间较长，费用也比较高。好处是施工单位可以自己做主进行处理，不用通过设计单位变更。

其他的处理方法是在缺陷桩周围对称的打两根桩径小的短桩（俗称扁担桩），桩上打一小型承台，部分或全部代替原桩。

当基桩中下部有缺陷时，可以在两根桩之间加短桩进行加密，上部打承台进行处理。

当缺陷桩较多，缺陷处理成本较高时，可以由设计单位进行设计变更，对桩进行移位，更改基础类型等。

据统计，国内外缺陷桩所占比例约为 4%，经过适当的方法进行处理后，大部分可以满足设计要求，只有 1%～2%的桩是报废桩，需要重新打桩和变更设计。

总之，基桩施工工艺的特殊性，决定了工程施工过程中出现缺陷的必然性。我们应该采取行之有效的措施，减少缺陷的发生。一旦发现基桩存在缺陷，应该采取积极有效的措施进行处理和补救。

参考文献

[1] 中华人民共和国行业标准. JTG/T F81-01—2004 公路工程基桩检测技术规程[S]. 北京：人民交通出版社，2004.

[2] 林维正. 土木工程质量无损检测技术[M]. 北京：中国电力出版社，2008.

浅谈某地铁车站侧墙裂缝成因分析及防治

李小刚　刁天祥

（中铁隆工程集团有限公司）

摘　要　地铁明挖车站主体结构侧墙裂缝是一种极常见的质量通病，对结构防水和混凝土耐久性造成隐患。裂缝形成原因比较复杂，本文从工程实例出发，探索裂缝形成原因，提出防治措施。

关键词　地铁车站　侧墙　裂缝　防治

1　引言

裂缝是指固体材料的某种不连续现象。近代固体强度发展理论说明，结构物裂缝可以引起渗漏，引起持久强度的降低，如保护层脱落、钢筋腐蚀、混凝土碳化等现象。但是关于混凝土强度的研究和大量工程实践证明，结构物裂缝是不可避免的，摒弃付出巨大经济代价而过严地控制建筑物抗裂指标，将其有害程度控制在允许范围内是科学的做法。

2　工程概述

某地铁车站，总长440.7m，为地下双层侧式站台车站，箱型框架结构。标准段外包宽度25.8m，结构底板埋深18～20m，顶板埋深3.5～11m，典型标准断面为地下两层三柱四跨结构，结构侧墙厚度700～1 100mm。设计使用年限100年，主体混凝土有专项耐久性设计。地层自上而下依次为杂填土、素填土、粉质粘土、粉砂质泥岩及泥质粉砂岩。地下水主要分为三种类型：上层滞水、孔隙性潜水、基岩裂隙水，基坑渗水主要为地面补给和层间水。

车站主体结构施工顺序见图1。

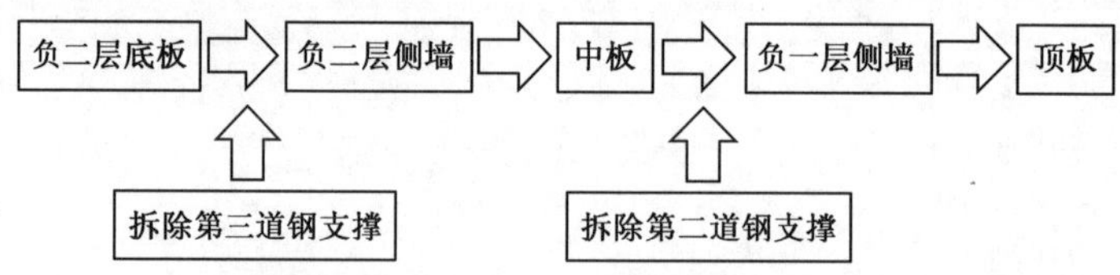

图1　车站主体结构施工工艺流程图

负一和负二层侧墙采用工厂制作三角形大模板，支撑系统为型钢组合桁架结构，面板为18mm厚胶合板，底部设行走滑轮。

3　侧墙裂缝情况排查

经排查统计，该车站发现侧墙裂缝(纹)共17条，全部分部在负二层，裂缝大致呈竖向但不规则，长度3～6m不等，属于“线渗”，部分裂缝在底部约1m位置有渗水或碳酸钙白浆渗出，大部分裂缝出现在边墙的间距在4～6m，部分裂缝情况统计见表1。

部分裂缝情况统计表　　表1

裂缝部位	里程	裂纹现象	浇筑日期	拆模日期	商品混凝土供应站	该段长度(m)	浇筑当日气温(℃)	渗水现象
N12负二层北侧侧墙	ZSK0+278	从下延伸至上，约3m	2014-1-4	2014-1-9	HH站	18.5	15～20	无渗水
N12负二层南侧侧墙	ZSK0+262	从下延伸至上贯通，5～6m	2014-1-4	2014-1-9	HH站	18.5	15～20	下部有渗水
N12负二层南侧侧墙	ZSK0+267	从下延伸至上，约4m	2014-1-4	2014-1-9	HH站	18.5	15～22	无渗水
N13负二层南侧侧墙	ZSK0+297	从下延伸至上，约5m	2013-12-22	2013-12-29	SD站	24.5	11～16	无渗水
	ZSK0+283	从下延伸至上，约5m	2013-12-22	2013-12-29	SD站	24.5	11～16	下部有渗水
	ZSK0+287	从下延伸至上贯通，5～6m	2013-12-22	2013-12-29	SD站	24.5	11～16	下部有渗水
N13负二层北侧侧墙	YSK0+299	从下延伸至上，约4.5m	2013-12-22	2013-12-29	SD站	24.5	11～16	无渗水
	YSK0+293	从下延伸至上，约3m	2013-12-22	2013-12-29	SD站	24.5	11～16	无渗水

4　裂缝原因分析

混凝土裂缝产生原因根据不同的施工条件各异，成因也比较复杂。对该项目而言，通过查看现场情况和施工记录，分析裂缝产生的原因主要有以下几点。

(1)过高的水化热引起开裂。对经过专项设计并经第三方验证过的耐久性混凝土，通过对早期强度的统计显示，平均3d强度就达到了设计强度的70%，5d强度达到了设计强度的90%，7d已经达到了设计强度的110%。经过有关测温记录统计，混凝土中部(400mm深处)温度达到75℃，表面温度58℃，而大气温度为24.6℃，加之早晚温差变化大，混凝土内部水化热产生温度过高，混凝土内部与表面、表面与外界温差远超过设计规定的15℃，内外温差过大是产生裂缝的最主要原因。

(2)约束变形引起开裂。通过对地上结构和地下结构裂缝情况比较，地下结构裂缝表现尤为活跃，主要原因为地下结构由于侧墙是在底板完成后施工，底板和侧墙的变形受到基坑两侧围护桩的约束，围护桩间喷混凝土不是很平顺，每段边墙长约20m，受到纵向约束，混凝土早期变形收缩在纵向方向比较大，竖向方向墙高仅有5m作用，约束作用相对较小，由此导致侧墙产生竖向裂缝，而无水平裂纹。

(3)砂石质量引起混凝土自身开裂。根据对商品混凝土站的砂石含泥量抽检情况来看，多次超过设计规定的不大于2%的要求，造成混凝土早期抗拉强度指标降低，混凝土使用的是机制砂，造成混凝土收缩大。

(4)养护不到位引起混凝土表面开裂。侧墙施工由于存在倒转整体侧模的要求，侧模一般在一天后就拆模，拆模后对侧墙养护不到位，混凝土表面易干缩产生裂缝。

5　裂缝处理与防治措施建议

裂缝的防治是个系统性工程，周期较长，一个工程实体如果出现裂缝，需要对裂缝的长度、宽度、深度和渗漏水情况进行周期性观察并建立档案台账，作为的竣工验收资料之一存档，便于对一些继续发展的裂缝开展持久处理措施。一般来说，裂缝的处理需要等基坑变形稳定、结构集水坑封闭、结构受外力变化稳定后进行。

针对不同程度的裂缝，处理方法也不可一概而论：

(1)对于宽度≤0.2mm 的不贯穿裂缝，不影响结构受力，只对表面进行处理，防止水汽进入混凝土内对结构钢筋产生锈蚀，处理方法为在裂缝表面分次涂刷水泥净浆，水泥净浆浓度由低到高逐次涂刷，以使缝内充满水泥浆。

(2)对于宽度＞0.2mm 的不贯穿裂缝以及不渗水裂缝，先采用高压风带水对缝内进行清洗、烘干，注亲水性环氧树脂对结构裂缝进行封闭和补强处理。

(3)对于宽度＞0.2mm 的贯穿裂缝，往往会从缝隙内渗出白色的碳酸钙化合物，对这种裂缝不宜使用聚氨酯等耐久性差的材料进行堵漏，宜采用比表面积为 9 000cm^2/g 的超细水泥进行灌浆堵漏，或使用亲水性环氧树脂进行补强处理。

防止出现裂缝的措施：

(1)在满足设计要求的前提下调整配合比并经验证通过。

①尽量选用低水化热水泥，采取措施降低混凝土早期强度，减小混凝土浇筑后水泥在水化过程中产生热量过大，引起内外温差过大产生开裂。

②添加适量的减水剂和缓凝剂，减少水泥用量。

(2)加强混凝土浇筑振捣后的温度测量，采取保温措施(如覆盖塑料薄膜、适当延迟拆模时间等)，按设计要求控制混凝土内外温差；加强混凝土的保湿、养护措施。

(3)加强对混凝土原材料的质量控制和现场混凝土的质量检测。

(4)围护桩间在铺设防水板前尽量采用砂浆对基面进行找平和抹光。

6　结语

(1)通过对该工程侧墙裂缝的分析和采取防治处理措施后，对于宽度≤0.2mm 的裂缝，在裂缝底部渗出碳酸钙体一段时间后封闭了裂缝，渗漏减缓，最后全部自封和自愈了，对结构表面进行装修处理即可。对其他裂缝灌注超细水泥后，裂缝基本不再发展，也不再发生渗漏。

(2)地铁作为百年工程，对土建钢筋混凝土结构的耐久性要求也较高，而在土建施工阶段，结构裂缝虽然是一种极其常见的质量通病，形成原因也比较复杂，但是如果在施工过程中对可能会造成结构产生裂缝的各种因素加以防范，裂缝出现的频次和对混凝土质量的危害是可以大大减轻的。

参考文献

[1]　王铁梦.工程结构裂缝控制[M].北京：中国建筑工业出版社，1997.

[2]　刘虎.超细水泥灌浆技术在处理混凝土渗水裂缝中的应用[J].海河水利，2007(2).

压密注浆法在云南某余热发电工程纠偏中的改进应用研究

王武刚　姚智全　王明山　左怀西

（中国建筑科学研究院地基基础研究所）

摘　要　本文以云南省余热发电工程为依托，分析了压密注浆的作用机理，通过改进注浆管、施工工艺及合理的方案设计来控制压密注浆的质量，并对加固效果进行实时监测，分析监测数据可知建筑物沉降变形稳定，且有一定的抬升作用，表明加固效果较明显、纠偏效果也较为理想，从而为类似工程的设计、施工提供较大的工程参考价值。

关键词　压密注浆　地基加固及纠偏　注浆管改进　压密注浆控制　实时监测

1　引言

云南省余热发电工程的地基局部处于回填土区，由于未等回填土自然沉降完成及对其未彻底进行加固（强夯等）处理，在施工加载过程中地基基础出现沉降量过大，且沉降不均匀，导致已施工的上部结构主梁出现局部的开裂，周围建筑也出现了一定的裂纹。因此，需要及时对其进行地基加固及纠偏处理。由于上部结构已经开始施工，对于地基处理工期的要求较短，且该工程的周边建筑物较多，施工空间较为有限，综合考虑后，现决定采用压密注浆技术进行回填土地基加固和纠偏。

压密注浆是指用极稠的水泥、水玻璃和粉煤灰等混合浆液（坍落度<25mm），通过钻孔挤向土体，在注浆处形成球形浆泡，浆泡的扩散靠对周围土体压缩。注浆管自下而上注浆时，将在土层中形成桩式浆柱体。当浆柱体硬化后使加固土体的密度加大，形成具有一定强度的水泥土柱体，柱体邻近区域土体在注浆压力的挤压作用下形成较大的塑性变形带，而离浆泡较远的区域土体则发生弹性变形（图1）。如此，一方面水泥土本身的强度要高于自然值；另一方面水泥土挤压土体，使地基抗变形能力增加，提高了变形模量。

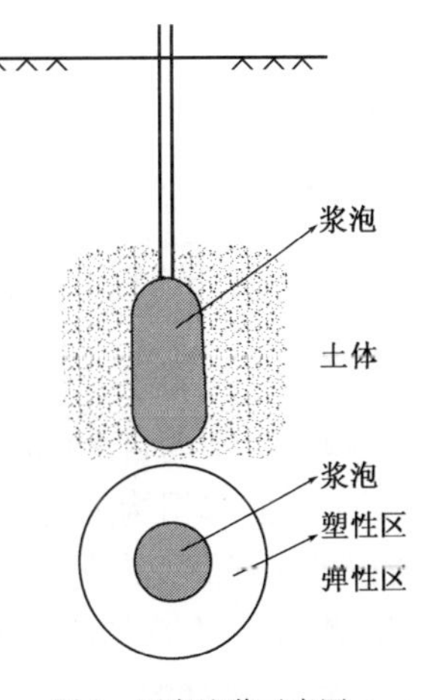

图1　压密注浆示意图

同时，压密注浆刚开始时浆泡的直径和体积较小，压力主要是径向即水平方向。随着浆泡体积的增加，将产生较大的上抬力，因而压密注浆的挤密作用和上抬力对沉降基础加固和抬升是非常有效的，可以起到纠偏作用。

关于压密注浆技术的作用机理和工程应用在国内外已有许多学者进行了一定的研究工作。在国外，Graf[1]首次描述了压密注浆的过程并提出了有关压密注浆的一些基本概念，并随后指出：当注浆体周围土体被挤密到最大程度时，注浆体中的压力会使浆泡上方的土体发生一个圆锥形破坏模式的剪切破坏。Brown 和 Warner[2]报道了有关压密注浆的试验过程和实际工程应用情况，并提出压密注浆最大的挤密效果发生在最弱的土层或土体中，并指出压密注浆中注浆体和周围土体之间存在明显的分界面。Baker[3]等人采用压密注浆对软土地层中因隧道掘进施工所产生的土体沉降变形进行了有效控制。El-Kelesh[4]在穴扩张理论以及注浆泡上方土体的锥体剪切破坏理论的基础上提出了一个描述压密注浆过程机理的理论模型，并以此为基础提出了压密注浆设计方法。在国内，王广国、杜明芳[5]等对饱和软粘土的压密注浆机理做了研究，但其忽略了土体塑性区平均体积应变对压密注浆的影响。温世游、陈云敏[6]等对他们的理论做了补充，考虑了塑性区平均体积应变对压密注浆的影响。李向红[7]博士从室内试验和现场试验、理论分析和数值模拟等方面对软粘土中的压密注浆进行了试验研究和理论探索，但分析中没有给出注浆压力和浆泡扩散距离之间的关系。另外，如果注浆方式不是从注浆管底端注入而是在某一段注入时，如果仍将单个浆泡假设成球形就显得不太合适。巨建勋[8]运用力学知识和数学方法，针对压密注浆方面存在的不足，对压密注浆的作用机理和压密注浆的抬升作用进行了一定深度的研究。文献[9-11]根据以往工程经验将压密注浆技术应用于软弱地基基础的加固以及回填土地基的加固中，通过加固前后地基土层的内聚力和内摩擦角等指标的对比可知地基的承载力大幅提高，表明了该法的可靠性；文献[12-13]利用压密注浆技术的抬升作用对发生较大不均匀沉降建筑进行了纠偏应用，纠偏效果较好。黎亮[11]分析了回填红砂土出现不均匀沉降原因，并详细剖析压密注浆施工工艺，为施工中避免和治理此类缺陷提供参考。虽然上述工程应用较多，且效果较好，但是依然存在较多的问题：

(1)注浆压力和注浆量的控制大多数依据工程经验确定，没有较好的理论依据；

(2)注浆加固深度较浅，对于较深的加固处理没有应用；

(3)注浆管的开孔比较单一，注浆管开孔间距没有进行探讨优化，从而会造成注浆量的浪费。

基于以上问题，本文以云南省某余热发电工程为依托，通过运用改进的压密注浆技术对该工程地基的不均匀沉降进行地基加固及纠偏，对加固纠偏效果进行实时和后期的沉降监测，从分析监测结果可知，该方法可以很好地对发生较大沉降的回填地基进行加固，并利用压密注浆的抬升作用对已发生倾斜的上部结构进行了一定的纠偏效果，为进一步的工序施工提供了坚实的基础。

2 工程概况

云南省某余热发电工程位于会泽地区，该余热发电工程的地基局部是由回填土组成。在该回填土地基的自然沉降没有充分完成及地基加固(强夯等)处理未彻底施行的情况下，就进行基础和上部结构的施工，在施工一段时间后，处于回填区的立柱出现较大的沉降，而位于砾石区(非回填区)的立柱沉降相对较小(图 2 和表 1)，从而造成整个上部结构产生较大的不均匀沉降，由于上部结构对差异沉降比较敏感，使得上部结构梁和周边建(构)筑物出现倾斜、开裂等不良现象(图 3)。

地基加固纠偏之前各个立柱沉降变形量 表 1

立柱编号	Z1	Z2	Z3	Z4	Z5	Z6	Z7	Z8	Z9	Z10
初始沉降(mm)	5	0	1	0	0	14	11	3	0	0
工后沉降(mm)	53	42	19	2	1	35	25	5	0	1

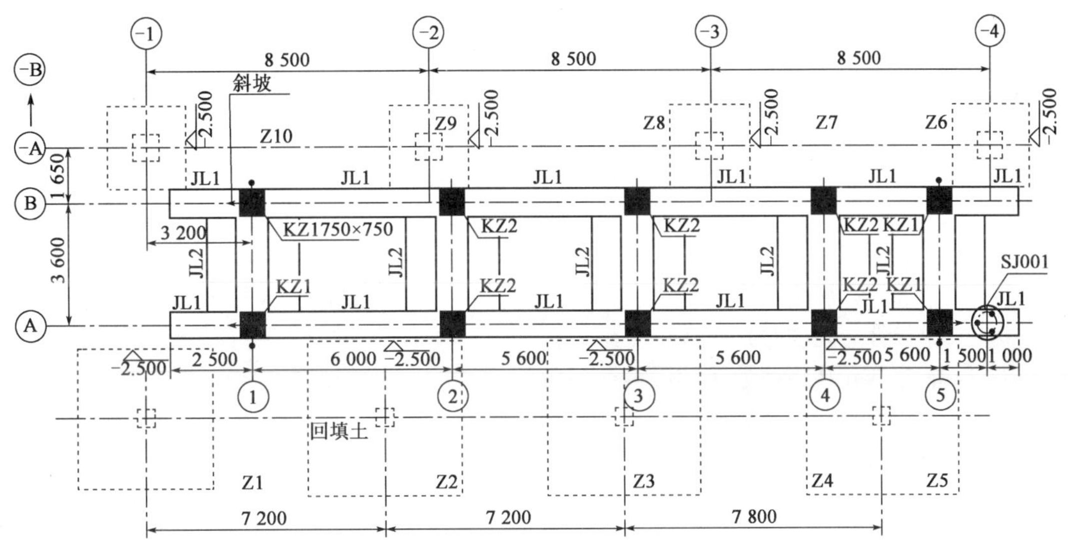

图 2　余热发电工程基础布置图(尺寸单位:mm)

图 3　基础产生不均匀沉降对上部结构和周边建筑物的不良影响

由表 1 和图 2、图 3 可知,Z1、Z2 和 Z3 的沉降分别达到 53mm、42mm 和 19mm,Z6、Z7 的沉降分别达到 35mm 和 25mm,而 Z4、Z5、Z8、Z9 和 Z10 的沉降则较小,这样便形成了较大的不均匀沉降,这种差异沉降对上部结构梁和周边建筑物造成较大的不良影响。因此,本文提出利用压密注浆技术对余热发电工程回填土地基进行加固及纠偏,并在地基加固处理的同时按相关要求对该建筑物进行沉降监测,根据监测结果判定该建筑物沉降的发展趋势,以指导工程的后续施工。

3　注浆压力确定和扩散半径计算

3.1　注浆压力确定

根据压密注浆引起土体的变形模式(图 4)[1],引用小孔扩张理论,来推导压密注浆的极限注浆压力,当达到注浆极限压力后,浆体对土体压密作用达到最好效果,即达到此值后不宜再增大注浆压力，若超过此值，则可能发生劈裂或者隆起。

通过圆柱土体的受力特性和 Mohr-Coulomb 破坏准则，可求解出注浆极限压力：

$$P_u = (q + c \cdot \cot\varphi)(1 + \sin\varphi) \times (I_{rr} \cdot \sec\varphi)^{\frac{\sin\varphi}{1+\sin\varphi}} - c \cdot \cot\varphi \tag{1}$$

其中，修正刚度 I_{rr} 的表达式为：

$$I_{rr} = \frac{I_r}{1 + I_r \cdot \Delta \cdot \sec\varphi} \tag{2}$$

$$I_r = \frac{E}{2(1+\nu)(c + q \cdot \tan\varphi)} \tag{3}$$

式中：q——考虑到在注浆加压之前，整个土体内已具有各向同性的初始应力；

c——钢花管开孔注浆处土体的粘聚力；

φ——钢花管开孔注浆处土体的内摩擦角；

E——钢花管开孔注浆处土体的弹性模量；

ν——钢花管开孔注浆处土体的泊松比；

Δ——塑性区平均体积应变，一般的变化范围为[10^{-3}，10^{-1}]，在岩土工程中，目前一般认为塑性区平均体积应变 Δ 大于 10^{-2} 时土体结构破坏，故本文中取 Δ=0.01。

考虑到施工人员、技术和设备等因素的影响，浆液从注浆泵到达注浆深度时压力发生了损耗，因此，根据相关的要求，一般在求解出的注浆极限压力值前面乘以一个损耗系数，根据工程经验，损耗系数一般取 1.1～1.2。

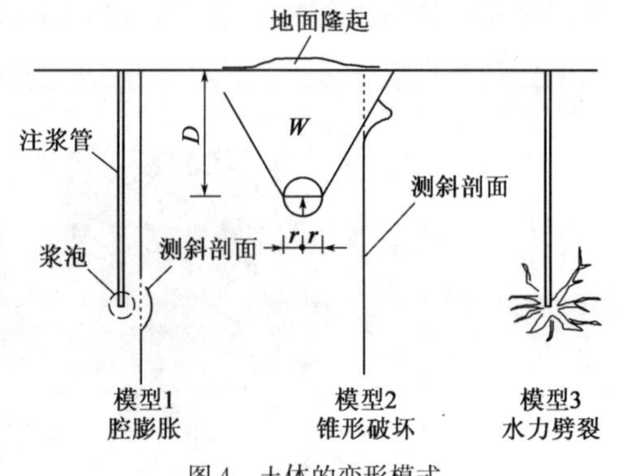

图 4　土体的变形模式

3.2　注浆扩散半径计算

在本文中注浆扩散半径计算推导的过程中，假定注浆极限压力对应的浆泡半径即为注浆扩散半径，推导出的表达式如下：

$$R_u = \frac{R_f}{\left\{K_1\left(\frac{p_u + K_2}{K_3}\right)^{K_4} + \frac{1}{\sec\varphi}\left[\left(\frac{K_3}{p_u + K_2}\right)^{K_4} - K_5\right]^{\frac{1}{2}}\right\}} \tag{4}$$

其中：

$$K_1 = \sec\varphi\left\{\frac{1}{I_r\sec\varphi} - 1 + \left[1 - \frac{1+\nu}{E}(q + c \cdot \cot\varphi) \cdot \sin\varphi\right]^2\right\}$$

$$K_2 = c \cdot \cot\varphi$$

$$K_3 = (q + c \cdot \cot\varphi)(1 + \sin\varphi)(\sec\varphi)^{\frac{\sin\varphi}{1+\sin\varphi}}$$

$$K_4 = \frac{1 + \sin\varphi}{\sin\varphi}$$

$$K_5 = \frac{1}{I_r}$$

4　压密注浆技术改进及方案设计

4.1　压密注浆管的改进

通常的压密注浆管都是采用 PVC 管和钢管。本文将应用于基坑支护工程的钢花管进行引进，针对不同的加固土层特性，将理论计算的扩散半径作为参考，再结合工程经验对开孔间距进行优化。改进后的钢花管注浆管见图5和图6。

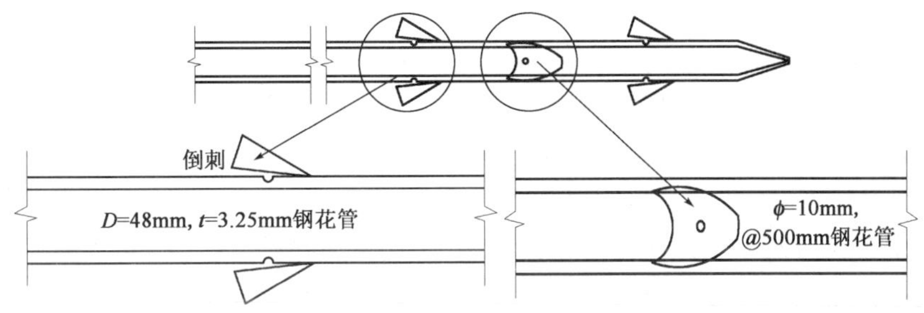

图5 改进钢花管注浆管制作开孔示意图

图6 改进钢花管注浆管现场施工图

改进后的钢花管一方面不仅可以大大地增加地基加固处理的深度，而且，加固之后的钢花管留在地基中，从而形成复合地基，可以增强地基的承载力；另一方面可以通过控制管体周围空间对称性的开孔数量和间距来保证压密注浆的效果，对地基的加固质量控制和注浆量的控制具有较大的贡献。

4.2 施工工艺的改进

4.2.1 注浆压力和注浆流量控制

本工程采用吸浆速率控制法和压力控制法相结合的方法。吸浆速率控制法是指在设计时，吸浆率小到一定程度，即达到注浆要求；压力控制法是指在土体注浆加固时，一方面靠注进土体的浆液起作用，另一方面靠浆体对土体挤压作用使土体力学指标提高，反过来土体密实度增加又使浆体的强度充分发挥作用，形成复合地基。因此，注浆最终压力对加固效果起主要作用。通过控制注浆压力的大小以及调整最优的开孔位置，不仅可以提高地基土体的加固效果，而且可以适当地使沉降较大的立柱处的地层发生一定的抬升，同时又要保证地层充分注实。

除此之外，本工程通过调整浆液的性能和流量，使浆液在设计的注浆压力下既能扩散到预定的范围内，使得浆体的扩散半径在一定的控制范围内，防止土体由于注浆压力的控制不力而发生破坏，导致浆体超出注浆范围而流失掉。

4.2.2 注浆施工次序

根据现场实际情况，本工程分别采用顺序注浆和跳孔注浆。顺序注浆是指首先做周边封闭孔注浆，再做封闭圈内孔注浆的封闭式注浆，如此可以防止浆液流失；跳孔注浆是指在一孔注浆完后，间隔一孔或者多孔注浆，也可以在一排注浆完后，间隔一排或数排注浆，一般间隔一个孔或一排孔，间隔孔作为检查孔和补充注浆孔。

本工程采用自下而上注浆法，即先将注浆孔钻至设计深度，自下而上的分段注浆至孔口，这种分段法将钻孔与注浆两道工序分开，效率高。

4.3 压密注浆加固纠偏方案设计

由现场情况，经分析后，决定采用压密注浆进行纠偏加固。纠偏的效果是通过施工时注浆压力进行控制，而被加固土体的强度，是加固效果的直接反映，它主要由土层性质、浆液配方、注浆量、注浆时间和外加剂等因素所决定。其中，土层性质是决定是否采用压密注浆工法的前提条件，通常对表层土质坚硬，而中层和深层土质松软的地层而言，当要求加固后的强度较高时[2]，可采用压密注浆法，该工法可靠性好，强度高，从而满足工程建筑物对地基承载的要求。注浆量通常根据施工前的工程勘察所确定的地基土层性质和预加固的工程量大小等情况来确定，充足的注浆可保证加固后的土体改良强度，如果注浆量不足将达不到设计的效果。同时注浆后的土体强度受时间的影响作用明显，一般7d后就可达到设计强度的80%，28d后可达到最终的设计强度。压密注浆法中的浆液因工艺要求常常要加入一定量的速凝剂、缓凝剂和膨胀剂，如果加入速凝剂会提高加固土质的早期强度，但在一定程度上会降低最终的土层加固强度，但并不影响加固效果。

根据余热发电工程的倾斜确定加固区域，共布置注浆孔61个，加固深度根据基础持力层埋置深度确定，钢花管进入角砾层3～4m。在立柱连接的纵梁和横梁处均布设注浆孔，注浆孔间距为400mm。浆液采用强度等级为42.5早强水泥配制，并掺外加剂，浆液按水灰比0.8配制。

5 地基加固及纠偏效果

5.1 加固体形状分析

运用小孔扩张理论对该加固纠偏工程的注浆压力进行计算，并将此压力作为实际注浆压力。在注浆后，对复合地基进行开挖，发现注浆管周围结合体呈近似圆柱形（图7和图8）。

图7 浆柱1

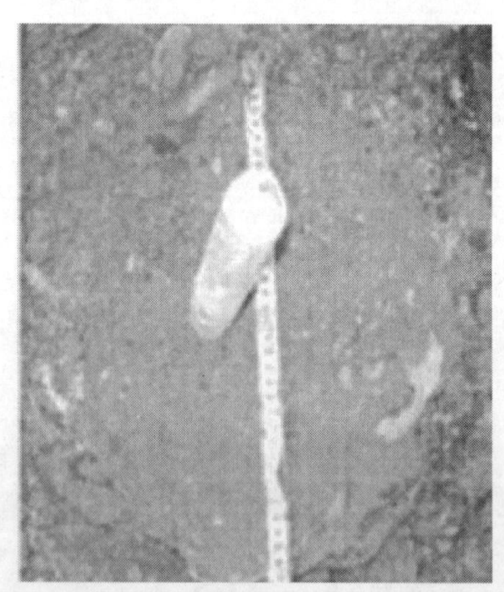

图8 浆柱2

5.2 沉降观测

在压密注浆施工期间及完成后期，对云南省会泽金源水泥厂余热发电项目建筑物各个立柱进行了沉降观测，沉降监测结果见图 9 和图 10。

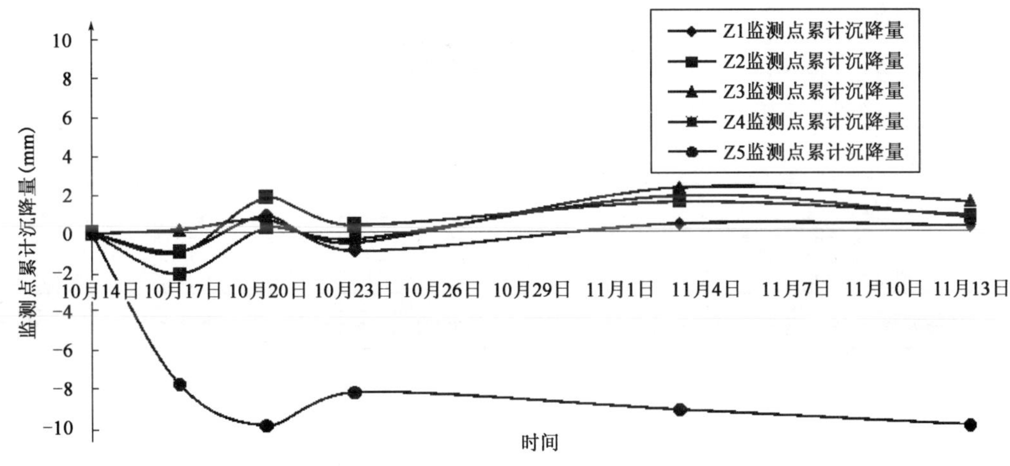

图 9　Z1-Z5 监测立柱的沉降发展时程曲线

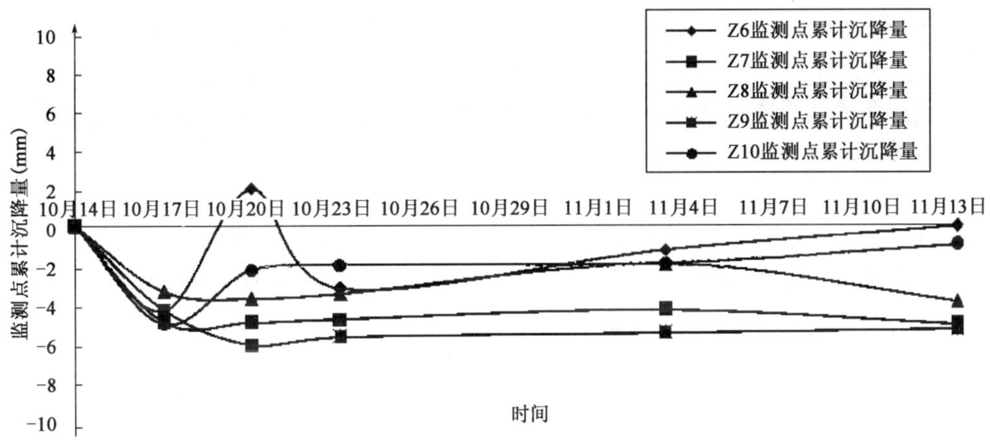

图 10　Z6-Z10 监测立柱的沉降发展时程曲线

经施工后监测，在 60d 的监测期间，该工程建筑物未发现明显沉降变形，倾斜情况基本没有变化，说明建筑物不均匀沉降已经基本稳定；而且，由于压密注浆技术会发生一定的抬起作用，在注浆过程中，部分点位沉降基稍有抬升，即初始沉降较大的 Z1、Z2、Z6 和 Z7 处产生了一定的抬升作用，减少了建筑物的不均匀沉降，避免建筑物的梁构建发生拉剪和扭剪作用；在后续的工后沉降观测中，注浆完成后该建筑物沉降变形稳定，无明显沉降变形发生。

5.3 地基检测

5.3.1　承载力检测

施工结束后，选择了四处进行重力触探测试，结果是 N_{min} = 14 击，N_{max} = 32 击，平均值为 23 击。加固前平均值为 9 击。

5.3.2　加固后地基土层参数检测

对加固前后地基土层进行室内土工试验，试验结果见表 2。

通过对注浆前后重型触探测试数据和土层物理力学特性对比分析可知，经压密注浆加固之后，地基土层的挤密加固效果明显，地基承载力也得到了明显的提高；对比分析加固前后地基土层的参数可知，土层特性得到了明显的提高，表明了压密注浆技术在类似工程中应用的效果是令人满意的。

注浆前后土层物理力学特性对比表 表 2

检 测 项 目	注浆前测定值	注浆后测定值
土层粘聚力平均值 c(kPa)	18	45
内摩擦角 φ(°)	12	21
孔隙比 e	0.9	0.55
标贯平均值 N	9	23

6 结语

(1)通过改进注浆管、施工工艺及合理的方案设计等改进后的压密注浆技术对云南省某余热发电工程发生不均匀沉降进行地基加固纠偏，并对加固效果进行实时监测，分析监测数据可知建筑物沉降变形稳定，且有一定的抬升作用，表明加固效果较明显、纠偏效果也较为理想，从而为类似工程的设计、施工提供较大的工程参考价值。

(2)运用小孔扩张理论对该工程注浆压力和扩散半径进行计算，并将该注浆压力运用于实际工程中，得到的注浆扩散半径和理论计算的结果比较接近。

(3)利用重力触探技术对加固后的地基进行现场测试，测试结果表明压密注浆后的地基土层得到了明显的挤密加固效果，承载力得到了明显的提高，同时，对加固前后的地基土层进行室内土工试验，对比分析后可知，土层参数得到了明显的提高，表明了压密注浆技术在类似工程中应用的效果是令人满意的。

参考文献

[1] Graf,Edward D. Compaction Grouting Technique and Observations [J]. Journal of the Soil Mechanics Division, ASCE, 1969:1151-1158.

[2] Brown, Douglas R. and Warner, James, Compaction Grouting[J]. Journal of the Soil Mechanics and Foundations Division, ASCE, 1973:589.

[3] Baker W H, E J Cording, H H Macpherson. Compaction Grouting to Control Ground Movements During Tunneling Underground Space [J]. 1982, 7(3):205-213.

[4] Adel M, EL-Kelesh, Mostafa E. Model of Compaction Grouting [J]. Journal of Geotechnical and Engineering, 2001(11):955-963.

[5] 王广国，杜明芳. 压密注浆机理研究及效果检验[J]. 岩石力学与工程学报，2000，Vol:19(5).

[6] 温世游，等. 饱和粘土中平均塑性体积应变对压密注浆的影响[J]. 中国有色金属学报，2002.

[7] 李向红. CCG 注浆技术的理论研究与应用研究：[D]. 上海：同济大学，2002.

[8] 巨建勋. 土体压密注浆机理及其抬升作用的研究[D]. 长沙：中南大学，2007.

[9] 黎亮.压密注浆处理回填土不均匀沉降施工工艺剖析[J].四川建筑,2009,Vol:29(1).
[10] 黄荣杰,梁凯,李春生,等.压密注浆法改善填土地基的应用[J].低温建筑技术,2011,33(8).
[11] 董建国.压密注浆在素填土地基加固中的应用[J].能源技术与管理,2007,3:94-95.
[12] 鲍建军.压密注浆在建筑物纠偏加固工程中的应用[J].土工基础,2003,17(4):27-28.
[13] 万能胜,薛杰.压密注浆在水工建筑物纠偏中的应用[J].安徽水利水电职业技术学院学报,2006,6(4):19-21.

硬岩大跨暗挖地铁车站施工方案优化分析

程　韬　刘建伟　曹　平

（中铁隆工程集团有限公司）

摘　要　结合青岛地铁3号线君峰路暗挖车站工程的设计与施工，通过对比分析硬岩地层中采用双侧壁导坑法施工的既有大跨度地铁车站，将开挖方法由原来的双侧壁导坑法改为双侧直壁CRD法施工，从而加快了施工进度。本文通过MIDAS GTS对两种开挖方法进行三维有限元施工过程模拟，对比分析两种开挖方法引起拱顶沉降、洞内净空收敛值，从施工工序和施工力学上对两种施工方法的优劣进行比较分析，结合实际施工监测值，验证了优化施工方案的安全性和可行性，也为类似工程施工方案的优化提供参考。

关键词　硬岩　浅埋暗挖法　双侧壁导坑法　双侧直壁导坑法

1　引言

青岛地铁君峰路站是一座处于硬岩地层的单拱大跨浅埋暗挖地铁车站。车站原设计采用双侧壁导坑法施工，为便于施工机具的展开，变更设计采用新的开挖支护顺序（双侧直壁CRD法），以加快施工进度。目前车站正处在施工阶段，根据实际监测数据论证了设计阶段的模拟分析的可靠性。

2　车站基本概况

君峰路站位于京口路与君峰路的交汇处，沿京口路一字形布置，西北—东南走向。君峰路站为地下二层岛式车站。车站总长179.5m，标准段宽20.1m，高17.4m，岛式站台宽10m，有效站台长120m。拱顶覆土7.38～15.63m，车站底板埋深25.378～33.485m。站共设4个出入口通道（其中1号出入口预留）、1个消防通道及3个风道，均设置在两边规划道路绿化带中，除敞口段采用明挖施工，其他段均采用暗挖法施工。车站设置3组风亭，设置在规划道路两边绿化带中。

场区地形总体自东南往西北缓倾，车站范围内地面高程：20.04～30.80m。场区地貌为剥蚀残丘～剥蚀堆积缓坡，表层受人为开挖回填改造。场区上覆第四系土层，主要由第四系全新统人工填土（Q_4^{ml}）、上更新统洪冲积层（Q_3^{al+pl}）组成。土层下基岩以粗粒花岗岩为主，煌斑岩、花岗斑岩呈脉状穿插其间，于不同岩性接触带见有糜棱岩、破碎带、碎裂状花岗岩。

围岩物理力学指标见表1。

围岩物理力学指标　　表1

围岩	重度 γ (kN/m^3)	弹性模量 E (MPa)	泊松比 υ	粘聚力 c (kPa)	内摩擦角 φ (°)
素填土	18	—	—	—	—
中等风化粗粒花岗岩	23.9	15×10^3	0.22	2 000	35
微风化粗粒花岗岩	25.2	36×10^3	0.2	8 000	40

君峰路暗挖地下两层岛式站台车站，车站主体隧道开挖断面（宽×高）为 20.8m×18.45m，采用双侧壁导坑法施工。初期支护参数见表 2。

初 期 支 护 参 数 表 2

项 目		材料及规格	相 关 参 数
初期支护	砂浆锚杆	拱部、边墙 $\phi22$，L=3.5m	间距：1.5m×1.5m
	钢筋网	$\phi6.5$，200mm×200mm	单层钢筋网，全环铺设
	格栅钢架	—	纵向间距：1.2m
	喷射混凝土	C25 早强混凝土	厚 0.3m

2.1 开挖工法

2.1.1 双侧壁导坑法开挖

原设计采用双侧壁导坑法开挖，开挖后立即跟进初期支护，右导洞超前左导洞 15m 以上的距离。施工工序如图 1 所示。

根据原设计情况，把双侧壁导坑法分为 17 个施工步（图 1），具体为：左上导洞开挖（1）；左上导洞喷锚支护、临时型钢支撑（2）；左中导洞开挖（3）；左中导洞喷锚支护、临时型钢支撑（4）；左下导洞开挖（5）；左下导洞喷锚支护（6）；右上导洞开挖（7）；右上导洞喷锚支护、临时型钢支撑（8）；右中导洞开挖（9）；右中导洞喷锚支护、临时型钢支撑（10）；右下导洞开挖（11）；右下导洞喷锚支护（12）；上部核心土开挖（13）；拱顶顶部喷锚支护、临时型钢支撑（14）；中部核心土开挖（15）；中部临时型钢横撑（16）；下部核心土开挖（17）。

2.1.2 双侧直壁 CRD 法开挖

为增大施工作业空间，便于机械设备的展开，提高开挖速度，将双侧壁导坑法变更为双侧直壁 CRD 法开挖，施工工序图如图 2 所示。

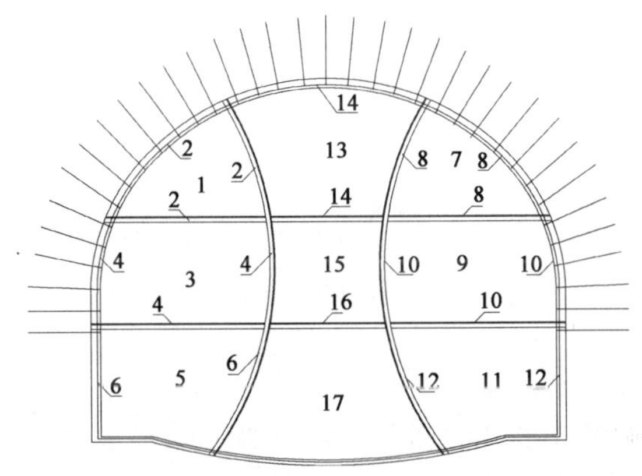
图 1 双侧壁导坑法施工工序图

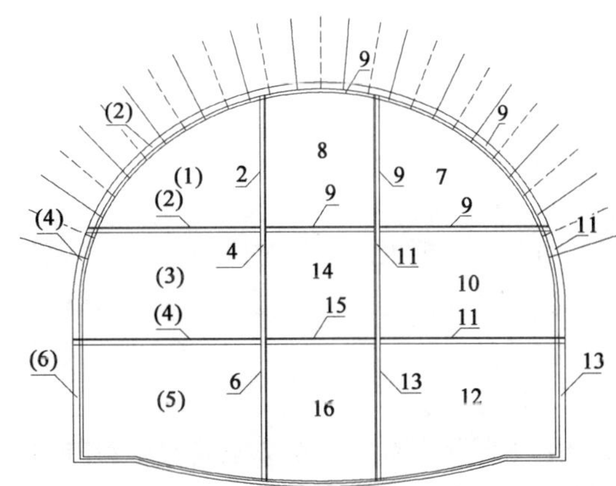
图 2 双侧直壁 CRD 法工序图

根据原设计情况，把双侧直壁 CRD 法分为 16 个施工步：左上导洞开挖（1）；左上导洞喷锚支护、临时型钢支撑（2）；左中导洞开挖（3）；左中导洞喷锚支护、临时型钢支撑（4）；左下导洞开挖（5）；左下导洞喷锚支护（6）；右上导洞开挖（7）；上部核心土开挖（8）；右上导洞及核心土拱顶喷锚支护、临时型钢支撑（9）；右中导洞开挖（10）；右中导洞喷锚支护、临时型钢支撑（11）；右下导洞开挖（12）；右下导洞喷锚支护（13）；中部核心土开挖（14）；中部临时型钢横撑（15）；下部核心土开挖（16）。

2.2 施工阶段模拟计算

本工程计算采用地层结构荷载模型，以 Midas GTS 为计算软件建立三维模型，对施工开挖支护过程进行模拟。

2.2.1 地层及支护参数模拟

为更好的模拟硬质岩层在开挖过程中引起的松动，岩层参数中将其弹性模量折减为地勘报告中的 0.1，粘聚力折减为地勘报告中粘聚力的 0.25。地层模拟参数见表 3。

地 层 模 拟 参 数 表 3

材 料	地 层	材 料	地 层
类型	摩尔一库仑	重度 γ	$25.2kN/m^3$
弹性模量 E	$3.6\times10^6 kN/m^2$	粘聚力 c	$2\,000kN/m^2$
泊松比 υ	0.2	摩擦角 φ(°)	40

由于喷混后即架立格栅钢架，故模拟时将格栅钢架作用等效为板单元作用，将两者的作用叠加并进行一定的折减。支护模拟参数见表 4。

支 护 模 拟 参 数 表 4

材 料	喷混凝土及钢架支撑	锚 杆
类型	平面	线
单元类型	板	植入式桁架
弹性模量 E	$4.0\times10^7 kN/m^2$	$2\times10^8 kN/m^2$
重度 γ	$25kN/m^3$	$78.5kN/m^3$
厚度(m)	0.3	—
半径(m)	—	0.22

地层模拟为长方体，其横断面一侧宽度为 $5D$(D 为隧道开挖跨度)，开挖轮廓下部岩层模拟厚度为 $3D$，纵向长度为 50m。

2.2.2 计算结果与实测值比较

(1)双侧壁导坑法计算结果

为了与变更工法进行对比，本文主要观察双侧壁导坑法右部导洞(第 4 步)和上台阶中导洞(第 7 步)开挖过程中隧道地层的位移情况，结果显示：掌子面位移很小，仅为 1.15mm，施工作业较安全。

(2)双侧直壁 CRD 法计算结果

双侧直壁 CRD 法，本文主要对上台阶中导洞(第 5 步)和右部导洞(第 4 步)同时跟进作业时隧道施工安全进行分析，得出此种工法隧道地层位移情况，计算结果显示：开挖后距离掌子面 3m 左右紧跟支护，掌子面位移很小，为 1.4mm，施工作业较安全。

(3)监测结果与计算模拟比较

拱顶沉降位移比较见图 3。由图 3 可以看出，监测段得出拱顶累积沉降值约为 2.56mm，单次位移变化量均小于 2mm。实测值与监控值相差不大，且均有收敛趋势。

洞内收敛变化比较见图 4。由图 4 可以看出，监测段得出洞内收敛累积变化值约为1.54 mm，单次位移变化量均小于 1.5mm。实测值与监控值相差不大，且均有收敛趋势。

理论计算与实测值对比见表 5。

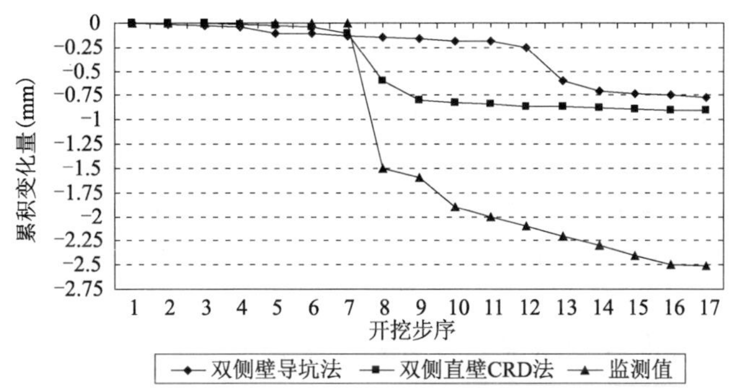

图 3　拱顶沉降位移比较图

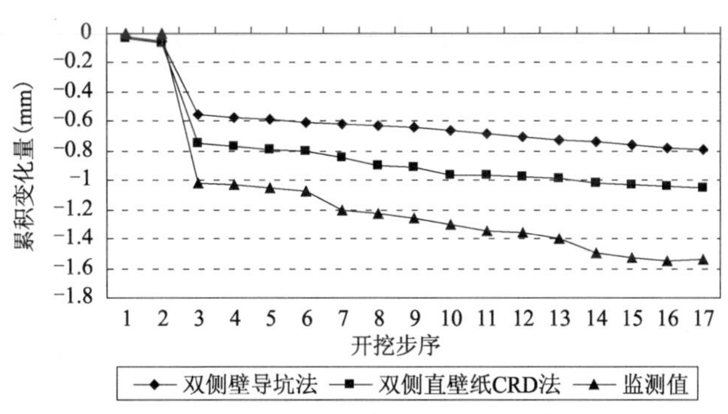

图 4　洞内收敛变化比较图

理论计算与实测值对比表　　表 5

量 测 项 目	拱顶沉降		洞内净空收敛	
	单次最大变化量	累积变化量	单次最大变化量	累积变化量
双侧壁导坑法	−0.35	−0.77	−0.50	−0.79
双侧直壁 CRD 法	−0.50	−0.91	−0.69	−1.05
监测值	−1.5	−2.56	−1.02	−1.54

对比双侧壁导坑法与双侧直壁 CRD 法计算结果，可以看出变更工法是可行的；对比设计模拟计算结果与施工监测实际值，两者位移数据值均较小，均在隧道开挖允许变形值的范围内，从而验证了变更工法的安全性。

3　结语

从以上的分析结果及实测数据可以看出，在硬质地层大跨度隧道施工中，地表沉降及隧道拱顶变形都很小，远小于变形控制允许值，采用传统的隧道施工工法显得保守。本次调整开挖步序后，不仅增加了施工机具作业面，加快了施工进度，且施工过程实测数据证实了变更工法的安全性。

在硬质地层大跨度隧道施工中，应充分利用围岩自稳能力，调整相应开挖方式，加大施工机具作业面，保证作业空间的同时紧跟支护可以实现安全与进度的协调统一。在工程中若出现局部破碎带的情况，应即时调整施工工序，采用传统隧道施工工法进行施工，降低施工风险，做到设计与施工的信息化。

参考文献

[1] 张先锋.对硬岩地层地铁车站结构设计的认识与思考[J].岩石力学与工程学报,2003,22(3):476-480.

[2] 关宝树.隧道工程设计要点集[M].北京:人民交通出版社,2003.

[3] 张顶立,王梦恕,高军,等.复杂围岩条件下大跨隧道修建技术研究[J].岩石力学与工程学报,2003,22(2):290-296.

[4] 王梦恕,刘招伟,张建华.北京地铁浅埋暗挖法施工[J].岩石力学与工程学报,1989,8(1):52-61.

红层砂泥岩互层顺向路堑边坡稳定性分析

袁宗峰　万　军　张永安

（中国水电顾问集团昆明勘测设计研究院有限公司）

摘　要　本文采用FLAC3D数值模拟、极限平衡法及有限元强度系数折减法分析了云南安楚高速公路红层顺层路堑挖方边坡的稳定性，得出了红层顺层挖方边坡的主要破坏规律是边坡开挖后边坡下部的岩体产生卸荷回弹及蠕变，导致上部岩体沿岩层面产生滑移的破坏规律。

关键词　红层　顺向边坡　稳定性

1　概述

云南安楚高速公路K90＋010～K90＋180路段边坡位于云南省禄丰县境内，属罗川乡所辖，距彩云10km。边坡高约60m。边坡范围内总体为斜坡地形，地势南东高，北西低，最大相对高差约110m。山坡自然坡度为25°～40°。区内主要地层为中生界侏罗系中统上禄丰群(J_2)地层。

地层岩性为紫红色、暗紫色薄～中厚层泥岩、粉砂质泥岩夹暗紫色、浅绿色薄～中厚层泥质粉砂岩、细砂岩，总厚度大于200m。

根据岩石物理力学性质和沉韵律特征，细分为十个层(J_2^{10}～J_2^1)。其中，第9层(J_2^9)、第7层(J_2^7)、第5层(J_2^5)、第3层(J_2^3)、第1层(J_2^1)为软质岩组，岩性为紫红色、暗紫色中厚层泥岩、粉砂质泥岩。第10层(J_2^{10})、第8层(J_2^8)、第6层(J_2^6)、第4层(J_2^4)、第2层(J_2^2)为硬质岩组，岩性为紫红色、暗紫色薄～中厚层泥质粉砂岩、少量细砂岩，岩质较坚硬。

区内为单斜构造，岩层产状N60°～80°E，NW∠43°～58°，岩层走向与路基中心线呈小角度相交，交角16°～25°。勘察范围未发现具有明显特征的断层[1]。K90＋80工程地质剖面图如图1所示。

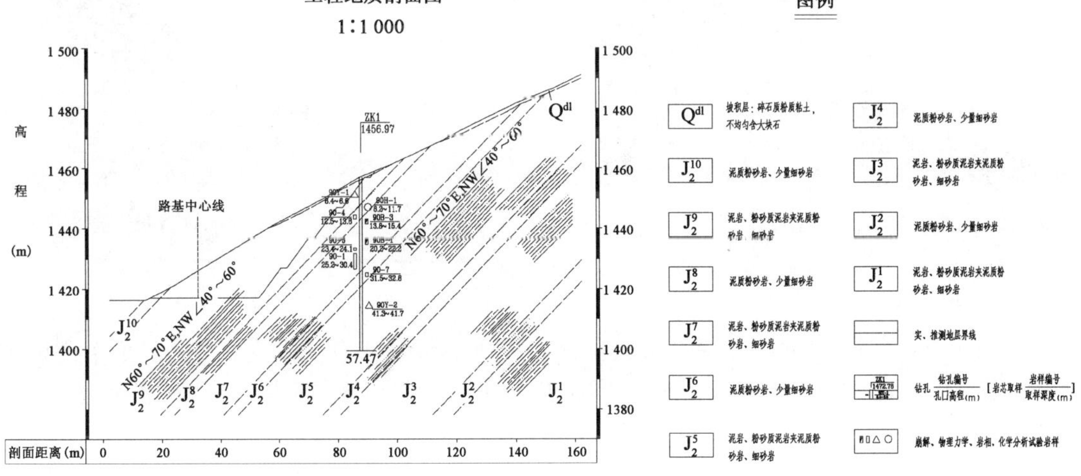

图1　K90＋80工程地质剖面图

2 FLAC 3D 数值分析

2.1 模型的建立

为了对 K90 边坡开挖后的稳定性进行整体分析评价，采用 FLAC 3D 程序[2]模拟计算边坡岩体开挖后的应变状况，概化后的三维地质模型如图 2 所示。计算模型的边界采用相应方向的约束作为位移边界，边坡岩体内应力以自重应力为主，模型沿公路方向为 Z 方向，模型长度为 170m，垂直坡面方向为 X 方向，建模宽度为 160m，垂直方向为 Y 方向。天然条件下岩体强度变形参数见表 1。

坡体天然条件下的强度变形参数 表 1

坡体材料	状态	E(MPa)	μ	γ(kN/m^3)	c(MPa)	φ(°)
粉砂质泥岩	天然	4 360	0.26	2 600	4.96	35.81
泥质粉砂岩	天然	10 230	0.18	2 540	8.58	44.29

2.2 边坡开挖后应变特征

边坡开挖后，边坡下部岩体向临空方向发生卸荷回弹，见图 3～图 5。

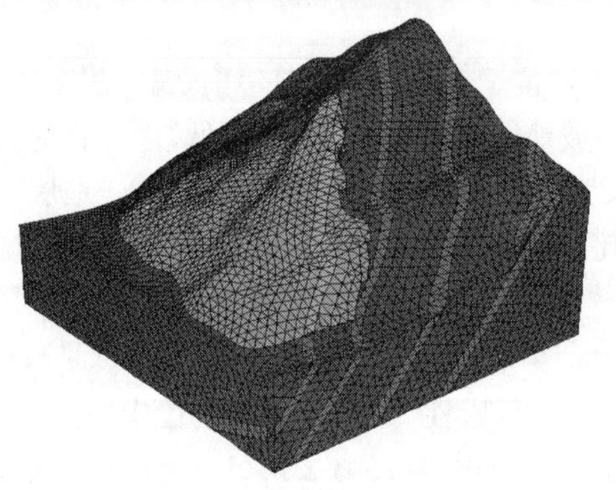

图 2 离散后的边坡计算模型

图 3 边坡开挖后的总位移云图

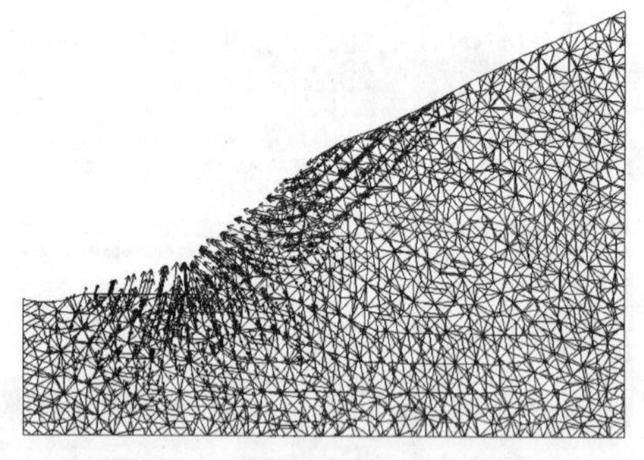

图 4 K90＋80 剖面位移矢量图

图 5 K90＋80 剖面总位移云图

从图 3 可以看出，边坡开挖后的最大位移在 8.7cm，最大位移出现在开挖边坡的下部坡脚及边坡底部。从总位移剖面图 5 上可以看出，边坡主要是坡脚岩体发生卸荷回弹发生变形，导致上部边坡泥岩沿 J_2^6 与 J_2^7 层面发生滑移。

从图 4 边坡位移矢量图可以看出，边坡开挖后，下部岩体沿临空方向产生卸荷回弹变形，导致上部岩体沿红层砂岩与泥岩的岩层面产生滑动。

3 极限平衡法稳定性分析

对 K90+80 剖面,采用极限平衡法分析开挖边坡在自然状态下和降雨饱和状态下搜索滑面与指定滑面的安全系数,用于评价边坡的稳定性。计算采用 GEO-SLOPE 软件进行[3],计算参数如表 2 所示,计算结果如图 6、图 7 及表 3 所示。

计 算 参 数 表 2

岩 性	状 态	密度(g/cm³)	抗剪强度	
			c(MPa)	φ(°)
粉砂质泥岩	天然	2.6	4.96	35.81
	饱水	2.62	4.28	26.88
泥质粉砂岩	天然	2.54	8.58	44.29
	饱水	2.6	9.22	36.41

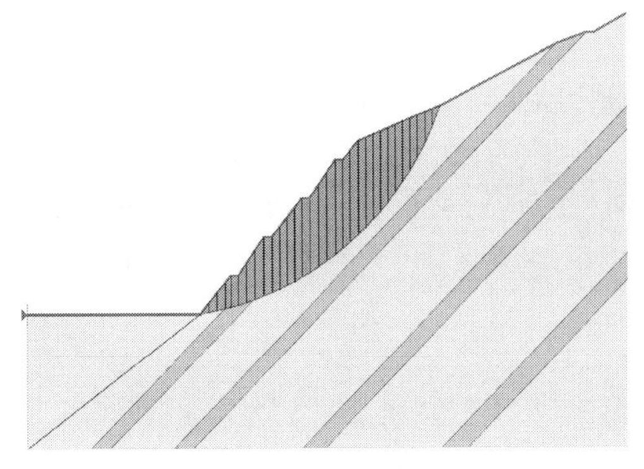

图 6 K90+80 最危险搜索滑面计算图

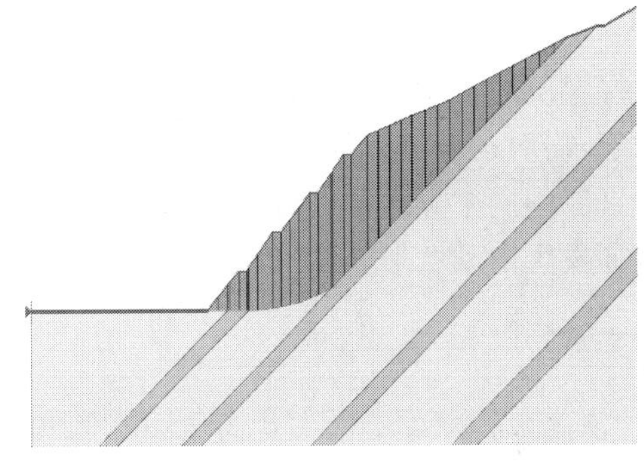

图 7 K90+80 剖面指定滑面计算图

K90+80 剖面极限平衡法计算成果 表 3

剖面位置	安全系数 / 计算方法	天然状态		饱和状态	
		搜索滑面	指定滑面	搜索滑面	指定滑面
K90+90	Ordinary 法	1.266	1.343	0.963	0.986
	Bishop 法	1.319	1.375	1.004	1.018
	Janbu 法	1.258	1.298	0.962	0.979
	Morgenstern-price 法	1.343	1.413	1.016	1.047

从表 3 可以看出,该边坡开挖后在天然状态下处于稳定状态,但在降雨饱和条件下边坡处于不稳定状态,沿搜索滑面及指定滑面都可能发生破坏,应及时进行相应的支护措施。

4 强度系数折减法稳定性分析

选取 K90+80 剖面采用有限元强度系数折减法进行稳定性数分析,分析结果如图 8 和图 9 所示。

从强度系数折减计算结果的位移矢量图及位移云图(图 8 和图 9)中可以看出,边坡可能的滑动面与 FLAC 3D 分析的位移矢量及位移云图比较相似,边坡开挖后可能产生沿砂岩与泥岩的层面的滑动。

边坡在天然状况下的稳定系数为1.2919,为稳定状态,同极限平衡法指定滑面计算的稳定性数(1.298~1.413)大致相同,饱和状态下的稳定系数为0.9843,边坡处以不稳定状态,同极限平衡法的计算结果(0.979~1.047)相差较小,也基本吻合。

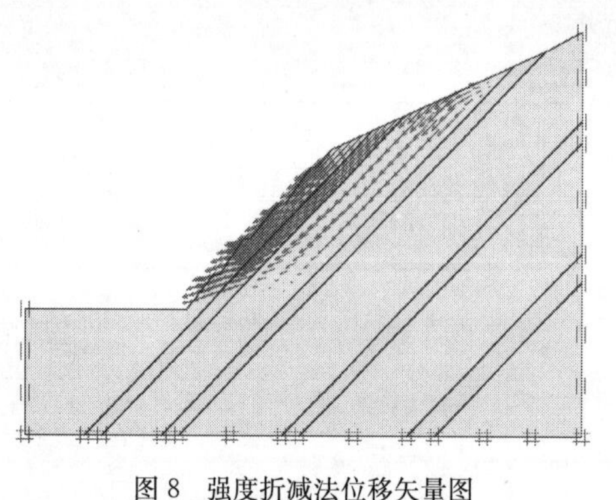

图8 强度折减法位移矢量图

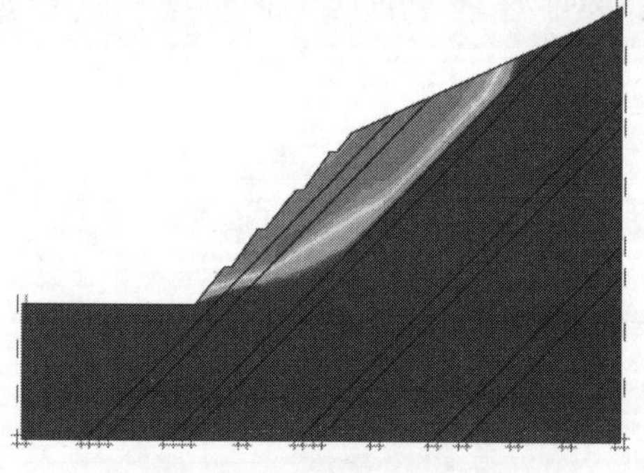

图9 强度折减法位移云图

5 结语

综上所述,边坡开挖后在天然状态下基本处以稳定状态,但在降雨饱水的工况下处以不稳定状态,需对边坡进行加固。

红层顺向中等倾角边坡开挖后主要是下部岩体产生卸荷回弹变形,导致上部岩体沿砂泥岩层面发生滑动变形。

参考文献

[1] 陈军,汤永福.云南安楚高速公路K90边坡勘察报告[R].昆明岩土工程公司,2003.

[2] 刘波,韩彦辉.FLAC原理、实例与应用指南[M].北京:人民交通出版社,2005.

岩石锚索内锚固段地质缺陷的观察及处置

尹　衡　何　军

（四川准达岩土工程有限责任公司）

摘　要　岩石锚索内锚固段所能提供的锚固力，是对工程实施锚固的关键。若内锚固段岩体存在的地质缺陷未被有效处理，将影响锚固力。结合工程实践，简述了采用孔内电视观察，提取孔内影像，结合取芯、压(注)水、声波测试等其他手段、资料分析，了解掌握地质缺陷，针对性采取加深锚索孔、下索前全孔一次性预注浆、内锚固段注浆处理以及改变锚索作用机制、相应调整预应力锚索结构以使锚索内锚固段受力与地层相适应等措施，处理锚固段地质缺陷，并通过原位监测，检验反馈对内锚固段地质缺陷的处理效果，确保锚固效果满足工程设计要求。

关键词　内锚固段　地质缺陷　声波测试　孔内电视　注浆　原位监测

1　引言

随着预应力技术的快速发展，作为一种经济、成熟、先进的支护技术，在水电水利工程、交通、工民建、地质灾害治理等领域，预应力锚索得到了广泛应用。

就岩石预应力锚索而言，对外锚头要求有可靠的锚固效果，避免因滑丝等因素造成预应力损失；对锚索体要求具有高强、低松弛以及高防护性能；对内锚段，要求必须提供大于预应力锚索超张拉力(含设计要求)的安全锚固力。

外锚头的锚具、夹片以及锚索体的钢绞线等，基本为标准生产，以现有的技术水平，其材料的技术参数、生产加工的工艺等都能满足设计的锚固要求。由于地质条件的复杂性，每个锚索孔的内锚固段钻遇岩体情况都不尽相同，其可靠性的判定存在相当的难度。

锚索的内锚固段即锚索的内部持力段，其重要性不言而喻。内锚固段所能提供的锚固力，是对工程实施锚固的关键。若内锚固段出现缺陷问题，导致如缆机、闸墩、洞室、挡墙、边坡、坝基等锚索内锚固失效，将可能造成灾难性后果。

结合小湾电站、瀑布沟电站、向家坝电站、紫坪铺水利枢纽工程、官地电站、溪洛渡电站、水牛家电站、宝兴小关子电站、黄金坪电站、长河坝电站等多个项目的锚索施工，就岩石锚索内锚固段地质缺陷的观察及处置情况，与同行交流。

2　锚索设计的基本程序及内锚固段、锚固力

2.1　岩石预应力锚索设计的基本程序

(1)通过调查、初期监测、工程地质分析，计算作用于构建筑物的外力；

(2)确定锚固位置、设计锚固力，进行内锚固体系设计；

(3)进行场地及施工条件、机制分析，确定失稳范围；

(4)确定内锚固段位置，稳定安全系数、可能发生的预应力损失；

(5)确定外锚固体适宜尺寸，进行外锚头结构设计；

(6)设计锚索孔深度，选取锚索材料、确定锚索结构；

(7)进行现场锚索试验，根据预应力锚索工况，初期原位监测成果分析，验证预应力锚索设计基本技术参数；选择并验证预应力锚索形式、结构、锚索体材料、锚夹具、胶结材料、外锚头保护方式及测试仪器；验证现场施工程序及施工工艺；选择并验证成孔设备及机具；建议质量保证措施和检测方法等；了解锚索孔地质情况，验证锚索施工工艺、材料、器具、设计参数等是否满足设计要求，验证设计的合理性、安全性及技术经济性，调整、优化设计；

(8)通过施工期监测，了解锚固工程整体稳定状况，实施动态设计。

2.2 岩石预应力锚索内锚固段及锚固力

(1)内锚固段即预应力锚索的内部持力段，用胶结材料或用金属加工的机械装置，使锚索体内端与被锚固体粘结为整体的区段；

(2)在确定锚索内锚固段长度时，应分别对锚索结合长度和握裹长度进行计算，实际内锚固段长度取较大值；

(3)岩石锚索锚固力主要受注浆结石体与锚索体界面的剪应力的控制和影响，界面上的剪切力包括锚索体表面与结石体之间的物理粘着力；锚索体材料表面的肋节、螺纹和沟槽与结石体之间形成机械连锁的机械嵌固力；表面摩擦力；

(4)对于硬岩，锚索锚固力一般受结石体和锚索体界面控制；在软弱地层，锚固力一般受结石体和地层界面控制；硬、软互层的地层，内锚固段长度应取较大值；

(5)内锚固段有效长度还取决于内锚固段粘结应力的分布，通过改善锚索内锚固段的受力状态，可以提高锚固力。

3 内锚固段地质缺陷的观察及处置

3.1 地质缺陷的产生及危害

(1)地质缺陷的产生

断层、裂隙、节理、软弱、破碎岩体等地质缺陷不可避免存在。由于前期勘测工作深度不够，或未进行勘测，或时间、条件不允许(如抢险、不允许水为冲洗介质钻进取芯)等，加之地质情况的复杂性，局部、个别锚索内锚固段地质缺陷不能预测不可避免。

设计施工预应力锚索的目的，就是通过对预应力锚索施加张拉力，实现对岩体或混凝土结构物的加固，使其达到稳定状态或改善结构物内部的应力状况。

(2)地质缺陷的危害

内锚固段所能提供的设计锚固力，是对工程实施锚固的关键。

如果内锚固段岩体存在地质缺陷未被发现或未被有效处理，受结石体和地层界面控制的锚固力一定受到影响，达不到设计要求。如此，可能将导致预应力锚索预应力损失异常，降级使用；或在施加预应力后，长期荷载作用下，锚索失效，留下隐患；或锚索张拉时，超过一定的张拉力就被拔出，造成锚索报废。

3.2 地质缺陷的观察

采用地质钻机揭示岩体、取芯、岩心编录、取岩样试验、压(注)水试验等是最常规的手段，在勘察、补充勘察阶段基本采用。由于地质情况的复杂性，常出现前期的勘察工作深度满足不了设计对地质缺陷的了解，如四川长河坝水电站泄洪洞进、出口边坡；云南甲岩水电站溢洪道左岸下游侧边坡等均在施工阶段增加了取芯补充勘探孔。

在单根或者多根预应力锚索组成建筑物锚固体系如闸墩锚索、缆机锚索等也不可能全部都先行取芯勘察了解地质情况；有些边坡已处于失稳危险状态，因此，不宜进行采用水介质钻进取芯的勘察方式。

孔内电视观察虽处在发展阶段、有其局限性，但作为锚索施工新的技术手段，因其直观、有效、迅速、价格低廉、不需要单独钻设观察孔，每孔都可观察、针对性强，在2004版及现行的2010版《水电水利工程预应力锚索施工规范》(DL/T 5083—2010)已明确要求使用。

根据孔内电视观察，孔内提取的影像，结合其他资料分析，可以直观地对内锚固段或者其他孔段进行观察。

另外，对内锚固段进行声波测试检验亦是一种简便、可取的手段。

3.3 地质缺陷的处置

(1)锚索应穿过软弱结构面，内锚固段应置于不会产生滑动的完整的岩体中；对于由塑性变形引起的塑性区或拉力区，内锚固段应置于稳定的弹性区内。

(2)按照岩石预应力锚索相关设计及施工规范，内锚固段应为完整的岩体或经处理后满足内锚固段设计要求的岩体。若在设计长度范围内的内锚固段岩体发现裂隙、孔腔、破碎岩体等地质缺陷，应加以相应处置。

①锚索孔加深处理，寻求满足要求的内锚固段，如长河坝电站的跨河缆索预应力锚索、左右岸边坡、泄洪洞边坡的局部锚索。

②进行下索前内锚固段注浆处理，灌注压力应不小于锚索体(内锚固段)安装注浆压力，如瀑布沟的试验锚索、黄金坪、长河坝水电站的部分锚索。

③下索前全孔一次性预注浆，是保证锚索施工质量的有效措施，在小湾电站、瀑布沟电站、向家坝电站、紫坪铺水利枢纽工程、官地电站、溪洛渡电站、水牛家电站、宝兴小关子电站、黄金坪电站、长河坝电站等水电站均实施。

岩体破碎、裂隙发育，吸浆量大时，应采取推水泥球嵌缝、低压自流、浓浆限流、间歇灌浆、加速凝剂、灌水泥砂浆等方法进行处理，可大幅度降低有地质缺陷岩体的工程造价，提高锚索孔(特别是内锚固段)成孔质量，利于下索到位，提高锚索体安装注浆质量。

④对内锚固段进行声波测试。如长河坝水电站开关站后边坡，明确声波速度<3 000m/s时，对内锚固段用0.5∶1～0.6∶1的浓浆进行灌注，压力0～0.3MPa；灌后声波测试，声波速度≥3 000m/s时，内锚固段合格。泄洪洞边坡采取“孔内电视+波速测试”方式抽检，灌后声波速度≥2 600～3 000m/s时，即可下索作业。

3.4 锚索结构的应对调整

(1)根据了解的锚固段地层条件，改变锚索作用机制，调整预应力锚索结构，改善锚索内锚固段受力与地层相适应。

(2)多个工程采用的自由式单孔多锚头防腐型预应力锚索具有改善内锚固段应力集中、有效防腐、有效减小孔径、全孔一次注浆、可进行二次补偿张拉等特点，其基本结构特点如下：

①基本(防腐)单元：单锚头。单锚头由无粘结钢绞线、挤压套及其密封套组件组成，具有良好的防腐性能。

②单孔多锚头结构：一根锚索由多组锚头构成，每组锚头包括锚板、单锚头，锚头数目及组合结构根据工程地质特性和锚索吨位大小进行选择。

③整体性锚头结构：各组锚头连接成为一个整体。

3.5 锚固效果的原位监测

施工期监测常用收敛计、水准仪；永久监测主要采用多点位移计、测斜仪以及锚索测力计。

预应力锚索锚固工程属隐蔽性工程，影响锚固效果的因素很多，其效果主要依赖原位监测的数据定量评价；监测的数据可以验证预应力锚索的可靠性，检验对内锚固段地质缺陷的处理效果。

4 结语

内锚固段所能提供的锚固力，是对工程实施锚固的关键。若内锚固段岩体存在的地质缺陷未被发现或未被有效处理，受结石体和地层界面控制的锚固力一定受到影响，达不到设计要求，留下较大安全隐患。结合工程实践，采用孔内电视观察，提取孔内影像，结合取芯、压(注)水、声波测试等其他资料分析，了解掌握地质缺陷，针对性采取锚索孔加深、下索前全孔一次性预注浆、内锚固段注浆处理以及调整预应力锚索结构等措施，处理和应对锚固段地质缺陷，并通过原位监测检验对内锚固段地质缺陷的处理效果，确保锚固工程达到设计要求。

北京地铁勘察的基本特点与难点分析

谢　峰

（北京城建勘测设计研究院）

摘　要　本文介绍了北京区域工程地质与水文地质条件、周边环境条件的特征，结合地铁工程的特点，分析北京地铁工程建设中主要的岩土工程地质问题，确定地铁勘察的重点和难点，着重根据地铁施工方法的不同，合理选用多种勘察手段与方法，有针对性提出解决方案和对策。对提高今后北京地铁勘察的质量，增强勘察方案的针对性有良好作用，也对北京其他类似地下工程岩土工程勘察工作有较好的借鉴作用。

关键词　地铁勘察　工程地质　工法勘察

1　引言

为了满足北京城市经济和社会快速、可持续发展的需要，近年来，北京市下大气力发展地铁建设，预计2015年实现“三环、四横、五纵、七放射”总长约561km的地铁网络，2020年将建成线路28条，通车里程达到1 000km。大规模的地铁工程建设要求进行大规模的岩土工程勘察工作。

要做好北京地铁的岩土工程勘察，首先要对北京地质条件的特殊性、复杂性、地铁工程的特点及其对岩土工程勘察的要求有充分的理解和认识，才能找准主要的工程地质问题，充分分析岩土工程勘察的重点和难点。其次，要熟练掌握国内外先进的勘察技术，针对不同的工程地质问题，选用有效的勘探、测试手段和方法。在此基础上实施岩土工程勘察，才能提出正确、合理的设计参数，同时对设计、施工、监测等提出合理、可行的工程措施建议。

2　北京区域地质、水文、环境特征

2.1　北京区域地质条件

(1)地层岩性

北京市区位于华北大平原的西北缘，属华北地层分区。北京西、北及东北面三面环山，山地出露岩石类型较为齐全，东、南及东南面为广阔的平原区，称之为“北京平原”。在北京平原区的不同区域，由于受断裂活动的影响和古地理环境的限制，第四纪沉积物的厚度有明显的差异。在北京市区，第四纪沉积地层的厚度由西向东逐渐增大，岩相分布由山地向平原具有明显过渡的特征，即市区西部的第四纪古河流形成的冲洪积扇顶部、中上部的地层以厚层砂土、卵砾石层为主；向东过渡为冲洪积扇的中部和中下部，第四纪地层为粘性土、粉土与砂土、卵砾石交互沉积层。

(2)不良地质作用与特殊性岩土

①不良地质作用：地面沉降、砂土液化、活动断裂、地面塌陷等。

②特殊性岩土：人工填土、软土、风化岩、膨胀岩、巨厚粗颗粒土等。

2.2 北京区域水文地质条件

(1)地下水类型

北京平原地区地下水类型按地下水的赋存条件主要为基岩裂隙水和第四纪松散岩类孔隙水,第四纪松散岩类孔隙水又分为上层滞水、潜水和承压水。

(2)地下水动态

上层滞水的动态随季节大气降水及管道渗漏的变化而变化,在古河道水文地质单元,上层滞水呈几乎被疏干的状态,不具有明显的多年连续升降趋势。在河间地块水文地质单元,随着地面环境的变化,农田变为住宅小区,地面硬化,大气降水垂直渗入补给量迅速减少,上层滞水的水位逐年下降。在仍为农田的地区,地下水位仍然较高,不具有明显的多年连续升降趋势。

潜水的动态与大气降水关系密切。每年7～9月份为大气降水的丰水期,地下水位自7月份开始上升,9～10月份达到当年最高水位,随后逐渐下降,至次年的6月份达到当年的最低水位,平均年变幅为2～3m。一般情况下,潜水的动态受农田供水开采的影响,不直接受城市供水开采的影响,但由于潜水与承压水具有密切的水力联系,当承压水头降低时,越流补给量增大,潜水水位也随之下降。1970年以前,北京市的城市规模和工农业生产规模发展速度较慢,地下水位下降速度缓慢。20世纪70年代以来,北京市开始大规模打井开采地下水,潜水水位逐年下降。

承压水的动态比潜水稍有滞后,当年最高水位出现在9～11月,最低水位出现在6～7月,年变幅为2～3m。自20世纪70年代以来,随着工农业生产的迅速发展和城市的扩大,地下水开采量逐年增加,地下水位不断下降。近年来,由于北京市政府采取了一系列保护地下水环境、限制地下水的开采、增大地下水补给量等有效措施,地下水位的下降速度变缓。

总之,北京地区(市区浅层30m以上)的地下水一般存在三层水。分别是上层滞水、潜水和承压水;且潜水和承压水在不同区域会有层位上的变化,如处于西北部地区的潜水层,到了东部和东南部就成了承压水层,且补给十分畅通。

2.3 北京地铁周边环境条件

(1)特殊环境种类多

北京地区的环境种类除了既有地铁、房屋建筑、桥涵、地表水体、市政道路、铁路、管线外,还有军事管理区、使馆区、古树等特殊环境类型。

(2)文物古迹众多

北京是历史文化名城,文物古迹众多,地铁沿线穿越多处国家级重点文物保护建筑。这些建筑年代久远、材料老化、强度降低、变形比较敏感,安全性较差。

(3)地下管线繁杂、老化严重

在北京城的地下,有351km长的供热管道、9 981km长的自来水管道、2 909km的污水管道、7 164km的天然气管道、194km的煤气管道,还有输油、照明、通信信息、广播电视、地下交通通道等,特别是在城市的旧城区,20世纪80年代以前修建的地下管线,特别是污水管线,其接头的抗变形能力差,给地铁施工带来难度。

(4)桥梁多

北京桥梁众多,各种高架桥、过街天桥和匝道桥密集分布于市区,部分桥梁由于结构复杂、施工过程结构体系转换多、临时荷载大而随机性强,在地铁临近施工过程中尤需注意这些构筑物的安全风险。

(5)既有轨道线路和铁路多

北京是全国重要的铁路交通枢纽，京九铁路、京包铁路、丰台铁路货场段、北京西机务段铁路段以及地铁 1 号线、2 号线、5 号线、10 号线一期、4 号线等既有地铁线分布在市区，这些既有线路与新建线路接近度较高，对沉降要求严格。

(6)地表水体多

北京水体众多，全市共有较大支流 100 多条，总长 2 700 余千米，有大、中、小型水库 84 座，湖泊 30 余个。湖泊如北海、什刹海、玉渊潭、昆明湖等，河流如京密引水渠、永定河引水渠、凉水河等。如地铁 16 号线工程需下穿紫竹公园湖、永定河引水渠等水体。

2.4 北京地铁勘察特点

北京地铁是北京城市公共交通的主动脉，规划线路长，沿线工程地质与水文地质条件变化大；沿线基本都是繁华市区，周边环境复杂；线路敷设方式和施工方法多。因此，北京地铁勘察兼有铁路隧道、高层建筑、深基坑、水文地质等多种类型勘察的特点。

(1)沿线涉及多个工程地质与水文地质条件单元，地质条件复杂

北京地铁沿线穿越跨越多个工程地质单元和水文地质单元，地形地貌变化大，勘察时须准确查明各地质、水文单元的特点和差异。

(2)沿线施工方法多，勘察需针对不同工法编制勘察方案

北京地铁的施工方法主要包括明(盖)挖法、浅埋暗挖法、盾构法等，不同工法所需的设计参数不同，需根据不同工法有针对性的编制勘察方案，并根据工法可能遇到的工程地质问题，提出设计施工建议。

(3)为满足地铁不同专业设计需求，需进行大量的特殊试验

地铁结构设计时除需岩土层的常规物理力学指标，如含水率、密度、液塑限、直剪试验、压缩试验、颗分外，还需大量特殊试验指标，如三轴参数、渗透系数、热物理参数、基床系数、泊松比、无侧限抗压强度、静止侧压力系数等，以满足轨道交通设计的特殊使用要求。

(4)沿线周边环境条件复杂，勘察要查明周边环境条件与地铁的相互影响

北京地铁常邻近重要建构筑物、高大建筑群或下穿既有铁路、桥梁、河湖等，环境条件极其复杂，直接影响到设计方案的确定及工法的选择。勘察时要查明既有建筑物的存在可能带来的风险(空洞、填土坑、水囊等)，分析地铁与周边环境的相互影响，提出对既有建构筑物切实可行的防护措施和监测检测建议等。

(5)线路穿越繁华市区，需在道路及地下管线密集区钻探施工，安全风险大，文明施工要求高

北京地铁多穿越繁华市区，沿线建(构)筑物众多，地下管线纵横交错，地上道路交通繁忙，给勘察钻探工作增加很大难度。勘探孔施工如何避开地下管线和既有地下构筑物，确保施工安全，是地铁勘察的难点；对城市中尤其是公共场所作业的钻孔，开孔方式、泥浆循环系统以及施工区安全警示、绿地保护、撤场封孔、场地恢复等文明施工问题也要预先考虑周全。

3 北京地铁主要工程地质问题及勘察措施

3.1 北京地铁主要工程地质问题

(1)明挖法施工的主要工程地质问题

①边坡失稳或坍塌：北京地铁的施工竖井、多数车站、部分区间采用明挖法施工，结构围岩以粘性土、砂卵石土为主，表层为填土(部分地区存在新近沉积土层)，如支护不力，易引起边坡失稳。

②基坑附近建(构)筑物倾斜或开裂:由于基坑开挖应力释放,边坡易产生变形,从而引起邻近基坑一侧建筑物的沉降增加,导致建筑物倾斜或开裂。

③中间桩承载力不足、差异沉降过大:当站台内设有中间桩时,其承载力要求高,需采用大直径长桩。此外,由于持力层差异或局部存在软弱下卧层,各桩之间易产生差异沉降,严重时会影响主体结构的正常使用。

④成桩困难:从以往地铁的施工经验可知,在碎石土地区成桩较为困难,严重影响施工进度。

(2)矿山法施工的主要工程地质问题

①地表沉陷:暗挖法施工后,由于应力释放,围岩变形,如辅助工法不利,将引起地表沉陷。

②既有建(构)筑物变形或沉降增大、地下管网的破坏:当地表沉陷量较大时,将使附近既有建(构)筑物变形或沉降增大,影响其安全与正常使用。对于地下管网,将因地层变形而产生变形破坏。

③围岩坍塌:当地下水位高于结构底板,含水岩组为粉土层和砂卵石层时,这类土层饱水性强,施工过程中易导致围岩坍塌,严重时发生冒顶。

(3)盾构法施工的主要工程地质问题

①当采用土压平衡盾构施工,在盾构开挖范围内细粒土较少,在掘进过程中难以保持开挖面压力平衡时,容易发生事故。

②在碎石土层中,因盾构切削头扰动地层,造成超挖造成地层损失,或在盾尾注浆过程中,注浆压力、注浆液配比不适,都极易引起地表沉降或隆起。

③在下穿地表水体地段,一般需采用盾构法施工。盾构施工导致的地形的隆起或沉降均可能造成漏水突水事故。

④当盾构引起的地面塌陷与隆起过大时,将使附近既有建(构)筑物变形或沉降增大,影响其安全与正常使用;对于地下管网,将因地层变形而产生变形破坏。

⑤若盾构开挖面内存在的粘聚力较大且塑性指数高的粘性土时,易形成泥饼,造成刀盘扭矩增加,使刀具突然抱死,影响掘进速度。

⑥当沿线盾构段开挖范围内的围岩以碎石土为主时,由于粒径大,强度高,导致刀具磨损快,影响掘进速度。

⑦突遇地下障碍物、空洞、古井等或大粒径漂石等异常后,可能造成刀具迅速磨损、土压力变化大,导致盾构机无法正常工作。

(4)降水施工的主要工程地质问题

①降水引起的地基土变形及地层塌陷:抽水易带出土层中的细颗粒,带走的细颗粒不但会增加周围的沉降,产生地下空洞及塌陷等,施工抽排水可能造成局部地区的地下水位下降,导致局部地面下沉。

②对地下水资源的影响:地下水位下降会引起地下水源逐渐衰竭,且可能导致水质恶化等不良环境地质问题。

③对周围建筑物及地下构筑物影响:降水会造成地层压密,产生固结沉降,当产生的附加沉降超出建筑物及地下构筑物的容许变形范围,使建筑物和地下构筑物产生破坏,影响正常使用,严重时可能危及其安全。

3.2 北京地铁勘察的主要措施

根据以上各种工法可能遇到的工程地质问题,勘察需采取必要的措施,进行“工法勘察”。

各种工法主要工程地质问题及勘察措施见表1。

各种施工方法主要工程地质问题及相应勘察措施一览表 表1

施工方法	主要工程地质问题	可能产生的地段	相应勘察措施
所有施工均可能出现	既有建(构)筑物变形增大、倾斜、开裂及地下管网的破坏	线路顶部或附近的雨污水管、建筑物、高压、通信发射塔基础等	1.调查基坑附近建(构)筑物的基础埋深、附加荷载大小等基础资料参数。地下管网的分布与性能、埋深等; 2.将与线路较近、与结构距离较小的建(构)筑物、地下管线存在的地段确定为勘察重点,查明其物理力学性质、评价围岩稳定性,提出合理参数; 3.建议合理的支护方式,控制边坡变形或围岩变形
明挖法施工	边坡失稳或坍塌	明挖施工中的施工竖井、风亭、结构主体	1.进行砂土与碎石土的天然休止角试验; 2.进行直剪试验,获取土层抗剪强度参数; 3.通过静三轴试验,获取土层的侧压力系数、内摩擦角和粘聚力; 4.进行无侧限抗压强度试验,获取粘性土、粉土在无侧限压力条件下抵抗垂直压力的极限强度; 5.测定基底以上各土层水平基床系数,预测边坡变形
	差异沉降过大	软弱下卧层桩尖持力层高程变化大	1.查明基底以下是否存在软弱下卧层,并对其进行承载力验算与变形验算,根据验算结果提供合理的建议; 2.详细查明桩尖持力层的分布规律
	成桩困难	碎石类土内的钻孔灌注桩	查明碎石土、砾岩的母岩成分、颗粒级配、最大粒径与最小粒径,并对碎石土进行抗压强度试验,通过测试评价其强度,为桩基施工提供建议
矿山法施工	围岩变形过大引起地表沉陷	暗挖施工段覆盖土层厚度较小的地段	1.根据围岩变形分析模型,提供相应岩性参数; 2.查明围岩的物理力学性质、评价围岩分级与稳定性,建议合适的施工方法及相应参数
	冒顶、涌水	开挖面上存在饱水透镜体	加密勘探点的布置,重点查明饱水砂层与粉土透镜体的分布,在钻探过程中详细描述其饱和度
盾构法施工	掌子面的失稳	盾构段均可能出现	详细查明开挖面内土层的岩性及其分布规律,对各土层进行颗分试验,为确定合适的推进压力提供依据
	地表隆起或沉降	盾构段均可能出现	详细查明围岩的岩性及其分布规律,对各土层进行颗分试验,为确定合适的注浆压力与注浆配比提供依据
	刀具磨损过度	盾构段均可能出现	查明开挖面内碎石土最大粒径、颗粒级配及砾石强度
	障碍物等导致异常停机	大粒径漂石;施工中的废弃物,空洞、古井	1.调查沿线的历史变迁情况,评价是否有空洞、古井等人工障碍物存在的可能; 2.通过挖探与沿线深大基坑的调查,尽量查明沿线碎石土的最大粒径
降水施工	细粒土流失引起地表塌陷	水位以下存在细粒土的地段	详细查明第四纪碎石中细粒土的充填成分、颗粒级配;粉土、砂土夹层的分布,建议在降水过程中增加反滤层,减少细粒土的抽取量
	污染或浪费地下水资源	降水过程	从环境方面分析和评价降水对地下水的影响,并提供合适的地下水处理措施

4 北京地铁勘察重难点及解决方案

(1)查明岩土层的空间分布特征及其工程特性

北京地铁沿线各岩土层的空间分布,对地铁隧道的稳定、工程方案设计及盾构机的造型机具参数设定等至关重要。因此,查清各岩土层的空间分布特征及与隧洞区域附近岩土的工程特性将是进行岩土工程勘察的重点之一。

解决方案:

①为克服室内试验的原位性和尺寸效应等方面的不足,应注重开展原位测试工作。原位测试项目主要包括:动力触探、标准贯入、波速测试等。

②采取足量的合格的并且具有代表性的样品进行各种相关的室内试验。试样的采取在量上要有统计意义,在分布上要有足够的代表性。要采取有效的勘探取样技术,采取合格的试验样品。

③室内试验项目应满足设计施工及运行管理等对岩土指标的需求。物理指标主要试验项目包括:对土体测定颗粒级配、比重、天然含水率、重力密度、最大和最小密度、天然孔隙比、饱和度、液限、塑限、有机质含量、渗透系数;对砂类土测定相对密度、密实度并提供粘粒含量;力学指标主要包括:测定土体内摩擦角、凝聚力、压缩系数、压缩模量,无侧限抗压强度、地基系数、静止侧压力系数等。

④为获得符合实际的物理力学指标,除做好室内及原位试验外,还须对所取得的各种试验的成果进行对比分析,以期获得最优的研究成果供地铁工程建设使用。

(2)查明岩土层的水文地质参数

隧道岩土体的水文地质参数包括其渗透性、涌水量、地下水渗流特点等,其对隧道、基坑边坡稳定、施工安全及地铁运营等具有重要意义,是勘察重点。

解决方案:钻探采取土层样品进行室内渗透性试验、抗渗性试验、水理性试验等,现场钻孔抽水试验、注水试验、引渗试验等。在地下水动态观测中,还应特别关注地下水与地表水体动态变化的依存关系。通过这些试验研究,获得隧洞岩土体的水文地质参数及其在水作用下的性质变化特征等成果,必要时,将进行渗流场的数值模拟分析,为工程设计施工组织及运行管理提供依据。

(3)查明地铁隧道对沿线地上、地下建(构)筑物的影响

地铁隧道常常需要穿越繁华城区,沿线分布有大量的重要建(构)筑物,地铁施工及运营过程中对其可能造成的影响如何,是地铁工程建设的十分重要的问题。

解决方案:为研究隧道工程对沿线地表、地下建(构)筑物影响,首先应全面调查工程沿线及可能的影响区范围内的建(构)筑物的分布情况,搜集相关工程的设计及竣工资料。分析和评价施工过程中土体开挖、地下水变化等情况是否会造成已有建筑物的不均匀变形和地基沉陷;环境改变后的长期条件下,是否会有不利影响;如何采取更加有效的工程防护措施等。

(4)抗浮设防水位的确定

地铁工程属于百年重点工程,地下结构埋置深度较大,在工程使用期限内地下水位可能远远高于结构底板,提供地下工程抗浮评价计算所需的、保证设防安全和经济合理的抗浮设防水位,是地铁勘察的难点。

解决方案:

①通过收集资料、勘探及布置长期观测孔等多种手段查明区域及整个线路的水文地质条

件，包括：地下水的类型、分布和埋藏深度、含水层数目、岩性结构、含水构造特点、地下水的补给、排泄条件、隔水层的分布和埋藏深度等。特别是要查明含水构造特点及历年最高水位和勘察期间的最高地下水位。

②确定地铁结构与含水构造的相互关系：对于地铁结构来说，单位面积所受的浮力大小只与能够对基础底面产生浮力的该含水岩组地下水位有关，因此，需分析地铁结构与含水岩组的相互关系，确定对地铁结构抗浮设计影响最大的含水层的地下水最高水位。

③以查明的地下构筑物基础直接持力层的静止水位为依据，考虑地下水位的动态变化趋势和相当于勘察时期的地下水位的多年变幅，确定地下水的动态变化类型（如降水补给型、河流渗漏补给型、开采型、灌溉型等），提出地下水形成（补给、径流和排泄）条件的正常年份最高地下水位（相当于正常使用极限状态）。

④考虑不可预见的风险因素，即"意外补给"的影响（例如永定河上游官厅水库放水），采用概率分析方法或安全系数法，结合构筑物的安全等级确定该构筑物在设计基准期可能达到的最高地下水位。

⑤采用 1971～1973 年最高水位（视为历史最高水位）进行校核，最后确定该构筑物的抗浮设防水位。

(5)道路及建筑密集区的钻探作业

①城市道路上的钻探施工

北京地铁勘察外业钻探施工，大部分位于城市道路上，在城市道路上钻探施工，要做好与交通、城管、绿化等管理部门的协调工作，为道路施工提供安全保障。

解决方案：

钻孔布置图完成后，应尽快落实各施工点的具体情况，并与上述部门申报道路开挖（或临时占用道路）许可证，依据市政部门及交警的意见准备好交通警示标志（如锥形标志、警示红灯等）和现场围蔽材料，施工时按照要求摆放好交通标志，设置施工现场的围蔽工作。

②地下管线的避让

北京地铁沿线地下管线纵横交错，钻探过程中，任何管线破坏事故都会造成巨大的经济损失和社会影响。外业钻探过程中地下管线的保护是地铁勘察的重点。

解决方案：

一方面通过收集各种地下管线、地下建筑材料及现场调查分析，必要时采用预先开挖、物探等手段，找准地下管线的位置，确保地下管线的安全；另一方面加大协调工作力度，确保现场勘察工作顺利进行，主要可遵循"查、访、探、挖、护"城市地铁勘察地下管线保护原则。

查：认真研究甲方提供的管线资料，确定沿线管线的分布和具体位置，并进一步查询、收集管线竣工资料；访：走访各管线主管单位确定沿线管线的分布和具体位置，走访沿线的居民了解管线施工的历史；探：采用管线探测仪进行现场实地探测确定管线的位置；挖：采取挖探的办法确定浅部管线的位置；护：将钻孔周围距离小于 2m 的管线标示出来，给予保护。

③钻孔的回填与封孔

按规范要求，盾构施工段与暗挖施工段均要求将钻孔布置在结构外侧，但仍必须对沿线所有钻孔进行封孔，一是减少对环境的影响；二是在线路偏移或钻孔移位施工后减少对施工的影响。

解决方案：

在钻孔施工完毕后，用水泥沙浆按规范要求进行封孔。对于有掉钻的钻孔，应有详细记录。

5 结语

地铁工程由于其自身的系统性、结构的复杂性、工法的多样性、环境的严格性等，使其对勘察工作的要求远远高于一般的工民建和铁路、道路工程。进行城市轨道交通工程勘察必须牢牢把握其线路的特征、城市环境、精密岩土工程等特点；因此在进行勘察工作时应分别对待，针对不同的地质单元、不同的结构形式和不同的施工方法，采用相应的勘察手段和评价方法以更有针对性解决岩土工程问题。

参考文献

[1] 中华人民共和国国家标准. GB 50307—2012 城市轨道交通岩土工程勘察规范[S]. 北京：中国计划出版社，2012.

[2] 北京交通大学. 地铁工程勘察设计质量安全管理与技术[M]. 北京：中国建筑工业出版社，2012.

圆弧法与直线滑动法相结合计算土岩共存边坡下滑力

张晋铭　顾　翔　孙显兵　张　翼　徐　壮　孙　浩　何　瑞

（西南有色昆明勘测设计(院)股份有限公司）

摘　要　边坡下滑力的计算是边坡治理工程设计的重要步骤，下滑力计算的准确性和合理性，将直接决定边坡治理方法、整治费用以及治理后的使用期限等。通过对昆明某边坡治理工程下滑力计算，选取三种计算结果进行比较、分析后认为，对于土层与岩层共存的边坡，采取圆弧滑动与直线滑动相结合的方法计算边坡下滑力，是科学、合理、可取的。

关键词　土岩共存边坡　下滑力　圆弧/直线滑动法

1　工程概况

昆明某项目位于昆明市五华区龙泉路长虫山的山脚，场区原始地形大致呈西北高，东南低，高差最大达 40m 左右。因拟建项目内含 29F 高层建筑及 1～3 层地下室，根据建筑设计要求，对地下室周边临近规划道路及景观设计（下沉广场、架空花园等）的区域进行边坡治理，边坡治理高度为现状地面下 2～22.5m。

1.1　工程地质条件

根据该场地《边坡专项勘察报告》中勘察钻孔（最大揭露深度 36.70m）信息，场地表层为不等厚的填土（杂填土、耕土）外，中间均为坡残积的粘性土、砾砂，下段为④层砂岩：强风化，中厚层状，风化差异较大，裂隙比较发育，岩芯多呈砾砂状、碎块状，局部见泥岩薄层，间夹白云质灰岩层，岩层倾向∠15°～22°，与坡向相同。⑤白云质灰岩：灰色，强风化，裂隙发育，岩芯多呈砾砂、块状，极少量岩芯呈短柱状，局部为泥灰岩，间夹砂岩层。边坡治理范围内，现状地面下 5～8m即进入强风化（④砂岩）或中风化（⑤白云质灰岩）。

1.2　水文地质条件

场地上层降雨滞水通过外围道路排水沟向地势低除排干，由于岩层倾向与坡向相同，场地下部基岩裂隙水顺岩石结构面向坝区排泄，且边坡开挖深度大都在基岩以上，因此，地表水、基岩裂隙水及岩溶水对边坡稳定影响应不是很大。

1.3　边坡治理设计验算参数选取如表 1 所示

岩土层物理力学参数表　　　表 1

土层编号	土层名称	重力密度 (kN/m³)	压缩模量 E_{S1-2} (MPa)	c_c (kPa)	φ_c (°)	岩土对挡墙基底的摩擦系数	锚固体与土层间粘结强度特征值 f_{rb} (kPa)
①	素填土	19.1	9.5	23.7	6.8		30
②	粘土	18.2	9.5	29.3	11.5	0.26	25
②$_1$	砾砂	19.8	6.4	5	25	0.38	70

续上表

土层编号	土层名称	重力密度 (kN/m³)	压缩模量 E_{S1-2} (MPa)	c_c (kPa)	φ_c (°)	岩土对挡墙基底的摩擦系数	锚固体与土层间粘结强度特征值 f_{rb} (kPa)
②₂	粉质粘土	18.9	9.0	25.1	13.4	0.35	27
③	粉质粘土	19.1	9.2	27.4	13.6	0.35	27
③₁	砾砂	20.3	6.1	5	25	0.40	75
③₂	粘土	18.5	9.0	31.8	12.3	0.39	28
④	砂岩	21.3		3.5	50	0.65	120
⑤	白云质灰岩	22.5		9.5	70	0.65	150

1.4 边坡治理方法

边坡治理采用人成孔钢筋锚杆＋混凝土框格梁人工挖孔抗滑桩＋预应力锚索＋现浇混凝土挡土板等工艺的综合治理方法。通过对计算结果数据的分析整理，发现边坡下滑力计算结果，对边坡位移变形以及预应力锚索所需锚固力值影响非常大，这意味着下滑力计算选取模型的合理性及计算结果的准确性对边坡治理工程起了决定性作用。

该项目设计使用了坡顶5m放坡卸载，配合钢筋锚杆及纵横向框格梁，人工挖孔桩断面为1 200mm×1 500mm，桩间距4.0m，混凝土强度等级C30，桩身设置3～5排预应力锚索，桩间设现浇C25混凝土挡土板。

边坡破坏时，土质边坡滑动面的形状，取决于土体性状。对于粘性土占多数的土质边坡，通常选用圆弧滑动法进行计算分析，将边坡体沿滑面划分为若干刚性垂直条块，条块间沿底滑面传递下滑力。边坡破坏实质上是边坡沿滑移面的剪切破坏，所以，对于岩石等结构而言，内部破坏则近似于平面型，通常选用直线滑动法进行计算分析，滑裂面近似为岩层倾向角度。列举的昆明某边坡治理项目设计开挖深度及影响范围内，土质与岩质边坡共存的情况比较明显，该项目对于西南地区坡地建筑的边坡治理有一定代表性，计算下滑力的时候，采取了圆弧滑动与直线滑动相结合的方法计算。该项目边坡设计方案通过软件模拟验算，结合我院多项边坡治理成功案例，顺利通过云南省专家评审及审图中心论证，施工至今，边坡治理现场实测位移变形均在理论设计值控制范围内。

2 下滑力设计条件

选取昆明某边坡治理工程中8个剖面下滑力计算结果进行分析，其中，均考虑20kN/m地面荷载，统一地下水位，用总应力法考虑水作用，且不考虑坡面外静水压力。计算目标为剩余下滑力计算，且扩大自重下滑力，抗震设防烈度为8度，取第二组，基本地震加速度值0.20g。三种下滑力计算方法限制条件简图如图1所示。

通过边坡治理专家论证会各位专家对该地块的踏勘、超挖验槽，结合周边边坡相同、相似治理方案的成功案例，对采用圆弧结合直线滑动法计算下滑力的合理性进行专项分析，在坚持“安全第一、经济合理”的原则下，确定使用两者结合的方法进行该方案设计验算及施工，计划通过该项目边坡位移变形等结果指标对其方法进行研究和论证。

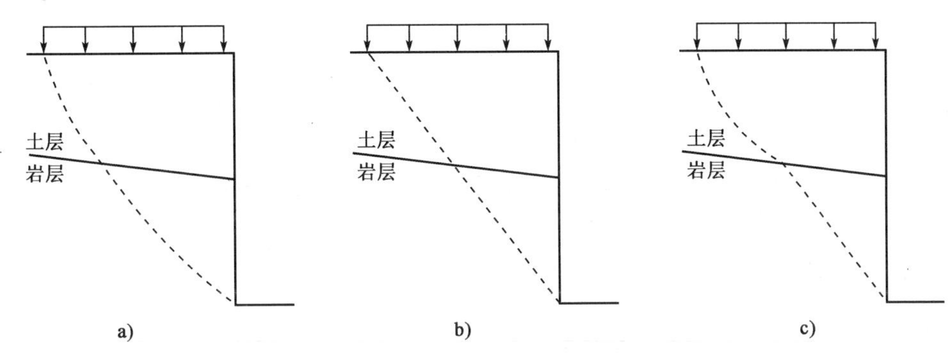

图 1　三种下滑力验算示意模型（虚线为滑裂面示意）

a）圆弧滑动法；b）直线滑动法；c）圆弧/直线滑动法

3　下滑力计算

三种方法计算结果见表 2。

三种方法计算下滑力结果表　　表 2

边坡高度（m）	入岩深度（m）	边坡剩余下滑力计算结果统计（kN）		
		圆弧滑动法	直线滑动法	圆弧结合直线滑动法
10.3	5.1	355.971	120.121	216.850
14.9	5.3	713.461	301.297	499.098
18.3	5.8	832.448	408.146	612.319
19.5	7.1	1 152.701	748.507	979.193
21.1	12.0	1 164.028	701.017	962.579
23.4	12.4	1 456.303	864.630	1 102.165
19.4	12.3	1 485.059	887.132	1 032.894
18.4	11.6	1 592.250	957.041	1 169.943

4　预应力锚索锚固力及桩顶位移

预应力锚索锚固力统计及桩顶位移分析见表 3。

预应力锚索锚固力统计表及桩顶位移变形分析表　　表 3

剖面	位置描述 设计验算深度 （承台底）	锚固力（软件计算） （kN） 注：排数自上向下排列	桩顶水平位移 设计值 （mm）	桩顶水平位移 实测值 （mm）	备　注
1-1	6 号拟建建筑西 （14.9m）	600.06 575.56 844.97 808.24 716.39	16	max=9	监测方案简介： 水平位移实测方案严格按照边坡治理变形监测方案执行，截止统计前已累计完成 11 次监测工作。位移实测根据施工进度继续实测记录、统计、分析
2-2	7 号建筑附近 （18.3m）	612.30 538.82 538.82 538.82 538.82	33	max=14	

续上表

剖面	位置描述 设计验算深度 (承台底)	锚固力(软件计算) (kN) 注:排数自上向下排列	桩顶水平位移 设计值 (mm)	桩顶水平位移 实测值 (mm)	备注
3-3	8 号拟建建筑附近 (19.5m)	593.93 618.42 881.71 881.71 881.71 1 059.28	43	max=18	监测方案简介: 水平位移实测方案严格按照边坡治理变形监测方案执行,截止统计前已累计完成 11 次监测工作。位移实测根据施工进度继续实测记录、统计、分析
4-4	10 号拟建建筑附近 (21.1m)	716.39 716.39 881.71 991.93 875.59 875.59	42	max=20	
5-5	11 号拟建建筑附近 (23.4m)	520.46 606.18 955.19 875.59 979.68 881.71	48	max=26	
6-6	14 号拟建建筑附近 (19.4m)	587.81 524.54 881.71 918.45 814.36 875.59	39	max=20	
7-7	18 号附近车库入口 (18.4m)	431.75 401.14 730.84 730.84 730.84	32	max=15	

5 下滑力计算结果分析

对于上述例子中的土质与岩质边坡相结合的案例,无论采用直线滑动法还是圆弧滑动法,均不能代表地层的原始性状,通过专家评审会认可的下滑力计算方法,结合论文编制前工地现场抗滑桩桩顶水平位移、竖向位移等指标的实测统计值,通过认真统计、整理、分析、比较,初步认为采用圆弧与直线滑动相结合的方法计算土岩结合边坡下滑力,更具有模拟验算的合理性和科学性,在接下来的现场施工实践时间内,我们将继续围绕此下滑力验算模型开展实践论证工作,希望搜集更多有效、可靠的数据,来支撑此验算模型的合理性和可行性。

6 结语

对于土质与岩质共存的边坡治理工程，如采取圆弧法计算下滑力，岩层内的下滑力将计算过大，同理，取直线滑动法计算，则土质较多的区域，下滑力计算结果将算小。采取圆弧滑动与直线滑动的方法计算此类边坡，虽然精确性受不同环境条件影响，且土层与岩层未必能均匀分布，但选取圆弧与直线结合的方法计算此类边坡的下滑力，更能体现工程设计的科学性与合理性。

大岗山水电站大坝高线混凝土生产场区岩质边坡加固设计

安永奇　侯延华　刘　军

（中国水电顾问集团西北勘测设计研究院）

摘　要　大岗山水电枢纽工程高线混凝土生产系统场区布设于大渡河左岸大坝下游约 600m 处的马颈子山脊部位，为三面临空的相对孤立山包，天然边坡风化、卸荷强烈。本混凝土生产系统所有设备将布设于场区开挖后形成的高、低两大平台上，受此处山脊天然地形、地质条件限制，高平台周边开挖后的人工边坡其坡体仍存在较厚的强风化、强卸荷岩体，加之边坡开挖坡比相对较陡，导致开挖后的边坡稳定性较差，本边坡工程采取了以浅层系统支护为主、辅以局部深层强支护相结合的加固措施，确保了设备基础边坡在使用期的安全稳定和有限变形要求。

关键词　水电枢纽工程　强风化强卸荷　岩质边坡　加固设计

1　工程概况

大岗山水电枢纽工程位于大渡河中游的四川省雅安市石棉县挖角乡境内。坝址距下游石棉县城约 40km，距上游泸定县城约 75km，距成都公路里程为 360km，石棉—泸定的 S211 省道穿越工程坝址区。

枢纽建筑物主要由挡水建筑物、泄洪消能建筑物和引水发电建筑物等组成。混凝土双曲拱坝坝高 210m，坝顶厚度 10m，坝底厚度 52m，坝身设 4 个深孔泄洪，右岸设置 1 条泄洪洞，地下厂房布置在左岸山体内。本工程任务主要为发电，装机 4 台，总装机容量 2 600MW，年发电量 114.5 亿 kW·h，水库正常蓄水位 1 130m，水库总库容 7.42 亿 m^3。

大坝高线混凝土生产系统主要供应大坝、电站进水口以及压力管道上平段和竖井段混凝土。本系统承担混凝土供应总量约 351 万 m^3，需满足混凝土月高峰浇筑强度 16.5 万 m^3，系统生产能力 $500m^3/h$，配置集料预冷设施和制冰楼。系统场区布设于大渡河左岸大坝下游约 600m 处的马颈子山脊部位，为三面临空的相对孤立山包，天然边坡风化、卸荷强烈。按照施工总承包方所做系统场区设备布置方案，所有设备将分别布设于高程 1 168m（高）和高程 1 135m（低）两大开挖平台上。受场区天然地形、地质条件限制，为满足场区设备布置要求，高平台周边开挖后的人工边坡其坡体仍存在较厚的强风化、强卸荷岩体，加之边坡开挖坡比相对较陡，导致开挖后的边坡稳定性较差，从而增加了场区边坡防护处理难度。

2　场区边坡岩体风化卸荷特征

场区天然边坡岩体风化卸荷强烈。其中，边坡强风化带水平深度一般 40～70m，垂直深度 30～80m；强卸荷带水平深度一般为 12～190m，垂直深度为 30～80m。

按照本系统施工总承包方所做场区设备布置方案，所有生产设备将分别布设于高程

1 168m(高)和高程 1 135m(低)两大开挖平台上。前期场区道路开挖施工时所揭示出的高平台(1 168m)下部两侧边坡坡体结构特征如图 1 所示。

a)

b)

图 1　场区开挖高平台(1 168m)下部两侧边坡坡体结构特征

a)上游侧面坡;b)下游侧面坡

3　场区开挖边坡潜在失稳模式分析

场区开挖后将分别形成高程 1 168m(高)和高程 1 135m(低)两个大平台。高平台平均长度 135m,宽 53～73m;低平台平均长度 130m,宽 50～70m。场区开挖边坡可大体分为两个区:Ⅰ区,高平台的后边坡,坡高 40～60m;Ⅱ区,高平台下部的周边边坡,坡高 33m。场区边坡开挖形态如图 2 所示。

a)

b)

图 2　大坝高线混凝土生产系统场区边坡支护后

a)上游侧面坡;b)正面坡及下游侧面坡

由施工前期所做场区边坡工程地质条件调查可知,场区开挖边坡主要为强风化、强卸荷岩体,岩体破碎、完整性差,岩体质量为Ⅴ类～Ⅳ类岩体。岩体结构主要为次块状～碎裂状,局部为碎裂～散体结构。宏观分析判断认为,开挖边坡的主要破坏模式有卸荷变形、崩塌、坍塌滑移及浅表部随机楔形体滑移等。

工程所处场区降雨量较大,加之边坡浅表层岩体破碎,裂隙发育,有利于降水下渗,对边坡稳定性影响较大。经对各部位开挖边坡所做稳定分析计算,边坡稳定控制工况均为降雨时的短暂工况,且稳定性最差的边坡部位为Ⅱ区边坡,即高平台下部的周边边坡。

4 场区高平台下部周边坡防护处理设计

本文仅叙述场区稳定性相对较差的高平台下部(Ⅱ区)周边开挖边坡支护设计思路及所采取的工程防护处理措施。该区边坡由正面坡和上、下游两侧坡三部分组成(图 2)。

4.1 边坡支护设计依据及原则

(1)边坡支护设计依据施工总承包方提供的大岗山电站高线混凝土生产场区开挖图及相应招标文件。

(2)边坡支护设计方案的确定,主要依据场区边坡稳定分析成果,同时借鉴已建类似工程实践经验。

(3)边坡支护措施选择充分考虑了各部位边坡的物质组成及其结构特性。

(4)所选边坡支护措施力求简单且便于实施。

4.2 正面边坡支护设计

(1)支护设计思路

该区边坡主要为强风化～弱风化上部、强卸荷下部岩体,岩体破碎且为软质岩,边坡开挖梯段高差较大(33m);边坡在开挖施工过程中,岩体将会受到不同程度的损伤,出现大量的卸荷裂隙和爆破振动裂隙,原有裂隙亦会发展;边坡设计开挖坡比(1∶0.4)陡于地质建议值(1∶0.5～1∶0.75),开挖后的边坡自稳条件一般;该区边坡上部平台布置有众多混凝土生产设备等。综合上述诸多因素,考虑开挖后的边坡其坡体表、浅部岩体极易出现崩塌与风化剥落,且中、深部岩体有可能塌滑,因此,该区边坡采取表、浅部加固和深部加固相结合的综合支护方案。

(2)主要支护措施及参数

①坡面保护措施

全断面挂网喷护,喷射混凝土强度等级为 C25、厚度 15cm,挂网钢筋直径 ϕ6.5mm、网格间排距 15cm×15cm。

②坡体加固措施

边坡浅层系统布设砂浆锚杆加固措施,锚杆型号 ϕ22mm,单根长度 4.5m,外露 20cm(横梁处外露 50cm),间排距为 3m×2m(高差×水平间距),垂直于坡面造孔。边坡深层系统布设长锚筋桩和预应力锚索相结合的加固措施,其中,在边坡中、上部布设 2 排预应力锚索(1 000kN级、拉压分散型),单根长度分 40m、50m 和 60m 三种,上长下短、同排长短错开布置;在边坡其他部位布设 3 排锚筋桩(3ϕ28mm),单根长度 12m,外露 20cm;索(桩)排间距均为 6m×4m(高差×水平间距)。

③坡体辅助加固措施

为增强边坡加固的整体性,在布设有锚索的部位均设置一道钢筋混凝土横梁,横梁混凝土强度等级 C25(二级配),梁截面 50cm×50cm(高×宽)。

4.3 上、下游侧面边坡支护设计

(1)支护设计思路

上游侧面边坡岩体风化、卸荷强烈,强风化、强卸荷带水平深度 20～25m,坡体表浅部呈碎裂～散体结构,为Ⅴ类岩体。边坡基本维持原天然边坡形态,在满足边坡坡脚部位交通要求的前提下,仅对坡体表面进行了削坡修整处理,要求综合坡比为 1∶0.8(即施工期临时稳定坡比),然后采取强支护措施对边坡进行永久加固。

下游侧面边坡岩体卸荷强烈，强卸荷水平深度17～22m，地质早期曾出现30～40cm宽的拉裂缝，岩体破碎，为Ⅴ类岩体。边坡基本维持原天然边坡形态，同样在满足边坡坡脚部位交通要求的前提下，仅对坡体表面进行了削坡修整处理，要求综合坡比为1∶0.65(即施工期临时稳定坡比)，然后采取强支护措施对边坡进行永久加固。

(2)主要支护措施及参数

①坡面保护措施

上、下游侧面边坡全断面挂网喷护，喷射混凝土强度等级为C25、厚度分别为20cm和15cm，挂网钢筋直径分别为ϕ12mm和ϕ6.5mm、网格间排距分别为20cm和15cm。

②坡体加固措施

上游侧面边坡，全断面采用钢筋混凝土格构梁加固。边坡浅层布设系统砂浆锚杆加固措施，锚杆型号ϕ22mm，单根长度4.5m，外露20cm(横梁处外露50cm)，间排距为3m×2m(高差×水平间距)，垂直于坡面造孔。边坡深层系统布设长锚筋桩和预应力锚索相结合的加固措施，其中在边坡上部三道横梁的结点部位均布设预应力锚索(1 000kN级、拉压分散型)，单根长度分40m和50m两种，长短错开布置，锚索排间距为4m×4m(高差×水平间距)；在边坡中、下部格构梁的结点部位均布设有长锚筋桩(3ϕ28mm)，单根长度12m，排间距为4m×4m(高差×水平间距)。

下游侧面边坡，边坡浅层系统布设砂浆锚杆加固措施，锚杆型号ϕ22mm，单根长度4.5m，外露20cm(横梁处外露50cm)，间排距为3m×2m(高差×水平间距)，垂直于坡面造孔。边坡深层系统布设长锚筋桩和预应力锚索相结合的加固措施，其中在边坡上部布设2(3)排预应力锚索(1 000kN级、拉压分散型)，单根长度分40m、50m，长短错开布置；在边坡中部和下部布设6排锚筋桩(3ϕ28mm)，单根长度12m，外露20cm；索(桩)排间距均为6m×4m(高差×水平间距)。

③坡体辅助加固措施

为增强边坡加固的整体性，下游侧面边坡在布设锚索的部位均设置一道混凝土横梁，横梁混凝土强度等级C25(二级配)，梁截面50cm×50cm(高×宽)。

5 场区边坡截排水设计

5.1 截排水设计原则

(1)结合本工程场区大气降雨特点和边坡开挖区坡顶以上汇水面积，进行边坡外围截、排水设计。

(2)结合边坡地下水特性，进行边坡坡体及各层马道排水设计。

5.2 截排水设计方案

(1)在边坡开挖区以外适当位置设置一道浆砌石截、排水明沟，其断面为底宽0.5m、深0.5m的梯形；排水沟尽可能布置在地形低凹的冲沟处，以便排水通畅，与高程1135m公路内侧排水沟相接；排水沟砌石厚度0.3m；排水沟纵向底坡≥1%。

(2)各分区边坡均设置排水孔，其排水孔参数如下：

Ⅰ区边坡：全断面布设排水孔，孔径ϕ76mm，单孔深4m，上仰5°，排间距为4m×2m(高差×水平间距)，孔口段设长1.2m的PVC塑料管、伸入岩孔内1.0m。

Ⅱ区边坡：全断面布设排水孔，孔径ϕ76mm，单孔深6m，上仰5°，排间距为6m×2m(高差×水平间距)，孔口段设长1.2m的PVC塑料管、伸入岩孔内1.0m。

6 场区边坡安全监测设计

6.1 监测设计原则

(1)边坡监测设计结合各分区边坡工程的重要性和实际条件建立安全监测系统。

(2)监测断面的选择以监控高边坡的整体稳定性为主,兼顾局部的稳定性。

(3)监测项目、监测布点应能反映边坡变形动态和加固结构的受力特点,按照少而精的原则设置必要的观测设备。

(4)监测仪器的选型,应根据耐久、可靠、实用、有效,力求先进和实现自动化监测的原则。

6.2 监测设计方案

(1)监测断面

结合本工程高线混凝土拌和系统场区边坡开挖特征及其各部位边坡的重要性建立监测断面,监测断面拟定 2 纵 4 横共 6 条。

(2)监测项目

每条监测断面上均布设大地测量点、多点变位计及锚索测力计,对边坡地表变形、深部变位及预应力锚索的受力状态进行监测,动态掌握边坡的稳定动态。

7 结语

本工程大坝高线混凝土生产系统场区边坡防护工程于 2010 年 7 月完工,截至 2014 年 5 月底,场区治理后的工程边坡已安全使用时间近 4 年,混凝土生产系统使用期限基本接近尾声。布设于场区的各项检测仪器所测数据显示,目前场区边坡未出现异常变位现象,表明边坡整体处于安全稳定状态。

四、边坡加固与滑坡治理工程

黄金坪水电站高边坡100m深孔锚索支护施工实践

杨俊志　冯杨文　杨世伟　麻红雨

（四川准达岩土工程有限责任公司）

摘　要　结合黄金坪水电站大厂房引水、泄洪洞进口边坡治理工程施工需要，对高边坡100m深孔锚索施工这一高难度技术进行攻关研究。针对施工重难点提出相应技术措施，指导完成了深孔锚索施工。边坡变形得到控制，为今后类似工程施工积累了宝贵经验。

关键词　黄金坪水电站　锚索　跟管钻进

1　引言

黄金坪水电站位于四川省甘孜州康定县境内姑咱镇黄金坪村上游2～3km河段，系大渡河干流水电规划“三库22级”的第11级电站。大坝为沥青混凝土心墙堆石坝，最大坝高95.5m，总装机容量850MW。

黄金坪水电站大厂房引水隧洞位于左岸，布置在泄洪洞左侧，由2条隧洞组成，和泄洪洞相距较近，为方便施工，减少干扰，其进口开挖与泄洪洞进口开挖一起进行。进口边坡高程1 415～1 619m，坡高、陡峭。

前期开挖揭示，高程1 570m以上开挖坡面岩体总体破碎，呈碎粒～碎块状结构，松散，开挖面平整度差，坡面普遍存在小规模滑塌空腔。主要为V级岩体，稳定性差。锚索试验钻孔孔内录像资料显示，深部地层结构岩体破碎、裂隙发育。

施工期间，监测发现进水口上部自然边坡出现裂缝。根据工程需要，须进一步对此处边坡进行支护处理。

本次抢险工程支护采用分期治理方案：

(1)一期处理采用1 500kN、2 000kN、2 500kN、3 000kN级锚索，87根，孔深100m(部分孔深80m)。

(2)二期处理采用3 000kN级锚索，60根，孔深调整为80～90m。

2　施工重难点分析

引水及泄洪洞进口边坡地质条件复杂，锚索孔深达100m，成孔过程中，面临掉块卡钻、摩擦阻力大、排渣困难等情况，成孔难度大。

边坡浅表部风化卸荷强烈，掉块卡钻、塌孔严重，灌浆护壁成孔进度慢，为此，试验采用了最大深度跟管护壁的工艺。所跟套管直径大(ϕ178～ϕ219mm)，地质条件又复杂，跟管难度极大。

采用固结灌浆的处理措施。由于灌浆浆液在地层深部的待凝时间较长，对施工进度影响大，因此，解决浆液的尽快凝结问题也是本工程的重点之一。

鉴于抢险工程工期紧迫，100m深孔锚索孔施工难度又大，必须多投入钻机设备。此时，对钻机设备、材料和人员的施工排架的安全要求就显得尤为突出。

3 高边坡施工排架设计与施工

(1)高边坡施工排架作业程序严格遵循：施工排架方案设计与计算→监理审批→排架搭设与验收→排架使用与安全检查→排架拆除。

(2)设计计算项目。根据《建筑施工扣件式钢管脚手架安全技术规范》(JGJ 130—2011)的有关规定，脚手架的承载能力按概率极限状态设计法的要求，采用分项系数设计表达式进行设计，进行下列设计计算：

①纵向、横向水平杆等受弯构件的强度和连接扣件抗滑承载力计算；

②立杆的稳定性计算；

③连墙件的强度、稳定性和连接强度的计算；

④立杆地基承载力计算。

施工排架设计计算可采用专门软件计算。

(3)排架施工与使用要点。

①在脚手架使用过程中，确保四排架施工均布活荷载不得超过$3kN/m^2$，三排架施工均布活荷载不得超过$2kN/m^2$，必要时应采取双水平杆，以满足扣件抗滑承载力要求。

②计算时，同一横向截面内竖直方向只考虑了一层施工荷载，即上下层作业应交错部位进行。

③根据使用需要，加密设置连墙件。

④立杆底部应设置垫板或置于坚硬岩石上，以满足地基承载力要求。

⑤根据使用需要，采用双管立杆、分段悬挑或分段卸荷等有效措施。

4 深孔锚索施工技术措施

4.1 钻孔方案

根据前期锚索试验情况，决定采用“自由段最大深度跟管护壁钻进，遇硬岩层再换用常规钎头结合固结灌浆处理措施钻进至设计深度”的成孔方案。

4.2 钻孔机具选用

在锚索成孔过程中，面临掉块卡钻、摩擦阻力大、排渣困难等情况。经分析研究，选用钻进能力大的钻机，选用高风压空压机驱动高风压冲击器快速凿孔并兼顾深孔强风排渣，选用高强度钻杆避免断裂隐患。

(1)钻机：采用YG-80型锚固工程钻机(扭矩3 500N·m，换用较大扭矩的液压马达4 400N·m)，YG-100型锚固工程钻机(扭矩6 000N·m)，MD-100A型锚固工程钻机(扭矩5 500N·m)。

100型钻机扭矩大，施工过程中应避免猛然强扭钻进，以免钻杆、钻具被扭坏。钻机就位必须准确，安装牢固，并强化加固措施。

孔深80m以内使用80型锚固钻机，超过80m宜使用100型锚固钻机。

(2)空压机：采用寿力电动高风压空压机E850RH(2.07MPa、$24m^3/min$，250kW)或者柴动高风压空压机；采用寿力电动中风压空压机E750HH(1.2MPa、$21.2m^3/min$，185kW)。

孔深60m以内使用中风压，超过60m宜使用高风压。

(3)钻杆:深孔钻进,采用刚性大的$\phi114$钻杆较为适宜,亦可仍选用$\phi89$钻杆。

根据深孔钻进需要,采用了无接头的一体式$\phi89$钻杆,钻杆两端镦厚后数控车削螺纹,使用时钻杆与钻杆直接公母螺纹连接,无须公母接头连接,改善了钻杆的受力性能,降低了钻杆断裂概率。

4.3 跟管护壁钻进方法及措施

(1)跟管钻具选型。

按照套管靴前端是否连接有扩孔钻头,跟管钻具分两大类:

①套管靴前端连接有扩孔钻头。

此类跟管钻具即通常所称的同心跟管钻具,由中心钻头、环状扩孔钻头、套管靴(此管靴前端接扩孔钻头)组成。

②套管靴前端不连扩孔钻头。

a. 偏心跟管钻具(两件套)由导向器、偏心扩孔钻头、套管靴组成。

b. 偏心跟管钻具(三件套)由导向器及中心钎头、偏心扩孔钻头、套管靴组成。

c. 对心瓣式扩孔跟管钻具由导向器及中心钎头、对心瓣式扩孔钻头、套管靴组成。

③跟管钻具选择。

经分析比较,选用了结构相对简单的、有效通径较大的跟管钻具,如偏心跟管钻具(两件套)、对心瓣式扩孔跟管钻具。在满足钻孔孔径要求的条件下,根据需要,也可采用同心跟管钻具。

(2)跟管钻具配置。

①1 500kN锚索孔孔径$\phi130$,采用偏心跟$\phi178$套管护壁成孔。也可采用同心跟$\phi178$套管护壁(有效通径约$\phi140$mm)。

②2 000kN锚索孔孔径$\phi150/\phi140$,采用偏心跟$\phi178$套管护壁成孔。

③2 500kN锚索孔孔径$\phi165$,采用偏心/同心跟$\phi219$套管护壁成孔。

④3 000kN锚索孔孔径$\phi175/\phi165$,采用偏心/同心跟$\phi219$套管护壁成孔。

(3)结合前期施工经验,为满足施工进度要求,采取最大深度跟管护壁钻进原则。

(4)跟管钻进质量控制措施。

①偏心、同心或组合式跟管钻具以及套管靴的强度、韧性应满足钻进成孔需要。套管壁厚宜大于6mm,弯曲度不超过0.1%,屈服强度宜大于500MPa,选用优质管靴。

②跟管钻进前,安设好套管导向架。

③采用同径或略大的钎头先行尽力造孔,为跟管钻进起到定位导向、减少地层摩阻力作用。

④跟管钻具下孔前应逐一检查风动潜孔锤、偏心/同心钻头、套管及套管靴。套管及套管接头、套管靴不应有损伤或影响强度的缺陷存在。

⑤每钻进0.3~0.5m强风吹孔排粉一次,保证孔底清洁,遵循“短进尺、强排渣”的原则。

⑥每钻进2~3m,提钻检查钎头与冲击器的连接状况、偏心/同心钻头连接机构及锁紧机构状况,更换销子等。有时会因孔底残留岩渣过多,扩孔钻头部分被岩渣卡住而影响扩孔钻头的收拢。当试提几次仍不能奏效时,应开动空压机重新对钻孔进行清洗,并使潜孔锤作短时间工作,然后再进行试提,如此作法直至提出钻具。

⑦在跟管过程中,如遇到地层难以穿过时,采用小口径潜孔锤超前钻孔,为后续跟管钻具钻进提供阶梯临空面,再下入跟管钻具继续跟套管。

⑧跟管钻进至预期深度后,即可将跟管钻头、冲击器、钻杆提升出孔外,换用常规钎头继续

钻进直至设计深度。

4.4 造孔方法及措施

(1)造孔方法及冲击器配置方案。

锚索孔均采用液压锚固工程钻机配套跟管钻具、风动潜孔锤冲击回转钻进成孔。

①1 500kN 锚索孔孔径 ϕ130,采用 CIR150 冲击器(或 DHD350Q)、ϕ178 偏心跟管钻具跟 ϕ178 套管护壁成孔,余下孔段钻进采用 CIR110 冲击器及 ϕ130 钎头钻进成孔。

②2 000kN 锚索孔孔径 ϕ150/ϕ140,采用 CIR150 冲击器(或 DHD350Q)、ϕ178 偏心跟管钻具跟 ϕ178 套管护壁成孔,余下孔段钻进采用 CIR150 冲击器(或 DHD360)及 ϕ150 钎头钻进成孔,或者 CIR110 冲击器及 ϕ140 钎头钻进成孔。

③2 500kN 锚索孔孔径 ϕ165,采用 DHD360 冲击器、ϕ219 偏心/同心跟管钻具跟 ϕ219 套管护壁成孔,余下孔段钻进采用 CIR150 冲击器(或 DHD360)及 ϕ165 钎头钻进成孔。

④3 000kN 锚索孔孔径 ϕ175/ϕ165,采用 DHD360 冲击器、ϕ219 偏心/同心跟管钻具跟 ϕ219 套管护壁成孔,余下孔段钻进采用 CIR170 冲击器及 ϕ175 钎头钻进成孔,或者 CIR150 冲击器(或 DHD360)及 ϕ165 钎头钻进成孔。

(2)成孔措施。

①开孔前,清除孔口附近松动岩块。必要时,可填筑混凝土等强后开孔。

②开孔时,在设计孔位上,人工或用风钻凿出与孔径相匹配的 10cm 左右深的槽,以利于钻具定位及导向;再次复核钻机钻具轴线倾角与方位角。

③根据需要在钻杆上安装扶正器、防卡器等器具。

④严格遵循“小钻压、低转速、短回次、多排粉”原则。每钻进 0.3～0.5m 强风吹孔排粉一次,以保持孔内清洁。

⑤每钻进≤1m,缓慢倒杆>1m,往返不少于 2 次,直至孔口无岩粉返出,以利充分吹粉排渣,避免卡钻及重复破碎。

⑥勤检查钻杆、钻具磨损情况,对磨损严重的钻杆、钻具应予以更换,尽可能避免孔内事故的发生。

⑦在钻孔过程中,如遇岩体破碎或地下水渗漏严重使钻进受阻时,采取固结灌浆等措施。

⑧在钻进过程中,不宜一个钎头打到底,以免终孔孔径与开孔孔径相差过大,使得下锚困难。可备 3 个钎头,每个钎头打 10～15m,就轮换一个。

⑨在钻进过程中,认真、客观地做好钻孔记录,为分析判断孔内地质条件提供依据。记录中要详细标明每一次钻孔的深度、返风颜色、钻进速度和岩芯样等数据。

(3)使用孔内电视成像,观察孔内破碎、裂隙情况,便于采取针对性措施进行处理。

4.5 深孔排渣措施

(1)冲击器成孔过程中,采用高风压空压机强风排渣,并结合中风压使用。

(2)遵循“短回次、多排粉”原则。每钻进 0.3～0.5m 强风吹孔排粉一次,以保持孔内清洁。控制钻进速度,保持冲击碎岩成粉状、微细颗粒,便于压缩风排渣,应尽可能避免出现粗颗粒状岩渣。

(3)使用 ϕ89mm 螺旋钻杆,兼起扶正与携带岩屑及时排粉的双重作用。

(4)使用反吹钻具,有助于排渣。

(5)使用钻头体加背齿的钎头,起钻时可反向碎岩、研磨岩渣颗粒,有助于起钻,尤其遇卡钻的情况。

(6)采用固结灌浆，封闭孔内大裂隙，避免因孔内出现不返风情况而导致岩渣堆积在孔内。通过固结灌浆后扫孔，可进一步排出残留的岩渣。

4.6 钻杆使用措施

深孔钻进，钻杆承受负荷大。针对钻杆可能出现的螺纹部位裂纹问题，采取以下预防措施：

(1)控制钻杆螺纹加工精度，提高螺纹副的连接可靠性；加强钻杆接头与钻杆体连接处焊接工艺质量控制，提高焊缝牢固可靠性。

(2)冲击器后接头变径加焊扶正块，与之相连接的钻杆加设扶正器，避免因冲击器下垂造成后接头处应力集中而使该处钻杆接头螺纹部位发生破坏。

(3)条件允许的情况下，尽可能在深孔采用无接头的一体式 ϕ89 钻杆，尤其在与冲击器连接的部位。由于钻杆体连接处数的减少，相应的破坏概率就得以大幅降低。

(4)每隔 3～5 根钻杆加设扶正器，避免因钻杆自重下垂产生较大弯曲变形对钻杆连接处螺纹连接的不利影响。

(5)勤检查钻杆、钻具磨损情况，对磨损严重的钻杆、钻具应予以更换。

4.7 孔斜控制措施

(1)为控制钻孔精度，以满足设计规定，采用防斜钻具组合以控制孔斜和钻孔精度。防斜钻具组合为：钻头→冲击器前端周边扶正点→冲击器→扶正器→3～5 根钻杆(根据孔径、孔深变化调整)→扶正器→钻杆等组合，直至终孔。防斜钻具组合如图 1 所示。

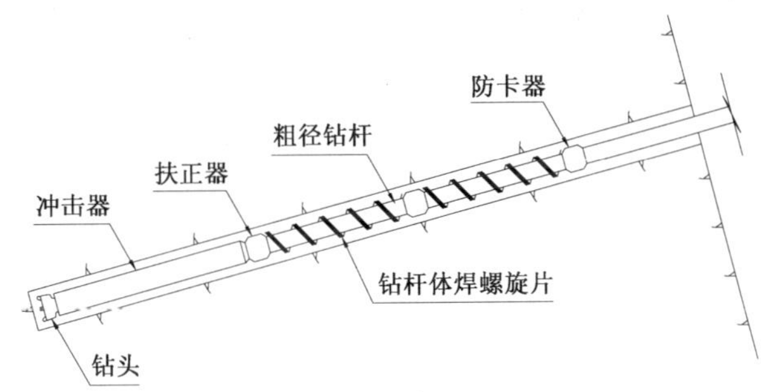

图 1　防斜钻具组合示意图

①钻头体后背、冲击器前接头可采用硬质合金扶正。

②2 500kN、3 000kN 锚索孔孔径为 ϕ165mm 时，可采用 DHD360 冲击器、ϕ219 偏心(同心)跟管钻具跟 ϕ219 套管护壁成孔，余下孔段钻进采用 CIR150 冲击器及 ϕ165 钎头钻进成孔。CIR150 冲击器外径约 ϕ136mm，与 ϕ89mm 钻杆之间形成较大的台阶，且 CIR150 冲击器质量 85kg，在锚索孔内容易下垂，造成钻孔弯曲现象。为此，在冲击器后端变径接头焊接扶正块并在其后接扶正器，扶正器外径不小于 140mm，使冲击器、钻杆与钻孔保持同心，防止钻孔倾斜。

③钻杆组合中每隔 3～5 根钻杆加接扶正器，避免钻杆下垂弯曲，保持钻杆与冲击器同心，平衡冲击器及钻头方向，阻碍其偏斜。

扶正器可采用在公接头部位的钻杆体上直接焊接扶正块。扶正器外径宜比孔径小 10mm 左右。

④钻杆体外焊螺旋片，既可螺旋排渣，也可起扶正作用。

(2)钻机就位、安装准确，固定牢固，测校开孔钻具方向，采用防斜钻具造孔，及时测斜纠偏，严格控制孔深 20m 以内的偏差。

4.8 固结灌浆处理措施

(1)灌浆方式

①孔口自流灌浆,注浆管放置于孔口,可用于孔浅时。

②孔内自流灌浆,尽量将注浆管深入孔内破碎带附近。可用于孔不太深时。

③孔深时,采用对心喷射灌浆,采用锚固钻机、$\phi50$ 钻杆配对心喷射灌浆钻具,钻入塌渣内进行灌浆。

(2)锚孔破碎带固结灌浆处理,宜逐段地处理好,尽量避免钻进过程中,因上段或上几段未灌注好而反复扫孔,影响进度。

(3)深孔锚索安装前,根据实际需要,宜全孔进行一次围岩固结灌浆,扫孔、探孔后再行安装锚索,避免下索过程中可能遇阻碍的不利情况。

4.9 回填注浆处理措施

针对空腔、大裂隙,宜采用浓浆、水泥砂浆注入回填,可提高注浆加固效果,相对缩短待凝时间。宜使用孔内电视成像,便于准确地了解孔内空腔、大裂隙情况。

4.10 锚索结构形式

自由式单孔多锚头防腐型预应力锚索采用新型的“单孔多锚头防腐型”结构,从结构形式上解决了锚索锚固段应力集中及锚索防腐问题。自由式单孔多锚头防腐型预应力锚索内锚固段设置两个或两个以上承载体,每组承载体由承载锚板与辅助板组成,各根钢绞线的 P 型挤压锚经封装防护处理而成的防腐型单锚头嵌固于二者之间,各组承载体之间连接成一个整体,其基本结构组成为:导向帽、单锚头、锚板、注浆管、高强低松弛无粘结钢绞线等(图 2)。

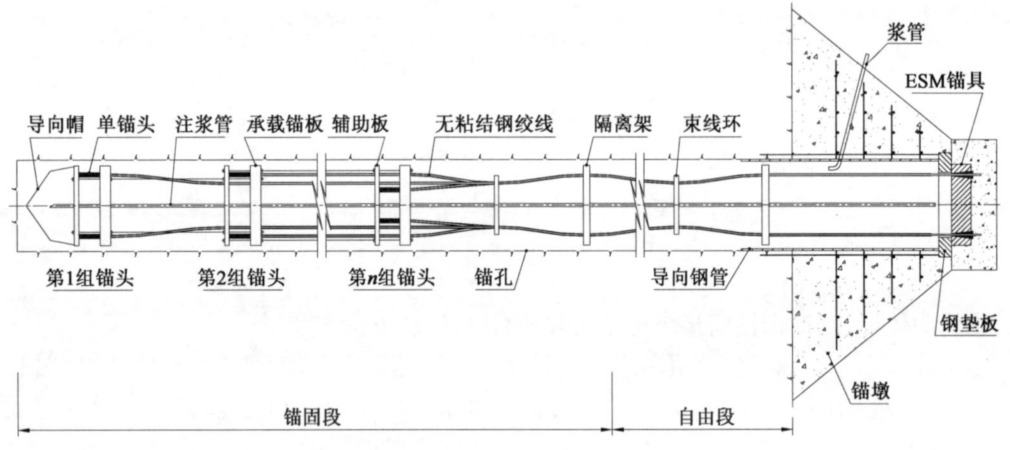

图 2　自由式单孔多锚头防腐型预应力锚索结构示意图

4.11 张拉工艺措施

(1)采用框格梁增大承载面。

(2)采用分次分级张拉工艺,及早施加一定荷载以抑制边坡变形速率。

①第 1 次张拉至设计荷载的 75%:预紧→25%→50%→75%;

②第 2 次张拉至设计荷载的 110%:75%或锁定荷载→100%→110%。

(3)为了改善分散型锚索单根张拉的工效,采用分散型锚索差异化整体张拉工艺。

①分散型锚索各根钢绞线的长度不等,一般宜采用单根分级循环张拉方式,确保各根钢绞线平均受载。

②分散型锚索也可采用差异化整索张拉方式，即先单根张拉以差异荷载补足长钢绞线的伸长值后再进行整索张拉，其工艺为：分组单根预紧→荷载差异化分组单根张拉补足伸长值→分级整索张拉（25％→50％→75％→100％→110％）→锁定。

分散型锚索的每组钢绞线必须准确标记并识别，以便正确进行差异化张拉。

5 结语

通过采用前述的施工技术，注重过程控制，完成了黄金坪水电站大厂房引水及泄洪洞进口高边坡抢险工程的深孔锚索施工，使边坡变形处于可控制状态，满足了工程施工安全和设计要求。

本次抢险工程积累总结的施工经验也为今后类似工程施工提供重要的指导和借鉴作用。

参考文献

[1] 中华人民共和国地方标准. DL/T 5083—2010 水电水利工程预应力锚索施工规范[S].

[2] 中华人民共和国地方标准. DL/T 5176—2003 水电工程预应力锚固设计规范[S].

永宁高速公路 A13 标滑坡锚索应力检测及变形监测探讨

吴志刚　马新凯　杨　军

（中铁西北科学研究院有限公司）

摘　要　本文对永宁高速公路 A13 标 K106＋270～K106＋570 右侧滑坡已有预应力锚索当前预应力状态进行检测，对滑坡的预应力锚固工程锚固效果进行评价；同时对该滑坡进行深部位移的监测，查明滑坡的滑面深度及滑坡规模，为该滑坡治理提供设计依据，同时对滑坡变形的监测，确保治理工程的施工安全。

关键词　当前预应力状态　深部位移　监测　检测

1　引言

永宁高速公路 A13 标 K106＋270～K106＋570 右侧滑坡位于福建省宁化县石壁镇上屋墩村附近。路基右侧现设计为 6 级挖方边坡，边坡最大高度 48m，坡率为 1∶1.25～1∶1.5，边坡主要采用预应力锚索框架进行防护，坡脚采用 C20 片石混凝土挡墙固脚。现阶段边坡已施作了第 3、4、5、6 级预应力锚索框架以及大部分坡脚挡墙，2011 年 3 月 20 号，边坡发生较大变形，距线路约 200m 位置的自然山坡上发生拉裂缝，最大宽度 35cm，深度约 2m，外侧坡体有明显的下错迹象，下错最大约 25cm；边坡上锚索夹片破坏严重，部分锚索锚垫板受力破坏，锚索框架伸缩缝结合处错动明显。坡脚挡墙沉降缝错动约 2cm，挡墙顶有裂缝迹象。K106＋300～K106＋420 段路基面出现鼓胀，路基水稳层出现垂直线路裂缝，右侧山坡滑坡导致线路左侧的边沟出现破坏；已完工预应力锚索框架梁工程的部分预应力锚索夹片破坏或弹出，锚垫板压碎。

为了确定现阶段锚索预应力的应力状态及滑坡规模，三明永宁高速公路有限公司委托中铁西北院有限公司对 A13 标 K106＋270～K106＋570 段右侧边坡工程中预应力锚索的当前预应力状态进行检测和深部位移监测。本次检测的目的主要是为了切实掌握本边坡变形后锚索当前的应力情况，监测目的为找出准确的滑动面位置及结合现场变形特点查清滑坡的范围，为评价本边坡的稳定性及滑坡的整治提供设计参考依据。

2　锚索当前预应力检测

2.1　锚索当前预应力检测原理与方法

本次预应力锚索的应力检测主要依据《锚杆喷射混凝土支护技术规范》(GB 50086－2001)进行。其基本原理是通过外力拉动锚头确定锚索当前应力状态，即拉动试验。拉动试验方法如图 1 所示，试验设备主要组成部分为我公司研制的“既有锚固工程质量检测的装置”。

应力检测过程按照设计应力的 0.15、0.3、0.5、0.75、1.0 和 1.1 倍等逐级加荷，应力每增加一级应持续稳定 5～10min，然后施加下一级应力，检测完成后根据应力—位移曲线，获得预应力锚索的实际锚下应力值。检测张拉直至工作锚与锚垫板间产生 1～2mm 的间隙位移，即

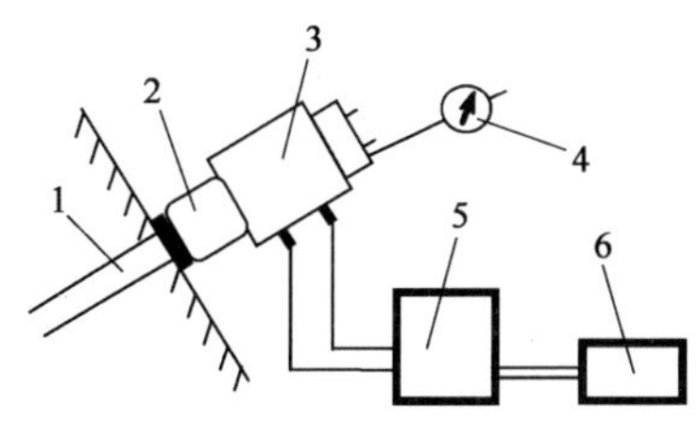

图1 预应力锚索应力检测原理示意图

1-锚索(杆);2-锚索连接器;3-液压千斤顶;4-大量程百分表;5-电动油泵;6-三相发电机

拉松动为止,记录当前油表压力值作为该孔锚索的拉动应力。检测完成后根据应力—位移曲线,获得预应力锚索的实际锚下应力值。

2.2 检测结果

本次对永宁高速公路K106+270~K106+570右侧边坡共计135孔预应力锚索工程,锚索拉拔力为1 000kN,对其中的40孔进行了锚下应力检测。

40孔预应力锚索当前锚下预应力检测结果:没有一孔锚索抗拔力达到设计要求,当前预应力锚索锚下应力大于抗拔力设计值90%的锚索仅有2孔,当前预应力锚索锚下应力大于50%而小于90%的锚索有22孔,当前预应力锚索锚下应力小于50%的锚索有16孔;锚索当前预应力平均值为526kN,为设计荷载的52.6%;其中,锚索最大的当前锚下预应力为900kN,为设计荷载的90%,锚索最小当前锚下预应力为166kN,仅为设计荷载的16.6%。

2.3 评价结果

根据检测结果分析:第二级锚索长度基本是通过滑面或部分通过滑面,第三、四、五级锚索长度不足,滑坡滑动后,第二级锚索受力过大,引起锚垫板及锚索夹片的破坏,造成锚索预应力损失。而上部坡面的锚固工程由于边坡滑动引起坡体一定的松散解体,造成锚固段岩土体强度降低较多,锚索预应力损失严重。

当前本边坡锚索的锚下预应力均没有达到设计要求,并且部分锚索的锚固力损失非常严重,对滑坡没有达到预期的锚固效果。说明滑坡变形对锚索应力的损失影响很大。

3 滑坡深部位移监测

3.1 深部监测方法

利用测斜仪定期读取测斜管的变形,整理得到位移—孔深曲线及位移—时间曲线图,依此反映监测孔附近坡体内构造单元(层)的相对位移情况。

深部位移观测主要利用伺服加速度原理,对岩土体深层的变位情况进行长期观测,该套设备性能稳定,适应环境能力强,量测精度1/100mm级,对深度30m的测孔,孔口反映的累积误差不大于5mm。观测中采用逐点固定间距双向测量互补法消除仪器固定误差,提高测量精度,取两次读数的平均值为观测值。

3.2 监测孔布置

在K106+340~K106+540右侧滑坡变形的现场踏勘基础上,对本滑坡进行了深部位移监测孔的布置。在小里程侧与线路斜交布置1-1断面,2个监测孔,控制滑坡小里程侧小山的变形;在滑坡的主体布置K106+340断面及K106+400断面,分别有5个和4个监测孔,监控滑坡主体及路线下侧变形;在小里程侧与线路斜交布置6-6断面,2个监测孔,控制滑坡大里程侧小山的变形。

3.3 监测分析结果

从监测曲线看,K106+340和K106+400断面监测孔变形很明显。(图2~图5)为K106+340断面典型滑坡监测孔变形曲线。本滑坡已出现滑动变形(见K106+340~K106+540右侧滑坡补充监测孔监测情况表),滑面比较明确,并且巡查发现滑坡坡体裂缝在继续增大。说明本滑坡处于不稳定阶段。

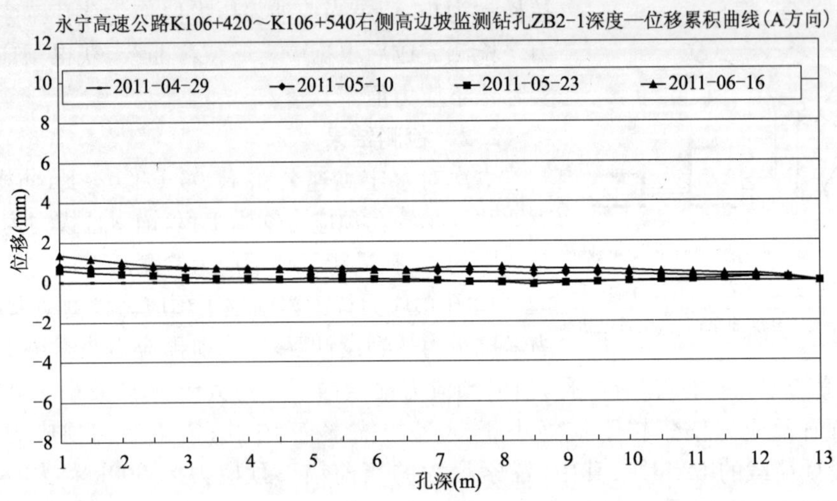

图 2　K106＋340 断面 2-1 监测孔变形曲线

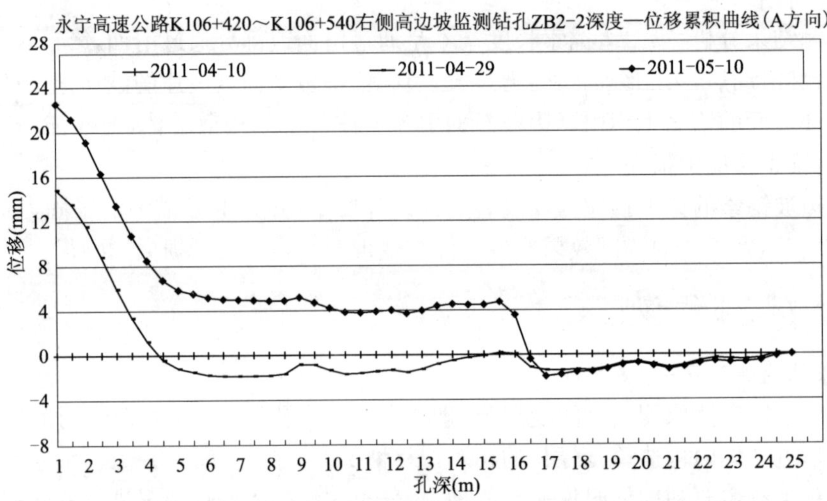

图 3　K106＋400 断面 3-1 监测孔变形曲线

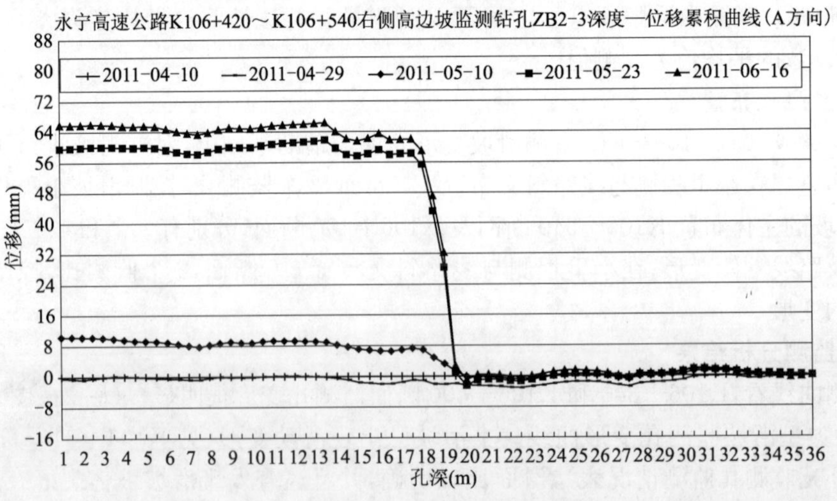

图 4　K106＋340 断面 2-3 监测孔变形曲线

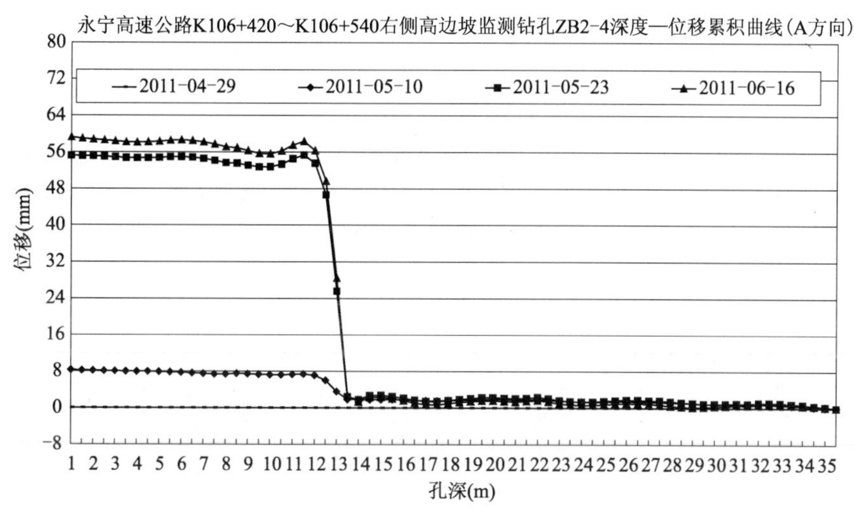

图 5　K106＋400 断面 2-4 监测孔变形曲线

从 K106＋340 典型监测断面分析:路基下侧边坡基本稳定,路基靠山侧滑坡已经出现明显滑动变形,并且变形一直在发展,滑面明确。

K106＋340～K106＋540 右侧滑坡监测孔监测情况见表 1,根据表 1 及对各断面变形资料的分析:本滑坡的滑体约为 100 万 m^3 的大型顺层岩石滑坡,已产生滑动变形,滑面较深。

分析监测滑坡的滑面深度,可以得出,原来上部锚固工程的锚固段基本都处于滑坡的滑面以上,没有起到有效的锚固效果,因此对本滑坡需要及时采取应急整治措施,防止滑坡变形进一步发展,同时对滑坡的设计做到一次根治,不留后患。

K106＋340～K106＋540 右侧滑坡监测孔监测情况表　　表 1

断面桩号	孔号	孔深(m)	变形离孔口深度(m)	备注
小里程补充斜交1-1 断面	ZB1-1	20	16	变形较小增加
	ZB1-2	25	22.5	变形较小增加
K106＋340	ZB2-1	13	未见变形	
	ZB2-2	25	于 2011 年 5 月 23 日 17m 处剪断	17m 处剪断
	ZB2-3	26	20	比上次增加 6mm
	ZB2-4	35.5	13.5	比上次增加 4mm
	ZB2-5	25.5	10	比上次增加 4mm
K106＋400	ZB3-1	35.5	25.5	比上次增加 2mm
	ZB3-2	30.5	22.5	比上次增加 6mm
	ZB3 3	30	19	比上次增加 4mm
	ZB3-4	26	14	比上次增加 2mm
大里程补充斜交6-1 断面	ZB6-1	36	A 方向波动较大	未见明显变形
	ZB6-2	25	B 方向波动较大	未见明显变形

4　结语

(1)由于边坡变形较大,需加强边坡安全监测,提前预警,防止灾害发生。

(2)大部分锚索的锚固段未进入锚固地层,即在滑坡的滑面以上。

(3)可对第二、三级边坡的锚索适当进行补偿张拉,提高既有锚索的利用率,增加滑坡前缘边坡的稳定性。

(4)本滑坡已进行坡脚反压等应急处理措施,但近期由于降雨量大,导致边坡变形继续增大,建议做好坡体和坡面的排水工作,及时夯实坡体变形裂缝;同时尽快进行变更设计。

(5)本滑坡已出现滑动变形,在变形期间应加强滑坡深孔位移监测,使得滑坡变形发展在掌握之中,保证滑坡施工的安全。

(6)根据滑坡地形地貌、坡体结构、水文地质、滑坡病害特征、既有支挡工程和锚固工程现状,结合滑坡变形活动历史和发展趋势,考虑在暴雨工况条件下的稳定性以及滑坡灾害对高速公路的危害性,建议本滑坡灾害治理工程采用锚索抗滑桩工程和锚固工程相结合的方案。

参考文献

[1] 中铁西北科学研究院有限公司.永宁高速公路K106+270~K106+570右侧边坡锚索锚下预应力应力状态检测报告[R].兰州:2010.

[2] 中铁西北科学研究院有限公司.福建省三明永宁高速公路A13标两个滑坡动态变形监测报告[R].兰州:2010.

[3] 梁龙龙,等.深孔监测在考塘滑坡治理中的应用.[J].路基工程,2008(5).

高速公路边坡失稳原因及处理技术浅析

聂　彪　王建松　刘庆元　高和斌　黄　波

（中铁西北科学研究院有限公司）

摘　要　本文介绍了粤境某高速公路高边坡失稳情况，对失稳原因进行了分析，并采用有限元强度折减法结合坡体裂缝及地质条件对边坡稳定性进行分析计算。项目实施中采用锚索工后应力检测方法，及时查明了既有锚索当前应力状态，有效地指导了边坡抢险加固设计。结合边坡现状，采用刷方减载、坡脚增设挡墙、锚固工程及仰斜排水孔疏散坡体积水等综合措施进行治理。工程实践证明上述治理措施简单有效，有效地控制了边坡险情。

关键词　边坡　滑塌　稳定性　预应力锚索　工后应力

1　项目概况

1.1　既有工程概况

粤境某高速公路属于典型的山区高速公路，其 K3285 右侧边坡坡高约 40m，分为五级边坡，一至四级边坡每级坡高 8m。第一级边坡坡率为 1∶1，第二级及以上边坡坡率为 1∶1.25。原设计主要采用锚杆框架或注浆钢锚管进行加固，局部位置采用预应力锚索进行加固，锚索深度 20m，在二、三级边坡共布置 6 排。边坡锚索、锚杆水平间距均为 4m，其中，边坡中部二、三级边坡加密了锚杆竖梁。边坡设有深层排水措施，其布设间距为 12m，深 27m。

1.2　地层岩性

据区域地质资料和地质勘查揭示的岩土层特征，K3285 右侧边坡主要分布（自上而下）有：坡残积亚粘土、劣质煤层、全风化泥质粉砂岩、全风化泥质砾岩、强风化粉砂质泥岩、强风化泥质粉砂岩、强风化炭质粉砂岩、弱风化炭质粉砂岩、微风化炭质粉砂岩等。

1.3　地质构造

K3285 右侧边坡岩层产状近乎水平，稍反倾。对该段稳定性起控制作用的因素为劣质煤层和全风化泥质粉砂岩。

1.4　水文地质情况

K3285 右侧边坡周边地表水汇集面积较大，地下水类型主要为第四系松散堆积层的孔隙水和基岩中的裂隙水，均受大气降水补给。堑顶山坡地形平缓，坡度 10°左右，植被较发育，地表径流排水条件差，地表水容易渗入坡内，补给地下水，雨季地下水丰富。边坡坡体节理裂隙发育，劣质煤层透水性好，可形成透水通道。边坡坡面渗水点较多，原有的深层排水孔部分已失效，坡面排水系统不畅，易使坡体中地下水不能及时排出，形成潜水、承压水及较高的静水压力。

2　边坡滑塌破坏情况

受边坡所在工点地区连续强降雨的影响，K3285 右侧边坡 K3285＋530～K3285＋565 段发生塌滑，下部出口在一级边坡底部，向上延伸至三级边坡中上部。其中一级坡、二级坡K3285＋530～K3285＋565段浅层（约8m深）全部塌滑，塌滑体的后壁为三级坡上部，塌滑左侧周界为地层岩性发生改变处，右侧塌滑周界为锚索框架梁加固的终点位置，锚索框架加固的区域尚有劣质煤系地层发育，但由于锚索框架的作用，该段未发生滑塌。滑动导致K3285＋530～K3285＋565区段内原加固的锚杆地梁等结构受力破坏，锚杆、钢锚管被拔出，连接的混凝土结构被剪断。一级边坡的滑塌体被推移到高速公路的主车道位置，二级边坡坍塌体滑动到一级边坡位置。滑塌体侵入高速公路8m多宽，导致该段高速公路半幅封闭，交通阻断。现场调查可知，除四级边坡大里程端排水沟有陈旧开裂外，边坡其他位置未发现明显变形。

3 滑坡原因及稳定性分析

3.1 边坡变形失稳原因分析

K3285右侧边坡局部区段产生滑塌的原因：一是该区域劣质煤层及全风化泥质粉砂岩分布，地质条件较差。二是边坡排水不畅，遇连续降水下渗入坡体，而且有承压地下水，导致动、静水压力较高，坡体受雨水浸泡岩土体强度降低，导致边坡出现塌滑。

3.2 边坡稳定性分析

（1）边坡稳定性定性分析

根据现场踏勘情况，该边坡地表水汇集面较大，且地下水通道较多，边坡多处渗水，而且目前边坡局部已出现塌滑变形现象，该区域边坡稳定性差，处于不稳定状态，其余位置未见明显变形，故该边坡为基本稳定，局部不稳定状态。

（2）边坡稳定性计算

K3285右侧边坡稳定性的定量计算主要是在合理确定计算断面和计算参数的基础上，通过数值分析计算，定量评价该滑坡的稳定现状及其发展趋势。

（3）计算结果

本次稳定性计算考虑两种工况：

①正常工况，边坡处于旱季或无其他不利因素影响下。

②暴雨工况，边坡受持久强降雨因素影响下。

根据本工程现场踏勘资料，并结合原有的工程资料，依据《建筑地基基础设计规范》（GB 50007—2002）、《建筑边坡工程技术规范》（GB 50330—2002）和《公路路基设计规范》（JTG D30—2004）中有关规定，类比同地区同条件的工程经验确定滑坡稳定性计算所需的主要岩土物理力学参数值，如表1所示。

滑坡稳定性计算主要岩土物理力学参数 表1

岩土层名称	重度（kN/m^3）	粘聚力（kPa）	内摩擦角 φ（°）
粉质粘土	19	15	22
强风化泥质粉砂岩	20	30	35

对于软弱夹层参数的选择与确定，是基于该滑坡变形现状的前提下所对应的相应稳定程度，反算软弱夹层的主滑带力学参数，即以反算参数为主，并结合相关经验参数综合确定。反算岩土物理力学参数如表2所示。

计算结果（表3）显示：在现状情况下，K3258＋547.5断面在综合工况下稳定性系数为1.047，稳定性较差，边坡处于不稳定状态。因此，建议对该边坡尽快予以治理。

K3285+547.5 断面岩土物理力学参数反算指标 表 2

岩土层名称	所处滑面位置	天然重度 γ (kN/m^3)	综合工况	
			粘聚力 c(kPa)	内摩擦角 φ(°)
强风化泥质粉砂岩		20	30	35
强风化泥质粉砂岩夹煤层	主滑区	21	17	22

稳定性计算结果 表 3

断　面	工　况	边坡稳定性计算结果	暴雨工况,$K \geqslant 1.2$	
			剩余下滑力 F(kN/m)	
			坡脚	中部
K3258+547.5	综合工况	1.047	300	$F_{锚}=940$

4　既有锚索工后应力检测

为有效查明既有锚索工后应力水平,笔者所在单位在安全拆除锚索封锚混凝土后采用自行研发的专利技术抽检了 3 孔既有锚索的工后应力水平,其中一孔锚索因出现框架梁锚斜托破坏而未获取有效数据,其检测结果见表 4,典型检测曲线见图 1。

既有锚索工后应力水平检测结果 表 4

序　号	检测锚索编号	锚索当前应力值检测			平均应力水平	锚索应力状态	备注
		设计张拉荷载(kN)	当前检测值(kN)	应力水平			
1	2-1-3	500	398.5	79.7%	74.6%	应力不足	—
2	2-2-3	500	347.5	69.5%		应力不足	—
3	2-3-3	500	203.0	—	—	—	锚斜托破坏时最大加载量

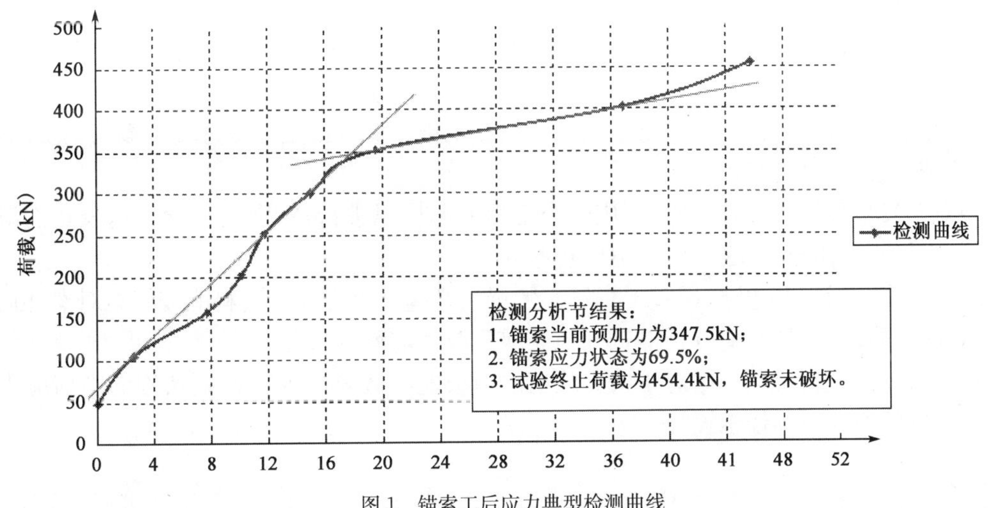

图 1　锚索工后应力典型检测曲线

K3285 右侧边坡抽检锚索的平均预应力损失超过 20%,检测结果表明锚索结构预应力损失过大,当前锚索结构的工作性能已经远低于原设计要求的预应力状态。检测结果表明,原设计的锚索长度不足,考虑到边坡的地质条件较差,在抢险加固设计时应适当增加锚索长度及锚固段长度。

5 边坡治理措施

经综合考虑,K3285右侧边坡采用原位加固方案,即由已经破坏的三级边坡自上向下进行逐级刷方、加固。各级边坡的刷方坡率及加固措施如下:

由于坡体已出现塌滑变形,刷方自上向下进行,坡面按照一级边坡坡率主断面约1:2.5,二、三级坡率1:0.75进行刷方。边坡刷方时,各级坡面及平台应与既有坡面及平台圆顺过渡连接。边坡开挖刷方过程中,为防止暴雨造成边坡在挖方过程坍塌,需临时喷射10cm厚素混凝土。

一级边坡在坍滑变形严重地段K3285+525~K3285+571段采用挡墙结合边坡渗沟进行加固,挡墙高出路基面3.0m,埋深1.5m,顶宽1.5m,采用C20混凝土浇筑。为加强坡体排水以及提高挡墙基础承载能力,在挡墙墙背铺设30cm厚的砂砾垫层,与挡墙排水管连通,利于坡体地下水的疏排。在挡墙上部按6m间距设置5条边坡渗沟,渗沟宽1m,深1.5m。

二级边坡采用预应力锚索框架及十字梁进行加固,新增锚索框架梁布设于刷方范围(包含坡面顺接部位)K3285+525~K3285+571区段内。锚索沿坡面布设间距为4m×4m,井字形布置。预应力锚索类型为拉压复合式自锁型锚索,过渡段锚索框架梁需与坡面顺接。同时,在K3285+565~K3285+575段二级坡面既有注浆钢锚管格梁间增设锚索十字梁(C30),十字梁上设一孔预应力锚索。

三级边坡采用预应力锚索框架等措施进行加固,新增锚索框架梁布设于刷方范围(包含坡面顺接部位)K3285+525~K3285+571段内。锚索沿坡面布设间距为4m×4m,井字形布置。预应力锚索类型为拉压复合式自锁型锚索。

因边坡地下水丰富,在一、二级坡脚距坡脚0.5m高度护脚墙上部设置一排仰斜排水孔,排水孔间距为4m,孔深为25m,排水孔长度及间距根据现场出水情况进行动态调整。同时对坡面破损严重部位采用M7.5浆砌片石护面嵌补修复。

6 结语

K3285右侧边坡经采用上述加固措施治理后,经过近3年的运行,再未发生异常现象,边坡稳定,达到了预期效果。

(1)通过总结分析得出边坡自身地质条件较差及雨水渗入都是导致边坡滑塌的主要因素,应该在边坡工程中加以重视。

(2)对于发生险情边坡,治理工程应结合工程实际情况进行,特别是运营高速公路的滑塌边坡尤其应做好应急抢险工作,确保道路行车安全。

(3)由于出现滑塌的边坡,通过现场调查的滑坡裂缝并综合地质资料能较好地对滑移面进行推定,同时通过必要的数值分析能较好地获取边坡当前稳定状态。

(4)锚索工后应力检测技术对于出现险情的边坡能有效查出既有锚索结构的当前应力水平,进而较好的指导后续锚索设计。

参考文献

[1] 黄晓华.甬台高速公路柳市山体崩塌的原因分析与治理[J].岩土锚固工程,2010(1):1-4.

[2] 廖小平,朱本珍,王建松.路堑边坡工程理论与实践[M].北京:中国铁道出版社,2011.

[3] 徐邦栋.高堑坡设计及病害分析与防治[M].北京:中国铁道出版社,2011.

牛首山胜景高陡矿坑岩质边坡稳定性评价及控制

翟金明[1]　杨明亮[2]

（1. 总参工程兵科研三所
2. 中国科学院武汉岩土力学研究所，岩石力学与工程国家重点实验室）

摘　要　牛首山胜景高陡矿坑岩质边坡为佛教圣地的百年工程。通过室内试验、现场试验以及工程类比相结合的方法，得到了岩土工程计算分析参数。采用赤平极射投影法定性分析了节理组合条件下岩质边坡开挖前、后均易出现局部崩塌现象。采用极限平衡法计算分析岩质边坡稳定性，得到在一般工况、暴雨工况和地震工况条件下，开挖前、后岩质边坡整体均处于稳定状态。采用有限元—无限元法分别数值模拟了自然和地震工况下，开挖后岩质边坡处于稳定状态，结果表明，中震和大震条件下开挖边坡处于欠稳定状态。提出了高陡矿坑岩质边坡稳定性控制措施：采用锚索（杆）加固岩质边坡，使岩质边坡整体处于稳定状态，采用喷锚和主动防护网进行边坡防护使岩质边坡不再出现局部崩塌现象。数值模型模拟结果表明，加固后的边坡在各种工况条件下均能保持稳定状态。

关键词　高陡矿坑　岩质边坡　稳定性评价　稳定性控制

1　工程概况

牛首山文化旅游区（核心区）佛顶宫拟建于旧铁矿开采矿坑内。该项目是江苏省打造南京牛首山佛教文化圣地计划中的重点工程之一，其建设的目的是把牛首山遗址公园建成世界佛教文化旅游胜地。

拟建佛顶宫位于既有矿坑内侧。矿坑边坡坡度为 30°～85°，岩体风化严重，在降雨条件下，经常出现局部崩塌现象。矿坑边坡高度 60～130m，边坡需要进行削坡挖方，最大高度大于 40m。

根据国家标准《建筑边坡工程技术规范》（GB 50330—2002）及《岩土工程勘察勘察规范》（GB 50021—2001），为Ⅳ类边坡，边坡工程安全等级为一级，场地复杂程度为一级，地基复杂程度为一级。

2　工程地质条件

南京市地处华北地震区长江下游—黄海地震带内，辖区内地质构造复杂，区域性断裂发育，具备发生中强地震的地震地质条件。20 世纪 70 年代以来，几乎每年都有地震事件产生影响，但强度较弱。

拟建场地属低山丘陵地貌单元，场地岩土层自上至下分述如下：

①杂填土或矿渣土（Q_4^{ml}），层厚 0.30～39.80m；②残坡积土（Q_3^{dl}），局部分布，层厚 1.80m；③$_1$强风化凝灰岩（J_3^3d），杂色，遇水极易软化，该层层厚 0.30～35.30m；③$_2$中风化凝灰岩（J_3^3d），杂色，岩体较完整，裂隙节理较发育，层厚 1.80～67.60m；③$_{2A}$中风化破碎状凝灰岩（J_3^3d），杂色，岩体较完整，裂隙节理较发育，层厚 2.70～41.00m；③$_{2B}$强风化凝灰岩（J_3^3d），杂色，岩芯

多呈碎块状和密实砂土状，遇水极易软化，呈透镜状分布于③$_2$层中，层厚 8.00～18.00m；④$_1$强风化蚀变安山质凝灰岩(J_3^2l)，杂色，遇水极易软化，层厚 1.20～25.80m；④$_2$中风化蚀变安山质凝灰岩(J_3^2l)，杂色，岩体较破碎，裂隙节理较发育，层厚 5.10～25.90m；④$_{2A}$中风化破碎状蚀变安山质凝灰岩(J_3^2l)，杂色，岩体破碎，层厚 1.50～28.40m；④$_{2B}$强风化安山质凝灰岩(J_3^2l)，杂色，岩芯呈碎块状和密实砂土状，遇水极易软化，呈透镜状分布于③$_2$中，层厚 1.20m。

③$_1$强风化凝灰岩、③$_{2B}$强风化凝灰岩、④$_1$强风化蚀变安山质凝灰岩和④$_{2B}$强风化安山质凝灰岩均属极软岩，岩体基本质量等级为Ⅴ级；③$_2$中风化凝灰岩、③$_{2A}$中风化破碎状凝灰岩、④$_2$中风化蚀变安山质凝灰岩和④$_{2A}$中风化破碎状蚀变安山质凝灰岩属软岩，③$_2$中风化凝灰岩的岩体基本质量等级为Ⅳ级，其他均为Ⅴ级。

场地地下水主要赋存于①层杂填土(主要为尾矿渣)与风化岩中，地下水流向与地形坡度基本一致。地下水的补给来源为大气降水和地表水体入渗。杂填土层渗透系数 K=0.075 7～26.8m/d，属强透水岩组。岩体构造及风化节理裂隙中地下水顺风化裂隙、构造裂隙等沿强、弱风化界面汇集、运动，基岩面较陡，排泄较通畅，地下水贫乏，地下水位埋深一般均较深，地下水富水性属贫～弱含水，对工程施工影响较小。

南京市抗震设防烈度为 7 度，设计地震加速度值为 0.10g，设计地震分组为第一组。建筑场地类别为$Ⅰ_1$～Ⅱ类。按不利因素综合判定场地建筑场地类别为Ⅱ类，特征周期值为 0.35s。

3 岩土体物理力学性质指标研究

杂填土，残坡积土，强风化蚀变安山质凝灰岩等取样进行室内土工试验，对强风化和中风化岩石取芯进行抗压试验和抗剪试验。

杂填土，残坡积土，强风化蚀变安山质凝灰岩等均含有大量碎石或块石，在取样过程中，很难获得未扰动的原状土样。岩石强度和岩体强度差异较大，特别是岩体破碎时，差异更大。因此，室内试验成果只能提供工程参考。

为了矿坑边(滑)坡稳定性计算分析提供抗剪强度参数，本次采用了岩土现场原位直剪试验。

目前，矿坑岩质高边坡尚未出现大规模的滑坡或崩塌现象，因此，计算地宫边坡稳定性时，应采用地宫边坡岩土体的峰值剪切强度参数。

现场直剪试验对象为中风化凝灰岩、强风化凝灰岩、强风化安山质凝灰岩、矿渣土 4 组饱和岩体。试体底部剪切面为 50cm×50cm，试体高度为 25cm。设备安装如图 1 所示。

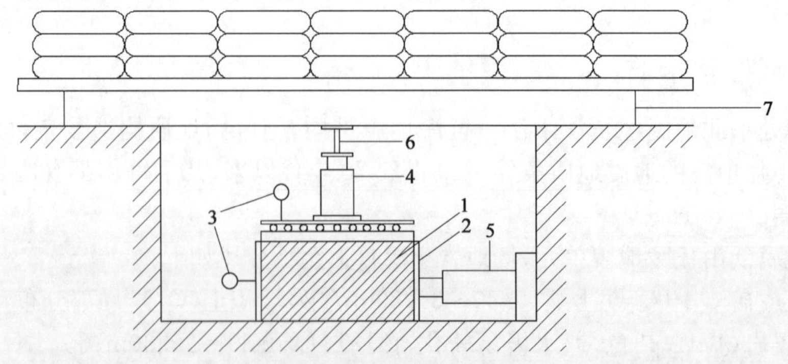

图 1　试验设备安装示意图

1-土体试样；2-剪力盒；3-百分率；4-竖向千斤顶；5-水平千斤顶；6-主梁；7-副梁

中风化凝灰岩层抗剪断试验剪应力—剪切位移曲线，如图 2 所示。取剪应力—剪切位移曲线中最大峰值作剪应力—法向应力曲线，如图 3 所示。

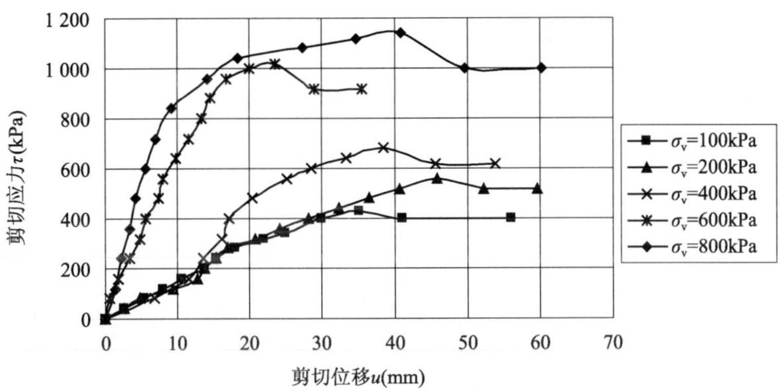

图 2　抗剪断试验剪应力—剪切位移曲线图

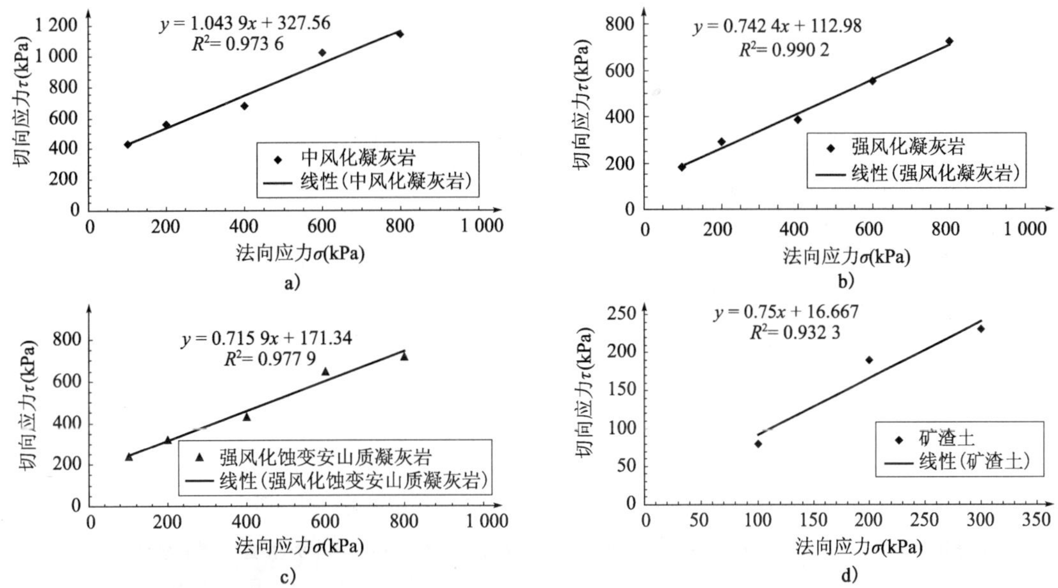

图 3　现场直剪试验剪应力—法向应力曲线图

a)中风化凝灰岩体；b)强风化凝灰岩体；c)强风化蚀变安山质凝灰岩体；d)矿渣土体

以 $\tau = \sigma\tan\varphi + c$ 公式拟合剪应力—法向应力曲线，可得出各组岩体的 $\tan\varphi$ 和 c 值。

综合室内试验和岩体现场直剪试验以及工程经验，提出各岩(土)相关物理力学参数，如表 1 和表 2 所示。

覆盖层土体的物理力学参数　　表 1

土层名称	重度 γ (kN/m³)	固结快剪		弹性模量 (GPa)	泊松比 μ
		粘聚力 c (MPa)	内摩擦角 φ (°)		
矿渣土	19.3	0.04	15.0	0.016	0.43
残坡积土	19.9	0.045	15.0	0.022	0.43

岩体物理力学参数 表 2

岩层名称	块体密度 ρ (g/cm^3)	岩石粘聚力 (MPa)	岩石内摩擦角 (°)	弹性模量 (GPa)	泊松比 μ
强风化凝灰质角砾岩	2.19 (2.22)饱和	0.265 (0.171)饱和	27.79 (35.6)饱和	0.096	0.34
中风化凝灰质角砾岩	2.69	0.20 (0.11)饱和	37 (35.6)饱和	0.687	0.185
强风化凝灰岩	2.19 (2.22)饱和	0.20 (0.17)饱和	38 (36.59)饱和	0.096	0.34
强—中风化凝灰岩	2.45	0.22 (0.20)饱和	39 (37)饱和	0.096	0.34
中风化凝灰岩	2.61	0.328 (0.30)饱和	46.12 (43)饱和	2.2	0.19
中风化(破碎)凝灰岩	2.54	0.25 (0.20)饱和	40 (38)饱和	0.687	0.26

4 高陡矿坑边坡稳定性评价

本文仅限于牛首山胜景高陡矿坑西侧边坡进行稳定评价，评价方法采用赤平极射投影分析法、极限平衡法和数值模拟法等三种方法。

4.1 稳定性评价方法

4.1.1 赤平极射投影分析法

根据岩体的变形破坏机制，危岩体优先的破坏是在软弱结构面的切割贯通下沿块裂岩体的结构面滑移，受软弱结构面的控制。通过边坡与结构面赤平投影图，对岩体崩落方向进行分析判断，确定岩体(岩块)可能崩落方向，分析确定哪一组结构面为切割面，哪一组为主要崩落面；然后再根据各结构面组合交线赤平投影图对岩体(岩块)崩落的可能性的分析。赤平投影法就是将统计出的节理结构面标于绘有坡面大圆和表示岩体强度的摩擦圆的赤平投影图上(采用节理面与上半球面交线在赤平面上的投影，从最不利角度考虑，岩体内摩擦角取35°，优势节理面倾角取最小值)。若节理面或两节理面交线的倾角大于摩擦角而小于坡面倾角，即交点落在坡面大圆与摩擦圆之间的区域，则节理面切割的岩块或楔形体会沿节理面或节理面交线滑动，落在区外，则不会滑动。

4.1.2 极限平衡法

极限平衡法计算时假定：①滑体为一刚体，不考虑滑体本身的变形；②当稳定性系数 $K=1$ 时，滑体处于极限平衡状态。本文只采用了简化毕肖普法。

假定只考虑条块间水平作用力，设条块间剪力为零，即 $X_i=0$ 和 $X_{i+1}=0$，这就是简化毕肖普法。

在稳定性计算时，采用毕肖普法搜寻潜在圆弧滑动面。

矿坑边坡稳定安全系数 K 取值为：一般工况条件下，折线滑动法，$K=1.35$；圆弧滑动法，$K=1.30$。考虑地震力、多年暴雨的附加作用影响时，安全系数可适当折减0.05～0.1。

4.1.3　有限元—无限元法

采用动力有限元法与强度折减法相结合的方法，对地震力作用下矿坑岩质高边坡的动态响应及动态响应下的边坡失稳进行模拟计算分析。有限元强度折减法即将岩土体强度指标粘聚力 c 和内摩擦角 φ 值同时除以一个折减系数 F_s，得到一组新的 c_i、φ_i 值，然后作为新的资料参数输入，再进行试算，当计算不收敛时，对应的 F_s 被称为坡体的最小稳定安全系数(边坡的安全系数)，此时坡体达到极限状态，发生剪切破坏，同时可得到坡体的破坏滑动面。

用折减系数法求解实际边坡稳定问题时，通常将岩土体假设成理想弹塑性体，屈服准则的选取采用 Drucker prager 准则。

4.2　开挖前矿坑西侧边坡稳定评价

4.2.1　开挖前矿坑边坡赤平极射投影分析法评价

西侧地质观测点 DW1 处的 4 组节理分别为，节理 L1(22°∠50°)、节理 L2(138°∠79°)、节理 L3(214°∠29°)和节理 L4(309°∠28°)；西侧地质观测点 DW2 的 3 组节理分别为：节理 1(260°∠14°)、节理 2(200°∠88°)与节理 3(116°∠81°)。作赤平极射投影图，如图 4 和图 5 所示。

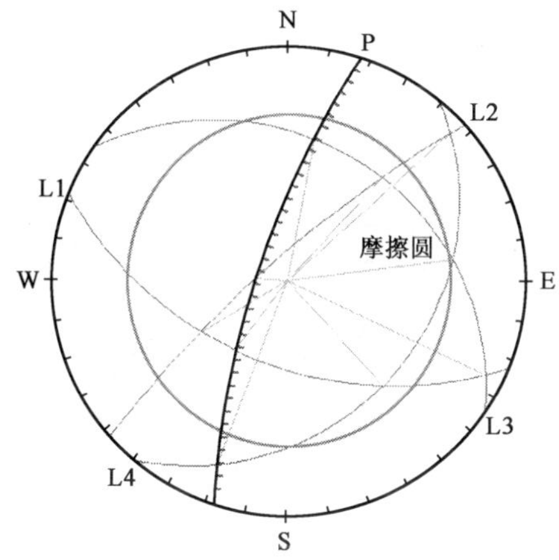

图 4　DW1 处节理面赤平极射投影图

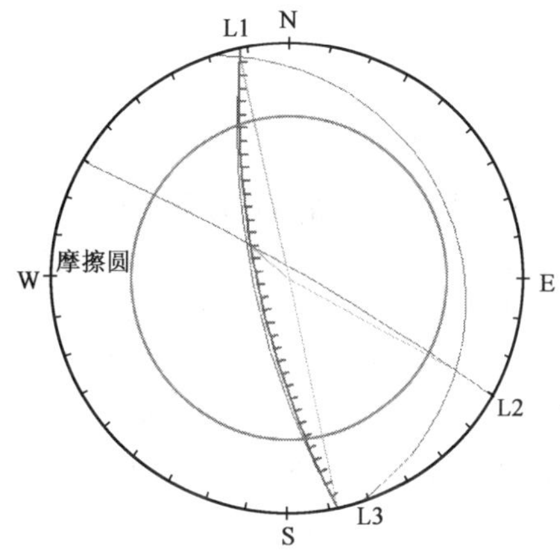

图 5　DW2 处节理面赤平极射投影图

由图 4 可知，节理 L1 与节理 L2 的交线落在危险区内，表明顺节理面的交线方向有可能发生崩塌。由图 5 可知，节理 L1 与节理 L2 的交线落在危险区内，表明顺节理面的交线方向有可能发生崩塌。

因此，节理组合条件下，在矿坑西侧高陡岩质边坡可能出现局部崩塌现象，与现场调研时发现雨后坑矿边坡出现局部崩塌现象一致。

4.2.2　开挖前矿坑边坡极限平衡法评价

矿坑西侧地质剖面图如图 6 所示。计算方法采用简化 Bishop 法，采用自动收搜最小安全系数的圆弧滑面。

计算工况为：一般工况，暴雨或连续降雨工况(暴雨饱和岩土体)，地震工况(拟静力法，地震加速度取 0.1g)等三种。

各岩土层的计算参数按表 1 和表 2 选取。

计算结果为：一般工况下，矿坑西侧的边坡稳定性系数为 2.92；暴雨或连续降雨工况下，矿坑西侧的边坡稳定性系数为 2.42；在地震工况下，矿坑西侧的边坡稳定性系数为 2.47；均大于边坡稳定安全系数。

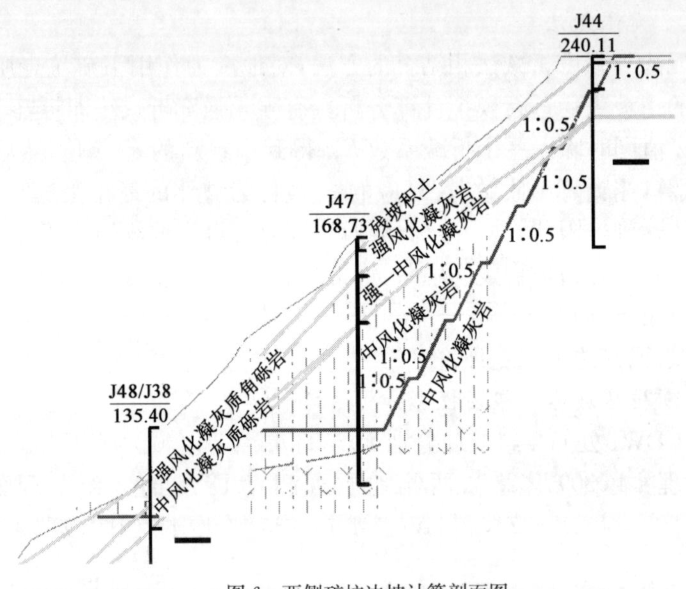

图 6 西侧矿坑边坡计算剖面图

5 矿坑边坡稳定性控制

5.1 边坡稳定性控制原则

根据建设方的要求，本项目的建筑结构设计使用年限为 100 年，因此，本边坡稳定性控制设计基准期为 100 年。

按工程重要性、边坡破坏可能造成的影后果，此边坡工程安全等级为一级；按岩体结构进行划分，边坡岩体级别为稳定性最差的Ⅳ类边坡。

边坡开挖方案作为临时边坡加固设计，应确保施工安全，且必须结合佛顶宫建成后的永久边坡长期稳定性和抗震稳定性安全要求，进行加固设计。边坡设计采用动态设计法，根据现场施工监测结果，及时调整优化设计参数。

边坡工程场地，抗震设防烈度为 7 度，设计地震分组为第一组，设计基本地震加速度值为 0.10g。场地类别为二类，特征周期为 0.35s。支护抗震设计按小震（50 年超越概率 63%）设计，变形控制按大震（50 年超越概率 2%）验算。

5.2 边坡开挖设计

矿坑边坡岩石强度较低，遇水极易软化，属软岩～极软岩。岩体较破碎，节理裂隙较发育，岩体基本质量等级均为Ⅳ～Ⅴ级。矿坑四周边坡因铁矿开采、爆破形成了许多新生裂隙，原有闭合裂隙和节理张开，多年的风化作用形成了表层的残积土和风化岩。在现场调研过程中发现，在降雨条件下，矿坑周边山坡局部有变形迹象，崩塌、滑坡等地质灾害均发生。为了保障施工安全，边坡开挖坡率设计如下：

地宫边坡设计采用台阶式。按从下至上顺序，从高程 119m 开始，平台宽为为坡顶线至 B4F 层建筑界线外 1m；第 1 级边坡垂直削坡至高程 127m，第 1 级平台宽为坡顶线至 B3F 层建筑界线外 1m；第 2 级边坡垂直削坡至高程 134m，第 2 级平台宽为坡顶线至 B3F 层建筑界线外 1m，第 2 级平台宽度约 32.3m；第 3 级和第 3 级以上边坡坡率均为 1:0.5，坡度为 63.4°，坡高 10m，平台宽 1.5m，削至自然边坡面。

矿坑西侧开挖后边坡如图 6 所示。

5.3 边坡加固防护主要措施及稳定性评价

5.3.1 边坡加固防护主要措施

边坡开挖后，根据赤平极射投影分析评价结果，受节理裂隙组合影响局部岩体将出现崩塌现象；根据极限平衡计算分析，一般工况下、暴雨工况及地震工况下（地震加速度 0.1g），岩质边坡无大范围滑坡现象；根据数值模拟计算结果，自然状态或小震作用下，岩质边坡处于稳定状态；中震作用下，岩质边坡处于临时稳定状态，大震作用下，岩质边坡处于失稳状态。

在地震荷载下，西侧矿坑岩石高边坡稳定性系数较低，需要进一步采取加固措施。根据有限元计算，边坡整体失稳主要由坡脚应力集中引起，坡顶处地震放大效应最大，导致坡顶节理裂隙发育的岩体出现崩塌现象。

边坡加固主要措施有：第 1 级和第 2 级垂直坡面采用锚杆框架加固，锚杆采用 HRB335 直径 32mm 钢筋，孔径 100mm，间距 2m×2m，水平锚杆长度 6～12m；第 3 级和第 3 级以上 1∶0.5坡面均采用锚索框架加固，锚索孔水平间距 3m，竖向间距 3m，每孔锚索由 6 根直径 15.24mm、强度 1 860MPa 的高强度低松松弛无粘结钢绞线编束而成，锚索进入稳定的中风化岩层不少于 11.5m，每孔锚索设计预应力 800kN。框架采用现浇 C30 混凝土。

坡面防护主要措施有：对于裂隙发育具有注浆条件的岩体，通过固结注浆提高岩体自身强度；对有景观要求的开挖坡面，采用主动防护进行防护，对没有景观要求的隐蔽坡面，采用喷锚防护，且将防护措施与加固措施相结合。

锚杆（索）支护与岩土体组成一个整体，可以调动发挥岩土体的自身强度，变荷载为结构，是最为经济合理的支护结构之一，但锚杆的支护范围浅，无法控制深层滑动。锚索支护可以控制深层滑动，同时施加预应力可以控制边坡变形，锚索存在的问题是施工复杂造价较高，对防腐的要求高。锚索锚固段位于稳定中风化岩层中，因此，矿坑西侧锚索长度根据开挖后未支护边坡动力有限元计算得到小震、中震和大震时的潜在破裂面控制。

图 7 O-W 剖面锚固状态二维模型网格划分图

5.3.2 边坡加固状态下数值模拟计算

边坡开挖后，在天然状态模型内加入锚杆、锚索，绘制建立了二维模型，如图 7 所示。

5.3.3 锚索及锚杆的模拟

模型中的锚杆锚索采用二结点的梁单元模拟。对梁单元施加预压力，从而产生预应力效果。计算中不考虑锚索锚固段与岩土体之间的相对滑移。在动力计算中，预先将锚杆锚索单元设为空单元，对模型施加重力求出边坡内的初始应力分布，然后激活空单元，导入初始应力场，然后施加地震动荷载，求出在地震动荷载作用下基坑的基本受力变形特征以及相应的安全系数值。

预应力锚索设计钻孔直径 ϕ175mm，设计预应力 800kN，其钢绞线采用 UPS15.20－1860 高强低松弛无粘结钢绞线，实际施工时，锚索分布为 3m×3m，因此，在二维剖面模型中，锚索对应施加的预应力为 267kN。锚杆的设计钻孔直径 ϕ100mm，无初始预应力，采用 ϕ32 精轧螺纹钢。具体物理力学参数见表 3。

锚索、锚杆物理力学计算参数 表 3

锚束类型	弹性模量（GPa）	截面面积（m^2）	密度（kg/m^3）	泊松比	预应力（kN）
锚杆	200	0.007 85	7 800	0.25	
锚索	200	0.024	7 800	0.2	267

5.3.4　加固状态下边坡动力稳定性分析

(1)小震作用下边坡动力稳定性

对模型施加水平方向地震荷载,图 8 为最大加速度分布云图。可以看到,加速度响应随着边坡高度方向呈放大趋势,表层土体动态响应明显放大,最大加速度响应值为 5.50m/s²,放大倍数为 16 倍。这表明当边坡锚固后,边坡体的刚度也有所提高,从而使得边坡体与上层土体之间的刚度差也有所增加,因此,鞭梢效应得到更大的加强。

图 8　水平加速度响应最大值分布云图

边坡第一个台阶角点 E 点,开挖角点 C 点以及坡顶角点 D 点的最大水平位移随折减系数的变化曲线如图 9 所示。其安全系数分别为 1.66,1.67,1.71,最终取它们的平均值,可得安全系数为 1.69。在极限状态下,等效塑性应变 PEEQ 云图如图 10 所示,在小震作用下,最大主应力为 0.68MPa,最小主应力为 3.08MPa,最大 Mises 应力等均位于坡脚,因此,塑性区仅在坡脚开展,表明坡体若破坏,将在坡脚处发生局部破坏,无明显滑动面。

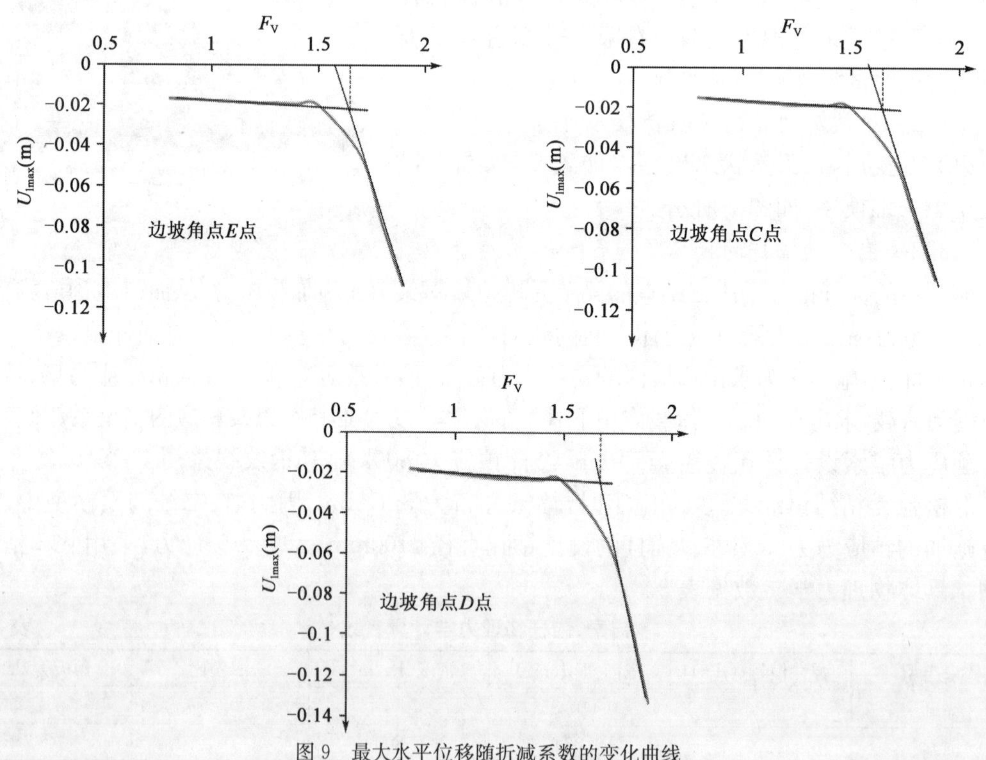

图 9　最大水平位移随折减系数的变化曲线

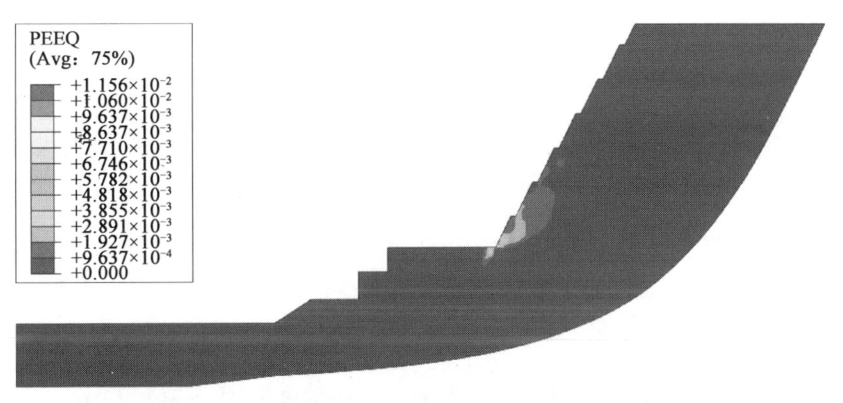

图 10 等效塑性应变 PEEQ 云图

(2)中震作用下边坡动力稳定性

对模型施加水平方向地震载荷,图 11 为最大加速度分布云图。可以看到,加速度响应随着边坡高度方向呈放大趋势,表层土体动态响应明显放大,最大加速度响应值为 8.0m/s^2,放大倍数为 7.83 倍,位于坡顶边缘土体处。另外,坡脚及坡顶的土体,由于它们的刚度相对于中风化岩体要低得多,所以它们的加速度放大系数都相对中分化岩体而言较大,放大系数均在 4～10之间。而中风化岩体的放大系数相对均不大,在 1～3 之间。

图 11 水平加速度响应最大值分布云图

边坡第一个台阶角点 E 点,开挖角点 C 点以及坡顶角点 D 点的最大水平位移随折减系数的变化曲线如图 12 所示。它们的安全系数分别为 1.41,1.41,1.51,取其平均值,最终得到中震作用下无支护边坡的安全系数为 1.44。当边坡破坏时,等效塑性应变 PEEQ 云图如图 13 所示。最大主应力为 0.57MPa、最小主应力为 2.70MPa 和最大 Mises 应力为 3.42MPa 均位于坡脚,在锚固后的边坡体的坡角处,有局部失稳现象,在边坡坑底的土体处,也有局部失稳现象。同时,边坡体有整体滑移的趋势,滑动面在锚杆后部,但是在安全系数下,该滑动面为向上开展到边坡体顶部,使之贯通。

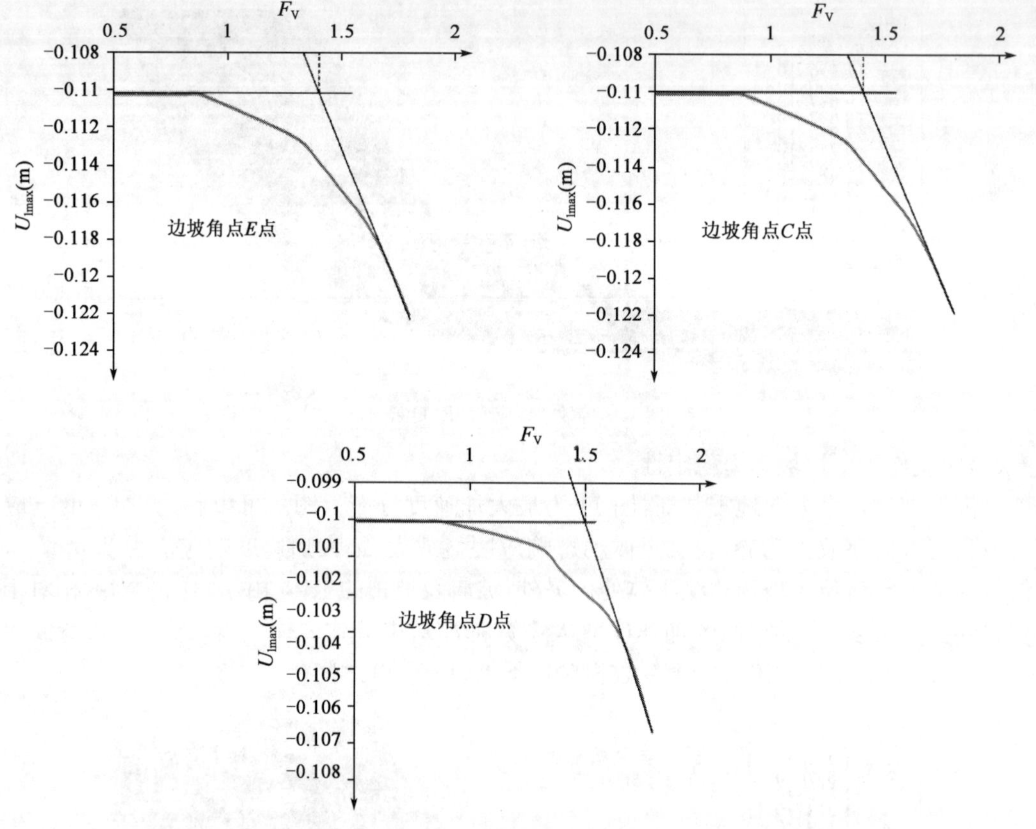

图 12　最大水平位移随折减系数的变化曲线

图 13　等效塑性应变 PEEQ 云图

(3)大震作用下边坡动力稳定性

对模型施加水平方向地震荷载,图 14 为最大加速度分布云图。可以看到,加速度响应随着边坡高度方向呈放大趋势,表层土体动态响应明显放大,最大加速度响应值为 17.2m/s^2,放大倍数为 9.6 倍,位于坡顶边缘土体处。另外,坡脚及坡顶的土体,由于它们的刚度相对于中风化岩体要低得多,所以它们的加速度放大系数都相对中分化岩体而言较大,放大系数均在 4～10之间。而中风化岩体的放大系数相对均不大,在 1～3 之间。

边坡第一个台阶角点 E 点,开挖角点 C 点以及坡顶角点 D 点的最大水平位移随折减系数

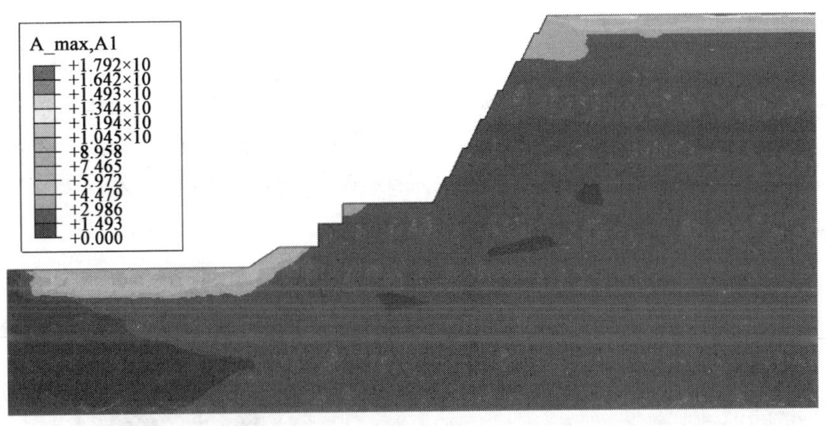

图 14　水平加速度响应最大值分布云图

的变化曲线如图 15 所示。它们的安全系数分别为 1.30，1.32，1.28，取其平均值，最终得到大震作用下无支护边坡的安全系数为 1.30。等效塑性应变 PEEQ 云图如图 16 所示。最大主应力为－0.5MPa、最小主应力为－2.03MPa、最大 Mises 应力响应为 4.461MPa，均位于坡脚。在锚固后的边坡体的坡角处，有局部失稳现象，在边坡坑底的土体处，也有局部失稳现象。同时，边坡体有整体滑移的趋势，滑动面在锚杆后部，但是在安全系数下，该滑动面为向上开展到边坡体顶部，使之贯通。

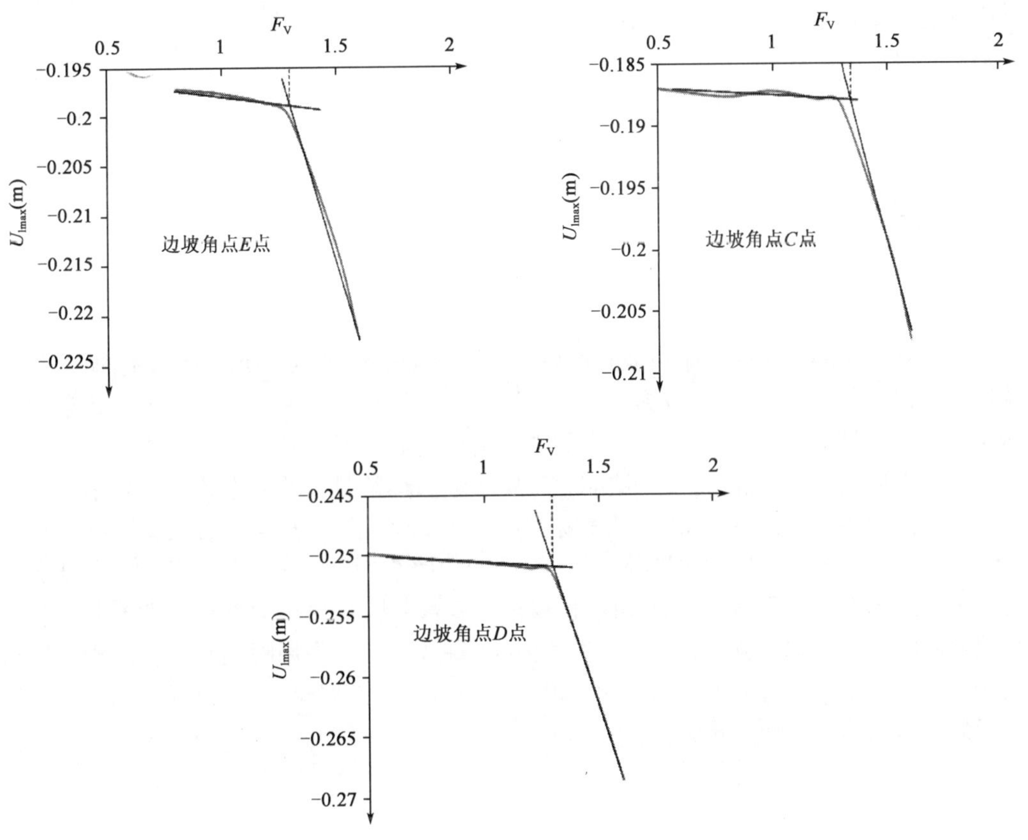

图 15　最大水平位移随折减系数的变化曲线

矿坑边坡稳定性施工控制中主要应注意事项：边坡支护施工前先要完成坑口以上的土石方开挖，以免支护施工和开挖施工交叉，开挖造成松动土石掉落危及下面的施工人员和设备。在坑口以上土石方开挖完成后搭设支护施工脚手架，支护施工从上到下，在进行支护施工前现对坡面松动岩块人工清除，然后支护施工。在上部坡面支护施工完成后进行坑底基础范围石方开挖，石方开挖不能对边坡及支护结构产生振动影响，建议采用无声爆破法开挖石方。坑底基坑开挖完成后再进行下部支护施工。

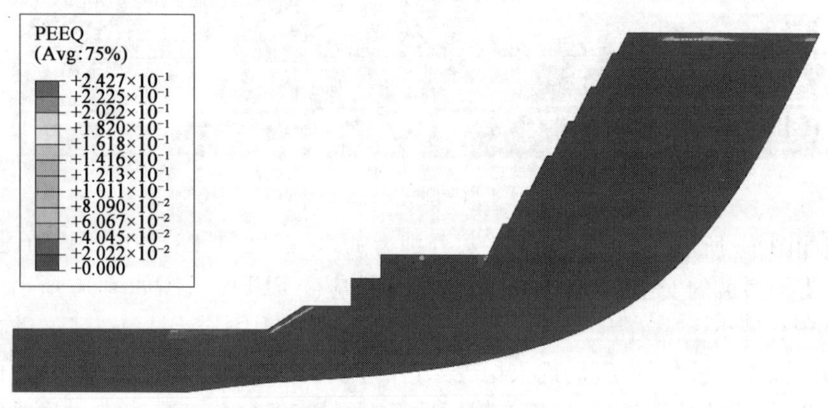

图 16 等效塑性应变 PEEQ 云图

为确保施工期边坡的稳定和运行期的安全，必须引入信息化监测手段，以反馈指导施工和对运行期的安全预警与预报。监测内容包括：

(1)边坡周边沉降监测；

(2)边坡周边岩土体深层水平位移检测；

(3)边坡周边地下水动态监测；

(4)施工期爆破震动监测；

(5)锚索工作应力监测等。

6 结语

牛首山胜景高陡矿坑西侧高边坡开挖后 1∶0.5 坡面的高度为 65m。通过室内试验、现场试验以及工程经验相结合的方法，提出合理的岩土工程计算分析参数。采用赤平极射投影法进行定性分析，得出在节理组合条件下岩质边坡开挖前后均易出现局部崩塌现象。采用极限平衡法分析岩质边坡稳定性，得出开挖前后岩质边坡整体均处于稳定状态。采用有限元—无限元进行数值模型模拟计算，得出在自然条件下和小震作用下，开挖后岩质边坡处于稳定状态；中震作用下，开挖后岩质边边坡处于欠稳定状态；大震作用下，开挖后岩质边坡处于欠稳定状态。本工程为百年工程，安全性和可靠性要求较高，因此，提出了边坡稳定性控制措施包括采用锚索(杆)加固岩质边坡达到岩质边坡整体处于稳定状态，采用喷锚和主动防护网进行边坡防护以达到控制岩质边坡出现局部崩塌现象。采用数值模型模拟边坡加固措施计算，得出加固后岩质边坡均处于稳定状态。

参考文献

[1] 中华人民共和国国家标准. GB 50009—2012 建筑结构荷载规范[S]. 北京：中国建筑工业出版社，2012.

[2] 中华人民共和国国家标准. GB 50330—2013 建筑边坡工程技术规范[S]. 北京:中国建筑工业出版社,2013.

[3] 中华人民共和国国家标准. GB 50021—2001 岩土工程勘察规[S]. 北京:中国建筑工业出版社,2001.

[4] 中华人民共和国国家标准. GB 50011—2010 建筑抗震设计规范[S]. 北京:中国建筑工业出版社,2010.

[5] 中华人民共和国国家标准. GB 50007—2011 建筑地基基础设计规范[S]. 北京:中国建筑工业出版社,2011.

[6] 中华人民共和国国家标准. GB 50010—2010 混凝土结构设计规范[S]. 北京:中国建筑工业出版社,2010.

[7] 中华人民共和国行业标准. JTG D30—2004 公路路基设计规范. 北京:人民交通出版社,2004.

[8] 江苏省地质工程有限公司,江苏南京地质工程勘察院. 牛首胜境一期工程边坡工程地质详细勘察报告[R]. 2012.

[9] 江苏省地震工程研究院. 南京江宁牛首山胜境一期工程场地地震安全性评价报告(送审稿)[R]. 2012.

[10] 江苏省地质工程有限公司. 牛首胜境一期工程岩土工程勘察报告[R]. 2012.

[11] 江苏省地质工程有限公司,江苏南京地质工程勘察院. 南京市牛首胜境一期工程地灾评估初步报告[R]. 2012.

[12] 江苏省地质工程勘察院. 牛首山景区道路地质灾害勘察报告[R]. 2010.

山地城镇建设中基坑上边坡问题的探讨

张本云[1]　徐凌霄[2]　周建明[3]

（1. 云南省有色地质局地质研究所　2. 西南有色昆明勘测设计(院)股份有限公司
3. 玉溪市国土资源局）

摘　要　"城镇上山"是云南省缓解建设用地紧张局面的试点性举措。山地城镇建设通常是在低丘缓坡地带通过挖方和填方形成的台阶上进行的，因而常常会遇到建筑边坡与基坑并存的情况，当边坡下方距基坑较近时，便会出现基坑对上边坡的影响问题。本文就基坑对上边坡影响的有关方面及其应对措施进行了探讨。

关键词　山地城镇　基坑　上边坡

1　引言

随着城市建设的快速推进，建设用地紧张与保护耕地的矛盾日益突出。云南省作为山区面积占国土面积94%以上的省份，这一矛盾显得更加尖锐。为了缓解建设发展用地紧张的局面，有效保护坝区耕地，云南省提出了"城镇上山"的建设发展模式，即利用地形坡度≤25°的低丘缓坡进行开发建设，打造适合于人居与产业发展的山地城镇。

所谓基坑上边坡，是指位于建筑基坑上方的建筑边坡。山地城镇建设，需要通过挖方和填方将斜坡改造成适合于建设的梯级平台，如此，将会形成较多的挖方边坡和填方边坡。在建设过程中，由于高层建筑等建设使用功能的需要，又常常需要在平台上开挖基坑，当基坑开挖距上边坡较近时，会对上边坡的稳定性产生不利影响，如变形、滑坡等。

为了消除基坑工程对上边坡的不良影响，首先要准确判断基坑对上边坡的影响程度，其次是在正确判断的基础上，采取积极的措施，如基坑加固、边坡加固、边坡治理等，作者认为，后者是更为积极和主动的措施。

2　基坑对上边坡关联影响的判断

基坑所在区域往往涉及上边坡的被动土压力区，开挖扰动、被动区的削弱、基坑和上边坡的叠加形成更高的边坡，都会给上边坡造成不良影响，轻则使上边坡产生较大变形，重则使上边坡失稳破坏，因此，准确判断基坑对上边坡是否构成影响是十分重要的。

2.1　基坑对上边坡无影响

基坑对边坡的影响主要通过对边坡高度 H、基坑深度 h、基坑与边坡间距离 B 三者之间的相互关系进行综合分析判断。当基坑开挖范围距上边坡有足够距离时，基坑开挖不会造成上边坡坡脚被动土压力区的扰动和削弱。这时，可以认为基坑对上边坡是没有或基本没有影响的，如图1所示。

2.2　基坑对上边坡有影响

当基坑开挖范围距离上边坡较近时，开挖会造成上边坡坡脚被动土压力区的扰动和削弱，抑或是基坑与上边坡组合形成更高的边坡(基坑工况)。在这种情况下,基坑对上边坡就会构成不利影响,需采取措施消除其影响,如图 2 所示。

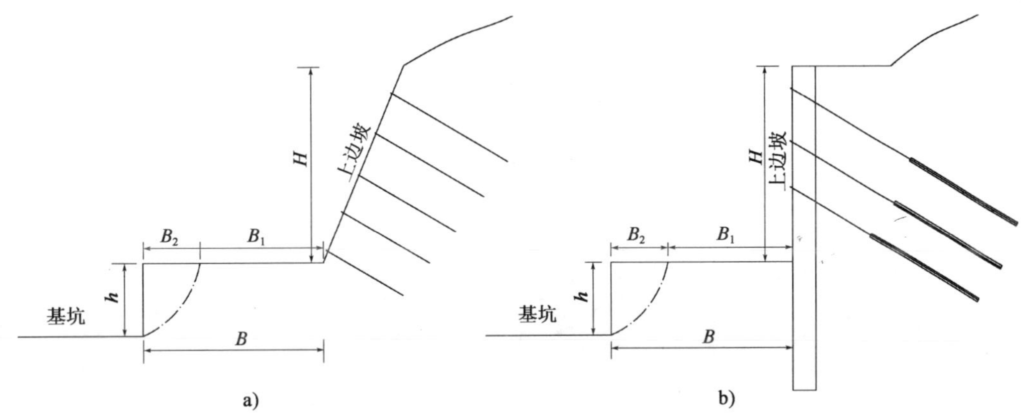

图 1　当 B 足够大时上边坡不受基坑影响的情形

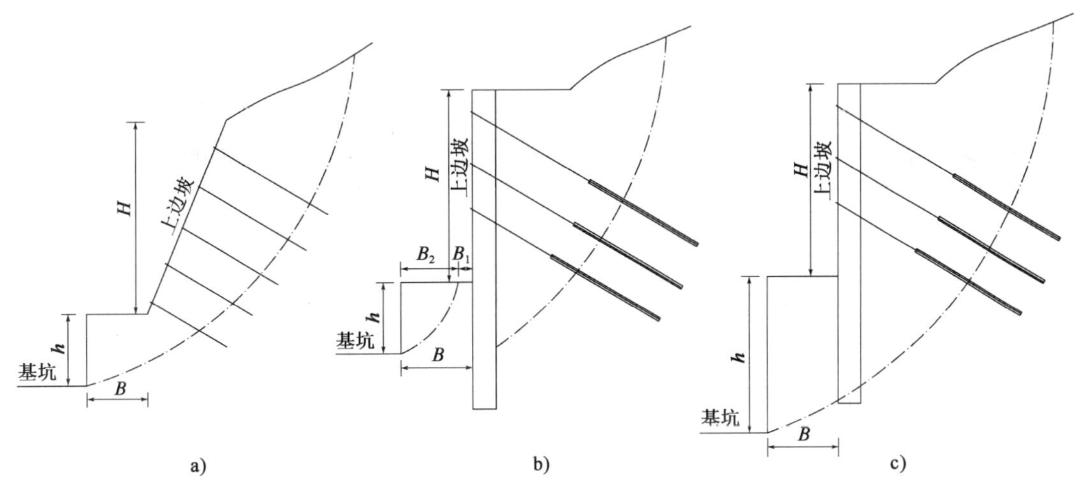

图 2　当 B 较小时上边坡受基坑开挖影响的情形

2.3　基坑与上边坡间安全距离的确定

如何确定基坑对上边坡是否构成影响是一个比较复杂的问题,其一,与边坡介质的物理力学性质有关,如土质边坡与岩质边坡是有较大区别的。其二,就土质边坡而言,其物理力学性质的差异也是很大的。对岩质边坡来说,软岩与硬岩之间也是有较大区别的。其三,基坑与上边坡间的组合形态也是多样的。因此,需要根据边坡岩土的物理力学特征以及基坑与上边坡间的组合形态等具体情况,采用对应的力学模型进行综合分析。这里仅就对于坡脚开挖比较敏感的上边坡类型——土质或软岩边坡的一般情况进行讨论。

2.3.1　由被动土压力理论确定的安全距离

由被动土压力计算公式 $p_{\mathrm{P}}=\gamma z K_{\mathrm{p}}+2cK_{\mathrm{p}}{}^{1/2}$ 可以看出,上边坡的稳定性与被动区的压重及其介质强度等有密切联系,根据极限平衡理论,被动区起关键作用的范围 B_1 由被动极限破裂角 θ 决定,$\theta=45°-\varphi/2$,基坑直接影响范围 B_2 由其潜在破裂(滑移)面决定。由此可以得到基坑与上边坡间的安全距离 $B=k(B_1+B_2)$,k 为安全系数,可取 1.2～1.5,如图 3 所示。

2.3.2　由扩散角确定的安全距离

在有的情况下,我们可以把上边坡支挡结构近似看作一个重力结构,从应力扩散的角度来进行判断，当其应力扩散出口位于基坑底以下且基坑潜在破裂（滑移）面位于应力扩散范围以外时，则可认为上边坡是基本不受基坑影响的。应力扩散范围 B_1 由扩散角 $\theta=45°$ 决定，此时基坑与上边坡间的安全距离 $B=k(\Delta B+B_1)$，如图 4 所示。

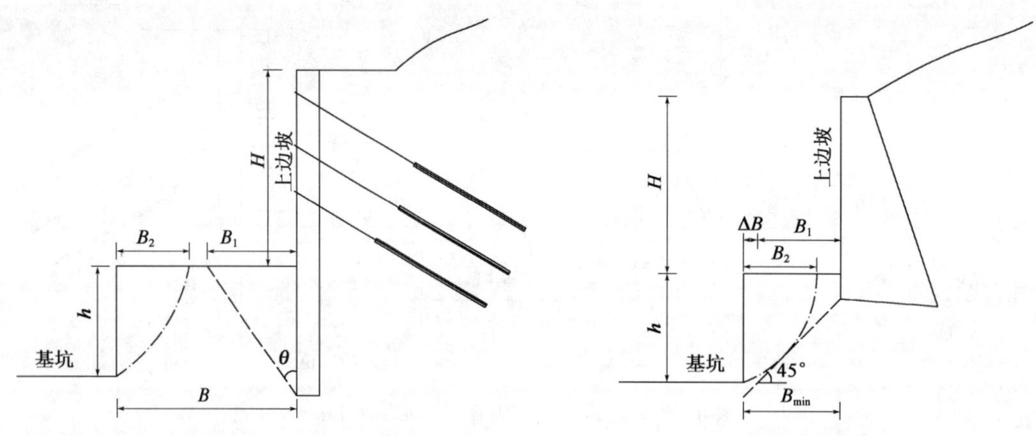

图 3　基于被动极限平衡破裂角与基坑直接影响区确定安全距离

图 4　基于应力扩散角确定的最小安全距离

2.3.3　由整体稳定性确定的安全距离

通常情况下，需对上边坡进行整体稳定性评价，如上边坡采用桩锚支护结构（当基坑开挖深度深于支挡结构底端时），通过整体稳定性计算，可以得到一个半径为 R 的滑弧，由滑弧范围可以确定一个类似于关键被动区的宽度 B_1，加上基坑直接影响范围 B_2，就可以得到基坑与上边坡间的安全距离 $B=B_1+B_2$，如图 5a）所示。

有的情况下，可以将基坑与上边坡视为一个由基坑和上边坡组合形成的较高的边坡来进行整体稳定性验算，当验算所得安全系数满足要求时，则可视为基坑开挖对上边坡的没有影响，如图 5b）所示。

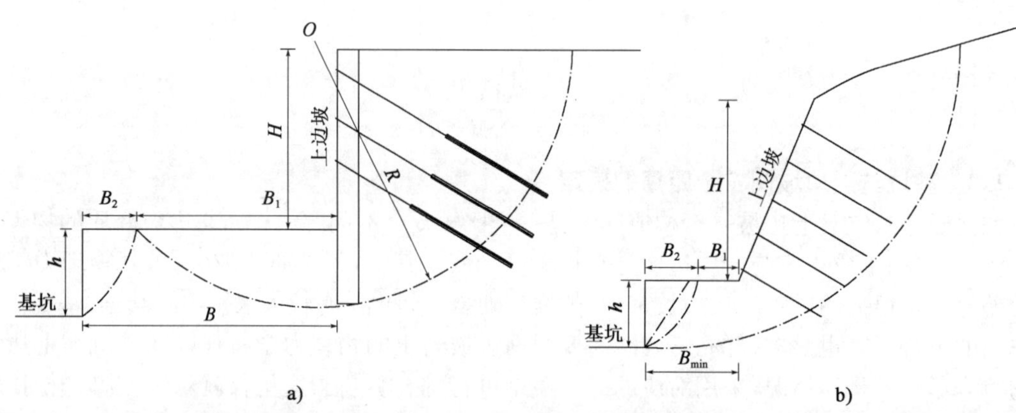

图 5　满足上边坡整体稳定性验算条件而确定的安全距离

3　消除基坑影响的对策措施

3.1　基坑支护措施

通过正确的分析判断，当基坑与上边坡间的安全距离不足时，基坑开挖对上边坡可能构成不利影响，需对基坑进行支护，以消除其不利影响。值得特别注意的是：当 $B<B_1$，尤其是基坑开挖范围距离上边坡很近时，基坑与上边坡叠加形成组合高边坡，基坑支护结构强度应由高边

坡的整体稳定性控制。当 $B>B_1$ 且基坑与上边坡不会因叠加而形成组合高边坡情形时，只要能确保基坑稳定，上边坡的安全一般是可以得到保障的。

3.2 上边坡加固处理

对上边坡（坡体或支挡结构）进行加固，使其满足基坑工程状态下上边坡安全稳定的要求。

3.3 基坑影响预消除措施

实施上边坡治理工程时，根据对未来基坑开挖影响的分析，在治理工程设计中，主动地将基坑影响的消除措施考虑在上边坡支挡结构中。这样做，一方面可以减轻基坑支护的难度，因为后处理措施的着力点往往只能施加于上边坡坡脚附近和基坑坑壁，而预消除措施则不然，可以在上边坡支挡结构上做通盘考虑；另一方面，由于上边坡治理时已考虑了基坑的影响，因而，基坑支护就简单多了，只需重点考虑确保不影响上边坡支挡结构功能的正常发挥即可，如确保上边坡桩锚支挡结构之桩间土体不坍塌、土拱效应能够形成等。

4 工程实例

某山地保障性住房项目，设三层架空地下室，由满足高层建筑（塔楼）最小埋置深度要求决定的基坑净开挖深度 5m，基坑开挖范围距离上边坡很近，上边坡为直立边坡，边坡高度 10～20m 不等（从架空地下室底层地面起算）。上边坡治理工程措施为抗滑桩＋预应力锚索＋桩间挡土板。为了确保基坑开挖不对上边坡造成影响，减小基坑支护难度，在上边坡治理工程设计时采取了基坑影响预消除的措施，即上边坡的将桩锚支挡结构加强，使其能抵抗基坑工程状态下边坡应力状态，基坑开挖时，只要能确保基坑坑壁稳定即可，如图 6 所示。

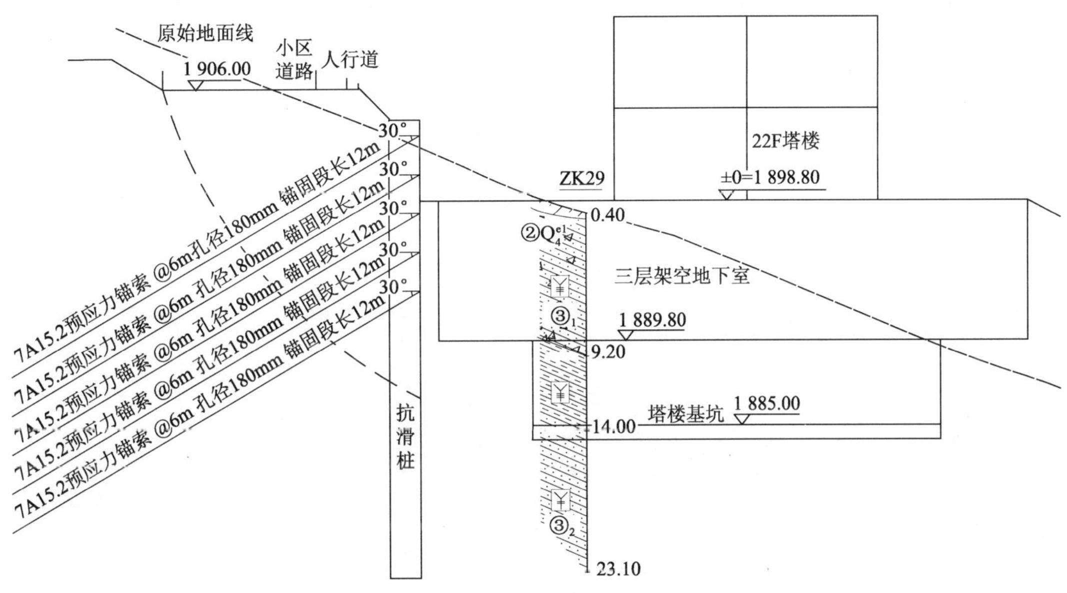

图 6 上边坡治理工程设计剖面图

5 结语

(1)山地城镇建设中，基坑上边坡是可能经常遇到的问题，由于岩土介质的复杂多变、基坑与上边坡组合形态的复杂多变，使得这一问题成为一个复杂的岩土工程问题。

(2)正确分析判断基坑开挖对上边坡是否构成影响是至关重要的，需根据岩土介质特性以及基坑与上边坡的组合形态，采取适合的模型进行计算分析，才能得出正确的判断。

(3)当基坑开挖对边坡可能构成影响时，需要采取积极的对策措施。应对措施主要有三种：一是加强基坑支护；二是对上边坡进行加固；三是上边坡治理时采取对基坑影响的预消除措施。在上述措施中，预消除措施是最为积极主动的措施，可以减小工程难度、节省工期、降低造价。

上三高速公路边坡防护中预应力锚固技术的处治方案

王桂军[1]　王　勇[2]

（1. 浙江沪杭甬高速公路绍兴管理处　2. 杭州图强工程材料有限公司）

摘　要　基于上三高速公路滑坡的地质资料，分析了高速公路路堑边坡滑坡的主要成因。针对滑坡成因制定了引排水、混凝土框格及 GY 型一次注浆后张预应力锚杆结合的综合防护形式，叙述了各项加固措施的设计思路与作用机理。经过一年多的观测，从效果上看，该处治方案能综合整治边坡存在的病害隐患，可在高速公路边坡防护处治中推广使用。

关键词　路堑边坡　滑坡治理　混凝土框格　预应力锚杆

1　引言

上三高速公路建于 1997 年，于 2000 年 12 月建成通车，设计速度采用 100km/h，路基宽 24.5m，双向四车道。

公路位于山岭重丘区，路基大填大挖较为普遍，深挖路段原设计高边坡防护形式主要有：浆砌挡墙、浆砌护面墙、锚喷混凝土、六角空心砖护面、坡面植草防护等。许多上边坡坡体属中低山丘陵地貌，植被较发达，以松灌木为主。气候属亚热带季风区，气温温和，四季分明，年平均气温 16.5°C，最高气温 39.7°C，最低气温 −8.9°C，多年平均降雨量 1 395.2mm，雨量分配不均，多集中在 5～6 月份梅雨季节和 8～9 月的台风季节，岩体易风化。

该山体建设时曾发生过滑坡，后经简单处治，管理单位并于 2005 年对该位置进行 SNS 防护网防护施工。2011 年 6 月 25 日，在梅雨季节强降雨冲刷及浸泡下，K237＋750 左边坡第四级坡面局部出现坡积层塌坍、SNS 防护网被撕裂，局部锚杆被拉出等病害，对高速公路车辆的正常通行构成安全隐患，如图 1 所示。

图 1　原状边坡塌坍病害

2　滑坡区地质概况

2.1　滑坡区岩层条件

K237＋750 滑坡体位于曹娥江东侧丘陵坡脚，地形为丘陵坡脚缓坡。丘陵区的地层岩性自老到新分别为：

基层侏罗统大爽组，为公路沿线主要基层，岩性为紫红色、灰紫色晶屑凝灰岩，角砾凝灰岩，局部夹碎屑沉积岩。

第三系新统嵊县组，为第三系火山喷发岩浆溢流而成，岩性为玄武岩，分布于公路沿线丘陵上部，顶部往往较为平缓。

第四系残坡积层，分布于丘陵斜坡，岩性以含粘性土碎石为主，层厚1～3m，碎石成分以玄武岩为主。

边坡调查区属中低山丘陵地貌，植被较发育，以松灌木为主。经地质钻探及查阅竣工资料，本边坡表层为残坡积含粘性碎石土，上部为砂岩，下部为熔结凝灰岩。边坡坍塌区域为中风化砂岩，灰色，中厚层状。岩石节理裂隙发育，岩芯呈碎块状、块状，坡面多碎块石。

2.2 滑坡区地质构造

滑坡区大地构造单元为华南加里东褶皱系浙东南褶皱带，地处丽水—宁波隆起之新昌—定海断隆，基底为前震旦系陈蔡群地层，上覆巨厚层中生界火山碎屑岩，以强烈断裂作用为主，该断裂控制仙岩—马岙段曹娥江的走向。

2.3 滑坡区水文条件

据钻孔资料显示，该滑坡区残坡积层主要为含粘性土碎石和含碎石粘性土，滑坡后排水通道受阻，渗透系数减小。

3 滑坡体现状及成因分析

3.1 滑坡体现状

该边坡共有四级，第一级为浆砌挡墙，第二、第三级为六角空心砖植草，第四级为SNS主动网，三、四级边坡之间设置有两道挡墙支护，下部为重力式挡墙，上部为2005年修建的钢筋混凝土悬臂式挡墙。两道挡墙之间设置了浆砌片石护坡铺砌(图2)。

通过现场调查，坡顶两侧有截水沟，但边坡坍塌区域无截排水设施，坡顶没有截水沟。新老挡墙之间设置有排水孔及集水沟，并往下接急流槽至路面边沟中。隔离栅外侧坡顶有许多天然形成的冲沟。

病害现状：第四级边坡在雨水集中冲刷下出现局部坍塌，原SNS主动网钢绳锚杆已被拉出，网面破坏。坍塌规模约600m^3。

3.2 滑坡成因分析

(1)滑坡体范围山顶平缓，汇水面积大，对滑坡体地下水影响大。

(2)边坡所在山坡在施工时产生滑塌，清理后，坡形变为陡—缓—公路切坡的地貌形态，平缓的地形容易使坡面汇水深入坡体，增大坡体含水率，提高地下水位。

(3)缓坡上部分布厚层残坡积含粘性土碎石、全风化玄武岩，在含水率较大、地下水位升高的情况下，其力学性质有很大降低。

根据滑坡体现场分析及钻孔地质分析，由于坡顶未设置截排水设施，短时间集中的强降雨对坡面产生集中冲刷，雨水下渗后引起坡积层土体水分饱和，抗剪能力下降；中风化砂岩节理裂隙发育，岩石较为破碎，节理裂隙面较为陡直，与边坡开挖面组合成不利结构面，从而形成局部的坍塌。

4 整治方案

根据边坡地质钻探情况，同时考虑边坡高度较高、坡陡，机械、材料搬运困难，施工作业面狭小的特点。设计单位经过综合考虑采用如下防护设计。

4.1 坡体前缘卸载

边坡顶部出现崩塌后，形成了临空面，坡度较陡，若不及时处理，在遇到久雨或暴雨等天气后，前缘土体很容易失稳而再次产生崩塌或滑塌。所以须对边坡顶部前缘土体进行及时治理。经综合考虑，对前缘松散土体采取削坡的处理方案。

4.2 坡面防护设计

卸载后，根据边坡所形成的不同坡率，采用不同的坡面防护设计方案。当坡率为1∶0.75时，采用框格梁锚杆进行防护，锚杆长度为9m，框格梁之间采用C20钢筋混凝土封闭。

4.3 截排水设计

在边坡体周边及内部布置排水工程，减少坡体积水，根据边坡变形失稳影响因素及工程地质条件，以“截、排和引导”为原则布置地表排水工程。排水沟充分利用边坡自然形成的沟谷，并对边坡内部沟谷进行排水沟修建以利于地表水的尽快排泄。

4.3.1 削坡

对第四级边坡坍塌后形成的临空面进行削坡处理，坡体分两级：顶部坡率为1∶0.86，坡高控制在11.4m内；底部坡率根据实际地形控制在1∶1.5～1∶2之间，坡高控制在11m左右。利用削坡卸载废方回填至原坍塌区域，并平整坡面。

4.3.2 防护

坡面平整后，自原挡墙向上5m处起坡面采用框格梁锚杆防护：框架采用C30混凝土现浇，间距3m×2.5m，地梁尺寸为40cm×50cm，埋入坡体25cm；锚杆采用GY型一次注浆预应力中空锚杆，长9m；框格内采用15cm厚C20现浇混凝土封闭，混凝土中部设置8号铁丝网。框格梁防护范围要求超出原坍塌区域每侧不少于6m。坡脚原挡墙与框格梁底之间，坡顶隔离栅与框格梁顶之间均采用C20混凝土现浇铺砌。

框格梁中锚杆采用GY型一次注浆后张预应力中空锚杆，极限抗拔力不小于250kN，锚杆预应力为120kN。配套中空锚杆外径为32mm，锚杆钻孔直径为100mm，注浆压力1～1.5MPa。要求锚杆锚固段嵌入弱风化基岩深度不小于4m的要求。锚杆长度采用锚固长度及抗拔力双重控制。

4.3.3 截排水

坍塌区域坡顶增设截水沟，与边坡两侧原截水沟连通。K237+737处增设急流槽将截水沟汇水引入下级边坡挡墙处急流槽后集中排入路基边沟。每个框格中心设置仰斜式排水孔，引排坡体裂隙水。排水孔内安装有孔聚氯乙烯管及过滤网，排水管直径为5cm，排水孔深1m。

5 施工工艺

(1)坡面修整。由于坡面凹凸不平，为了使框格梁在浇筑后平顺美观，所以需要对坡面进行修整。

(2)锚杆孔位定位。按设计立面图要求，在锚杆施工范围内，用仪器设置固定桩，并应保证在施工阶段不得损坏，锚杆孔位应统一放样，测定孔位，埋设半永久标志，严禁边施工边放样。框格梁的长度可根据实际边坡削坡后确定，但锚杆的位置须按坡面的长度进行放样，其间距可适当调整，在确保坡面稳定和结构安全的前提下，适当放宽定位精度或调整锚孔位置。

(3)钻孔钻进及成孔检验。钻孔要求干钻，确保锚杆施工不会恶化边坡岩体的工程地质条件和保证孔壁的粘结性能。钻孔速度要根据钻机性能和地质来控制，钻孔孔径、孔深要求不得小于设计值，为确保锚杆孔深度，要求实际钻孔深度大于设计深度0.2m以上，钻孔成孔后要及时清孔，清孔使用高压空气将孔内的岩粉及水全部吹出孔外，以避免粘结；成孔后应及时经现场监理检验，经检验合格，方可进行下道工序。

(4)锚杆孔安装及入孔。GY型一次注浆后张预应力边坡锚杆由中空杆体、连接器、对中器、自由段套管、端头扣件、锚垫口套管、垫板、螺母及端头组成(图2)。

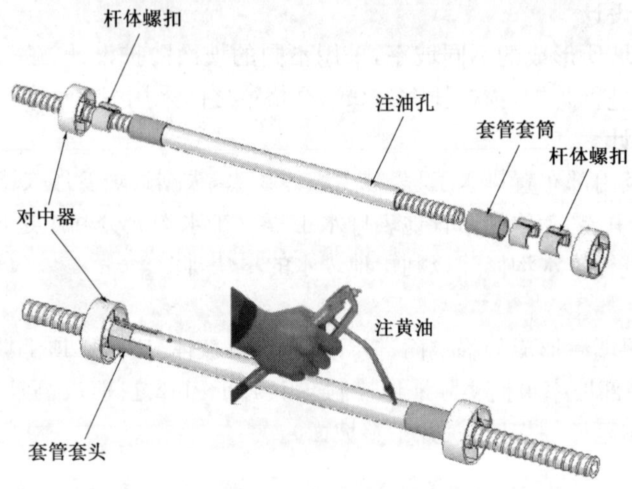

图2　自由段制作

6　结语

该滑坡治理工程完工已一年多，经过了一年雨季的考验，目前对整个滑坡体进行监测数据分析，滑坡已稳定，治理效果良好，这充分说明支挡与截、排水相结合的治理方案是合理的，工程治理效果显著(图3)。

图3　整治效果

参考文献

[1]　中华人民共和国行业标准. JTG F10—2006　公路路基施工技术规范[S]. 北京：人民交通出版社，2006.

[2]　高速公路丛书编委会. 高速公路路基设计与施工[M]. 北京：人民交通出版社，1998.

[3]　赵明阶，何光春，王多垠. 边坡工程处治技术[M]. 北京：人民交通出版社，2003.

[4]　侯利国，何文选. 上三高速公路地质灾害及其处理措施概述[J]. 高速公路，2002，6：21-36.

岩锚种植槽在高陡边坡复绿工程中的应用

王登峰[1]　吴国华[2]

（1. 中国石化股份有限公司浙江温州石油分公司　2. 浙江省第十一地质大队）

摘　要　岩锚混凝土种植槽技术巧妙地将岩土锚固和种植槽技术相结合，在高陡的岩质边坡坡面营造出具备植物生长、发育所必需的土壤条件，从而改变坡面生态复绿的不利条件，具有其他复绿技术不可比拟的优势。本文通过工程实例，对岩锚混凝土种植槽技术的设计、施工以及实施效果进行了具体阐述。

关键词　岩锚种植槽　高陡边坡　生态环境　复绿　治理　锚杆

随着我国"人口、资源、环境"基本国策的实施和人们生态环境保护意识的增强，近年来大量的废弃矿山得以整治，矿山周边的生态环境得以恢复，同时，与此相适应的一些生态复绿技术也得到了充分的发展和应用。岩锚混凝土种植槽技术就是将岩土锚固技术和种植槽技术相结合而形成的一种新技术，其通过对边坡的生物防护施工，在裸露的岩石边坡上营造具备植物生长、发育所必需的土壤条件，为植被的恢复和植物种群的演替提供一个良好的生长发育基础。岩锚混凝土种植槽技术可以改变高、陡岩质边坡植被生长的不利条件，具有其他复绿技术不可比拟的优势。笔者参与施工的临平邱山采石场边坡治理工程成功应用岩锚混凝土种植槽技术，取得了明显的治理效果。

1　工程概况

杭州市余杭区临平邱山采石场位于杭州市余杭区临平镇邱山东麓，最早开采于1953年，1985年因临平山顶军用安全需要而关停。由于长期开采，采石场形成一长约400m、最大开挖坡高达90m、坡度50°～85°（局部岩体悬空）的高陡边坡。边坡岩体为泥盆系上结西湖组石英砂岩，由于边坡节理、裂隙较为发育，岩体破碎，且顺坡结构面发育，采石场关停后，边坡坡面常有崩塌、岩块掉落等现象，多次损坏坡脚下方的房屋及公共设施，直接危及坡脚学校和坡顶公园的安全。

2　工程设计

为消除安全隐患和实践浙江省"绿色浙江"和"生态省建设"的战略举措，针对边坡高陡、节理裂隙发育的特点，本边坡工程采用以局部削坡后锚杆锚固，整体生态复绿为主，辅以坡顶截排水沟、坡脚挡渣墙的设计方案进行治理。边坡设计断面如图1所示。

2.1　边坡加固锚杆设计

考虑到边坡节理、裂隙及顺坡结构面发育，为消除崩塌、掉块等安全隐患，设计考虑在对边坡顶部局部陡峭部位按1∶1坡率削坡后，按全坡面布设系统锚杆进行加固。锚杆采用全长粘结型，设计抗拔力 180kN，单根长度 9m，杆体钢筋直径 ϕ32mm，钻孔孔径 ϕ100mm，采用 M30 水泥砂浆注浆。注浆压力不小于 0.5MPa。同时考虑到便于在高、陡的岩质坡面设置混凝土种植槽，设计将边坡锚杆布设于种植槽位置处，锚杆外端预留不少于 35 倍锚杆钢筋直径的杆体长度，并设置弯钩与种植槽结构钢筋焊接成整体，作为种植槽的承载载体。为保证钢筋连接和种植槽结构稳定，锚杆每处布设 2 根，水平间距 3m。

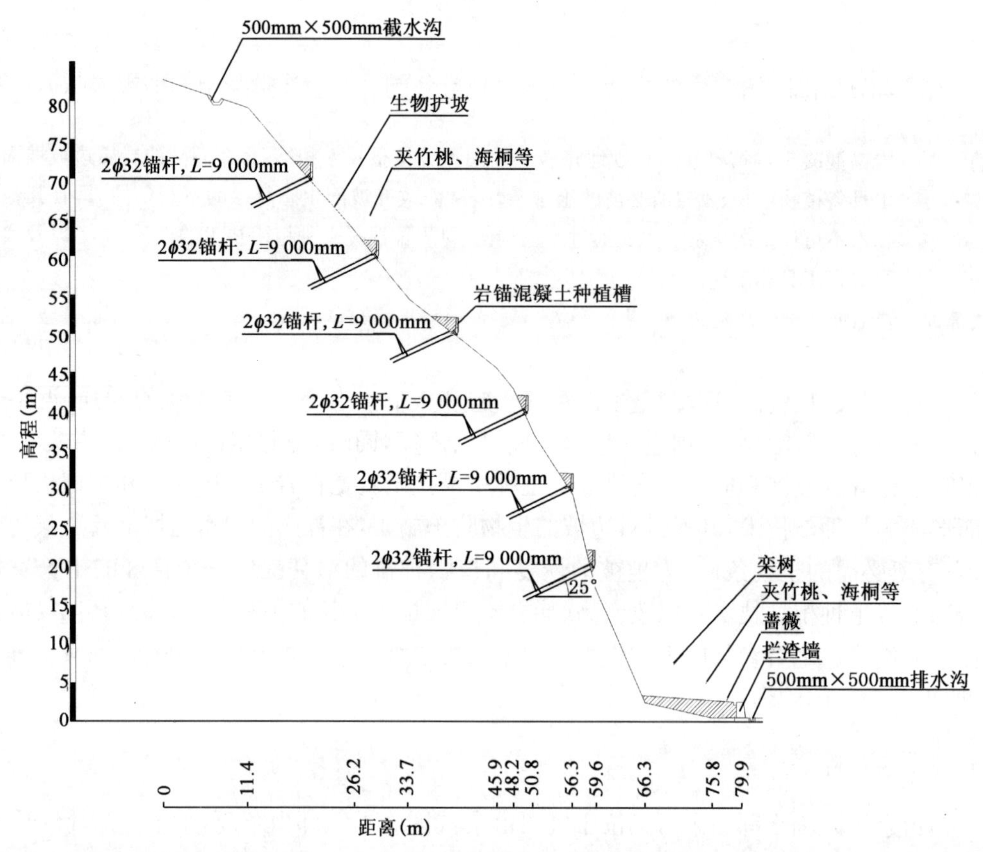

图 1　边坡设计断面图

2.2　种植槽设计

考虑整个边坡的绿化效果和经济效益，在距坡脚垂直高 20m、30m、40m、50m、60m、70m 处分别设置混凝土种植槽一道，种植槽混凝土强度等级 C25，共设六条，每条长 317m。种植槽内回填种植土后移植灌木、爬藤等植物进行绿化。槽内按内、中、外设置三道绿化带，内侧按间距 0.3m 移栽常春藤、凌霄、爬山虎等藤类植物，作为坡面后期的主要遮挡植物；中间按间距 0.5m 种植四季常绿的夹竹桃、海桐、小叶女贞等矮灌木，其间适当点缀蔷薇、美人茶、紫叶李、火棘等，起到增加坡面的立体生态效果及为坡面作前期遮挡作用；外侧按间距 0.3m 种植黄馨等挂藤灌木，以遮挡种植槽外侧混凝土面和槽下部分坡面。混凝土种植槽结构及钢筋配筋如图 2 所示。

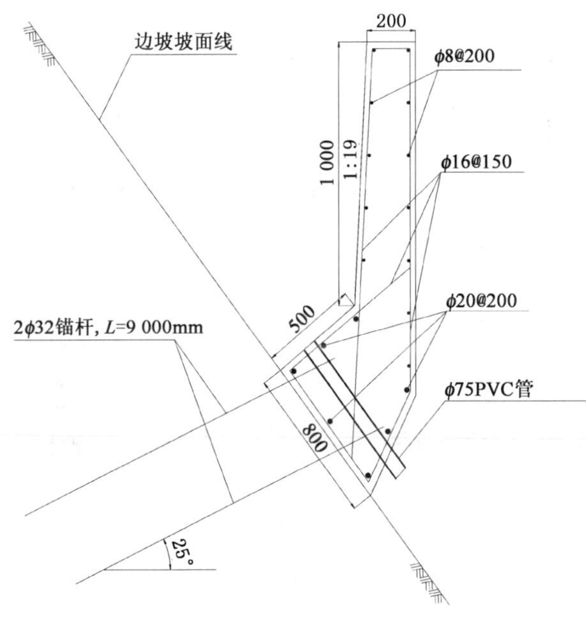

图2　混凝土种植槽结构配筋图(尺寸单位:mm)

3　岩锚混凝土种植槽施工

岩锚混凝土种植槽施工主要包括锚杆施工、混凝土种植槽浇筑、种植槽内绿化等三项主要内容。工艺流程为:施工准备→搭设钻孔平台→钻机就位→锚杆造孔→锚杆制作→锚杆安装→锚孔注浆→种植槽钢筋制安→种植槽模板安装→种植槽混凝土浇筑→种植槽内填土→种植槽内绿植。

3.1　锚杆施工

本工程采用KZQ-100D气动冲击型潜孔钻机配13m^3/min空压机进行钻孔作业。钻孔采用干式钻进。为保证有效深度不小于设计孔深,钻孔应有30～50cm的钻孔超深长度。钻孔结束,使用高压风清理孔壁。锚杆钻孔必须确保孔位、孔径、孔斜、孔深等各项指标满足要求。

锚杆钢筋应调直、除锈,去油污,长度要充分考虑设计孔深及外露、弯头长度。锚杆沿轴线方向上每隔1.5m设置一个对中支架以保证钢筋位于钻孔中心。为方便和种植槽钢筋连接,锚杆外端头设置长度20cm的双向弯头,用于承受回填种植土后的种植槽及槽内植被的侧向拉力。锚杆安装应一次到位,避免多次扰动造成孔壁坍塌。注浆管应随锚杆一起送入孔内,管头应距杆体末端5～10cm。锚孔注浆采用UBJ3.0型挤压式注浆机作业。注浆采用M30水泥砂浆,按设计强度配制浆体配比,砂浆必须采用机械搅拌,水灰比控制在0.4～0.45之间,搅拌时间不得少于2min且保证浆液搅拌均匀,随拌随用。注浆采用孔底返浆方法,不得孔口灌浆,中途随着浆液的注入缓慢地向外抽拔注浆管,但必须保证注浆管口始终有一段处于浆液内部,直至孔口溢出浆液且其浓度和注入浆液浓度相当为止,保证全孔锚杆杆体被砂浆握裹且饱满密实。注浆压力不得小于设计值。注浆完成后,若锚孔孔口浆液面回落,应在30min内进行压浆补足。注浆完成24h内,不得对锚杆进行扰动。浆体强度未达到设计强度的70%时,不得在锚杆上悬挂重物和拉绑碰撞,以免破坏注浆浆体。

3.2　混凝土种植槽浇筑

混凝土种植槽分区自上而下逐条施工。种植槽混凝土浇筑前,需先进行钢筋制安和模板安装。种植槽严格按设计图纸配筋。钢筋主筋搭接采用焊接，箍筋采用绑扎，钢筋外侧按保护厚度设置砂浆垫块。种植槽下部钢筋与锚杆外露部分必须连接牢固并成为一个整体。模板采用木模，要求有足够的强度、刚度和稳定性，能可靠地承受各项施工荷载，保证结构形状、尺寸准确。模板要求做到支撑牢靠、板面平整、接缝严密、拆装方便。混凝土浇筑前，要用水冲洗模板，保持仓面模板湿润，清洁。为混凝土料运输和入仓方便，种植槽采用商品混凝土，泵送入仓，机械振捣。混凝土浇筑时，保证混凝土料搅拌均匀，具有良好的保水性和可泵性，并及时振捣。混凝土振捣要保证混凝土密实，不过振，不漏振，同时确保混凝土内钢筋位置不发生改变。拆模要保证混凝土有足够的强度，不得损坏混凝土结构。拆模后及时进行覆盖、洒水养护，养护期不少于7d。

3.3 种植槽内绿植

种植槽混凝土强度达到设计强度的70%以上时，可进行槽内种植土回填。回填土选用当地优质种植土配以适量有机肥等。填土时，基槽底部设置碎石反滤层，以防槽内积水；回填种植土顶部设置成适当的外向坡度，以利排水。种植土回填完成后，在种植槽内按设计要求移栽灌木、爬藤等植物。

4 结语

杭州市余杭区临平邱山采石场边坡治理工程竣工至今已6年多，期间经历多次强、超强台风的考验，边坡安全稳定，边坡上的植被也已基本达到全覆盖，绿化效果明显，边坡生态环境得到了恢复，现已作为杭州市的生态环境治理的样板工程进行推广。该边坡治理工程通过岩锚混凝土种植槽技术的成功应用，一方面将锚杆作为主要加固手段确保了边坡的稳定，另一方面通过营造种植槽成功解决了岩质边坡无土壤的不利植物生长的条件。实践证明，该技术是一种高陡边坡生态复绿的行之有效的治理方法，对今后的类似工程具有很好的借鉴意义。

参考文献

[1] 国家电力公司华东勘测设计研究院. 杭州市临平邱山采石场生态环境治理工程设计方案[Z]. 2005.
[2] 程良奎，等. 岩土锚固[M]. 北京：中国建筑工业出版社，2003.
[3] 中华人民共和国行业标准. GB 50086—2001 锚杆喷射混凝土支护技术规范[S]. 北京：中国建筑工业出版社，2001.
[4] 中华人民共和国行业标准. GB 50330—2002 建筑边坡工程技术规范[S]. 北京：中国建筑工业出版社，2002.

抗滑桩预应力锚索逆作法在城市建设永久边坡加固中的应用

蔡　立

（云南华昆国电工程勘察有限公司）

摘　要　本文通过工程实例，论述抗滑桩预应力锚索、特殊结构形式、逆作法在城市建设永久边坡的应用。对城市建设永久边坡加固中若干特殊问题，在工程实践是如何解决的加以阐述，对类似工程的处治提出了一些可供参考的建议。

关键词　永久边坡　抗滑桩　预应力锚索　特殊结构　逆作法

1　基本情况

该项目为新建住宅小区，位于昆明滇池盆地东部边缘丘陵地形，由于航空限高的影响，整个新建小区向下开挖10～30m不等。本案防护加固的边坡范围为小区东南侧紧邻一个轧钢厂地段，边坡全部为挖方边坡，垂直开挖，坡顶高程控制为1 946.5～1 955m，边坡全长约500m，坡高9～20m不等；按坡顶荷载和防护加固措施不同，将边坡划分为A、B、C、D、E五个区，见图1。

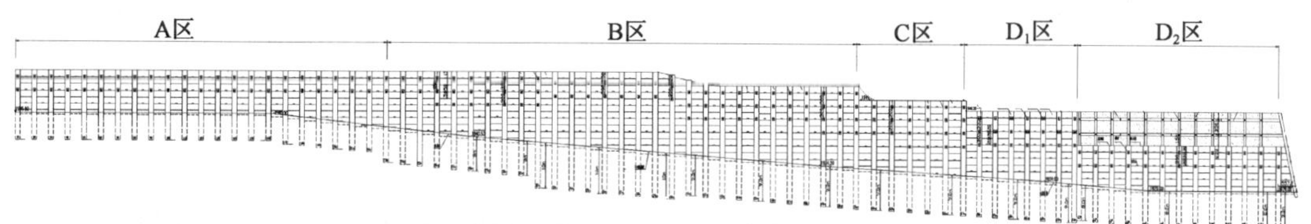

图1　边坡立面展示图

A、B、C、D段边坡为未开挖段，均有距设计建基面10～20m以上山体未开挖，从已经开挖的相邻地段高10余米边坡（坡比小于1∶0.2）看，坡面干燥，稳定状况较好。

E段边坡为已加固的边坡（坡比1∶0.25），分别采用土钉网混凝土支护和土钉墙＋锚索框格梁支护。

该段边坡施工完成后，轧钢厂堆料场内距该边坡顶13.8m和19.2m纵向出现两道平行贯通裂缝，缝宽2～3cm，其北侧边坡网混凝土伸缩缝拉开，坡脚土台上一道弧形裂缝贯穿台壁。北侧红砖围墙外倾，场内两栋2层楼靠近边坡一侧墙面均出现大量的拉裂缝。

2　工程地质条件

2.1　工程地质条件

该建设场地位于昆明湖积盆地东部丘陵地带，属剥蚀低中山地貌，山顶浑圆，地形起伏大，总体地势东高西低。根据勘察报告，在钻孔揭露深度范围内，场地地基土自上而下分为土体、岩体两大类。土体为第四系人工填土，第四系冲洪积含角砾粉质粘土、粉质粘土，第四系残坡积粉质粘土混碎石；岩体为泥盆系上统宰格组(D_3zg)白云岩、砂质白云岩。根据小区规划，开挖边坡全部位于土层。

地基岩土按成因、岩土特性、物理力学指标划分为4个大层，8个亚层，即：

①杂填土：第四系人工填土(Q^{ml})；

②第四系冲洪积(Q^{al+pl})：$②_1$含角砾粉质粘土、$②_2$粉质粘土、$②_2^a$次生红粘土；

③第四系残坡积层(Q^{el+dl})：$③_1$粉质粘土混碎石、$③_2$粉质粘土、$③_3$粉质粘土混碎石、$③_4$粉质粘土；

④泥盆系上统宰格组(D_3zg)白云岩，$④_1$溶洞充填物(主要成分为粉质粘土、粉质粘土混碎石、碎石等)。

2.2 地下水

场地勘察深度范围内上部土层为弱透水层，在勘察钻孔内未测到地下水位，下伏④白云岩为岩溶含水层，据区域资料，地下水位高程1 897.88～1 903.03m。由于本场地地势较高，在勘察期间钻孔深度内未揭露地下水位。

2.3 不良地质作用

场地位于低中山丘陵地带，其北部边缘为斜坡，现状稳定，未发现滑坡、崩塌、泥石流、地面塌陷等地质灾害。

基底白云岩岩溶发育，岩芯中见溶隙、溶沟、溶洞等，钻孔揭露溶洞5个，高0.40～2.30m，顶板厚度1.50～6.80m，如粉质粘土、由粉质粘土混碎石、碎石等充填。

3 边坡加固治理方案

3.1 A区加固

A区段开挖坡高10.0～12.5m，该段边坡分为A_1、A_2段。A_1段部分已经开挖，前期施工单位采用土钉墙进行了加固，土钉墙墙高6.5～7.5m；A_2段为新开挖段。该区全段采用锚索桩板墙加固后开挖，A_1段的土钉墙在抗滑桩实施后拆除，见图2。抗滑桩截面(高×宽)：1.5m×1.5m，锚索锁定吨位250kN，施工全过程严格按逆作法施工，其工序控制如下：

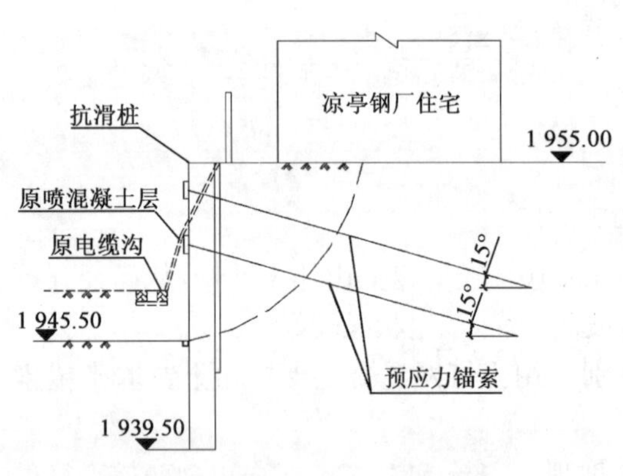

图2 A区加固典型断面(高程单位：m)

施工控制点复核→施工放样→抗滑桩施工→分层开挖拆除原喷锚层(控制高度1.5m)→桩上锚索施工、锁定→桩间挡土板施工(逆作法，开挖控制高度1.5m)→排水孔施工→至建基高程→抗滑桩表面砂浆抹面处理。

3.2 B、C区加固

B、C段开挖坡高12.5～19.1m。坡顶有平房和储水池，坡顶建筑物基础距坡顶边线最近距离约5m。该区全段采用锚索桩板墙和门型构造桩加固后开挖，见图3。抗滑桩截面(高×宽)：2.0m×1.5m，锚索锁定吨位300kN，施工全过程严格按逆作法施工，其工序控制如下：施工控制点复核→施工放样→抗滑桩、锚定桩施工→分层开挖→桩上锚索施工、锁定→桩间挡土板施工(逆作法,开挖控制高度 1.5m)→排水孔施工→至建基高程→抗滑桩表面砂浆抹面处理。

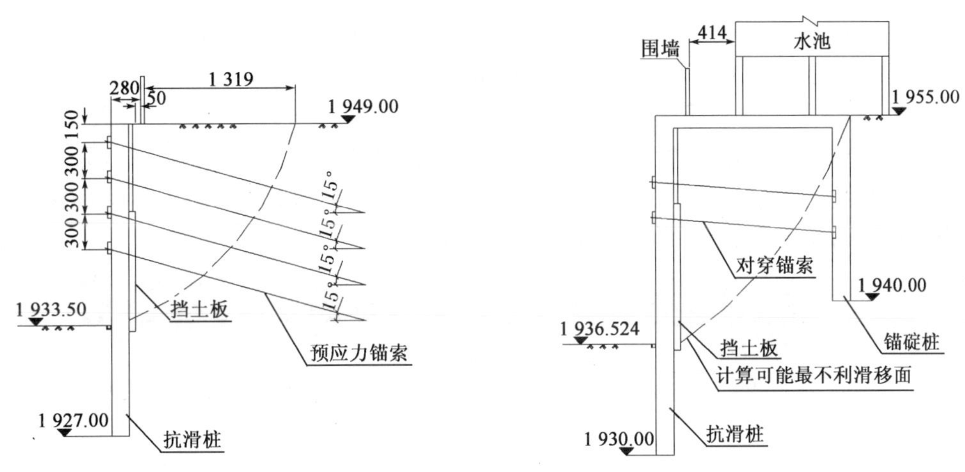

图 3　B、C 区加固典型断面(尺寸单位:mm;高程单位:m)

3.3　D 区加固

D 区段开挖坡高 14.0～18.0m,该段边坡坡顶为轧钢厂的材料堆场,附加荷载较大(270kPa),该段边坡分为 D_1、D_2 段,D_1 段为新开挖段,D_2 段部分已经开挖,前期采用土钉墙进行了加固,土钉墙墙高 7.5～8.5m。

D_1 段采用锚索桩板墙加固后开挖,抗滑桩截面(高×宽)2.0m×1.5m,锚索锁定吨位 300kN,见图 4。施工全过程严格按逆作法施工,其工序控制如下:

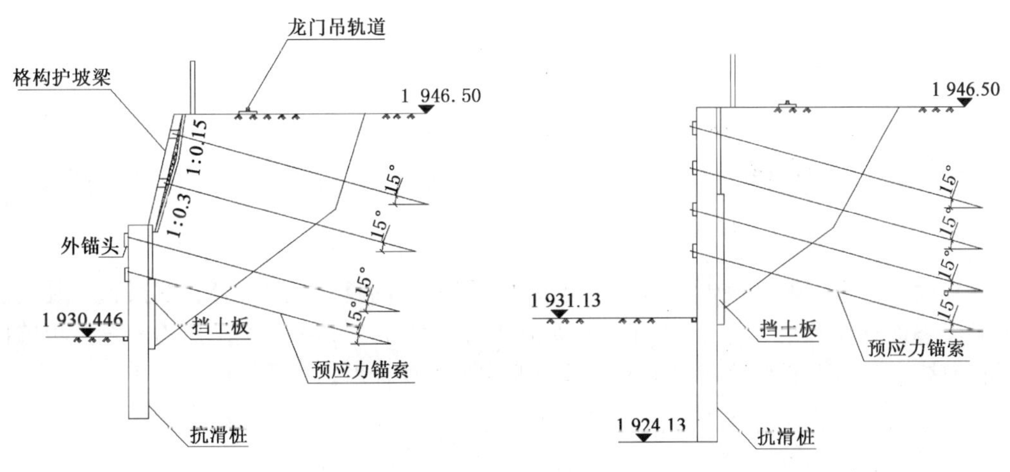

图 4　D 区加固典型断面(高程单位:m)

施工控制点复核→施工放样→抗滑桩施工→分层开挖→桩上锚索施工、锁定→桩间挡土板施工(逆作法,开挖控制高度 1.5m)→排水孔施工→至建基高程→抗滑桩表面砂浆抹面处理。

D_2 段上部已建成土钉墙段部分,增设格构护坡梁,梁间距 5.0m,每根竖梁设 2 根锚预应力锚索，新开挖部分采用锚索桩板墙，竖梁位置与下部抗滑桩对应。抗滑桩截面（高×宽）1.5m×1.5m，锚索锁定吨位均为300kN，其工序控制如下：

施工控制点复核→施工放样→格构梁加固施工→格构梁锚索施工、锁定→抗滑桩施工→分层开挖→桩上锚索施工、锁定→桩间挡土板施工（逆作法，开挖控制高度1.5m）→排水孔施工→至建基高程→抗滑桩表面砂浆抹面处理。

3.4 E区加固

E段坡高17～18m，该段边坡属于病害工程加固，原设计坡比1∶0.25，采用土钉墙和预应力锚索框格梁支护，框间设网喷混凝土防护。根据目前边坡病害特征和该场坪荷载特点，E段边坡加固方案见图5。

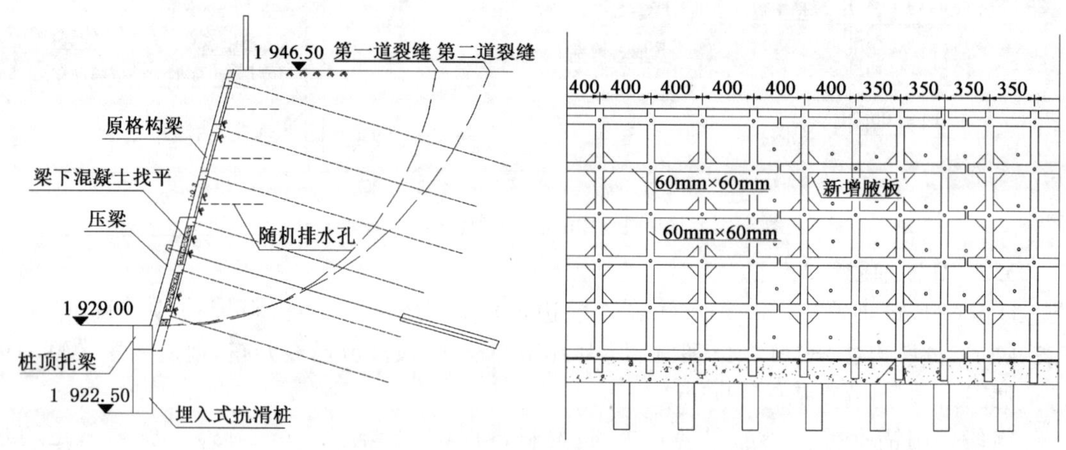

图5　E区加固典型断面（尺寸单位：mm；高程单位：m）

（1）在坡脚曾设埋入式抗滑桩和压脚地梁，扶壁梁锚入压脚地梁。

（2）坡面上设置排水孔，以导排边坡土体地下水和控制土体含水率。

（3）为减少地表水下渗，门吊间地坪全部用混凝土进行封闭，理顺场坪排水系统，将所有地表水引向场南出水口排泄。

4　设计验算

该加固方案根据勘察报告和周边工况条件，采用两种验算方法进行对比分析，一是按边坡最危险滑裂面计算剩余下滑力，验算边坡支护结构的内力；二是按库仑土压力较核桩板墙抗倾覆、抗滑移验算；以两种验算成果最不利的情况作为设计标准。

5　结语

该边坡2008年加固至今已经5年，小区已建成运行，从后期的跟踪回访的情况看，该边坡的加固处置方案是安全可靠的。通过该工程的实践，有些经验值得总结。边坡加固后全貌见图6。

（1）边坡加固工程，仅仅根据岩土力学指标和计算模式进行岩土工程设计，而完全不考虑周边环境因素、已有的工程经验和类比资料说明，其最终的设计方案往往存在偏颇，要么极其保守，工程造价无限放大；要么极其冒险，工程存在安全隐患。

(2)由于岩土工程的特殊性，通常情况下勘探工作难以把区域内的所有岩土工程问题查清，因此，设计方案中应包含对现场的验证试验工作，不可或缺。岩土工程设计其本质就是信息化设计，随着现场揭露的工程地质条件的变化，对设计方案进行调整和优化是必不可少的一项重要工作。

图6　边坡加固后全景

(3)岩土工程设计方案中必须包含施工前、施工中及竣工后的完整的变形监测方案，这是岩土工程信息化设计的必要条件，同时也是检验岩土工程设计方案是否合理、安全的重要手段和依据之一。

参考文献

[1]　林宗元.岩土工程治理手册[M].沈阳：辽宁科学技术出版社，1993.

[2]　岩土工程手册编写委员会.岩土工程手册[M].北京：中国建筑工业出版社，1994.

[3]　刘尧新，朱新实.预应力技术及材料设备[M].北京：人民交通出版社，2000.

[4]　刘正峰.地基与基础工程新技术实用手册[M].北京：海潮出版社，2002.

四川省陈家湾滑坡稳定性分析及防治措施建议

张　涛　石胜伟　谢忠胜　梁　炯　熊德清

（中国地质调查局地质灾害防治技术中心　中国地质科学院探矿工艺研究所）

摘　要　由于山体的特殊地质背景及人类工程活动，陈家湾滑坡在平面位置上以中间山梁为界分为Ⅰ号、Ⅱ号滑坡及潜在不稳定斜坡。通过地质灾害勘察，研究了滑坡特征及其地质成因机制，并进行了稳定性分析评价。结果表明，仅Ⅰ号滑坡在暴雨工况下处于欠稳定状态。为此，根据滑坡地形特征、稳定性分析结果，结合保护对象，对Ⅰ号滑坡提出了“抗滑桩＋截水沟”和“预应力锚索＋抗滑短桩＋截水沟”两种防治方案。通过对比分析，推荐“抗滑桩＋截水沟”为实施方案。

关键词　基岩滑坡　成因分析　稳定性评价　防治措施

1　滑坡概况

陈家湾滑坡位于四川省南江县沙河镇将营村三社，处于北西—南东向两支沟之间，前缘支沟汇流而形成上宽下窄的收口地形，平面形态呈现后大前小的“脚掌”形。滑坡在平面位置上以中间山梁为界分为Ⅰ号、Ⅱ号滑坡及潜在不稳定斜坡，其中，中间山梁为潜在不稳定斜坡，右侧为Ⅰ号滑坡，左侧为Ⅱ号滑坡。

Ⅰ号滑坡分布高程为758～804m，主滑方向为180°，平面形态呈“圈椅状”，长约115m，宽约62m，滑体平均厚约10m，土方量约为7.1万m^3，属小型岩质滑坡。

Ⅱ号滑坡分布高程为725～810m，主滑方向为180°，平面形态呈“长狭状”，长约300m，宽约55m，滑体平均厚约4m，土方量约为6.6万m^3，属小型土质滑坡。

潜在不稳定斜坡分布高程为730～830m，垂直高差约70m，斜坡方向为175°，平面形态呈上宽下窄形态，斜坡上部为一缓平台，中间坡度稍陡，下部坡度平缓，总长约240m，平均宽约35m。

陈家湾滑坡主要威胁对象集中于Ⅰ号滑坡后缘居民集聚区，Ⅱ号滑坡、潜在不稳定斜坡无直接威胁对象。

2　滑坡区地质环境条件

滑坡区属北亚热带湿润季风气候区，区内常年平均降雨量为1 198.7mm。滑坡区地处米仓山南麓，区内地形总体上北高南低，地貌形态为中等切割侵蚀～构造中低山地形，在地貌单元上为单斜地层顺向坡。

滑坡区地层岩性为白垩系下统剑门关组(K_1j)棕红色泥质粉砂岩、粉砂质泥岩及青灰色厚层～块状中细粒含钙质长石石英砂岩，呈不等厚互层，岩层产状170°∠18°。粉砂质泥岩及泥质粉砂岩软弱易风化，是构成滑坡体主要物质；中细粒石英砂岩坚硬，抗风化能力强，是构成滑床的主要岩层。

滑坡区在大地构造上，地处秦岭地槽与四川地台的过渡区，位于新华向斜的北翼，区内构造线方向主要为北东东～南西西向。

滑坡区地表由北向南发育多条天然冲沟，切割深度一般为 10～40m。汇水区主要为坡体前缘及左右两侧冲沟，坡体前缘冲沟切割较深，地势低。降雨大部分沿坡面径流汇入两侧冲沟后，沿前缘冲沟排出。

3　滑坡变形特征

3.1　Ⅰ号滑坡变形特征

Ⅰ号滑坡前缘为右侧冲沟，冲沟基岩裸露，在沟道雨水冲刷作用下，形成临空面高 4～7m 的陡坎，这就为滑坡的发生提供了良好的临空面。在“9.18”暴雨期间，该滑坡发生明显下错变形；滑坡后缘右侧居民房屋变形严重，在墙体内出现了不同程度的开裂和错位变形，墙体开裂裂缝长约 4m，裂缝宽约 3cm。滑坡右侧及前缘变形强烈，右侧主要表现为块石土整体垮塌，树木歪倒；前缘主要表现为滑坡体沿顺层面向滑坡右侧冲沟剪出，并挤挠冲沟对侧。

钻孔揭示出来的物质为粉质粘土夹碎石及砂、泥岩。在钻孔 ZK09、ZK10、ZK11 中，没有出现可完全清晰可辨的滑动带，但 ZK10、ZK11 中，在覆盖层下泥岩与砂岩层面有滑动迹象，该层面与前缘滑动剪出面为同一层，根据斜坡变形破坏特征反推，滑动带为砂泥岩互层的软弱面，沿泥岩软弱层面剪出。因此，可判断出该滑坡的滑动破坏模式呈现两极滑动过程，首先是滑坡下部沿砂泥岩软弱层面发生滑动，岩层挤挠冲沟对侧岩层；然后牵引上部覆盖层的滑动，滑坡后缘下错，出现 1.5～2.0m 不等的台坎。具体剖面特征见图 1 所示。

陈家湾Ⅰ号滑坡前缘基岩剪出，且已挤挠对侧稳定基岩，由于滑坡前缘没有基岩滑动的空间，基岩已不会再动，只是覆盖层可能继续沿基覆面滑动，因此，该滑坡日后主要变形表现为土质滑坡。

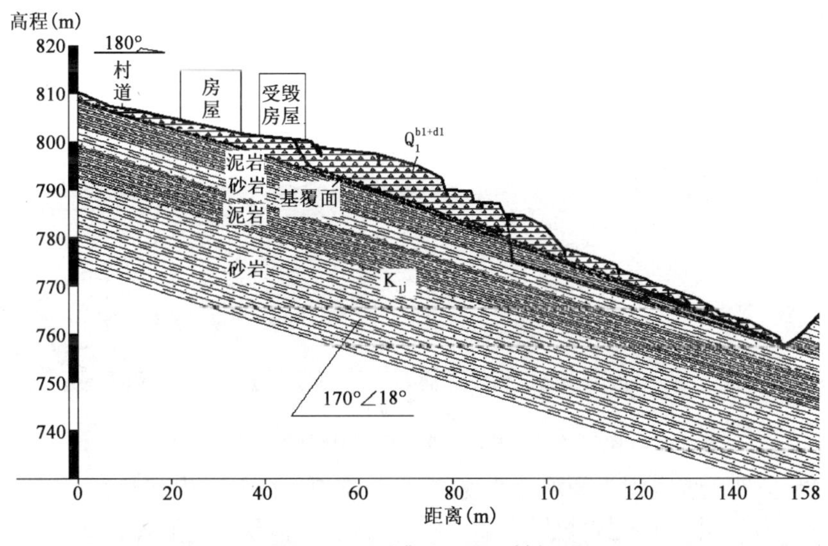

图 1　Ⅰ号滑坡典型工程地质剖面图

3.2　Ⅱ号滑坡变形特征

滑坡前缘为右侧冲沟，冲沟基岩裸露，前缘斜坡坡度较缓，没有形成具备临空面条件的陡坎，前缘没有明显的滑动迹象。

滑坡后缘及中间为主要变形区，滑坡后缘主要表现为下错变形，土体与基岩接触面下错；

中间主要表现为台坎下错变形，由于不均匀滑动，滑坡体中间还形成了几条明显的剪切裂缝，方向与滑坡滑动方向基本一致。Ⅱ号滑坡典型工程地质剖面如图2所示。

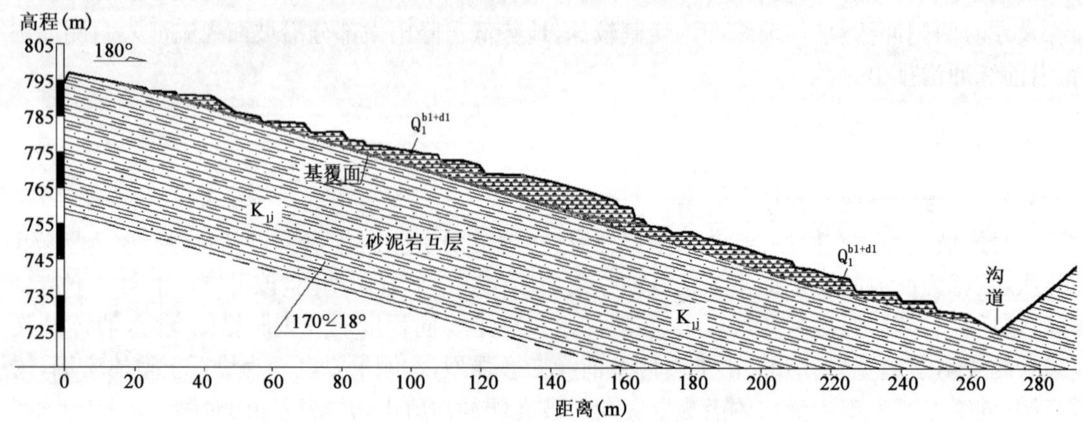

图2 Ⅱ号滑坡典型工程地质剖面图

Ⅱ号滑坡主要表现为土质滑坡及小范围溜滑，根据坡体结构及变形破坏特征综合分析，Ⅱ号滑坡整体稳定性较好，主要是上部土体沿附近有效临空面发生局部垮塌和小范围溜滑。

3.3 潜在不稳定斜坡变形特征

潜在不稳定斜坡主要斜坡结构为两部分，一是下伏基岩斜坡结构，二是第四系伏盖层结构。根据下伏基岩产状(170°∠18°)与斜坡坡向(171°)关系，下伏基岩结构为缓倾顺向坡。受此结构控制，斜坡两侧该层泥岩均已风化缺失，上部覆盖层较薄，以残坡积物为主，主要分布于斜坡上部，两侧均有泥岩基岩出露，强风化状，典型地质剖面见图3。

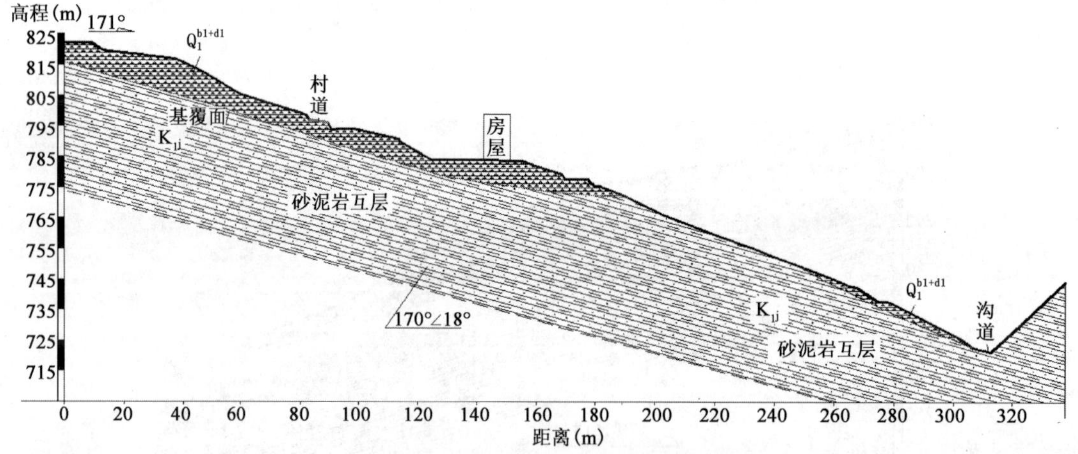

图3 潜在不稳定斜坡典型工程地质剖面图

潜在不稳定斜坡主要表现为崩塌掉块现象，集中于斜坡两侧及中部基岩出露地段，基岩内次生构造裂隙较发育，由于砂泥岩抗风化能力的差异性，岩体易风化崩解。

4 滑坡稳定性评价

4.1 计算模型及方法选取

陈家湾滑坡仅Ⅰ号滑坡为有直接的威胁对象，主要对Ⅰ号滑坡进行工程治理，因此，本次稳定性计算主要对陈家湾Ⅰ号滑坡覆盖层沿基覆面滑动的可能性、规模及其稳定性进行计算；

对陈家湾Ⅱ号滑坡、潜在不稳定斜坡进行整体稳定性验算。根据现场工程地质测绘结果以及钻探剖面揭示，计算模型主要选取陈家湾滑坡Ⅰ－Ⅰ剖面、Ⅱ－Ⅱ、Ⅲ－Ⅲ剖面进行，采用折线形法进行。

4.2 计算参数确定

对于陈家湾滑坡岩土体物理力学指标，在类比参考周边其他项目勘察报告中相关参数以及经验数据取值的基础上，结合Ⅰ－Ⅰ、Ⅱ－Ⅱ、Ⅲ－Ⅲ剖面反演分析结果，综合确定见表1。

计算参数选取 表1

岩土类型	γ(kN/m³)		c(kPa)		φ(°)	
	天然	饱和	天然	饱和	天然	饱和
覆盖层(碎石土)	19.5	20.1	18.6	14.5	15.1	13.2
基岩(泥岩)	22.3	23.6	805.0	701.0	37.2	31.3

4.3 稳定性计算结果评述

根据《滑坡防治工程勘查规范》(DZ/T 0218—2006)，滑坡稳定性状态按稳定系数分四级，按表2确定。

滑坡稳定状态划分 表2

滑坡稳定系数 F_S	$F_S<1.00$	$1.00\leqslant F_S<1.05$	$1.05\leqslant F_S<F_{st}$	$F_S\geqslant F_{st}$
滑坡稳定状态	不稳定	欠稳定	基本稳定	稳定

采用理正软件进行计算，对陈家湾滑坡Ⅰ－Ⅰ、Ⅱ－Ⅱ、Ⅲ－Ⅲ剖面，进行滑坡整体稳定性计算，计算结果见表3。

剖面整体稳定性计算成果表 表3

剖　面	工　况	稳定系数	稳定状态	剩余下滑力(kN/m)
Ⅰ－Ⅰ剖面整体(Ⅰ号滑坡)	工况1(自重)	1.146	基本稳定	—
	工况2(自重＋暴雨)	0.996	不稳定	301.05
	工况3(自重＋地震)	1.092	基本稳定	—
Ⅱ－Ⅱ剖面整体(潜在不稳定斜坡)	工况1(自重)	1.555	稳定	—
	工况2(自重＋暴雨)	1.312	稳定	—
	工况3(自重＋地震)	1.428	稳定	—
Ⅲ－Ⅲ剖面整体(Ⅱ号滑坡)	工况1(自重)	1.201	稳定	—
	工况2(自重＋暴雨)	1.140	基本稳定	—
	工况3(自重＋地震)	1.173	稳定	—

上述评价结果与滑坡现状的变形特征基本吻合，总体看滑坡在最不利的工况下，仅Ⅰ号滑坡稳定性差，直接威胁滑坡后缘居民的生命财产安全，因此，须对Ⅰ号滑坡采取措施进行防治。

5 滑坡防治方案建议

针对滑坡稳定性分析及威胁对象的分布情况，对Ⅰ号滑坡提出两种方案进行比选。

(1)方案一："抗滑桩＋截排水沟"

在斜坡中部(居民房屋前方)设置抗滑桩，以悬臂设计考虑，即便桩前土体溜走，也不会影响到斜坡后部的安全。根据受力不同,设置两排抗滑桩,A 型桩共 6 根,桩长 15m,桩截面为 1.0m×1.5m;B 型桩共 6 根,桩长 10m,桩截面为 1.0m×1.5m。该方案示意图如图 4 所示。

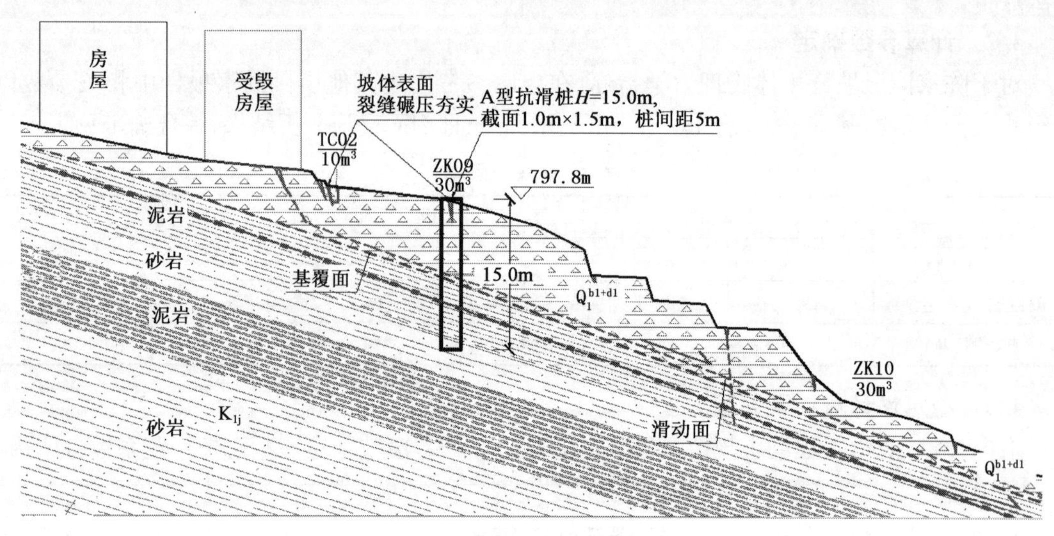

图 4 Ⅰ号滑坡治理方案图(方案一)

(2)方案二:“预应力锚索+抗滑短桩+截排水沟”

对斜坡中前部进行锚索锚固,坡脚进行短桩支护。该方案出发点是确保滑坡及其下部斜坡根基稳定。针对滑坡上部剪出的特点,于滑坡中段较陡段位置设置肋柱工程。锚索为无粘结钢绞线,4 根钢绞线,锚杆孔径 130mm,孔内采用 M30 砂浆固结,锚索倾角均为 20°,锚固段 4~6m 设计。抗滑短桩布设在最下排锚索下方,防止锚索扭转。根据受力不同,设置两排抗滑短桩,共 12 根,桩长 4m,桩截面为 1.0m×1.2m。该方案示意图见图 5。

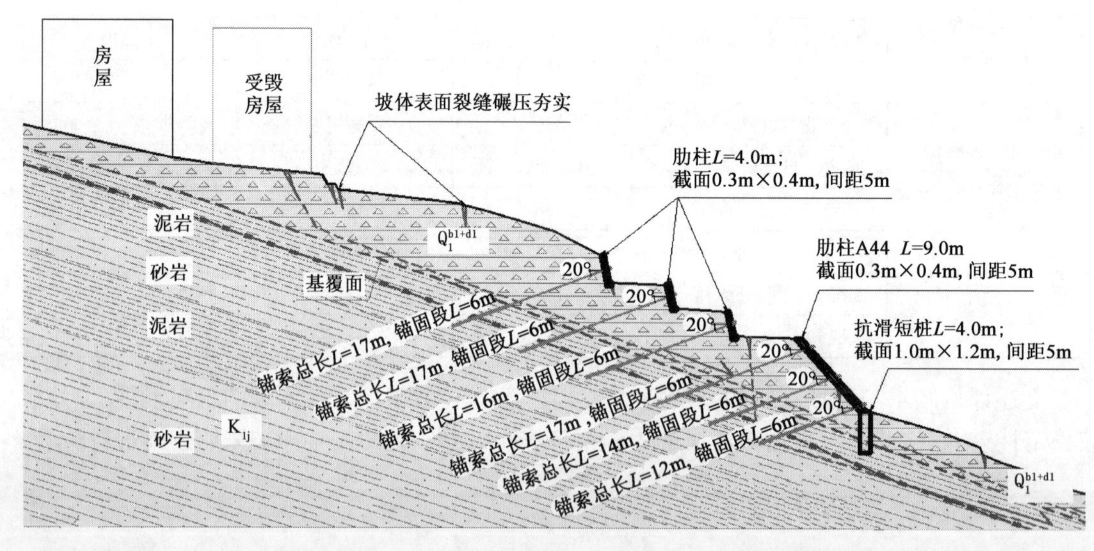

图 5 Ⅰ号滑坡治理方案图(方案二)

上述两种方案的优劣对比见表 4。

方案对比表 表4

方案	优点	缺点
方案一	抗滑桩，外加坡面截水，能保证斜坡稳定及居民安全，工程造价适中	分序施工、工期较长，岩体开挖需爆破，震动可能加剧滑坡变形
方案二	中部及下部锚索，外加坡面截水，治理工程根基稳固，较保守	工程量较大，造价较高，锚索施工震动，可能加剧滑坡变形

两套治理方案充分利用滑坡区域的天然地形条件，均可解决滑坡对区居民等保护对象的危害。从施工工艺、施工难度、施工安全来看，两者差别不大。但从经济效益上看，方案一更优胜，因此，最终推荐方案一为实施方案。

6 结语

（1）选取合理的主控剖面、计算模型及方法，进行滑坡稳定性定量分析，分析结果应与滑坡变形特征、迹象等相吻合。

（2）根据滑坡稳定性分析结果，结合滑坡地形特征及保护对象，提出多角度的治理方案。

（3）滑坡治理方案比选应从工期、造价、安全及可行性等多方面进行考虑，并优化设计方案。

参考文献

[1] 张涛，谢忠胜，石胜伟，等. 南江县石板沟滑坡特征、成因及演化过程研究[J]. 长江科学院院报，2013，30(7)：33-37.

[2] 南江县国土资源局. 南江县沙河镇将营村陈家湾滑坡无人机航空影像图(1：1 000 比例尺).

[3] 中国地质科学院探矿工艺研究所. 汶川地震灾区南江县地质灾害详细调查报告，2010-12.

[4] 杨海平，王金生. 长江三峡工程库区千将坪滑坡地质特征及成因分析[J]. 工程地质学报，2009，17(2)：233-239.

[5] 李守定，李晓，董艳辉，等. 重庆万州吉安滑坡特征与成因研究[J]. 岩石力学与工程学报，2005，24(17).

[6] 黄润秋，赵松江，宋肖冰，等. 四川省宣汉县天台乡滑坡形成过程和机理分析[J]. 水文地质工程地质. 2005，1：13-16.

[7] 赵桂芳，姚前元，等. 运用剩余推力法评估滑坡稳定性[J]. 湖北地矿，2002，16(3).

[8] 罗文强，宴同珍. 降雨及地下水对边坡稳定性动态影响的初步研究[J]. 地质科技情报，1995，14(4).

深部位移监测在某滑坡抢险治理工程中的应用

高和斌　吴志刚　赵　杰

（中铁西北科学研究院有限公司）

摘　要　本文主要探讨深部监测在某滑坡治理工程中的作用，该滑坡在高速公路通车后出现了整体失稳的险情，由于滑坡布置了多个深部位移监测孔，及时发现了滑坡变形迹象，为滑坡抢险加固赢得了时间，同时也为滑坡设计提供了依据。实践证明，深部位移监测在滑坡工程中值得大力推广。

关键词　滑坡　深部位移监测　滑动面

1　工程概况

该滑坡位于某高速公路里程 YK8＋590～YK8＋683.989 段右侧，整体为剥蚀低山丘陵地貌。场地地形总体北西侧高、南东侧低，斜坡自然坡度角 10°～25°，局部较陡，坡向近 112°，其坡向与高速公路走向基本垂直。斜坡上段基岩局部出露为强～中风化花岗闪长岩，上段坡度较陡，一般 25°～35°；中段为微凸形山坡，一般坡度 15°～20°，因人工开荒砌石形成台阶状果园地表，地表多处可见崩坡积成因的棱角状的碎块石和松散崩坡积土层。

边坡小桩号方向为一滑坡堆积层，原设计采用锚索抗滑桩进行加固。其中 YK8＋630～YK8＋650 段距坡顶开口线 8m 左右有一 50 万 V 高压电塔，该段原设计 3 阶，第一阶采用片石混凝土挡墙，第二、三阶采用锚索框架加固。滑坡经加固后趋于稳定，2011 年该路段正式通车运营。

2　滑坡监测布置方案

由于该滑坡小桩号范围经论证为滑坡堆积体，而且在施工期间该范围变形较明显，因此，在堆积体范围布置了 14 孔深部位移监测孔。在大桩号范围，考虑滑坡有进一步发展的可能，因此，布置了 2 孔深部位移监测孔。监测孔布置平面示意图见图 1。

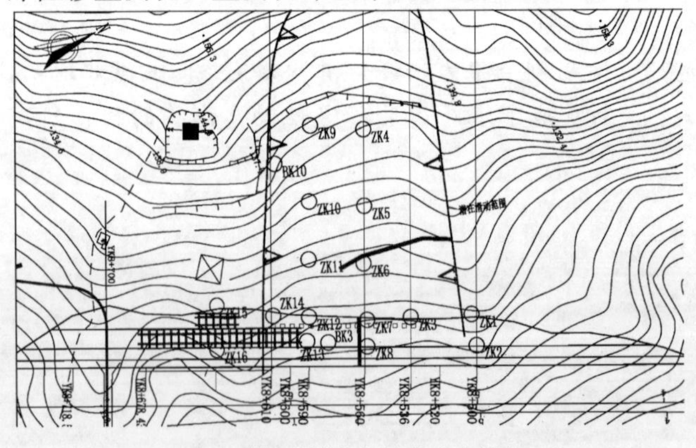

图 1　滑坡监测孔布置平面示意图

3 滑坡变形情况

2012 年 3 月 11 日～2012 年 5 月 20 日，该滑坡受降雨影响，部分监测孔出现变形活动情况。YK8＋610～YK8＋683.989 段(高压电塔段)K15 监测孔(坡顶，电塔前)11m 位置存在明显的变形活动情况，25m 以上岩土体蠕变变形特征明显；ZK16 监测孔(第一阶平台)7.5m 位置存在明显的变形活动情况，量值较大，13.5m 以上岩土体蠕变变形特征明显。ZK15 测孔变形曲线见图 2。

2012 年 6 月 12 日～22 日，受台风带来连续强降雨影响，坡体变形加剧。ZK15 监测孔 0～25m 段存在明显的变形活动情况，其中，本阶段 11m 位置位移量 6.50mm，日均变化量 0.65mm；ZK16 监测孔 0～13m 段存在明显的变形活动情况，其中，本阶段 7.5m 位置位移量 14.5mm，日均变化量 1.45mm。地下水位显著升高，离地表最小深度为 5.5m。

6 月 28 日出现挡墙外鼓，高压电塔段坡脚边沟被挤压封闭，电塔下及后缘已出现裂缝，情况十分紧急。

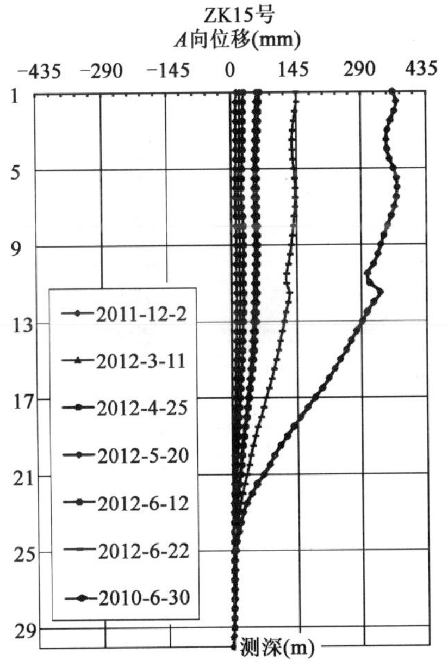

图 2 ZK15 位移监测孔变形曲线

4 滑坡应急措施

由于深部位移监测及时的提示了滑坡变形情况，因此，为及时发现滑坡灾害创造了条件。发现滑坡剧烈变形后，业主与设计单位立即采取了措施防止滑坡继续发展破坏高压电塔和危害高速公路运营安全。主要措施有：

(1)在坡脚进行应急反压，反压材料为碎石，反压范围 YK8＋610～YK8＋670 体底宽 13.25m，高 6.0～8.0m，面坡 1∶1.0～1∶1.25，外侧采用袋装碎石垒砌。

(2)对坡顶裂缝和坡面采用粘土和防水土工布进行夯填封闭，并覆盖彩条布，防止雨水直接渗入坡体，影响边坡稳定性。

(3)在坡顶电塔周围、后山陡缓交界面及小里程方向滑坡体坡顶设置截水沟，把雨水引排至坡外，在抗滑桩附近第一、二阶平台处设置 8 个井点降水孔，降低地下水位(结合滑坡治理工程，作为永久降水工程使用)，同时在第二阶坡面坡脚处打设排水平孔。

(4)坡脚反压后，可以根据坡体变形情况和电塔的搬迁情况，在第一阶挡墙墙趾前侧设置钢管桩群并注浆，桩顶采用混凝土压顶梁连接，以增大挡墙基础的抗滑力。

应急措施实施后，滑坡的变形速度有减缓的趋势。

5 滑坡永久加固措施

根据深部位移监测报告，ZK15 监测孔(YK8＋640 坡顶电塔前)0～25m 段存在明显的变形活动情况，ZK16 监测孔(YK8＋640 一阶平台处)0～13m 段存在明显的变形活动情况。通过深部位移监测设计单位掌握了滑动面的具体位置，为永久加固的设计提供了有力的依据，并对原设计进行了调整。

主要加固措施为：

(1)在第一、第二、第三阶坡面，设置预应力锚索＋锚墩(地梁)；

(2)一级平台与一级挡墙墙趾，设置钢管桩；

(3)高压电塔前部，设置锚索框架梁。

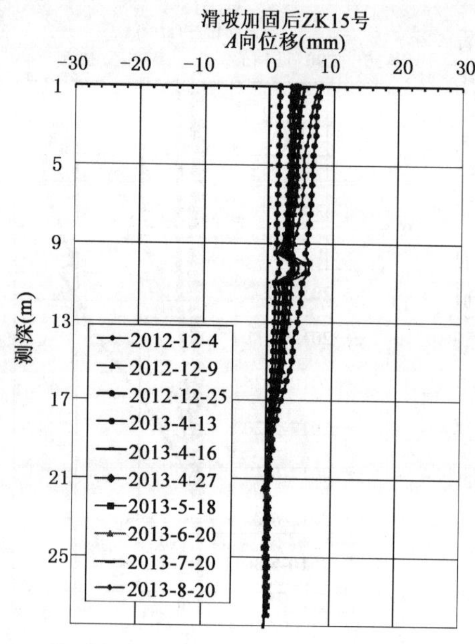

图3　滑坡加固后 ZK15 位移监测孔变形曲线

6　加固效果

加固过程中及加固后，边坡进行了深部位移跟踪监测，监测结果见图3。加固后边坡整体趋于稳定。经过一个雨季考验，边坡目前处于稳定状态。

7　结语

从该滑坡情况来看，通过前期布置的深部位移监测孔，及时地发现了原施工期滑动范围以外的位置的滑坡变形，为后期及早发现、尽早治理提供了可能。深部位移监测揭示了滑坡的深层滑动面位置，为设计提供了较充分的依据，为滑坡永久加固提供了有力的数据。

实践证明，对滑坡的长期监测的重要性和必要性显而易见，应在高速公路建设和运营中充分重视。对于推测滑坡范围以外，也应适度布置深部位移监测孔，避免滑坡范围扩大，造成安全监测工作的遗漏，影响边坡监测效果。

参考文献

[1]　廖小平，杨伟震．福建山区高速公路边坡工程与锚固技术[J]．公路，2005，8．

[2]　中华人民共和国建设部．GB 50330—2013　建筑边坡工程技术规范[S]．北京：中国建筑工业出版社，2013．

[3]　铁道部第一勘测设计院．路基[M]．北京：中国铁道出版社．1992．

[4]　中华人民共和国建设部．DGJ 08-37—2002　岩土工程勘察规范[S]．北京：中国建筑工业出版社，2002．

[5]　中华人民共和国建设部．YS 5229—1996　岩土工程监测规范[S]．北京：中国建筑工业出版社，1996．

五、深基坑支护与基础抗浮工程

深基坑复合土钉墙支护技术研究与应用

刘兴旺　张新军　王　洋　张　崧　周森森

（北京市机械施工有限公司）

摘　要　本文对复合土钉墙支护技术受力机理、适用范围、设计要点、土层自稳定能力分析、复合方式的合理选用、在不同土层和基坑深度下的合理应用进行了深入的研究。着重介绍了复合土钉墙设计与应用的经验。在不同地层和基坑深度中控制复合土钉墙的变形和稳定，采取设计措施在保证基坑设计安全的前提下，将复合土钉墙支护结构的设计深度加深，发挥复合土钉墙施工速度快成本低的优势

关键词　土钉抗拔力　滑裂面　基坑监测　预应力锚杆

1　复合土钉墙支护技术受力机理及复合方式

(1)复合土钉墙为密集土钉群、被加固原位土体、喷射混凝土面层共同受力，土钉依靠与土体间的粘结力，在土体发生变形时土钉被动受拉。土钉与混凝土面层共同承担土体自重、地面荷载及地下水等产生的侧向土压力。开挖使土钉墙发生位移，土压力通过混凝土面板传递给土钉，土钉与周围土体接触界面粘结力或摩擦力使土钉被动受拉，受拉工作钉给土体以约束达到加固体与土体共同受力的效果。土钉墙基本受力模式仍类似于重力式挡墙，靠土体的变形而被动发挥挡土作用。

(2)土钉墙支护结构设计按原理分为极限平衡法和有限元法。土钉墙设计采用以经典极限平衡法为基础的条分法，分析搜索潜在滑移面位置及形状，将坡体条分利用剩余推力法计算每一块剩余下滑力及坡体的整体稳定性。复合土钉墙设计与土钉墙原理相同，还要综合考虑各种复合方式的受力机理和补强作用，各种复合方式没有独立的设计计算模型只能作为一种安全储备，按受力分有超前支护和主动约束两种。

(3)复合土钉墙是针对单纯土钉墙受力和支护深度应用上的缺点，对土钉墙的补强和修正。复合土钉墙支护可与截水帷幕、预应力锚杆、超前微型桩、加筋土、竖向钢管注浆加固土体、桩锚联合支护等进行复合。组合成为截水型土钉墙、加强型土钉墙或加强截水型土钉墙。复合土钉墙增加了预应力锚杆、微型桩、帷幕、钢管注浆等结构构件，其受力模式属于重力式挡墙与预支、锚拉等受力形式的联合作用，而且具有主动加固和超前加固效果。每种复合方式都有其各自的优缺点和适用范围，根据土层特性、基坑深度、周边条件的限制合理选用复合方式，以弥补土钉墙支护结构的不足和充分发挥原位土体的自稳定能力。

2　结合京东商城集团总部工程实例对复合土钉墙支护技术的设计和应用进行研究

(1)京东商城集团总部工程概述

①工程位于北京市亦庄开发区，基坑为长方形，南北长 270m，东西宽度 100m。基坑深度

14.3m、周边无重要建筑物、基坑深度范围内以粘性土层为主、基坑采用了降水方案控制地下水。复合土钉墙选用与预应力锚杆、竖向钢管注浆加固土体、加筋土与桩锚联合支护四种复合方式进行支护。

②基坑深度范围内土层参数及地下水埋藏情况，如表1所示。

土层参数及地下水情况表

表1

地层名称	地层厚度(m)	内摩擦角φ(°)	粘聚力 c(kPa)	地下水类型	含水层厚度(m)	稳定水位埋深(m)
粉粘素填土①	0.7～2.1	15	10	层间潜水①层	3.5	10.0～12.6
粘质粉土②	1～5.6	33	13	微承压水②层	5.0	22.5～26.4
粉质粘土③	2.4～7.0	25	12	微承压水③层	10.0	42.2～47.0
粉质粘土④	1.8～8.8	25	20	采用周边降水方案后，将基坑地下水位降低至埋深16m以下，对基坑支护结构不会产生水压力，支护结构计算选用水土合算的模型		
粉细砂⑤	0.3～4.1	30	0			

(2)复合土钉墙设计内容、选型及设计模型

①复合土钉墙结构设计内容。

复合土钉墙为验证型设计，初步选定放坡角度、土钉长度、土钉水平和竖向间距、孔径、土钉钢筋直径、混凝土面板厚度、土钉与面板连接构造。设计输入复合土钉墙参数及基坑深度范围内土层参数后，进行土钉抗拔力、土钉钢筋抗拉强度验算、土钉抗滑移稳定性、土钉抗倾覆稳定性。

②复合土钉墙的合理选型。

根据基坑深度范围内的土层特性、基坑深度和周边条件合理选用复合方式。与锚杆的复合是控制土钉墙顶部水平位移最有效的方法。回填土层较厚区域利用钢管注浆加固土体、加筋土来改善支护结构背后土体参数、增加土钉的整体抗剪能力，从而控制复合土钉墙的整体沉降。回填土及渣土较厚部位，土钉及锚杆无法成，孔采用加大放坡角度(1∶0.8)来减小土压力对侧壁的压力，配合钢管注浆和加筋土超前支护。一般的浅基坑背后采用微型桩超前支护提高整体稳定性和控制变形能力。

③复合土钉墙设计模型。基坑支护剖面及土压力计算模型如图1所示。

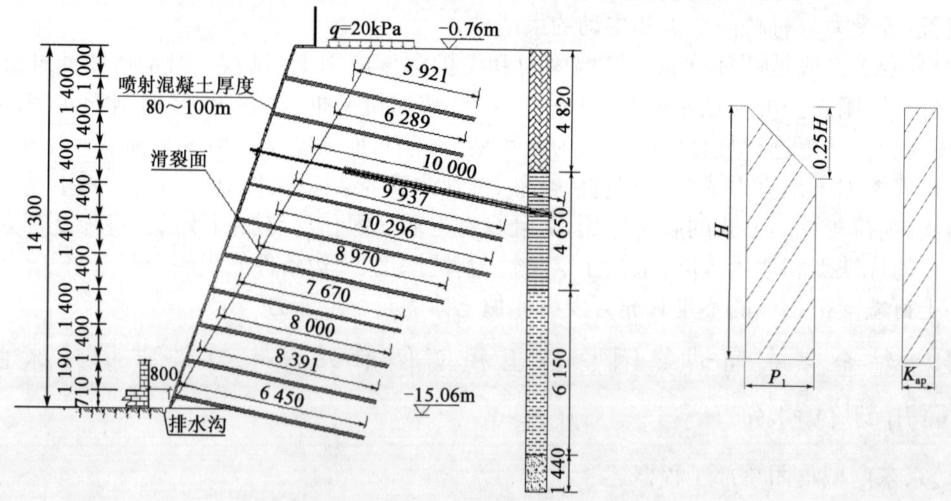

图1 基坑支护剖面及土压力计算模型图(单位尺寸：mm)

(3)复合土钉墙设计成果

①土钉墙内部稳定性验算结果见表 2。

土钉墙内部稳定性验算结果 表 2

土钉 T_i	K_a	γ (kN/m^3)	τ (kPa)	H_x (m)	L (m)	θ (°)	L_{bi} (m)	T_x (kN)	T_{uj} (kN)	T_{uj}/T_x	T_K (kN)	K_S
第 1 层	0.33	18	60	1	8.8	10	5.921	21.04	81.82	3.89	76	3.61
第 2 层	0.29	19	60	2.4	8.8	10	6.289	28.00	108.62	3.87	76	2.71
第 3 层	0.33	20	60	3.8	24	10	10	43.68	249.26	5.7	76	1.74
第 4 层	0.41	20	70	5.2	11.8	10	9.937	67.79	240.81	3.55	76	1.12
第 5 层	0.41	20	80	6.6	11.8	10	10.296	81.33	288.83	3.55	94	1.16
第 6 层	0.41	20	80	8	11.8	10	8.97	94.85	247.86	2.61	114	1.20
第 7 层	0.41	20	80	9.4	8.8	10	7.67	108.36	215.16	1.98	114	1.05
第 8 层	0.33	20	80	10.8	8.8	10	8.00	98.10	224.42	2.28	114	1.16
第 9 层	0.33	20	80	12.2	8.8	10	8.391	109.00	235.39	2.16	114	1.04
第 10 层	0.33	20	85	13.6	8.8	10	6.45	105.34	185.69	1.76	114	1.08

注：c、φ、γ、τ 为土体粘聚力、内摩擦角、重度、抗剪强度；H_x、L、θ 分别为土钉埋深、长度、倾斜角度；K_a、T_i、T_{uj}、T_K、K_S、L_{bi} 为主动土压力系数、土钉设计拉力、土钉抗拔力、土钉钢筋抗拉力、土钉抗拉安全系数、第 i 层土钉伸入滑裂面外长度。

②土钉支护外部稳定性验算：土钉支护的外部稳定性稳定性分析验算与重力式挡土墙的稳定分析相同。

土钉抗滑移稳定性：

$$K_H = F_t/E_{ax} = (w+qB)S_v\tan\varphi/(T_1+T_2+\cdots\cdots+T_{10})$$
$$=1\,895\text{kN}/757.49\text{kN}=2.51$$

土钉抗倾覆稳定性：

$$K_Q = M_w/M_0 = (w+qB)B/2S_v/(T_1+T_2+\cdots\cdots+T_6)8/3$$
$$=10\,800\text{kN}\cdot\text{m}/2\,019\text{kN}\cdot\text{m}=5.34$$

式中：K_H、E_{ax}、F_t——抗滑动稳定安全系数、土钉墙后主动土压力、假设墙底断面上产生的抗滑合力；

q、w——地面均布荷载、墙土的重量；

M_w、M_0 抗倾覆力矩、倾覆力矩。

(4)基坑监测及使用情况

①根据规范按基坑侧壁安全等级为一级，基坑监测内容为：基坑水平位移、竖向沉降、土钉拉拔力及深层土体位移进行监测。各层土钉试验拉拔力均大于设计拉拔力。深层土体位移变形及变化速率也在规范允许范围内。经过 21 个月的基坑水平位移和竖向沉降观测，复合土钉墙最大位移值为 16mm，最小位移值为 13mm，实测位移值小于理论计算位移。于 2013 年 2 月～2014 年 3 月基坑回填完成。基坑监测点水平位移与时间曲线见图 2。

②通过位移曲线分析，第三层预应力锚杆的施加能有效控制墙顶及坡面水平位移。各监测点的水平位移随时间的延续而增加，位移变化较大的时间主要集中在土方开挖未支护的阶段，开挖完成后，位移趋于稳定。基坑周边沉降变化速率最大为 7 月 21 日暴雨影响期间，最大值为 25mm，处于西南角渣土较好部位，主要原因是周边绿化雨水渗漏影响，其翻边局部出现

负位移，打入钢管注入水泥浆加固后趋于稳定。

③北京于2012年7月21日遭遇一场61年一遇的暴雨，历时一天一夜，降水量最高达460mm。基坑周围未硬化、地势外高内低、裸土存水严重。基坑东院的10m高土山上的雨水倾泻至基坑内，对边坡形成猛烈冲刷。洪流沿基坑形成小型瀑布。基坑周边雨水存水深度高达1m，基坑内存水深度高达2.5m。

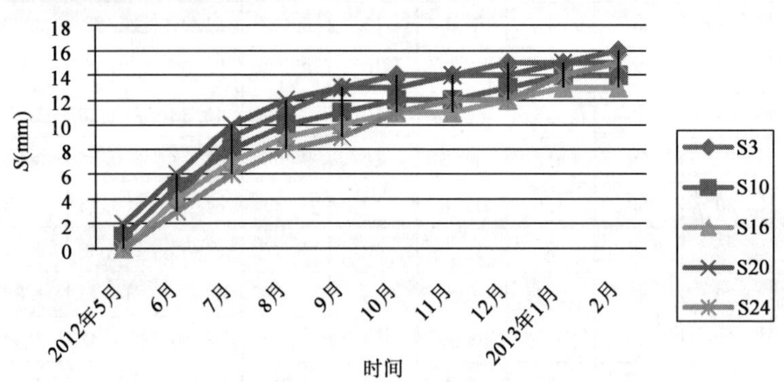

图2　基坑监测点位移与时间曲线图

(5)复合土钉墙的坡度设计

①天然放坡角度的合理设计对于深基坑复合土钉墙支护结构的安全也尤为重要。土钉墙及复合土钉墙的坡度设计一直都被岩土设计者忽视。有的工程设计者不分析土层的特点随意进行坡度的调整和设计，造成设计上的缺陷而引发基坑坍塌事故的发生。北京市为永定河冲积扇，以粘性土及砂性土交互层为主。根据经验确定土体最佳的使用坡度为天然坡度，参考《建筑基坑支护技术规程》(DB 22/489—2007)中各种土质放坡坡度允许值即自然休止角来确定基坑设计坡度。

②根据总结北京多个深基坑经验，小于5m的土钉墙可不受坡度限制，5～10m深土钉墙最小坡度1∶0.2，大于10m的复合土钉墙最小坡度为1∶0.4。根据本工程的土层特点以粘性土层为主确定设计坡度为1∶0.4。土性较差的杂填土区域采用1∶0.8放坡配合钢管注浆和加筋土复合支护。

③基坑内侧试验性开挖，观察和确定土层的特性，分析土层的自稳定能力，确定基坑设计坡度。本工程上部土层以粘性土层为主，减小放坡比例1∶(0.1～0.2)，下部以砂性土层为主自稳定能力差即加大放坡比例，保证总体坡度为1∶0.4。变坡度复合土钉墙即根据不同土层的自稳定能力调整支护坡度做到信息化施工。变坡度复合土钉墙充分发挥天然土体的自稳定能力，施工难度虽大，但其对支护安全有着重要的作用。

3　结语

(1)复合土钉墙支护技术一般不宜使用在基坑深度范围内有不稳定的砂性土和杂填土地层中。对复合土钉墙的使用深度也有限制，在京东商城工程中基坑深度14.3m且局部有较厚的填土砂层大胆采用复合土钉墙支护技术，挑战了该技术的使用极限。通过对深基坑土钉墙基坑设计的合理优化、变坡度复合土钉墙的信息化应用，京东商城深基坑经受住了7·21北京特大暴雨的洗礼，经受住了雨季冲刷、冬季冻融等不利因素的考验，使用时间长达21个月。以上对复合土钉墙支护技术的研究和实践为该技术在类似工程中的应用积累了宝贵的经验。

(2)土钉墙一般只适用于有一定胶结和密实程度、自立性能较好的地层；适用于地下水位以上或人工降水的地层;适用于基坑深度10m以下的基坑等级二级、三级基坑。复合土钉墙对复杂地质条件适应性强,常见工程地质条件也可采用,包括回填土、淤泥和淤泥质土、砂层等。复合土钉墙可用于未经降水的含水地层,截水型复合挡墙具有“截水—支挡”双重作用。

(3)复合土钉墙施工速度快、设备轻巧、噪声等环境污染小。较桩锚支护结构节约工期30%,节约成本60%。充分体现了复合土钉墙支护设计的经济、社会和环境效益。

(4)复合土钉墙是一项技术性很强的复合支护形式,应用条件也必须与其技术特点相适应。切忌单纯追求经济效益,不恰当地取代“桩、墙、锚”等强力支护。尤其对城区内紧邻高层建筑的基坑要谨慎使用。

(5)复合土钉墙为被动支护结构的一种,其变形控制难度大。合理选择有效的复合方式、放坡角度的合理设计、土体整体沉降控制、土钉的抗剪能力提高、保证土钉的灌浆质量、合理设计预应力锚杆位置和设计参数六项是深基坑复合土钉墙能否成功的关键。

(6)复合土钉墙在地下水充足的砂卵石地层中谨慎使用。经历雨季时,周边裸露土体必须硬化完成,周边做好有效的排水系统(保证地势外低内高且排水沟应远离基坑)。地下水压力及地表雨水冲击下渗是复合土钉墙的两大隐患,会扰动被加固原位土体改变土层性能参数、破坏复合土钉墙墙体的抗剪性能、造成土体的整体沉降,复合土钉墙内力重新分布打破原有的土体受力平衡,要引起岩土设计者的重视。

预应力锚索在长沙国际金融中心基坑支护工程中的应用

罗　强[1]　陈德君[2]　袁文龙[3]　李粮纲[2]

（1.无锡金帆钻凿设备股份有限公司　2.中国地质大学
3.江苏省岩土工程公司）

摘　要　社会经济水平的提高和城市建设的迅速发展，地标性高层建筑物日益增多，出现了规模越来越大、深度越来越深的基坑工程。预应力锚索锚固技术工艺灵巧、结构合理，提供主动的支护抗力。结合长沙国际金融中心深基坑支护工程实例，介绍了预应力锚索的施工方法和工程效果，为类似深基坑工程提供借鉴和参考。

关键词　预应力锚索　深基坑支护　施工监测

1　工程概况

九龙仓长沙国际金融中心项目工程位于长沙市中心，拟建建筑物最大高度452m，占地面积140.79亩。基坑深度最深达43m，合计完成锚索15万m，锚杆3万m，旋喷桩3万m，挖孔桩4万m，土石方量230万m^3，是目前华中地区最深基坑。

该工程场地原始地貌单元属于湘江Ⅱ—Ⅲ级阶地，覆盖层厚度较大，分布稳定，主要为第四系上更新统冲洪积层，地层岩性从上至下有人工填土、淤泥质粉质粘土、粉质粘土、粉砂、圆砾、残积粉质粘土、强风化泥质粉砂岩、中风化泥质粉砂岩和微风化泥质粉砂岩。场地内地下水类型主要是第四系土层内的孔隙水，分两层，分别赋存与人工填土、淤泥质粉质粘土中以及粉砂、圆砾中。

本基坑西侧壁长136m，距离基坑西侧壁6～9m处路面下规划建设地铁1号线，地铁盾构作业深度范围12.4～20m；东侧壁长168m；北侧壁长546m，其东侧有两栋分别为17F和24F的既有高层建筑以“凸”字形嵌入基坑；南侧壁长488m，其西边有一栋34F高层建筑，以“凸”字形嵌入基坑，距离南侧基坑支护桩只有10m。

2　施工难点及防护重点

（1）基坑南面的解放路、西面的黄兴路，人流量大、车流密集，动荷载影响大，对道路以及沿线各种管网井道的安全造成影响。因此，在基坑开挖与支护工程施工中，要采取合适的施工方案和有效的支护手段，并严格进行施工监测，防止道路发生沉降、开裂、塌陷。

（2）基坑北面附近有民房和较高层的居民楼，在施工过程中，要对重要建筑物进行专门观测，防止建筑物发生较大位移、沉降而开裂，避免危险情况的发生，产生不必要的纠纷。当基坑及周边沉降、位移过大或支护不稳时，应停止挖土并采取加固措施。

（3）采取锚索支护时，要避开基坑周边管线和地铁盾构施工范围，对锚索结构进行合理设计，控制张拉力，保证基坑及周边结构的稳定。

3 基坑支护设计方案

本基坑常规支护手段采用1 400mm人工挖孔桩或2 400mm×1 800mm方形抗滑桩，配合混凝土立柱、腰梁、预应力锚索支护体系，支护桩外围采用双排直径500mm，间距400mm的旋喷桩形成止水帷幕，基坑止水帷幕从地面开始一直到嵌入不透水层超过1.5m深。南、北两侧为保护既有建筑，满足塔楼施工，该部位采用前期放坡土后期内支撑，取消锚索牵拉。本基坑预应力锚索结构[1]采用拉力式非全粘结型锚索，单束预应力锚索支护如图1所示。

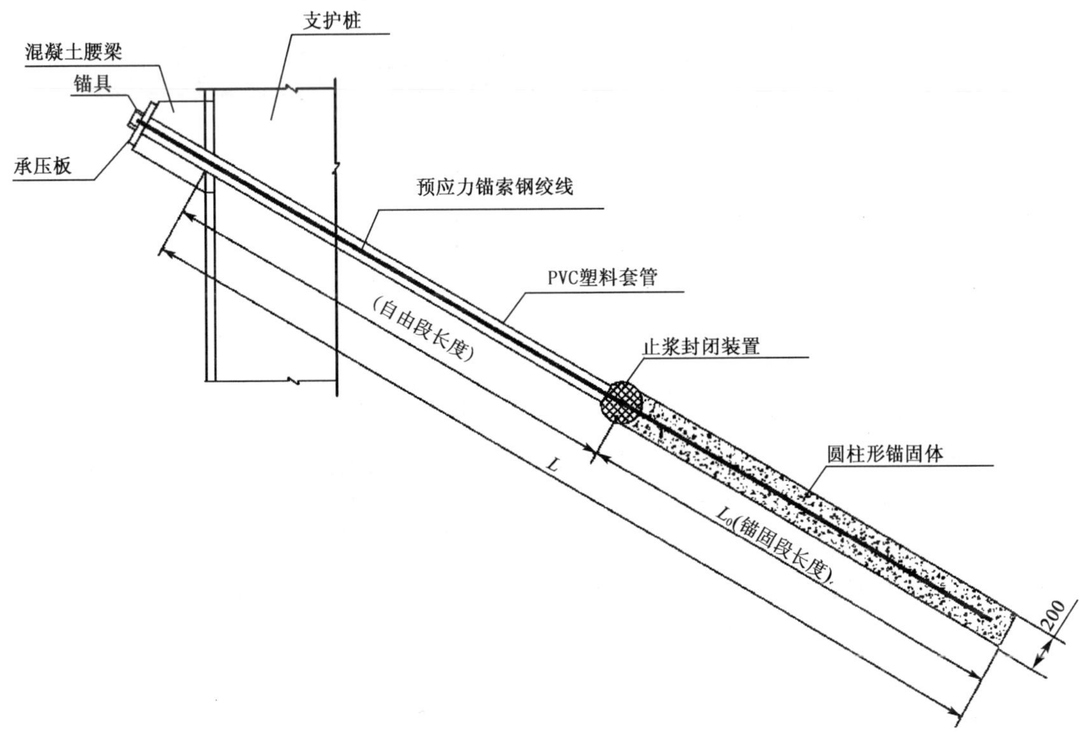

图1 预应力锚索支护图(尺寸单位：mm)

基坑支护形式主要有以下三类：

(1)基坑东侧临路无太多障碍物，采用常规支锚体系：A1400人工挖孔桩上设置12道锚索，锚索由5～12根直径为15.2mm，强度为1 860MPa钢绞线组成，锚索最大内力设计值为1 763.74kN，锚索成孔直径为150mm，倾角15°，锚索水平间距为2.4m，竖向间距为3m，位于桩之间。

(2)基坑北面和南面有临近建筑，为了保护建筑既有基础，在这些区域采用前期放坡土，后期内支撑，支护方法。为了保证既有建筑与待建塔楼之间的安全距离，在基坑南面建筑的东侧采用双排支护桩，桩身采用A1400人工挖孔桩，设计桩长40.3m，间距为2.4m。

(3)位于基坑西面的黄兴路，离支护桩外7m有地铁盾构施工，地下12.6～20m不能设置锚索，此处支护桩为方形抗滑桩，桩间距为3.6m，锚索间距为1.8m，每个桩身上都设有锚索。桩身钢筋布置形式为56ϕ32＋14ϕ25，箍筋都是内支箍，抗滑面主筋为双排布置，其支锚简图如图2所示。

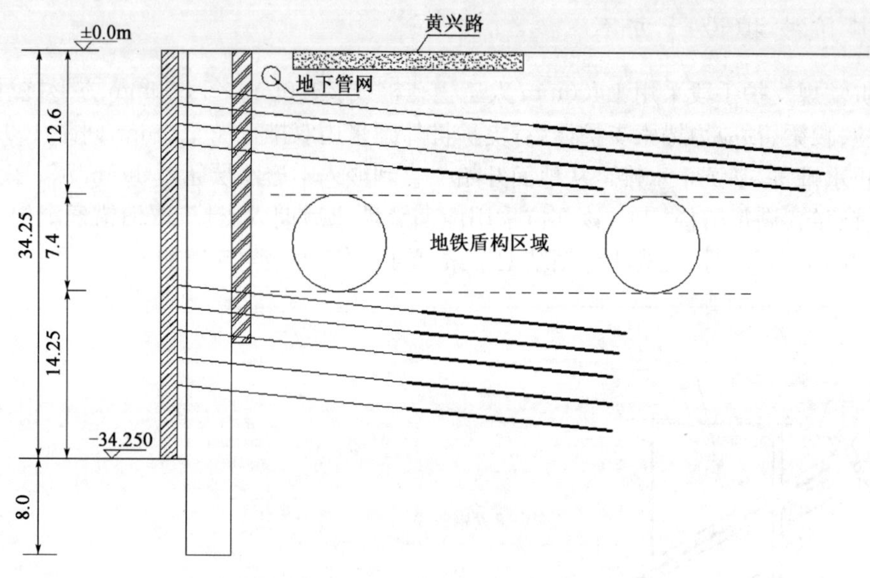

图 2　临近盾构施工处的支锚简图(尺寸单位:m;高程单位:m)

4　预应力锚索施工

(1)工艺流程

预应力锚索施工工艺流程主要由测孔、钻孔、清孔、锚索的制作与安放、一次常压注浆、二次高压注浆、架设桩间联系梁、锚索的张拉锁定和封锚等工序组成。

(2)施工方法及要点

①锚孔测放及钻机就位

基坑支护[15]和边坡施工按照边挖边加固的方式进行,先开挖一级,然后防护一级,而不是一次开挖到底。根据施工图放线,即按设计要求将锚孔位置准确测放在基坑侧壁,各方向允许误差均为±10cm。

本基坑工程选用无锡金帆钻凿设备股份有限公司的 YGL-130 和 YGL-150 型全液压履带锚固钻机,该钻机适用于城市中基坑支护和控制建筑物位移的锚固工程。该钻机为整体式,配有履带行走底盘和夹持卸扣器。根据锚孔位置,准确安装并固定钻机,严格进行机位调整确保锚孔开钻就位纵横误差不超过±50mm,高程误差不超过±100mm。

②跟管钻进成孔

造孔是锚固工程中至关重要的一环,如果造孔质量差,会直接影响锚索的安装和水泥浆的灌注质量,进而影响到锚固力,使锚索达不到设计要求。因此,锚固成孔必须严格按设计要求施工。由于场地填土层内夹建筑垃圾,有淤泥质粉质粘土、粉砂和圆砾等易塌孔地层,本基坑采取全孔段全套管跟管钻进成孔,不必采用泥浆护壁,有效地防止塌孔埋钻事故的发生,并提高了施工速度。

③锚孔清理及检验

钻孔完成后,拔出钻杆和钻具。用一根聚乙烯管复核锚孔孔深,并以高压风吹孔,待孔内岩粉及水体全部清除出孔外且孔深不小于锚索设计长度时,拔出聚乙烯管,塞好孔口。

孔径、孔深检查在现场监理的旁站监督下验孔,要求验孔过程中采用的标准钻头平顺推进，不产生冲击或抖动，钻具验送长度满足设计锚孔深度，退钻要求顺畅，且用高压风吹验不存在明显飞溅尘渣及水体的现象。同时要求复查锚孔孔位、倾角和方位，全部锚孔施工分项工作合格后，即可认为锚孔钻造检验合格，方可进行下道工序施工。

④锚索的制作与安装

锚索在钻孔的同时在现场进行编制，内锚固段采用波纹形状，张拉段采用直线形状。锚索样图如图3所示。

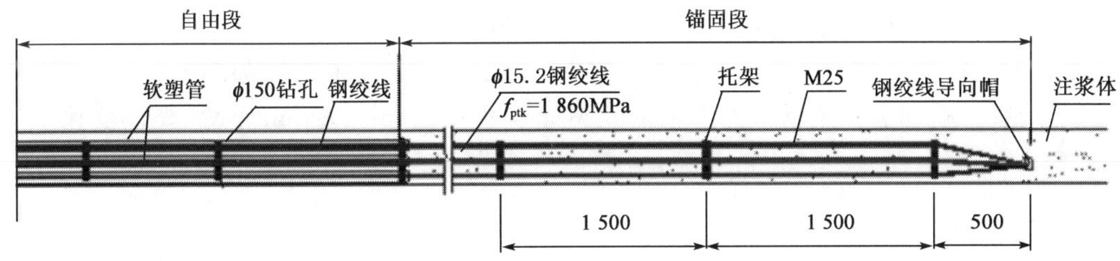

图3 预应力锚索结构样图(尺寸单位:mm)

向锚索孔安装锚索前，要核对锚索编号是否与孔号一致，确认无误后，再以高压风清孔一次，即可着手安装锚索。当锚索装入深度已经较大，锚索与套管壁摩擦较大时，应当在钻机臂架上放上输送垫，纠正锚索输送角度，减少摩擦，方便锚索安装。当锚索仍然不能顺畅送入钻孔时，应拨出锚索，重新清孔。拨出的锚索应清理干净表层泥土，并检查自由段波纹管是否有破裂。

⑤锚固注浆

锚固注浆采用排气注浆法施工。注浆管插至孔底，砂浆由孔底注入，空气由锚索孔排出。锚索孔注浆采用注浆机，第一次注浆压力不小于0.5MPa，第二次注浆压力不小于2.0MPa。第一次注浆与第二次注浆间隔一般3.5～4h，具体根据试验确定。锚索的浆液严格按设计的配比拌制，采用纯水泥浆浆液，注浆材料采用42.5MPa普通硅酸盐水泥，浆液水灰比0.45～0.50。端部常压注浆时，边注浆边缓慢匀速向孔外抽出注浆管，确保注浆管端口始终埋在注浆液面1.0m深度以内。

⑥立锚墩

为了使锚墩上表面与锚索轴线垂直，预先将一根外径与钻头直径相同的薄壁钢管和垫板正交焊牢，浇筑锚墩前将钢管的另一端插入钻孔即可。

⑦锚索的张拉与锁定

张拉前先在腰梁垫上规格为250m×250m×20mm钢板，钢板中间开ϕ150孔，锚索穿出钢板约1.5m。选用油压千顶型号为YC-100，配一台液压油泵Z-500。

预应力锚索张拉在腰梁混凝土浇捣7d后，强度应达到15MPa以上，锚固段内浆体达到龄期后实施。张拉锚索前需对张拉设备进行标定。

锚索张拉分5级进行，分别为设计值的0.1、0.25、0.5、0.75、1.0倍，前三段每段间隔5min后再进行下段张拉，后两段稳定时间为10min，然后卸荷至锁定荷载按要求进行锁定。采取“隔一拉一”的张拉方式锁定；另外，当锚索锁定后有明显的预应力损失，需进行补偿张拉。

⑧封孔注浆及外部保护

补偿张拉后，立即进行封孔注浆。封孔注浆后，从锚具量起预留50mm～100mm钢绞线并作永久防腐处理，以后作安全评估。

5 施工监测和工程效果

本基坑工程对基坑变形、建筑物沉降、基坑深层位移等情况作了全程定点观测。

(1)冠梁顶部水平位移部分跟点比较稳定，位移最大累计值为 11.1mm，未超预警值(30mm)。冠梁顶部沉降部分最大累计值为 4.9mm，未超预警值(冠梁为 20mm，车道为 30mm)。

(2)深层水平位移部分位移最大累计值为 25.87mm，未超预警值(45mm)。

(3)锚索预应力监测部分变化最大累计值为−9.56kN，变化在正常范围内。

(4)裂缝监测：邻近建筑物下面平台上的裂缝变宽 0.2mm、1.2mm 不等，整体变化不大，比较稳定。

6 结语

长沙国金中心基坑工程是预应力锚索应用于基坑明挖支撑体系的一个范例。预应力锚索在施加预应力后可提供 300～900kN 的锚固力，能有效提高岩土体的抗剪强度，使锚固区范围内的土体形成压应力区，支护结构水平变形得到有效控制，从而达到稳定基坑和保护邻近建筑物的目的。

采用预应力锚索联合支护桩对基坑进行支护和加固，能使整个加固结构更轻便，占用外部空间较小，不影响基坑中土方开挖及地下室结构的施工。同时，预应力锚索使得支护桩内弯矩大大减少、桩径变细、钢筋配筋率变小，达到了结构受力合理、节约材料、缩短工期的目的。

预应力锚索施工工艺灵巧，可以根据不同的地层情况和场地环境选择合适的施工方案和技术措施，在施工前，可以通过设计验算选择合适的锚索类型结构，调整锚索的各设计参数以保证其抗拉力达到设计要求；在施工过程中，可以控制锚索规格数量、锚固角、长度、张拉锁定值；在施工完成后对锚索整体的抗拉承载力进行评价，可以根据应力损失情况进行补张拉。

从本基坑支护工程各项监测数据来看，位移、变形情况稳定，未发现任何异样，达到设计要求，基坑处于安全状态。

参考文献

[1] 程良奎，等.岩土锚固工程技术的应用与发展[M].北京：万国学术出版社，1996.

[2] 郑颖人，等.边坡与滑坡工程治理[M].北京：人民交通出版社，2007.

[3] 苏自约，等.岩土锚固技术的新发展与工程实践[M].北京：人民交通出版，2008.

[4] 彭春雷，杨晓东，马栋.锚固与注浆设备手册[M].北京：中国电力出版社，2013.

基坑开挖对邻近建筑物影响的数值模拟分析

周　晋

(上海地矿工程勘察有限公司)

摘　要　随着深基坑工程的大量涌现，深基坑开挖对邻近建筑物的影响成为工程建设过程中重点关注的问题。然而，基坑开挖引起的近邻建筑物变形是多种因素耦合作用的结果，现有的计算理论很难考虑这种多因素的耦合作用。结合上海华山医院急诊病房扩建工程深基坑的设计，运用岩土工程专业有限元分析软件 Plaxis，进行基坑开挖过程的有限元数值模拟，着重分析了基坑开挖对邻近建筑物以及地下污水池的影响。本文对在密集建筑群中软土地基上基坑设计和开挖具有一定的实用价值和借鉴意义。

关键词　深基坑　邻近建筑　数值模拟　变形

1　引言

深基坑开挖是一项系统工程，不仅要保障支护结构的自身稳定，避免坑侧土体产生过大的变形，同时也要保证周围建筑物的安全和正常使用。而传统深基坑支护结构通常采用强度和稳定性控制的设计方法，以保证支护结构强度和稳定性为目标[1]。在城市的密集建筑中，邻近基坑常有必须保护的永久性建筑和地下线管线等建筑物，深基坑开挖对邻近建筑物的影响已成为工程建设过程中尤为关注的问题[2-3]。

基坑开挖引致的地层移动会使基坑周边的建筑结构产生沉降和倾斜，当附加变形过大时，就会引起结构的开裂和破坏，从而影响建筑物的正常使用[4]。国内外很多学者从理论上对这一问题做过深入的研究[5-7]，然而，基坑开挖引起的近邻建筑物沉降变形是多种因素耦合作用的结果，现有的计算理论很难考虑这种多因素的耦合作用[8]。近年发展起来的基于计算机的数值模拟方法是分析基坑变形的一种有效方法。本文运用岩土工程专业有限元分析软件 Plaxis，结合具体工程实际，进行基坑开挖过程的有限元数值模拟分析。分别对三个计算剖面简化分析，建立平面有限元模型进行数值模拟计算，对基坑开挖卸荷作用产生的周边环境的附加变形进行预测分析。

2　工程概况及地质条件

2.1　工程概况和周边环境

本工程位于上海市徐汇区繁华地区，场地周边东毗乌鲁木齐路，南临长乐路。本基坑工程面积较小，但开挖深度较深，基坑周边紧邻基地红线，施工场地狭小，施工难度极高，且基地周边环境复杂，紧邻多幢需要保护的建筑和构筑物，保护要求较高。基地北侧的四层病房楼和南侧的地下污水池基础均为天然基础，未采用桩基，因此，对地层位移较为敏感，而且与本基坑工程的距离较近，尤其南侧的地下污水池侧壁与本基坑围护体距离为 0.8m，其外挑基础底板与围护体距离仅为 0.1m。北侧四层病房楼和南侧的地下污水池均处于本基坑开挖的影响范围之内，必须将基坑开挖对邻近的建(构)筑物的不利影响控制在允许范围之内。基坑平面见图1。

2.2 水文地质概况

根据上海申元岩土工程公司提供的《华山医院传染科门急诊、病房楼改扩建工程岩土工程勘察报告》，本场地地貌类型属滨海平原，地面高程为2.84～3.54m，一般为2.9m。表1给出了基坑影响范围内各土层物理力学性质指标。

基坑影响范围内各土层物理力学性质参数 表1

土层编号	土层种类	重度 (kN/m³)	渗透系数 (cm/s)	粘聚力 (kPa)	内摩擦角 (°)
①	杂填土	18.0	—	—	—
②	粉质粘土	18.1	1.02×10^{-6}	19	18.5
③	淤泥质粉质粘土	17.5	4.0×10^{-6}	11	22.5
④	淤泥质粘土	16.8	2.0×10^{-7}	10	12
⑤	粘土	17.4	3.0×10^{-7}	19	11
⑥	粉质粘土	18.5	3.0×10^{-6}	25	20
⑦	粉砂	18.9	—	5	32.5

本基地地下水属潜水类型，其主要补给来源为大气降水，水位补给随季节变化而变化，一般为0.3～1.5m。基坑围护设计计算时采用0.5m。场地地下水对混凝土一般无腐蚀性。根据勘察报告显示，约43m以下的第⑦层灰绿～灰色砂质粉土层为第一承压含水层，根据上海市长期观测调查，其水位埋深呈周期性变化，一般为3.0～11.0m。

土方开挖前要进行基坑降水，坑内采用多滤头真空深井降水。为达到合理降水效果，应当合理布置深井位置，使每口井发挥最大的效用，同时深井的布置应尽量结合支撑立柱布置，以便于施工阶段的保护。

3 支护方案和基础加固措施

3.1 支护方案

本基坑工程采用如下设计方案：地下连续墙(两墙合一)+坑内二道水平支撑系统。

本工程采用800mm厚的地下连续墙，基地在普遍区域地下连续墙的有效长度为20.5m，在临近多层病房大楼区域地下连续墙有效长度为23m，在临近教堂和乌鲁木齐路侧地下连续墙有效长度为29.2m，在临近原有污水池一侧地下连续墙有效长度为32.2m。地下连续墙即作为基坑围护结构，同时作为地下室结构外墙，即两墙合一。地下连续墙混凝土强度等级C30(水下混凝土提高一级)。

基坑工程竖向设置两道水平支撑系统，第一道采用钢筋混凝土支撑系统，第二道采用钢支撑系统，地下连续墙顶部设置压顶圈梁兼作第一道支撑的围檩。

3.2 土层加固措施

为了减小基坑开挖对北侧四层病房楼、南侧原有污水池以及西侧现有教堂和还建四层建筑物的影响，本方案对采用双轴水泥土搅拌桩对上述区域的基坑被动区土体进行加固，以提高坑底被动区土体抗力，减小基坑变形，加固体呈墩式分布，搅拌桩呈格栅布置。双轴水泥土搅拌桩加固基底以上水泥掺量8%，基底以下水泥掺量13%。

坑内其他局部落深处(电梯井、集水井等)需根据其落低的深度、范围及位置，在施工图阶段另作加固处理，局部落深区初步考虑采取双轴水泥土搅拌桩结合压密注浆的加固形式。

4 数值模拟

4.1 有限元模型的建立

(1)计算截面的选取

本文采用岩土工程专业有限元分析软件 Plaxis 进行基坑开挖过程的有限元数值模拟。分别取基坑北侧邻近四层建筑物、西侧的邻近教堂建筑和南侧的地下污水池侧三个典型剖面进行弹塑性有限元计算，预测基坑开挖卸载对周边环境的附加变形，计算剖面位置如图 1 所示。

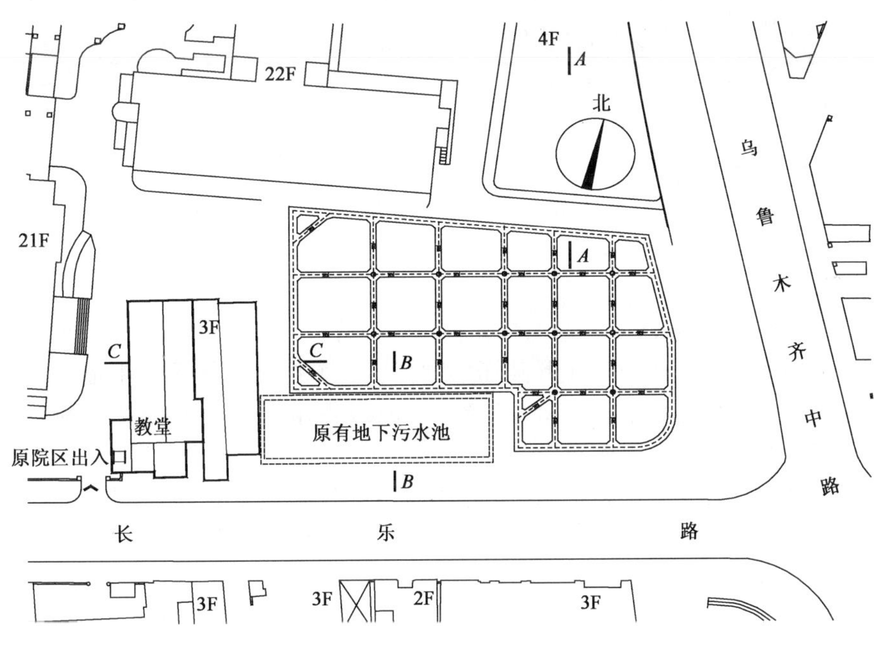

图 1 基坑平面图及计算剖面布置

(2)土体和建筑物参数模型的选取

土体采用 Hardening-Soil 模型(简称 HS 模型)，该模型可以同时考虑剪切硬化和压缩硬化，并采用 Mohr-Coulomb 破坏准则。HS 模型应用于基坑开挖分析时具有较好的精度。HS 模型共有 11 个参数：

①3 个 Mohr-Coulomb 强度参数

c:有效粘聚力；

φ:有效内摩擦角；

ψ:剪胀角。

②3 基本刚度参数

E_{50}^{ref}:三轴排水试验的参考割线刚度；

E_{oed}^{ref}:固结试验的参考切线刚度；

m:刚度应力水平相关幂指数。

③5 个高级参数

E_{ur}^{ref}:卸荷再加荷模量；

v_{ur}:卸载再加载泊松比;

p^{ref}:参考应力;

R_f:破坏比;

K_0:正常固结条件下的侧压力系数。

计算中不同分层土体的重度、粘聚力、摩擦角等参数由勘察报告提供,刚度参数和高级参数则根据大量类似工程的监测数据反演分析得到。

邻近建筑结构梁板、地下连续墙的材料参数按混凝土选取,相应的截面面积、惯性矩等几何参数需折算到每延米范围上来确定。具体力学参数可见表2。

结构几何参数 表2

结构参数 \ 结构	地下连续墙	楼板	底板
截面面积/延米 A(m^2/m)	0.8	0.2	0.5
惯性矩/延米 I(m^4/m)	0.042 6	0.006 7	0.010 4

计算中考虑考虑北侧四层建筑物荷载为 60kN/m^2,考虑西侧教堂建筑物荷载为 45kN/m^2。

(3)接触面单元与网格剖分

采用弹塑性无厚度 Goodman 接触面单元模拟围护结构与土体和加固体之间相互作用,接触面单元切线方向服从 Mohr-Coulomb 破坏准则。用一个折减系数 R_{inter} 来描述接触面强度参数与所在土层的摩擦角和粘聚力之间的关系,模拟接触面的强度参数较低的特性。

基坑计算考虑对称选取一半剖面建模计算,采用等三角形六节点平面单元模拟土体、水泥土加固体,采用梁单元模拟围护排桩、墙体、顶板和底板。邻近北侧房屋侧基坑计算宽度为 16m;基坑外计算宽度为 70m。深度取至足够深度,为地表以下 50m。$A—A$ 剖面有限元模型共划分 6 100 个节点,2 951 个单元。邻近南侧污水池侧基坑计算宽度为 14m;基坑外计算宽度为 50m。深度取至足够深度,为地表以下 50m。$B—B$ 剖面有限元模型共划分 5 217 个节点,2 414 个单元。邻近西侧教堂侧基坑计算宽度为 25m;基坑外计算宽度为 70m。深度取至足够深度,为地表以下 50m。$C—C$ 剖面有限元模型共划分 5 960 个节点,2 797 个单元。

4.2 施工工况的模拟

为了反映初始应力状态及基坑开挖的施工过程,本次计算共分 6 个施工步进行,见表3。

施 工 步 表 表3

工　况	内　容
施工步 1	计算土体初始应力场
施工步 2	计算周边建筑物荷载(或地下污水池)引起的附加应力场变化
施工步 3	施工围护结构和坑内被动区土体加固
施工步 4	开挖表层土体
施工步 5	加设第一道混凝土支撑,开挖第一层土体
施工步 6	加设第二道钢管支撑,开挖至基底

4.3 计算结果分析

采用有限元软件 Plaxis 分别对基坑北侧邻近四层建筑物、西侧的邻近教堂建筑和南侧的地下污水池侧三个典型剖面进行弹塑性有限元计算,对基坑开挖卸载对周边环境的附加变形进行预测。

(1)$A-A$ 剖面(邻近北侧四层房屋)

对于 $A-A$ 剖面,在模型建立之后分别按工况 1～6 依次进行计算,图 2 和图 3 为基坑开挖至底部模型的网格变形图和水平位移云图。

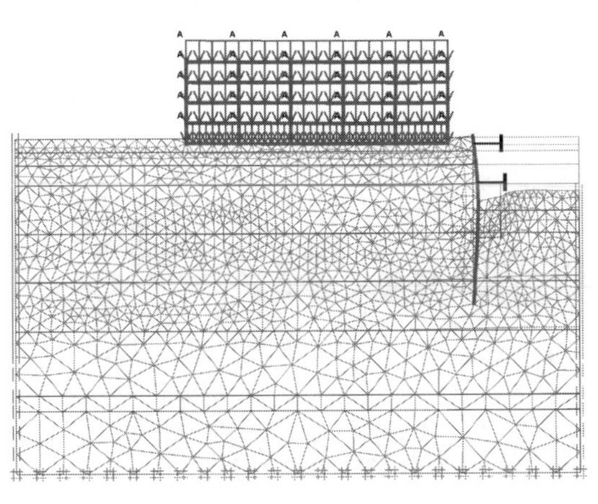

图 2　$A-A$ 剖面开挖到基底网格变形图(放大 25 倍)

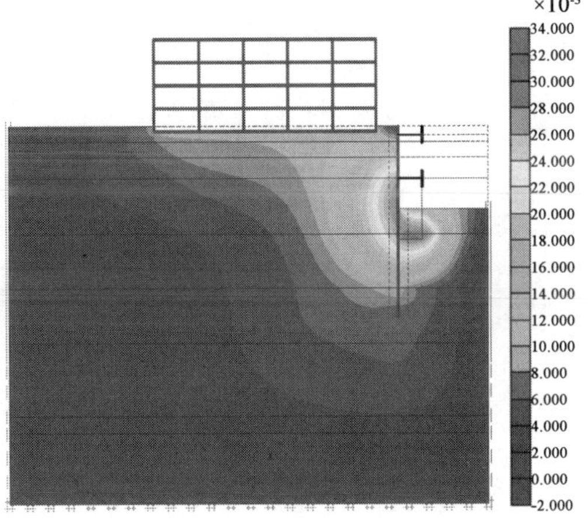

图 3　开挖到基底水平变形云图

从图中可以看出,在坑内土体开挖卸荷及坑外水土压力作用下,坑内土体表现为向上隆起;坑外土体向坑内方向移动,从而引起坑外地表及建筑物沉降,最大沉降量为 10mm;由于坑外地表沉降量随远离基坑的距离增加而显著降低,因此,建筑物产生一定的整体倾斜;基坑开挖引起的位移场主要发生在基坑底部及基坑外侧 2 倍开挖深度范围内的土体。由于建筑物的作用,地下连续墙产生较大的水平位移,地下连续墙最大水平位移 31.2mm,邻近建筑物最大水平变形 8.74mm。

(2)$B-B$ 剖面(邻近南侧污水池)

对于 $B-B$ 剖面,在模型建立之后分别按工况 1～6 依次进行计算,图 4 和图 5 为 $B-B$ 剖面基坑开挖至底部是模型的网格变形图和水平位移云图。

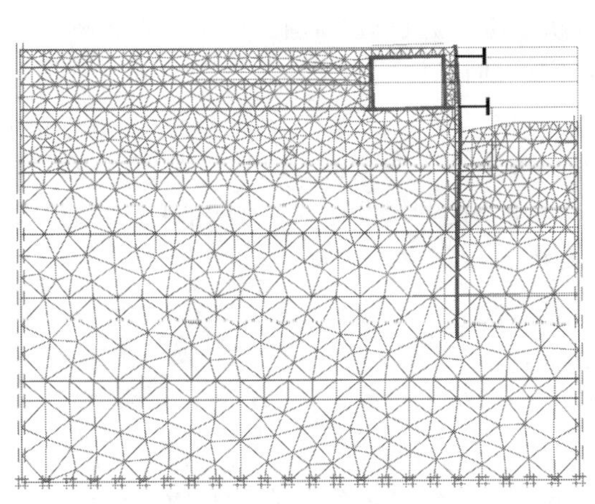

图 4　$B-B$ 剖面开挖到基底网格变形图(放大 25 倍)

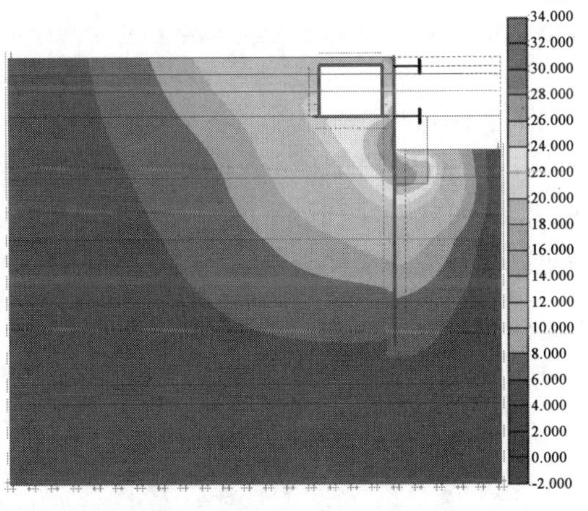

图 5　$B-B$ 剖面开挖到基底水平变形云图

由图 4 和图 5 可知,对于南侧的邻近污水池,由于距离围护体距离很近,且污水池为天然地基,基坑开挖对污水池产生较大的影响,由有限元模型计算可知,污水池的最大水平变形为

14.97mm，最大竖向变形为7.74mm。

(3)$C-C$剖面(邻近西侧教堂房屋)

对于$C-C$剖面，在模型建立之后分别按工况1～6依次进行计算，图6和图7为$C-C$剖面基坑开挖至底部是模型的网格变形图和水平位移云图。

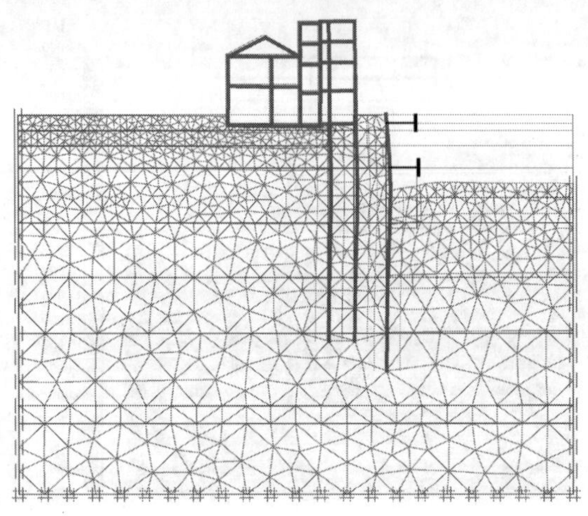

图6　$C-C$剖面开挖到基底网格变形图(放大25倍)

图7　$C-C$剖面开挖到基底水平变形云图

由图6和图7并根据计算结果可知，对于西侧的邻近教堂建筑物，由于距离围护体距离约4.4m的为新建桩基础建筑，基坑开挖对邻近新建教堂产生的最大水平变形为15.38mm，最大竖向沉降为4.25mm；距离较远的为浅基础的老建筑，基坑开挖引起的最大水平变形为13.94mm，最大竖向沉降为15.37mm。且建筑物发生的为不均匀沉降，从远离基坑一侧的较小沉降增加到靠近基坑一侧的很大沉降，因此，造成建筑物向着基坑倾斜越来越大。

5　结语

本文采用岩土工程专业有限元分析软件Plaxis进行基坑开挖过程的有限元数值模拟。通过对计算结果的整理，得到以下结论：

(1)基坑开挖打破了原始土体的应力平衡状态，致使土体中应力重新分布，从而产生基坑的水平位移和垂直位移，这些位移同时又作用在基坑周围邻近建筑物，对其产生不利影响。

(2)基坑的水平位移影响着基坑边坡施工的稳定性，而基坑周边土体的不均匀沉降这是基坑对周围建筑物影响的主要因素。

(3)根据本文的计算结果，本工程采用“地下连续墙围护＋两道混合支撑”，基坑开挖卸荷产生的周边建筑物和污水池的最大附加水平和竖向变形均小于2cm。采用“两墙合一”方案能满足基坑开挖对周围建筑物和污水池的环境保护要求。

参考文献

[1]　娄承滨.深基坑开挖对邻近建筑物影响的实测及有限元分析[J].铁道勘测与设计，2013(4)：69-72.

[2]　李进军，等.基坑工程对邻近建筑物附加变形影响的分析[J].岩土力学，2007，28(增刊)：623-629.

[3]　张雷，等.深基坑宽度对周围建筑影响的有限元分析[J].地下空间与工程学报，2009，5(增刊)：1312-1344.

[4] 刘建航,侯学渊.基坑工程手册[M].北京:中国建筑业出版社,2009.
[5] Bryson, Lindsey Sebastian. Performance of a stiff excavation support system in soft clay and the response of an adjacent building[J]. Northwestern University, Ph. D. 2002, 52-68.
[6] 陈观胜,严洪龙,陈昌平.深基坑开挖对周围建筑物的保护[J].城市道桥与防洪,2003(2):31-36.
[7] 张亚奎.深基坑开挖对近邻建筑物变形影响的研究[D].北京:北京工业大学,2003,22-98.
[8] 王广国,等.深基坑的大变形分析[J].岩石力学与工程学报,2000,19(4):509-512.

华润前海中心项目大型超深基坑开挖三维有限元模拟预测分析

叶　坤　王贤能　何志勇

（深圳市工勘岩土集团有限公司）

摘　要　建立三维有限元模型，对华润前海中心项目大型超深基坑开挖施工过程进行预测分析，同时还分析了基坑开挖施工对邻近地铁可能造成的影响。结合工程实际，假设土体为均质各向同性体，考虑了土体与地下支护结构的共同作用以及土体分层和支护结构的分步施工。计算结果表明，考虑土体为均质各向同性体的三维有限元分析方法可以较好地模拟大型深基坑的开挖过程，并能为类似场地条件的大型深基坑工程设计提供参考与借鉴。

关键词　大型超深基坑　三维有限元模拟　地铁隧道　预测分析

1　引言

随着深圳城市建设的高速发展，地下空间的开发利用逐渐成为发展趋势，因此基坑工程逐步向超深、超大规模的方向发展。由此可见，由于市内建筑密集，地下管线错综复杂，基坑开挖过程中对周边环境的保护要求越来越严格，导致新建地下结构与既有运营隧道之间的矛盾也日益突出，由此引发的环境效应问题也随之增多，基坑开挖过程中基坑的变形特性日益得到人们的关注。目前，多数工程技术人员都采用三维有限元模型，在考虑土体与地下结构共同作用的同时，又能体现基坑开挖的时空效应，可适用于施工动态模拟，在施工过程中可以作为信息反馈指导施工。

本文结合深圳市华润前海中心项目大型超深基坑工程，借助 MIDAS/GTS 大型岩土三维有限元分析软件建立数值计算模型，对基坑开挖引起基坑周围环境变化进行预测分析，尤其是对在运营地铁 1 号线的影响进行预估分析。

2　工程概况

2.1　工程简介

华润前海中心项目场地位于深圳市南山区深港合作区内，北侧、东侧为规划市政路，东北侧为在运营地铁 1 号线（与基坑最小间距为 37m），西侧为在建地铁 11 号线与规划市政路，南侧与待建卓越开发地块隔一条规划市政路。本项目拟建五栋塔楼（高度 300m 以下）及四层整体地下室。塔楼为框架—核心筒或筒中筒结构，底部有零售商业群，为框架或框架—核心筒（剪力墙）结构。地下基坑呈矩形，开挖面积 58 580m^2，周长 1 018m，深度 21～26m。

本项目基坑支护的安全等级为一级，所采用设计方案为：基坑四角采用角撑＋围护桩方案，南侧中段采用双排桩支护方案，北侧采用单排桩围护桩锚方案。基坑止水方案为围护桩＋桩间旋喷止水，坑底设超细水泥注浆止水帷幕，帷幕深度至微风化岩顶面。截至目前，该基坑工程施工进度为:东南侧第一层角撑已完成施工,开挖深度约4m,其余部分正在陆续施工冠梁,局部开挖深度约4m。基坑平面图见图1。

2.2 工程地质及水文地质条件

深圳前海地区原始地貌为滨海滩涂,分布有较厚的淤泥层,后经人工填海改造,回填至现状高程。地面高程在4.39～9.79m之间,地势总体较为平坦。场地内上覆地层为人工填土(石)层(Q_4^{ml})、第四系全新统海积层(Q^{al})、第四系全新统海、冲积层(Q_4^{mc}),以及第四系中更新统残积层(Q_2^{el}),主要包括杂填土、素填土、填淤泥质土、填砂、淤泥、粗砂、粘土和砂质粘性土;下伏基岩为加里东期混合花岗岩(M_γ^3),中细粒变晶结构,块状构造。岩土体物理力学参数见表1,典型地质剖面图见图2。

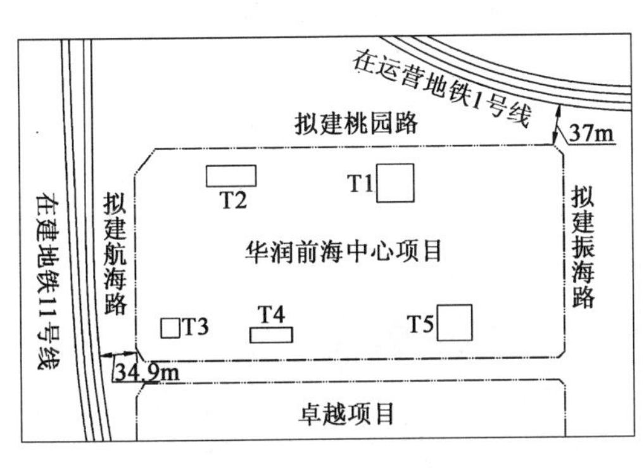

图1 基坑平面图

图2 场地典型地质剖面图(尺寸单位:mm;高程单位:m)

各层岩土体的物理学参数取值表 表1

岩土类别		天然密度 ρ (g/cm³)	内摩擦角 φ (°)	粘聚力 c (kPa)	弹性模量 E (MPa)
Q^{ml}	人工填土(素填土、杂填土、填淤泥质土、填砂)	1.95	12	15	12
Q^{ml}	人工填石①$_2$	2.00	35	0	
Q^{m}	淤泥③$_1$	1.80	3	10	11
Q^{m}	粗砂(含淤泥)③$_2$	1.98	25	0	60
Q_4^{mc}	粘土④$_3$	1.90	19	20	20
Q^{mc}	粗砂④$_4$	2.00	30	0	72
Q_2^{el}	砂质粘性土⑧	1.85	22	25	50
M_γ^3	全风化岩(36)$_1$	1.95	25	30	95
	强风化岩(36)$_2$	2.00	30	35	120
	中风化岩(36)$_3$	2.60	40	200	2 000
	微风化岩(36)$_4$	2.64	45	600	2 000

注:根据勘察报告及相关实际的工程经验,部分参数根据经验进行了调整。

3 三维有限元计算模型

3.1 有限元模型建立

华润前海中心项目基坑工程采用结构—土体相互作用的三维有限元模型，包括了场地内的岩土体模型、基坑支护结构模型、地铁区间隧道模型以及开挖施工过程中的临时支撑结构模型。在不考虑水的影响（土水合算）的条件下，模拟不同设计工况对基坑开挖、支护过程中的变形和应力分析，用以计算基坑开挖土体应力释放造成基坑周边环境变形及其对地铁区间隧道造成的影响。

本文计算变形及应力分析采用 MIDAS/GTS 大型三维有限元计算软件进行计算分析。模型边界与基坑、地铁隧道边缘各处的距离不小于 $2H$（H 为基坑深度）；模型底面为基坑底以下接近微风化岩。场地内的岩土体采用 Solid 实体单元模拟；内支撑体系（包括角撑、联系梁、冠梁、腰梁、立柱等）采用 Beam 梁单元模拟；预应力锚杆（索）采用植入式桁架模拟；基坑支护桩先等刚度转化为地下连续墙，然后采用 Shell 壳单元模拟，地铁隧道同样采用壳单元模拟。以上各种结构单元（除支护桩体系外）的截面尺寸均与实际结构完全相同。整个数值计算模型共有 318 959 个单元，274 146 个节点。见图 3 与图 4。

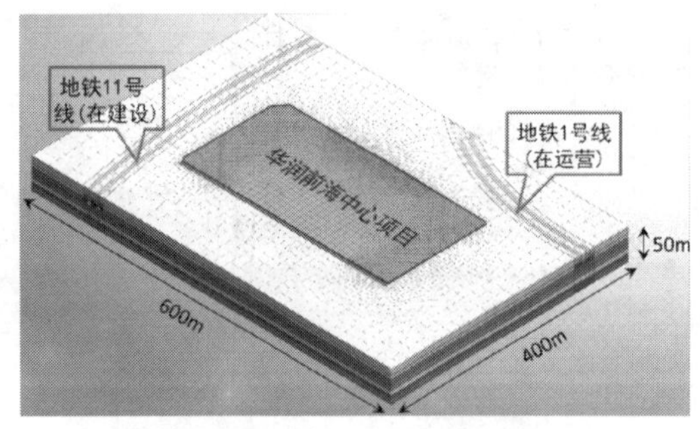

图 3 有限元模型几何尺寸及网格划分

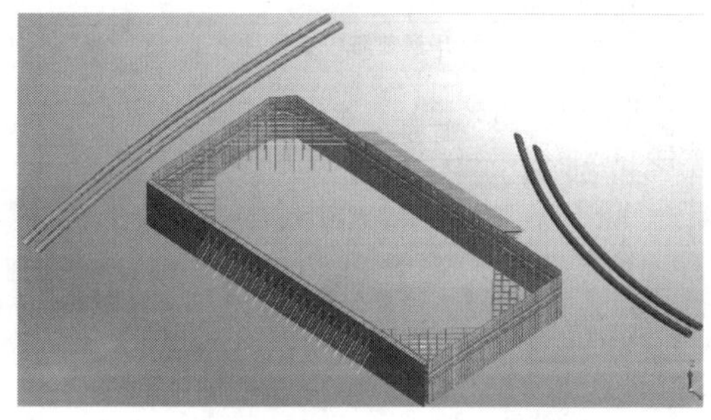

图 4 地铁隧道和支护结构模型图

3.2 施工步模拟

为更真实地反映该基坑工程的实际动态响应，本文采用增量法计算，即荷载根据施工过程的变化逐步增加（或减小），边界条件也相应地调整，同时，为减小计算量和模型计时间，将整个计算分析过程按照实际施工过程简化分为 5 个施工阶段、4 个开挖步骤。最终工况的结构内力和单元应力、应变根据各个阶段计算结果逐步叠加而成。

4 计算结果与预测分析

4.1 开挖阶段等效支护桩变形预测分析

在数值模拟计算模型中，本文重点分析了距离地铁 1 号线（在运营）最近的两个剖面（3—3 剖面和 4—4 剖面）在各施工阶段的位移变化情况，并绘制其位移随深度的变化曲线，直观地表示出开挖过程中该处支护桩的变形发展情况，见图 5 和图 6。

总的来说，数值模拟中支护桩的水平位移随开挖步的变化而逐渐增大，且桩身最大侧移的位置逐渐下移，其变化总体呈现出明显的“鼓肚子”形状。开挖完成时，桩身最大水平位移基本位于 15m 深度处，此时支护桩桩顶最大水平位移 30mm，桩身最大水平位移 42mm。该预测模拟结果与实际生产中基坑工程相关经验基本对应；而且考虑到基坑周边环境较为简单，除东北侧有地铁 1 号线区间隧道外（距离基坑最近约 37m），并无其他构建筑物，因此该预测分析结果基本满足设计评估要求。

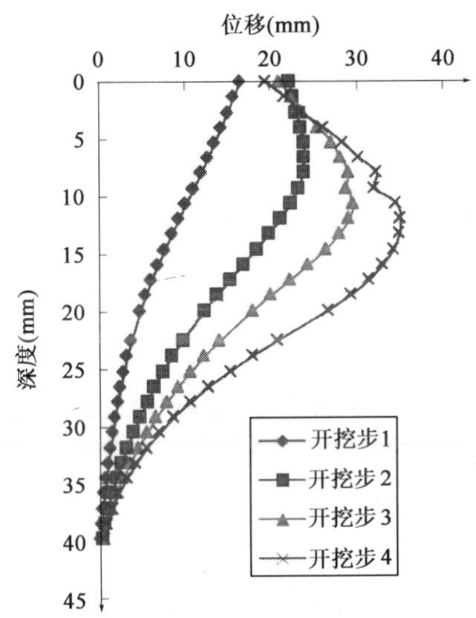

图5 基坑开挖过程中3—3剖面处支护桩水平变形

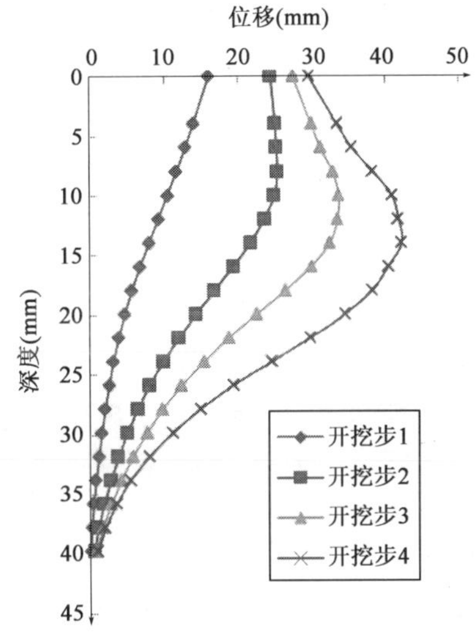

图6 基坑开挖过程中4—4剖面处支护桩水平变形

4.2 等效支护桩内力预测分析

通过分析可以发现开挖，在1～4步过程中，支护桩的弯矩逐渐增大，预测当基坑开挖到底时，3—3剖面处支护桩最大正弯矩为892kN·m每延米，最大负弯矩为2 113kN·m每延米(图7)。在2.5m、8.5m、15m处有明显的拐点，说明在2.5m、8.5m、14.5m处设置的角撑起到了相应的作用，将支护桩的弯矩控制在合理范围内，避免了因支护桩弯矩过大而导致的桩身变形量加大产生安全隐患。

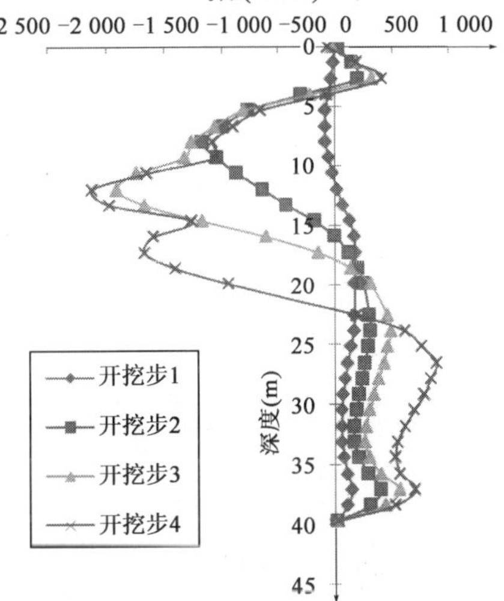

图7 基坑开挖过程中3—3剖面处支护桩弯矩

4.3 支撑内力预测分析

在基坑开挖过程中，有效的支护能够保证基坑施工安全顺利进行，超深基坑尤为如此。本项目基坑内四角处均设有三道角撑作为内支撑体系。三维数值模拟结果显示，当基坑开挖至设计高程时，最大轴力出现在基坑东南角和西南角第一道内支撑处，其最大轴力为12 198kN。靠近地铁1号线处3—3剖面内支撑轴力相对较小，最大轴力为5 602kN。

4.4 地铁区间隧道绝对变形预测分析

本文以地铁1号线为例。通过MIDAS/GTS三维岩土有限元软件的预估分析可知，当基坑开挖至设计高程时，地铁1号线的最大水平位移为0.99mm(向基坑侧)，最大竖向位移为0.17mm，满足对地铁隧道运营安全的保护要求。

5 结语

本文采用MIADS/GTS三维有限元分析软件对深圳市华润前海中心项目基坑的整个开挖施工过程进行了有效的数值模拟，对基坑开挖对周边环境的影响，尤其是对地铁1号线的影响进行了预估分析，预测分析结果满足相关规范要求。这说明了，对于类似的软土地区的大型超深基坑工程，当基坑周边环境复杂的情况时，有必要也有可能采取有限元法进行较为合理的计算分析，尤其是通过合理有效的三维有限元分析计算，可以得出与实际情况相近的地下支护结构的变形、内力结果，从而为实际基坑工程的设计决策提供有效依据。

参考文献

[1] 常林越，沈健，徐中华．敏感环境下深基坑的设计与三维数值分析[J]．铁道工程学报，2011(11)：52-57.

[2] 陈锦剑，王健华，杜毅，等．两侧深基坑开挖影响下浅埋运营隧道的位移特性[J]．地下空间与工程学报，2011，7(6)：1163-1173.

[3] 吕淑然，刘红岩，袁小平．基坑开挖对临近地下管线运行状态影响分析[J]．工业建筑，2010(40)：686-689.

[4] 魏少伟，张玉芳，郑刚．基坑开挖对坑底已建隧道影响的三维数值分析[J]．土木建筑与环境工程，2013，35(增刊)：112-116.

[5] 汪小兵，贾坚．深基坑开挖对既有地铁隧道的影响分析及控制措施[J]．城市轨道交通研究，2009：52-57.

[6] 侯永茂，王健华，陈锦剑．超大型深基坑开挖过程三维有限元分析[J]．岩土工程学报，2006，28(增刊)：1374-1377.

水磨钻在中风化岩层桩基成孔中的应用

曾勇生　蔡圣昕　王菲菲

（四川准达岩土工程有限责任公司）

摘　要　某小区高边坡挡墙桩基直径大、嵌入中风化基岩深、工期短，由于所处的地理位置限制及地质情况因素，经过多种施工方案分析比较，采用了水磨钻成孔，最终满足了施工进度和工程质量要求，为今后类似工程施工提供了重要的参考借鉴作用。

关键词　水磨钻　中风化岩层　桩基　成孔

随着现代城市化的进程发展越来越快，在丘陵、山区城市建设工程施工中，高回填区或深基坑中设计采用桩基的地方越来越多，而桩基设计中嵌入中风化基岩较深，采用水磨钻施工技术具有进度较快、投入少、产生扰动和震动较小等优点。通过在本工程中风化基岩方桩桩孔施工中采用水磨钻成孔的实例，显示了该施工技术的优越性和适应性。

1　工程概况

拟建的"宏创·龙湾半岛"项目位于四川省某市位置优越。该工程项目主要由18栋24～31层的高层建筑群、1～4层的附属裙楼及地下室组成，其中，高层建筑部分拟采用剪力墙结构，基础形式拟采用筏形基础；商业裙房和地下室部分拟采用框架结构，基础形式拟采用独立基础。

场地地貌单元属于河流的基座阶地向丘陵地貌的过渡地段。

由于工程建设，在场地内形成了高度在6～12m高人工挖填方边坡，为保证边坡稳定，采取桩板墙进行治理，其中，桩为1.5m×2.0m的方桩，进入中风化基岩不少于7.0m，总桩数位71根。

2　工程地质条件

场地岩土主要由第四系全新统杂填土和素填土（Q_4^{ml}）、第四系上更新统冰水沉积层（Q_3^{fgl}）粉质粘土和侏罗系中统沙溪庙组（J_2s）强风化泥岩、中风化泥岩、强风化砂岩和中风化砂岩组成。岩土主要物理力学指标见表1。

地基岩土主要物理力学指标建议值表　　表1

参数值 / 岩土层名称	天然重度γ（kN/m³）	地基土承载力特征值 f_{ak}（kPa）	压缩模量 E_s（MPa）	粘聚力 c（kPa）	内摩擦角 φ（°）
杂填土	18.0	—	—	0	10.0
素填土	18.5	—	—	10	10.0
粉质粘土	19.5	160	6.0	33	17.5

续上表

参数值 / 岩土层名称	天然重度γ (kN/m³)	地基土承载力特征值 f_{ak}(kPa)	压缩模量 E_s (MPa)	粘聚力 c (kPa)	内摩擦角 φ (°)
强风化泥岩	23.0	280	—	50	20.0
中等风化泥岩	24.0	750	—	350	35.0
强风化砂岩	21.0	320	—	40	25.0
中等风化砂岩	22.0	1 600	—	300	38.0

2.1 桩基成孔方案比选

该桩基主要为住宅小区回填高边坡挡墙桩基，两侧为城市交通干道。设计桩基断面为1.5m×2.0m，桩孔深8.0～16.0m，其中，嵌入中风化基岩不少于7.0m。地表以下为素填土、强风化砂岩、中风化砂岩、中风化泥岩。

2.2 施工方案选择

根据地层和设计桩型等条件，桩基施工可采用人工挖孔、钻爆法、水磨钻等工艺措施进行。

2.2.1 人工挖孔

地表以下素填土及强风化基岩采用常规人工进行挖孔，其施工原理为：由人工从自上而下逐层用铲、锹进行，遇坚硬土层及全（强）风化岩石用锤、风镐。但对于中风化泥岩、砂岩的挖除，由于岩体强度高，采用锤、风镐开挖速度慢、效率非常低，平均每天掘进23.0cm左右，无法满足施工工期要求，故该方法对中风化岩层施工不适用。

2.2.2 钻爆法成孔

对于中风化以上基岩采用钻爆法进行成孔，施工进度较快并且工期很能保证，但该桩基施工位置处于城市区域，爆破时对周围建（构）筑物冲击震动较大，同时产生较大的噪声，对附近居民的生活有影响，存在爆破安全隐患，综合考虑上述因素，不宜采用钻爆法施工。

2.2.3 水磨钻成孔

采用“水磨钻”施工，由于该施工技术能够钻进中风化、微风化岩石，具有进度较快，平均每天1.0m、产生扰动和震动小等优点，减少了安全隐患，能满足施工工期要求。

综上所述，选用水磨钻进行中风化基岩成孔施工。

3 水磨钻施工及效果

3.1 施工原理

水磨钻主要由水磨钻机、水磨钻筒和专用水泵三部分组成。一般一个水磨钻机配备3～5个水磨钻筒，一个水磨钻筒上有7个刀头。水磨钻筒外径为160mm，内径为140mm，壁厚度为20mm，高度为620mm，一个循环可钻600mm；专用水泵外径为120mm，高度为400mm。

水磨钻开挖法是采用水磨钻、水电钻破碎开挖，分节进行，每节施工深度为0.6m，施工过程中必须保证钻头处于冷却水中，同时冷却水流保有一定压力对钻头直接进行冲洗，使之不淤钻、卡钻当桩孔内积水较深、影响到钻孔施工时，用水泵将孔内积水抽出，并及时采用通风措施，保证孔内作业人员的安全。作业时电动机带动钻筒在桩孔周边开挖线钻取周边岩芯，使桩孔周围贯通后形成一圈空心槽，然后对剩余的桩基岩芯部分进行分块，在分块的岩石上钻上一排小孔，然后在小孔内锥入钢楔子，捶击钢楔挤压岩石，松动、破碎中间岩体，随即以电动卷扬机出渣取出分裂的岩块。依次按照分层取芯、破裂、取岩块的循环工序，最终达到成孔的目的。施工过程可简单分为钻芯、破碎岩体、出渣3个步骤。

3.2 施工工艺

水磨钻施工一般 0.6m 为一个循环;具体施工的工艺为:确定水磨钻施工起始深度→安装提升设备→水磨钻钻孔取芯→开挖中间临空部分岩石→提升弃渣→桩孔修正及重复挖孔至作业深度。

3.2.1 安装提升设备

当桩孔开挖进入中风化岩层时,采用水磨钻施工方法。首先,在每个井台上搭设钢管支架,井架上安装滑轮,与卷扬机组成提升系统。然后,桩孔开挖出的石方等弃渣装入吊桶或捆绑,用电动卷扬机提升至地面,倒入手推车运到临时存渣场,最后集中统一外运至弃土场。

3.2.2 水磨钻钻孔取芯

沿桩基孔壁四周布置取芯点,芯点外点位于设计桩基边线上,取芯直径为 160mm,依次以外倾角 15°向下钻取外周边开挖线的岩芯,取出的岩芯高约 600mm,外周岩芯取完后中间岩体便形成一个长方形临空面。

3.2.3 开挖中间临空部分岩石

沿桩短边中心线钻取岩芯,将桩芯岩体等分成二等份,每份占桩芯岩体的 1/2,以便于岩体破裂。再用手电钻在桩芯岩体上钻眼,在钻出的孔眼内打入钢楔,用大锤锤击钢楔使岩体获得一个水平的冲击力,在水平冲击力作用下岩石沿铅锤面被拉裂,底部会发生水平剪切破裂,依次分裂岩体,直至该层岩体全部被破裂。

3.2.4 提升弃渣

一次单循环施工作用后,将水磨钻钻出的岩芯依次进行人工装渣、电动提升机出渣,出渣从桩孔的一侧进行,然后插入钢楔,击打钢楔分裂岩石后再进行一次出渣。

3.2.5 桩孔修正及重复挖孔至作业深度

由于水磨钻钻芯后桩基孔壁成锯齿状,为保证有效桩径,要敲掉侵占桩基空间的岩石锯齿。通过锁口护桩在桩孔内标出设计桩中心,检查桩基底部偏位情况并及时纠偏,同时标出下一个循环外周水钻钻孔取芯位置,进入下一循环的挖孔桩施工。

3.3 应用成果及优越性

在采用人工挖孔桩方法挖上部土层及强风化基岩后,进入了下部中风化基岩(包括砂岩和泥岩)的钻进施工,但采用常规人工挖孔桩风镐进行挖基岩的方法,每天进尺仅有 0.23m,在连续几天钻进进尺特别低、功效差、耽误工期的情况下,开始引用水磨钻施工技术,每天钻进 1.20m的情况下顺利完成了 71 根桩基挖孔施工。施工过程中未出现塌孔,无安全事故,有效地保证了安全运行,工期得到了保证,收到了预期的效果。

4 水磨钻施工技术的优越性

从实施效果在中可以看出,水磨钻施工技术具有如下优越性:

(1)低噪声、扰动小、无震动。水磨钻施工作业发出的声音基本上来源于钻取岩体时设备与岩体的磨切响度有限,对附近居民的生活不会构成太大影响。

(2)不破坏岩体,增加了安全保证。水磨钻施工技术基本上不会对岩体造成扰动、破坏,增加了安全保证。

(3)进度较快、工期有很好的保证,同时不受材料供应及环境的影响。水磨钻施工无须使用任何材料,且不受到天气及周围环境影响,确保了施工进度。

(4)成孔质量好,扩孔系数小。水磨钻施工成孔规则,超挖欠挖控制良好,所以可大大降低混凝土的超灌概率，减小了损失。

5 结语

由于本工程采用水磨钻施工技术，最终安全、优质、高效地完成了施工任务。从而显示了水磨钻孔桩具有机具设备简单、施工操作方便、占用场地小、施工质量可靠的特点，可全面展开施工。与人工挖桩相比，施工进度快，可大大缩短工期，同时对周围环境影响小。常用于岩体较坚硬的施工环境，特别适用于离居民房和公路较近的严禁爆破的及施工进度要求快的桩基施工中。

参考文献

[1] 中华人民共和国行业标准. JGJ 94—2008 建筑桩基技术规范[S]. 北京：中国建筑工业出版社，2008.

[2] 徐维均. 桩基施工手册[M]. 北京：人民交通出版社，2007.

[3] 李大纪. 水磨钻在下赶场沟大桥桩基施工的作用[M]. 西南交通科技，2011(8).

复合喷锚网技术在盐湖地区深基坑支护中的应用

张福明　张　勇　赵清荣　张胜民

（总参工程兵科研三所）

摘　要　喷锚支护技术在深基坑支护工程中广泛应用，但是在盐渍土中应用的工程实例较少。结合实际工程，介绍了高压旋喷桩和喷锚网联合在盐渍土地层中深基坑支护的设计和施工方法，期望在处理类似工程问题中起到借鉴作用。

关键词　高压旋喷桩　喷锚网　盐湖地区　支护

1　工程概况

某工程为一选煤装置火车翻车机房储煤仓，位于青海省格尔木辖区察尔汗盐湖。地面高程介于2 682.98～2 681.21m之间。基坑平面呈“凸”字形，基坑开挖最大深度为11.7m，周长339m，工程重要性等级为二级。

2　工程地质及水文地质条件

2.1　工程地质条件

场地地面较平坦，属于以洪积作用为主的洪积平原的前缘，微地貌单元为湖相沉积末端。年平均相对湿度为28%，年平均降雨量为24.7mm，蒸发量达3 495mm；最大冻结深度小于1.05m。在50.00m深度范围内，按照土颗粒大小分类地层主要为第四系洪积湖积(Q_4^{pl+l})粉土为主层，粉质粘土、粉砂与粉土为互层地层，按照土和水的成分分类地层为非溶陷性超氯盐渍土，不具盐胀性，不会冻结，场地可不考虑地震液化的影响。土中含盐量分析结果（平均值）见表1。地下水水质分析结果（平均值）见表2。

土中含盐量分析结果（平均值）（单位：单位：mg/L）　　表1

pH值	总矿化度	Mg^{2+}	Ca^{2+}	SO_4^{2-}	HCO_3^-	CO_3^{2-}	Cl^-	K^++Na^+	OH^-	NH_4^+
6.77	359 057.8	19 536	8 800	10 560	96.99	0	217 402	102 662	0	0.43

地下水水质分析结果（平均值）（单位：mg/kg）　　表2

pH值	总盐量	Mg^{2+}	Ca^{2+}	SO_4^{2-}	HCO_3^-	CO_3^{2-}	Cl^-	K^++Na^+	OH^-	NH_4^+	NO_3^-
7.3	80 898	1 699	8 289	19 548	256	0	27 816	14 784	0		22

2.1.1　地层分布情况

按地基土的岩性特征、成因类型及物理力学性质，将地基土划分为4个主层，其分布范围和岩性特征如下：

(1)粉土①:层底深度0.70～0.90m,黄褐色,含云母,中密～密实,稍湿～湿。土质不均,局部夹有粉质粘土薄层及混有盐颗粒,下部为半胶结的盐晶层,呈块状,颗粒间具孔,局部未胶结,混少量粘性土;摇振反应中等,无光泽反应,韧性低,干强度低,中等压缩性。

(2)粉质粘土②:层底深度1.70～2.10m,黄褐～灰黄色,夹有粉土薄层及局部含少量盐颗粒,无摇振反应,稍有光泽,干强度中,韧性中等,可塑,局部流塑～软塑,很湿～饱和状态;中等压缩性。

(3)粉细砂③:层底深度1.8～8.9m,灰黄色,含云母,中密,局部稍密,饱和。土质不均,局部夹有粉质粘土和粉土薄层,偶见粉土、细砂和粉质粘土透镜体,摇振反应中等,无光泽反应,韧性低,干强度低,中偏低压缩性。

(4)粉土④:层底深度41.30～50m,红褐色～黄褐色,含云母,可塑～流塑状态,很湿～饱和。局部夹有灰黄色粉质粘土、粉细砂和盐晶薄互层,混少量盐粒,无摇振反应,有光泽反应,韧性中,干强度中等,中等压缩性。

2.1.2 地基土的物理力学性质

根据室内土工试验及野外原位测试结果分析,当基坑开挖深度大于3.00m时,应对边坡采取支护措施。设计参数:$c=22\text{kPa}$,$\varphi=20°$,$\gamma=18\text{kN/m}^3$。地基承载力建议特征值f_{ak}及压缩模量(E_{S1-2})列于表3。

地基承载力建议特征值 f_{ak} 及压缩模量 E_{S1-2} 建议值 表3

层号	①	②	③	④
f_{ak}(kPa)	75	90	140	190
E_S(MPa)	3.5	4	6	9.5

2.2 水文地质条件

2.2.1 地下水位埋深

勘察期间,地下水稳定水位深度为0.10～0.20m,属潜水类型,其主要补给、排泄是受团结湖水影响,水位变幅约为0.50m。

2.2.2 土和地下水的腐蚀性评价

根据水质和土的化学分析结果,综合判定场地盐渍土和地下水对混凝土结构具强腐蚀性;对钢筋混凝土中的钢筋具强腐蚀性;对钢结构具强腐蚀性;对钢筋混凝土、素混凝土、砖砌体具强腐蚀性。

2.2.3 渗透系数

据室内所做的各层土的透水性试验,得出的地层渗透系数列于表4。

各层地基土透水性及渗透系数结果 表4

地层	渗透系数 k(10^{-6}cm/s)		透水性评价
	水平(k_h)	垂直(k_v)	
①层粉土	34.78	31.25	弱透水性
②层粉质粘土	7.27	7.07	微透水性
③层粉土	26.77	28.11	弱透水性

3 基坑支护方案

根据基坑周边环境、工程地质和水文地质条件、基坑开挖深度,本基坑安全等级,为了满足基坑的整体稳定性以及不产生涌沙、涌水现象，分别对多种支护方案进行了广泛的调研、试验和详细的论证计算，最后选用了安全经济的高压旋喷止水桩、放坡、花管、锚索、挂网、喷射混凝土和排水联合支护方案，把整个基坑划分为10段，平面图见图1。支护剖面图见图2，支护内容见表5。

各段支护内容表　　表5

支护段	基坑深度 H(m)	支 护 内 容
JA,AB,BC	11.7	7排水平花管，2排锚索，2排竖向花管，5排排水孔，挂网，喷射混凝土，高压旋喷桩长17m
CD,IJ	7.2～11.7	4～7排水平花管，1～2排锚索，1～2排竖向花管，3～5排排水孔，挂网，喷射混凝土，高压旋喷桩长17m
DE,HI	3～7.2	1～4排水平花管，1～3排排水孔，挂网，喷射混凝土，高压旋喷桩长17m
EF,FG,GH	3	1排水平花管，1排排水孔，挂网，喷射混凝土，高压旋喷桩长17m

注：1. 高压旋喷桩直径1 000mm，搭接200mm，采用三重管喷射工艺；
2. 排水孔水平间距均为3m，孔径100mm，孔深0.5m；
3. 施工过程中取消坡高小于设计高度的锚索、花管和排水孔；
4. 锚索倾角为下倾15°，孔径为130mm；
5. DE,HI,EF,FG,GH 段水平花管长度为3m；
6. 在基坑每个角设置一个积水坑。

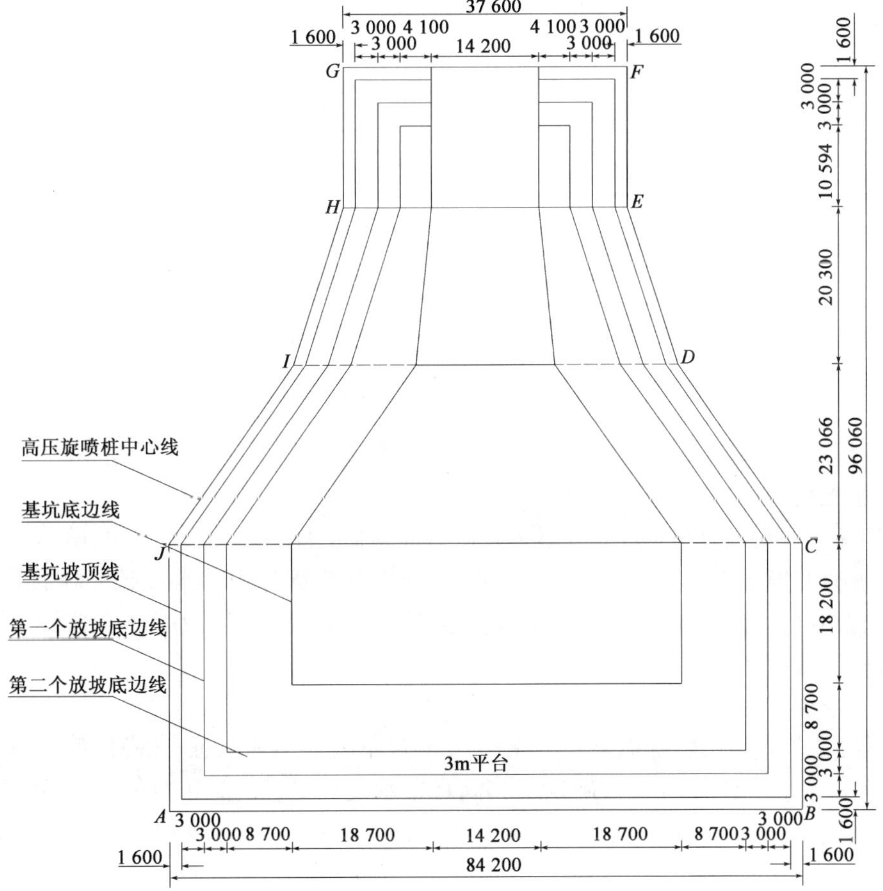

图1　基坑支护平面图(尺寸单位:mm)

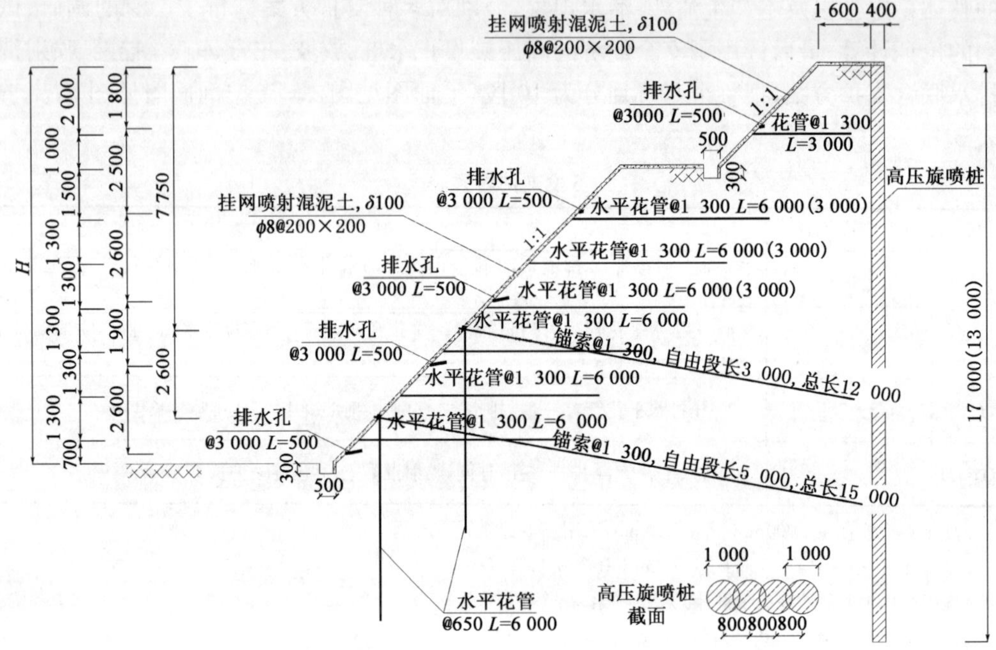

图 2　基坑支护剖面图(尺寸单位:mm)

4　施工

该工程的施工内容主要有高压旋喷桩、土方开挖、花管、锚索、挂网、喷射混凝土、排水孔和排水沟。施工工序见图 3。

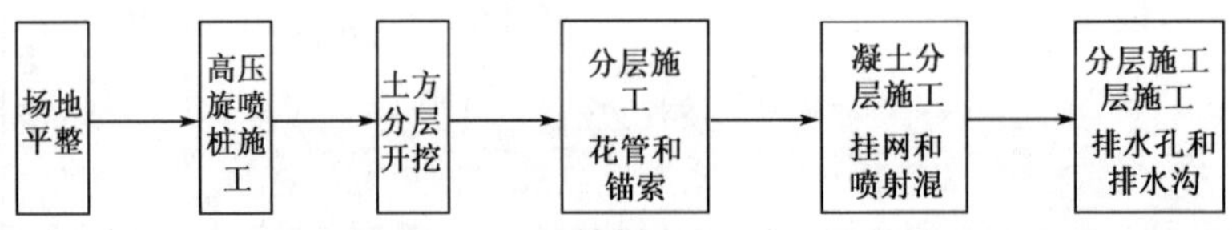

图 3　施工工序图

4.1　施工用水

由于场地地下水中含有大量对混凝土和钢结构有腐蚀性的氯化物($C1^-$)、硫酸盐($SO_4{}^{2-}$)等物质，水泥浆和混凝土搅拌如使用此地下水，不仅影响其凝固时间，而且还能降低其强度，甚至使其呈松散状。因此，在此项目的施工过程中，所有施工用水必须使用符合国家标准的饮用水或《混凝土用水标准》(JGJ 63—2006)。

4.2　高压旋喷桩施工

场地盐渍土不仅成分特殊而且在 0.1～0.2m 以下处于饱和状态，在高压旋喷桩施工前，我们在场地中心进行了三组试验，确定了其满足止水设计要求的施工具体参数为：水泥用量 500kg/m，添加 3%水泥重量的防腐剂，喷头插入预定深度后，应先喷浆，后提升，旋喷旋转 360°提升，转速 8～10r/min，喷射钻杆提升速度 8～9cm/min，进浆比重 1.4～1.5，高压水压力不小于 36MPa，水泥浆流量 60～70L/min，空压机气压 0.7MPa，流量 $1m^3$/min。喷射过程中孔口正常应冒浆，冒浆量 40～70L/min。每孔终喷后，应迅速拔出注浆管，并及时进行回灌，保证孔内浆液面高度不再下降为止。

4.3 花管施工

花管为 ϕ48 壁厚 3mm 的钢管，在距前端 2m 以下，每隔 30cm 钻一直径 0.8cm 的孔，呈梅花形布置，并在每个孔口焊一个注浆孔保护角铁，按照设计长度、位置和角度将花管打入土层。之后，用高压水由内向外对钢管进行冲洗，然后及时注入掺 3%水泥量防腐剂的纯水泥浆，水泥采用 P. O42.5R 级普通硅酸盐水泥，水灰比为 0.45～0.5，注浆压力为 0.5～1.0MPa，注浆量控制在 25～50kg/m 水泥。花管注浆五天后方可进行下一层土体的开挖。

4.4 锚索施工

锚索索体材料采用 2 根 1 860MPA 级 7ϕ5 钢绞线，按照设计位置、长度、孔径和倾角用套管孔，深度达到后立即将加工好的索体送入孔中。索体送入锚孔后及时注浆，浆液同花管浆液，注浆压力小于 0.5MPa，锚索孔孔口冒浆后，一边注浆一边拔套管，然后封堵孔口。锚索腰梁采用 1[20 槽钢，槽钢与基坑边壁之间充填 C30 混凝土，锚索锁定预应力均为 50kN。

4.5 挂网和喷射混凝土

由于场地土质主要为粉土和粉细砂，因此土方开挖后应及时进行花管、挂网和喷射混凝土施工，以保护土体，防止水土流失，造成地面下沉。之后再施工锚索。喷射混凝土厚度为 100mm，强度为 C20，水泥采用 P. O42.5R 级普通硅酸盐水泥，混凝土配比约为水泥∶砂∶石＝1∶2∶2，加水泥重量 3%的防腐剂。网筋采用 ϕ8 圆钢，间距 200mm×200mm。

4.6 土方开挖和排水施工

严格设计坡度和每层花管的高度分层开挖；开挖下层土时，注意对成品的保护；土方开挖后及时施工花管、挂网和喷射混凝土等支护结构，保证基坑安全。

除每个坡面和台阶的排水孔、排水沟和积水井外，在每层土开挖之前，距开挖线 3～5m 以内，每隔 10m 开挖一深度为 2～2.5m 的集水坑，每一坑中放置一台水泵进行排水，目的是将止水桩以内土体中和通过止水桩底渗入基坑内的水排出。

5 基坑支护效果

为了对该基坑支护设计和施工效果进行监测，用监测数据指导现场施工，进行信息化施工，使施工组织设计得以优化，在基坑顶部每隔 15m 安置一个地面的沉降观测点，在高压旋喷桩外侧每隔 15m 安置一个地下水位观测点，共各设置 17 个点。沉降量随监测时间的变化情况如图 4 所示。地下水位变化情况如图 5 所示。

以上数据为每次开挖后的地面沉降观测数据，其他时间的观测数据未列入图 4 内。从图 4 中数据可以看出，每一次开挖后地面均要有一定量的沉降，但最大沉降量均未超过规范允许的 0.004H 值，其中个别数据为负值，是因为此测点位于基坑出土坡道附近，在车辆碾压过程中，地面有轻微的上升。因此基坑支护设计和施工达到了安全稳定的效果。

从地下水位观测数据可以看出，从开挖到基坑支护工作全部结束，高压旋喷桩外的地下水位最大下降量均未超过规范允许的 2m 值，说明高压旋喷桩的止水效果比较明显。

该基坑开挖支护于 2012 年 6 月 27 日开始，2012 年 9 月 17 日结束，并及时完成了 1.5m 厚的砂砾石垫层的回填。从以上地面沉降和地下水位观测数据以及混凝土结构安全施工和土方回填可以看出，本次基坑支护设计和施工达到了预期的目的。

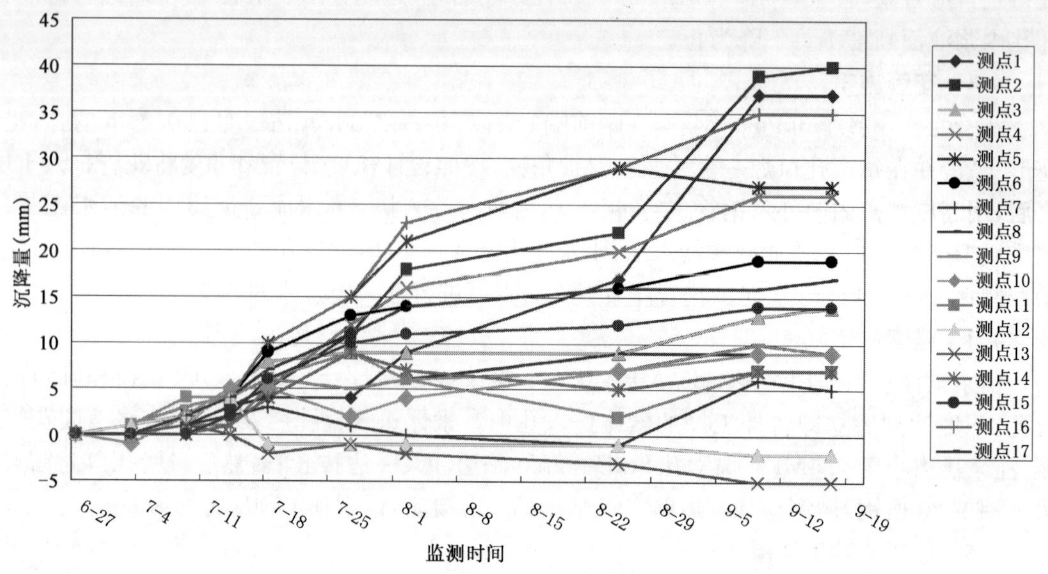

图4 沉降量随监测时间的变化情况

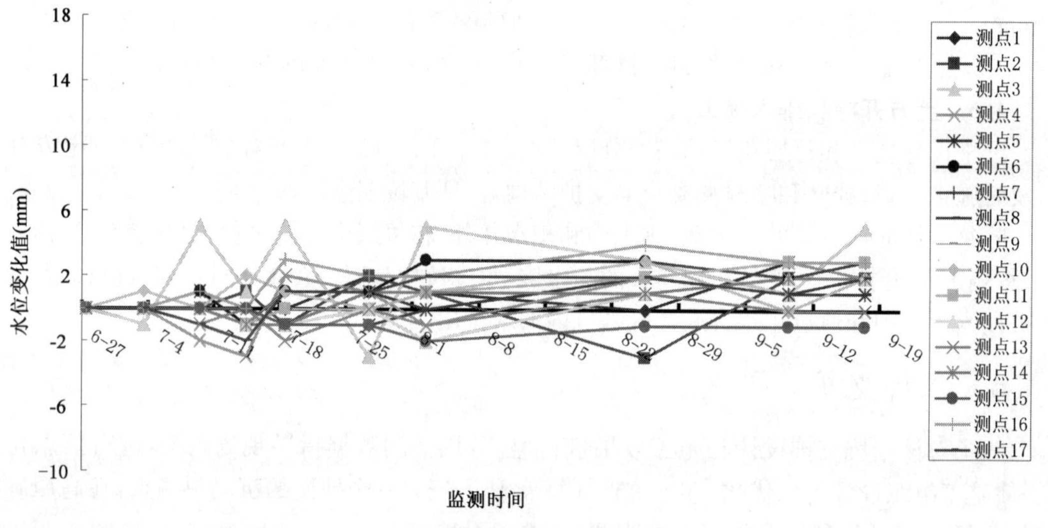

图5 地下水位变化情况

6 结语

(1)在盐渍土地层中进行基坑支护施工的用水应符合国家标准的饮用水或《混凝土用水标准》(JGJ 63—2006)。

(2)高压旋喷桩在施工前,必须进行原位试验,确定适合于所在场地盐渍土和地下水的各个施工参数,但建议水泥用量必须大于原土体重量的30%。

(3)开挖坡度宜1∶1,每层开挖高度宜小于2m,每次开挖长度应按照现场配备的人员和设备情况而定,使开挖后原状土体的暴露时间应小于2h。

(4)混凝土和水泥浆中应掺入水泥重量3%的防腐剂,以减少地下水对其的腐蚀作用,延长使用时间。

参考文献

[1] 青海盐湖工业集团金属镁一体化项目400万吨/年选煤装置区岩土工程勘察报告[R]. 陕西核工业工程勘察院,2011.

[2] 地基处理手册[M]. 2版. 北京:中国建筑工业出版社,2000.

[3] 中华人民共和国国家标准. GB 50497—2009 建筑基坑工程监测技术规范[S]. 北京:中国建筑工业出版社,2009.

[4] 杨晓东. 锚固与注浆手册[M]. 2版. 北京:中国电力出版社,2009.

[5] 闫莫明,徐祯祥,苏自约. 岩土锚固技术手册[M]. 北京:人民交通出版社,2004.

基坑开挖对邻近既有地铁的影响分析

柳　飞[1]　吴炼石[2]

（1. 北京市市政工程研究院　2. 山东省水利勘测设计院）

摘　要　本文以北京地铁邻近的基坑工程为基础，通过数值计算和第三方监测数据，研究基坑的开挖对邻近既有地铁结构的影响。结果表明，邻近地铁新建基坑的开挖会对既有地铁结构产生影响，靠近基坑的部位影响最大，利用数值计算方法可得出不同施工阶段既有结构的变化规律，但现场实测数据小于数值模拟数值，且其竖向变形和横向变形规律与数值模拟结果不尽相同，这与新建基坑现场水文地质条件和施工情况的复杂性及结构本身的特性有关。

关键词　数值模拟　现场监测　基坑　既有地铁

1　引言

近几年，随着城市轨道交通的高速发展，在地铁沿线开发房地产成为常见的工程。在运营地铁区间隧道及车站周围进行任何的岩土工程活动，隧道都会产生相应的变形反应。新建工程将会对既有工程原来的稳定性产生影响，这是由于新建工程的施工引起围岩应力状态再次重分布，从而导致一系列的力学行为变化。既有隧道周边荷载变化引起隧道变形，其内力分布、变形特性和影响因素非常复杂，严重时将导致隧道管片开裂、漏水、漏泥，直接影响到隧道的使用功能和安全性。地铁工程是生命线工程，且投资巨大，一旦出现事故，会造成巨大的经济损失和生命安全危害，因此，对基坑开挖引起的邻近既有地铁结构的影响成为当前研究的新热点[1-2]。

目前，基坑开挖对既有地铁的影响主要利用以基坑工程初步方案为背景，利用有限元软件，通过建立模型和理论计算模拟基坑开挖过程，进而研究其对邻近地铁工程的影响[3-5]。本文以北京地铁邻近的基坑工程为基础，通过数值计算和第三方监测数据，研究基坑的开挖对邻近既有地铁结构的影响。

2　工程简介

2.1　新建工程概况

某建设项目位于北京某地铁车站出口，是一综合性建筑群，由住宅、公寓、商业及地下车库组成，基坑平面尺寸 157m×64m，形状基本规则，基坑深约 10m，基坑支护平面图如图 1 所示。

本区基坑采用土钉墙及钢管桩支护结构，在 3－3 位置，采用钢管桩结合土钉墙的复合支护形式。在 4－4 位置，设置三层锚杆支护。其他剖面均采用土钉墙方式进行支护。图 2～图 3 为基坑支护剖面图。

2.2　既有车站概况

地铁车站设计为地下两层三跨框架结构，采用明挖法施工，顶板覆土厚度约为 3.6m，车站底板埋深 16.6m，共设置四个出入口、两个风道和一个紧急疏散口。该工程主要影响的地铁结构为车站附属出入口、紧急疏散口和风道。

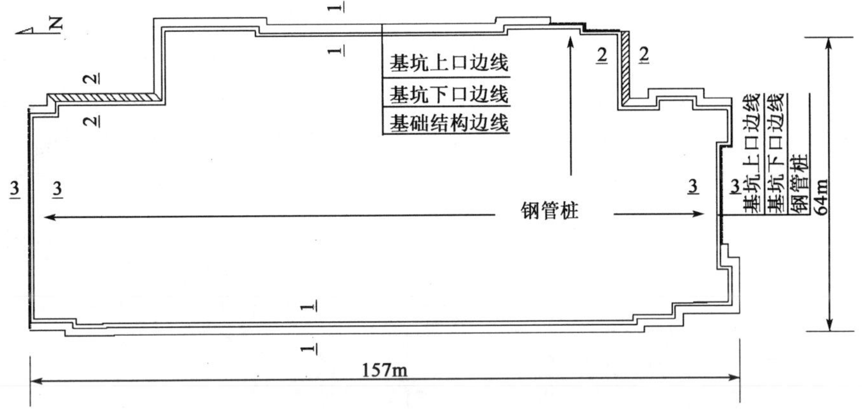

图 1　新建基坑围护平面图

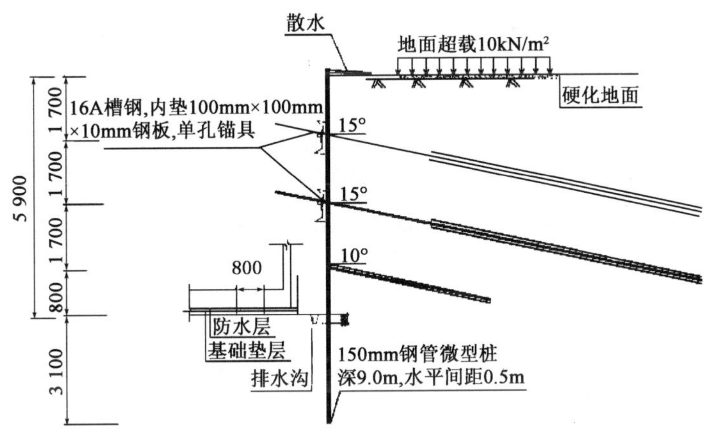

图 2　基坑支护 3—3 剖面图(尺寸单位:mm)

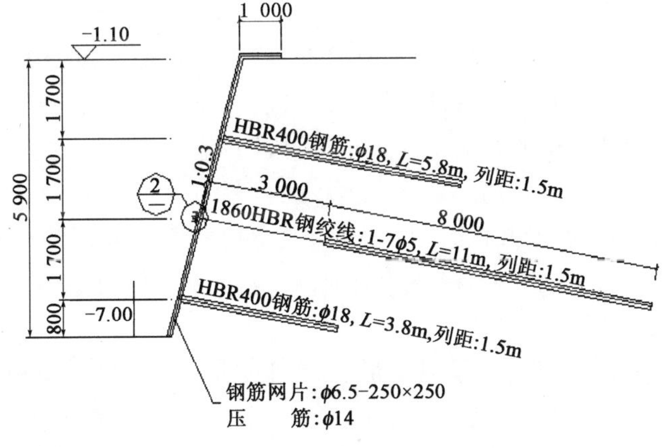

图 3　基坑支护 4—4 剖面图(尺寸单位:mm)

2.3 新建工程与既有工程位置关系

新建基坑与车站附属出入口之间的水平净距约为 15.9m，与紧急疏散口间水平净距约为 15.8m，与风道之间的水平净距为 14.8～16.5m，与车站结构之间净距约为 37.1m，与车站线路间净距位为 40.2m。新建基坑深度为 5.9m，风道底板埋深约为 10.8m，基坑底与风道底板的竖向净距为 4.9m，紧急疏散口底板埋深约为 9.1m，基坑底与紧急疏散口的竖向净距为 3.2m，出入口底板埋深约为 8.1m，基坑底与出入口底板的竖向净距为 2.2m。图 4 为新建基坑与既有地铁结构平面相对位置关系图。

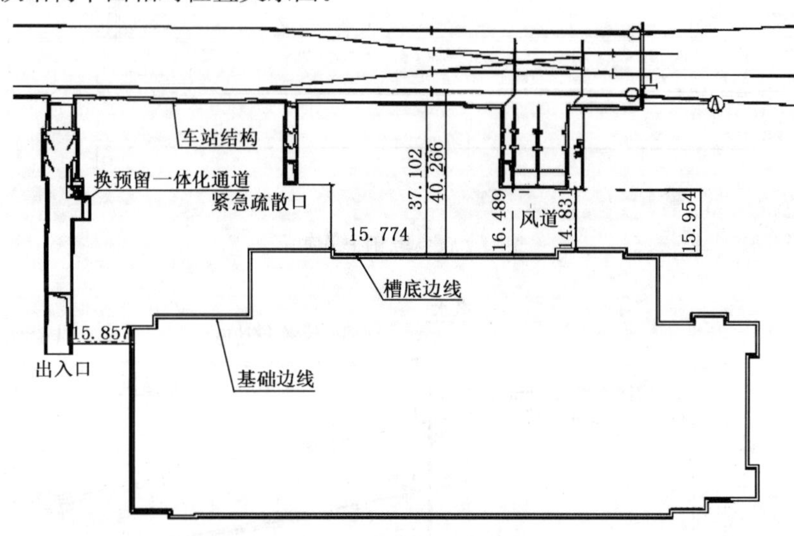

图 4 新建基坑与既有地铁结构平面位置关系图(尺寸单位：m)

3 数值计算

3.1 计算模型

本次计算通过建立三维模型，模拟基坑开挖对出入口、紧急疏散口、风道部分的影响，考虑施工过程中的空间效应，计算模型取长 230m、宽 135m，自地表 40m 厚的土体作为考察范围。重点考察既有地铁结构由于施工产生的变形及受力情况，并分析了其差异性变形。

3.2 施工工况

根据新建基坑的施工步骤，在模型进行计算时，将施工模拟阶段分为 4 个阶段。阶段一：开挖约 2m，施作第一道锚杆及钢管桩部位锚索；阶段二：开挖约 2m，施作第二道锚杆及钢管桩部位锚索；阶段三：开挖约 2m，施作第三道锚杆；阶段四：施加建筑荷载。

3.3 计算结果

通过数值计算，新建工程的开挖会对出入口、紧急疏散口、风道产生的附加竖向变形和横向变形。其中竖向变形为下沉变形，横向变形则偏向基坑开挖侧，且最大变形量发生部位皆位于靠近基坑的侧壁处。

图 5 和图 6 分别为不同部位的竖向变形和横向变形。在各施工阶段，出入口、紧急疏散口、风道均产生了竖向变形和横向变形，且随着施工进程，其变形量逐步增大。根据图中数据显示，在同一施工阶段，出入口的附加变形量最大，风道的附加变形量最小，而紧急疏散口的附加变形量居中。如前所述，这三处的基坑深度及支护方式基本相同。新建基坑与车站出入口之间的水平净距为 15.9m，与紧急疏散口间水平净距约为 15.8m，与风道之间的水平净距为

14.8～16.5m。因此，基坑与各计算部位的水平净距也基本相同。另一方面，新建基坑底与风道、紧急疏散口和出入口底板的竖向净距分别为 4.9m、3.2m 和 2.2m，随着竖向净距的减小，结构的竖向变形和横向变形增大。即对于新建基坑，周围既有结构的埋深越大，受其影响越小。

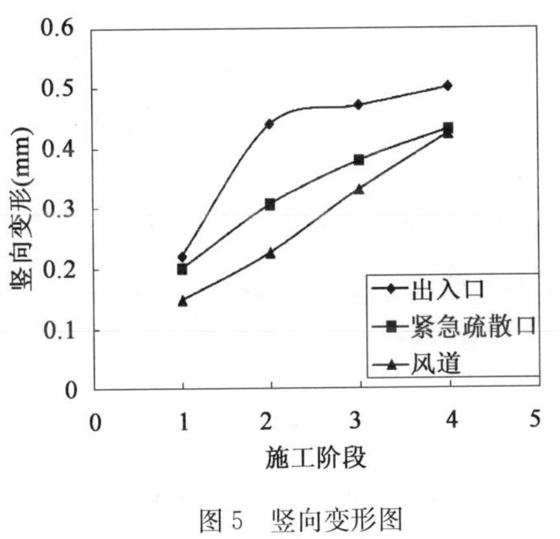

图 5　竖向变形图

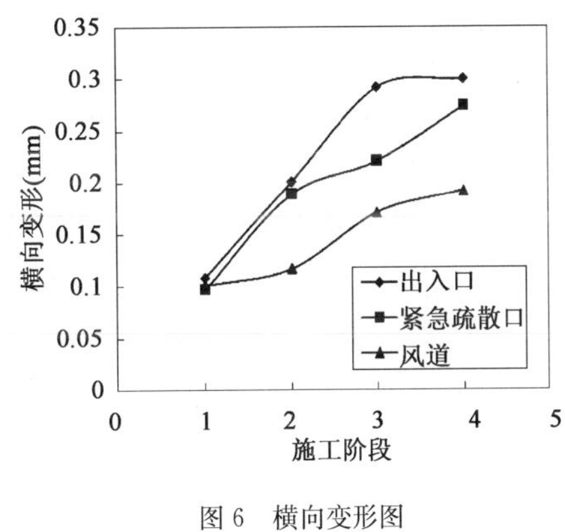

图 6　横向变形图

4　现场监测

由于岩土参数的复杂多变性和基坑施工参数等在一定程度上的变异性，仅通过数值模拟的方法并不能准确模拟实际施工情况，因此，需要利用专业设备对现场情况进行监测。现场监测能够准确及时的反映新建工程对既有结构的影响，并对新建工程及其周围既有建(构)筑物的异常变形及时报警，使有关各方能及时做出反应，避免发生事故。同时利用现场监测数据也可对数值模拟进行验证。

本工程在出入口、紧急疏散口和风道处布设竖向沉降监测点和横向变形监测点，并根据工程的进度；周期性地进行现场监测。三处既有结构的最大竖向和横向变形都发生于靠近基坑的侧壁处，且竖向变形为下沉变形，横向变形则偏向基坑开挖侧。

图 7～图 8 分别为竖向变形和横向变形的现场实测数据与数值模拟数据对比图，图中实线为数值模拟数据，虚线为现场实测数据。由于现场仅仅进行了开挖过程的监测，因此只对前三个施工阶段的数据进行分析。从图中可知，现场实测数值与数值模拟规律相同，出入口、紧急疏散口和风道实际的竖向变形和横向变形随着施工进程增大，且现场实测的变形值小于数值模拟的变形值。

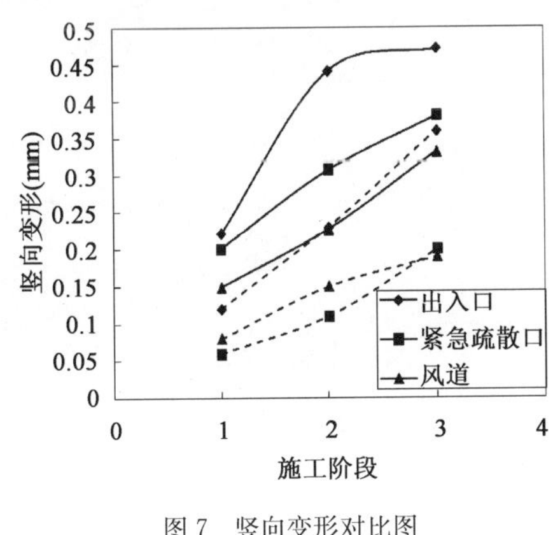

图 7　竖向变形对比图

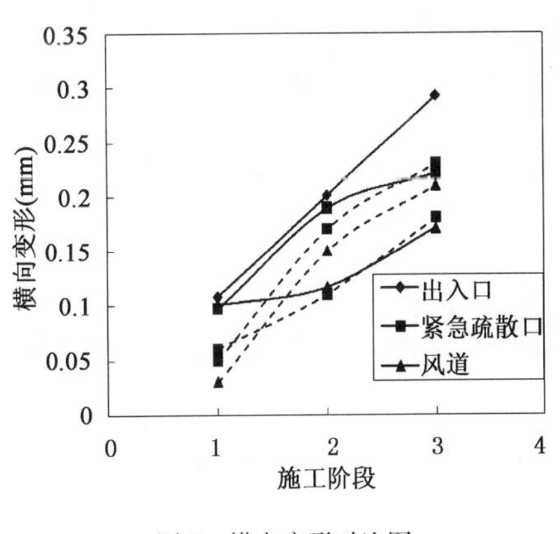

图 8　横向变形对比图

另一方面，竖向变形和横向变形最大的为出入口，最小的为紧急疏散口，风道的变形居中。这与数值模拟的规律不同，这与新建基坑现场水文地质条件和施工情况的复杂性以及结构本身的特性有关。

5 结语

(1)邻近地铁新建基坑的开挖会对既有地铁结构产生影响，靠近基坑的部位受影响最大。

(2)利用数值计算方法可得出不同施工阶段既有地铁结构的变化规律，且随着新建基坑与既有结构竖向净距的减小，结构的竖向变形和横向变形增大。

(3)现场实测数据小于数值模拟数值，竖向变形和横向变形不随新建基坑与既有结构竖向净距的减小而增大，这与新建基坑现场水文地质条件和施工情况的复杂性以及结构本身的特性有关。

参考文献

[1] 刘兵，叶敬彬，余晓琳，等.基坑开挖对邻近地铁影响的计算分析[J].科学技术与工程，2009，9(23)：7222-7225.

[2] 张明远.基坑施工对邻近地铁隧道变形的影响研究[J].岩土力学，2011，3.

[3] 高广运，高盟，杨成斌，等.基坑施工对运营地铁隧道的变形影响及控制研究.岩土工程学报，2010，32(3)：453-458.

[4] 朱正峰，陶学梅，谢弘帅.基坑施工对运营地铁隧道的变形影响及控制研究[J].地下空间与工程学报，2006，2(1)：128-131.

[5] 曾远，李志高，王毅斌.基坑开挖对邻近地铁车站影响研究[J].地下空间与工程学报，2005，4(1)：642-645.

暗渠两侧深基坑支护方法应用与探讨

张启军

(青岛业高建设工程有限公司)

摘　要　暗渠坐落于砂土地层,两侧均开挖深基坑。本文论述了深基坑采用旋(摆)喷桩插管与对穿锚索进行支护及其在实施过程中遇到的问题和处理方法;探讨了临近暗渠深基坑的支护方法,为该条件下深基坑支护技术的发展提供了宝贵的实践经验。

关键词　渗漏　旋喷桩　微型桩　对穿锚索

1　引言

城市地下管网是城市的生命线,地下暗渠是污水、雨水的汇集通道,大部分暗渠随坡就势建设于既有河道处,地质条件差,由于设计的缺陷,造成几乎所有暗渠都存在渗漏严重以及结构抗变形能力差的问题。由于城市化进程的加快以及汽车工业的发展,城区内高层建设迅速,高层楼房下部地下停车场是必须建设的,形成城区深基坑,而且,城区紧邻暗渠的深基坑越来越多,该条件下的支护技术成为一个课题。

青岛颐中科技广场二期广场横贯一条雨水暗渠,暗渠两侧均开挖深基坑,工程中采用了"旋(摆)喷桩插管+对穿锚索"的支护方法,对在方案实施过程中遇到的一些问题进行了动态设计,对该类情况的支护方法及注意事项进行了探讨。

2　工程概况

青岛颐中科技广场二期位于市北区辽宁路以西,桓台路以北,场区中间横贯一条暗渠,宽度 8m,深度 4m,暗渠两侧均开挖深基坑,基坑深度 11m。

暗渠以下地层情况:

(1)粉质粘土层厚 5m,可塑。

(2)中粗砂层厚 2m,稍密～中密。

(3)花岗岩强风化带层厚 1.0m,散体状构造。

地下水稳定埋深 2.0m,场区年水位最大变幅 1m。

3　支护方法

对暗渠两侧采用旋(摆)喷桩、插管超前支护,然后逐层开挖施工,对穿锚索锚拉固定:高压喷射一桩一摆,桩摆间距 1.3m,喷射孔内安设钢管 $\phi108$。暗渠以下共设 4 层对穿锚索,水平间距 2m,,锚索端部设腰梁 250mm×250mm,施加预应力 50kN,详见图 1 和图 2。

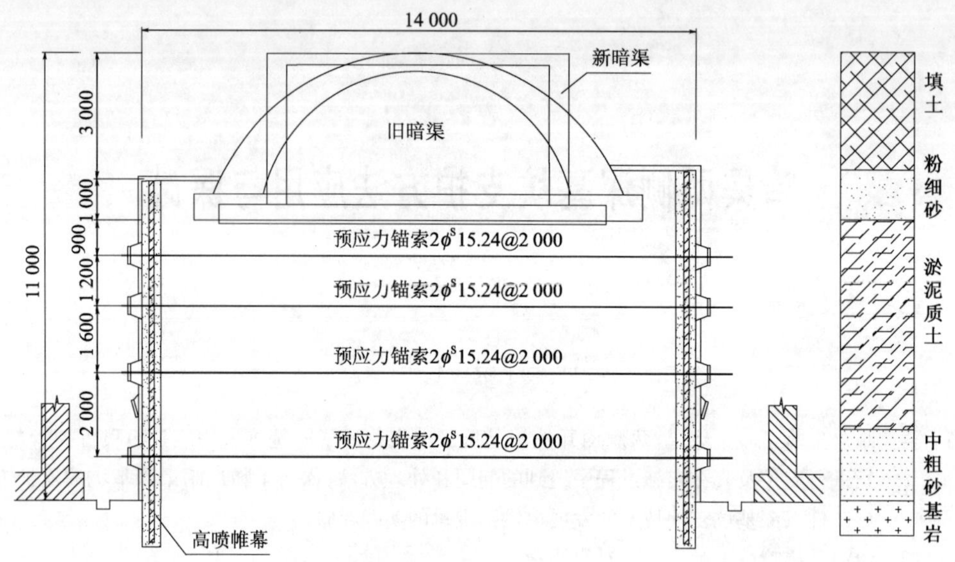

图 1　暗渠两侧支护剖面图(尺寸单位:mm)

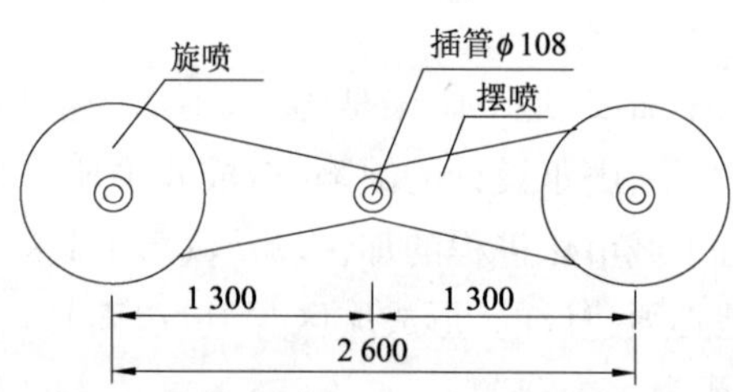

图 2　旋(摆)喷桩插管截面(尺寸单位:mm)

4　施工中的问题及处理方法

暗渠 D 区一侧高喷桩部位分布有大量块石,开挖时由于水泥胶结块石的连带作用将帷幕破坏,该处正位于新旧暗渠交界处,由于暗渠接缝处处理粗糙,透水十分严重,经过设计与现场技术人员分析确定,处理方案如下:

(1)对已开挖部分马上组织回填,降低透水继续对暗渠侧壁的破坏作用。

(2)暗渠内新旧暗渠接口处渠底(长度不小于 6m 范围)铺设厚薄膜,四边用水泥袋压实,两侧向上延伸至暗渠顶部固定,减少渠底渗漏,详见图 3。

(3)对已经偏移帷幕桩部位(约 12m 长度范围),在帷幕与暗渠之间打设一排微型桩,孔径 ϕ400mm,间距 1.0m,桩端至中风化岩为止,孔内压力注 1∶1 水泥(P. O32.5 级)砂浆,为提高早期强度,砂浆内掺加超早强剂,桩筋采用 2 根 ϕ89 钢管,桩顶每 1.3m 钢管两面用 2 根 10 号槽钢与帷幕插管 ϕ108 焊接,详见图 4。

(4)对穿锚索施工调整开挖方式,靠近帷幕桩体 3m 宽度范围预留钻机钻杆高度土层台阶,避免一次开挖深度过大,增加基坑内侧对帷幕桩的抵抗力。

(5)暗渠两侧顶部均增加一层斜向预应力锚杆 ϕ25mm(配以腰梁),孔径 130mm,预应力 50kN,自由段 6m,倾角 18°,锚杆长度 15m,锚固端在对面开挖出露焊接螺栓,加设垫板螺母拧紧。

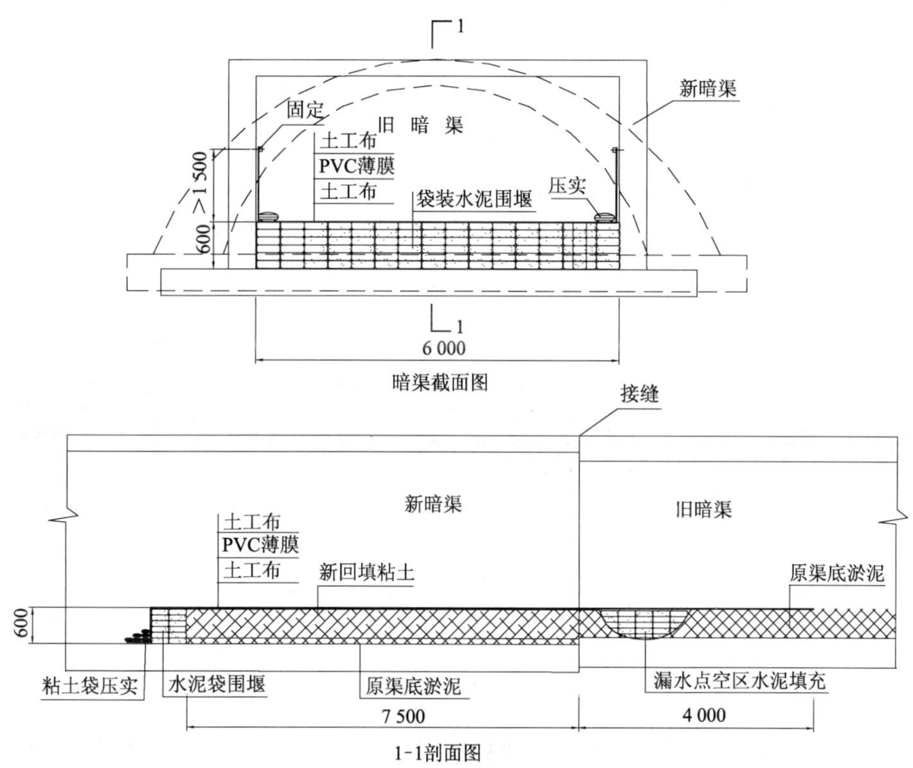

图 3　暗渠降低渗漏处理图(尺寸单位:mm)

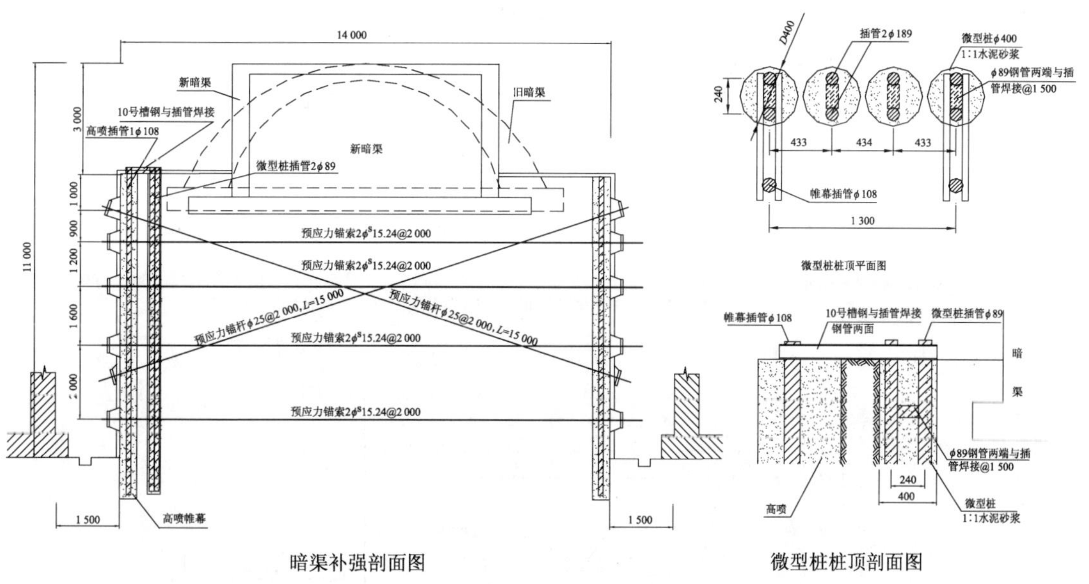

图 4　$C—C$ 单元局部补强设计图(尺寸单位:mm)

5　监测情况

该基坑监测主要有以下内容:

(1)两侧侧壁坡顶水平位移及垂直位移;

(2)暗渠两侧基础沉降监测;

(3)暗渠开裂状态(位置、裂宽)观测；

(4)锚杆轴力监测。

在第一层支护完毕后开始布设基准点及监测点,基准点要求布设于受基坑影响较小的外侧。监测主要控制数据:坡顶边缘水平位移报警值为基坑深度的3‰。支护施工阶段,每天监测1~2次,支护完毕后,适当减少监测次数。

暗渠沉降设了6个监测点,最大沉降7mm,变化趋势一致,不均匀沉降较小,没有影响暗渠的使用。沉降变化监测见图5。

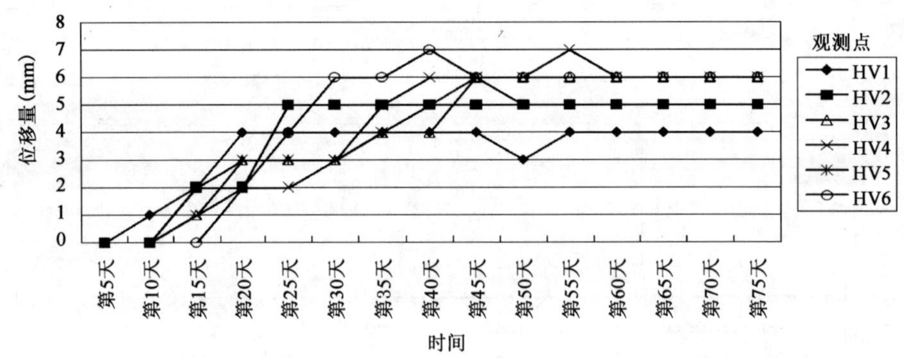

图5　暗渠沉降变化图

锚杆预应力监测设了4个监测点,变化较小,其中1号、2号监测数据见图6和图7。

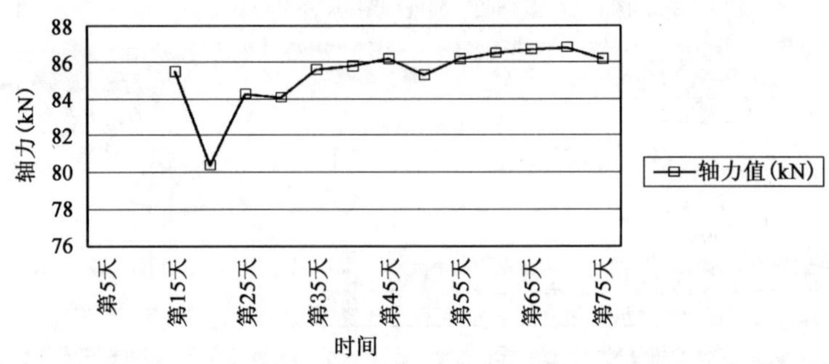

图6　1号锚杆轴力监测变化图

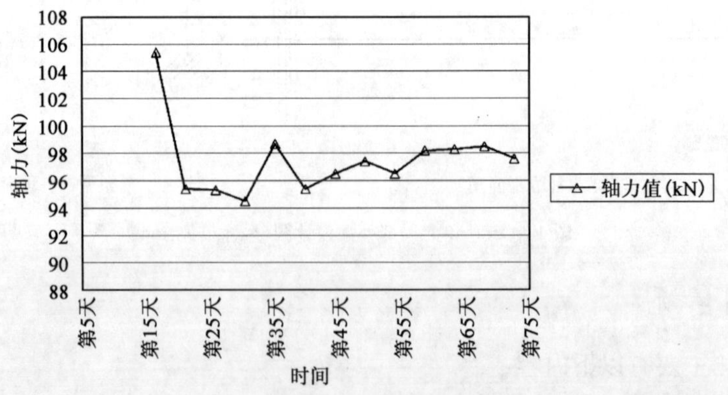

图7　2号锚杆轴力监测变化图

支护施工过程中正值雨季，暗渠 D 区一侧发生透水事故时，暗渠结构出现 1mm 左右的裂缝，采用仪器观测和裂缝处贴监测纸用钢尺测量的方法，经过回填补强处理后，结构裂缝没有发展。

6 结语

（1）采用加筋水泥土桩结合对穿锚索，对暗渠两侧进行加固，是一种可行的方案，该方法无震动，对暗渠结构影响小，但一定要仔细勘察地层情况，保证水泥土的搭接良好，有一定强度，否则还是有一定风险。

（2）水平对穿锚索结合斜拉对穿锚索在暗渠下进行加固，使支护结构的整体更加稳定。

（3）由于暗渠本身质量要求特点，通常底板渗、透水较严重，因此对靠近暗渠的基坑，应特别注意暗渠渗、透水的影响。

（4）当基坑出现局部问题时，现场技术人员应马上反应，立即回填控制，采取应急措施是保证基坑安全的关键。该工程充分说明了基坑工程动态设计、信息化施工的重要性。

基坑降水引起周边房屋沉降开裂原因分析

刁天祥

（中铁隆集团工程有限公司）

摘　要　通过对基坑开挖引起邻近房屋开裂沉降原因的分析，加深施工环境对工程的影响认识，加强早期工程施工技术措施的预控，对提高工程的安全管理、避免类似事故的发生具有重要意义。

关键词　基坑　降水　渗水　沉降　摩擦桩

1　工程概况

1.1　设计情况

深圳地铁一号线延长线某地铁区间隧道位于新湖路下，为双洞单线，线间距为 15.4～20.4m。隧道最大净宽 5.8m，净高 6.235m，开挖断面约 35.75m²，隧顶埋深 10.5～20.6m，沿线路前进方向逐渐加深。线路最大坡度为 25‰。其中区间隧道渡线段长 83.1m，深 17m，为明挖法施工，围护结构为 800mm 厚地下钢筋混凝土连续墙，连续墙深入基底强风化花岗岩 5m，基坑设置三道钢支撑，基坑采用坑内管井降水。

1.2　工程地质情况

区间场地位于海冲积平原、台地，上覆第四系填土、海沉积淤泥、海冲积淤泥质粘土、粘性土、砂层，坡洪积粘性土，全风化花岗岩，强风化花岗岩。基坑基底位于全风化及强风化花岗岩岩层，连续墙深入强风化花岗岩。

1.3　水文地质

本场地地下水按赋存条件分为孔隙水与基岩裂隙水。孔隙水主要赋存于第四系砂层及粘性土和全风化花岗岩中，基岩裂隙水主要赋存于花岗岩强～中等风化层中，略具承压性。初勘期间地下水位埋深 5.0～9.5m，水位高程 3.06～7.07m，水位变幅 0.5～2.0m，主要靠大气降水补给。

1.4　周边建筑物

明挖段区间隧道位于新湖路下方，新湖路两侧房屋密布，北侧为正维电子有限公司，南侧为碧海湾花园。隧道开挖边线距离道路两侧房屋水平距离仅为 9.85～19.71m。碧海湾花园房屋基础为沉管灌注桩基础（桩长 15m），桩端持力层为砂质粘土层，桩底距基坑基底以上 2～4.6m。正雄电子有限公司房屋为钻孔桩基础（桩长 20m），桩端进入强风化花岗岩层 1.5m，桩底距基坑基底以下 3m。

2　基坑施工情况

基坑采用坑内管井降水，开挖遵循“竖向分层、水平分段、随挖随撑”的原则组织施工。

基坑开挖一个月到底并施作垫层混凝土。开挖期间，墙面干燥、无渗漏水、地下连续墙接头无开裂、无渗漏水。基坑开挖期间遇强台风暴雨。基坑支撑均能及时架设。但基坑刚开挖到底，碧海湾 11 号楼变形缝装修层出现两条竖向裂缝。

3 监控量测情况

地连墙最大水平变形位移为 24.2mm，明挖渡线基坑施工引起毗邻的碧海 11 号楼最大沉降 42.2mm。正雄电子有限公司房屋沉降在允许范围内，差异沉降也未超标，房屋未出现开裂。碧海湾小区房屋监测数据见表 1。

碧海湾房屋监测数据表 表 1

点号	FW1	FW2	FW3	FW4	FW5	FW6	FW7	FW8	FW9	FW10	FW11	FW12	FW13	FW14	FW15	FW16	FW17	FW18
沉降数值(mm)	7.2	8.9	0.2	0	13.6	18.5	13	1.4	42.2	37.8	2.7	0.7	0.7	2.5	8.4	7.5	0	0.5

4 楼房开裂情况

主要是房屋倾斜导致沉降缝张开开裂，部分梁柱结合处出现开裂，楼房开裂情况如图 1 和图 2 所示。

图 1 碧海湾 11 号楼变形缝两侧竖向裂缝

图 2 变形缝位置结构柱裂缝

5 开裂原因分析

基坑开挖引起邻近房屋开裂，主要是房屋差异沉降过大所致，发生原因众多，综合各种情况，主要原因分析如下。

(1)地下水土损失是导致建筑物不均匀沉降的主要原因

采取坑内降水的措施，基坑采取地下连续墙作为围护结构，能够控制围护结构失水的问题，但连续墙插入强风化的花岗岩中，强风化岩层渗水性比较强，围护结构虽然不透水，但毕竟连续墙插入深度有限，并且围护结构基底下未有止水措施，基底处于全风化及强风化岩层中，该层渗透系数达 1～5m/d，基底未有隔水层，随着基坑开挖深度的增加，基底易形成内外渗水通道。基坑内降水，使坑内水位降低，内外水位高度不同，水位压力差的原因，基坑外水绕过连续墙进入基坑，导致基坑外地下水位降低，地层土体颗粒有效应力增加，土体空隙被压缩，引起基坑外房屋下土体失水固结沉降，是本次事件发生的主要原因。

处置措施：加大连续墙的基底埋置深度或在连续墙下加设一定深度的止水帷幕，减小基坑内外的渗水量。

(2)地质特性认识不够

深圳地质特别是粒质及粉质粘性土、全风化花岗岩空隙大,含水率高,对水敏感性极强,失水极易发生地层沉降。从地质图中看到,海湾小区的地下地层地质分布极不均匀,这也是11号房屋设置变形缝的原因,不均匀地层失水极易发生不均匀沉降,造成房屋基础的差异沉降,导致房屋发生倾斜开裂。

处理措施:加强对工程周围环境的地质及建筑物的特性认识,把握工程特点。

(3)房屋基础摩擦桩基对持力层的水土平衡敏感,对桩基受力情况认识不够重视

毗邻建筑物桩基较近,地层水土损失易导致桩基摩擦力减弱,致桩基不均匀沉降。毗邻建筑物大多修建于十年前,桩基多为沉管灌注桩,属摩擦桩,抗差异沉降能力差;对地下水土损失反应极为敏感,稍受扰动即会不均匀沉降、开裂受损,危及其结构安全。碧海湾房屋桩基坐落在粉质粘土层上。对于欠固结土及压缩性较大的土体,因降水而使桩周土体有效应力增加而固结沉降,使桩产生负摩擦力,影响桩的正常受力。研究表明桩基础在使用阶段负摩擦力可能产生非常大的下拉荷载和沉降,尤其产生的不均匀沉降对基础危害最大。同样的基坑,而正雄电子有限公司房屋,由于桩基进入到基底下的强风化层持力层,地层失水对桩基的影响很小,房屋变形也就小。加深对未进入稳定持力层的摩擦桩的工程特性认识,提高对可能出现问题的预见性,提高对环境问题的把控能力,做到安全施工。

(4)施工对基坑外水位变化引起的后果不够重视

对于失水固结敏感地层,深基坑施工,基坑内降水需要对基坑外土体水位变化进行监测控制,保证房屋下土体水位正常,保持基坑外土体水土平衡,是确保建筑物不发生过大沉降的重要因素。可能认为围护结构是连续墙,一般不会导致基坑外土体失水,施工及设计人员对基坑外地下水位变化也就不够重视也是造成此次事件的一个原因。城市复杂地区施工,加强环境保护意识,增强地下水对环境沉降的影响认识。

(5)施工控制不到位

对于刚性比较大的基坑连续墙,侧向变形达到24mm,数值较大,说明基坑的支撑架设与基坑开挖未保持同步,造成基坑超挖未及时架设基坑支撑引起连续墙侧向变形过大,基坑外土体产生移动沉降,这也是造成基坑外地层沉降的一个因素,需要在基坑开挖时及时架设支撑,保证围护结构及周边土体的稳定,避免因围护结构发生侧向位移而使基坑外土体发生移动沉降。规范施工行为,严格标准化施工管理。

(6)监控量测数据分析不敏感,未有效指导施工

施工控制应结合监测数据的变化,调整施工措施,控制环境的恶化,及时结合环境进行监测数据的分析,对于11号楼,若及早利用监测数据分析11号楼发生的不均匀沉降,随时注意观察基坑施工对房屋的影响及早采取技术措施进行控制,设置预警报警目标值采取措施控制差异沉降数值,就不会造成墙体开裂的后果。

(7)对既有房屋结构抗变形能力认识不足

事后据了解,该房屋当时交验时就存在一些质量问题,造成房屋结构抗变形能力差,按照一般的框架房屋估计房屋的抗变形能力,存在对工程环境风险了解和认识不足。

6 结语

(1)对于失水沉降的敏感地区,对降水施工要进行认真的可行性分析。

(2)对于基坑底及围护结构基底没有隔水层的地区，进行坑内降水，都要引起高度的重视，坑内降水将影响到基坑外的水位变化，需要采取可靠的措施保证基坑外的水位保持稳定。

(3)粘土层中的摩擦桩，特别是桩端未进入稳定持力层的摩擦桩，这类桩对地层岩土变位比较敏感，要考虑降水对其受力的影响，保证桩体周围土体的水土平衡，保证桩体发挥正常的受力。

(4)施工前要对周围环境进行认真的调查和研究，对施工的地质条件和环境条件要认识到位，根据地层的特性编制有针对性的施工方案。

(5)加强施工管理，及时架设支撑，维护工程围护结构与周围土体的受力平衡，重视监控量测工作，真正让监控量测工作指导施工，及时分析数据，及早发现和处理施工过程中存在的问题。

参考文献

[1] 马恩，赵永，张景魁. 建筑物桩基础负摩擦力研究[J]. 四川建筑，2004(03).

[2] 赵明. 基坑开挖降水对周围建筑物沉降影响的研究[J]. 山东大学，2009:1-99.

[3] 李灵修. 基坑降水对周围建筑物不均匀沉降的影响[J]. 城市建设理论研究，2012(1).

浅谈在泥岩砂岩地质状况下地铁基坑围护桩施工工艺

于　翔

（中铁隆工程集团有限公司）

摘　要　本文从南宁轨道交通1号线一期工程01标石埠站明挖基坑围护桩施工出发，论述了在泥岩、砂岩地层中，选用旋挖钻机干法施工、水下混凝土灌注的施工工艺中遇到并解决了钻头磨损、混凝土灌注、流沙夹层特殊地质问题的处理，从而满足了本工程对围护桩施工的质量、进度及文明施工的要求。

关键词　泥岩砂岩地质　旋挖钻干法施工　软弱地层　流沙　超长钢护筒

1　引言

本标段工程由一站一区间构成，即石埠站与西乡塘停车场－石埠站出入场线。

(1)埠站位于大学西路上，沿大学西路北侧半幅道路下呈东西方向设置，地下双层侧式站台车站，明挖法施工。车站起止里程SK0＋54.90～SK0＋495.600，总长440.7m，标准段外包宽度25.8m。

石埠站主体结构采用明挖法施工。基坑围护结构采用“排桩＋内支撑”的支护方式，车站基坑的安全等级为一级。围护桩直径ϕ800mm，桩间距为1.1/1.2m，总数量为850根。

(2)西乡塘停车场－石埠站出入线区间讫止里程：RDK0＋150.1～RDK0＋625.0；区间长474.9m，RDK0＋150.1～RDK0＋410里程段采取矿山法施工，长度259.9m；RDK0＋410～RDK0＋625里程段采用明挖施工，长度215m。

区间明挖段基坑围护结构采用“排桩＋内支撑”的支护方式，围护桩直径ϕ800mm，桩间距为1.2m，总数量为382根。

2　地质情况

本工程地质情况较为简单，无不良地层，自上而下依次为：人工填土层、粉质粘土、粉细砂、粉砂质泥岩、泥质粉砂岩及细砂岩，围护桩体大部分处在粉砂质泥岩、泥质粉砂岩及细砂岩中。

3　施工工艺比选

根据施工勘察图显示，工程施工区域内地质主要以粉砂质泥岩、泥质粉砂岩和细砂岩为主，具有强度大，含水率小的特点。同时，本工程地处南宁市邕隆路与大学西路西沿长线路口东侧半幅道路下，需要对原有道路进行导改，施工场地狭小。

在强度较大的砂岩地质中进行桩基施工，传统施工方法是采用冲击钻成孔，水下混凝土灌注的工艺。为满足施工进度及文明施工要求，项目部采用旋挖钻机成孔，首先在基坑范围内选取合适位置进行了钻孔试验，通过实际钻孔试验得出数据与冲击钻进行对比。

经过比选，旋挖钻机干成孔的施工工艺具有无须拌制泥浆、成孔时间短、成孔质量容易控制、清理沉渣方便的优势，项目部最终采用旋挖钻机配合金钻头进行围护桩施工。

本工程砂岩地质内含有滞留水层，成孔后孔底会出现积水现象。经试验，在成孔 2h 内孔底有较少的积水，6h 后孔底积水达到 1m 左右，为保证围护桩混凝土灌注质量，采用水下混凝土导管法进行混凝土灌注。

4 主要施工工艺

旋挖钻孔桩施工工艺流程见图 1。

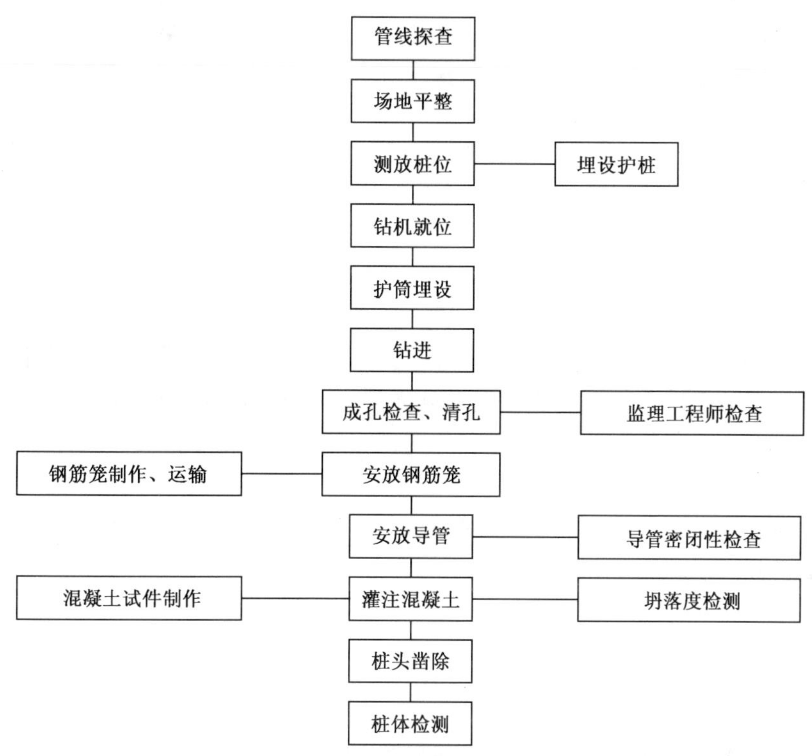

图 1　旋挖钻干法成孔灌注桩施工工艺流程图

4.1 管线探查

本工程车站规划在现有道路下，道路范围内地下管线众多，围护桩正式施工前请物探单位进行管线探查。同时，采用人工挖 2m 深探沟的方法来探查管线，标明管线准确位置及埋深，以避免围护桩施工过程中造成管线破损事故。

4.2 场地平整

将围护桩施工范围内的道路上层硬化破除，机械就位区域平整完成。

4.3 测量桩位

测量人员将围护桩中心测放到位，由桩中心点放出十字形控制线，设好护桩。

4.4 钻机就位

在引桩埋设完成后，根据实际施工场地情况选择钻机就位的方向，钻机就位场地应平整、坚实，避免出现钻机失稳状况。钻机就位后应立即检查钻杆垂直度。

4.5 埋设钢护筒

钻机就位后，埋设ϕ1 000mm、壁厚10mm、长度1 500mm的钢制护筒，护筒埋设好后，采用粘土将护筒底部及周围回填密实，防止护筒悬空而坍孔。护筒埋设过程中，应随时检查定位情况，保证护筒中心线垂直且与桩中心重合，护筒埋设偏差控制在±50mm，露出地面300mm。

4.6 钻孔

旋挖钻机钻头采用特殊定制的合金钻头，开钻时应均匀慢速钻进，待钻头全部进入地层后，方可加速钻进。钻进过程中严格控制桩身垂直偏差，桩顶中心线偏差不得超过50mm，钻孔过程中必须注意孔壁土体的稳定，防止坍孔。经常检查合金钻头的磨损情况，及时更换钻头，施工人员及时填写钻进记录。

4.7 成孔检查、清孔

在钻孔达到设计深度后(孔深用测绳测量)，紧接进行孔底清理，必须在设计深度处进行空转清孔，完成后提出钻杆，注意在清孔时不得加深钻进，提钻时不得回转钻杆，清孔后再次用测绳测量深度，孔深满足设计要求后向监理工程师报检、验孔。

4.8 吊装钢筋笼

钢筋笼采用运输车辆由加工场运至成孔地点，采用汽车吊扁担法起吊，起吊点在钢筋笼上部箍筋与主筋连接处，共设置4个吊点，且吊点对称。下笼时由人工辅助对准孔位，保持垂直、轻放、慢放，避免碰撞孔壁。下放过程中若遇到障碍立即停止，查明原因进行处理，严禁高提猛放和强制下入。

4.9 安放导管

导管采用直径250mm的钢管，使用前需试拼装。为保证导管密闭质量，要求最下部必须采用4m长的整管，导管最下端距孔底高度为300～500mm。

4.10 混凝土灌注

在漏斗内放入首批混凝土，(首批混凝土不应小于1m^3)松开漏斗，浇筑首批混凝土，使导管埋入混凝土中深度不小于1m，首批混凝土浇筑正常后，连续不断浇筑。

浇筑过程中用测锤测探混凝土的高度，推算导管下端埋入混凝土的深度，当导管下端埋入混凝土大于5m时，提升导管，保持导管埋入混凝土内的长度在2～3m之间，然后再继续浇筑，直至浇筑到预定高程。浇筑过程做好记录，正确指导导管的提升和拆除，混凝土灌注高度应超过桩顶设计高程0.4m，以保证成桩质量。

4.11 桩体检测

围护桩全部采用低应变检测法进行抽检，抽检数量是围护桩总数量的30%。

5 施工过程中遇到的问题及应对措施

5.1 在硬岩中钻进的应对措施

本工程围护桩桩体长度为16～18m，大部分处于泥质粉砂岩、细砂岩中，该岩层具有强度大、遇水软化的特点，在实验桩开始阶段采用常规钢钻头进行钻进，钻进过程中出现钻进速度较慢，钻头磨损严重，大大降低了施工效率。

采用特别订制的合金钻头进行钻进。虽然合金钻头的成本比常规钻头成本高，但使用合金钻头后加快了钻进速度，减少了钻头的磨损及修理频率，降低了施工成本。

5.2 在淤泥、松散土层等软弱地质钻进的应对措施

本工程停车场出入场线区间明挖段原有一处长30m的鱼塘，鱼塘被村民直接倾倒弃土回填，造成地面下3～4m的土质形成淤泥，围护桩钻进过程中出现偏位严重的问题，给围护桩施工造成了困难。

因为淤泥土层深度为3～5m，将一直使用的1.5m钢护筒换成5m长钢护筒。首先控制长护筒埋设精度，通过钢护筒的定位及保护进行钻进施工，成功解决了淤泥形成的偏位问题。

5.3 在砂岩地层钻进中遇到流沙夹层的应对措施

在车站左线ZSK0＋54.9～ZSK0＋77.9，右线YSK0＋54.9～YSK0＋214.4石埠站西端头与出入场线区间相接处围护结构范围内，钻进过程揭示该段部分区域出现流沙，流沙层距离地面的高度为10m左右，在围护桩钻孔穿过流沙层时，孔内涌水、涌沙、坍孔非常严重。

为避免孔内坍塌严重，引起周围地表沉降过大和保证成桩质量，成孔时采用埋设一次性钢护筒(钢护筒壁厚为5mm，直径为1 000mm，单个护筒长度超出流沙层下部1m)的方法来进行应对。

首先，采用直径1m钻头钻进至流沙夹层下部砂岩后停止钻进。接着，埋设护筒，钢护筒埋设要满足的围护桩对中心及垂直度要求。最后，根据基坑土方开挖进度采用人工对侵入基坑范围内的钢护筒进行割除。

6 施工质量

地铁工程对围护桩的成桩质量要求较高，围护桩偏位后对地铁结构的影响非常大。本工程主要地质为砂岩，岩层强度大，施工期间施工人员重点将围护桩的护筒埋设、垂直度检查、及混凝土灌注等几个工序控制到位。

在基坑开挖后，抽取370根围护桩(设计总量的30%)采用低应变法检测桩体质量，检测结果全部为Ⅰ类桩，现场观察桩体外观非常圆顺，测得砂岩层内的桩体直径偏差最大仅为1cm，侵入结构的围护桩较少，减少了桩体混凝土凿除的工作量，加快了施工进度。

7 结语

本工程围护桩主要在强度较大的弱风化泥岩中施工，采用了“旋挖钻成孔＋导管灌注混凝土”的施工工艺。

(1)应尽量用功率大的旋挖钻机配合高强度耐磨合金钻头进行钻孔作业，这样能最大限度保证成桩质量、缩短成孔时间。

(2)因砂质泥岩强度大、钻机成孔速度快，造成合金钻头磨损较为严重，必须每天安排人员检查钻头的磨损情况，测量合金钻头的尺寸，避免出现因钻头尺寸磨损而造成孔桩径小于设计的情况。

(3)在砂岩地质层中夹有流沙层，且流沙层对成桩施工造成严重影响时，可根据流沙层的深度及围护桩外放尺寸合理选用超长护筒进行应对。

(4)本工程围护桩采用旋挖钻机干法成孔、水下混凝土灌注的施工工艺，不仅满足了施工质量的要求、顺利完成业主下达的总体施工进度计划任务，同时也解决了以往围护桩施工期间场地脏、乱的文明施工问题。

参考文献

[1] 中华人民共和国国家标准. GB 50299—1999 地下铁道工程施工及验收规范[S]. 北京：中国计划出版社，1999.

[2] 中华人民共和国行业标准. JGJ 94—2008 建筑桩基技术规范[S]. 北京：中国建筑工业出版社，2008.

大直径自进式锚杆在地铁明挖基坑中的应用

徐 华

（中铁隆工程集团有限公司）

摘 要 大直径自进式锚杆在本基坑应用时，为解决现有设备扭矩不足的问题，施工时采取了先用螺旋钻杆引孔，再正式钻进的方法，从而确保了锚杆的有效钻进深度。为满足杆体及周围扰动土体的加固要求，在自钻结束后采用了二次压浆技术。基坑下挖过程中通过对杆体应力变化及基坑沉降位移观测分析，证实了该法不仅能确保施工安全、质量，还能较好的保障工程进度及经济性。

关键词 大直径 自进式锚杆 明挖基坑

目前，地铁明挖车站开挖深度不断增加，周边施工环境日趋复杂，为满足施工需要，锚杆长度及直径也在不断加大。青岛地铁3号线李村站在青岛地铁建设中采用了直径达73mm/59mm(外径/内径)，钻进深度达24m的自进式锚杆。为确保大直径锚杆在土层中的钻进、压浆、锚碇等对机械和施工方法的选择，对杆体材料的检验及现场检测等提出了新要求。

1 工程概况

(1)站址位置及结构形式：青岛地铁3号线李村站～君峰路站区间明挖段位于李沧区维客广场西南侧，沿京口路走向布置。区间主体为两层三跨箱型框架结构，长约130.35m，标准段段22.8m，基坑开挖段度约19.5m。围护结构采用“桩撑”及“桩锚”复合支护形式。

(2)基坑地质情况及岩性：地表分布第四系素填土，土质不均，密实度差；地表以下分别为粉质粘土、粗砂、砾砂、强、中、弱风化花岗岩，

(3)基坑支护形式：基坑采用ϕ800@1 200mm灌注桩，桩头设钢筋混凝土冠梁，支护结构第一道采用800mm×1 000mm钢筋混凝土支撑，平水间距10m，其余采用锚杆(索)支护，锚固体为土层时采用73mm/59mm自进式锚杆，水平间距为2.4m，竖向间距2.5m，杆体外插角为15°，杆体长度为18～24m；锚固体为岩层时采用预应力锚索。

2 桩锚支护结构的水平应力及优越性

锚杆支护是通过与围岩共同作用，使围岩力学状态改变，以达到基坑坑壁稳定的目的。根据最大水平应力理论，在最大水平应力作用下，围岩会出现层间错动，造成基坑变形。锚杆所起的作用是约束其沿轴向岩层剪切错动，因此，本基坑采用桩锚支护形式主要考虑了四个方面：一是在受力上主要利用了桩及大直径锚杆的高强度、大刚度、抗剪力大的优点；二是锚杆支护效果好，用料省、施工简单、有利于机械化操作、施工速度快；三是锚杆采用自进形式，在围岩较弱地层有效解决了成孔困难的问题；四是为基坑内部结构施工提供了较大的空间，避免了倒换支撑带来的安全风险，有效确保基坑在施工过程中的稳定性。

3 自进式锚杆构造形式

中空大直径锚杆由73mm/59mm(外径/内径)自进式杆体、合金钻头、连接套、止浆塞及锚固端头组成。杆体外表全长具有标准的连接螺纹并能任意切割和用套筒连接加长,极限抗拉力为700kN,锚杆加长的连接套筒与锚杆杆体具有同等强度。锚固端由双拼28b槽钢腰梁、铁靴、锚垫承压钢板、螺母组成(图1)。本工程主要选取应用于砂层、砂砾层等难以成孔的复杂地层。

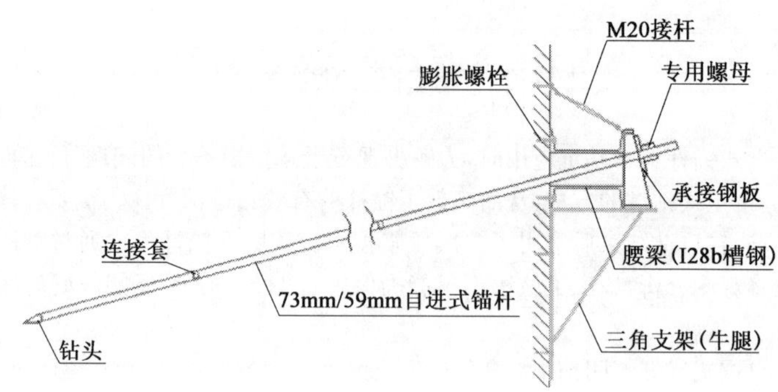

图1 自进式锚杆构造形式示意图

4 施工工艺

基坑开挖严格贯策“时空效应”理论,遵循“纵向分段、竖向分层、中间拉槽、先撑后挖”的原则,采用纵向共分五段,竖向共分九层的土石方开挖方法。每层土方开挖至每道锚杆位置下50cm后,进行锚杆钻进、注浆、安装钢腰梁、锚固施工。

4.1 施工工艺流程

放线及材料准备→钻机就位→钻杆钻进→接杆体→检查锚杆、安装止浆塞和垫板→浆液拌制→注浆→封口→清理→端头锚碇。

4.2 施工方方法

(1)自进式锚杆参数:钢管采用无缝钢管,杆体上按100～150mm间距钻设注浆孔,为避免高压注浆对基坑围护结构造成破坏,同时确保注浆效果,故在距锚固端头3m长度范围内不设注浆孔。杆体主要承受集中拉力,因此,钻进到后及时压注水泥浆,并在注浆锚固体强度达到设计强度80%后进行端头锚固。

(2)放线及材料准备:钻孔前,放线定位,做出标示,杆距水平方向最大偏差控制在±10cm以内,垂直方向控制在±5cm以内,钻进深度超过设计50～100cm。

(3)锚杆钻进:钻机型号及钻进方式选择是重点,因该杆体直径较目前常用锚杆(常规最大52mm)大出1.4倍。经测算,在外部条件均相同的情况下,锚杆钻机输出的动力将比常规锚杆大出约2倍,采用常规锚杆钻机在最大扭矩驱动下钻进深度仅能达到10m左右,且钻进速度缓慢,无法满足现场施工需要,现场采用多功能全液压履带钻机配高压柴油静音空压机(设备参数:工作风压1.05～2.5MPa,推进力13 620N回转扭矩2 510N·m,耗风量17～21m^3/min,最大钻进深度30m)。在采起先引小孔后进行正式钻进的方式才能达到有效钻进要求。

具体钻进步骤为:

①先采用ϕ50mm螺旋钻杆对地层进行初钻引孔;

②引孔到位后反钻退出螺旋钻杆；

③对准引孔部位用大直径自进式锚杆进行正式钻进；

④钻进到位后利用二次压浆技术对杆体周边地层及部分二次扰动土体进行加固，以达到固结及共同受力的效果。

(4)锚杆连接：为方便运输及搬运，每段杆体长度定制为 3m，在钻进过程中需停钻进行锚杆接长操作，杆体连接采用内径 73mm，长度 100mm 的正反丝套筒进行连接，以确保杆体接长后轴心重合，保证钻杆在锚固体内的位置满足要求。钻进完成后杆体外露 50～60cm 长度，以确保注浆帽安装及锚固需要。

(5)注浆：对杆体及周围锚固体进行注浆时，采取二次压力补偿性注浆，首次注浆材料采用水灰比 0.38～0.45 的水泥砂浆，灰砂比 1∶1～1∶1.2，设计强度 30MPa。因加固体地层主要为粗砂及砾砂层，故初次注浆选用渗入式注浆，为保证杆体底部浆液充填效果，同时为方便浆液的二次压注，在杆体内预留注浆小导管，首次注浆压力控制在 0.5～1MPa，以确保杆体及周边小范围内土体浆液达到饱和。

二次注浆选用劈裂注浆法。浆液采用水灰比为 0.45～0.55 超细纯水泥浆，现场实践操作得出二次注浆在初注 10h 后进行，当压力达到 2.0MPa 以上时就能将初注浆体劈裂。在二次注浆期间，压力将出现两次峰值，初次出现在劈裂加固体前，初注加固体被劈裂后压力急剧下降，当锚杆周边一定范围内土体浆液达到饱和后，压力逐步上升至直达到设计要求压力。注浆期间对影响范围内的地面建(构)物进行监测，防止地(路)面因注浆产生隆起，地下相应管道受到污染等。必要时采取有效措施防止浆液溢出注浆范围或地面。

(6)锚固：锚杆体注浆后，注浆材料未达到设计强度前避免敲击、震动和悬挂重物，当注浆强度达到 24MPa 后，安装钢腰梁，拧紧螺母施加应力。自进式锚杆力传递路径为围护结构→钢腰梁→锚固端头→锚杆及加固体，故在传力点或面上必须要保证两点，一是接触面采用细石混凝土充填密实；二是受力面与受力方向保持垂直。

(7)试验检测。原材检验：材料试验因受试验设备限制，无法直接对直径超过 52mm 锚杆杆体进行强度试验，为确保试验实施，检测时采取从原材上切割出等壁厚，宽 3cm、长 50cm 的母材进行强度试验，结合折算系数从而推算出杆体材料强度。

抗拉拔力检验：除进行常规材质检验外，施工时据要求进行浆体强度试验的抗拔力检验，浆体强度试件每 30 根锚杆检测一组；抗拔力检验在锚固体强度达到设计强度 80%后进行，检验数量为总数的 5%。试验采用分级加荷法。锚杆的起始荷载为设计最大试验荷载的 30%，分级加荷值分别为拉力设计值的 0.5、0.75、1.0、1.2、1.33、1.5 倍，但最大试验荷载不大于杆体承载力标准值的 0.8 倍(560kN)。

(8)自进式锚杆杆体内力监测。

根据设计及监测要求，在锚杆施工范围内选取 3 处典型断面进行锚杆内力监测，在所选断面内对竖向所有锚杆进行监测。据监测资料显示，锚杆内应力随着基坑的下挖呈现出波动性增加，最大内应力产生于基坑开挖见底后三天左右，随着结构底板的施工，应力逐渐趋于稳定。03 断面内第 1 道锚杆内力波动性增加监测值如图 2 所示。

该锚杆于 9 月 10 日开始施工，设计要求预加锚固力 150kN，实际锚碇完成后由预埋应力计测得数据为 151.09kN。根据所测数据发现，引起锚杆应力变的主要因素为基坑的开挖深度，随着基坑开挖深度的增加，可将锚杆内应力变化划分为预应力损失阶段、应力波动增加阶段、应力稳定三个阶段。

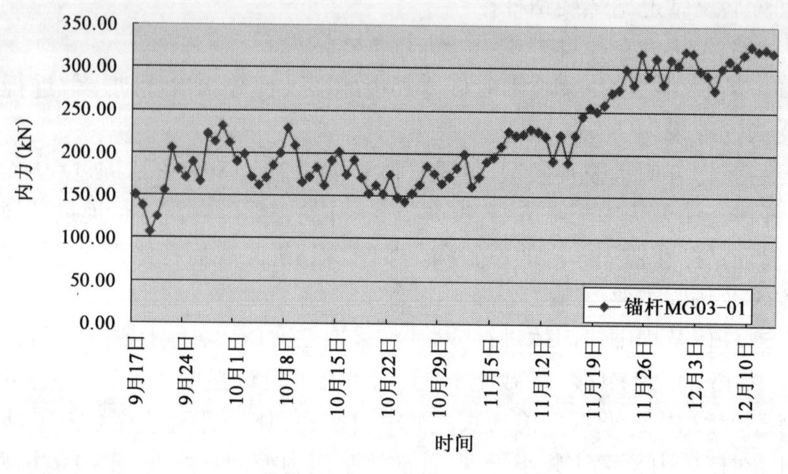

图2 锚杆内力变化曲线

5 结语

(1)本基坑应用该型号自进式锚杆185根,3 500余米,在施工过程中借鉴往成熟的经验通过适当调整改良后应用于现场控制,从而使大直径自进式锚杆在高风险明挖基坑中的使用取得了成功,施工监测资料显示,地面累计最大沉降值为12.6mm,基坑围护桩侧向最大水平位移值为8.9mm,均在规范允许变形值内,通过有效合理的基坑变形控制,确保了明挖基坑周边商业及道路安全。

(2)通过后期锚杆内力及基坑沉降、位移观测数据说明,采用先引小孔后辅以二次压浆技术对大直径自进式锚杆进行施工,在本基坑粘土及粗砂地层中的运用可行,且取得了较好的效果。此技术有效地解决了目前市场机械最大扭矩不足的实际情况,使大直径乃至超大直径自进式锚杆的有效钻进长度得到大大提升。

(3)自进式锚杆在本基坑的应用,为基坑开挖和结构施工提供了安全可靠的空间,避免了采用内撑进行的必要倒换支撑操作,在有效节约工程造价的前提下,降低了施工风险,确保了工期。

参考文献

[1] 中华人民共和国国家标准. GB 50086—2001 锚杆喷射混凝土支护技术规范[S]. 北京:中国计划出版社,2001.

[2] 中华人民共和国行业标准. TB/T 3209—2008 中空锚杆技术条件[S]. 北京:中国铁道出版社,2008.

重庆地区地铁车站深基坑围护结构形式对工程造价的影响

伍志英　张　望

（中铁隆工程集团有限公司）

摘　要　以重庆地区地铁明挖车站施工通常采用的几种基坑围护结构形式为对象，对不同类型车站、不同埋深的适用条件和造价进行了详细分析，选出了经济上合理，技术上可行，确保工程安全的围护结构形式。

关键词　明挖车站　围护结构　工程造价

1　概述

目前我国大部分地铁车站采用明挖法施工。明挖法车站工程费用可分为：围护结构费用；土方支撑降水费用；主体结构费用；地基加固费用；施工监测费用；出入口费用；风道费用；换乘通道费用；车站装修费用；其他费用。结合重庆轨道交通环线工程地下明挖车站的概算统计数据显示，围护结构占车站土建总造价的15％～25％。围护结构是明挖法车站的施工特色，它在某种程度上决定了车站的造价，降低车站工程造价首要问题是选择最为经济适用的围护结构形式。

笔者结合重庆地铁环线设计对围护结构的工法选择进行了详细的造价分析。以下各造价指标表中每延米工程数量是重庆地铁初步设计中实际计算出的工程数量，单价指标采用的是重庆地铁初步设计概算的综合指标。

2　重庆地区围护结构简介

目前，重庆地区主要分桩板挡墙、板肋式锚杆挡墙、旋挖桩加支撑、放坡开挖等形式。

2.1　排桩＋钢支撑

排桩＋钢支撑的支护形式是各地明挖基坑常采用的方法，重庆地区排桩一般采用旋挖桩。对于地下两层车站，旋挖桩直径选用1 000mm，间距2 000mm；地下三层车站旋挖桩直径选用1 200mm，间距2 000mm；桩间喷混挂网厚度采用150mm；冠梁横断面采用1 000mm×500mm。支撑采用钢支撑，费用计取租赁费用、单程运费以及税金。

2.2　桩板挡墙

桩板挡墙的桩一般采用旋挖桩，地下两层车站直径选用1 200mm，间距2 000mm；地下三层车站直径选用1 200mm，间距2 000mm；板厚200mm。锚索间距取2.5m(横向)×2.5m(竖向)，倾角15°，锚杆锚入稳定中风化岩层中。冠梁横断面采用1 000mm×500mm。桩板挡墙与排桩＋钢支撑的主要工程造价差异体现在锚索与钢支撑上。而锚索的造价的大小很大程度与地质条件、孔隙率、注浆量密切相关。重庆地区地质条件较好，主要有砂质泥岩和泥岩构成，岩体基本质量等级为Ⅳ级，孔隙率较低，注浆量较少，故采用桩板挡墙具有一定的优势。

2.3 板肋式锚杆挡墙

利用西南片区人工费普遍较低的特点，板肋式锚杆挡墙肋柱采用钻爆法人工挖孔，地下二层车站尺寸采用 400mm×600mm，地下三层车站尺寸采用 600mm×800mm，板厚 200mm；锚杆间距取 2.5m(横向)×2.5m(竖向)，倾角 15°，锚杆锚入稳定中风化岩层中；冠梁横断面采用 1 000mm×500mm。在相同的地质条件下，板肋式锚杆挡墙与桩板挡墙的主要工程造价差异是旋挖桩与人工挖孔桩的差异。

2.4 放坡开挖

放坡开挖采用 1∶0.5 坡率，100 厚喷混挂网，土钉 $L=5$m，ϕ22@1 200mm×1 200mm 梅花形布置。放坡开挖不适用于交通繁忙、人流密集的城市主干道地区，需要较大施工场地，具有一定的局限性。

3 地下两层车站

地下双层车站基坑深约 20m，一般位于城市中心区，由于交通繁忙及人流密集，施工中采用干扰较小的围护结构工法施工，较适宜采用排桩＋钢支撑、桩板挡墙、板肋式锚杆挡墙；在周边环境允许的条件下可局部采用放坡开挖。

以上 4 个方案每延米工程数量及造价指标见表 1。单从经济角度考虑，由表 1 可以得出：放坡开挖最为经济，每延米造价为 22 982.79 元；板肋式锚杆挡墙次之，每延米造价为 31 167.93 元；桩板挡墙第三，每延米造价为 67 231.32 元；排桩＋钢支撑每延米造价最为昂贵，为 106 148.11 元。由此可见，地铁车站围护结构形式不同，工程造价差距较大，排桩＋钢支撑每延米造价约为放坡开挖每延米造价的 4.6 倍。按照标准岛式车站长度一般 200 元左右计算，那么采用不同形式围护结构的土建工程造价最高可达约 3 300 万元的差价。

4 地下三层车站

地下三层车站基坑深度一般较深，约为 24m，主要设在换乘节点站或多用于具有商业开发价值的车站。车站周围建筑物密集，高楼林立，多位于商务中心区，地理位置十分重要。经分析，比较可行的围护结构方案如下：排桩＋钢支撑、桩板挡墙、板肋式锚杆挡墙，或者这几种围护形式与军便梁组合成为盖挖、半盖挖顺筑法的开挖方式；由于三层地下车站埋深较大，采用放坡开挖需要十分空旷的场地和放坡条件，而三层车站的拥挤的地理位置和较大的人流量、车流量注定了不适于采用放坡开挖，故仅作为比选列举出来。

以上 4 个方案每延米工程数量及造价指标见表 2。由表中可以看出，除去放坡开挖不予考虑外，板肋式锚杆挡墙是最为经济的围护结构形式。但板肋式锚杆挡墙的肋柱开挖一般采用钻爆法人工开挖，对周围地层的搅动较大，对周边环境的影响较大，在考虑经济因素的同时，也应注重环境因素，做到安全施工、文明施工。就工程造价而言，桩板挡墙的围护形式优于桩加钢支撑的围护形式；但地质条件对桩板挡墙的工程造价影响很大，若基坑地质多为土层，并且孔隙率较大时，不适宜采用桩板挡墙的围护形式，而更适宜采用桩加钢支撑的围护形式。因为土层较为松软，对锚杆的粘结力较弱，不利于基坑的稳定性和安全性；较大的孔隙率造成注浆量扩散的增加，工程造价也相应增加。

围护结构单延米工程造价(单位:元/单延米)

表 1

	项目	单位	桩板挡墙工程量	板肋式锚杆挡墙工程量	桩加钢支撑工程量	放坡开挖工程量	桩板挡墙综合单价	板肋式锚杆挡墙综合单价	桩加钢支撑综合单价	放坡开挖综合单价	桩板挡墙费用	板肋式锚杆挡墙费用	桩加钢支撑费用	放坡开挖费用
地下两层车站	围护结构	元									67 231.32	31 167.93	106 148.11	22 982.79
	桩钻孔及土方	m^3	15.54	2.38	24.12		1 549.78	290.12	1 551.82		24 088.23	689.33	37 434.55	0.00
	放坡多余土方	m^3				101.00				178.82	0.00	0.00	0.00	18 060.82
	桩混凝土量	m^3	14.13	2.16	21.93		560.82	784.92	560.82		7 924.39	1 695.43	12 298.78	0.00
	桩钢筋量	t	2.12	0.31	3.29		7 483.16	6 337.32	7 483.48		15 864.30	1 989.92	24 616.91	0.00
	钢支撑	t			5.89				3 989.78		0.00	0.00	23 499.80	0.00
	钢腰梁	t			0.40				3 989.78		0.00	0.00	1 595.91	0.00
	冠梁混凝土	m^3	1.20	0.80	1.60		826.48	825.74	826.27		991.78	658.94	1 322.03	0.00
	冠梁钢筋	t	0.22	0.72	0.29		6 286.78	6 638.83	6 284.65		1 357.94	4 806.51	1 809.98	0.00
	挡墙混凝土	m^3	3.60	3.60			554.41	554.41			1 995.88	1 995.88	0.00	0.00
	挡墙钢筋	t	0.41	0.54			6 637.95	6 638.83			2 721.56	3 584.97	0.00	0.00
	喷射混凝土	m^3			2.00	2.20			1 320.28	1 293.84	0.00	0.00	2 640.56	2 846.45
	钢筋网	t			0.14	0.09			6 639.86	6 641.38	0.00	0.00	929.58	577.80
	桩间锚索(锚杆)	m	90.00	105.00			135.71	149.73			12 213.90	15 721.65	0.00	0.00
	锚索注浆	m^3	0.06	0.02			1 309.83	1 332.00			73.35	25.31	0.00	0.00
	锚杆	m				28.00				53.49	0.00	0.00	0.00	1 497.72

表 2

围护结构单延米工程造价(单位:元/单延米)

	项目	单位	桩板挡墙工程量	板肋式锚杆挡墙工程量	桩加钢支撑工程量	放坡开挖工程量	桩板挡墙综合单价	板肋式锚杆挡墙综合单价	桩加钢支撑综合单价	放坡开挖综合单价	桩板挡墙费用	板肋式锚杆挡墙费用	桩加钢支撑费用	放坡开挖费用
地下三层车站	围护结构	元									89 212.05	40 924.50	140 722.74	30 578.60
	桩出土方	m^3	20.67	3.16	32.08		1 553.63	300.04	1 552.27		32 116.93	948.15	49 802.39	0.00
	放坡多余土方	m^3				134.33				178.91	0.00	0.00	0.00	24 032.98
	桩混凝土量	m^3	18.79	2.87	29.17		560.83	785.79	560.83		10 539.62	2 257.42	16 357.67	0.00
	桩钢筋量	t	2.82	0.42	4.38		7 483.13	6 258.85	7 483.38		21 099.43	2 613.82	32 740.05	0.00
	钢支撑	t			7.83				3 989.78		0.00	0.00	31 254.74	0.00
	钢腰梁	t			0.53				3 989.78		0.00	0.00	2 122.56	0.00
	冠梁混凝土	m^3	1.60	0.96	2.13		826.27	826.63	826.50		1 318.73	790.59	1 758.79	0.00
	冠梁钢筋	t	0.24	0.95	0.38		6 282.13	6 284.03	6 282.35		1 503.94	5 943.18	2 406.39	0.00
	挡墙混凝土	m^3	4.79	4.79			554.48	554.48	554.41		2 654.85	2 654.85	0.00	0.00
	挡墙钢筋	t	0.55	0.72			6 638.45	6 637.83	6 637.95		3 619.95	4 767.29	0.00	0.00
	喷射混凝土	m^3			2.40	2.93			1 320.26	1 293.86	0.00	0.00	3 168.62	3 785.83
	钢筋网	t			0.17	0.12			6 616.13	6 635.69	0.00	0.00	1 111.51	767.82
	桩间锚索(锚杆)	m	119.70	139.65			135.74	149.80			16 248.08	20 919.57	0.00	0.00
	锚索注浆	m^3	0.07	0.03			1 483.86	1 172.33			110.52	29.62	0.00	0.00
	土钉(m)	t				37.24				53.49	0.00	0.00	0.00	1 991.97

5 工程造价与围护结构工法选择结论

(1)由表1与表2可以看出:相同形式的围护结构,地下三层车站每延米围护结构工程造价都高于地下二层,故在满足车站设计功能的同时,应适当控制车站规模。

(2)就工程经济方面而言,重庆地区明挖车站围护结构的工法选择应优先选择放坡开挖,其次为板肋式锚杆挡墙,然后是桩板挡墙,最后选择桩加钢支撑。

(3)工法的选择要考虑在站址周围是否有重要的控制因素,选取一种合理、恰当的施工方法,必须要通过对各种因素综合分析,结合车站的综合技术经济比较才能最终确定。因为明挖车站除工程费用以外,不可避免的还包括很多前期费用,如征地拆迁、管线改迁及保护等费用,还有很多重要制约条件是不容忽视的。比如重要建筑物、重要文物、重要且难以拆改的地下管线或地下构筑物、既有地铁线等。

深基坑几项特种支护技术研究和应用

冯申铎　周　凯　李鑫权　张俊峰

（中国京冶工程技术有限工程）

摘　要　本文介绍了几项深基坑工程实践中产生的特种支护技术，包括桩（墙）—撑—锚联合支护技术、确定预应力锚杆锚固段合理上限的新理念和方法、基坑滑塌边坡的修复技术、基坑边坡水平力与竖向力的转换技术等，并对其中一些问题进行了讨论和分析，提出了预应力锚杆锚固段合理上限的建议。

关键词　基坑支护　预应力锚杆　锚固段上限

本文从笔者与同事们已有的岩土工程成果和工程实践经验中选取了几项尚未大面积推广、有一定特点的深基坑支护技术，希望通过与岩土界同行交流切磋，完善技术并促进和扩大其工程应用。

为什么为“特种”支护技术？这主要是因为体现在以下几点。

新颖性：这几项支护技术在现行规范规程中尚未纳入，有的（例如合理锚固段长度上限）对现行规范规程提出了异议和建议。

实用性：均有实际工程经验作依托，并有推广应用的价值。

特殊性：一是技术本身的观念、方法和结构有一定独到特点；二是解决某些特殊领域的特殊问题。

1　一种新型支护类型——桩（墙）—撑—锚联合支护技术

1.1　一项理想的联合支护技术

“桩（墙）—撑—锚”是一种理想的联合支护形式，它将“桩（墙）—撑”和“桩（墙）—锚”两种支护技术有机地结合起来，取长补短，兼具双方优点，克服二者缺点，从而达到安全可靠、方便施工、加快施工速度、合理控制工程造价等综合效果。

1.2　基本形式

其竖向支护（围护结构）主要是排桩或地下连续墙，按水平支护的布置基本上可分为以下几种形式：普通型（A）、土钉墙—撑—锚型（B）、双层支撑型（C）。支护形式如图 1 所示。

1.3　工程实例

列举了 3 个典型工程实例，详细情况见表 1。

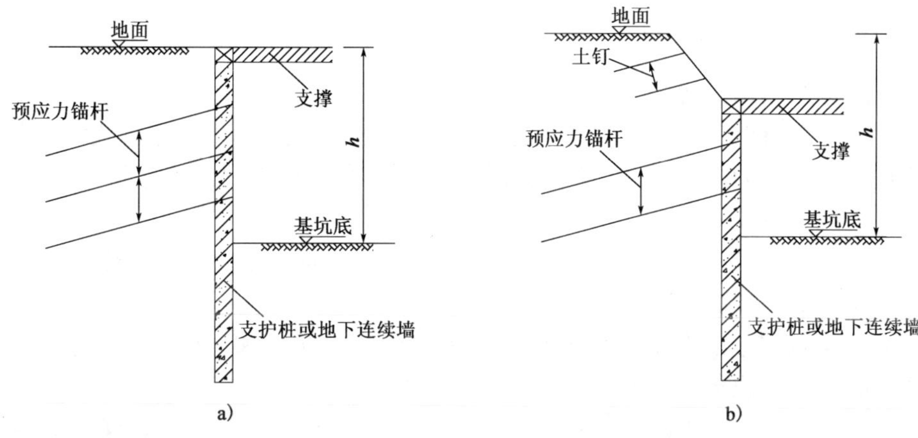

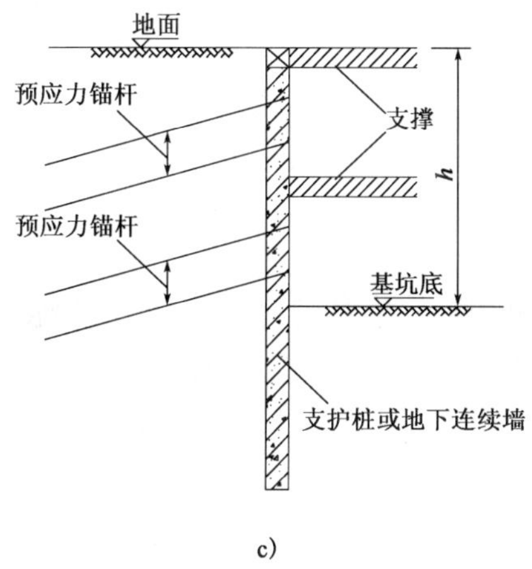

图 1 桩(墙)—撑—锚联合支护形式
a)普通型;b)土钉墙—撑—锚型;c)双层支撑型

工 程 实 例 表 1

序号	工程名称	基坑深度	支护形式	基坑变形	说 明
1	深圳长城春风花园基坑	11m	地下连续墙+组合钢管内支撑+预应力锚索	水平位移和沉降均小于 15mm	1997 年设计施工,地层复杂(填土、淤泥质土层、砾砂层厚),周边密布多层住房、市政主干线,邱洪志等人设计
2	深圳市中航城基坑	18.1～20.9m	钻(冲)孔灌注桩+一道钢筋混凝土支撑+4 排预应力锚索	坡顶最大位移 16.95mm,深层变形最大值 21.73mm	周边道路、管线、楼房密集。设计单位:中国京冶工程技术有限公司深圳分公司
3	深圳汉国城市商业中心基坑	20.3～23.6m	上部二道钢筋混凝土支撑+下部二道锚索	坑顶水平位移 27.25～29.12m	周边紧邻市政道路,地下管线、建筑、环境复杂;上部土质复杂,下部进入全风化花岗岩。设计单位:深圳市工勘岩土工程公司

2 锚杆合理锚固长度设计新理念——安全储备(安全系数)后置法

2.1 “后置法”提出的背景

预应力锚杆安全储备(安全系数)后置法(简称“后置法”)是针对目前锚杆锚固段设计的混乱状态提出的。其目的是研究一种相对合理的确定锚固段长度上限的理念和方法，其背景可简单归纳为以下几点：

(1)“临界锚固长度”的研究为合理确定锚固段长度上限提供了一个理论根据，很多学者和技术论文认为土层锚杆锚固长度不宜大于10m。

(2)国内外多部规范以临界锚固长度作为锚固段上限的规定立论根据不足，它不是确定锚固段上限的充分条件，也经不起工程动态变化的考验。

(3)我国相关规范对锚固段上限的规定相互矛盾，有的规定不宜超过10m[1]；有的规定以6～12m为宜[2]；有的规定锚固段大于16m时要对 q_{sk} 进行调整(可认为锚固段合理上限为16m)[3]；有的规定锚固段长度不宜大于18m[4]。

(4)工程实践与“临界锚固长度”相差较大。根据对近年来几十个超深基坑工程(基坑深15～25m)的不完全统计，土层预应力锚杆锚固长度上限多在16～20m之间，部分基坑锚杆上限大于22m。

2.2 “后置法”的含义

所谓安全储备(安全系数)后置法，是指将锚杆的锚固段长度在概念上分为两个部分：前一部分为承载锚杆长度，即锚杆在正常受力状态下对应于锚杆设计拉力标准的长度，该部分长度按临界锚杆长度控制；后一部分为安全储备长度，其长度根据基坑安全等级确定的安全系数与第一部分的乘积确定。其表达式为：

$$
\begin{aligned}
L_{a设} &= \frac{KN_t}{\pi D q_{sk}} = \frac{N_c}{\pi D q_{sk}} + (K-1)\frac{N_t}{\pi D q_{sk}} \\
&= L_{临} + L_{a安} \approx 10 + (K-1) \times 10 \\
&= 18\text{m}
\end{aligned}
$$

(1)根据国外研究成果，考虑一般土层取临界锚固长度 $L_{临}=10$m；超深基坑安全等级取 $K=1.80$；具体工程可根据地层和安全等级适当调整。

(2) $\frac{N_c}{\pi D q_{sk}}$ 一项形式上虽不包含安全系数，实际上由于土压力计算理论原因、q_{sk} 取值以及锚杆的高压注浆、加筋及预应力效应等因素影响，其中隐含一定的安全储备；加上第二项的安全储备长度，故该方法比规范采取的临界锚固长度控制法具有更大的安全度和动态调控能力。

2.3 二种设计方法区别的本质

现行方法(临界锚固长度设置法)与后置法的最本质区别是如何合理利用锚杆的安全储备能力。前者是将安全储备含于受力段内；后者则是将安全储备置于受力段之后(这种方法由于岩土工程的特殊性而成立)。两种观念，两种设置，在实际工程中往往会带来两种不同的结果。前者在较短的范围内安全储备较高，但遇到意外事件时宏观调节能力较弱。根据实测资料，这种设计方法往往造成锚杆较短范围内的安全储备过剩，以及这部分过剩的安全储备“无事”不需要，“有事”(例如，潜在滑裂面后移)用不上的不合理状态。而后者在保证承载段安全的前提下，使锚杆对意外影响因素有更大的适应能力和调节能力。这一点对岩土工程至关重要，这正是前者所不具备的。

2.4　后置法的优点

对于一个特定的工程，支护所需的预应力锚杆锚固段总量是确定的。后置法与规范规定的临界锚固长度控制法相比较，由于单根锚杆锚固段设置长度的加长，故其锚杆总根数较少。相应的，锚杆钻孔总数、锚杆排数及腰梁、监测锚杆、检验锚杆、施工工期等均会减少，从而造成工程造价降低。根据工程分析，按后置法设置锚杆系统直接成本降低 25%～30%。

2.5　合理锚固长度上限建议

根据工程实践经验和"后置法"理论分析，建议合理锚固长度上限在一般土层中取 18m，在软土和填土层中取 24m。实际工程中，可根据具体地层，工程安全等级和受力计算适当调整。

3　深基坑边坡滑塌的修复技术

深基坑边坡滑塌时有发生，在所难免。在很多情况下，可能由于红线限制；坡上道路和管线限制；地下室外墙位置限制或景观要求等原因，滑塌边坡必须进行原位修复。面对松散的滑体，如何安全、经济、方便地进行修复，我们处理完成的某基坑（深约 13m）和某边坡工程（高约 14m），其做法大致如下[5]：

（1）稳定坡脚，必要时可反压。

（2）对滑塌体顶部原边坡进行稳固，防止滑塌范围扩大。

具体做法：先素喷一层混凝土；然后施作钢花管土钉；待下部滑体加固完成后用砂袋填充错落空穴，并注浆填充，使原坡与滑体形成一体。

（3）对滑体分层进行处理。

具体做法：根据加固设计施作钢花管土钉；在土钉间布置注浆短管（穿过滑面 1.0m），对松散土体注浆加固；按设计坡度挖土修坡；施作喷网面层。

（4）按设计分层施作预应力锚杆、腰梁或格构。

（5）坡底松散体处理。

滑体处理至坑底后，根据需要，采用注浆，微型桩等措施对坡底进行处理。

4　基坑边坡侧向力的控制与转换

基坑边坡一般是按照水平力（包括土压力和附加荷载产生的侧向力）进行稳定计算和支护设计的。但在某些情况下，受到客观工程条件的限制，按正常方法难以实施时，为降低水平力，将部分附加荷载按竖向力直接传至地层深部往往能收到良好的技术和经济效果。

例如，某基坑边坡原设计采用复合土钉墙支护（图 2）[6]。后因现场道路调整、重型材料运输车和土方车辆必须从该边坡上部通过。由于边坡外侧红线和地下室的限制，土钉长度不能加长，稳定计算安全度不足。后经研究，采取以下特殊措施较好地解决了这个工程问题。

将基坑原支护微型桩抽出一半（间距由 0.6m 变为 1.2m）设于行车道路之下，将车辆荷载（包括动载影响）直接传至边坡底部；同时，原微型桩由一排变为两排，通过冠梁和连系梁组成一个微型双排桩，增加了支护刚度（图 3）[6]；另外，施工单位通过护栏和路面钢板等措施，严格限制行车路线。直至基坑回填，边坡稳定，安全和经济效果良好，业主十分满意。

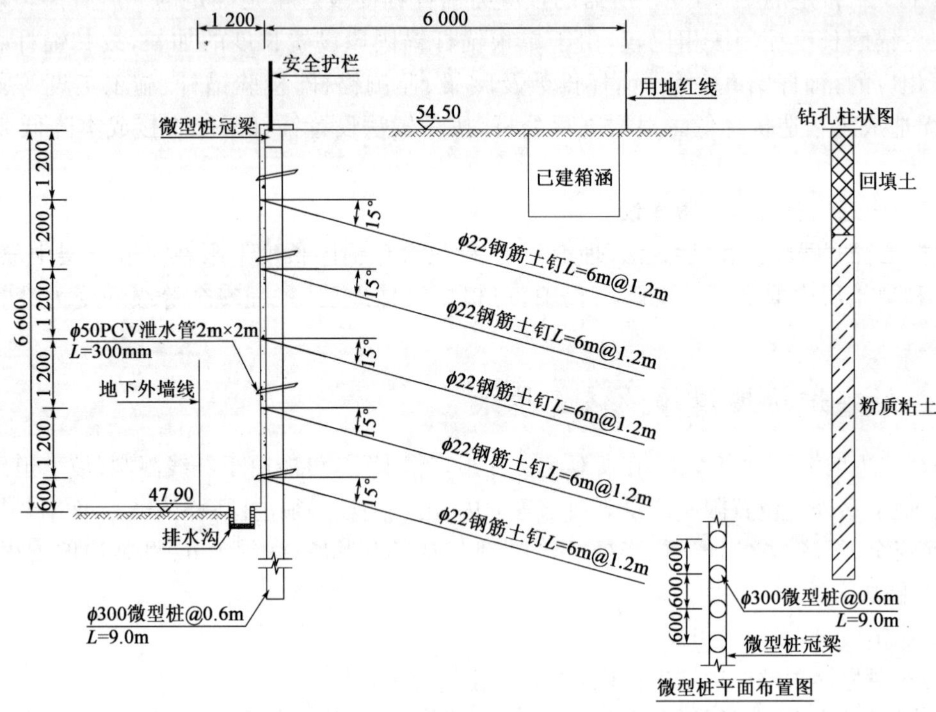

图 2　原设计支护形式(尺寸单位:mm)

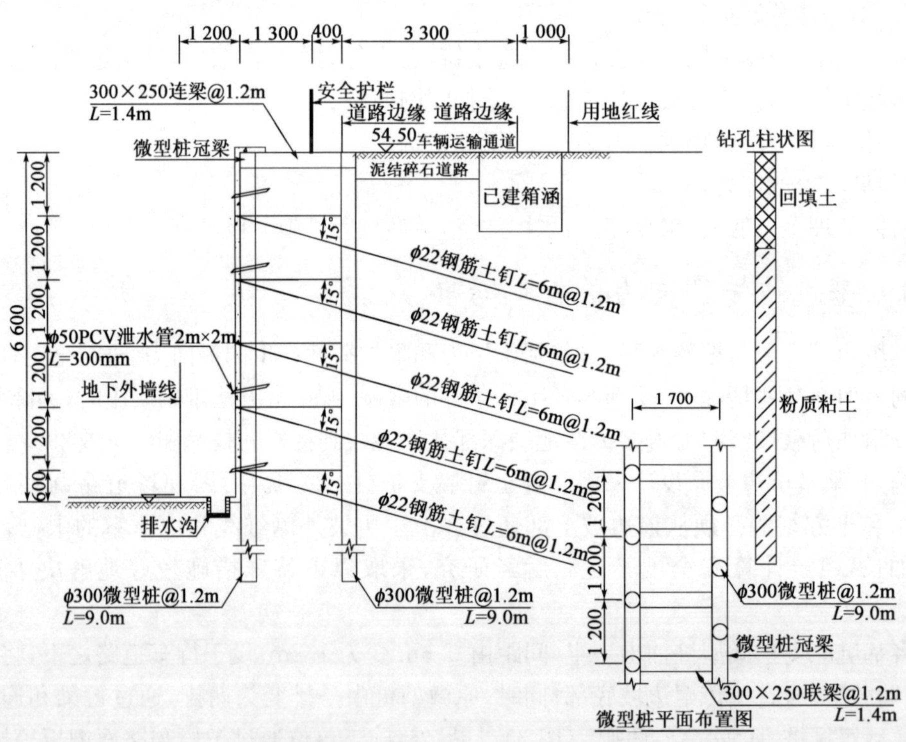

图 3　新设计支护形式(尺寸单位:mm)

参考文献

[1] 中华人民共和国国家标准. GB 50330—2013 建筑边坡工程技术规范[S]. 北京:中国建筑工业出版社,2013.

[2] 中华人民共和国行业标准. CECS 22—2005 岩土锚杆(索)技术规程[S]. 北京:中国计划出版社,2005.

[3] 中华人民共和国行业标准. JGJ 120—2012 建筑基坑支护技术规程[S]. 北京:中国建筑工业出版社,2012.

[4] 中华人民共和国地方标准. SJG 05—2011 深圳市基坑技术规范[S]. 北京:中国建筑工业出版社,2011.

既有基坑延深开挖稳定性评价与支护方案确定

刘兴华[1,2]　李　丹[1,2]　李续冲[1,2]

（1. 中冶建筑研究总院有限公司　2. 中国京冶工程技术有限公司）

摘　要　通过工程实例，介绍了基坑加深设计，提出了“利用原有支护体系结合预应力锚杆进行加固设计”的方案，有效降低了施工成本，加快了基坑施工周期；有效保证了基坑支护体系的稳定，也降低对周边环境的影响。

关键词　基坑加深设计　基坑支护　护坡桩　锚杆

1　引言

建筑施工过程时常常会遇到一些重大的设计调整，例如在基坑工程中，当护坡桩已经按照设计要求施工完成后，设计发生变更造成基坑加深，会造成护坡桩嵌固深度过小问题，遇到这类情况，在离坑底不远处，增设锚杆或加大锚杆承载力，以弥补基坑被动区抗力不足，是防止护坡桩“踢脚”，保持基坑稳定的有效方法[1]。结合北京某工程深基坑施工过程的重大设计变更，对基坑设计调整、加深、加固的要点、难点进行了全面阐述。

2　工程概况

北京市某基坑工程，长 116m，宽 106m，原基坑支护深度为 19.50～20.05m。基坑侧壁安全等级为一级，重要性系数为 1.1。基坑于 2011 年 12 月开始施工；2012 年 3 月由于主体结构设计方案尚未最终确定，基坑土方开挖及边坡支护工程正式停工。工程停工时，护坡桩和预应力锚杆已施工完毕，土方施工已开挖至高程－14.75m。2014 年 1 月主体结构设计方案得到业主认可确定，基坑得以继续进行施工。根据新的主体结构设计要求，基坑设计深度变更为 21.20m及 22.20m，较原设计深度分别增加了 1.65m 及 2.15m。并且主体结构的尺寸发生了变化，新的结构外轮廓线部分已达到原护坡桩外侧。

根据工程地质勘查报告提供的底层资料，本次勘探深度 42.0m 范围内的土层划分为人工堆积层和第四纪沉积层两大类，按照岩性、工程性质指标划分为 8 大层，各个土层的基本岩性特征见表 1。地下水稳定水位埋深为 25.20～25.50m，年变幅为 2m。

土层工程地质特征　　表 1

层　号	岩　性	土层性状	层厚（m）
1	杂填土	杂色，中密	3.50
2	粘质粉土	褐黄色，中密	5.40
3	卵石	杂色，密实	6.60
4	卵石	杂色，密实	6.50
5	卵石	杂色，密实	10.90

续上表

层　号	岩　性	土层性状	层厚（m）
6	卵石	杂色，密实	18.40
7	强风化泥岩	棕红～紫红色，密实	13.0
8	强风化泥岩	棕红～杂色，密实	未穿透

3　基坑现状分析

本基坑自开工已经历2个冻融循环，护坡桩、预应力锚杆支护结构使用时间超过两年，已超出临时性工程的设计使用年限。护坡桩的变形、受力均发生了较大变化，锚杆的受力状态、预应力损失及钢绞线的锈蚀等情况也比较严重，这给基坑加深开挖后的加固方案的确定增加了难度。

由于结构设计的变更，造成了基坑深度增加了1.65m及2.15m，致使护坡桩的嵌固深度大大减小，由原设计的4.00m减少到了1.35m及2.35m，与基坑开挖深度的比值最大仅为0.11，远远小于多支点支护结构嵌固深度的构造要求[3]。

同样由于结构设计的变更。主体结构的平面位置及尺寸变化情况如下：北侧新结构外皮线向南缩进4.0m左右；东侧上半部分结构外皮线向西缩进1.50m，下半部分的结构外皮线向东外扩3.25m；南侧新结构外皮线向南外扩0.80～1.50m，且圆弧位置向东偏移13.00m左右；西侧新结构外皮线向西外扩0.75～3.75m。这就造成了新的主体结构的尺寸已经接近护坡桩或超出原有基坑支护护坡桩的范围，从而影响到主体结构的后期施工。

4　方案确定

由于场地限制，工期相当紧张，若放弃已施工的支护体系，重新进行基坑支护的设计，必然造成巨大的浪费，也无法满足进度要求。因此，基于对现场预应力锚杆进行拉拔试验等抽样检验，对现场支护体系监测数据进行分析整理，对支护外观进行全面细致地采集，通过整理分析，进行原支护体系的验算，最后提出利用原有支护体系进行加固设计的方案，并将其报送建设单位、监理单位及评审专家组进行方案论证。

通过对新旧主体结构尺寸及位置的对比，结合现场实际情况，针对不同的支护剖面结合设计特点制订了不同的加固措施。具体方案如图1所示。

(1)新1-1剖面、新2-2剖面及新5-5剖面：由于新的主体结构轮廓线已经超出原有基坑支护护坡桩的范围，因此需要在原有护坡桩外侧2.0m处重新施打护坡桩，为了利用原有已施打的预应力锚杆，新打护坡桩与原护坡桩要一一对齐。通过对原有预应力锚杆进行验算，为了保证新的基坑支护体系安全，需要在不同高程处增设预应力锚杆，使新旧锚杆与新护坡桩共同作用。具体支护形式见图2～图4。

(2)新3-3剖面及新4-4剖面：由于新的主体结构轮廓线没有超出原有基坑支护护坡桩的范围，因此，需要利用已施打的护坡桩及预应力锚杆。由于基坑加深了1.65m、2.65m，因此，护坡桩的嵌固深度已不能满足要求。所以通过对原有预应力锚杆进行验算，为了保证新的基坑支护体系安全，需要在不同高程处增设预应力锚杆，使新旧锚杆与新护坡桩共同作用，同时为了保证所利用的原护坡桩不出现“踢脚”，需要在新基底高程以上2.0m处增设一道预应力锚杆。具体支护形式见图5及图6。

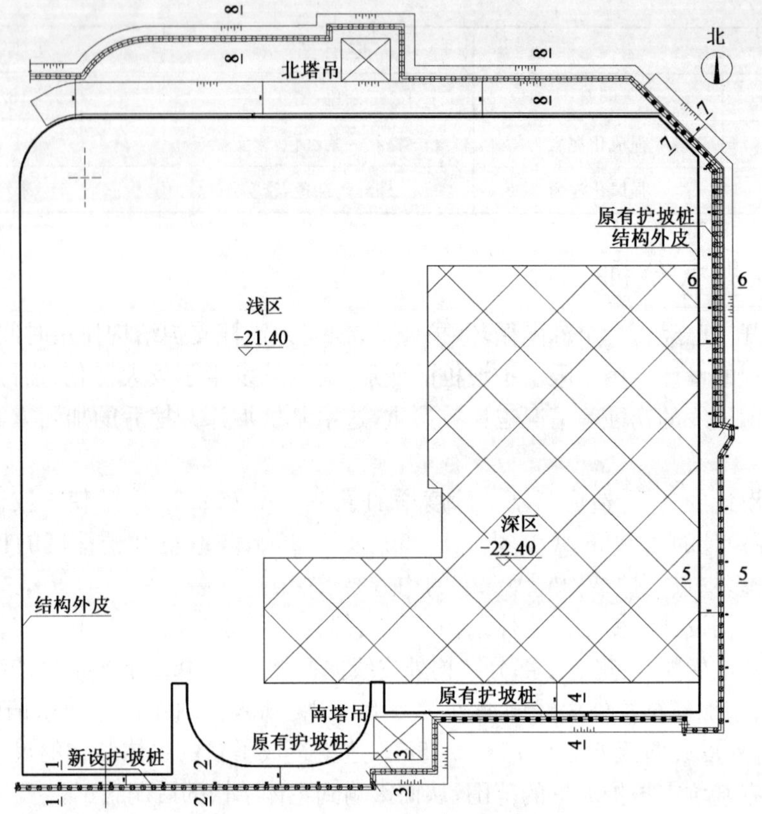

图 1　新基坑支护平面图

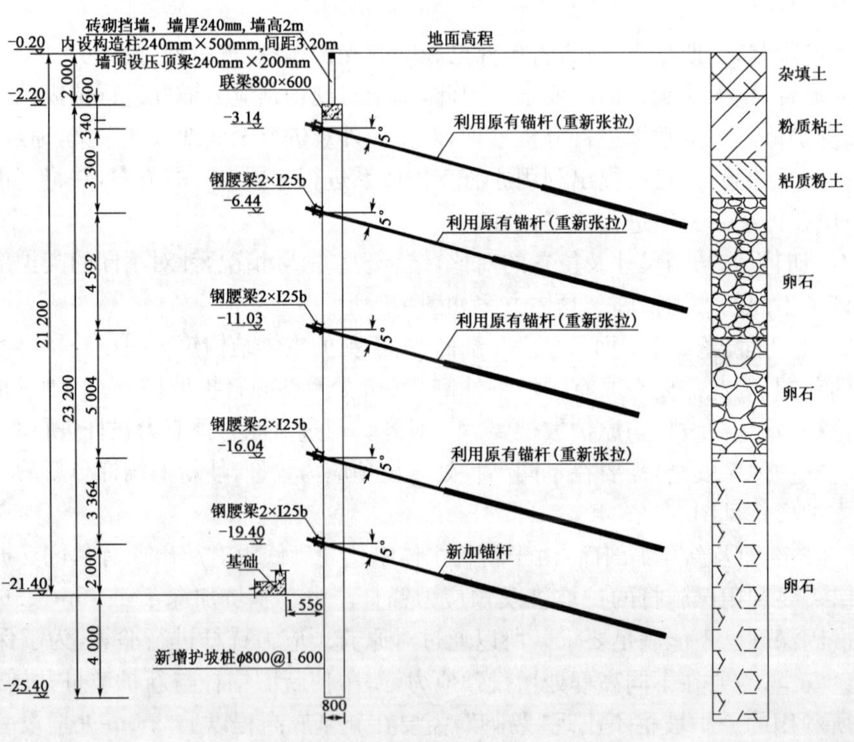

图 2　新 1-1 剖面图（尺寸单位：mm；高程单位：m）

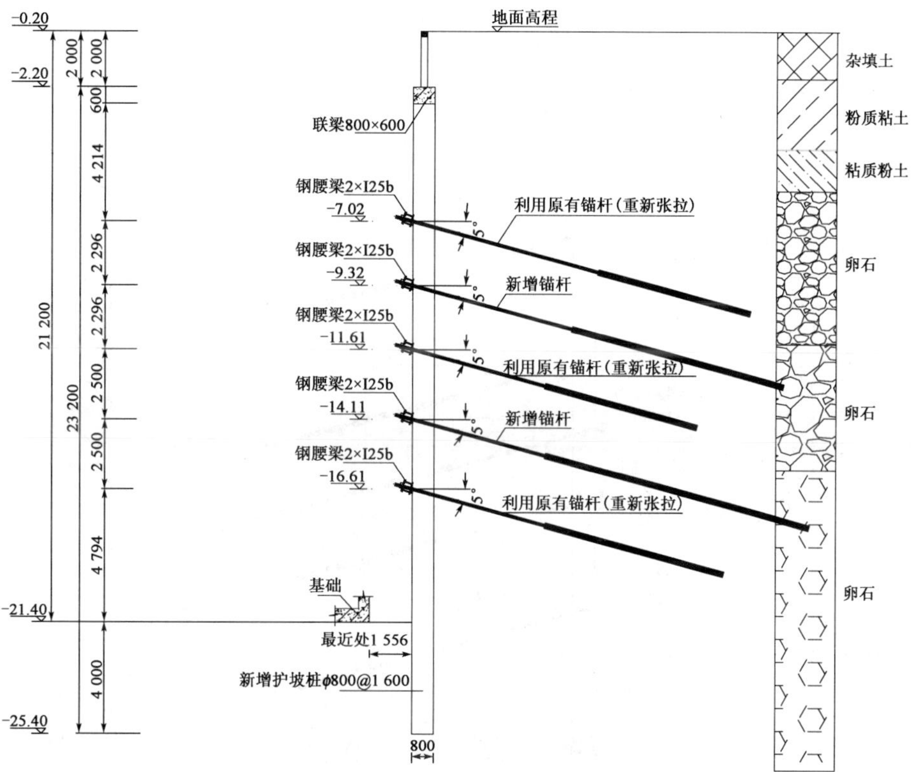

图 3　新 2-2 剖面图(尺寸单位:mm;高程单位:m)

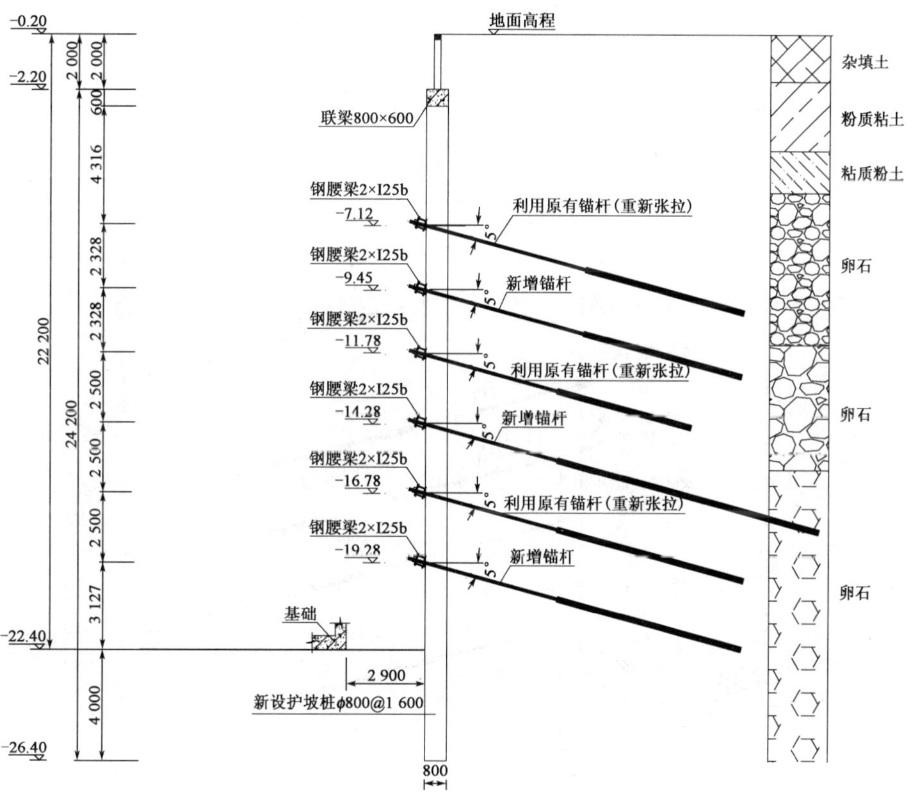

图 4　新 5-5 剖面图(尺寸单位:mm;高程单位:m)

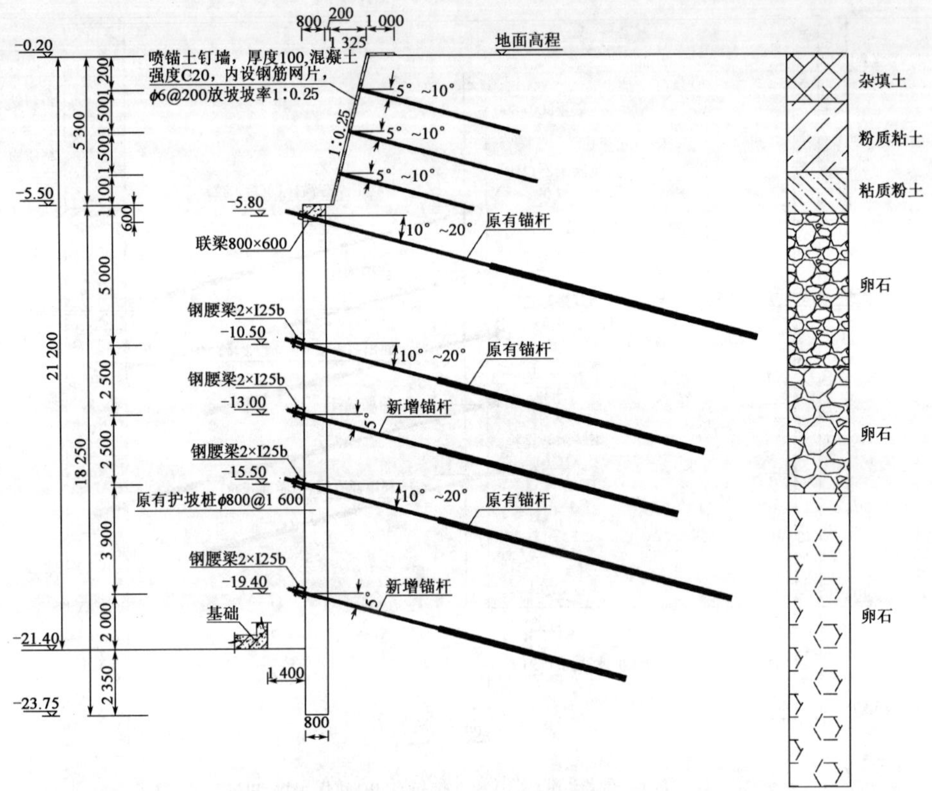

图5　新3-3剖面图(尺寸单位:mm;高程单位:m)

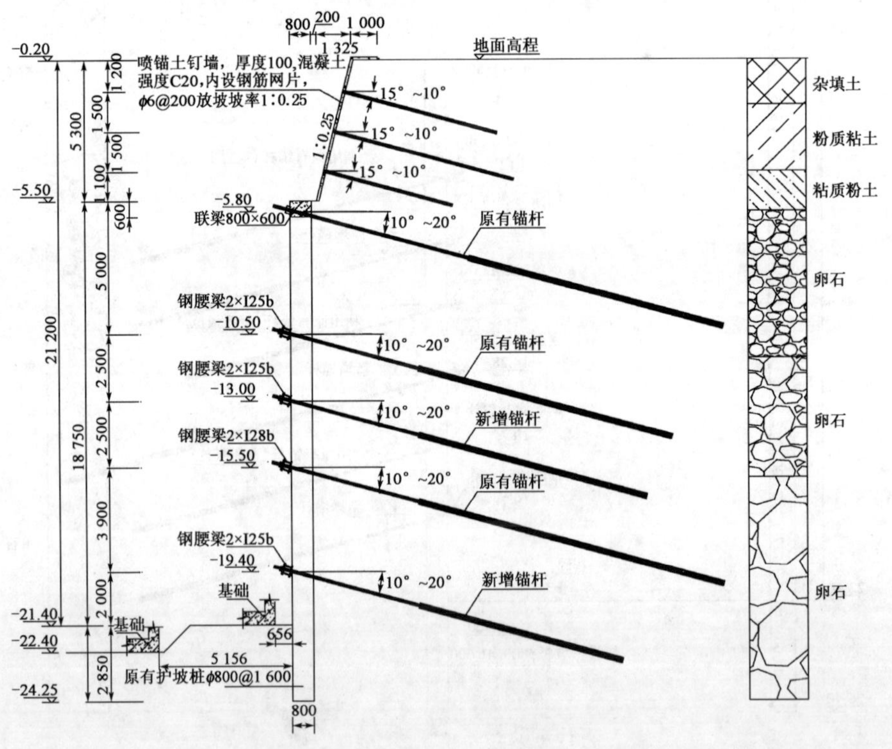

图6　新4-4剖面图(尺寸单位:mm;高程单位:m)

(3)新 6-6 剖面:由于新的主体结构轮廓线没有超出原有基坑支护护坡桩的范围,因此,需要利用原有已施打的护坡桩及预应力锚杆。但由于此剖面位置处基坑加深了 2.65m,原有的护坡桩剩余的嵌固深度仅为 1.35m,因此,护坡桩的嵌固深度已不能满足要求。但由于此处的结构施工工作面较大,达到了 2.90m,为解决护坡桩嵌固深度不足的问题,考虑紧贴护坡位置设置短桩,桩径为 800mm。并在新设短桩的连梁处设置一道预应力锚杆,通过此道锚杆将短桩与原护坡桩结合成一体,保证基坑的安全。同时通过对原有预应力锚杆进行验算,为了保证新的基坑支护体系安全,也需要在不同高程处增设预应力锚杆,使新旧锚杆与新护坡桩共同作用。具体支护形式见图 7。

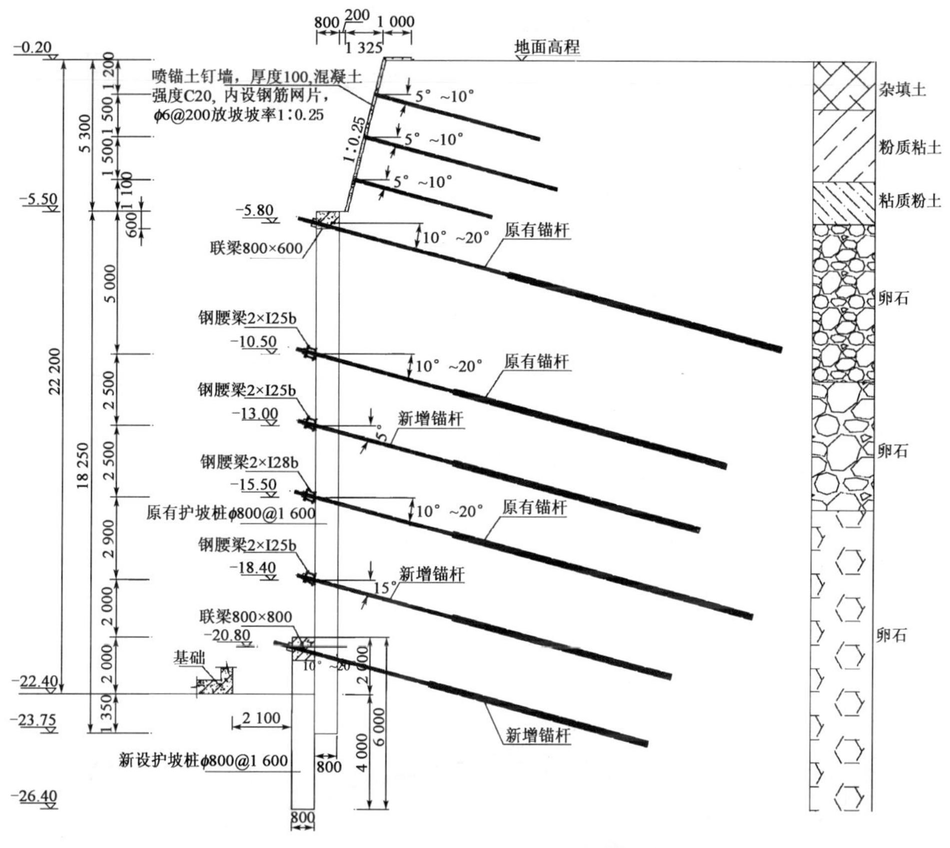

图 7 新 6-6 剖面图(尺寸单位:mm;高程单位:m)

(4)新 7-7 剖面:此剖面为原支护方案中的坡道位置的 3-3 剖面,由于在原方案施工时,受到土方坡道的影响,3-3 剖面的第三道锚杆并没有施打。因此,在新的开挖条件下,由于新的主体结构轮廓线没有超出原有基坑支护护坡桩的范围,因此需要利用原有已施打的护坡桩及预应力锚杆。具体支护形式见图 8。

(5)新 8-8 剖面:此剖面位于基坑的北侧,由于新的主体结构整体南移,因此次处的结构施工工作面由原来的 1.40m 变为 5.30m,因此,此处的护坡桩得以保留。但由于原有护坡桩上的预应力锚杆已经历了 2 年时间,其受力状态、预应力损失及钢绞线的锈蚀等情况也比较严重。因此需要对原方案中的锚杆应力进行折减使用,对其验算后发现不能满足基坑支护的安全要求,因此需要在相应标高位置处增设新的预应力锚杆,使新旧锚杆共同作用,从而保证基坑支护体系的安全。具体支护形式见图 9。

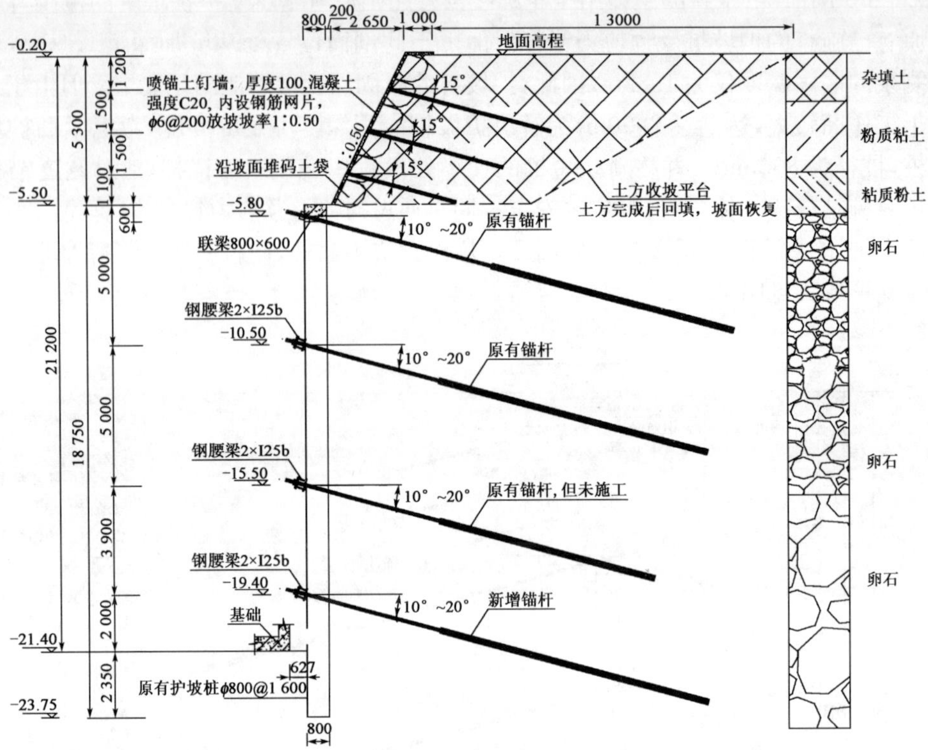

图 8　新 7-7 剖面图(尺寸单位:mm;高程单位:m)

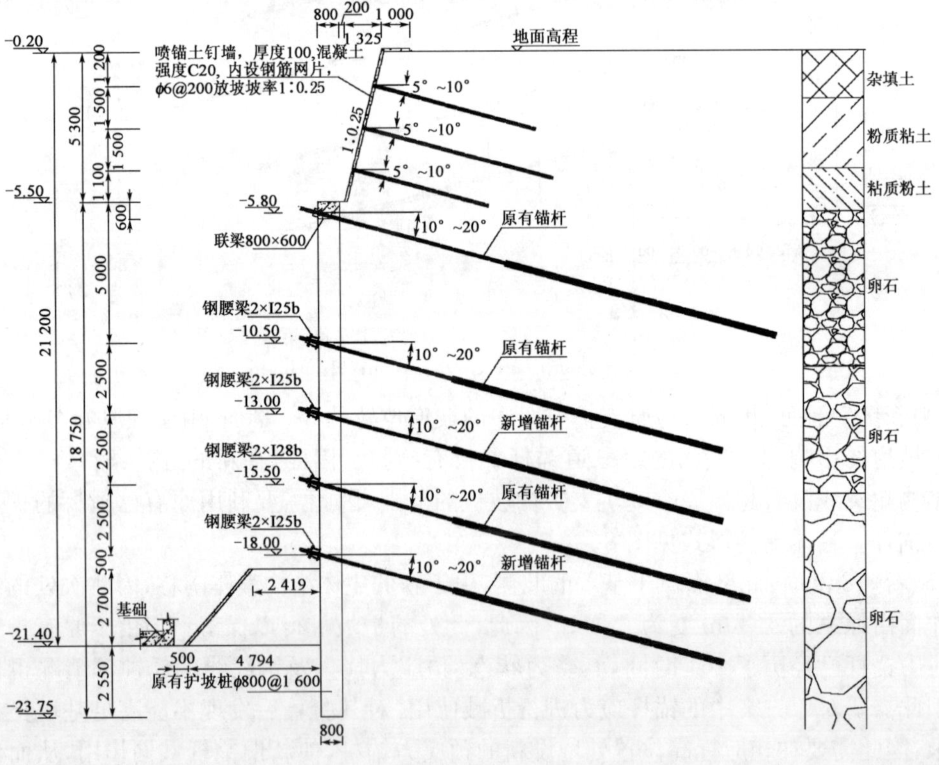

图 9　新 8-8 剖面图(尺寸单位:mm;高程单位:m)

5 施工方法

针对场地的地质条件，由于该场地卵石层较厚且密实、卵石含量较高，卵石粒径较大，这样对于护坡桩及预应力锚杆的成孔难度加大；并且为了利用原有支护体系中的锚杆，新增护坡桩需要与原有护坡桩在平面位置一一对应。这样对于护坡桩的定位提出了较高要求。因此，综合各因素考虑采用人工挖孔来进行护坡桩的施工；对于预应力锚杆成孔采用进口全套管锚杆钻机进行成孔。

由于原基坑已开挖至－14.50m，而新的基坑支护体系需要在桩顶及桩顶以下 2～10m 处施工预应力锚杆，因此，需要将土回填至锚杆施工的工作面高度处，这样必然造成了现场土方的大规模倒运，对基坑内剩余土方的调配十分的重要。

此外，对于新施工护坡桩的区域，需要对原有支护结构进行破除，特别是原有支护结构的土钉墙及护坡桩进行破拆，对这些部位进行卸土减荷时，卸土机械不得站在基坑边上作业，应在基坑内实施卸土作业。同时，要先拆除基坑上的砖砌挡墙(基坑西南角)，清理原先堆放在基坑边上的材料。卸土减压施工完成后，应及时对卸土区域土体做好处理，做好防水排水，避免土体受地表水浸泡。

6 基坑支护结构与周边环境的监测

支护结构位移监测：包含护坡桩深层位移、坡顶水平位移及竖向位移。在土方开挖前，在相应位置处设置观测点，并测稳定的初始值，一般不小于两次。基坑开挖期间，监测应 1d 观测一次，直至开挖停止后连续 3d 的监测数值稳定。若支护结构出现裂缝、沉降，遇到降雨天气时，适当加密观测次数。当变形超过预警指标时，也应加密观测次数，当有危险事故征兆时，应进行连续监测。

基坑周边土体沉降监测：根据场地实际情况，确定测点布置部位和数量。沉降量测点布置在相应位置，将 $\phi 20$ 的钢筋头平向插入柱子±0.00 高程以上 300mm 处，采用精密水准仪测量；每次量测提交各测点本次沉降和累计沉降报表；绘制沉降曲线；对沉降量变化异常的测点，应绘制沉降速率曲线。

7 结语

本工程在基坑加深设计后，有效地利用已经施工的基坑支护体系，对原有支护体系进行加固和转换，既保证了基坑使用过程的安全、稳定，降低了对周边环境的影响，又大大节约施工成本，缩短施工工期。

参考文献

[1] 朱冬坤，张俊杰. 旧基坑加深施工技术[J]. 施工技术，2010(12)，42-44.

[2] 程良奎，李象范. 岩土锚固·土钉·喷射混凝土——原理、设计与应用. 北京：中国建筑工业出版社，2008.

[3] 中国建筑科学研究院. JGJ 120—2012 建筑基坑支护技术规程[S]. 北京：中国建筑工业出版社，2012.

土层锚杆在上海抗浮工程中的应用

赖允瑾　周生华

(同济大学地下建筑与工程系)

摘　要　在上海地区，浅层包含深厚的淤泥质土层，其摩阻力较低，流变特性显著，采用土层锚杆作为抗浮构件往往被认为是风险较大的方案。事实上，采用锚杆抗浮比抗浮桩抗浮更具有合理性：锚杆较密，更接近浮力的均布特征；锚杆间距小，抗浮集中力较小，底板抗冲切厚度可以设计的薄一些，从而使成本得以降低。本文通过上海某抗浮工程的设计实例介绍软土地区土层锚杆的应用，希望能对类似工程的设计及研究提供借鉴。

关键词　土层锚杆　软土　抗浮　蠕变　锚杆锈蚀

1　引言

上海地区处于长江下游入海口，地层主要是第四纪松散沉积物，为软土地层，其特点是含水量高，力学强度低，且具有显著的流变特性。软土的这一特点对土层锚杆来说，将导致锚杆的拉锚力水平较低、长期荷载作用下易发生应力松弛以及海水腐蚀锚杆杆体等问题。所以对于沿海软土的抗浮锚杆，其设计计算时需要对此有所考虑。

上海市枫泾镇白牛路桥工程原设计为一景观工程，底板埋深 5.3m，采用土层锚杆作为抗浮构件。本文将通过该工程的应用实践，阐述土层锚杆在上海软土地层的设计计算和试验的相关问题。

2　工程简介

2.1　建筑结构

上海市枫泾镇白牛路桥景观工程位于上海市金山区枫泾镇白牛路桥。白牛路桥下将建亲水小品建筑，如图 1 所示。

图 1　施工现场

白牛路桥是一座景观桥，双向分离布置，上下行线各为三车道。机动车道＋非机动车道联合布置。上下线平面呈弧形布置成弯桥。桥跨约 40m，单线宽 15.8m。桥下亲水小品拟建成荷花池等休闲观赏和娱乐场所。小品平面呈不规则矩形，其长约 120m，宽约 40m，埋深 5.3m。

2.2　原设计方案

本工程在初步设计阶段提出采用抗拔桩方案。该方案采用打入预制抗拔桩（桩边长 450mm），结合梁板结构来应对该结构的空载和运营期的抗浮问题，如图 2 所示。考虑到白牛路桥已经施工，桥下无法施工，导致桥下结构底板 19m 跨度内无桩的情况，故原设计采用了跨度 19m，梁截面 600mm×1 700mm 的大梁。板厚 600mm，如图 2 和图 3 所示。

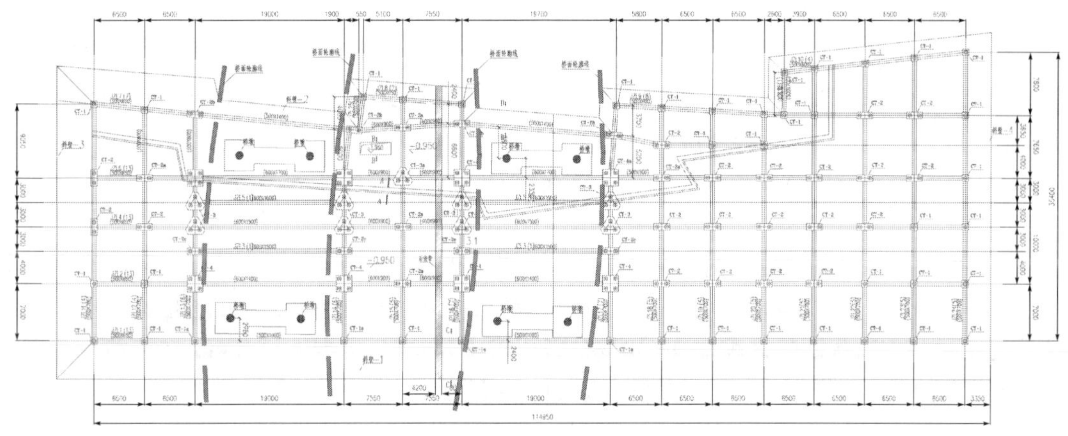

图 2 抗浮桩方案平面图(尺寸单位:mm)

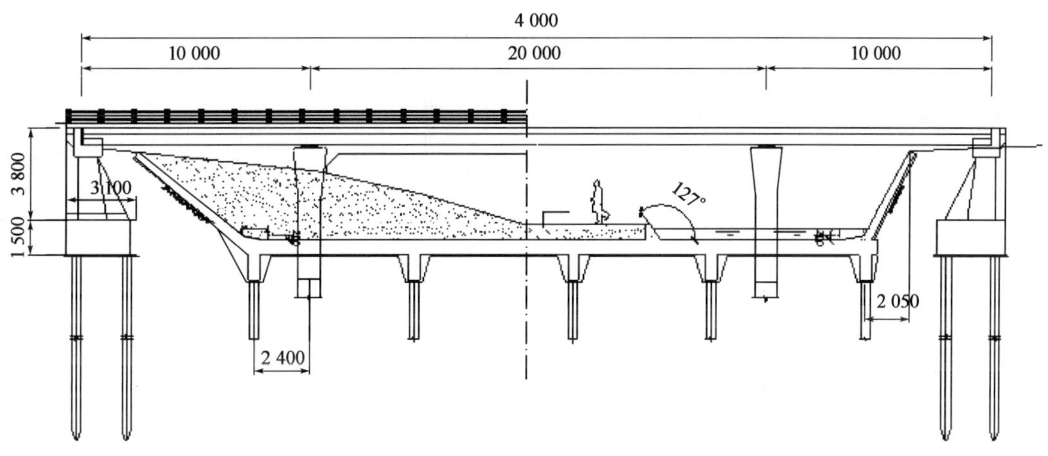

图 3 抗浮桩方案剖面图(尺寸单位:mm)

在方案论证阶段，遇到三个问题难以克服：

(1)预制桩作为抗拔桩，由于接头的焊接及施打技术可靠度离散性大，一般不建议作为长期抗拉构件。

(2)预制桩施打过程中将对已竣工的桥墩结构产生挤压，极易导致白牛路桥的损坏。

(3)由于桥所在区域原为浜沟，部分区域已经疏浚，打桩施工要么回填至地面后施工，要么开挖后下坑作业。前者须回填大量土方，土方的一进一出成本不小；后者需要克服开挖后的淤泥质粉质粘土的地基承载力(65kPa)极低无法承担大型机械设备的问题，需要换土加固，其成本也是很大的。

于是有专家建议采用直径 800mm 的钻孔桩代替预制桩。由于钻孔桩施工机械的要求及确保桥梁结构的安全，钻孔桩与桥梁的边缘的净距必须在 2.5m 以上。如此地梁的宽度需要 22m，梁的高度将达到 2.2m，而且由于弯矩大，还难以满足裂缝宽度小于 0.2mm 的要求(只能达到 0.3mm)。此建议同样无法克服上述的第 3 个难题。

2.3 推荐的方案——土层锚杆抗浮

针对抗拔桩方案的上述情况，设计单位提出了土层锚杆方案。土层锚杆杆体采用 3 根 ϕ28mm 的 HRB335 热轧螺纹钢筋，杆体总长 25m，定位器按 3m 放置。锚固段采用直径 200mm 的纯水泥浆。采用二次注浆工艺，一次注浆为填充注浆，二次注浆待一次注浆终凝后进行，注浆压力为 5MPa。二次注浆管采用白铁管，沿底端三分之二长度按 500mm 间距设置单向阀。土层锚杆按 2.5m×2.5m 间距布设。

结构底板采用 350mm 厚的 C30 钢筋混凝土板，土层锚杆处设抗冲切锥形锚头，厚度 650mm。

杆体钢筋的防腐采用加大钢筋直径的办法考虑。按 50 年使用寿命期考虑，腐蚀速率为水下每年 0.02mm。也即是说在计算直径基础上增加 2mm 的腐蚀余量。如此可以避开土层锚杆裂缝宽度的要求，从而降低配筋率(如按抗裂要求配置钢筋，需要 8 根 25mm 的钢筋，在直径 200mm 钻孔内是不可能的)。土层锚杆方案如图 4 所示。

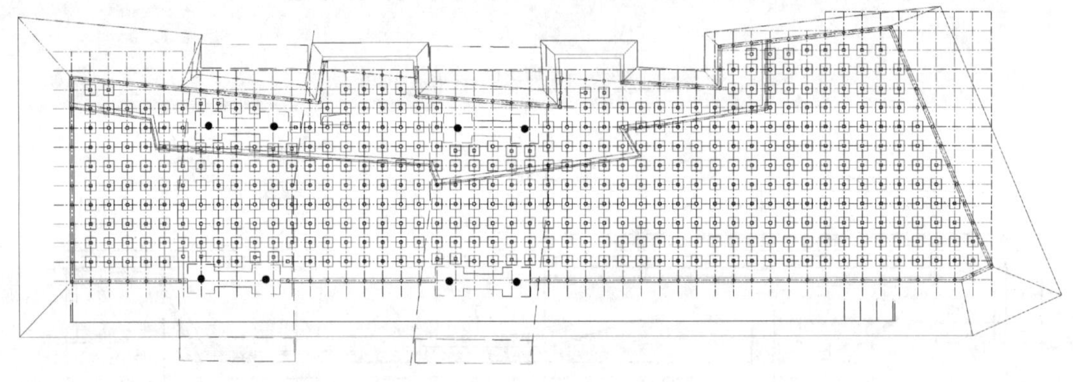

图 4 抗浮锚杆方案剖面图

3 地质情况

根据地质勘察报告，本工程地质情况如下：自地坪以下分布如下土层：①层填土层，②褐黄～灰黄色粘土，③蓝灰～灰色粉质粘土，④$_1$ 暗绿色粘土，④$_2$ 草黄色粉质粘土，⑥暗绿～草黄色粘土。各层的桩侧摩阻力如表 1 所示。

桩侧摩阻力标准值一览表 表 1

层号	土层名称	层底埋藏深度 (m)	比贯入阻力 p_s (MPa)	钻孔灌注桩		锚固体与地层粘结力标准值
				f_s (kPa)	f_p (kPa)	f_{mg} (kPa)
①$_1$	杂填土	0.00～2.50		0		
①$_2$	暗浜填土	0.00～5.80		0		
②	褐黄～灰黄色粘土	0.50～2.30	0.81	15		
③	蓝灰～灰色粉质粘土	2.80～6.00	0.44	15		
		6.00～8.80		16		
④$_1$	暗绿色粘土	2.60～5.00	2.49	55		55
④$_2$	草黄色粉质粘土	9.00～14.00	2.11	50		50
⑥	暗绿～草黄色粘土	10.60～34.00	3.78	80	800	80

结构底板位于④$_1$ 暗绿色粘土上。因此土层锚杆位于④$_1$ 暗绿色粘土，④$_2$ 草黄色粉质粘土，⑥暗绿～草黄色粘土。地下水位按最高水位为池顶位置，底板底部的水深按 5m 考虑。地下水位的历年最低位置为自然地坪以下 1.5m。故土层锚杆永远处于地下水位以下，故此考虑水下腐蚀是合理的。

4 土锚现场抗拔力试验

本工程中，土层锚杆赋存的地层属于饱和软土层，即④$_1$ 暗绿色粘土，④$_2$ 草黄色粉质粘土，⑥暗绿～草黄色粘土。属于可塑。根据承载力计算，土层锚杆的长度需要 25m，这比行业规范《岩土锚杆（索）技术规程》(CECS 22—2005)建议的土层锚杆一般不超过 16m 长出许多。

为了验证土层锚杆的实际抗拔力的大小，同时了解饱和软土中土层锚杆受力与其长度的相互关系，在现场抽取了 5 组进行现场拉拔试验，其中，3 根在拉拔试验中进行了不同深度位置的钢筋应力测试，以了解锚杆受力沿深度分布情况。

4.1 试验装置

土层锚杆的拉拔力试验装置如图 5 所示。试验装置中考虑了拉拔力施加过程中，全程对串联于钢筋上的钢筋应力计进行测读。设计要求按 2m、7m、11.5m、17m、20m、22m、24m 位置布设钢筋应力计。

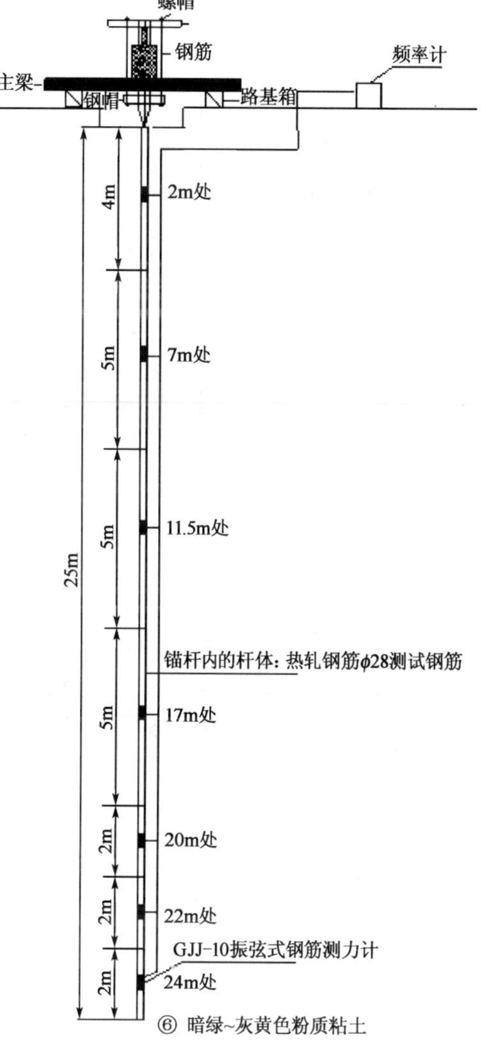

图 5 锚杆现场试验示意图

4.2 各土层锚杆的试验曲线及拉拔力试验结果

土层锚杆试验采取循环加载法进行试验。试验得到锚杆拉拔力设计值为 375kN，如表 2 所示。

锚杆拉力一览表 表 2

编 号	稳定荷载(kN)	累计上拔量(mm)	编 号	稳定荷载(kN)	累计上拔量(mm)
481	375	4.94	482	375	5.86
294	375	7.17	289	375	6.54
480	375	5.16			

同时还得到锚杆在循环荷载下 *P-S* 曲线，如图 6 和图 7 所示。

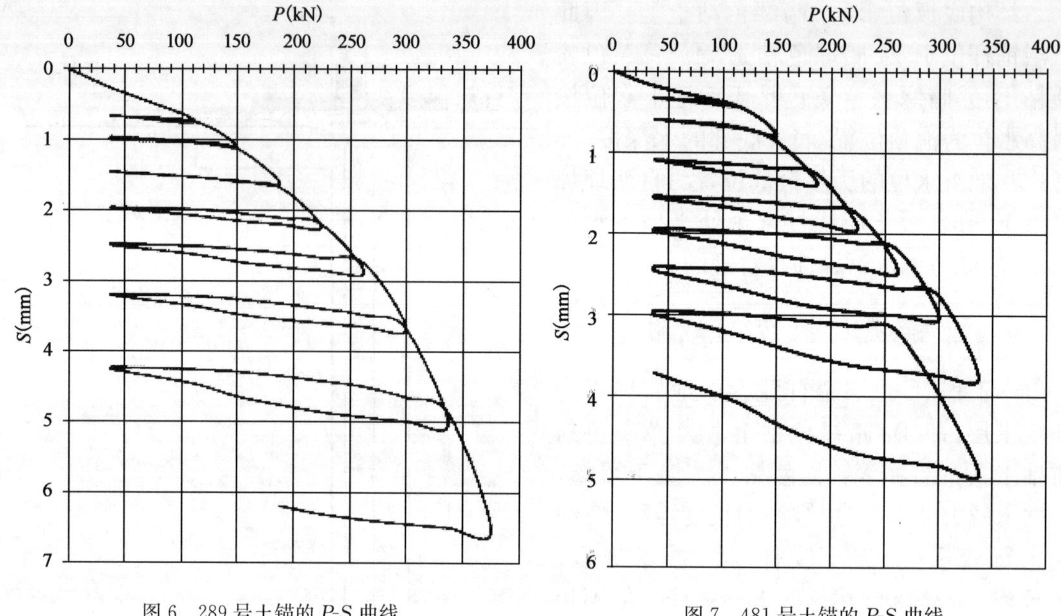

图 6　289 号土锚的 *P-S* 曲线

图 7　481 号土锚的 *P-S* 曲线

4.3　土层锚杆受力沿长度的分布情况试验结果

当对锚杆施加 375kN 张拉力时，锚杆内钢筋将产生拉力，分布于各点的钢筋应力计将测出测试钢筋在该处的频率，由此可换算得到其拉力。钢筋计埋设于如下位置：距锚杆顶端 2m、7m、11.5m、20m、22m 处。

但是由于钢筋计损坏较多，只有个别点成活，测得的结果如表 3 所示。

锚杆钢筋的拉力(单位：kN)　　表 3

位置 / 编号	2m	11.5m	20m	22m
294	20.25	0.47		
482		1.67	2.71	2.14

表 3 中位置系指距锚杆顶部的距离。

从表 3 中可以看出：294 号在 11.5m 处应力已经衰减很多；482 号在 11.5m 以后的应力也很小(如按锚头处钢筋应力 125kN 计算，只占 2%)，说明在软土中，锚索(杆)的长度不宜取得过长。

5　结语

(1)在软土地层中，采用钢筋锚杆作为抗浮措施在实践上证明是可行的。

(2)由于软土地层的摩阻力较小，且具有较显著的蠕变特征，因此，软土地层锚杆的设计承载力不能太高。因此，土层锚杆应密而短。

(3)土层锚杆应通过二次注浆措施来提高其承载力，并更有效地防止锚杆筋体锈蚀。

参考文献

[1]　程良奎，李象范. 岩土锚固·土钉·喷射混凝土——原理、设计与应用[M]. 北京：中国建筑工业出版社，2008.

[2] 徐国民,李伟中,李文平,李鸿芳.岩土锚固技术与工程应用新发展[M].北京:人民交通出版社,2012.

[3] 蒋树屏,王福敏,唐树名,罗斌.岩土锚固技术研究与工程应用[M].北京:人民交通出版社,2010.

[4] 中国工程建设标准化协会.CSCS 22—2005 岩土锚杆(索)技术规程[S].北京:中国计划出版社,2005.

加强型土钉墙在深基坑支护工程中的应用

孙显兵

（西南有色昆明勘测设计(院)股份有限公司）

摘　要　常规土钉墙在土质较差的深基坑中不能单独使用。加强型土钉墙在深基坑(≥12m)支护中具有比较好的效果，本文介绍加强型土钉墙的一工程实例。

关键词　土钉墙　深基坑　加强型土钉墙

1　加强型土钉墙的工作机理

加强型土钉支护的工作机理：当土方开挖后土体要产生侧向位移，土钉一般都超过了自然土体滑移面以外一定长度，当边坡沿滑移面滑动时，稳定土体内的土钉近似于锚杆开始受力，并阻止边坡的滑动，起缝合作用。其工作机理也可用整体作用理论来解释，即土钉在高压注浆过程中，浆液沿土体裂隙及毛细孔扩散，不仅使土体得到加固，改变了原有受力性能，而且由于土钉中插入了钢绞线且在杆头设置了槽钢腰梁，在水泥浆达到一定强度后对钢绞线进行张拉锁定，可以更有效的控制基坑变形从而确保基坑的整体稳定。此技术施工方法是：采用 $\phi48$(60)钢管土钉，直接用机械击入土中，若碰到直接击入满足不了设计杆长时采用先成孔后击入的施工工艺，在钢管中通长插入一根 $\phi15.24$(1 860 级钢绞线)，并在杆头设置槽钢腰梁，通过从钢管中进行高压注浆压入土体，对土层进行固化。当水泥浆强度达到设计的 75%时，通过锁具对钢绞线进行张拉，锁定在槽钢腰梁上。

2　适用范围

加强型土钉墙可用于回填土、淤泥质土、粘性土、砂土、粉土等常见土层；易于在场地狭小的条件下方便施工；在工程规模上，地质情况相对较好，周边环境情况不算太复杂、略有放坡空间、基坑深度略超 12m 的情况下，均可根据具体条件，灵活、合理的推广使用。

3　加强型土钉支护的工程实例

昆明舒铂广场基坑支护为使用加强型土钉的工程实例：

该项目位于昆明经济技术开发区出口加工区，场地东侧邻近市政道路，对面为映像新城 2 栋在建项目，场地北侧为待开发空地，西侧为一便道及昆河铁路，南侧邻近园区规划道路，对面为谨浦物流 3 栋在建项目。拟建场地净用地面积为 51 680.26m²，拟建建筑物由 2 栋 32 层、1 栋 31 层办公建筑及 8 栋 3～5 层商业建筑组成，整个场地满堂设置 3～4 层地下室，基坑开挖最深处达 15.4m。

场地内分布的地层：

①层——人工填土：黄、浅灰色、褐黄夹浅蓝灰色条纹，稍湿，稍密状，主要由粘性土组成，

含少量碎石、碎砖、混凝土块等，结构较疏松，强度低，土质不均匀，欠固结，分布于场区表层，层厚 0.7～7.5m。

②层——粉质粘土：褐红、褐黄、褐黄夹浅蓝灰色条纹，稍湿，硬塑～坚硬状态，局部地段含少量泥质粉砂岩风化角砾，结构相对疏松，层厚 0.5～5.9m。

③层——粉质粘土：浅蓝灰、褐黄、浅蓝灰夹褐黄色，硬塑～坚硬状态，干强度及韧性中等，场区内均有分布，层厚 0.6～8.6m。

③$_1$层——粉土：浅蓝灰、褐黄、褐黄夹浅蓝灰色，湿，稍密～中密状，分布不连续，层位变化大，分布于基坑侧壁中上部，属透水层，对基坑侧壁稳定性不利，场区内部分地段有分布，层厚 0.4～3.8m。

③$_2$层——粉质粘土：深灰色，褐灰色，湿，硬塑～坚硬状态，韧性及干强度中等，仅场区内北侧、南侧分布，层厚 0.6～3.0m。

④层——粉质粘土：浅黄、褐黄夹红棕、浅蓝灰条纹，稍湿，以硬塑状态为主，部分可塑状态，含大量全～强风化粉砂质泥岩残块，块径 2.0～4.0cm，韧性及干强度中等，层厚 0.7～19.4m。

④$_1$层——粉土：褐黄浅黄色，稍湿，稍密～中密状，干强度低，场区内部分地段有分布，层厚 0.6～6.1m。

④$_2$层——粘土：褐黄、棕红、浅黄色，稍湿，硬塑状态，韧性及干强度中等，场区内部分地段有分布，层厚 0.4～10.0m。

④$_3$层——粉质粘土：浅黄、褐黄，稍湿，可塑状态，含大量全～强风化粉砂质泥岩残块，块径 2.0～3.0cm，韧性及干强度中等，场区内部分地段分布，层厚 0.7～4.6m。

⑤层——全风化泥质粉砂岩：褐黄、浅黄夹红褐色，稍湿，砂粒结构，层状构造，岩石遭受强烈风化作用，呈全风化状，属极软岩，岩体破碎，岩体基本质量等级为Ⅴ级，岩心多呈粉土、粉质粘土夹少量岩石残块状，残块块径以 1.0～3.0cm 为主，局部 3.0～5.0cm。具中等压缩性，均匀性差，物理力学性质相对较好，层厚 0.5～25.6m。

拟建场地钻孔中均未揭露到地下水，钻孔中也未观测到地下水。但场地内分布的③$_1$层、④$_1$层粉土属含、透水层，具一定的富水空间，在降雨及地表水补给的条件下可能会含少量孔隙型潜水；总体上，场地内浅部地下水较为贫乏，对基坑开挖及基础施工影响较小。

基坑西侧和南侧采用常规的支护方法：放坡＋土钉墙支护结构，而东侧和北侧采若采用常规土钉墙支护结构则满足不了变形及稳定要求，若设计采用桩＋锚索或框格梁＋锚索则造价太高、施工难度大、工期较长，且部分区域不具备设置长度大于 18m 锚索的施工空间，因为该基坑东侧对面为一在建项目，中间仅一市政道路相隔。

在确保设计方案安全可靠、经济合理、工期要求及项目建设要求的条件下，如何快速、高效对该基坑东侧、北侧进行支护是建设单位、设计单位的共同目标。如何使常规土钉墙支护结构中土钉能够提供足够的抗拔力是基坑支护的关键，经多方研究讨论后，确定采用的支护方法为：充分利用场地东侧和北侧用地范围适当放坡（坡比为 1∶0.3～1∶0.5），对常规土钉墙作加强处理，加密土钉横、竖向间距，采用先成孔后击入的施工工艺（成孔直径为 ϕ80）确保土钉长度施工到位，并且将土钉注浆后在部分长度为 12m 或 15m 土钉中通长插入一根 ϕ15.24（1860级）高强度低松弛钢绞线，在水泥浆强度达到设计强度 75%后，进行张拉与锁定工作，通过锚具及张拉台张拉后，锁定在土钉杆头的 18 号配筋槽钢腰梁上，为此将有效地控制基坑变形。加强型土钉墙支护剖面见图 1。

高程(m)
1 908
1 906
1 904
1 902
1 900
1 898
1 896
1 894
1 892
1 890
1 888
1 886
1 884
ZK57
1 906.99
1 906.60(场平高程)
C20混凝土喷锚面层100mm
400×400排水沟
13 200~21 100
6 500~15 200
2F混凝土楼房
工地围墙
约1 906.00(便道)
2 000
2 000
2 000
5 550
1 000
1 800
1 800
1 800
1 800
1 300
1 300
1 300
1 300
1 300
1 300
100
7 100
8 000
15 400
1: 0.75
1: 0.3
ϕ48钢管土钉、L=18m@1.5m、倾角15°
ϕ48钢管土钉、L=18m@1.5m、倾角15°
ϕ60预紧固锚杆、L=18m@1.5m、倾角15°，预紧值60kN
ϕ60预紧固锚杆、L=18m@1.5m、倾角15° 预紧值60kN
ϕ60预紧固锚杆、L=18m@1.5m、倾角15°，预紧值60kN
ϕ48钢管土钉、L=15m@1.5m、倾角15°
ϕ60钢管土钉、L=15m@1.5m、倾角15° 预紧值60kN
ϕ48钢管土钉、L=15m@1.5m、倾角15°
ϕ48钢管土钉、L=12m@1.5m、倾角15°
ϕ48钢管土钉、L=9m@1.5m、倾角15°
地下室范围线
基坑底1 891.20
300×300碎石宽沟

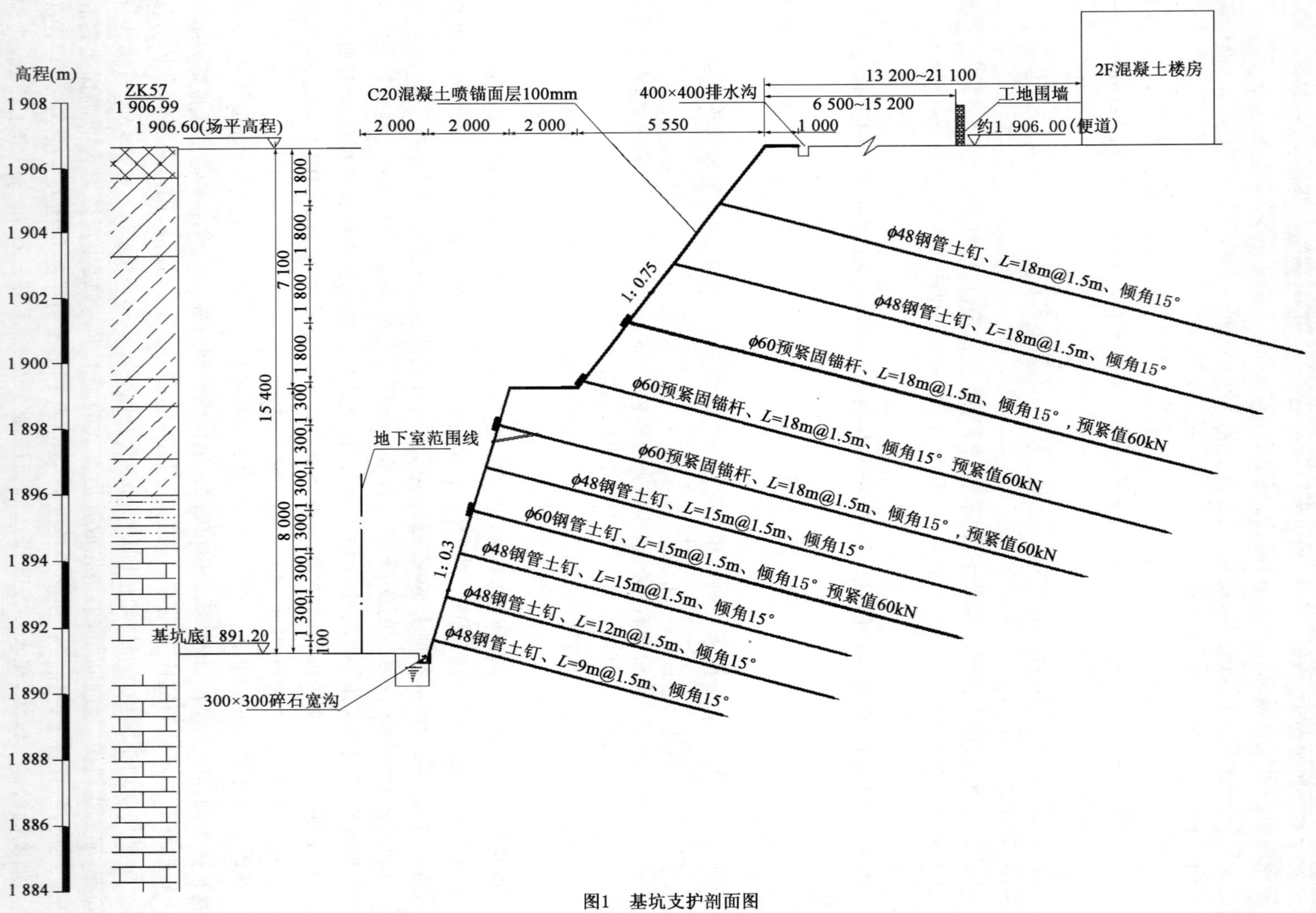

图1 基坑支护剖面图

该基坑东侧和北侧采用加强型土钉墙支护结构后，很大程度上降低了施工难度，保证了工期，土钉墙实施效果得到了显著提高，周边建(构)筑物变形得有效控制，并且为建设单位节省了上千万的资金投入。

4　加强型土钉的特点

施工工艺简单、施工速度快、控制变形效果较好、造价低。通过施工单位及监测单位对该基坑的变形进行持续监测，该基坑东侧和北侧坡顶最大水平位移为 29mm，远远小于设计控制值 50mm。

5　结语

加强型土钉技术弥补了土钉墙不适用于超深基坑及软土地层的一定缺陷，能够较好的保护基坑开挖影响范围内建筑物、地下管线和交通道路的变形。

参考文献

[1]　中华人民共和国行业标准. JGJ 120—2012　建筑基坑支护技术规程[S]. 北京：中国建筑工业出版社，2012.

[2]　中华人民共和国行业标准. YB 9258—1997　建筑基坑工程技术规范[S]. 北京：冶金工业出版社，1997.

[3]　中华人民共和国国家标准. GB 50086—2012　锚杆喷射混凝土支护技术规范》[S]. 北京：中国计划出版社，2001.

六、隧道与地下工程

某地铁隧道坍塌成因分析及处治方法研究

曹　平　刘建伟　程　韬　李冀伟

（中铁隆工程集团有限公司）

摘　要　针对青岛地铁某区间隧道穿越富水砂层施工中发生的坍塌事故，通过对分析周边环境及工程地质条件，总结了区间隧道坍塌的原因。同时结合工程地质及周边场地条件，提出了应对坍塌处理的技术措施。通过总结隧道穿越富水砂层的坍塌事故的原因及处理技术措施，对于隧道穿越类似地层具有重要的工程借鉴意义。

关键词　富水砂层　隧道坍塌　处治措施

1　工程概况

青岛市地铁一期工程(3 号线)某区间沿京口路布置。京口路为双向 4 车道，交通流量大。区间设计里程为 K(Z)20＋982.795～Y(Z)K21＋767.196，全长约 784.4m。左右线线间距 13～13.4m，隧道埋深 10～16m，洞身穿越粗砾砂及强风化至中等风化花岗岩地层。

2　坍塌成因分析及处治方法

2.1　坍塌概况

2011 年 7 月 16 日，区间隧道左线掌子面施工至 ZK21＋597，施工监控量测无异常变化。

16 日立完格栅钢架进行锚杆施工过程中，拱部往下掉土块并伴随大量渗水，施工单位查看现场后立即采取喷射混凝土封闭格栅钢架及掌子面，并在掌子面堆沙袋等措施。

抢险至 17 日，掌子面和拱部无法封堵，且水量越来越大，并伴随流沙。

掌子面至横通道已经被突泥填深近 1m，塌方已冒顶，污水管道塌断。

地铁公司指挥部到现场确定方案，施工车辆人员顺利展开抢险。向坑内灌注混凝土、钢筋网、砂石等物料，封堵坍塌口，避免坍塌进一步扩大。

2.2　坍塌原因分析

2.2.1　工程地质及现场情况

京口路为双向 4 车道，交通流量大。沿区间左线 1 条污水管，1 条电力管和 1 条燃气管。其中污水管埋深约 3.1m，此管在重庆中路路口汇入埋深约 4m 的 DN600 污水管。后期现场调查发现污水管均存在渗漏水现象。

坍塌处表覆第四系全新统素填土 2.2～3.0m，其下为全新统洪冲积层粉质粘土 5.0～5.2m及粗砂 2.1～3.6m，下伏燕山晚期花岗岩，糜棱岩及碎裂状花岗岩发育，基底稳固。地下水以第四系孔隙潜水为主，局部具弱承压性，富水性中等。

2.2.2　原设计情况

坍方段开挖采用钻爆法，分上、下台阶进行爆破开挖施工，设计采用钢格栅喷射混凝土支护，格栅纵向间距0.75m/榀，拱部设置$\phi42$超前小导管，纵向间距1.5m，环向间距0.4m，单根长度3.0m。全断面设置$\phi6.5$@200mm×200mm双层钢筋网，边墙设置$\phi22$砂浆锚杆，$L=3.0$m，间距为1.0m×1.0m，菱形布置，喷射25cm厚C25混凝土。

2.2.3 坍塌成因分析

综合分析坍塌时间、坍塌处周边环境及工程地质条件等，总结隧道坍塌诱因主要有以下几方面：

(1)地质条件差。

工程地质条件差，富水性粗砂层较厚且粗砂层沿区间纵向延伸与大村河、西流庄河水力联系紧密。坍塌处糜棱岩及碎裂状花岗岩发育，围岩松散，自稳能力。坍塌时正值青岛雨季期间。

(2)隧道上部有1条污水管，3条自来水管，1条电力管和1条燃气管。污水管长期渗漏水，渗漏水在空洞位置形成地下水囊，水囊下部，结构上部的土体长期被浸泡，处于饱和流塑状态，自稳能力很差，超前小导管扰动此土方，水囊中的水和泥沙冲破土层。

(3)初期支护不及时。施工现场拱部超前小导管未及时注浆。

2.3 坍塌的主要处理技术措施

(1)C20混凝土回填

坍塌冒顶之后，立即向坑内灌注混凝土、钢筋网、砂石等物料，封堵坍塌口，回填至地面下2.5m处停止回填。避免了坍塌的进一步扩大，见图1。

(2)砂袋封堵

在上台阶靠近塌方段进行砂袋堆码封堵，防止坍体不稳定，继续坍塌。

在砂袋表面挂网喷射混凝土，形成止水帷幕墙封闭，避免洞内水流继续冲刷浸泡坍体，防止注浆加固时浆液从坍体流出，影响注浆加固效果。钢筋网片直径为$\phi6.5$，格网间距200mm×200mm，喷射0.15m厚C20混凝土。

(3)抗滑锚管施工

在封堵墙下部施做$\phi42$抗滑锚管，并注浆，锚管布置为：水平间距1m，排距0.5m，梅花形布置，入岩深度2m，锚管外露长度0.2m，外露部分用钢管相互连接并喷射混凝土覆盖，形成"锚固梁"。防止坍体滑动。抗滑销管施工示意图见图2。

(4)坍体注浆加固

对坍体进行注浆加固，固结涌出的淤泥土体。采用5.0m长的$\phi42$钢花管，间距0.5m(竖向)×0.5m(水平)梅花形布置，注水泥浆+水玻璃双液浆。

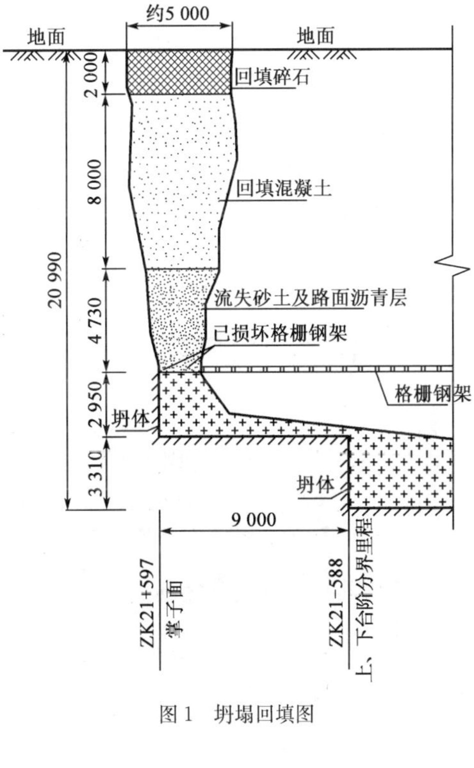

图1 坍塌回填图

(5)近坍方段拱顶加固

在ZK21+591.8～ZK21+594.8范围内，拱部打入$\phi42$超前小导管注双液浆，按照斜向上30°角打入，每榀钢架打一环，共打设4环。$\phi42$超前小导管布置形式为：拱部布置，环向间距 0.4m，纵向间距 0.75m，导管长度依次为 5.5m，6.5m，7.5m，8.5m，穿过坍体进入岩层为止。注浆加固见图 3。

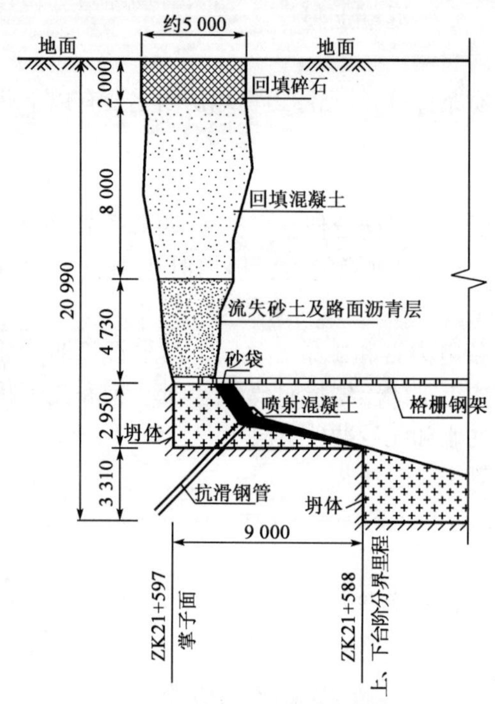

图 2 抗滑桩施工示意图

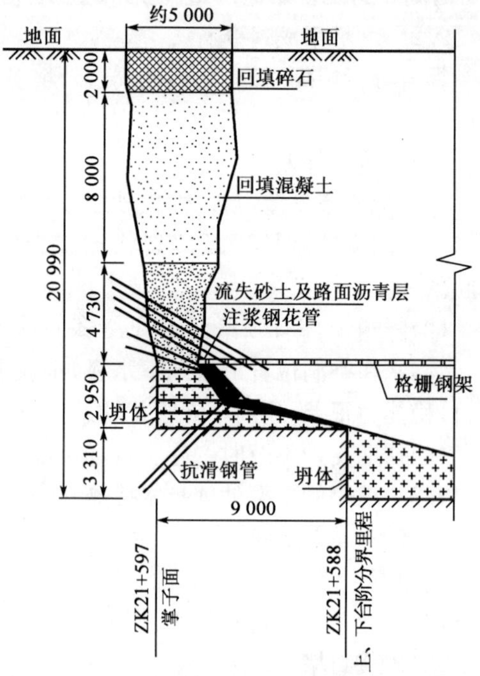

图 3 坍塌邻近段注浆加固图

(6)拱部导管注浆加固处理

为加固拱顶松散岩层，对 ZK21＋589～ZK21＋591.8 段上台阶拱部打入大外插角小导管注浆加固岩体，外插角为 45°，导管长 3.5m，注水泥＋水玻璃双液浆。注浆加固见图 4。

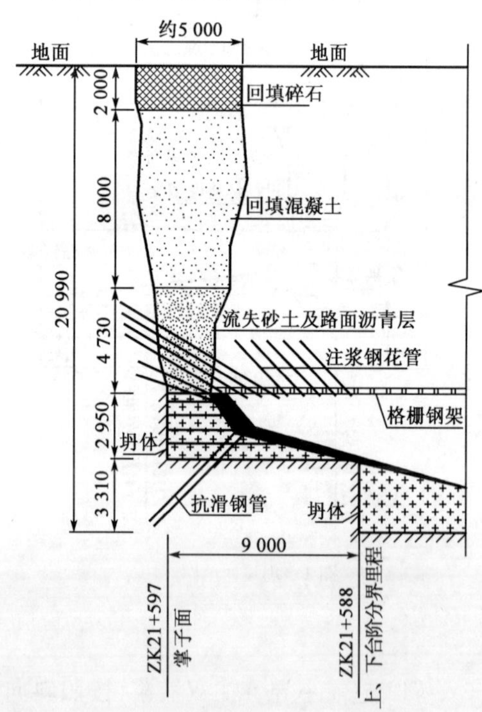

图 4 拱部注浆加固图

(7)地面钻孔检查及注浆

为探明回填混凝土的密实情况、混凝土至拱顶之间填充土的状况，在地面钻 ϕ100mm 钻孔，抽取芯样。利用 3 个地质钻孔对坍体进行加固注浆，压注水泥浆液，压力控制在 1.0～1.5MPa。

(8)拆除止浆墙和砂袋

全部注浆完成后，开始清理横通道至 ZK21＋588 段下台阶淤泥，并铺垫 50cm 厚碎石垫层，形成施工通道，同时理顺排水系统。

施工通道形成后，拆除上台阶坍体止浆墙和封堵砂袋，拆除时按照环状拆除，中间核心部分预留。割除打设导管外露部分，以利于施工。

2.4 坍塌段处理后的开挖技术措施

(1)取芯检验

坍体注浆完成后，应每环钻 2～3 个孔对注浆效果进行取芯检验，并取岩芯观察浆液充填情况，同时检查孔内涌水量不应大于 0.2L/min.m，且某一处的漏水量不大于 10L/min。当注浆效果不能满足上述要求时，应先查明原因后再调整注浆参数或进行补注浆，直到达到设计要求后方可进行开挖。

(2)拆除止浆墙和砂袋

洞内淤积泥沙清理完成，施工通道形成后，拆除上台阶坍体止浆墙和封堵砂袋，按照环状拆除，中间核心部分预留，进行超前导管施工。

(3)设置超前导管

在靠近掌子面最前端未损坏的两榀格栅钢架之间打设一排 ϕ42 超前注浆小导管，导管穿过最后一榀钢架按水平上倾角 15°打设，拱顶 90°范围内导管环向间距 10cm，120°～90°范围环向间距 30cm；单根长度 5.0m，压注水泥—水玻璃双液浆，压力为 0.5～1.0MPa。

(4)调整初期支护参数

过坍方段采用 I22a 型钢拱架，间距 250mm，钢架间设 ϕ22 纵向连接筋，内外双层设置，拱部设 ϕ6.5@200mm×200mm 双层钢筋网片。

初支背后安装注浆导管，纵向间距 1.0m，环向间距 1.0m，系统锚杆为 ϕ22 中空锚杆，L=3.0m，间距 1.0m，梅花形布置，锁脚为 ϕ42 锚管，每榀布置，每榀钢架 4 根，L=3.0m。

(5)调整开挖工法

坍体采用环形台阶法开挖，上台阶断面每循环进尺控制在 0.5m，采用弧形开挖、保留核心土的方法进行。锁脚锚管、系统锚杆在挖除核心土后立即打设。台除法施工见图 5。

图 5　现场台阶法施工

(6)开挖至原掌子面的封闭处理

循环施作钢架 10 榀，完成后对掌子面进行喷射 C25 混凝土 20cm 厚封闭。上台阶长时间摆放，为保证上台阶支护稳定，底部施作 I22a 型钢临时支撑，临时横撑对应每榀钢架设置。

3　坍塌的预防措施

3.1　帷幕注浆预加固

区间隧道拱顶局部穿越富水砂层，大部分段落处于拱顶与砂层接触带，采用半断面帷幕注浆方案，重点加强拱部注浆。对上半断面开挖轮廓线范围进行深层注浆加固和止水，防止隧道开挖过程中发生涌砂涌泥涌水以避免坍塌事故的发生。

(1)注浆范围：注浆范围为轮廓外 3m。

(2)每一标准循环注浆长度为 14m，开挖 10m，预留 4m 止浆岩盘。

(3)注浆孔按浆液扩散半径为 1.5m，孔底间距不大于 2.5m 布设。

(4)注浆孔开孔直径不小于 89mm，孔口管直径 80mm。

(5)浆液：采用双液浆，水泥浆：水玻璃=1:1(体积比)。

3.2　开挖工法调整

采用环形台阶法开挖，上台阶断面每循环进尺控制在 0.5m，采用弧形开挖、保留核心土的方法进行。锁脚锚管、系统锚杆在挖除核心土后立即打设。

3.3 增强初支支护强度和刚度

(1)初期喷混凝土:C25 混凝土全断面支护。

(2)拱部 $\phi42$ 超前注浆小导管,$L=4.0$m,水平倾角 15°,环距 0.25m,纵距 1.5m。

(3)格栅钢架:全环设置,钢架间距 0.5m,采用四肢格栅钢架,其布置间距可根据地质情况或监测信息予以调整。

(4)钢筋网片:全环双层钢筋网设置 $\phi6.5$@150mm×150mm。

(5)初支背后注浆:注浆导管纵向间距 1.0m,环向间距 1.0m。

4 坍塌的综合处治效果

对坍塌发生点周围的地表、地下管线、隧道内初期支护的变形情况进行监测,共布设监测点 51 个。监测频率 2h/次,进行 24h 不间断监测。截止 7 月 21 日。累计最大地表沉降 8.4mm,管线最大沉降量 1.83mm,隧道内拱顶最大沉降量 4.7mm,净空收敛最大 0.3mm。监测数据显示,7 月 19 日后,日累计沉降最大点不超过 1mm,地表、管线机隧道内的变形趋于稳定。

目前,君～西区间已全线贯通,实践表明前期综合处理措施是有效的。

5 结语

(1)隧道开挖过程中应详细调查周边管线、建筑的基础资料并掌握各周边环境因素的现状。以针对性的采取有效预防措施。

(2)隧道穿越富水砂层时,帷幕注浆是非常有效的预加固技术措施。同时,设计和施工应注意根据地质条件合理选择相关注浆孔及注浆参数的设置。

(3)隧道穿越富水砂层时,采取合理的开挖工法和初期支护参数是避免坍塌事故的重要有效手段。

(4)区间坍塌事故发生前,相关监测并未及时反映隧道的围岩变形及地表沉降。如何有效合理选择监控布点及监测方法需进一步研究。

参考文献

[1] 关宝树.隧道工程施工要点集[M].北京:人民交通出版社,2003.

[2] 李志厚,杨晓华,来弘鹏,晏长根.公路隧道特大塌方原因分析及综合处治方法研究[J].工程地质学报,2008,16(6):806-812.

[3] 苏秀婷.青岛地铁富水砂层施工风险与变形规律研究[D].青岛:中国海洋大学,2012.

[4] 张剑.隧道施工过程中掌子面后方塌方的预防与处理[J].铁道建筑,2005(12):36-37.

[5] 陈秋南,张永兴,刘新荣,等.隧道塌方区加固后的施工监测与仿真分析[J].岩石力学与工程学报,2006,5(1):158-161.

管棚超前支护在隧道开挖中的应用

张应龙　郝校红

（96512部队）

摘　要　管棚超前支护法是隧道施工的一种辅助施工方法，能够稳定掌子面又能够控制地表下沉，且施工速度快、安全性高，在隧道穿越破碎带、松散带、软弱地层等不良地层中发挥了重要作用，具有广阔的应用前景。针对目前工程中所使用管棚的结构形式，综合分析了管棚设计和施工中存在的问题，提出了合理的管棚材料和施工设备，并对管棚支护技术在隧道施工中的应用需进一步研究的问题提出了建议。

关键词　管棚　超前支护　设计　施工

1　引言

管棚超前支护是一种在软弱围岩中进行隧道掘进的辅助施工技术。我国自20世纪80年代陆续在北京地铁、二郎山隧道、雁列山隧道等工程中采用了管棚超前支护技术，取得了良好的技术和经济效益。

管棚超前支护法就是用管棚钻机沿隧洞周边开挖轮廓线，钻设一定数量的水平孔，而后埋设钢管并施以固结灌浆，再与格栅钢拱架组合形成强大的预支护体系。

管棚超前支护法作为隧道施工的一种辅助施工方法，既能够稳定掌子面又能够控制地表下沉，而且施工速度快、安全性高，被认为是隧道施工中解决冒顶问题的最有效最合理的超前支护方法，在隧道穿越破碎带、松散带、软弱地层等不良地质中发挥了重要作用。本文结合理论应用和实践经验，着重探讨管棚超前支护法在不良地质隧道开挖中的应用。

2　管棚设计

2.1　管棚的配置形式

管棚是沿隧道开挖轮廓外周的一部分或者全部，以一定间隔排列而成的棚架体系。管棚法施工根据工程地质力学稳定性计算值、地形、地层的性质及地中结构物位置关系的不同，在钢管配置形式上主要有如图1所示的七种方式。

(1)扇形配置：用于隧道断面内地层比较稳定，但拱部附近地层不稳定的场合。

(2)半圆形配置：用于隧道下半部地层是稳定的，但起拱线以上地层不稳定的场合。此外，即使地层比较稳定，但地表有建筑物或埋深很浅时也多采用此种布置。

(3)门形配置：用于隧道基础是稳定的，但断面内地层及上部地层不稳定的场合。

(4)全周形配置：用于软弱地层或膨胀性、挤出性围岩等极差的场合。

(5)上半单侧配置：隧道一侧有公路、铁路、重要结构物需要防护或者隧道位于斜坡地层中形成偏压时采用。

(6)上半双排配置:用于隧道上部有重要设施、拱部地层是崩塌性、不稳定性的地层或地铁车站等大断面隧道施工或突破河海底段施工等场合。

(7)一字形配置:在铁路、公路正下方施工或在某些结构物下方施工时采用。

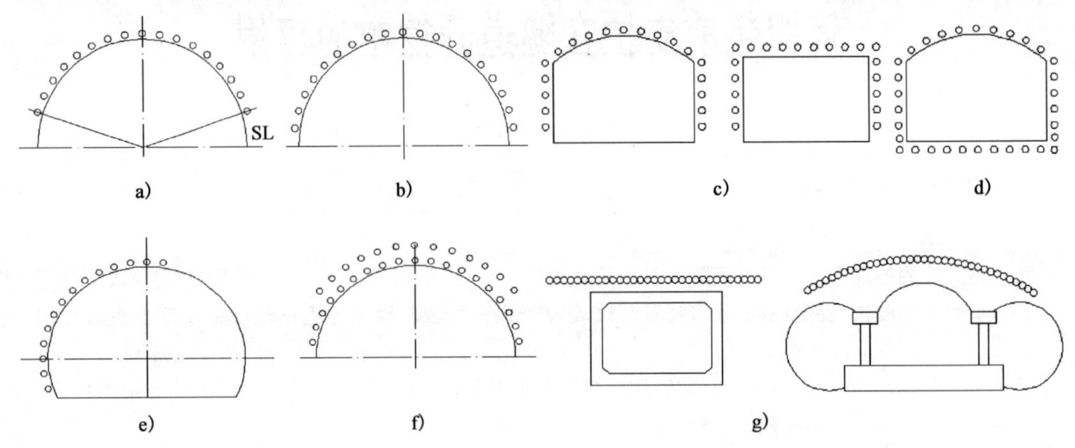

图1　常用的管棚配置形式

a)扇形配置;b)半圆形配置;c)门形配置;d)全周形配置;e)上半单侧配置;f)上半双侧配置;g)一字形配置

2.2　钢管类型

管棚钢管作为隧道临时支护的一部分,一般采用热轧无缝钢管,长度为10～45m,分段安装,由节长4m～6m的钢管采用"V"形对焊或丝扣连接而成。为了增强管棚的整体结构性能,隧道纵向同一横断面内的接头数不大于50%,相邻两孔钢管接头错开至少1m。钢管上须钻注浆孔,孔径为10～16mm,钢管上每间隔50～80cm钻设2～3个灌浆孔眼,呈梅花形布置,视需要安装逆止阀盖或橡皮环,同时钢管尾部留有不钻孔的止浆段。钢管的直径要适当,一般情况下,多采用直径89～139.8mm的钢管。但是,当隧道开挖对周边环境有直接影响或者地质条件太差管棚间土粒子能够流出的软弱围岩时,为了能够直接承受荷载、防止土粒子流出,应选用刚性大的、中直径(165.2～216.3mm)或大直径(318.5mm)的、带接头的钢管。各种带接头钢管的构造见图2。

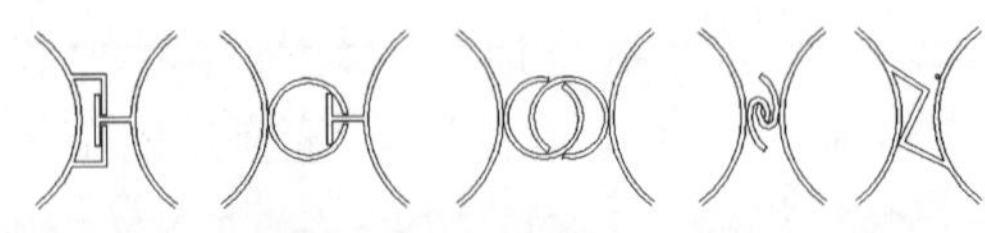

图2　带接头钢管的构造示意图

2.3　钢管间距

管棚的支护效果,是因围岩与管棚形成一体,使有效断面扩大,土压均匀而形成的。过大的间隔会降低这些效果,而过小的间隔不仅不经济,施工性也不好。管棚的钢管间距主要由下述几点决定:地层性质,土压大小,钢管设置在隧道断面的位置(顶部、侧部、底部),格栅钢拱架间距,钻孔施工精度。

由于钻孔弯曲量随其长度增加而增大,故目前钢管最小间距主要取决于施工机具和施工技术水平所能达到的钻进精度。在水平钻孔中,弯曲量随施工深度增加,弯曲量究竟多大,还很难确定,大致为钢管施工深度的1/600～1/250。设钻机施工精度为P,管棚长度为L,钢管直径为D,则钢管的最小中心距S为:$S=P\times L+D$。钢管的标准间距适当与否,对防止土砂崩塌、松弛有很大影响,因此,除极端的弱粘土外,从工程经验上看,钢管环向间距多采用管径的2.0～4.5倍,见表1。

国内隧道管棚支护参数　　表1

隧道名称	钢管管径	钢管壁厚	环向间距
红岩隧道	ϕ=89mm	t=5mm	30cm
三义隧道	ϕ=89mm	t=6mm	30cm
雁列山隧道	ϕ=89mm	t=4.5mm	38cm
大阁山隧道	ϕ=89mm	t=4.5mm	40cm
白花山隧道	ϕ=108mm	t=6mm	40cm
云集隧道	ϕ=108mm	t=6mm	40cm
芙蓉山隧道	ϕ=108mm	t=6mm	40cm
广州地铁	ϕ=108mm	t=6mm	40cm
张家隧道	ϕ=108mm	t=6mm	50cm
杨梅岭隧道	ϕ=108mm	t=6mm	50cm
青岭隧道	ϕ=127mm	t=4.5mm	35cm
南京地铁	ϕ=159mm	t=8mm	40cm

2.4 格栅钢拱架

施作管棚超前支护时，需要设置格栅钢拱架作为支撑构件。管棚是利用钢管作为纵向支撑、格栅钢拱架作为横向环形支撑，构成纵、横整体。从而阻止和限制围岩变形，并能提前承受早期围岩压力。

格栅钢拱架在管棚超前支护中的作用是十分重要的，隧道拱顶的沉降量与格栅钢拱架的间距成正比。从实际工程来看，隧道施工的格栅钢拱架间距不应该太大，一般应控制在0.75～1.5m之间。对于山岭隧道，隧道施工对地表与拱顶沉降要求不高时，格栅钢拱架间距可以稍微大些，但一般不大于1.5m；当城市中修建地铁或其他地下结构物时，隧道施工应严格地控制地表沉降，这时，格栅钢拱架间距应控制在0.75～1.0m之间。

进行管棚支护时，必须让格栅钢拱架和钢管连接在一起，形成共同的承载体系。但在实际施工中，两者间必然存在一些空隙，国外某些隧道工程在架立格栅钢拱架时，在其顶部和下端置放带状砂袋，并施灌特殊砂浆，以确保格栅钢拱架和管棚钢管紧密结合，此方法在今后的管棚施工时可考虑采用。

3 管棚施工

3.1 管棚钻机

管棚钻机是管棚法施工技术中最关键的设备，它的作用是沿着隧道断面外轮廓超前钻进并安设管棚。目前用于管棚施工的钻机分为坑道钻机、定向钻机、水平钻机及专用管棚钻机。长大隧道最好选用专用管棚钻机，短隧道如地下立交、地下过街道可考虑用其他类型的钻机。

管棚钻机按机械动作原理又可分为旋转式钻机和冲击式钻机两大类。旋转式钻机主要用于钻凿中硬岩以下的岩石，特别是在土质、泥岩、风化砂岩和软弱页岩等相对软弱的岩层中旋转钻进是比较有效的办法。若岩石太硬，用旋转钻进会造成钻机卡钻。而冲击旋转式钻机则可改善上述卡钻的问题，它比旋转式钻机有更广的适用范围，在硬岩、软岩中均可适用，而且它的钻孔速度较快。因此，在硬岩中可以采用冲击旋转方式快速钻进，而在冲击钻机容易造成塌孔的软弱地层中，可以按旋转方式钻孔。目前，国内常见的用于隧道水平钻孔的钻机型号列于表2。

钻机型号及主要技术参数 表2

型号	钻孔直径（mm）	钻孔深度（m）	钻孔倾角（°）	外形尺寸（m）
MKD-5钻机	94～200	100	0～±90	2.2×0.8×1.2
MK-3钻机	110	100	0～±90	1.73×1.3×0.6
土星881	150	30	－10～90	4.5×1.65×1.65
MGY-100钻机	110～200	60～100	－20～110	3.8×1.7×1.4
FDP-15c钻机	76～220	300	0～20	5.4×2.0×2.0
KR-806D钻机	100～180	50	0～180	
0201.MD-30钻机	65～130	30～50	－15～90	

从表2中我们也看到，钻机的钻孔直径普遍小于200mm，不能够满足大口径管棚施工需要。在这种情况下，一般采用夯管法施作管棚。比如德国TT公司的夯管锤，夯管直径为50～3 500mm；Grundoram夯管锤夯管直径为150～3 500mm，完全能够满足大口径管棚施工的要求。

3.2 钻孔

钻孔是管棚施工的关键工艺环节，钻孔质量的优劣直接影响到管棚的整体质量。钻孔施工的困难在于水平钻孔，由于重力方向与钻孔方向垂直，就引起了一系列问题，对于隧道水平钻孔必须采用各种措施以确保钻孔质量。

3.2.1 钻孔纠偏

由于地质条件复杂，在水平钻孔施工中，不管怎样精心施工，一定程度的弯曲是不可避免的。但是如果钻孔偏斜严重，则增大了钻杆与孔壁的摩擦，增加了钻探机械的旋转扭矩，使钻进困难。纠正钻孔倾斜的办法有以下几种：

(1)最合理的现场解决办法是预先估计出钻孔向下偏斜量，绘出与钻孔长度相应的钻孔预想轨迹，一开始就向上钻，使钻孔偏斜不致偏离轴线太大。一般上抬值取15～30cm。

(2)添加扶正器。

(3)在软弱层施工时，在钻井开始时，可使用小直径或薄壁管把管靠上定位。

(4)在硬岩施工时，由于受到渣粉的妨碍以及钢管挠度的影响，前端向下弯曲，这时，可以加大钢管的刚性，同时降低回转速度，控制推力。

(5)在弯曲部分填充比周围地层强度大的砂浆，待其凝固后，从开始弯曲的地方重新钻进。

总之，钻水平孔时，应尽可能按照适当的方向钻孔，加之扶正器使孔不偏斜。

3.2.2 提高钻孔速度

在管棚施工中，提高速度即意味着缩短工期，降低造价。提高速度主要有以下三种方法：

(1)加深钻孔长度：加深一次钻孔长度，就可以延长有效长度，从而减少重复钻进，也就降低了重复钻进率，同时费用也可以降低。

(2)缩短升降钻杆的时间：升降钻杆的时间通常为钻进时间的两倍，因此，实现钻杆卸接的自动化和机械化就显得非常重要。

(3)在钻进过程中不取岩芯。

3.3 注浆

管棚注浆是为了固结钢管周围一定范围内的岩体，是管棚施工的一项重要工序，注浆效果的好坏，对管棚的预支护效果影响很大，因此，施工中必须重视注浆质量。

3.3.1 注浆压力

注浆压力是用来推动浆液在岩体裂隙中流动的动力，其值一般应大于周围裂隙水压、地层压力等各种阻力之和。但过大会造成窜浆，扩散至设计的注浆范围之外，对不影响围岩稳定的岩体来说，这种超强支护是毫无意义的，而且极有可能造成围岩的错动，得到适得其反的效果。一般来讲，注浆压力最高可达 3MPa，可根据现场地质状况弹性调整注浆压力。同时注浆压力是了解浆液在地层中渗透情况的基本线索，可通过注浆压力的变化来判断注浆情况。

3.3.2 注浆结束标准

注浆结束标准主要有两条：压力达到设定值；浆液扩散效果好。当压力长时间未达到设定值时，可观察浆液扩散效果，如果浆液扩散到设计范围，且较均匀，则可停止注浆，当压力达到设定值后，也应观察注浆效果，如果浆液扩散还不理想，则应继续加压注浆。

4 结语

（1）管棚的作用机理还不甚清楚，随着隧道的不断掘进，钢管内力和应变如何变化，围岩位移的变化情况等问题还需要进一步的研究。

（2）在管棚实际应用中，前段与后段管棚的搭接长度，管棚沿拱顶布置的最佳角度这些参数的合理优化问题。

（3）不断完善管棚施工技术，开发应用新材料，管棚不一定非采用钢管不可，也可以采用预制混凝土板或钢板桩。

自钻式锚杆在竖井返修中的应用

陈丽娟　王五松

（金川集团有限公司）

摘　要　本文通过自钻式锚杆在竖井返修中的应用，利用自钻式锚杆，将水泥浆注入竖井垮塌部位松散岩体裂缝内，进一步提高了垮塌竖井周围松散岩体的稳定性，充分发挥了自钻式锚杆的锚固作用，有效控制了竖井垮塌部位松散岩体的变形。

关键词　自钻式锚杆；竖井返修；应用

1　概述

竖井是地下开采矿山的咽喉，在矿山安全生产中起着重要的作用。由于岩体移动变形引起的矿山竖井破坏及防护问题的研究，已为人们所重视。因工程地质条件的复杂性和采矿工程的差异性，对竖井井筒破坏机理研究还不是很完善。目前，研究主要集中在煤系地层中的竖井破坏问题上。对于构造成因，受采动影响发生岩移的金属矿山竖井的变形破坏机理研究却很少见。

随着对有色金属需求的猛增和矿山竖井破坏的增多，进行对构造成因的金属矿山竖井的变形破坏机理的研究，就显得十分必要。

金川矿山是我国最大的镍、钴、铂族等有色金属生产基地，在有色金属系统具有举足轻重的作用。金川矿山地质条件复杂，构造发育，矿岩破碎，地应力较高，岩体稳定性极差，开采难度之大，为全国之最。建矿几十年来，针对开采过程中存在的问题，开展了一系列的研究。

14 行回风井位于 14 行下盘，是金川集团有限公司二矿区专用回风井，井深 718m。井筒开挖直径 7.1m，净直径 6.5m。井筒支护为 400mm 厚现浇混凝土，混凝土强度等级为 C30，局部为单层喷锚网＋现浇混凝土支护。

2005 年 3 月 9 日，该井发生冒落，至 3 月 21 日出现大规模垮塌，冒落空区达 11 000m^3 左右，冒落的毛石几天内将 500 多米井筒全部堵死。14 行风井垮塌后，广大工程技术人员对如何恢复二矿区回风系统的方案进行了反复论证，最终确定 14 行回风井返修方案。

历经 27 个月紧张施工，于 2008 年 3 月 22 日完成井筒返修，2008 年 5 月 28 日正式投入使用。

2　自钻式锚杆参数设计

自钻式锚杆型号：R38N，自钻式锚杆长度：8m，自钻式锚杆排间距：2m×2m，水玻璃浓度比：1∶1～1∶0.6，水泥：P. O32.5R 普通硅酸盐水泥。

3　自钻式锚杆施工

在井壁设计位置用 YT-28 型风动凿岩机，把 R38N 自钻式锚杆钻到设计长度。在开机前要检查自钻式锚杆及钻头的水孔是否畅通，凿岩机应先开风、水，然后钻进。自钻式锚杆钻到设计位置，应用高压风和高压水清洗，并再次检查自钻式锚杆及钻头的水孔是否畅通。自钻式锚杆应外露300～350mm。

4 设备选型

选用YT-28型风动凿岩机。注浆机选用日本大和钻探公司生产的HFV-C型液压驱动注浆泵，该注浆泵注浆压力最高达21MPa。

5 自钻式锚杆注浆

5.1 注浆材料、浆液类型及配比设计

注浆材料选择P.O32.5R普通硅酸盐水泥，存放日期不超过3个月。水玻璃模数2.8～3.4，浓度38～40Be′。浆液类型，根据施工时的需要选择单液浆及双液浆，详见表1和表2。

单液水泥浆配制表 表1

水灰比	水泥用量(kg/袋)	水(L)	浆液体积(m^3)
0.6:1	1 100/22	660	1.026
0.75:1	950/19	712	1.029
1:1	750/15	750	1.000
1.25:1	650/13	812	1.029
1.5:1	550/11	825	1.008
2:1	450/9	900	1.050

双液浆配制表 表2

水灰比	水泥用量(kg/袋)	水(L)	40波美度的水玻璃(L)	浆液体积(m^3)
1:0.6	1 100/22	630	30	1.026
1:0.75	950/19	682	30	1.029
1:1	750/15	727	22.5	1.000
1:1.25	650/13	790	22.5	1.029
1:1.5	550/11	810	15	1.008
2:1	450/9	885	15	1.050

每次注浆的初始浓度，根据压水试验测定的单位钻孔吸水量选择，见表3。

浆液起始浓度选择表 表3

单位钻孔吸水量[L/(min·m)]	水泥浆浓度(水:灰)	单位钻孔吸水量[L/(min·m)]	水泥浆浓度(水:灰)
3.3	3:1	9.0	1:1
5.0	(2～1.5):1	11.13	0.75:1
7.0～8.0	(1.5～1.25):1	>15	0.6:1

每个钻孔注浆时，初注用浓浆，复注时逐渐降低浆液浓度。但每次注浆时，一般先稀后浓，当浆液在裂隙沉析、充填阶段时，若压力不升进浆量也不减时，应逐渐加大浓度。反之，若压力

上升快，减量也快，此时，为保证足够的注入量，应依次降低浆液浓度。每更换一次浆液浓度，一般持续 20min。

5.2 注浆设备试运转

注浆设备及管路安装完毕后，必须进行试运转，注浆系统要满足最大注浆压力和流量的要求。经试运转及耐压试验，设备应无异常响声。

5.3 注浆施工

水玻璃浓度稀释为 30～40Be′，单、双液浆的使用条件和水泥浆的初始浓度，根据注浆前压水量来确定，当压水量大于 250L/min 时，水泥浆∶水玻璃为 1∶1；当压水量小于 250L/min 时，水泥浆∶水玻璃为 1∶0.6。

5.3.1 作业程序

注浆作业程序为，接通输浆管路→压水试验→注浆→定量压清水→冲洗输浆管路→拆洗注浆泵。

5.3.2 压水试验

注浆前进行压水试验，冲洗岩石裂隙中的充填物，提高浆液结石体与岩石裂隙面的粘结强度及抗渗能力，并根据泵压及注入量，进行钻孔吸水量的测定。

压水试验时，尽可能采用大泵量。压力值控制在本段注浆终压，一般压水时间为 20min。精确测量、记录压水段高、流量和压力，主要用来检查泵和吸排管路的畅通情况。同时加压，用清水冲洗岩石裂隙的泥质充填物，提高浆液与裂隙面的粘结程度及抗渗透性，使注浆达到最好的效果。

5.3.3 注浆压力的调整

在注浆过程中，注浆压力可分为初期、正常及终压三个阶段变化。当初始浓度确定后，根据注浆压力变化情况要及时地控制泵量，调整浆液浓度。使注浆压力平缓地升高，避免出现较大波动，直至达到注浆终压。并稳定 20min 以上。

注浆初始，如吸浆量大于吸水量的 80%，可调浓一级配比，反之则调稀。如注浆压力持续 30min 不变可调浓一级配比。

6 结语

该回风井于 2008 年 3 月 22 日完成井筒返修，于 2008 年 5 月 28 日正式投入使用，至今已安全使用了 6 年。从目前的检测结果来看，经返修的井壁没有出现变形破坏。由此看来，通过自钻式锚杆的应用，返修后的竖井井壁，整体稳定性较好。该回风井的安全运行，将为矿山的安全生产发挥重要作用。

参考文献

[1] 李文秀，赵胜涛，梁旭黎，等．鲁中矿区地下开采对竖井井塔楼的影响分析[J]．岩石力学与工程学报，2006，25(1)：74-78.

[2] 孟凡森，郑庆学，杨中东．立井变形监测与治理[J]．中国煤田地质，2004，16：59-75.

[3] 王剑．程潮铁矿东区地表塌陷规律及东主井错动机理[J]．金属矿山，2006，358：7-18.

[4] 郑爱珍．井巷工程破坏原因分析与防护[J]．中国矿业，2002，11(6)：68-69.

初衬管片与二衬模筑混凝土复合式结构优越性分析

郭彩霞[1,2]

（1. 北京交通大学　2. 北京市市政四建设工程有限责任公司）

摘　要　北京市南水北调团城湖至第九水厂输水工程第二标段输水隧洞施工，二衬结构断面大，结构复杂，施工难度大，施工中采用自行研制的钢模台车全圆一次浇筑混凝土，使整个衬砌断面混凝土浑然一体，有效保证输水隧洞的衬砌质量和防水要求，提高了耐久性。为分析复合式结构的优越性，本文采用了理论分析与数值模拟的方法，对比了盾构管片与二衬模筑混凝土结构的最大压应力及拉应力比值，提出一种快速简洁的确定二衬模筑混凝土结构最优厚度的方法，为今后快速、安全、优质设计和施工大断面输水隧洞提供参考。

关键词　输水隧道　复合式结构　盾构管片　二衬模筑混凝土　优越性分析

1　引言

随着社会经济的发展，国家越来越重视各地区间资源的协调可持续使用，南水北调工程正是其中一个重要的工程。工程中常采用大型输水盾构隧道，其发展趋势为超长、大断面以及高水压。南水北调这种百年大计工程应满足衬砌结构耐久性等要求，目前国内采用了盾构管片结合模筑混凝土的复合衬砌结构形式。然而这种盾构隧道二次衬砌结构的物理力学形态不甚明确，其合理性及经济性在认识上也一直存在偏差和争议，因此盾构隧道双层衬砌结构计算理论至今尚未形成统一。随着众多大型复合隧道结构工程的开展，超大断面形式下复合结构在抗疲劳、耐久性、受力等方面的研究也越来越重要[1-2]。

1.1　单层管片衬砌结构工况分析

现阶段城市及山岭隧道大部分都是采用单层管片衬砌作为永久结构。单层衬砌通过高强螺栓将管片预制构件封闭成环，在运营过程中，要长期承受各种复杂环境荷载的综合作用（如：地层土压力、水压力及特殊荷载的作用），与此同时，在盾构施工中还要承受各种施工荷载（如：千斤顶推力和注浆压力等）。盾构隧道管片衬砌处于相对复杂的工程地质环境当中，在施工期与后期的运营过程中可能会出现衬砌环错台、管片混凝土开裂、隧道局部渗漏水、混凝土碳化腐蚀、地震灾害等病害现象。综上所述，为减低单层衬砌在结构耐久性方面的局限性。随着大型盾构隧道的修建和单层装配式管片衬砌在长期使用过程中所暴露出来的一些问题，双层衬砌的应用越发广泛[3]。

1.2　双层衬砌结构工况分析

通过在初衬管片内部施做一定厚度的二次衬砌，成洞表面光滑平整，同时提高结构整体的强度、防水及耐久性。一般计算假定二次衬砌是不受力的，但实际上作用在管片衬砌背后高压地下水可能会窜到管片与二次衬砌之间形成具有一定压力的水头，此时，二次衬砌要承受水压力，同时管片衬砌的受力状况也发生了变化。因此，在进行复合式衬砌结构设计时，有必要采用理论分析和数值模式，提出构造技术参数的合理化建议[4-5]，明确二次衬砌的作用，掌握二次衬砌的尺寸、材料等各项参数。

本文以北京市南水北调团城湖至第九水厂输水工程第二标段输水隧洞工程背景，开展研究。主要采用理论分析和数值模拟等研究手段，建立盾构管片与二衬模筑混凝土复合式结构力学模型，旨在揭示大型水下盾构隧道双层结构在的力学特性，探明管片与二次衬砌之间的相互作用机理。盾构隧道二次衬砌可作为抵御外部荷载和隧道防水的最后一道防线而被工程界所采用，本文从安全及经济角度提出二衬模筑混凝土复合式结构合理厚度。

北京市南水北调团城湖至第九水厂输水工程第二标段输水隧洞工程位于清河北岸，总长为1 961m，坡度为$i=6.67‰\sim1.147‰$，结构形式采用盾构管片与二衬模筑混凝土复合式结构，为小偏心受拉结构，管片为ϕ6 000mm C50 W10 钢筋混凝土结构，厚度300mm；二衬结构为外径ϕ5 400mm C30 W10 F150 钢筋混凝土结构，厚度为350mm，隧道平均埋深15m。这种形式在北京市水工隧洞中尚属首次应用，内衬形式如图1所示。

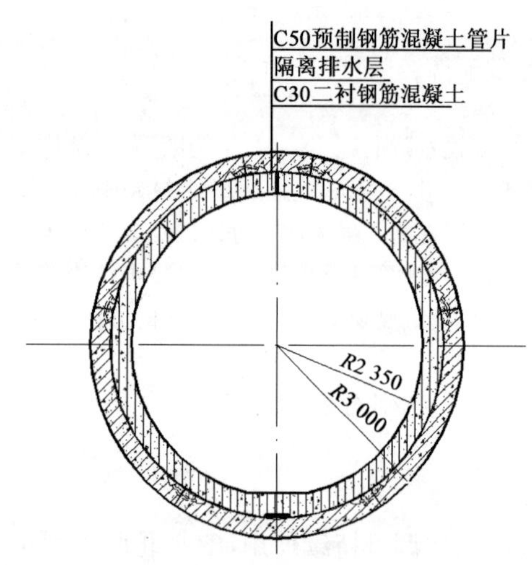

图1 输水隧洞衬砌形式示意图

本文对比了盾构管片与二衬模筑混凝土结构的最大压应力及拉应力比值，提出一种快速简洁的确定最优二衬模筑混凝土结构最优厚度的方法。为今后快速、安全、优质设计和施工大断面输水隧洞积累了经验。本文研究成果不仅可为大型水下盾构法隧道双层衬砌结构设计提供理论依据和实用方法，同时还可为既有盾构隧道的维护加固提供参考。

2 理论分析

2.1 盾构管片应力及位移分析

计算过程中作如下假设：

(1)岩体是均质、连续各向同性的，隧洞洞室高度远小于洞室埋置深度，则可忽略沿隧洞高度的应力场变化，即隧洞顶、底板处的天然应力相同；

(2)初始应力场为静水应力状态，即隧洞衬砌外侧承受均布压力P_i；

(3)隧洞的长度远大于横截面尺寸，在不考虑开挖掘进的影响，所研究问题可简化为平面应变问题，根据厚壁圆筒问题——拉梅问题解答[3]。

对于盾构管片部分，设隧道洞室的支护反力为P_i，盾构管片与二衬模筑混凝土之间的相互作用力为P_s，盾构管片的弹性模量为E_1，泊松比为μ_1，粘聚力为c_1，内摩擦角为φ_1；盾构管片的外半径就是洞室的开挖半径为r_0，盾构管片的厚度为t_1，故盾构管片的内半径为r_1 ($r_1=r_0-t_1$)，如图2所示。

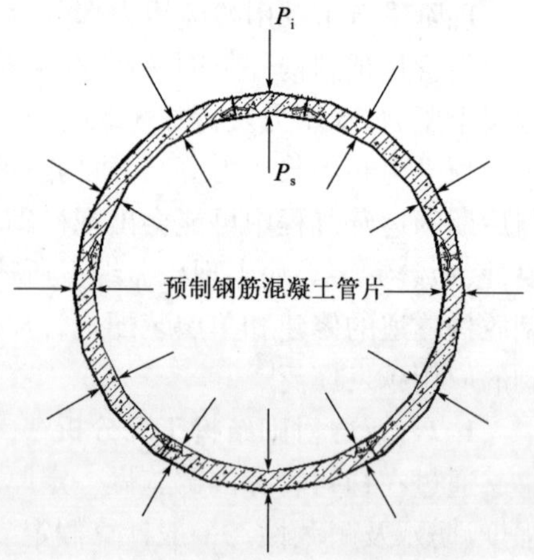

图2 盾构管片计算模型示意图

则预制混凝土管片弹性应力为：

$$\sigma_{\rho}=-\frac{\frac{r_0^2}{r^2}-1}{\frac{r_0^2}{r_1^2}-1}P_s-\frac{1-\frac{r_1^2}{r^2}}{1-\frac{r_1^2}{r_0^2}}P_i \tag{1}$$

$$\sigma_{\varphi}=\frac{\frac{r_0^2}{r^2}+1}{\frac{r_0^2}{r_1^2}-1}P_s-\frac{1+\frac{r_1^2}{r^2}}{1-\frac{r_1^2}{r_0^2}}P_i \tag{2}$$

根据平衡微分方程、几何方程和边界条件可得盾构管片任意一点的径向位移为：

$$u'_r=\frac{1}{E'_1}\left[-\frac{(1+\mu'_1)}{r}\frac{(P_s-P_i)r_1^2r_0^2}{r_1^2-r_0^2}+(1-\mu'_1)r\frac{P_ir_0^2-P_sr_1^2}{r_1^2-r_0^2}\right] \tag{3}$$

$$E'_1=\frac{E_1}{1-\mu_1^2}$$

$$\mu'_1=\frac{\mu_1}{1-\mu_1}$$

在盾构管片的内半径($r=r_1$)处有：

$$u'_{r_1}=\frac{2r_1r_0^2P_i-[(1+\mu_1)r_1r_0^2+(1-\mu_1)r_1^3]P_s}{E_1(r_1^2-r_0^2)} \tag{4}$$

2.2 二衬模筑混凝土应力及位移分析

对于二衬模筑混凝土部分，盾构管片与二衬模筑混凝土之间的相互作用力为 P_s，二衬模筑混凝土的弹性模量为 E_2，泊松比为 μ_2，粘聚力为 c_2，内摩擦角为 φ_2；二衬模筑混凝土的外半径为 r_1，二衬模筑混凝土的厚度为 t_2，故二衬模筑混凝土的内半径为 $r_2(r_2=r_1-t_2)$，如图 3 所示。

则二衬模筑混凝土弹性应力为：

$$\sigma_{\rho}=-\frac{1-\frac{r_2^2}{r^2}}{1-\frac{r_2^2}{r_1^2}}P_s \tag{5}$$

$$\sigma_{\varphi}=-\frac{1+\frac{r_2^2}{r^2}}{1-\frac{r_2^2}{r_1^2}}P_s \tag{6}$$

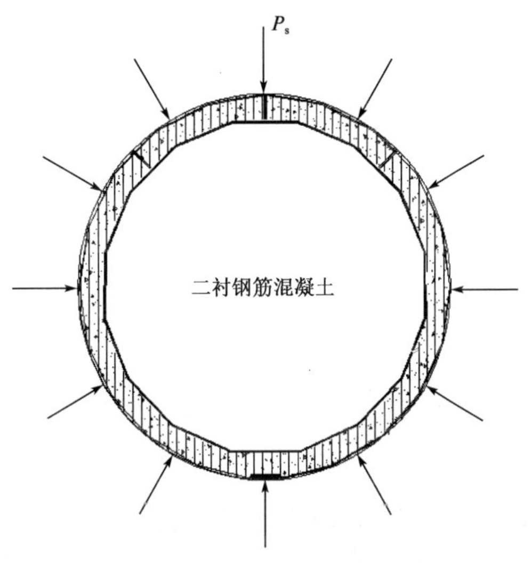

图 3　二衬模筑混凝土计算模型示意图

根据平衡微分方程、几何方程和边界条件可得二衬模筑混凝土任意一点的径向位移为：

$$u'_r=-\frac{P_sr_1^2}{E'_2(r_1^2-r_2^2)}\frac{(1+\mu'_2)r_2^2+(1-\mu'_2)r^2}{r} \tag{7}$$

$$E'_2=\frac{E_2}{1-\mu_2^2}$$

$$\mu'_2=\frac{\mu_2}{1-\mu_2}$$

在盾构管片的内半径($r=r_2$)处有：

$$u''_{r_2} = -\frac{2r_2 r_1^2 P_s}{E'_2(r_1^2 - r_2^2)} \tag{8}$$

2.3 应力及位移分析

理论分析时，选取二次衬砌的厚度分别为0m、0.1m、0.2m、0.3m、0.4m、0.5m和0.6m共七种厚度方案，重点分析不同厚度对二衬结构受力的影响和管片与二衬之间的内力极值大小所占比例情况。不同二次衬砌厚度条件下隧道结构内力极值汇总见表1。

不同二衬厚度条件下双层衬砌内力计算结果 表1

二衬模筑混凝土厚度(mm)	盾构管片(MPa)		二衬模筑混凝土(MPa)		最大拉应力比值	最大压应力比值
	最大拉应力	最大压应力	最大压应力	最大压应力		
0	6.25	−12.18				
100	4.27	−8.73	5.15	−8.83	1.20	1.01
200	3.17	−6.75	4.10	−7.23	1.29	1.07
300	2.17	−5.14	3.02	−5.75	1.39	1.11
400	1.42	−3.95	2.16	−4.60	1.51	1.16
500	0.92	−3.09	1.55	−3.75	1.73	1.21
600	0.52	−2.46	1.11	−3.10	2.12	1.26

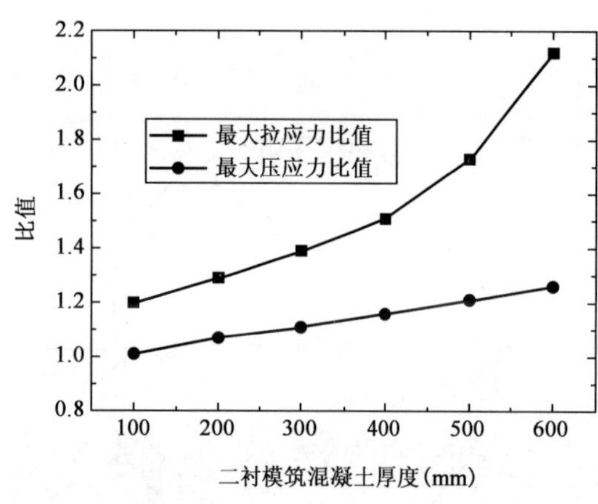

图4 比值随二层衬砌厚度变化曲线图

分析的重点是：

(1)没有二衬模筑混凝土时，盾构管片的内力情况；

(2)分析二衬模筑混凝土厚度发生变化时，盾构管片内力的折减情况，如图4所示。

由上述计算结果可以看出，二次衬砌所受的最大压应力及最大拉应力都在随二衬的厚度增大而增大。从比值随二次衬砌变化曲线可以看出，100～400mm阶段增加比较平缓，当大于400mm时，二衬所受的最大拉应力曲线急剧上升，这就意味着，二衬所受的最大拉应力变大，而二衬应作为安全储备，不应受到太大的拉应力，过大的拉应力会导致二衬的破坏。因此，从结构受力及经济性角度分析，二衬厚度取值控制在300～400mm之间较为合理。

3 数值模拟

数值模拟建模时，选取二次衬砌的厚度分别为0m、0.1m、0.2m、0.3m、0.4m、0.5m和0.6m共七种方案，重点分析不同厚度对二衬结构受力的影响和管片与二衬之间的内力极值大小及所占比例情况。不同二衬厚度条件下隧道结构内力极值汇总见表2。

分析的重点仍是：

(1)没有二衬模筑混凝土时，盾构管片的内力情况；

(2)分析二衬模筑混凝土厚度发生变化时，盾构管片内力的折减情况，如图5所示。

综合分析，变化规律同上节，设计时应视管片与二衬结构的受力条件和使用要求，并参照以往工程实例综合确定盾构隧道二次衬砌的厚度，力求做到结构安全、使用长久和经济合理。

不同二衬厚度条件下双层衬砌内力计算结果 表2

二衬模筑混凝土厚度(mm)	盾构管片(MPa)		二衬模筑混凝土(MPa)		最大拉应力比值	最大压应力比值
	最大拉应力	最大压应力	最大压应力	最大压应力		
0	6.88	−13.40				
100	4.70	−9.61	6.18	−10.6	1.31	1.10
200	3.49	−7.43	4.93	−8.68	1.41	1.17
300	2.39	−5.66	3.63	−6.91	1.52	1.22
400	1.57	−4.35	2.60	−5.53	1.66	1.27
500	0.99	−3.40	1.87	−4.50	1.89	1.32
600	0.58	−2.71	1.34	−3.73	2.31	1.38

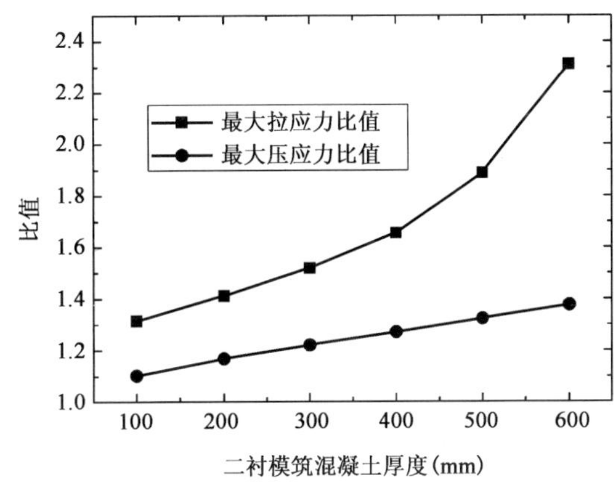

图5 应力比值随二层衬砌变化曲线图

4 结语

(1)输水隧洞施工中，针对隧洞结构复杂，断面大，施工难度大，采用我公司自行研制的针梁式钢模台车，全圆一次模筑混凝土，积极开展QC活动，对发现的问题及时进行科技攻关并逐一解决，模筑衬砌外观质量得到质的提高。

(2)采用的混凝土材料能满足输水隧洞的防水要求和施工要求；钢模台车能够有效地保证隧洞的成品质量，使二衬混凝土浑然一体，真正实现了输水隧洞二衬“内坚外美”，提高了耐久性。

(3)对比了盾构管片与二衬模筑混凝土结构的最大压应力及拉应力比值，提出一种快速简洁的确定最优二衬模筑混凝土结构最优厚度的方法，为以后类似工程施工提供了参考。

参考文献

[1] 周济民.水下盾构法隧道双层衬砌结构力学特性[D].成都:西南交通大学，硕士学位论文，2012.

[2] 吴林.盾构隧道双层衬砌计算模型与力学特性研究[D].成都:西南交通大学，硕士学位

论文,2011.
[3] 周爱兆,李富国.圆形隧道符合衬砌应力变形弹性解[J].工业建筑,2012,42(12):58-61.
[4] 张文,张彬,张卫红.西南复杂岩溶条件下硐室施工及评判方法[J].岩土工程界,2007,11(3):76-80.
[5] 王梦恕.水下交通隧道的设计与施工[J].中国工程科学,2009,11(7):4-10.
[6] 王梦恕.水下交通隧道发展现状与技术难题[J].岩石力学与工程学报,2008,27(11):2161-2172.

莞惠城际轨道交通水平旋喷预加固施工技术研究

李　宣

（北京中铁瑞威基础工程有限公司）

摘　要　本文主要研究了水平旋喷桩在软弱围岩中的施工技术，提出施工方案。并通过现场试验，分析了一些主要技术参数，为水平旋喷在软岩中快速施工积累了资料。

关键词　城际轨道交通　水平旋喷　加固

1　引言

水平旋喷预加固施工技术是由从意大利引进的“新意法”结合我国的实情而创新的新工法，在兰渝线桃树坪高风险隧道出口段富水粉细砂层地质中施工获得成功，对兰渝线的修建做出了重要贡献。本次是水平旋喷桩预加固施工技术在城际轨道交通中的首次应用。

2　工程概况

莞惠城际轨道交通隧道 GDK25＋080～GDK25＋200、GDZK25＋076.453～GDZK25＋200 采用水泥搅拌桩加固砂层，其平面加固范围为左线隧道外侧开挖轮廓线外 3.0m 至右线隧道外侧开挖轮廓线外 3.0m，竖向范围为隧道拱顶以上 3.0m 至 W4 全风化岩层底面。暗挖隧道的围岩等级均为Ⅵ级围岩，采用 CD 法施工。该段隧道临近黄沙河，地下水丰富，且与黄沙河存在一定的水力联系，已施工完成的水泥搅拌桩经检测未达到设计要求的加固效果。

隧道穿越地层的地质水文情况为：冲积粉砂，稍密，饱和；冲积细砂，稍密，饱和；冲积中砂，松散～中密，饱和；冲积粗砂，稍密～中密，饱和；残积粉质粘土，硬塑。下伏燕山晚期强～弱花岗斑岩，全风化呈砂土状，遇水易软化；强风化节理裂隙发育，岩体破碎；弱风化岩体较完整；地下水主要为孔隙水，局部为基岩裂隙水，渗透性弱～中等，水量较大；GDK25＋000～GDK25＋380 地下水化学环境作用等级为 V-C；其他地段地下水无化学腐蚀性。围岩易坍塌，涌沙、管涌，处理不当会发生大坍塌，易出现地表下沉（陷）或坍塌至地表。

3　设计及施工方案

3.1　设计方案

隧道设计断面为双洞单车道隧道，设计断面 80.99m^2，隧道净宽 9.468m，净高 10.45m。试验段施工设计如下：

（1）首先在拱顶下 5m 范围内钻设 6 个 18m 超前探孔，探明前方地质、水流量、出水压力等情况。

（2）对超前探孔进行注浆封堵。注浆以单液浆为主，水泥水玻璃双液浆为辅。

（3）上半断面超前注浆，加固范围为开挖轮廓线内拱部拱顶及以下 5.865m。浆液类型以单液浆为主，水泥水玻璃双液浆为辅，注浆压力 1～1.5MPa。

(4)超前水平旋喷施工。在上半断面采用 47 根 ϕ600mm@40cm 旋喷桩作为超前支护，旋喷桩内插入 ϕ89mmδ5mm 热轧无缝钢管；核心土设置 14 根 ϕ600mm 掌子面稳定桩，间距 100cm，旋喷桩内插入 ϕ32mm 实心玻璃纤维锚杆；上台阶拱脚处分别设一根 ϕ600mm 旋喷桩，桩内插入 ϕ32mm 实心玻璃纤维锚杆，以此增强拱脚承载力。

(5)水平旋喷、注浆施工完毕后进行开挖，每循环预留 3m 的旋喷桩搭接。

3.2 施工方案

3.2.1 过渡段

先将左右洞Ⅰ、Ⅱ部通过水平旋喷桩加固开挖至同一断面，以便尽早进入正常加固长度循环阶段。设计采用半幅水平旋喷加固圈进行单侧加固开挖，周边水平旋喷桩桩径 600mm，间距 400mm，咬合 200mm，为保证半幅加固的安全性，周边水平旋喷桩内插 ϕ76mmδ5mm 热轧无缝钢管。核心土设置桩径 600mm，间距 1.5m 的水平旋喷桩，旋喷桩内插入 ϕ32mm 实心玻璃纤维锚杆。过渡段每循环以及与正常循环搭接长度为 3m。旋喷桩设计图如图 1 所示。

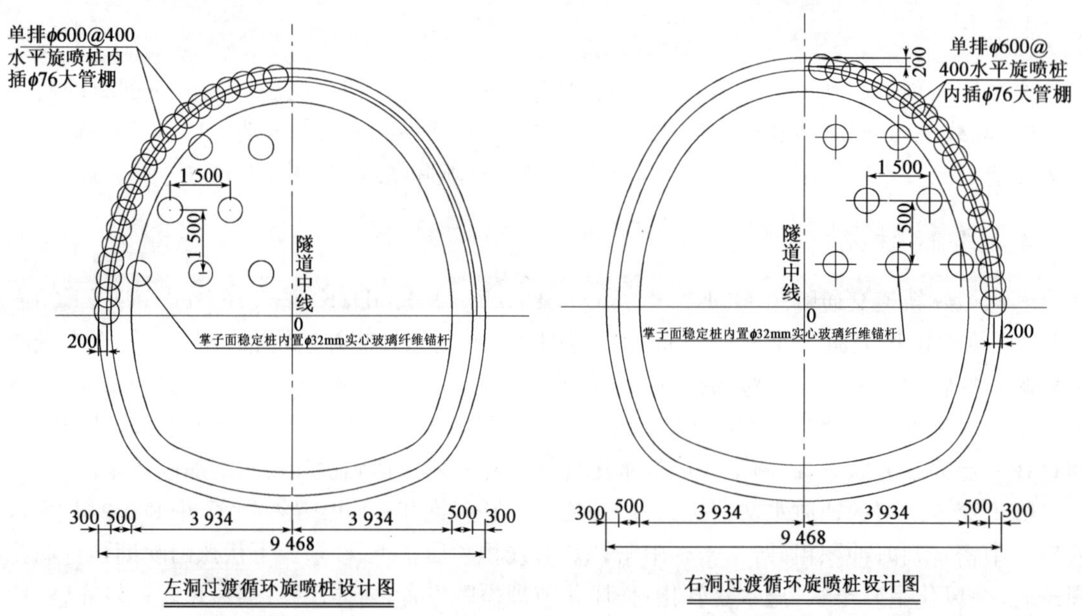

图 1 旋喷桩过渡段设计图(尺寸单位:mm)

3.2.2 标准段

待过渡循环施工完成后，将左右洞Ⅰ、Ⅱ部掌子面开挖至同一断面，然后用挖机将钻机操作平台修整好，即可进入标准循环水平旋喷施工。旋喷桩布置图如图 2 所示。

每循环周边旋喷桩单排共 41 根，桩径 600mm，桩间距 0.4m，长度 18m，桩内插入 ϕ76mm，壁厚 5mm 大管棚，沿隧道开挖轮廓线环向布置。掌子面施工 ϕ600mm 旋喷桩共 16 根以稳定掌子面，长度为 18m，间距 1.5m，排距 1.5m，旋喷成桩后下入 ϕ32mm 实心玻璃纤维锚杆。

下穿东部快速干线时采用双排周边旋喷桩，外侧周边旋喷桩共 40 根，桩径 600mm，桩间距 0.4m，长度 18m；内侧周边旋喷桩共 39 根，桩径 600mm，桩间距 0.4m，长度 18m，桩内插入 ϕ76mm，壁厚 5mm 大管棚。掌子面施工 ϕ600mm 旋喷桩共 16 根以稳定掌子面，长度为 18m，间距 1.5m，排距 1.5m，旋喷成桩后下入 ϕ32mm 实心玻璃纤维锚杆。双排周边旋喷桩布置见图 3。

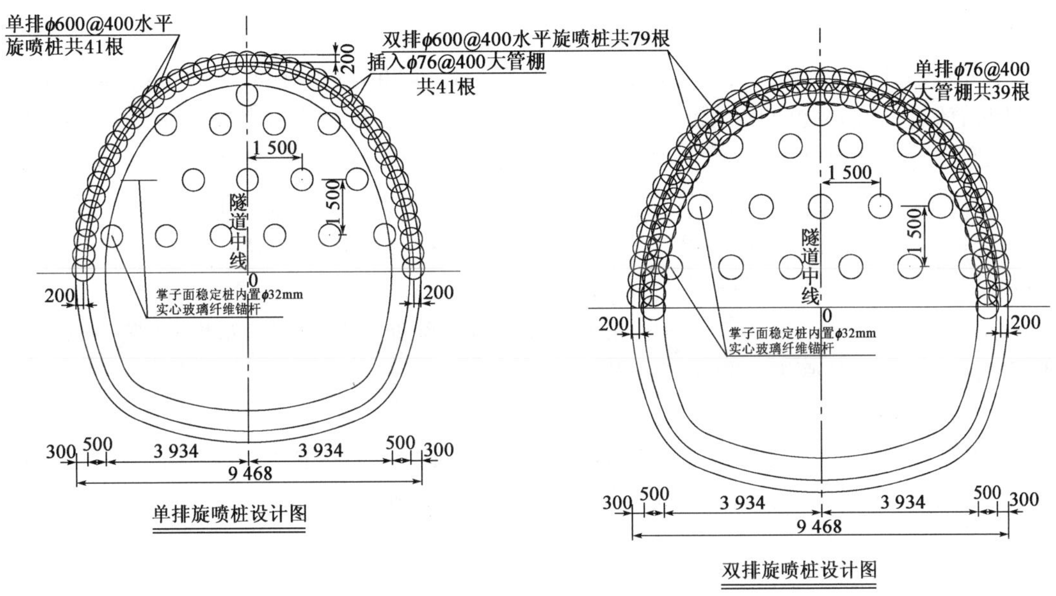

图 2　旋喷桩标准段设计图(尺寸单位:mm)

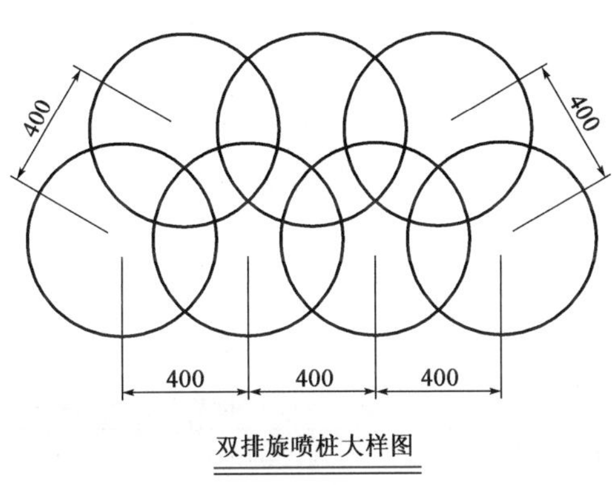

图 3　双排旋喷桩设计图(尺寸单位:mm)

4　水平旋喷预加固施工

水平旋喷工法的核心理念就是对隧道前方的不良地质的围岩及核心土进行超前预加固，通过水平旋喷、管棚、玻璃纤维锚杆等加固手段使改良后的隧道围岩能达到较大断面安全开挖，有效达到控制地表下沉的要求。

本次施工的核心机械是 ST-20 摇臂水平旋喷钻机及其配套的 7T505J 高压泵和 SGM-45 大流量搅拌站组成的泵站。这套设备的主要技术优势体现在钻机的 16m 通长钻杆，钻孔施作过程中不需要加卸钻杆，一次性进钻成孔、退钻旋喷成桩，既大大提高了施工效率，又保证了成桩质量，避免了停钻、流量不足带来的断桩、缩径、桩体未咬合等一系列的质量问题。

5 现场试验

5.1 试验过程

试验段：右线 DK25＋213.8～DK25＋202.5，共计 11.3m，右线半断面共布置 24 根桩＋5 个试验桩，施工时间：右线自 2013.8.8 到 2013.8.14，共计 6 天；左线 DK25＋205.3～DK25＋195.3，共计 10m，左线半断面共布置 24 根桩，左线自 2013 年 8 月 21 日到 2013 年 9 月 3 日，共计 13 天，其中 2013 年 9 月 24 日至 2013 年 9 月 29 日回填掌子面前方中隔墙处空洞。

标准段：左线 DK25＋195.3，24 根桩，共施工 12 天；左线 DK25＋188，93 根桩，共施工 10 天；右线 DK25＋202.5，93 根桩，共施工 12 天。

由上可以看出，每个循环施工时间在 12 天左右，扣除原材料（水泥、水玻璃）耽搁、机械损坏修理时间，每个循环施工时间在 9 天以内。

5.2 施工参数

制约旋喷桩的主要因素有高压泵压力、水泥浆水灰比、钻杆后退速度、转速以及浆液流量。根据类似工程施工经验结合本工程的地质资料，采用如下施工参数进行试验段施工，见表 1。

水平旋喷桩施工参数 表 1

序号	加固项目	参数名称		参数值	备注
1	周边旋喷	加固范围	纵向	11～15m/循环	
2			环向	沿隧道开挖轮廓线环向布设	
3		旋喷桩径		600mm	
4		桩间距		40cm	
5		压力		45～50MPa	
6		转速		10r/min	
7		水泥浆液流量		170～200L/min	
8		浆液配比		1∶1	
9		后退速度		5cm/8s	
10	超前大管棚	孔深		11～15m	
11		范围		周边旋喷桩	
12		管棚参数		ϕ76mmδ5mm	
13	掌子面稳定桩	加固范围	纵向	18m	
14			环向	上半断面	
15		旋喷桩径		600mm	
16		压力		45～50MPa	
17		转速		10r/min	
18		水泥浆液流量		170～200L/min	
19		浆液配比		1∶1	
20		后退速度		5cm/8s	
21	掌子面水平旋喷及玻纤锚杆孔	长度		11～15m	旋喷桩直径 600mm，旋喷后下入 ϕ32mm 实心玻纤锚杆

5.3 成桩效果

从开挖过程中可以看出，水平旋喷桩在该地层单桩成桩效果不明显，但整体效果较好，在开挖轮廓线外形成一水泥混合物壳体，有效起到固沙防水作用，降低开挖风险。

6 结语

通过试验段施工，确定了水平旋喷桩超前预加固施工技术在莞惠城际轨道交通复杂饱和复杂含砂地层的施工参数，为水平旋喷桩在软岩隧道中施工积累了实践经验。该试验段的成功可作为水平旋喷技术在珠江三角洲地区此类施工项目中的实例。但施工中也遇到不少问题，如有压富水情况下如何减少钻孔及旋喷过程中的土体流失，成桩有效性也有待进一步试验。

梁山隧道2号斜井正洞强一全风化岩层段注浆加固技术

程　磊

（北京中铁瑞威基础工程有限公司）

摘　要　本文主要介绍了厦深线铁路梁山隧道 2 号斜井正洞 DK99＋157～DK99＋132 强全风化段注浆加固技术。整体方案的总体原则采用前进式分段注浆加固技术和超前大管棚的施工过程，保证了梁山隧道 2 号斜井正洞 DK99＋157～DK99＋132 强全风化段顺利开挖，为今后类似新建铁路隧道全风化地段施工提供借鉴。

关键词　梁山隧道　全风化　高压水　分段注浆

1　引言

在新建铁路隧道施工过程中经常遇到溶洞、断层等地层，目前国内新建铁路隧道施工领域遇到地层普遍采用注浆施工加固。但注浆工艺众多，要根据水文地质、施工成本、注浆效果等选择不同的注浆施工工艺，以达到用较小的施工成本取得最好的注浆加固效果。

2　工程简介

厦深铁路梁山隧道位于云霄与漳浦交界，位于福建省漳浦县（进口）和云霄县（出口）境内，起于漳浦县盘陀镇割埔村，止于云霄县东厦镇荷步村。进口里程 DK93＋992，出口里程 DK103＋890，隧道全长 9 898m，为厦深铁路（福建段）第一长隧道，隧道范围属低山地貌，地形起伏较大，相对高差 200～400m，洞身最大埋深 680m。

3　工程遇到的问题

梁山隧道 2 号斜井正洞 DK99＋157～DK99＋132 处软弱带埋深 525m，发育一沟槽，软弱带主要填充物分为强全风化花岗岩互层，地下水发育，水量有逐渐增大趋势。现场施工上台阶开挖揭露软弱带 4m，掌子面喷混凝土封闭后，掌子面稳定性差，部分混凝土表面坍塌，局部形成小塌坑，受地下水冲击，掌子面背面已形成空洞，空洞斜向左上方发展，已无法正常开挖。探孔 T1 测得出水量 $120m^3/h$，水压 2.2MPa。

4　注浆加固施工方案的实施

4.1　注浆方案设计

根据梁山隧道地质情况确定本段注浆循环长度为 25m，环单孔扩散半径 2m，加固范围为隧道开挖轮廓线外 5m，沿隧道开挖轮廓线布置两圈注浆孔，外圈孔终孔距轮廓线外 5m，内圈孔终孔距轮廓线 2m，管棚注浆孔距轮廓线 2m；为了补强整体岩层及减少注浆盲区，在 16m 断面处增设 1 个补孔断面，补孔终孔距轮廓线 5m；注浆孔终孔后，放入竹纤维锚杆加固稳定围岩，具体的注浆设计见图 1。

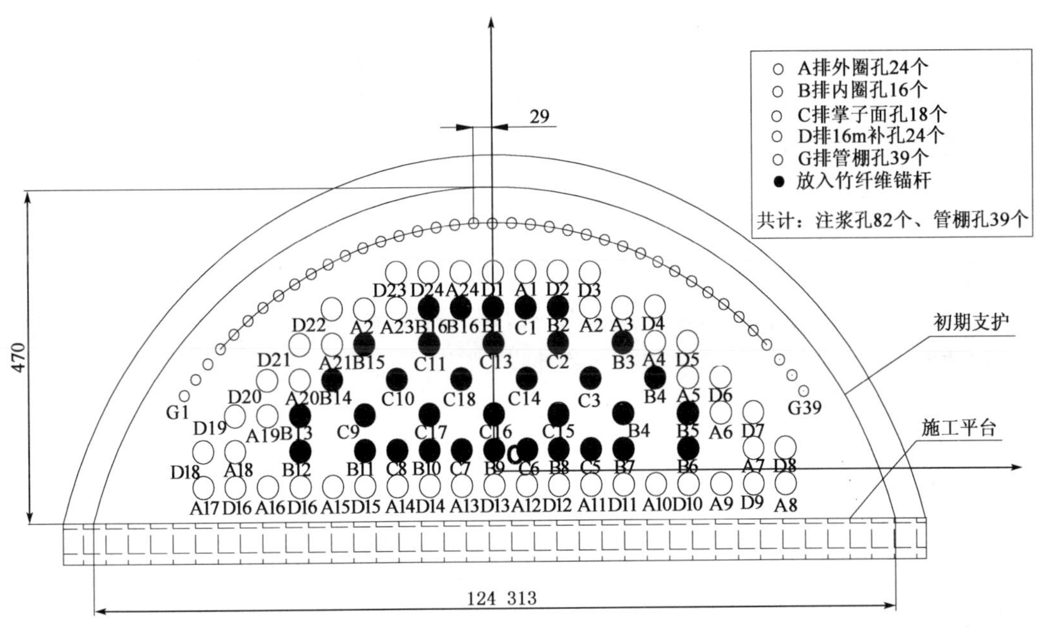

图 1　注浆开孔图(尺寸单位：mm)

注浆孔 82 个，管棚孔 39 个。在实际施工过程中出现水量较大或明显异常的情况，及时采取周边补孔设计，作为补充注浆及效果检查之用。在加固循环长度 16m 断面处增加一个注浆终孔断面。注浆钻孔剖面见图 2。

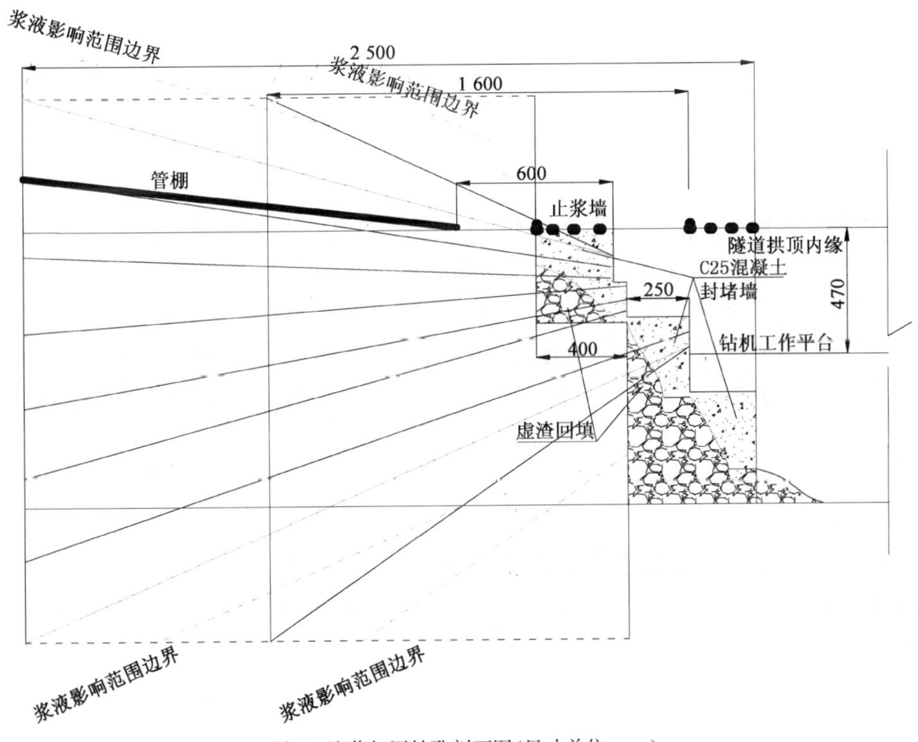

图 2　注浆加固钻孔剖面图(尺寸单位：mm)

4.2 注浆工艺设计

钻孔注浆采取前进式分段注浆工艺:

(1)标定孔位确定钻进角度后,采用 $\phi125$mm 潜孔锤钻头开孔至 2.7m,安设孔口管;孔口管采用 $\phi108$mm,$\delta=5$mm 钢管加工,管长 3m,孔口管外壁缠绕 50～80cm 长的麻丝成纺锤型,并用水泥基锚固剂锚固后安设到要求深度,以保证孔口管安设牢固不漏浆。

(2)为防止钻孔过程中突发涌水突泥,孔口管安设完成后安装高压止水闸阀。

(3)补孔注浆分段原则为:由于现场水压达到 2.2MPa,水量在 0～30m^3/h 时分段长度为 2～3m。但当水量大于 50m^3/h 时要求立即停止钻进,进行注浆加固,当该段注浆达到设计结束标准后,拆除注浆堵头在原孔深基础上再钻进,如此循环钻注到设计深度。在施工过程中如遇到了特殊情况,具体分段长度根据现场实际情况进行调整,例如塌孔、卡钻时及时退钻进行注浆,必要时对同一孔深进行重复扫孔注浆补强。

(4)掌子面注浆孔施工钻注到设计深度后,放入竹纤维锚杆,进行全孔一次性注浆施工,以增加掌子面的稳定性。

4.3 注浆材料设计

为满足该段堵水加固的要求,拟采用硫铝酸盐水泥单液浆为主、普通水泥—水玻璃双液浆为辅。施工过程根据涌水情况及地质情况进行选择调整。注浆材料及规格型号如下:

硫铝酸盐水泥:早强快硬,42.5R;

普通硅酸盐水泥:42.5R;

水玻璃:浓度为 35Be′,模数为 2.4～2.8。

浆液配比参数如表 1 所示。

浆液配比参数表 表 1

序号	名　称	浆液配比		备　注
		$W:C$(水灰比)	$C:S$(体积比)	
1	硫铝酸盐水泥单液浆	(0.6～1.3):1	—	根据钻孔地质及出水情况进行选择
2	普通水泥—水玻璃双液浆	(0.8～1):1	1:(0.3～1)	

4.4 注浆结束标准

(1)单孔注浆结束标准。单孔注浆以定压为主的注浆方式。根据地层涌水压力注浆终压定为 6～8MPa,单孔注浆压力达到设计终压并维持 10min 以上可结束该孔。

(2)全段结束标准。设计的所有注浆孔均达到注浆结束标准,无漏注现象。

(3)依据注浆量分布,取薄弱环节设计检查孔,按不少于总注浆孔的 10%设计检查孔,检查孔满足出水量不超过 2L/min/m。

5 管棚设计方案

本循环共设计管棚孔 39 根(图 3),编号分别为 G1～G39,管棚长度为 22.5m,开孔间距 29cm,终孔间距 46cm。成孔后下入 $\phi89\times9$mm 的无缝钢管,钢管上设四排 $\phi8$ 溢浆孔,溢浆孔成梅花形布设,孔间距 100cm。因为无管棚工作间,为了保证管棚不侵入开挖轮廓线内,其中,后部 6.5m 之内不下管棚管,最后成孔后下入竹纤维锚杆并对孔进行一次性封闭注浆。

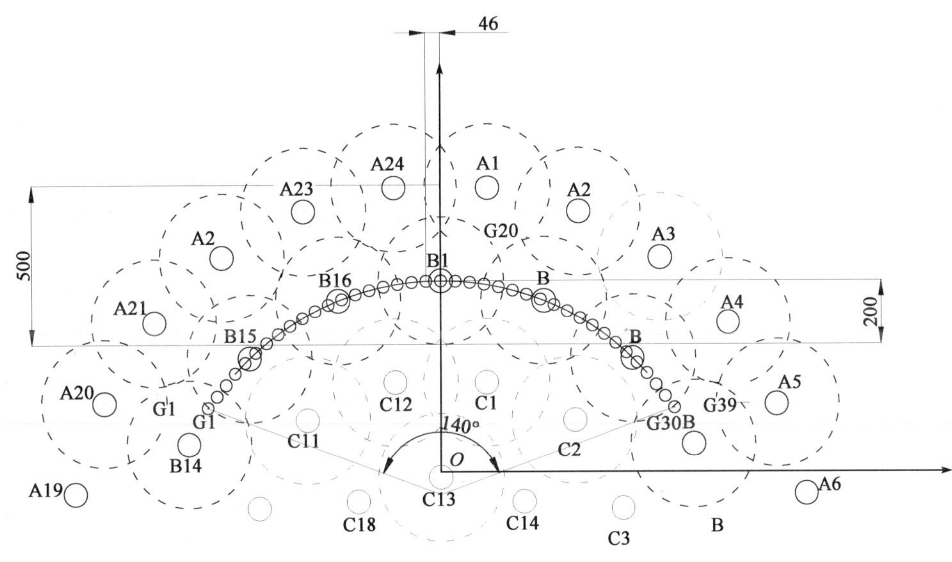

图 3　管棚施工终孔位置图(尺寸单位:mm)

6　注浆加固效果的检查

根据注浆量及出水量分析及考虑以后开挖施工要求,设置检查孔共 10 个。

通过检查孔施工,以检验注浆加固施工效果,为注浆效果评定和隧道开挖施工提供依据。现场检查主要包括以下两个方面:

(1)现场实测出水量,检查注浆加固后孔内出水量是否符合标准(2L/min/m)。检查方法为:现场使用 5L 量杯实测出水量,并使用秒表记录时间,以此实测出水量,并与标准值进行比较。通过现场实测检查孔出水量,各孔出水量均在控制标准之内,符合控制标准要求,并且无塌孔现象。其中最大出水量为 J9 孔,位于隧道左上方,出水量为 0.450L/min/m。出水量符合标准。

(2)检查钻孔成孔效果,是否存在不成孔、塌孔现象。检查方法为:检查孔成孔,使用竹纤维锚杆深至孔底,以此检查成孔长度及成孔效果。利用孔内成像,探视孔内成孔及浆液填充效果和地层加固情况,通过注浆堵水加固后,钻孔内无塌孔现象,孔壁较为顺滑,可见浆液充填痕迹,孔内出水为局部裂隙渗水,未见明显股状水,注浆效果理想。

(3)图片孔内成像描述,孔内成像深度 26.5m,0～4.4m 为塌腔填充体,浆液明显,渗透充分;4.5～15.7m 为强全风化段,不塌孔,裂隙浆液填充明显,未见股状水;15.8～17.2m 为强风化辉绿岩,浆液填充明显,无塌孔;17.3～26.5m 进入较好围岩,孔壁光滑,无水渗出。

7　结语

(1)对于掌子面有高压水,上方有塌方或空洞的情况,首先采用短钻进然后双液浆填充,这样有利于对以后的钻孔注浆的。

(2)在掌子面前方 25m 的范围内,浆液沿钻孔周围形成块状,并向周围扩散,同时对地层进行劈裂,形成相互交叉的浆脉,提高地层的强度和稳定性。

(3)掌子面稳定情况比注浆前有了明显改善,涌水量明显减小。且开挖后掌子面能够自稳,颗粒之间有一定的粘聚力。

(4)梁山隧道2号斜井正洞DK99＋157～DK99＋132强—全风化段通过注浆加固已顺利开挖通过。

参考文献

[1] 张民庆,彭峰.地下工程注浆技术[M].北京:地质出版社,2008.

[2] 张民庆,黄鸿健.齐岳山隧道高压裂隙水注浆堵水技术[J].铁道工程学报,2010(1):71-72.

北京地铁14号线隧道下穿南水北调卢沟桥管廊段径向注浆加固技术

彭　峰

（北京中铁瑞威基础工程有限公司）

摘　要　北京地铁14号线03标段是双洞单线隧道，采用矿山法施工。在北京西南的卢沟桥区域下穿已经建成运行的南水北调中线既有管廊工程。为保证南水北调中线既有管廊构筑物的绝对安全，地铁隧道工程在暗挖施工中采用了超前预注浆和后续径向补充注浆的施工方案。从效果评价检查情况分析，后续径向补充注浆工程对管廊的保护起到了很重要的作用。

关键词　隧道　下穿　管廊　注浆　加固

1　工程概况

北京地铁14号线工程某段，位于北京丰台区，设计为单线双洞隧道，采用暗挖矿山法施工，线路起于大瓦窑站东端（K6＋031.2），止于大井站区间竖井（K8＋543.7），全长2 512m，包括一站二区间，即郭庄子车站、郭庄子站～大井站区间、郭庄子站～大井站区间竖井区间。

隧道郭庄子站～大井站区间下穿南水北调既有管廊工程，管廊为采用明挖法施工的混凝土结构，下穿交叉里程为：地铁隧道右线YK8＋020～YK8＋045，地铁隧道左线ZK8＋045～ZK8＋070。管廊尺寸（高×宽）4.9m×9.2m，管廊顶板外缘距地表埋深约3.0m，地铁区间隧道拱顶距管廊底板约8.6m，北京地铁建设公司将该工程定义为一级风险源工程。

2　工程地质与水文地质

2.1　工程地质

两工程穿越交叉的地点位于古永定河故道，自然地形基本平坦。施工范围地层由上至下依次为：杂填土①，卵石⑤，卵石⑦，地铁14号线区间隧道主要位于卵石⑦层，地铁隧道与既有管廊之间主要为卵石⑤层。卵石⑤和卵石⑦两个地层普遍分布粒径大于20cm的漂石，分布随机性较强，无明显的成层规律，一般粒径为20～30cm，最大粒径35cm，个别粒径80cm以上，漂石含量50%～70%，含砂率在30%。卵石天然单轴抗压强度31.34～75.18MPa，饱和单轴抗压强度为13.53～156.63MPa。

2.2　水文地质

两个构筑物交叉穿越的地点无地表水体通过，地面下45.00m深度范围内的松散沉积层中主要分布一层地下水，地下水类型为潜水。

（1）地下水位

潜水主要赋存于高程36.98～42.29m以下的砂、卵石层（相应于地质剖面图卵石⑦层）中。工程场区当前水位（潜水）高程为31.72～24.90m，水位埋深22.58～25.08m（自西向东逐渐渐低)(2009 年 9 月 20 日～11 月 15 日水位平均值)。场区潜水的天然动态类型为渗入～径流型,主要接受大气降水入渗及地下水侧向径流等方式补给,以地下水侧向径流及人工开采为主要排泄方式。根据现状水位调查,潜水位于地铁隧道基底以下。

(2)地下水的腐蚀性评价

拟建工程场地内地下水对混凝土结构具有微腐蚀性,对钢筋混凝土结构中的钢筋及钢结构均具有弱腐蚀性。

工程地质与水文地质剖面及两个构筑物位置关系图,如图 1 所示。

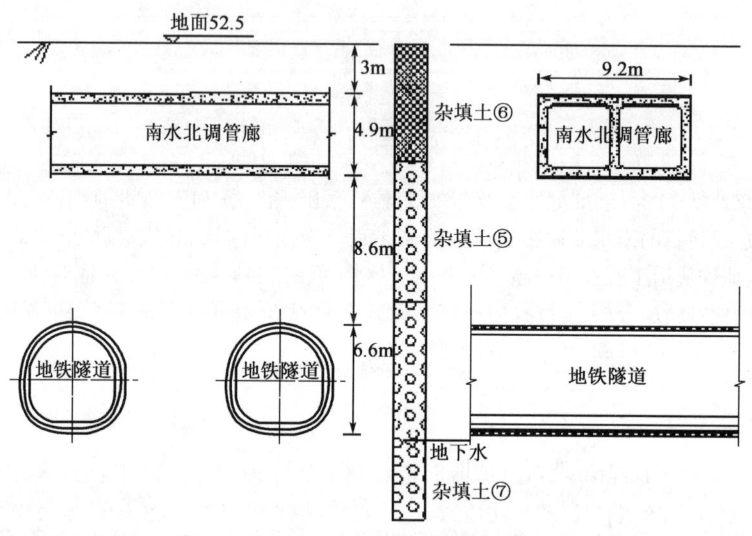

图 1　工程地质、水文地质及构筑物位置关系图

3　工程遇到的问题

北京地铁 14 号线郭庄子站～大井站区间隧道下穿南水北调管廊工程于 2011 年 10 月开始施工,2011 年 11 月～12 月进行隧道开挖前的超前深空水平预注浆加固,2012 年 1 月初区间隧道采用暗挖矿山法施工下穿越南水北调管廊,并于月底完成初期支护施工。第三方监测资料显示,在地铁下穿施工过程中,管廊最大沉降量是 5.7mm,而前期评估认为管廊的最大沉降量不能大于 7mm。

2012 年 3 月 7 日参建各方召开了针对该穿越工程的安全性效果评估会,与会专家认为虽然目前管廊沉降量还在安全范围内,但 5.7mm 的沉降量已经超过了最大容许值的 80%,说明超前预注浆措施保护管廊的效果不佳,应该对注浆加固范围取芯检查,经过几天的取芯施工,共取出芯样 50 余米,芯样成型效果不佳,未能达到设计要求。专家通过观察芯样,认为可以预见随着时间推移和将来地铁列车运行震动的影响,管廊的最终沉降肯定会超过 7mm 的最大容许值,将不能确保南水北调工程北京段的调水通道安全。

鉴于此情况,参建各方立刻停止了下穿暗挖隧道的后续工作,讨论加强对南水北调管廊的补充保护方案。

4　保护方案的选择

从两个构筑物的关系图不难看出,管廊的下沉主要是隧道暗挖施工过程中两个构筑物之间的土体损失造成的,补充的加强保护方案也是主要讨论采用什么措施来加固两个构筑物之间的土体。有两种比选方案，其一是地表注浆加固方案，其二是隧道内径向注浆方案。两个方案施工方法如图 2 和图 3 所示。

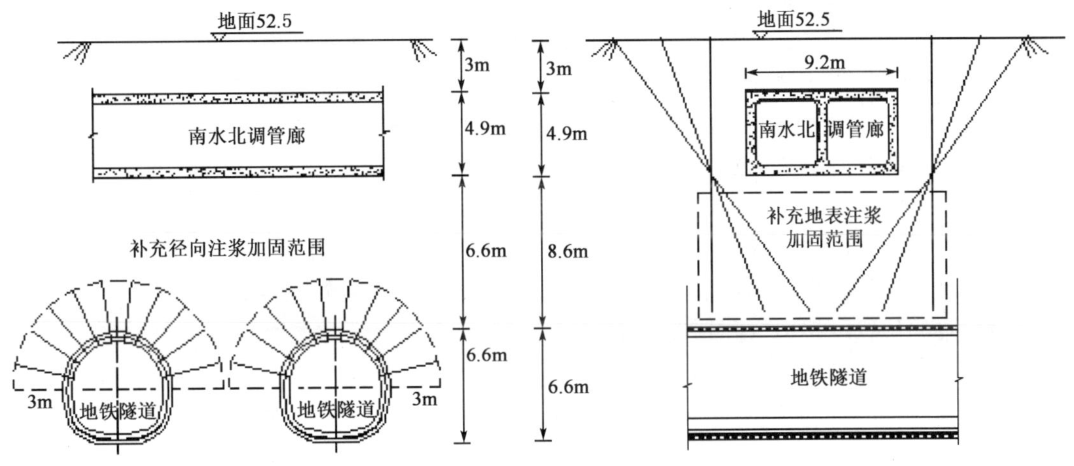

图 2　地表注浆方案示意图(方案一)

图 3　洞内径向注浆方案示意图(方案二)

对两种方案的优缺点进行对比，如表 1 所示。

两个方案优缺点对比表　　表 1

方　案	优　点	缺　点
补充地表注浆加固(一)	1. 补充地表注浆加固施工场地开阔，可以多台设备同时施工，工期短。 2. 注浆加固范围大，效果可靠性高。 3. 注浆工艺简单	1. 注浆孔斜向下升入管廊底部，易注浆造成管廊抬升破坏。 2. 加固范围大，钻孔工作量多，费用高。 3. 卵石地层精确施作斜孔工艺复杂，不宜使注浆孔均匀分布。 4. 需要地表征地，时间不可控
补充洞内径向注浆加固(二)	1. 洞内径向注浆施工，不需要地表征地，可立即实施。 2. 径向注浆加固的范围也是扰动最严重的区域，针对性强。 3. 加固范围小，钻孔工作量少，费用低。 4. 加固区域距离管廊较远，注浆影响管廊的风险较小	1. 洞内施工场地狭小，施工设备受限，施作时间较长。 2. 径向注浆对止浆工序要求严格，对注浆工程人员能力要求高。 3. 径向注浆施工时以地铁隧道初期支护结构为浆液压力承受面，可能会造成地铁初期支护结构变形

因考虑到地表补充注浆方案可能会产生管廊抬升破坏影响的风险较大，综合考虑两个方案的优缺点，各方及专家评审后决定采用补充洞内径向注浆加固方案，但为减少第二种方案的局限性，同时补充加强以下几个措施：

(1)在隧道拱腰部增设直径 ϕ76mm、长度 $L=5$m 的索脚锚杆桩，加强初期支护的强度。

(2)采用袖阀管注浆工艺。

(3)注浆孔分序跳孔进行，浆液浓度由浓到稀。

(4)聘请专业注浆施工队伍。

5　注浆施工方案

5.1　注浆加固范围

径向注浆加固范围为隧道上半断面开挖轮廓线外 3m，左右线每个断面设计 4 根锁脚钢管桩，设计桩径 ϕ800mm，长 $L=5$m，钢管直径 ϕ76mm。每断面需要加固土体 106m^3（包含左右线），25 隧道延米，共计加固土体 106m^3×25 隧道延米＝2 650m^3。

5.2 袖阀管注浆施工工艺

为了确保补充注浆的加固效果和减少因径向注浆可能对地铁隧道初期支护的影响，决定选用袖阀管注浆工艺，工法原理是浆液在经过注浆泵加压后，通过连接管进入注浆管，由双向止浆塞将浆液聚集到特定的管段，在压力作用下，浆液冲开袖阀管管壁的单向阀进入土体，浆液在地层中形成固结体，从而达到增加地层强度，降低地层渗透性的目的。袖阀管注浆工艺具有以下优点：

(1)能有效地按注浆工程的设计应求，确定注浆的位置和范围。

(2)不易产生注浆盲区和薄弱区，适合高风险注浆施工，如构筑物穿越。

(3)注浆的位置可根据实际情况上下调整，灵活变动。

(4)同一注入点可以采用不同的注浆材料进行注浆。

(5)注入后，可根据地层的实际情况非常方便的再次注入，保证注浆质量。

(6)注浆压力小，安全性高。

5.3 施工过程

补充径向注浆施工从 2012 年 4 月 19 日开始实施，至 2012 年 5 月 10 日结束，共计历时 22 天，共计注入浆液 856m^3，注浆施工过程如图 4 和图 5 所示，注浆施工参数见表 2。

图 4 现场在施作套管钻机成孔

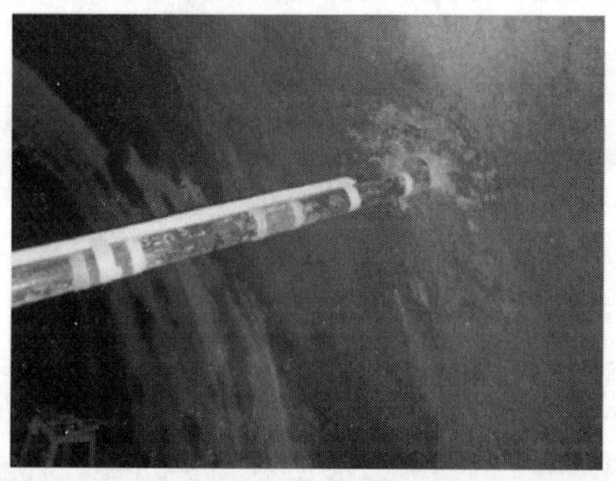

图 5 现场在施作袖阀管注浆

注浆参数表 表 2

序 号	参数名称	设定参数
1	扩散半径	3～4m
2	注浆终压	0.3～0.5MPa
3	注浆速度	10～50L/min
4	袖阀管后退式分段注浆长度	66cm
5	普通水泥单液浆配比	W：C=(1.2～0.6)：1
6	套壳料配比(质量比)	水泥：膨润土：水=2：1：3

6 效果评价

效果评价方法采用注浆填充率反算分析法和检查孔取芯直观判断法相结合的评价模式，并于 2012 年 5 月 12 日召开了效果评价的专题评审会。

6.1 浆液填充率反算法

通过统计总注浆量,采用注浆总量计算公式反算出浆液填充率,根据浆液填充率评定注浆效果。

$$\sum Q = V \cdot n \cdot \alpha \cdot (1+\beta)$$

$$\alpha = \frac{\sum Q}{V \cdot n \cdot (1+\beta)}$$

式中:Q——总注浆量(m^3);

V——注浆加固体体积(m^3);

n——地层空隙率或裂隙度;

α——浆液填充率;

β——浆液损失率。

根据以往注浆经验,当地层中含水率不大时,要达到良好的地层加固效果,浆液填充率应达到 70%以上即可;当地层富水时,浆液填充率需达到 80%以上。

本工程中$\sum Q=856m^3$、$V=2\ 650m^3$、$n=0.35$、$\beta=0.1$,得出 $\alpha=83.9\%$,达到了理想的地层固结效果。

6.2 检查孔取芯观察法

对检查孔进行取芯,通过对检查孔取芯率、岩芯的完整性、岩芯外观等进行综合分析,判定注浆效果。共计选择了注浆孔 5%的比例进行取芯试验,取出芯样 60 余米,取芯孔的芯样完整性均达到了 80%以上,完全满足 60%的设计要求。

7 结语

通过分析浆液填充率反算结论和取芯观察法揭示的直观加固效果,各方参与单位和评审专家评一直认为,本工程的补充径向注浆效果显著,完全达到了设计要求。

随着地下工程的发展,构筑物间的近接穿越将越来越多,虽然很多工程采取了预加固措施保证穿越的安全,但在穿越完成后还应该进行效果评估,如果没能达到预先设计的保护目标,应及时采取后补充加固措施,本文论述的径向注浆加固不失为一种选择方案之一,可供从事地下工程的同仁借鉴。

参考文献

[1] 张民庆,彭峰.地下工程注浆技术[M].北京:地质出版社,2008.

[2] 孙国庆,张民庆.圆梁山隧道粉细砂充填型溶洞注浆技术探讨[J].探矿工程,2005(1):58-65.

[3] 孔恒,彭峰.分段前进式超前深孔注浆地层预加固技术[J].市政技术,2008(6).

[4] 彭峰.狮子洋隧道下穿注浆大堤注浆加固技术研究[J].铁道工程学报,2010(7).

[5] 张民庆,黄鸿健.齐岳山隧道高压裂隙水注浆堵水技术[J].铁道工程学报,2010(1):71-72.

盾构下穿施工对既有地铁隧道沉降影响分析

宋 伟[1,2] 尹鹏涛[1,2] 李东海[1,2]

(1. 北京市市政工程研究院 2. 北京市建设工程质量第三检测所有限责任公司)

摘 要 本文结合北京输水隧洞下穿地铁15号线,运用三维模拟分析软件ANSYS,建立盾构施工过程的模型,对盾构推进及变形进行仿真模拟,系统分析研究了盾构施工过程中引起既有盾构隧道的变形情况,得出盾构穿越施工时,已建隧道的沉降规律及施工影响特点。并根据实测反馈数据进行对比分析,为合理确定施工方案和已建隧道施工技术保护措施的选择提供可靠的依据。

关键词 既有盾构隧道 下穿越 仿真模拟 施工控制

1 工程概况

新建东干渠盾构隧道在里程K11+799处,穿越运营中的北京地铁15号线区间盾构隧道,交角为53°。新建东干渠隧洞顶部与15号线隧道底板的竖向净距6m。15号线隧道外径6m,内径5.4m。东干渠输水隧洞外径6m,内径4.6m。上、下隧道平面位置关系如图1所示(箭头指向为盾构推进方向)。

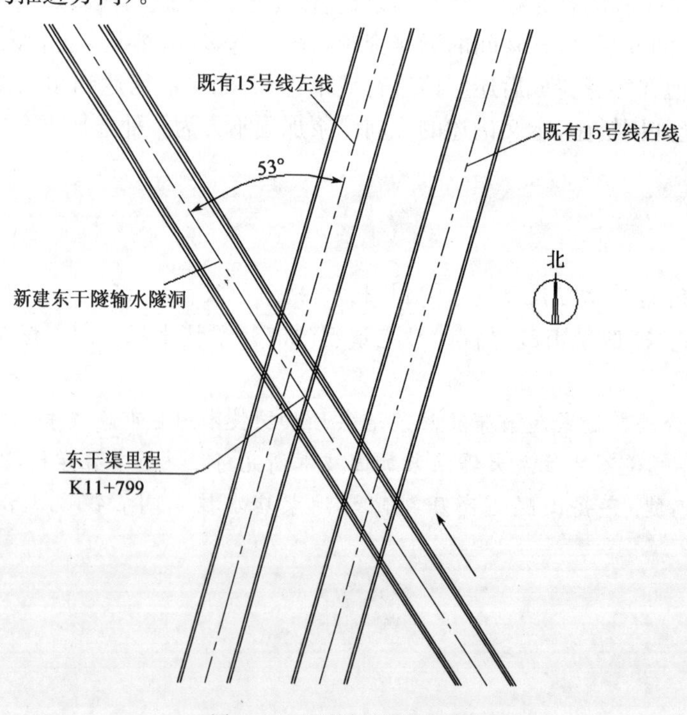

图1 上、下隧道平面位置关系

2 三维数值模拟

目前国内外对盾构隧道施工的三维有限元模拟还处于研究阶段，难以将施工过程中的全部影响因素体现出来。本文以土压平衡式盾构机为背景，考虑管片结构的各向同性性质以及盾构机和管片的相互作用，抓住实际施工中的主要因素，并进行适当的简化，使之既能在计算上可行，又能反映同行共同关心的问题。

2.1 模型的建立

考虑到施工引起的地铁线路结构沉降与地层关系密切，采用地层—结构模型进行变形分析，土体材料按照理想弹塑性介质来考虑，选取8结点实体单元来模拟；由于管片材料的刚度较大，一般认为在弹性范围内工作，故选取弹性壳体单元模拟。计算模型的长×宽×高＝80m×70m×42m，新老隧道管片衬砌外径D＝6m，内径d＝5.4m，分析时采用齐次边界条件，除了上表面为自由面外，其余4个侧面和底部均施加法向约束。

2.2 计算假定

(1)模型中15号线盾构区间隧道只考虑正常使用工况，不考虑地震、人防工况。

(2)假定既有地铁盾构区间隧道结构为线弹性材料。

(3)假定新建东干渠盾构区间、既有地铁盾构区间隧道结构及土体之间符合变形协调原则。

2.3 计算参数

既有地铁15号线隧道所处的土层主要为⑤粉质粘土层，新建东干渠隧道所处的土层主要为⑥细中砂层。相关的土层力学参数如表1所示。上覆隧道采用盾构法修建，衬砌采用厚度为0.3m的盾构管片，密度2 500kg/m^3，弹性模量30GPa，泊松比0.2。盾构机为日本小松土压平衡式盾构机，盾构机的质量按337t处理。盾尾空隙采用“杀死”单元的方法模拟，同时在空隙上施加注浆压力。盾构周围由于施工而引起土体扰动，其厚度需根据计算和经验来确定，本文的分析确定扰动层厚度为20cm，对于盾尾注浆采用提高扰动层刚度的方法来模拟，扰动层的泊松比与变形模量可参考水泥土取值[9]。盾构掘进方向为x轴负方向，水平向下为z轴，竖直向上为y轴。既有隧道埋深为13m，新建隧道埋深25m。同步注浆压力取0.5MPa，二次注浆压力取0.6MPa，顶部土压力取0.12MPa。

土层物理及力学参数　表1

编号	土层岩性	土层厚度(m)	天然密度(g/cm^3)	泊松比	弹性模量(MPa)	粘聚力(kPa)	内摩擦角(°)
③$_1$	粉土	4	1.98	0.35	75.5	29.8	30.8
③	粉质粘土	11	2.01	0.35	57.0	43.3	16.8
⑤	粉质粘土	7	1.96	0.35	70.2	46	15.1
⑥	细中砂	18	2.00	0.35	20	0	28
⑦	粉质粘土	2	1.98	0.35	81.5	60.9	19.1

2.4 盾构推进模拟

本模型中盾构的推进过程简化成：通过“生死单元”模拟盾构作用在掌子面上的推力、管片、挖出土体及注浆，如图2所示。盾构在下穿时，为了说明盾构位置与上方隧道位移的关系，特选取了临近上方隧道的三个位置(依次为刚到达隧道边缘，隧道正下方，刚出隧道另侧边缘)

为重点分析地段，每次推进 3m，其他段均每次推进 6m。

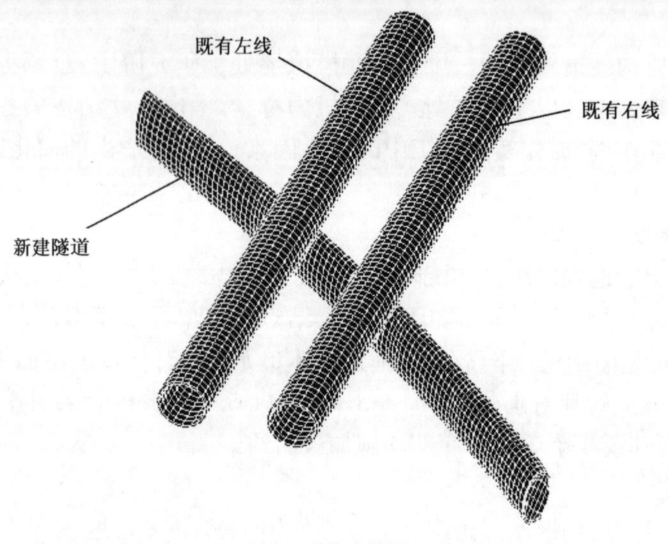

图 2 三维建模情况

2.5 模拟结果分析

为了分析新建盾构对既有隧道结构沉降影响性规律，在数值模拟时，在新建隧道中线与既有隧道中线平面交叉点位置设置位移监测点。

根据隧道模拟结果(图 3)，盾构在此类地质条件下推进至距既有隧道边缘 3m 前，隧道开始发生隆起，推进至既有隧道结构下方时隆起量最大，在盾尾将要穿出既有隧道时，沉降增量最大，因此，可以确定盾构对既有隧道影响最不利位置为盾尾将要穿出隧道处。

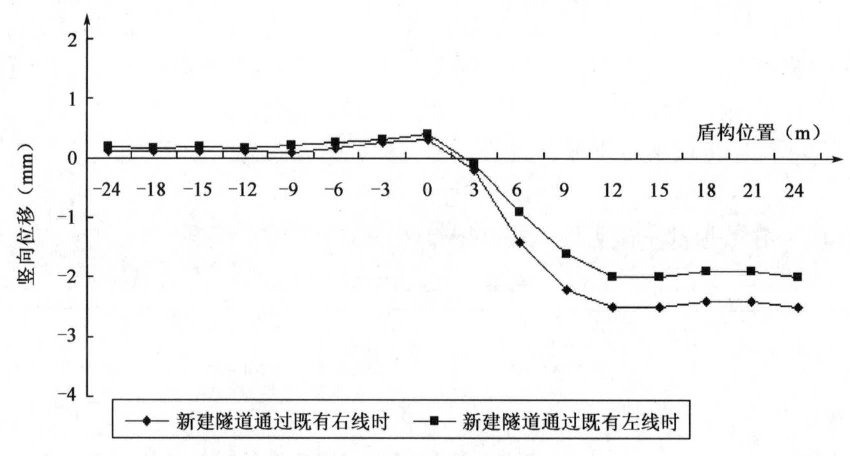

图 3 既有隧道最大竖向位移与盾构位置关系

3 既有隧道现场监测

监测是施工效果的直接反应。通过监测，掌握在新建线路穿越既有线施工过程中隧道结构形状和道床、轨道状况的改变，评定地铁施工影响，提供及时、准确的预报，使工程各方掌握变性信息，确保新线施工与既有线运营安全。因此，盾构穿越前在穿越影响区段布设静力水准自动监测系统，通过无线传输数据，进行实时、精确的监测。现场实测沉降曲线如图 4 所示。

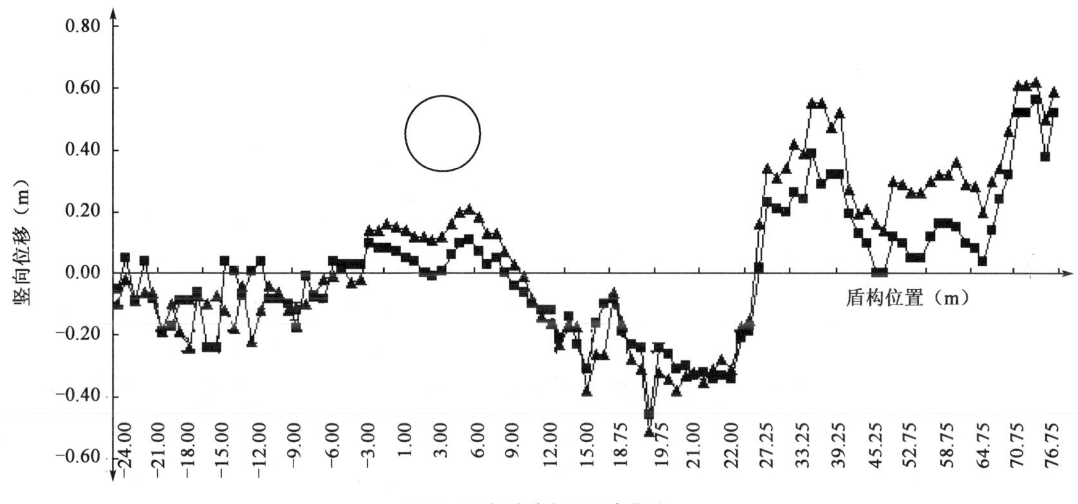

图 4　既有隧道实测沉降曲线

4　模拟结果与实测结果对比分析

通过实测监测数据与三维数值模拟仿真结果对比分析，可以验证数值模拟的结果与实测结果沉降规律基本相似，见图 5。并可根据实时监测数据，修正模拟计算的参数，用以预测下一步开挖引起已建隧道降沉变形的规律，以便及时采取相应的施工措施，控制已建线隧道的变形。

由图 5 可知，三维数值模拟结果的计算结果与实测结果在盾构通过前基本是吻合，而在盾构通过后存在较大差异，计算沉降比实测沉降大。由于计算软件的局限性，数值模拟无法模拟盾构推进时盾壳的摩阻力，因此，在计算时，15 号线的最大隆起值发生在盾构刀盘到达隧道下方时。而实测时最大隆起值出现在刀盘将要穿出隧道时，模拟结果中，盾尾将要拖出隧道时沉降最大，而实测结果中盾尾脱出隧道 3m 后沉降最大，虽然砂性土层沉降是瞬时的，但粘性土层的施工沉降和土体固结沉降将延续数月甚至更长的时间，因此，在盾构通过后，必须采用二次注浆等措施控制长期沉降的发展，这也是曲线在 21m 位置处出现上升趋势的原因。

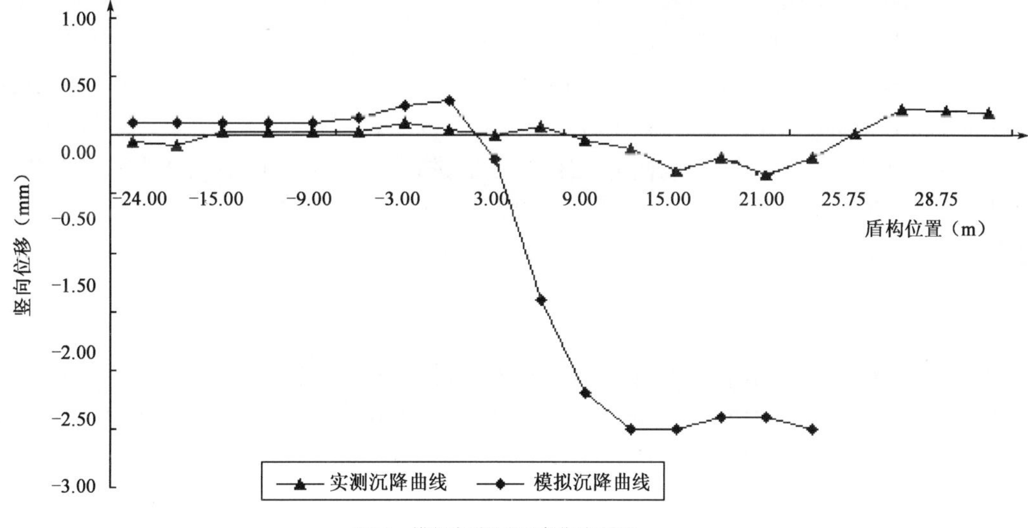

图 5　模拟与实测沉降曲线对比

5 盾构施工控制

在盾构掘进过程中，以理论计算为基础，根据地表沉降及现场地层情况适时调整掘进参数，降低隧道施工引起的竖向位移变化。

5.1 土仓土压力

修正土仓压力，建立有效土压平衡，是掌子面挖掘阶段控制地层损失、减小土层变位的主要手段。该盾构隧道所穿越地层为细中砂，该类地层渗透性较大，流动性差，对刀具的磨损大，施工期间仅靠泡沫的润滑和地层改良的作用已不能完全满足施工的要求。因此，在推进过程中除了使用泡沫以外，还使用了膨润土浆液，以加强刀具的润滑和冷却，改善刀具的工作状态，同时起到补充地层微细颗粒的不足，提高土体流动性和止水性的作用。掘进结束时仓内的水、泡沫容易通过地层流失，造成土仓内的压力消散，给土压力维持稳定带来一定的困难。为了防止盾构在停机时出现压力消散，开挖面坍塌，向土仓内注入膨润土浆液并用刀盘充分搅拌，以改善土仓内土体的密闭性。穿越期间，土仓土压力应控制在 $1.1\times10^5\sim1.3\times10^5$Pa，同时做好出土量控制。

5.2 掘进速度

盾体通过阶段，盾构外壳与土体剪切错动产生沉降，同时伴有姿态变化引起的附加变形。推进速度快则沉降速率大，慢则沉降速率相对小，但是沉降完成时间加长。为了减小盾构掘进对细中砂层的扰动，施工中控制掘进速度不大于 40mm/min，掘进速度波动小于±5mm/min。

5.3 同步注浆

确保同步注浆量，注浆措施主要作用为防止地表变形、提高结构的抗渗性、改善结构受力情况等，施工时应设定合理的注浆量和注浆压力，确保管片与围岩之间的间隙能被及时充填密实，每环注浆量为 $4m^3$，基于对 15 号线隧道的保护，防止发生较大沉降，同时结合下穿段具体地质情况，注浆量不得少于 $5.5m^3$，注浆过程中必须保证同时均匀注浆，注浆管压力控制在 0.4～0.5MPa 之间。

浆液配合比为水泥 277kg、粉煤灰 369kg、膨润土 138kg、细砂 415kg、水 600kg，初凝时间为 6h。

5.4 洞内二次补浆

在盾构机掘进通过地铁 15 号线后，立即对地铁 15 号线上下行线外各 15m 内进行隧道内二次补强注水泥+水玻璃浆液，填充盾构施工过程上可能存在的注浆不饱满、同步注浆液收缩形成的空洞，加固隧道外地层，以防止后期长期固结沉降。

注浆过程时间原则上应在地铁 15 号线停运后进行，全程进行自动化监测和专人观察，指导注浆施工，避免因注浆造成对一号线二次沉降和凸起。注浆压力控制在 0.4～0.6MPa 之间。

6 结语

(1)盾构推进时，上方隧道纵向会发生隆起和沉降位移，位移的大小与盾构位置、盾构顶推力大小、注浆压力等有密切关系。盾构下穿前距上方隧道边缘 3m 的位置为既有隧道隆起起点，盾构刀盘将要脱出时为隆起与下沉分界点，分界点之前隧道向上隆起，之后向下沉降。

(2)在盾构下穿既有隧道的情况下，要根据盾构与既有隧道的位置关系，及时调整盾构的相关参数。本文的模拟计算及分析表明，盾构下穿前刀盘距既有隧道边缘 3m 到盾尾穿出既有隧道的过程为盾构下穿最为关键阶段，在此阶段要控制盾构的推力，缓慢地推进，同时控制注浆压力注浆量，保持盾构土仓压力。在不对既有隧道所处地层进行加固的条件下，采取此类措施对控制既有隧道沉降量是有效的。

(3)在盾构通过已建隧道后，可采用注浆等手段对已建隧道的应力释放及长期固结沉降进行有效控制。

(4)在穿越施工前，利用三维数值仿真数值模拟可以对穿越施工中已建的沉降变形规律进行了预测，可以为施工方案的确定和已建隧道的保护提供可靠的理论依据和决策数据。

(5)对地层进行充分、清晰的认识，根据盾构所处地层条件采取针对性施工措施。

(6)在盾构机及相关设备经过仔细检修的前提下，控制好盾构机掘进模式、速度、刀盘推力、注浆量、注浆压力等参数，采取渣土改良、补强注浆等辅助措施以及采取实时监测等措施都是确保下穿成功的关键环节。

参考文献

[1] 李庭平，沈水龙，姜弘.下穿式盾构泥水压力对既有隧道的影响分析[J].地下空间与工程学报，2009，5(3)：553-556.

[2] 林永国.地铁隧道纵向变形结构性能研究[D].上海：同济大学，2001.

[3] 林永国.地铁隧道纵向变形影响因素的探讨[J].地下空间，2002，20(4)：264-267.

[4] 毕继红.隧道开挖对地下管线的影响分析[J].岩土力学，2006，27(8)：1317-1321.

[5] 周海波.盾构法隧道施工技术及应用[M].北京：中国建筑工业出版社，2004.

超浅埋小间距暗挖群洞下穿市政主干道路隧道施工技术

刁天祥

（中铁隆工程集团有限公司）

摘　要　成都地区砂卵石地层浅埋暗挖工程相对较少，特别是超浅埋小间距群洞下穿道路的暗挖通道就更少，本文结合地铁2号线通惠门地铁暗挖出入口通道及暗挖风道群洞下穿市政道路的成功工程实践，介绍暗挖隧道技术在该工程中的运用，对类似工程具有一定的借鉴意义。

关键词　砂卵石　群洞　支护　加固　变形

1　工程概况

1.1　工程位置

本工程位于成都市青羊区琴台路与下同仁路之间蜀都大道的通惠门路段，风井及出入口口部靠道路南侧一边设置，车站靠道路北侧一边设置，风道及出入口通道下穿通惠门道路。

1.2　工程环境

工程周边主要有成都军区大院、人人乐购物广场、锦都小区、易菲大厦，紧邻成都名胜地琴台路与宽窄巷子。

蜀都大道通惠门路是横贯成都东西的主要交通主干道，交通流量大，不允许断道。

本工程一条DN600污水管位于暗挖隧道顶，距拱顶最小距离仅0.4m，与暗挖通道垂直相交，呈东西走向贯穿整个暗挖隧道群。

1.3　设计概况

通惠门站1号风道采用平面式布置结构，平行式四条通风风道，单洞长度为15.1m，一号出入口通道与风道并行，工程采用浅埋暗挖法与明挖法施工相结合。风井及出入口口部采用明挖法施工，风道及出入口通道跨越通惠门道路采用浅埋暗挖法施工。隧道宽度分别为8.3m、8.7m、4.2m、6m，隧道间的净间距分别为2.6m、4.9m、5.05m。隧道最大开挖尺寸为8 700mm×5 500mm，拱顶最小覆土厚度3.06m，相邻两洞最小夹土厚度2.6m。

隧道采用大口井先降水，采用大管棚结合ϕ32自进式注浆锚杆超前支护，I22型钢钢架，C25喷混凝土，隧道设计参数及设计断面图如图1所示。

1.4　工程地质及水文情况

（1）水文地质条件

成都地下水丰富，该工程位于成都市区，地下水位丰水期为地下3～4m，枯水期为地下4～6m。第四系孔隙水主要赋存于全新统（Q_4）、上更新统（Q_3）的砂、卵石土中，砂卵石土层含水丰富，含水层厚度约28.1m，为孔隙潜水。综合含水层取渗透系数K=18m/d，为强透水层。

通道基本位于该层砂、卵石土中，受地下水影响较大。

地下水对钢筋混凝土结构中的钢筋有微腐蚀性，对混凝土有微腐蚀性。

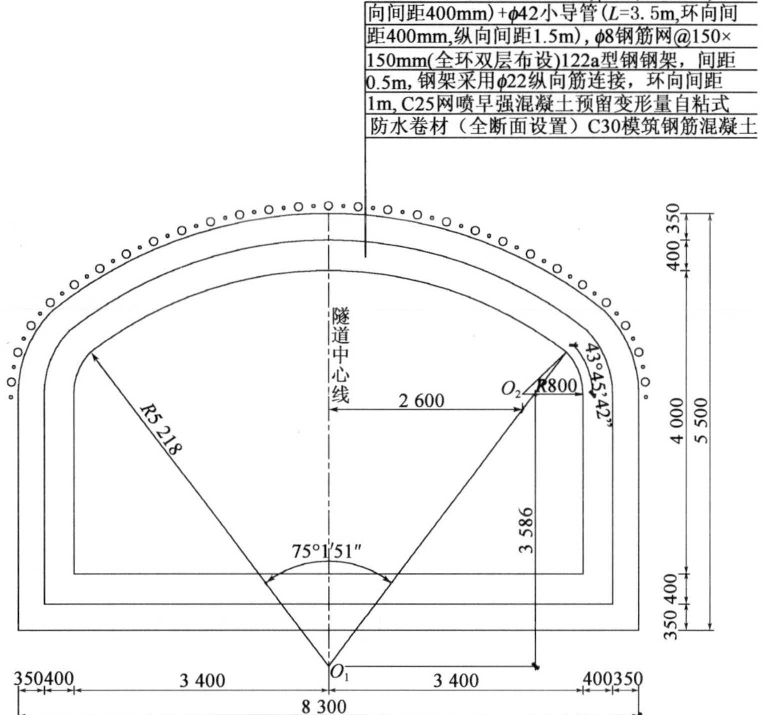

图1　风道结构参数设计断面图(尺寸单位：mm)

(2)工程地质条件

本工程所处位置按岩土层层序，从上到下分述如下。

①第四系全新统人工填写筑土层(Q_4^{ml})

杂填土(1-1)：杂色，松散，稍湿。由碎石、砂土、砖瓦碎块、卵石等建筑垃圾组成，其间充填粘性土。在场地内普遍分布于地表，层厚0.5～5.5m。该层土均匀性差，多为欠压密土，结构疏松，多具强度较低、压缩性高、受压易变形的特点。

素填土(1-2)：褐灰或褐黄色，稍湿，结构松散，以粘性土为主，含少量砖块、卵石等，层厚0.5--3.4m。

②第四系全新统冲积(Q_4^{al})

粉土(2-4)：褐黄色，松散，稍湿，含有少量铁、锰氧化物，云母等，层厚0.5～2.8m。

细砂土(2-5-2)：褐黄色，松散，稍湿，分布于卵石土顶面或以呈透镜体状分布于卵石土中，层厚0.5～2.0m。

中砂土(2-5-3)：青灰色或褐黄色，松散，稍湿～湿，分布于卵石土顶面或以呈透镜体状分布于卵石中，层厚0.5～1.7m。

卵石土(2-6)：黄褐色，青灰色，湿～饱和。卵石成分主要以岩浆岩、变质岩类岩石组成。以亚圆形为主，少量圆形，分选性差，卵石含量50%～85%，粒径20～80mm为主，个别粒径达到100m，充填物为细砂，局部少量漂石，项面埋深0.5m～3.4m。

本工程结构主要位于(2-5)及(2-6)卵石层中，为稍密及中密卵石层。

2 施工方法及技术措施

由于隧道所处埋深浅，地质稳定性差，所以总体施工组织方案采取先加固后开挖，先降水后施工，先小洞后大洞等组织原则，采取综合技术措施保证隧道施工的稳定与安全。

2.1 群洞施工顺序

采用间隔法及先小跨后大跨的原则进行施工。由于隧道不长，采取一序施工完毕后再施工二序隧道。最后进行结构二衬施工。

2.2 隧道施工方法

大跨隧道采用中隔壁法组织施工，小跨隧道采用预留核心土台阶法组织施工。见图 2、图 3。

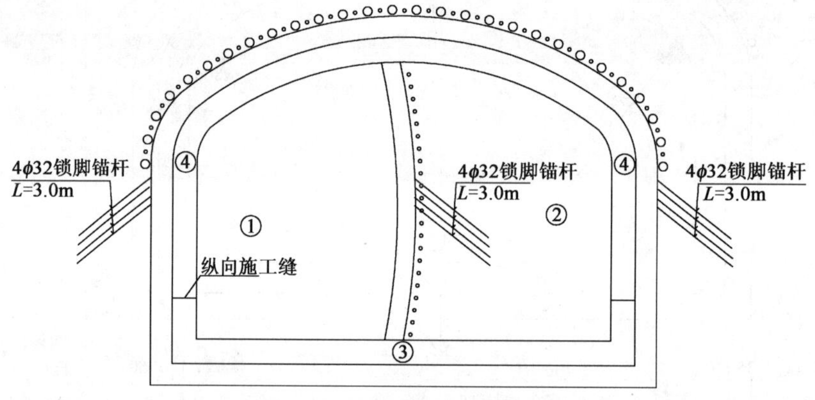

图 2 隧道中隔壁施工方法断面图

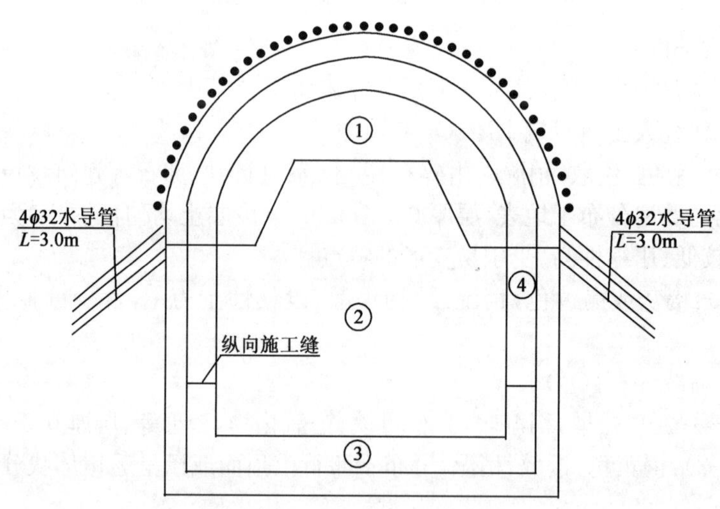

图 3 隧道台阶法施工方法断面图

隧道上台阶长度控制在 4～5m。采用小型运渣车运输，竖井提升。

2.3 超前支护

隧道超前支护主要采用 ϕ108 长管棚进行隧道拱部超前注浆加固及支护，结合超前自进式注浆锚杆进行注浆加固。大管棚成孔采用套管钻机。先期隧道施工完后，对后期隧道进行侧面注浆加固。对邻洞中间土体进行注浆加固采用 ϕ42 小导管，长度为夹土厚，1m×1m 梅花形布置。

2.4 先降水后开挖

先进行降水井施工，待地下水位降到高程后再组织隧道开挖，降水井采用大口井降水。沿明挖基坑外侧共设降水井6口，管井深25m，滤水管长度5m，纵向间距22m左右，管井采用ϕ300无砂管外包无纺布。由于卵石在地层中起着骨架的作用，所以降水后对地层产生的沉降很小，最大沉降为4mm。降水需要严格控制抽水含砂率，控制因降水而造成地表沉降及地下空穴。

2.5 主要施工技术措施

本暗挖通道属于超浅埋暗挖隧道群施工，且位于市政主干道路下，施工环境复杂。本工程主要采取以下技术措施保证隧道结构施工的安全及周边环境的稳定。

(1)超前大管棚施工技术

在隧道开挖前，于各通道拱部90°范围内打设ϕ108管棚，环向间距400mm，长度为通道长。

砂砾石地层中管棚施工成孔一直是难解决的工程问题，采用高压风驱动偏心潜孔锤跟管钻进工艺。在实际运用过程中，该工艺方法不但解决了在砂砾石地层中成孔问题，且成孔快，保证了施工进度和质量。根据现场统计，钻孔最高时效为7m/h(纯钻进时间)，注浆压力为0.3～0.5MPa，采用单液水泥浆，注浆量每根管(长15m)200～350kg不等。

(2)污水管污水截流处理技术

污水管横跨群洞，根据经验一般污水管均存在渗流情况，为防止污水管渗漏对隧道开挖的影响，在隧道开挖前对该污水管采取洞内截流地面引排的措施，保证洞内拱部无水，防止拱部坍塌。

(3)地面注浆加固技术

隧道覆土较薄，且存在于交通要道，地面车流量大，隧道上部土质比较疏松，采取地面注浆预加固。在进行暗挖隧道施工前，从地面道路对隧道上部进行注浆加固，注浆范围为隧道拱部以上部分及隧道之间的土体。注浆材料采用纯水泥浆，注浆压力控制在0.2～0.3MPa。

(4)自进式超前注浆锚杆施工技术

砂卵石地层中成孔不容易，在隧道开挖前，采用ϕ32自进式注浆锚杆作为超过前支护(L=3.5m，环向间距400mm，纵向间距1.5m)。采用大功率重型风动钻机，注浆设备采用双液注浆泵。钢架架设安装后，于该榀钢架上于拱顶至拱脚埋设ϕ50钢导管，初支及掌子面喷护后，再在套管内打设锚杆，防止打设自进式锚杆是因为震动会影响隧道掌子面的稳定。注浆浆液采用水泥—水玻璃双液浆(水泥1∶1＋水玻璃1∶3)。

(5)加强型锁脚锚杆拱脚处理技术

隧道采用加强型锁脚处理，防止隧道拱部沉降，上台阶拱架双侧拱脚分别采用4根长3m的ϕ32自进式注浆锚杆进行锁定。上台阶拱脚下采用5cm厚木板垫实在砂卵石基础上，保证拱脚受力传力正常。

(6)道路路面减震

由于隧道覆土很薄，主干道路交通车辆流量大，并且经常过往公交车及货运大车，为防止车辆震动对隧道围岩稳定的影响，减少车辆对地层的震动及集中荷载，采用在暗挖作业区域顶部的路面覆盖3cm厚的钢板，分散应力，降低震动。

(7)隧道初支背后及时回填注浆技术

为了保证初期支护和围岩紧贴密实，保证支护与围岩共同受力良好，控制地表沉降，沿隧道纵向每3m于初支拱部预埋$\phi42$注浆短管，注浆管长度500mm，环向间距1m，在初期支护成环3m后，随即进行初支背后回填注浆，浆液采用水泥—水玻璃双液浆，按1∶1的浆液体积比配浆。注浆压力一般为0.3～0.5MPa。

(8)隧道间土柱加固技术

小间距隧道中间土柱受扰动影响大，采用先加固，后成洞的方法。隧道间的土柱采取在一序隧道初支完成后5m，打设侧向注浆锚管进行加固一序和二序隧道间土柱。注浆采用水泥浆加固。后期隧道施工时，结合先期土柱加固情况，将锚管锚固于隧道初支结构上，形成稳定的加固受力体，保证隧道受力稳定。

(9)隧道拆撑及二衬

二衬采用先衬小洞，然后再衬大洞。大洞二衬前根据监测情况决定拆除长度，本工程由于隧道长度相对较短，采用全部拆除临时支护后再进行大洞二衬。

2.6 监测及隧道沉降变形情况

项目采用全过程对隧道及周边环境进行监控量测，及时反馈监测信息，对施工进行指导。通惠门站1号通风道及通道群洞施工完毕后，地表最大累计沉降值为14mm，拱顶累计沉降值为17mm，整个施工过程安全可控，地表沉降及周边建筑物沉降控制的相对比较好，未对地面交通及周围环境造成影响。

3 结语

(1)成都地区浅埋暗挖隧道不多，超浅埋群洞暗挖隧道更是稀少，施工初期相关方面对此工程关注比较多，担心也比较多，但只要措施到位，施工过程控制到位，成都地区搞暗挖是完全可行的。

(2)浅埋暗挖群洞施工顺序及隧道预先加固比较重要。

(3)下穿道路隧道必须采取可靠措施防止道路车辆对隧道地层的震动影响，特别是砂卵石地层，防止隧道坍塌。

(4)埋暗挖隧道必须按照十八字方针进行控制施工，严格监控信息化指导施工。

(5)砂卵石地层超前支护成孔方法及保护措施是影响超前支护质量的基础，必须高度重视。

参考文献

[1] 肖明清.小间距浅埋隧道围岩压力的探讨[J].现代隧道技术，2004，41(3).

[2] 王梦恕.地下工程浅埋暗挖技术通论[M].合肥：安徽教育出版社，2004.

[3] 李云鹏，韩常领.小间距隧道设计与施工研究项目报告[R].2008.

地铁车站6导洞及8导洞的PBA工法对地层变形的比较分析

付 波 许 洋

（中铁隆工程集团有限公司）

摘 要 北京地铁8号线三期木樨园桥北站周边构筑物多、管线复杂，交通繁忙，明挖实施受控因素太多，因此采用PBA洞桩法施工。利用适合模拟地下工程开挖全过程的MIDAS GTS软件，采用数值计算的方法，结合工程实例，对比PBA工法6导洞和8导洞施工时对地面沉降的影响，从而选择出能有效控制地面沉降，保证周边建构筑物及地下管线等安全的方案。

关键词 地铁 PBA工法 地面沉降 导洞 扣拱

1 引言

PBA(Pile Beam Arch)工法又称为洞桩法，是将传统的地面框架结构和暗挖法有机结合。在城市地铁日益发展的今天，由于受到地面建构筑物，交通疏解以及地下重要管线等周边环境条件的制约，地下暗挖车站的应用越来越广泛。PBA工法是有效控制地表建构筑物沉降的可靠工法之一。其构思是利用小导洞和桩技术，在对地层不产生大的扰动的情况下，在地下提前暗挖好的导洞内施作围护边桩、中柱、底梁和顶梁、拱顶，共同构成桩、梁、拱(PBA)支撑框架体系，承受施工过程中的外部荷载，然后在拱顶和边桩的保护下，逐层向下开挖土体，施作内部结构，最终形成由外层边桩及拱顶初期支护和内层二次衬砌组合而成的永久承载体系。它的特点是把成熟的施工方法进行组合，形成一种新的施工方法。

PBA工法根据车站的规模不同，导洞的数量也不尽相同，下面根据北京地区常见的双柱三跨车站，分别采用6导洞及8导洞进行理论分析，其施工步序见图1和图2。

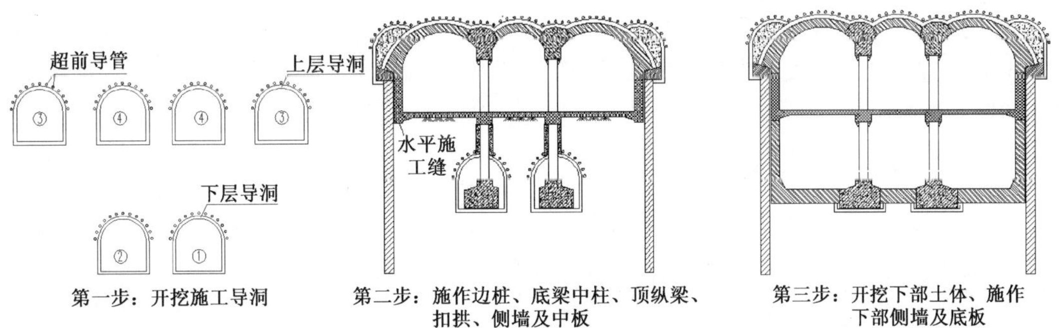

图1 PBA工法6导洞施工步序图

PBA工法的原理是将明挖框架施工工法和暗挖法进行有机结合，在地下导洞内先施工结构的桩、梁、拱、柱，形成了主受力的空间框架体系，后面的开挖都是在顶盖的保护下进行，支护转换单一，不但安全，而且大大减少了对地面沉降的影响。相对于一般的中洞法、双侧壁导坑法、中隔壁法等常规暗挖工法而言，横剖面近似矩形；断面利用率高，施工安全度较高，可大量减少临时支撑，造价相对较低，工期较短，是一种值得推广的暗挖施工方法。地铁施工对周围土体及地铁结构的内力影响规律研究一般可以采用现场测试、模型试验以及数值模拟等方法。数值模拟方法是采用计算模型模拟多步开挖过程中土体及结构的变形及内力变化，计算中可以考虑土体的非线性性质，简便易行，在参数选择合理时，可以满足一般的精度要求。

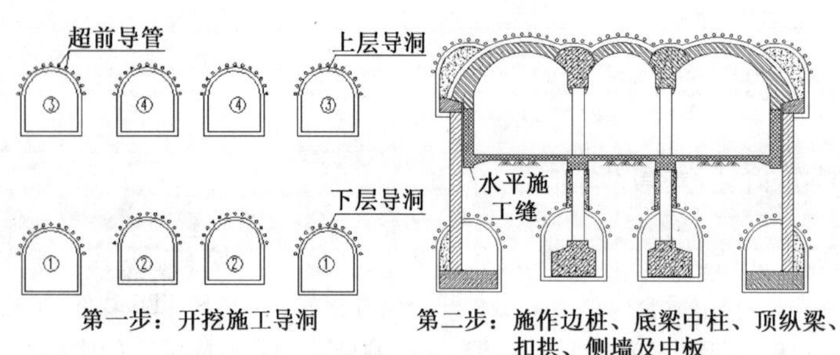

图 2　PBA 工法 8 导洞施工步序图

MIDAS/GTS(Geotechnical and Tunnel analysis System)是将通用的有限元分析内核与岩土结构的专业性要求有机地结合而开发的岩土与隧道结构有限元分析软件。以下结合具体工程利用 MIDAS/GTS 软件，模拟地铁车站 6 导洞及 8 导洞 PBA 工法施工对地层引起的变形进行比较分析。

2　工程概况

北京地铁木樨园桥北站目前正在初步设计中，车站为地下两层岛式车站，采用暗挖法施工，两端接矿山法区间。车站总长 214m，标准段宽度为 20.9m，呈南北走向。车站有效站台中心里程处拱顶覆土厚度为 6.3m，底板埋深约 21.8m。

根据车站的实际情况，车站工法确定为 PBA 工法，采用 6 导洞或者 8 导洞进行比选。施工工序如图 1、图 2 所示，即先开挖上下层导洞，在上层导洞中向下施作围护桩并施作顶拱二衬，之后开挖上层站厅层，施作楼板，最后向下开挖至站台层底，最后施作底板，完成主体结构的施工。

为了进一步了解该车站采用 6 导洞或者 8 导洞的 PBA 工法对地层变形的影响，便于选择合理的施工方案及结构设计参数，采用 MIDAS GTS 软件对该两种工法的施工阶段进行数值模拟分析。

该车站的地质情况如表 1 所示。

车站土层力学参数　　表 1

土　质	深度 （地面为 0）	压缩模量 E_s （×100MPa）	天然重度 （kN/m³）	侧压力系数	c （kPa）	φ （°）
杂填土①	0～－0.8	4.5	16.5	0.5	0	8
粉土填土①$_3$	－0.8～－2.4	5	17.5	0.5	8	10
粉质粘土③	－2.4～－7.5	5.67	19.6	0.49	25.4	8.52

续上表

土　质	深度（地面为0）	压缩模量 E_s（×100MPa）	天然重度（kN/m^3）	侧压力系数	c（kPa）	φ（°）
粉细砂③3	−7.5～−13.5	28	19.8	0.41	0	28
粉质粘土④	−13.5～−15.0	9.81	19.1	0.46	25	15
粉细砂⑤3	−15.0～−15.5	30	20	0.37	0	30
卵石⑤	−15.5～−28.8	45	20.2	0.27	0	40
粉质粘土⑥	−28.8～−30.9	13.61	19.8	0.39	30	15
粉细砂⑦3	−30.9～−31.4	30	20.2	0.39	0	30
卵石⑦	<−31.4	50	20.5	0.25	0	45

3　PBA工法数值模拟

3.1　数值模拟

根据拟定的该车站结构尺寸，采用MIDAS GTS软件建立的地层—结构模型，动态模拟两种方案施工的全过程。

在模型中土层两侧施加水平方向的位移约束，下侧施加竖直方向的位移约束。

3.2　计算参数

混凝土初期支护，按线弹性材料考虑，计算参数为：弹性模量 $E=2.3\times10^4$ MPa，密度 $\rho=$ 2 500kg/m^3；混凝土二衬，按弹性材料考虑计算参数：$E=3.25\times10^4$ MPa，密度 $\rho=$ 2 500kg/m^3；边桩按等效刚度换算为每延米的薄墙厚度为0.732m，$E=3.0\times10^4$ MPa，密度 $\rho=$ 2 500kg/m^3；中柱按等效刚度换算为每延米的薄墙厚度为0.3m，$E=5.6\times10^4$ MPa，密度 $\rho=$ 3 022kg/m^3；岩土介质，采用摩尔—库仑本构关系，计算参数按照表1选取。

3.3　计算方案

为了较真实地模拟地铁车站的开挖过程，整个计算过程分为10步：

(1)超前注浆小导管加固地层。

(2)开挖导洞，施作格栅喷混凝土支护。

(3)施作底纵梁，下导洞内回填，施作围护桩及中柱。

(4)施作冠梁、顶纵梁。

(5)上导洞内回填及施作拱部洞内初期支护。

(6)边跨拱部超前注浆加固地层，开挖边跨拱部土体并施作边跨初期支护。

(7)中跨拱部超前注浆加固地层，开挖中跨拱部土体并施作中跨初期支护。

(8)拱部二衬扣拱。

(9)开挖站厅层土体并施作侧墙及站厅层楼板。

(10)开挖站台层土体，施作侧墙及底板，完成开挖。

4　计算结果及分析

地层竖向位移云图如图3和图4所示，地表沉降曲线见图5和图6，8导洞和6导洞开挖地表沉降和内力变化对比见表2和表3。

图3　PBA工法6导洞地层竖向位移云图

图4　PBA工法8导洞地层竖向位移云图

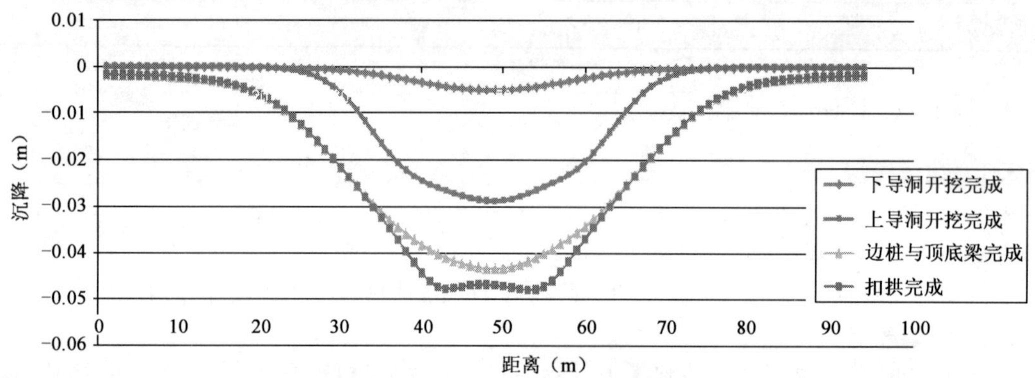

图5　PBA工法6导洞地表沉降曲线

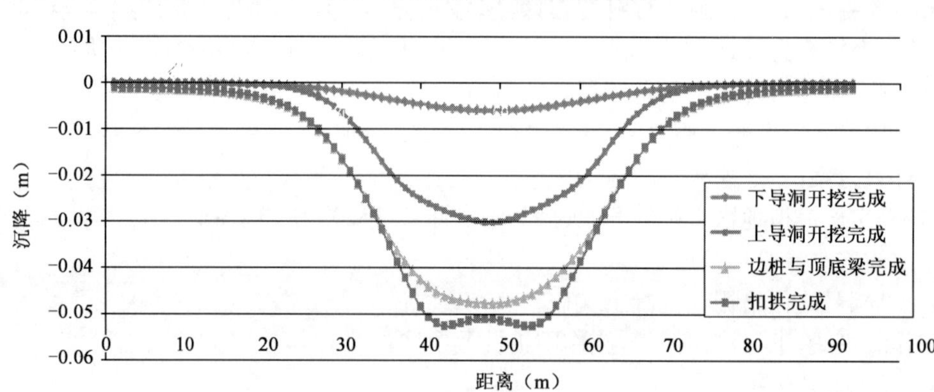

图6　PBA工法8导洞地表沉降曲线

导洞开挖模拟对地表沉降的影响表　　表2

序　号	施工阶段	地表沉降(mm)	
		6导洞PBA工法	8导洞PBA工法
1	下导洞开挖完成	4.9	6.0
2	上导洞开挖完成	28.6	30.2
3	边桩与顶底梁完成	43.2	47.6
4	扣拱完成	47.8	52.6

PBA工法6导洞和8导洞的主要工序区别是导洞的多少，导洞越多对地表沉降影响越大。

导洞开挖模拟时内力表 表3

序　号	PBA工法	轴力(kN)	剪力(kN)	弯矩(kN·m)
1	6导洞	533	302	211
2	8导洞	509	284	197

PBA工法6导洞的内力无论是轴力、剪力还是弯矩均大于8导洞的内力，但是差别不大。

5 结语

(1)无论是采用PBA工法6导洞还是8导洞，地表沉降曲线基本类似，沉降最大值均出现在施工阶段扣拱完成时。

(2)采用PBA工法6导洞开挖时由于边桩嵌固较深，对两侧起到较好的隔离效果，对周边管线或建构筑物的影响相对采用8导洞开挖时较小。

(3)PBA工法6导洞和8导洞相比，采用6导洞开挖在施工的各个阶段引起的地表沉降均低于采用8导洞开挖，但由于6导洞边桩较长需要采用机械成孔，需要解决在小空间内钻孔机械改造的问题，另如果边桩范围内存在周边建筑物基坑围护结构锚索的障碍物时，6导洞的使用存在一定的困难，因此目前该种工法的实际应用较少。

参考文献

[1] 王余良，许景昭. 地铁车站PBA工法施工技术及沉降分析[J]. 施工技术，2009.

[2] 李晓霖. 地铁车站PBA工法的数值模拟研究[J]. 地下空间与工程学报，2007.

[3] 苏会锋，刘维宁，彭智勇. 北京地铁6号线朝阳门站导洞暗挖施工数值模拟研究[J]. 铁道建筑，2011(09).

[4] 朱泽民. 地铁暗挖车站洞桩法(PBA)施工技术[J]. 隧道建设，2006(5).

[5] 史玉鹏. 地铁沈阳站站位PBA工法施工技术[R]. 天津：中铁十八局集团有限公司第五工程公司，2011.

城市地铁非对称小净距暗挖隧道最优施工步序研究

成志银

（中铁隆工程集团有限公司）

摘　要　城市地铁非对称小净距暗挖隧道合理的开挖顺序对隧道围岩稳定和支护措施优化有很大的影响，不同的施工步序导致的地面沉降和初期支护的内力也不尽相同。通过数值模拟分析，研究隧道不同施工步序，分析比较地面沉降和初期支护内力的差异，确定最优施工步序，可为类似工程的设计和施工提供参考。

关键词　城市地铁　小净距隧道　数值分析　施工步序

1　工程概况

1.1　车站概况及施工方法

重庆轨道交通环线渝鲁站位于渝北区，渝鲁大道东侧，呈南北走向。北端为窦家花园立交桥匝道，南端为冲压厂高架桥，东西两侧均为鲁能星城居住区。

渝鲁站，全长605m，有效站台长度140m。本站为地下12m岛式车站，站前设折返线，采用明暗挖结合法施工，明挖段为地下两层（局部三层）框架结构，暗挖段分为两部分，其中YK30＋588.140～YK30＋666.000为单洞三线隧道，断面为曲墙圆拱，洞跨23.70m，洞高14.70m；YK30＋666.000～YK30＋857.140为非对称小净距隧道，断面为曲墙圆拱，左洞跨12.36m，洞高9.66m；右洞跨6.70m，洞高6.70m，左线与右线隧道中心距离10.80m（图1）。

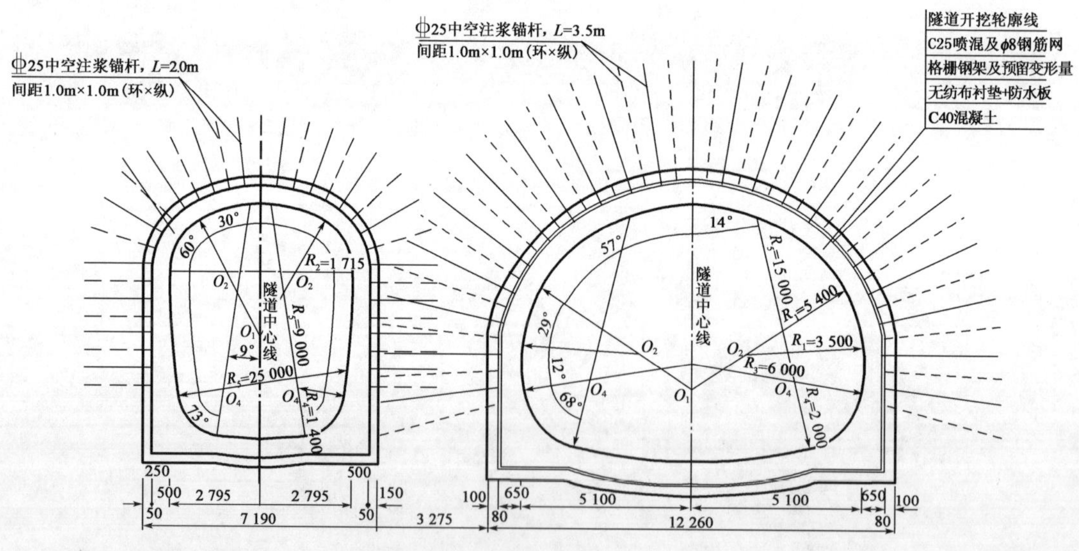

图1　隧道衬砌断面示意图（尺寸单位：mm）

1.2 地质条件

1.2.1 地形地貌

拟建轨道交通环线渝鲁路站原始地貌为构造剥蚀浅丘地貌。由于地处城市区域，人类工程活动对地形和地貌都有一定的改变，部分地面被建筑物所覆盖。沿线地面高程236～250m，高差约14m，场地整体地势平坦，地形宏观坡角一般1°～3°。

1.2.2 地层岩性

勘察区出露的岩层为一套强氧化环境下的河湖相碎屑岩沉积建造。由砂岩～砂质泥岩不等厚的正向沉积韵律层组成。以紫红色砂质泥岩为主，夹浅灰色、灰白色薄层至中厚状砂岩。出露的地层由上而下依次可分为第四系全新统填土层(Q_4^{ml})、残坡积层(Q_4^{el+dl})和侏罗系中统沙溪庙组(J_{2s})沉积岩层。各层岩土特征分述如下：

(1)第四系全新统(Q_4)

填土层(Q_4^{ml})：杂色，由粘性土以及砂、泥岩块石碎石等组成，局部含少量生活垃圾入建筑垃圾。碎石块石粒径20～300mm，局部400～600mm，骨架颗粒含量30%～50%，结构松散～稍密～中密，稍湿，堆积时间4～7年不等，厚度0.50～18.50m，分布于整个场区地表，位于道路区域内填土上部碾压，其余地段多为抛填，均匀性差。

残坡积层(Q_4^{el+dl})：粉质粘土，褐色，可塑，稍有光滑，摇震反应无，干强度中等，残坡积成因。厚度0.00～3.10m，该层零星分布于场地内。

(2)侏罗系中统沙溪庙组(J_{2s})

砂质泥岩：以紫褐色，紫红色为主，局部呈浅灰绿色，粉砂泥质结构，中厚层状构造。表层强风化带一般厚度1.00～2.00m，强风化岩心呈碎块状，风化裂隙发育；中风化岩心呈柱状、长柱状，岩体较完整，整个区间场地内均有分布。属极软岩～软岩，岩体基本质量等级为Ⅳ。

砂岩：浅灰色、灰白色，细～中粒结构，中厚层状构造，泥钙质胶结。主要矿物成分有：石英、长石等。砂岩强风化层厚度1.00～1.50m，强风化岩心多呈碎块状、短柱状；中风化岩心呈柱状、长柱状，岩体较完整。属较软岩～较硬岩，岩体基本质量等级为Ⅳ。

1.3 地质评价(小净距隧道段)

1.3.1 单洞单线段

该段采用钻爆法施工，洞跨6.70m，洞高6.70m，隧道埋深23.10～25.40m，隧顶中等风化基岩厚19.40～23.50m。隧道围岩主要为砂质泥岩和砂岩，岩体较完整，砂质泥岩为软岩，砂岩为较软岩。地下水为基岩裂隙水，地下水状态为Ⅰ级，考虑地下水状态，围岩级别按Ⅳ级考虑。隧顶中等风化基岩厚度大于2.5倍围岩压力拱高度(15.62m)，为深埋隧道。

1.3.2 单洞双线段

该段采用钻爆法施工，洞跨12.36m，洞高9.66m，隧道埋深16.90～22.50m，隧顶中等风化基岩厚15.65～17.10m。隧道围岩洞顶段主要为砂岩，为较软岩；洞身段主要为砂质泥岩，为软岩，岩体较完整。地下水为基岩裂隙水，地下水状态为Ⅰ级，考虑地下水状态，围岩级别按Ⅳ级考虑。隧顶中等风化基岩厚度大于2.5倍围岩压力拱高度(15.62m)，为深埋隧道。

2 小净距段隧道施工顺序

根据工程实际及隧道高度和跨度，综合考虑安全、工期、造价等因素，左侧隧道(小洞)采用上下台阶法开挖，右侧隧道(大洞)采用CD法开挖。隧道开挖分为以下两种典型工况。

(1)小洞先行

开挖方案1:小洞采用台阶法施工,大洞采用CD法施工。其中大洞先开挖靠近小洞侧导洞,然后开挖远离小洞侧导洞(图2)。

开挖方案2:小洞采用台阶法施工,大洞采用CD法施工。其中大洞先开挖远离小洞侧导洞,然后开挖靠近小洞侧导洞(图3)。

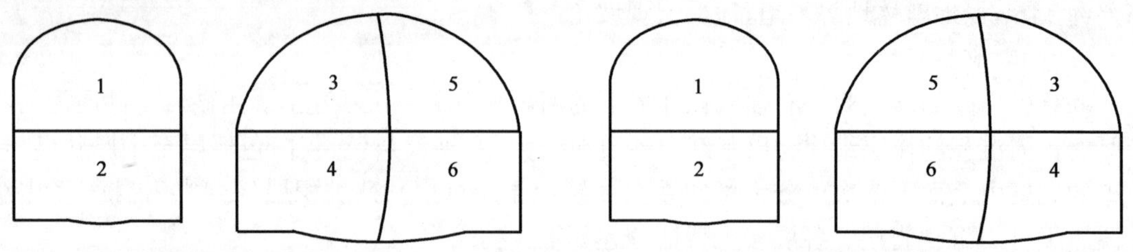

图2 开挖方案一　　　　图3 开挖方案二

(2)大洞先行

开挖方案3:大洞采用CD法施工,先开挖靠近小洞侧导洞,然后开挖远离小洞侧导洞,最后台阶法施工小洞(图4)。

开挖方案4:大洞采用CD法施工,先开挖远离小洞侧导洞,然后开挖靠近小洞侧导洞,最后台阶法施工小洞(图5)。

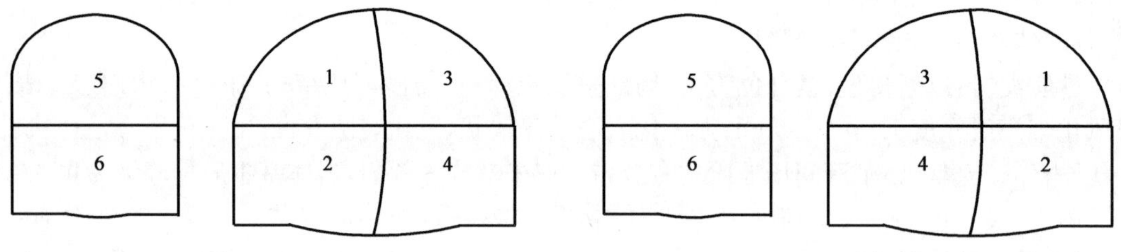

图4 开挖方案三　　　　图5 开挖方案四

3 施工过程数值模拟分析

现对四种典型的开挖步序进行数值模拟分析。有限元分析模型采用MIDAS GTS2.6软件进行。根据新奥法的施工原理,二次衬砌作为强度储备,在本次计算中未考虑二次衬砌的影响,初期支护采用梁单元模拟。为了减小边界效应的影响,两侧及底部取两倍开挖轮廓外土体,顶部取至地面。模型侧面和底面为位移边界,侧面限制水平移动,底部限制垂直移动。计算参数见表1。

计 算 参 数 　表1

材料	弹性模量 E(MPa)	泊松比 ν	重度 γ(kN/m^3)	粘聚力 c(MPa)	内摩擦角 φ(°)
素填土	10	0.45	20	5	28
粉质粘土	17	0.4	20	22	10
砂质泥岩	1 193	0.36	25.6	585	32.4
砂岩	3 305	0.13	24.9	1 527	41.4
C25喷射混凝土	2.8×10^4	0.2	25	—	—
ϕ22砂浆锚杆	2.0×10^5	0.3	—	—	—
ϕ25中空注浆锚杆	2.0×10^5	0.3	—	—	—

通过计算分析，四种开挖方案在隧道开挖施工，最后临时支撑均拆除后，隧道拱顶沉降最大值见表2。

拱顶最大沉降值(单位:mm) 表2

方案	步骤1	步骤2	步骤3	步骤4	步骤5	步骤6
方案一	2.18	2.32	3.62	4.19	4.64	4.60
方案二	2.18	2.32	2.57	2.68	3.34	3.91
方案三	2.56	2.99	3.44	3.83	4.17	4.47
方案四	1.39	1.68	2.36	2.80	3.52	3.75

隧道是开挖施工中，会引起地面一定范围内土体的沉降。本工程四个开挖方案中，每一个施工步骤引起的，地面沉降值见表3。

地面沉降值(单位:mm) 表3

方案	方案一	方案二	方案三	方案四
地面最大沉降值	3.35	2.67	3.32	2.69

从以上四种开挖方案可以看出，不同的开挖工序对隧道的拱顶沉降、土体变形分布以及地面沉降有较大的区别。

4 结语

本工程非对称小净距隧道均为深埋隧道，施工期间对地面沉降的影响较浅埋暗挖小，但需要指出的是，对于类似的工程，必须考虑开挖引起的支护力学行为特征和围岩稳定性的变化。经过上述分析，可以得出以下结论与建议。

(1)小净距隧道先行洞施工与普通单洞相同，受力情况较为简单，但后行洞开挖施工时，隧道周围及中间夹岩体围岩将产生复杂的应力重分布。后行洞的施工将使先行洞周围围岩松弛或松弛范围扩大，隧道支护结构及周边围岩向临空面拉伸，使支护结构的荷载增加。

(2)非对称小净距隧道必须重视隧道施工的前后顺序，虽然本文几种开挖方案引起的地面沉降值相差均为毫米级，表面上看不出对工程造成的实质性影响，但事实上，所做模拟分析的关键是看沉降及整个土体的变形趋势。从分析结果可以看出，先开挖小断面隧道对围岩稳定及地面沉降产生的影响最小。

(3)小净距隧道施工时，建议加强对岩体位移、围岩压力、喷射混凝土及钢架应变等量测，以了解隧道开挖及支护过程中岩体松动情况、围岩压力变化规律和支护结构的稳定性等，为施工方法的合理性进行验证。

参考文献

[1] 谢卓雄，等. 小净距隧道围岩应力分布规律及稳定性研究[C]//地下铁道新技术文集. 成都：西南交通大学出版社，2003，563-566.

[2] 姚勇，等. 小净距隧道在不同开挖方式下的力学效应分析[J]. 西南科技大学学报，2005，20(2)：53-56.

[3] 吴焕通. 小间距地铁隧道施工工序模拟分析[J]. 现代隧道技术，2002，39(5)：32-35.

[4] 胡元芳. 小间距城市双线隧道围岩稳定性分析[J]. 岩石力学与工程学报，2002，21(9)：1335-1338.

临县隧道出口段隧底病害及整治

程志民[1]　王仲锦[2]　程远水[2]　付兵先[2]　马伟斌[2]　骆文海[2]

（1.晋豫鲁铁路隧道公司　2.中国铁道科学研究院铁道建筑研究所）

摘　要　山西中南通道铁路临县隧道出口段在隧底结构基本施工完后（充填混凝土的面层有部分未灌筑），表面出现纵向开裂现象。通过对该隧道基底病害地段进行一系列踏勘、物探、钻孔取样试验、数值计算进行病害成因分析，研究提出采用钢花管桩整治措施，并在实际中应用。

关键词　隧底病害　整治　钢花管桩

1　临县隧道隧底病害概况

临县隧道位于山西临县境内，全长 10 632m，隧道最大埋深约为 195m，最小埋深约为 7.2m，设计为双线隧道。

2012 年 5 月，隧道主体结构基本完成后，在 2 号斜井工区、3 号斜井工区、4 号斜井工区、出口工区均存在不同程度的仰拱开裂现象，开裂段长度约 2 900m。

考虑地质勘探等工作对施工的影响，选择临县隧道出口段 400m 对隧底混凝土和围岩进行地质雷达检测、3 个钻孔和取样检测、隧道隧底裂缝变形的调查、4 个观测断面（右水沟边、隧道中线、左水沟边、拱顶设水准观测点以及裂缝变形观测点）变形观测、隧道基底室内混凝土强度试验、室内岩土物理力学试验，并埋设 2 个孔隙水压力传感器。

2　临县隧道出口段隧底裂缝病害探查

2.1　隧底裂缝宏观调查

调查发现，隧底裂缝开裂严重，裂缝多分布在离左边墙 1.5m 和离右边墙 2.1m 之间，裂缝宽度大多为 1cm，长度在 5～10m 之间。其中 DK60＋588～DK60＋611 段距左边墙 2.5m 处纵向裂缝严重：长 30m、宽 1cm。有些断面达 3 条裂缝，整个变形段长 424 m。

2.2　隧底钻孔探查

(1)DK60＋744 处钻孔

孔深 7.4m，0～1.7m 为混凝土，其中，25cm 为喷射混凝土；下边 1.7～3.6m 为黄色粉粘土；3.6～4.9m 为棕红色粘土；4.9～7.4m 为黄色粉粘土。同时，在现场实测不同深度的含水率和干密度，可看出上部密度低，围岩已松弛变形。

(2)DK60＋890 处钻孔

钻孔深 2.8m，0～1.35m 为混凝土，下边 1.35～1.7m 为黄色粉粘土，1.7～1.9m 含砂；1.9～2.8m 为褐色粉粘土，其中含有大量姜石。

2.3　隧底混凝土钻探以及强度试验

从钻孔取出的岩样看，仰拱和填充层没有明显界限，基本为一次浇筑。共作混凝土强度试验 27 个。

(1)DK60＋744，混凝土厚 170cm，其中，25cm 为喷射混凝土，仰拱和填充层厚度为 145cm，大于 129.2 cm(设计厚度)，此处混凝土厚度满足设计要求。做 9 个混凝土强度试验，最大 59.9 MPa，最小 30.5 MPa，平均 44.5 MPa，达到设计要求。喷射混凝土强度平均 14.9MPa。

(2)DK60＋646，混凝土厚度 140cm，大于 129.2 cm，此处混凝土厚度满足设计要求。做 5 个混凝土强度试验，最大 44MPa，最小 32.3MPa，平均 38.3MPa，达到设计要求。

(3)DK60＋890，混凝土厚度 135cm，大于 129.2 cm，此处混凝土厚度满足设计要求。进行 5 个混凝土强度试验，最大 53.7MPa，最小 35.1MPa，平均 42.6MPa，达到设计要求。

2.4 隧底混凝土雷达探测

纵向测线布置为沿隧道线路中线、左线中线及右线中线，同时，在线路横向也布置了若干测线，共设计 10 条测线，测线总长约 1 256m。

探测表明，隧道检测区段内部分地段仰拱或仰拱下部围岩内存在不密实、沉降等病害异常情况，有 314m，占 78.5%。另外，检测过程中，仰拱上表面普遍存在积水现象，雷达检测结果显示其下部围岩内也普遍存在含水较大现象，含水较大，加之，此隧道内围岩大部分为黄色粉粘土，极易发生变形，从而导致仰拱开裂等病害。

2.5 隧道基底地下水探查及分析

出口段隧底顶面多处有由裂缝渗出的积水。在施工中为了减少隧底顶面集水，便于施工，在这段隧底挖了几个集水井，用水泵排出地下水。由此可见，隧底地下水丰富，是引起隧底结构开裂的主要原因。

(1)地下水压力对隧底结构的作用。地下水压力作用在仰拱上，产生隧底结构向上突出的弯矩，可使隧底填充层开裂。

(2)地下水对隧底围岩的作用。当隧道开挖后，隧底土体卸荷松弛，而水加快了松弛，对于膨胀性土遇水是最严重的；此外对于膨胀性粉粘土遇水，还会造成松土清理不完，使隧底围岩抗力系数降低，也会造成隧底结构产生向上突出的弯矩而开裂。

2.6 隧道复合衬砌仰拱受力的数值计算

计算选用有代表性的隧道处于Ⅳ围岩的情况。主要研究边墙与仰拱不同连接方式(刚结、铰接)及隧底有水压对仰拱受力的影响。计算采用“荷载—结构”模型计算衬砌结构的内力状态。计算中，衬砌采用梁单元模拟，而围岩与衬砌的相互作用采用“无拉链杆”模拟。

隧道边墙与仰拱不同连接方式(刚结、铰接)的计算表明：当边墙与仰拱刚性连接时，由于衬砌在该处刚度较大，墙脚轴力及剪力较铰接时大，这对仰拱承受隧底基岩反力有利；当边墙与仰拱铰接连接时，仰拱顶正弯矩较刚性连接时大，这对仰拱承受隧底基岩反力相对不利。因此，在铰接情况下，仰拱内侧受拉，最大拉应力为 1.07MPa。而刚结时仰拱外侧受拉，最大拉应力 0.54 MPa。这说明在隧道施工中，由于仰拱与边墙分部施工，导致仰拱与边墙形成铰接，从而增大了基底仰拱内侧的拉应力，易引起仰拱内侧开裂。

基底有无水压力对仰拱的受力表明：在边墙与仰拱铰接情况下，基底无水压力作用时，仰拱弯矩为 35.74kN·m，随着水压力的增加，基底仰拱弯矩逐渐增大，当水压力为 50kPa 时，基底仰拱弯矩达到 95.17kN·m，这也说明，水压力增大至一定值时，也会导致仰拱内侧受拉开裂。

2.7 隧底设排水井对仰拱受力影响的数值计算分析

研究中，还对隧底是否设排水井及排水井的设计方法对仰拱受力影响进行了数值分析。计算包括不采取排水措施；单侧避车洞设直径 0.6m，深 7.0m 的排水井；双侧避车洞设直径 0.6m，深 7.0m 的排水井；在隧道中线处设直径 0.6m，深 4.0m 的排水井四个方案。

分析表明，双侧设排水井降水压效果最好，仰拱下设排水井次之，单侧设排水井相对较差。三种方案都能较好地达到降水压效果，但具体采用情况，还应根据工程的水文条件、地质条件及病害程度等综合确定。

3 病害原因及加固方案选择

3.1 病害原因分析

(1)该段隧道结构设计按Ⅳ级围岩考虑不合理

地质雷达探测、现场踏勘表明，这段隧底顶面多处有集水由裂缝渗出。为便于施工，在这段隧底挖了几个集水井，用水泵排出地下水，这说明隧底地下水富集。而地质雷达探测表明，该处隧底基岩地下积水严重。据《铁路隧道设计规范》(TB 10003—2005)规定，这种情况，围岩应降至Ⅴ级。当隧道处于Ⅴ级围岩时，隧底结构的隆起和下沉量均较大，仰拱混凝土的拉压应力变化幅度也较大。这导致隧底基岩向上作用力加大。

(2)隧底基岩为膨胀性的粉粘土，其遇水膨胀加大了对仰拱的向上作用力

对隧底围岩取样分析表明，隧底基岩为膨胀性粉粘土，其具有遇水膨胀的特性。在此地基上修筑仰拱和填充层后，当地下水渗入，会产生膨胀力，这两者都可能造成隧底结构产生向上突出的弯矩而开裂。

(3)边墙与仰拱端部若不是刚性连接会对仰拱承受隧底基岩反力不利

数值计算表明，当边墙与仰拱铰接连接时，仰拱顶正弯矩较刚性连接时大，这对仰拱承受隧底基岩反力相对不利。在施工中，由于边墙与仰拱是分别进行的。其连接不好就会出现边墙与仰拱类似铰接的情况。这对仰拱承受基岩向上作用力不利。

(4)隧底基岩地下水的存在是引起病害的主因之一

地下水压力作用在仰拱上，产生隧底结构向上突出的弯矩，导致隧底填充层开裂。对隧底设排水井对仰拱受力影响数值计算表明，降低地下水位至仰拱以下，既可以消除地下水头对仰拱压力，又可以提高基岩的承载力。

3.2 加固方案的选择

对隧道隧底采取排水、加固隧底结构和隧底围岩改性是可行的措施。

(1)钢花管桩与排水方案

该方案使用钢花管桩来加固基底，增加基底的承载能力减小基底的变形，同时采用避车洞定点排水或隧道中部定点排水来降低隧道基底承压水位及水压力的作用。

(2)微型树根桩与避车洞定点排水方案

微型树根桩是一种小直径的钻孔灌注桩，其加固设想是将桩基如同树根一般，在各个方向与土牢固地结合在一起而得名。该方案采用桩长 8m、内插 3 根直径 25mm 螺纹钢筋，施工采用直接成孔，然后放钢筋笼并灌注细石混凝土成桩。

(3)小导管注浆及避车洞定点排水方案

采用长 4.8m、直径 45～50mm、壁厚 3mm 的小钢管。管壁按梅花状分布钻直径 8mm 的孔(相间 15mm)，管间距 50cm 打入隧底基岩。然后采用高压注浆。注浆压力通过现场试

验确定。

注浆可使隧底围岩改性，提高承载力，并起封闭地下水的作用。小导管注浆后可使隧底结构与加固围岩形成整体。

4 钢花管桩与避车洞定点排水方案

4.1 注浆钢花管设计

该方案使用钢花管桩来加固基底增加基底的承载能力，减小基底的变形及列车动荷载作用，同时采用隧道中间排水来降低隧道基底承压水位及水压力的作用。

钢花管桩长度为 8m，钻孔直径为 15cm。钢花管直径为 89mm，壁厚 5mm。横断面上在 4 根钢轨下布置 4 根桩，如图 1 所示。取钢花管的间距为 1.0m，注浆钢花管构造图 2。

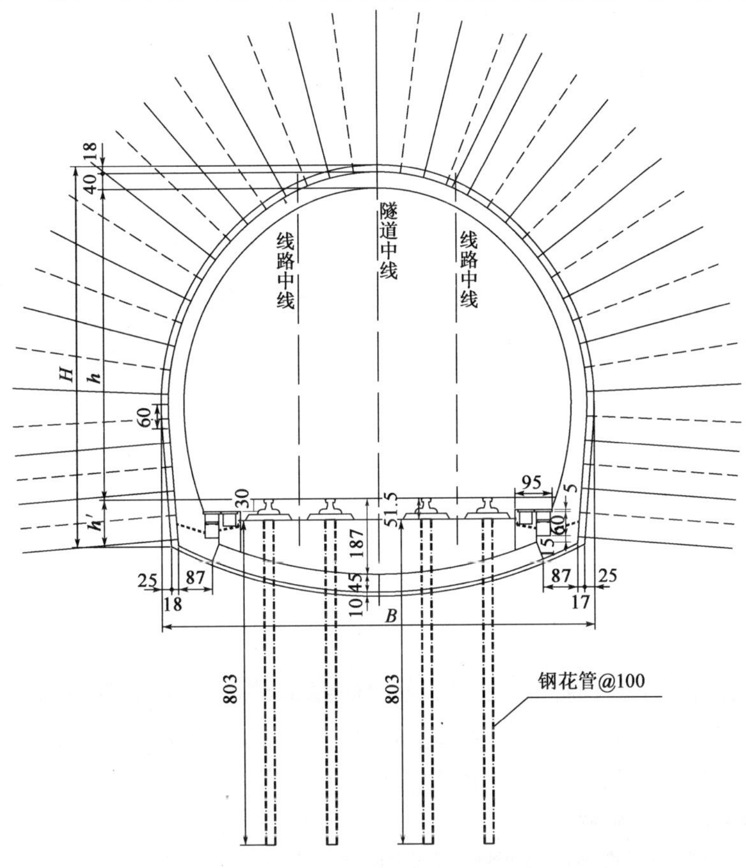

图 1 注浆钢花管加固断面图(尺寸单位:cm)

4.2 填充层顶层内配筋

现隧道填充层表层不平整，为了提高填充层表层和仰拱的整体性，填充层表层作 0.3m 厚度钢筋混凝土，配筋采用 $\phi16$ 光面钢筋，间距(隧道纵、横向均为 15cm)。

4.3 减压排水孔设置

在中线每间隔 5m 设置孔径大于 10cm 的减压排水孔，深 3m，孔中放排水管外包土工织物布反滤，间隔距离 20m 由横向排水管排入水沟内，填充层未完成施工时，将排水管浇筑在填充层内。

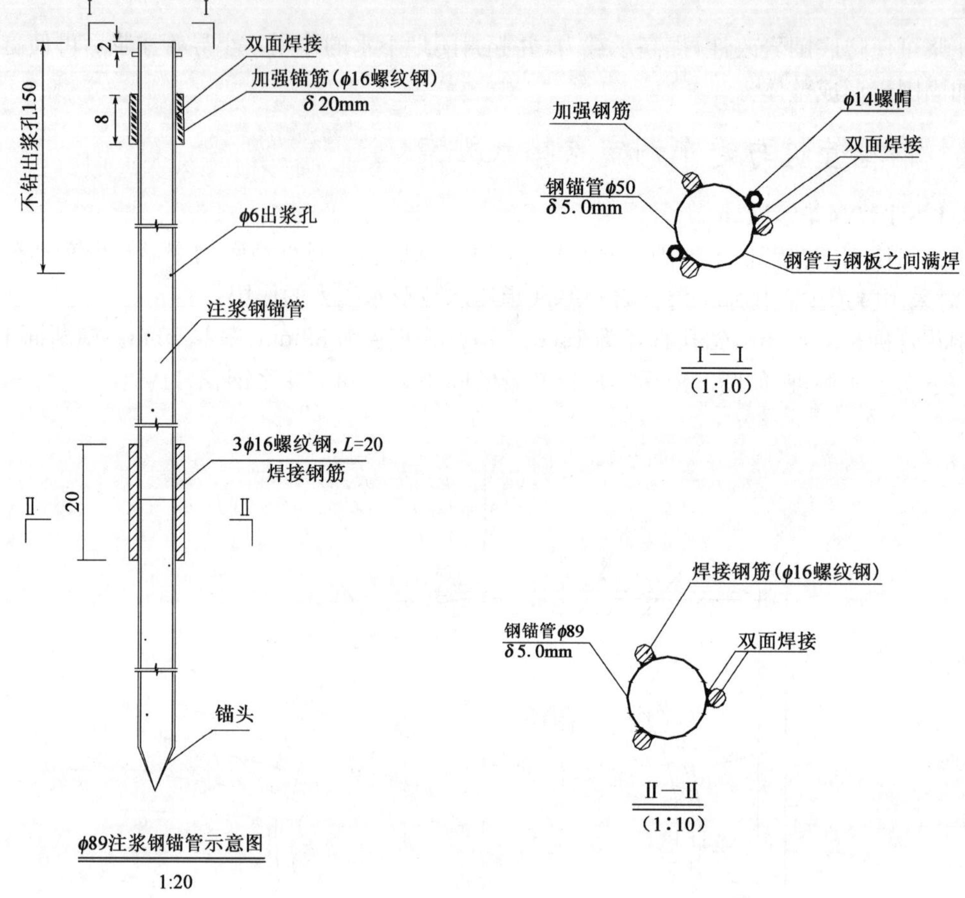

说明：

1.图中尺寸单位除钢筋直径以mm计,其他均以cm计；

2.注浆锚管钢管外径φ89钢管，壁厚5.0mm；

3.钢锚管注浆采用水灰比为0.5~0.7的纯水泥浆，注浆时应适当掺入膨胀剂，以提高注浆效果；

4.除钢锚管孔口以下1.5m范围以外，沿钢锚管长度方向每100cm钻7个φ6mm呈螺旋形布置的注浆孔，注浆采用多次注浆方式进行，灌浆压力控制为0.8~1.0MPa,注浆量为500kg/m；

5.根据工艺要求，紧贴锚杆杆体设置直径22mmPVC的注浆管，一直延伸到孔底；

6.锚头处采用C20混凝土封堵；

7.同一深度处钢管接头数不得超过钢锚管总数的50%。

图2　注浆钢花管构造图

4.4　裂缝修补

对于已经产生的仰拱开裂裂缝需要进行修补封闭，将裂缝凿 40cm 深，宽 20cm，用微膨胀混凝土补强，混凝土强度等级为 C35。

5　整治效果

2013 年对有病害地段进行了钢花管注浆、对裂缝修补、填充层顶部配筋以及隧道中心打孔排水，取得了预期效果。

北京地区不良地质条件下浅埋暗挖法爬坡施工技术

赵智涛[1]　李东海[2]

（1. 北京市轨道交通建设管理有限公司　2. 北京市市政工程研究院）

摘　要　以北京地铁某站暗挖附属结构爬坡施工为例，分析了爬坡施工存在的风险问题，并采取针对性措施，在确保掌子面稳定及周边环境安全的情况下，顺利完成了附属结构的施工，可为同类工程提供经验。

关键词　浅埋暗挖　爬坡施工　超前支护

1　引言

在地铁施工过程中，由于工期紧张，且拆迁难度越来越大，因此，改变了以往附属结构明挖或部分明挖后暗挖进主体的施工顺序，开始出现了爬坡施工。由于爬坡施工超前小导管打设效果差或无法打设，且台阶和核心土留设困难，一直未采用。目前，在 6 号线一期、7 号线建设中正在逐步采用。

2　工程概况

北京地铁 7 号线某站位于交叉路口处。其中，4 号出入口位于车站西端南侧，城市主干道南侧，部分横通道下穿主干道南侧辅道。暗挖结构从站厅层向外施工。由于是从车站向外开挖，所以有两段为爬坡施工，如图 1 所示。爬坡段 1、2 爬坡角度分别为 23.2°和 26.6°。爬坡段 1 开挖面净高 9.65m，覆土厚 13.4～8.3m。爬坡段 2 开挖面净高 10.2m，覆土厚 4.3～3.7m。

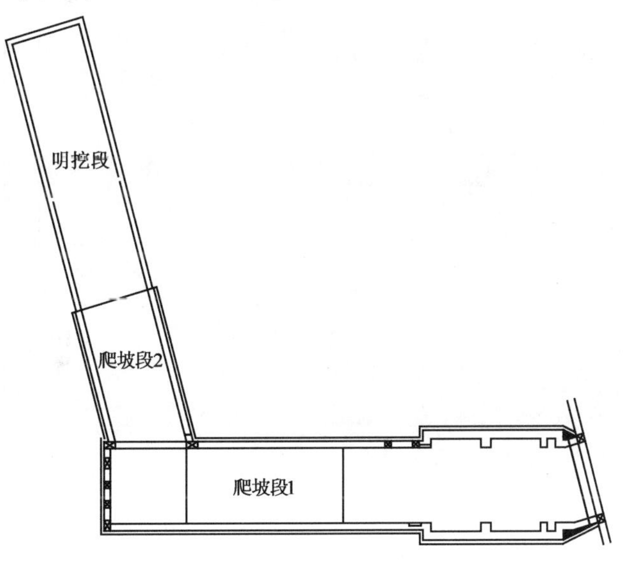

图 1　出入口平面图

出入口范围土层自上至下划分依次为杂填土、粉细砂、粉土、粉细砂。出入口上层断面全部位于粉细砂层，第二层断面位于砂质粉土及粉细砂层交界部位。掌子面地层稳定性较差。

3　施工风险分析

爬坡段覆土浅，尤其爬坡段2覆土4.3～3.7m，即使采用交叉中隔壁法（CRD），导洞洞径为3m，覆土厚度与导洞直径比不足1.5，沉降控制较难。因覆土浅，注浆压能力控制困难，稍有不慎地表易严重隆起或冒浆。

在粉细砂层施工超前小导管，可有效控制拱顶坍塌。2m长的小导管支护长度范围为1.28～1.44m，如图2a）～d）所示。在爬坡22°施工时，其有效支护长度减少为0.98m，减少为原长度的68%～77%，如图2e）所示。爬坡角度大于22°时，超前小导管无法打设。在粉细砂层施工时，若超前小导管注浆加固效果不佳时，常出现小坍塌，因此，在爬坡施工中，采用此方法风险较大，当角度大于22°时，则无法施工。因此，在4号出入口施工时拟采用深孔注浆加固拱部地层。

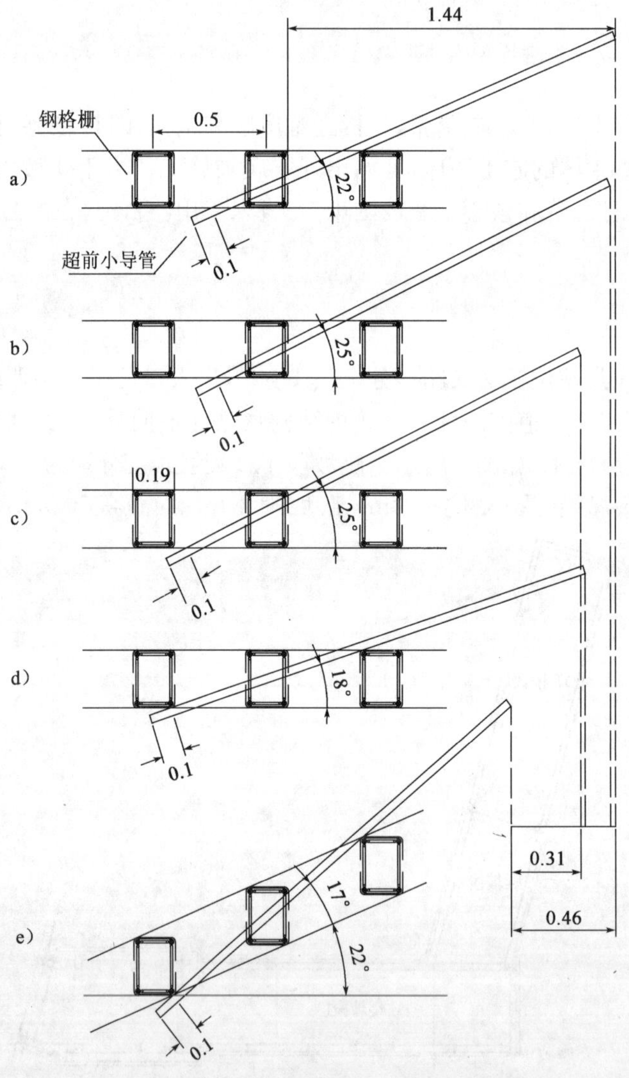

图2　超前小导管打设示意图（尺寸单位：m）

爬坡过程中台阶及核心土留设困难，将使得掌子面前方土体扰动范围增大，其稳定性将明显下降。在此情况下，深孔注浆加固效果必须严格控制。

4 施工措施

4.1 交叉中隔壁法开挖

采用6导洞中隔壁法施工，以减少地层扰动，导洞高度为3m（小于覆土层厚度）。施工步序如图3所示。初支采用C20喷射混凝土，全断面支护。格栅钢架全环设置，纵向间距为500mm，格栅未落脚处每侧打设两根2m锁脚锚杆（DN25水煤气管）。钢筋网纵向、环向均用ϕ6.5钢筋，构成150mm×150mm网格，内外侧双层，全环设置。纵向每榀格栅之间用ϕ22的钢筋连接，间距1.0m，内外层交错布置。

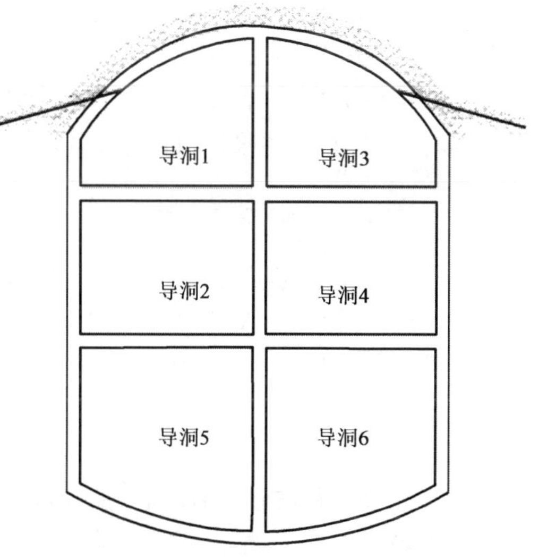

图3 初期支护施工步序图

由于覆土浅，在施工过程中除严格按十八字方针执行外，还要严格控制地表超载。

4.2 深孔注浆

由于爬坡角度大于22°，不能采用超前小导管注浆加固地层，因此，选择深孔注浆作为超前支护措施。具体如下：

（1）在开挖轮廓线外1.5m至内0.5m间（A区）范围内，采用深孔注浆进行超前支护，开挖轮廓线内0.5～1.0m间（B区），采用深孔注浆进行土体加固，如图4a）所示，B区的填充系数为A区的50%，同时应保证加固的连续均匀。

（2）深孔注浆前需要在上台阶核心土范围外的掌子面设置止浆墙，厚度300mm，采用C20喷射混凝土，并设单层ϕ6.5钢筋@150mm×150mm钢筋网，如图4b）所示。

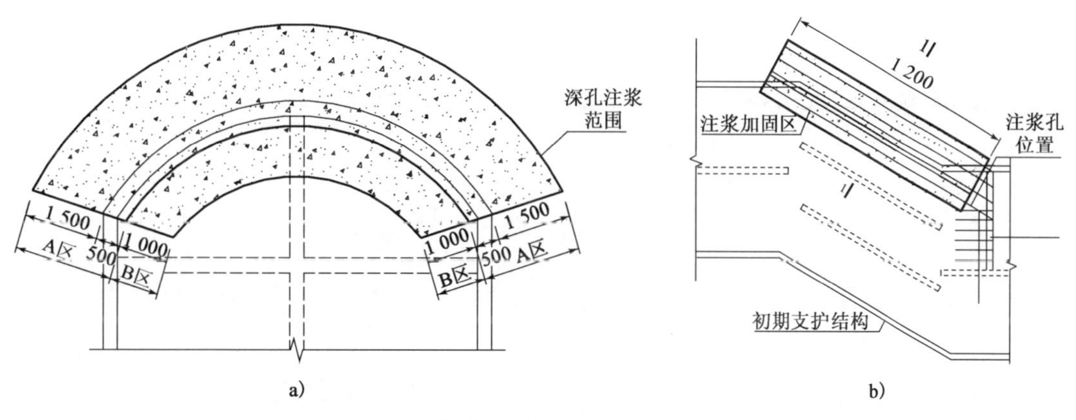

图4 深孔注浆示意图（尺寸单位：mm）

a）深孔注浆横断面示意图；b）爬坡段深孔注浆纵断面示意图

（3）采用WSS注浆工艺，前进式成孔、后退式注浆，注浆压力控制在0.8～1.0MPa之间，扩散半径0.5m。浆液采用水泥—水玻璃双液浆，并可根据地层条件添加调节浆液凝结时间和可注性的外加剂。

在开挖过程中，深孔注浆局部未到达的部位，应及时辅以小导管超强注浆进行加固处理。

4.3 初期支护背后回填注浆

为控制地表沉降及初支渗水，进行初期支护背后回填注浆。

(1)回填注浆管的布置。回填注浆管沿着纵向拱部布置，环向间距2m；纵向间距3m，梅花形布置；注浆管长度0.8m，注浆管采用DN32钢管制作，一端加工成圆锥形。注浆管采用预埋法，将注浆管固定在钢拱架上，随钢拱架一起喷射混凝土时将注浆管固定。

(2)注浆参数。注浆终压0.5MPa，浆液扩散半径为1.5m，注浆速度不大于50L/min。

(3)注浆结束标准。单孔结束标准：注浆压力逐渐增大，注浆量逐渐减少，当注浆压力达到0.5MPa后持荷3min，即可结束注浆。

全段结束标准：所有注浆孔都按标准结束注浆，隧道内无明显的漏水点。

(4)注浆材料。注浆材料使用P.O 42.5的普通硅酸盐水泥浆液，水灰比1:1。

5 施工控制及效果

初期支护施工完毕后，地表沉降范围在25～40mm之间。既要保证注浆效果又要防止地表明显隆起，注浆压力及注浆量控制需积累经验。为了取得合理注浆参数可以对循环注浆进行针对性监测，可尽快适应地层，确保安全。

6 结语

在粉细砂层爬坡施工时，为了避免浅覆土及超前小导管无法打设或打设效果差的缺陷，采用交叉中隔壁法施工，辅以深孔注浆，可确保开挖面的稳定性。但由于覆土浅为保证地层不出现过量隆起，尤其在有管线的情况下，还要减少管线的反复隆沉，因此，采取针对性监测，可帮助尽快掌握注浆参数，保证洞内施工及周边环境安全。

参考文献

[1] 李君.盾构开挖面稳定性理论分析与试验研究[D].浙江：浙江大学，2010.

[2] 雷明锋，彭丽敏，施成华，赵丹.迎坡条件下盾构隧道开挖面极限支护力计算与分析[J].岩土工程学报，2012，32(3)：488-492.

[3] 张蓓，王建鹏，王复明，董新平.隧道超前小导管对掌子面稳定性影响分析[J].郑州大学学报(工学版)，2009，30(4)：30-34.

七、施工机具与工程材料

YGL-C150 多功能液压钻机的研制与应用

朱国平　何有强　王占丑　王德龙

（无锡金帆钻凿设备股份有限公司）

摘　要　多功能钻机主要应用于特殊复杂地层的钻孔，也可用于常规地层的钻孔，配套专用的取样钻具后，还可以实现绳索取芯取样，使钻机的应用范围得到极大的扩展。

关键词　多功能钻机　跟管钻进　绳索取芯

目前在工程施工中采用的钻机大多功能比较单一，在松散覆盖地层、卵砾石层、基岩破碎地层中钻进成孔困难，在钻进过程中容易发生塌孔、埋钻、孔斜大等，导致钻孔效率低，成本高；且常规工程钻机无法进行工程地质勘查取样钻进，也限制了钻机的应用领域和利用效率。随着岩土工程施工技术的快速进步和发展，针对不同施工区域岩层特性而采取的施工工艺技术方法已经得到了长足的发展和应用，以往常规的锚固钻机已经不能满足实现多工艺施工工艺需要。因此，需要研制开发多功能钻机来满足多施工工艺技术的应用，同时实现一机多用途，可以大幅提高设备的使用效率，降低投资成本。

无锡金帆研制的 YGL-C150 多功能钻机，特别配置了德国克虏伯液压冲击动力头和公司研制的常规液压动力头，两种动力头可根据不同施工工艺的需要方便快速互换，使钻机对各种施工工艺的适应性能得到极大扩展，从而达到增加钻机的使用范围的目的。

1　钻机概况

1.1　钻机结构

YGL-C150 整体结构图如图 1 所示。

1.2　钻机主要特点

(1)钻机动力头采用液压冲击动力头和潜孔锤动力头两种配置方式，可方便进行互换；拓展了适用范围。

(2)适用多种钻进工艺方法，能有效解决在松散覆盖地层、卵砾石层、破碎地层以及淤泥和砂层中钻进时的成孔困难问题。

(3)钻孔施工范围大，可实现多角度、多方位钻孔。

(4)钻进岩石、卵砾石和土夹石地层时，不需要空压机，无粉尘污染。

(5)特有的套管钻进工艺，可在复杂地层成孔钻进和钻孔取样。

(6)钻机配置钻杆拧卸机构，机械化拧卸钻杆，降低了劳动强度。

(7)经优化设计的钻机液压系统稳定、可靠，使用寿命长。

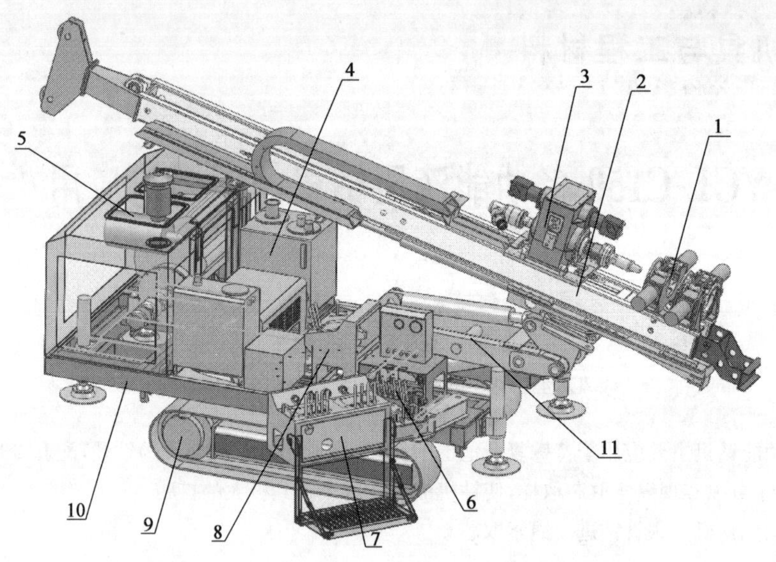

图1　YGL-C150多功能液压冲击钻机结构总图

1-孔口装置;2-桅杆;3-冲击动力头;3A-大通孔动力头;4-液压油箱;5-动力系统;6-定位操作柜;7-工作操作柜;8-移机操作柜;9-履带地盘;10-平台总成;11-平动与托架机构

2　典型施工工艺应用

2.1　顶驱式跟管冲击钻进

将钻杆和套管同时与动力头相连,通过动力头的冲击和旋转,带动内外钻杆同时冲击和旋转。内钻头直径能通过外套管内孔并超前外套管位于前端,钻孔时内钻头超前,再有套管钻头将孔扩至要求的直径。钻进过程采用清水或泥浆循环排渣。该种施工工艺主要适用于复杂地层的钻孔施工,其特点是钻进成孔与护孔同时完成,钻进效率高;不需要配置空压机,钻孔成本低;适用于深度在50m以下的钻孔施工。

YGL-C150多功能冲击钻机配置的钻具规格如表1所示。

钻具配置规格　　表1

参数	钻杆(mm)	套管(mm)	内钻头(mm)	外钻头(mm)
优先配置	ϕ76×2 000	ϕ140×2 000	ϕ115	ϕ160/ϕ120
选配钻具	ϕ76×2 000	ϕ127×2 000	ϕ102	ϕ155/ϕ105

2.2　工程勘察取样钻进

YGL-C150多功能钻机可根据不同地质条件配套使用专用取样钻具进行工程勘察取样,真正实现了钻机的一机多用途。尤其在复杂地层的取样钻进中,采用专用绳索取芯取样钻具,可取得比常规工程勘察钻机的钻进效率和取样质量更高的效果。

绳索取芯钻进取样技术已经在地质矿产勘查中得到广泛应用,其优点是取样钻进过程中不需要提钻,而是通过绳索从钻杆内孔中打捞岩样,为此,该取样工艺方法具有速度快,效率高,钻孔稳定性好的特点。根据钻机的上述跟管钻进工艺功能,为YGL-C150钻机配套了专用的绳索取芯钻具SS140-S-00,见图2。其钻进取样过程为:在钻进过程中,将绳索取芯内管总成放入外钻杆内,取芯钻具同外钻杆一起冲击旋转钻进,达到取样长度后,用打捞器将绳索取芯内管总成打捞出来,取出其中的样品;重新放入内管总成后,加接外钻杆继续钻进,索取芯钻进过程中，外钻杆同时起到了保护钻孔孔壁的作用，当用于复杂地层的钻进取样不仅取样速度快，取样率高，而且样品的正确性得到可靠保证。

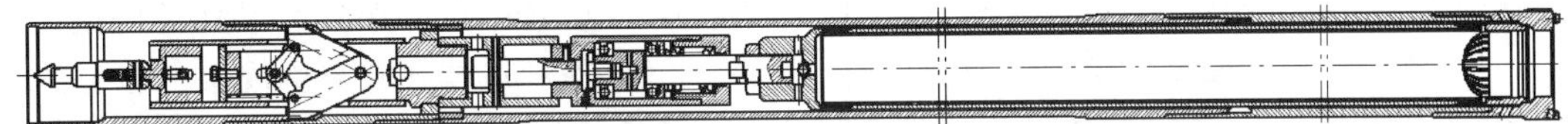

图 2　绳索取芯钻具

2.3　常规回转钻进

YGL-C150 多功能钻机可选配常规回转钻进的动力头，当在钻进地层变化需要工艺转换时可实现快速更换，选配的常规回转钻进动力头调试范围大，更适合于进行风动潜孔锤钻进、螺旋钻进、金刚石及合金回转取样钻进，使钻机的应用范围得到更大扩展。

3　工程应用

3.1　复杂地层跟管钻进

YGL-C150 多功能钻机在安徽宣城碧桂园项目工地进行抗浮锚杆施工。抗浮锚杆设计孔深为 10～20m，钻孔孔径 ϕ160mm，锚杆主筋为 3ϕ25 钢筋，设计要求抗浮锚杆进入强风化不少于 8m，进入中风化不少于 4m；施工地层上部 6～12m 为粉质粘土和卵砾石夹层的复杂地层，裂隙发育，卵砾石最大直径为 120mm；采用 YGL-C150 多功能钻机跟管钻进工艺，共完成工作量 30 080m，平均施工时效大于 5m/h。

采用同样的施工方法，在江西宜春进行高压旋喷引导孔施工，平均钻孔深度为 20m，在砂砾石层钻进平均时效大于 20m/h。

3.2　绳索取芯钻进

图 3 为 YGL-C150 多功能钻机在大连某填海造地项目进行绳索取芯钻进所取样品。以往采用工程勘察钻机进行填海工程的工程地质勘察时，由于常规工程勘察钻机不能进行跟管钻进，对于上部填方层的钻进会遇到较大的困难，不仅钻进效率和取样率低，样品还容易混层，保真性差。YGL-C150 多功能钻机采用跟管绳索取芯钻进所取样品可见从海底浅层到深层的过渡，从刚开始的含有植被的淤泥到海底细沙，然后再到海底淤泥（红泥），到海底基岩（弱风化），都可以很清楚明白的从所取岩样中分辨出来，从地层变化的分层到样品的保真都得到了可靠的保证。由于实现了钻进护孔与取样同时完成，具有较高的钻进效率。

图 3　海底淤泥样品

3.3　风动潜孔锤钻进

YGL-C150 多功能钻机在更换了配套的常规动力头后，可进行风动潜孔锤钻进。此种工艺方法主要适合于完整基岩和钻孔深度大于 50m 时的工程施工。从而弥补了顶部冲击式钻进工艺在完整基岩和较深孔钻进时效率低的不足，拓展了钻机的使用范围。

3.4 自钻式锚杆钻进

自钻式锚杆已经在边坡加固、隧道软弱围岩加固及塌方抢险等工程领域得到了广泛的应用。YGL-C150多功能钻机动力头具有的冲击回转功能，能完成对各种类型规格的自钻式锚杆进行高效快速施工，平均钻进速度大于10m/h，钻机具备的变幅回转机构能满足各种方位角的自钻式锚杆工程施工。图4为边坡加固自钻式锚杆施工。

图4 边坡自钻式锚杆施工

4 结语

随着岩土锚固工程技术的快速发展，各种新工艺方法也在锚固工程施工中得以广泛采用，对提高锚固工程施工质量和效率起到了积极的推动作用。YGL-C150多功能钻机为新工艺方法的应用提供了更多技术手段，对钻机功能的扩展设计，更能体现出钻机的一机多用途，对降低投资成本和工程施工中钻进工艺方法的快速转换提供了较为便利的方法手段。

参考文献

[1] 武汉地质学院，等．钻探工艺学[M]．北京：地质出版社，1980.

[2] 程良奎，等．岩土锚固工程技术的应用与发展[M]．北京：万国学术出版社，1996.

[3] 闫莫明，等．岩土锚固技术手册[M]．北京：人民交通出版社，2004.

[4] 武孟元．绳索取芯钻探施工技术[C]//第八次水利水电地基与基础工程学术会议论文集.

新型扩端锚杆钻具扩刀优化设计计算

王 鹤[1] 罗 强[2] 李粮纲[1] 王 振[1]

(1.中国地质大学工程学院 2.无锡金帆钻凿设备有限公司)

摘 要 端部扩大型锚杆具有较大的锚固力。然而锚杆扩端钻具的设计和应用还存在许多问题。本文针对新型锚杆钻具(国家专利证号:ZL201320560674.8)在岩层条件下碎岩的力学性状进行了分析,推导出钻头滑动式扩刀的最优倾角计算公式,并得出常见岩石条件下的最优倾角值,为岩锚扩孔钻头达到最优扩孔钻进效果提供理论依据。

关键词 扩端锚杆 扩孔滑刀 优化 切削角

1 引言

在锚杆基本参数和地层条件不变的前提下,通常采用高压注浆工艺和扩大端部锚固段的方法来提高单根锚杆的锚固力。高压注浆工艺是应用液压局部破裂岩土体,使高压浆液渗透、挤压和扩散,从而形成不规则的水泥浆镶嵌体,达到提高原状土体力学强度、增加锚固体表面摩阻力或粘结力,增大钻孔的径向约束力的目的,进而起到提高土层锚杆锚固力的作用。高压灌浆方法主要用于松软土层及淤泥、淤泥质土层,但不适用于岩层。扩大头锚杆通过加大局部锚杆的直径,一方面增大了锚固体与土层的接触面积,从而增大锚固体和土体间的粘结力并提高锚固力,更重要的是锚杆的局部扩径(例如多段扩孔锥型和端部扩大头型锚杆)改变了普通锚杆锚固力的产生方式,在未扩孔段与扩孔段的交界处形成了一个"台阶",使得土体能提供给扩大头环形部分或扩孔锥侧面一定的支承作用,因而这类锚杆也称为承压型锚杆,它具有较大的锚固力。然而锚杆扩端钻具的设计和应用还存在许多问题,特别是在岩层锚杆扩端钻具的工作性能和使用寿命等方面都有待进一步改进和提高[1-4]。无锡金帆钻凿设备有限公司与中国地质大学(武汉)合作,研制出一种新型的岩层锚杆扩孔钻具,并申请了国家实用新型专利。针对这种新型锚杆钻具进行优化设计计算,以期为锚杆钻具的制造和使用提供理论支撑。

2 新型岩锚扩底钻具工作原理与力学分析

一般研制的适用于土层(含少量砾石)扩底钻头,多采用以离心力、弹簧弹力或者液压力为驱动力的扩孔刀翼来扩大孔底[5-6],当遇到岩层扩孔时,由于强度问题,一般刀翼式设计就不能满足要求。

而新型锚杆扩底机具的钻头设计采用了滑刀式(图 1),扩刀强度满足破碎岩石的要求,而且这种钻具结构简单,实用可靠。当需要扩孔作业时,把扩底机具下放至孔底,启动潜孔冲击器同时增加钻压,利用潜孔冲击器冲击碎岩,同时钻压抵消岩石对扩底钻具的反作用力,扩底钻具组合的扩孔滑刀在钻压与孔底岩石的反作用力共同作用下,沿滑槽向孔壁方向伸展并冲击破碎岩土层,滑刀滑动至最大位移时,扩孔滑刀下开凹槽的顶部正好与钻头主体上限位栓在同一位置,此时扩孔至最大孔径。给钻具施加压力和扭矩,扩底机具实现冲击扩孔。扩孔完毕后,上提钻具,刀翼由于自重和孔壁反力收回,提出孔外。

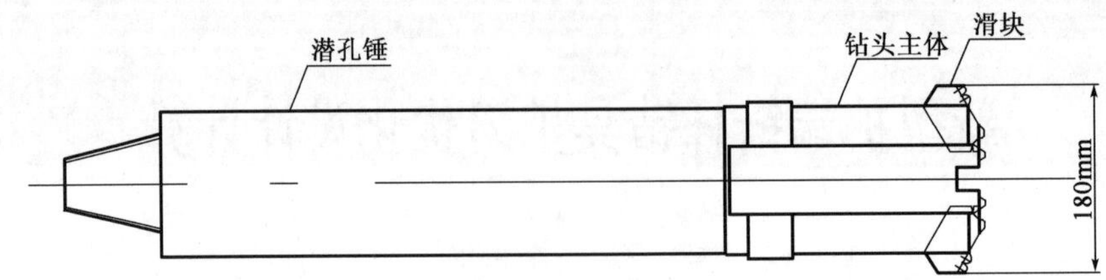

图 1　新型岩层扩底机具示意图

岩锚钻进冲击碎岩过程十分复杂,对受力进行简化:

(1)钻杆自重和钻井液压力对钻头的受力状态影响较小,可以忽略不计。

(2)钻杆、切屑、钻井液各部分的重力和中心架支撑处的反力、摩擦力很小,一般忽略不计。

(3)各切削力分量和导向块上的摩擦力、正压力等均由分布力简化为集中力。

(4)将切削刃和滑刀视为一体,便于模拟计算。

(5)计算中假设钻具为线弹性材料,不发生屈服和失效。

(6)刀具在切削过程中会受到一定的冲击和振动,考虑到这种冲击和振动的有限性,为简化计算,视刀具在切削过程中某时刻为静应力分布。

(7)在切削过程中,刀具因冲击和摩擦会产生高温,而冲洗液的循环也会对理论计算产生影响,为简化计算,暂不考虑温度和冲洗液的影响。

单仁亮等人证明了利用 SHPB 装置能够测试岩石的动态全应力—应变曲线,而且结合国内外对岩石动态本构模型的研究现状,实验得出了花岗岩和大理岩的冲击破坏本构曲线,并结合粘弹性模型和统计损伤模型,建立了一个简明的岩石冲击破坏时效损伤模型。以花岗岩为例,冲击速度介于 6.0～20.0m/s,应变率为 0～600s^{-1},将花岗岩的冲击应力—应变曲线(图 2)按冲击速度划分为速度较低、中等和很高三个部分。

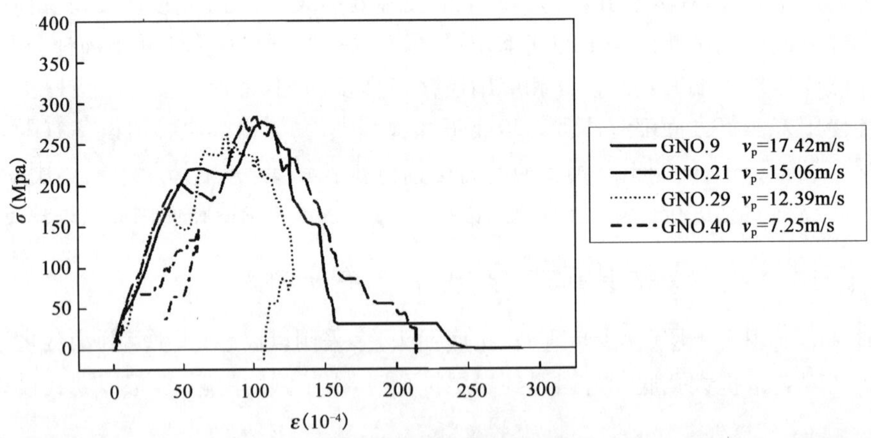

图 2　花岗岩冲击应力—应变曲线[7]

通过比较得出,花岗岩的应力—应变在应力极值出现前普遍具有跃进性。但是在第一极大值出现以前,不管撞击速度多大,曲线大多可近似为直线,并且偏离不大,能够基本重叠。说明在该段时间,花岗岩处于近似的线弹性状态,其弹性模量(图形中第一极大值出现以前的线条的斜率)与撞击速度没有明显的相关性。在对大理岩的冲击应力—应变曲线的研究中,也得出了类似的结论。

因此，在理论计算中，本文使用静态时刻的岩土体弹性模量和抗压强度，以岩土体塑性应变和岩土体剪应力失效准则为脆性岩石破坏的判据[8]，对不同滑槽倾斜角条件下，扩孔滑刀碎岩的临界力学状态进行理论计算。

影响滑刀滑出以及扩孔效果的主要因素有：滑动面摩擦系数，岩体的力学性质，牵引力。要完成扩孔，必要满足：①碎岩应力大于岩石的抗剪强度；②滑刀提供的切削应力在其强度范围以内；③滑刀侧面岩石破碎。

因为围岩可以假设为半无限体，假设切削具与孔壁完全接触，以冲旋方式破岩。滑刀整体的受力情况如图 3 所示，以整体隔离法算出的滑刀运动或者运动趋势产生的作用力。

根据圣维南原理，可以取钻头下部以及周围的外部边界为位移零点，从而有了扩孔滑刀破岩状态的临界受力条件，如图 4 所示。

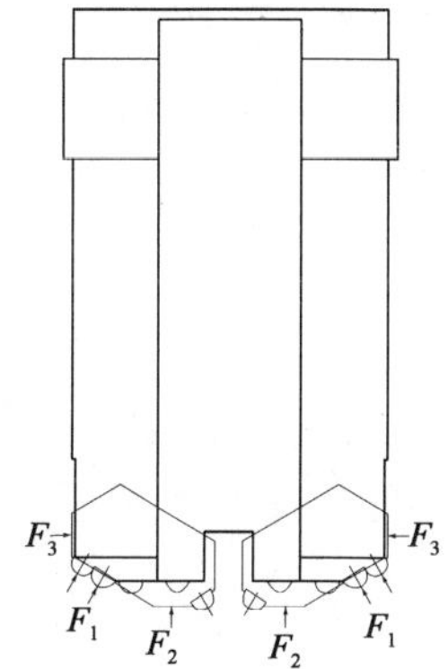

图 3　扩孔钻头的初始工作状态

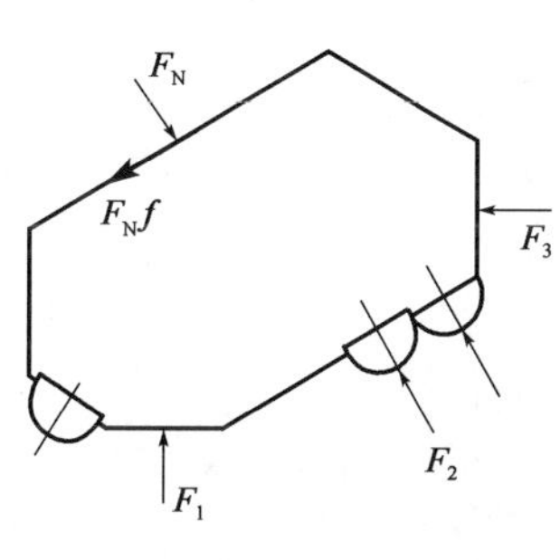

图 4　滑刀最初受力情况

2.1　滑刀端刃处围岩破碎

设推进力为 A，钻头在初始触底时，$F_3 \ll F_1$ 和 F_2，忽略 F_3，则有方程

$$\begin{cases} F_1 + F_2\sin\alpha = \dfrac{A}{2} \\ F_N\cos\alpha + f \cdot F_N\sin\alpha = \dfrac{A}{2} \\ F_2\sin\alpha = F_N\sin\alpha - f \cdot F_N\cos\alpha \end{cases} \tag{1}$$

则

$$F_1 = \frac{A}{2(\cos\alpha + f \cdot \sin\alpha)}$$

$$F_2 = \frac{A(1 - f\cot\alpha)}{2(\cos\alpha + f \cdot \sin\alpha)}$$

式中：A——推进力；

α——滑槽倾斜角；

F_N——钻具与滑刀法向接触面的作用力；

f——金属滑刀与钻具主体间的摩擦系数，设为 0.2。

设单个切削刃面积为 $S=1/2\times4\pi r^2$（假设切削刃与岩石完全接触），与之接触的岩块为三向应力状态，其中，一向的应力远大于另外两向的应力，可作进一步简化，如图 5 所示。

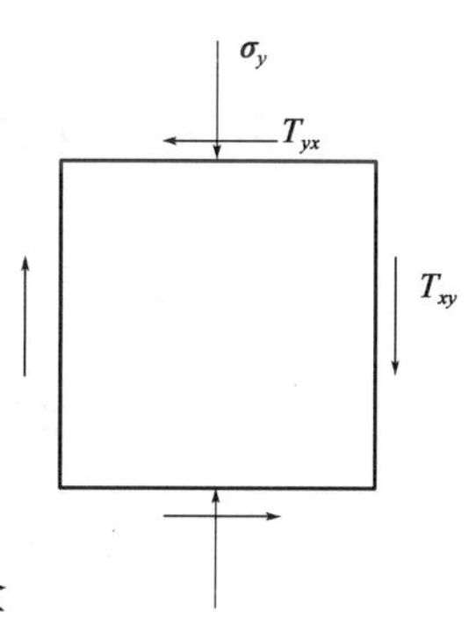

图 5　与切屑刃接触的围岩应力状态

$$\sigma_y = \frac{F_2}{3S} = \frac{A(1 - f\cot\alpha)}{6(\cos\alpha + f \cdot \sin\alpha)S} \tag{2}$$

$$\left.\begin{matrix}\sigma_1 \\ \sigma_3\end{matrix}\right\} = \frac{\sigma_x + \sigma_y}{2} \pm \sqrt{\tau_{xy}{}^2 + \frac{(\sigma_x - \sigma_y)^2}{4}}$$

$$= \frac{A(1 - f\cot\alpha)}{12S(\cos\alpha + f\sin\alpha)} \pm \sqrt{\tau_{xy}{}^2 + \left[\frac{A(1 - f\cot\alpha)}{12S(\cos\alpha + f\sin\alpha)}\right]^2} \tag{3}$$

岩锚扩孔机具正常工作的条件为：

(1)外部条件，围岩破碎。

(2)内部条件，切削刃强度满足碎岩条件。

(3)滑刀能够张开完成扩孔，如图 6 所示。

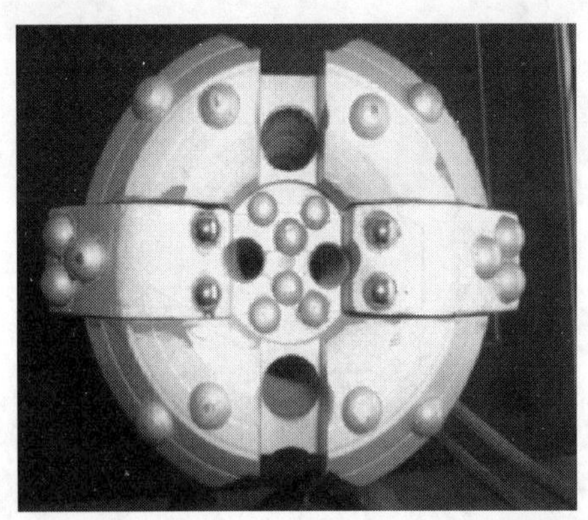

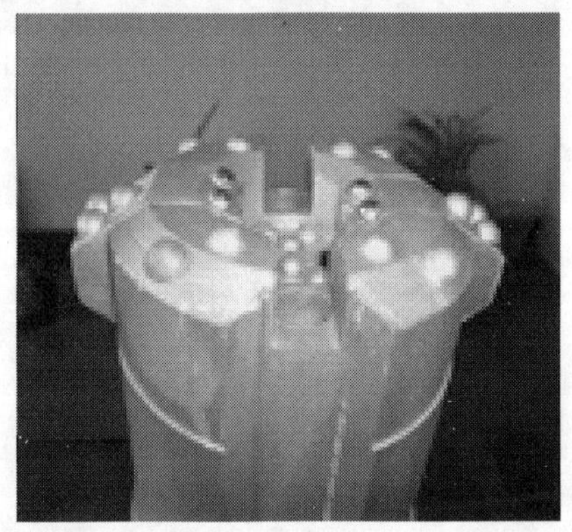

图 6 滑刀张开扩孔时的工作状态

由库仑—纳维叶破坏准则：岩石沿着某一面发生剪切破坏，不仅与该面上剪切力大小有关，而且与该面上正应力有关。岩石并非沿着最大剪切力作用面发生破坏，而是沿着正应力与剪应力达到最不利组合的作用面产生破坏[16]。即：

$$|\tau_{xy}| = \tau_0 + f'\sigma_n$$

式中：$|\tau_{xy}|$——剪切面抗剪强度；

τ_0——岩石固有抗剪强度；

f'——岩石内摩擦系数；

σ_n——剪切面上的正应力。

莫尔应力圆如图 7 所示。

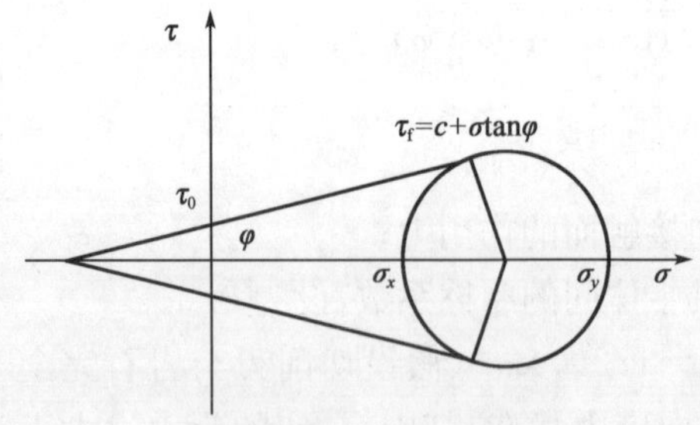

图 7 极限平衡状态下的莫尔应力圆

岩石破碎公式：

$$|CD| \geqslant |BC| \sin\varphi \Leftrightarrow \frac{\sigma_1 - \sigma_3}{2} \geqslant \left[\frac{\tau_0}{f'} + \frac{\sigma_1 + \sigma_3}{2}\right]\sin\varphi$$

$$\sqrt{\tau_{xy}{}^2 + \left[\frac{A(1 - f \cdot \cot\alpha)}{12S(\cos\alpha + f \cdot \sin\alpha)}\right]^2} \geqslant \left[\frac{\tau_0}{f'} + \frac{A(1 - f \cdot \cot\alpha)}{12S(\cos\alpha + f \cdot \sin\alpha)}\right]\sin\varphi \tag{4}$$

令

$$C_1 = \frac{6S\sin^2\varphi}{A}\left[1 + \sqrt{\frac{4}{\sin^2\varphi}\left(\frac{\tau_{xy}{}^2}{\sin^2\varphi} - \frac{\tau_0}{f'}\right)}\right]$$

$$C_2 = \frac{6S\sin^2\varphi}{A}\left[1 - \sqrt{\frac{4}{\sin^2\varphi}\left(\frac{\tau_{xy}{}^2}{\sin^2\varphi} - \frac{\tau_0}{f'}\right)}\right]$$

$$C_3 = -\frac{1 + f^2 - C_1}{C_1{}^2(1 + f^2)}$$

$$C_4 = \frac{2fC_1}{C_1(1 + f^2)}$$

$$B = \frac{1 - f\cot\alpha}{\cos\alpha + f\sin\alpha}$$

$$C_5 = \frac{f^2}{C_1{}^2(1 + f^2)}$$

$\Rightarrow$ 由 $B \geqslant C_1$ 或者 $B \leqslant C_2$

$$\Rightarrow \sin\alpha \geqslant \frac{\sqrt{2}}{2}\sqrt{\frac{\sqrt{4C_4{}^2 - 4(1 - C_3)(C_4{}^2 - 4C_3C_5)} - 2C_4}{2(1 - C_3)}} \tag{5}$$

式中：A——钻机推进力；

S——切削刃表面积；

f'——岩石内摩擦系数；

τ_{xy}——剪切力$\left(\tau_{xy} = \tau_{yx} = \frac{F_{切}}{S} = \frac{1\,894N}{6.28R^2} = 12\text{MPa}\right)$；

τ_0——岩石故有抗剪强度；

φ——内摩擦角。

当 α 满足式(5)时，岩石最易破碎。当 A、S、τ_{xy} 一定时，α 随着 τ_0 和 f 的改变而改变，因此，对应于每一种力学属性的岩石，都有一个最优滑槽倾斜角度。在工程实践中，岩石处于不稳定的状态，破碎相对于稳定状态要容易得多，所以可以假设 $\alpha_P - k\alpha_L$（α_L 为理论最优切削角，α_P 为实际最优切削角；k 为安全系数，由实际情况确定）。

2.2 侧面结构优化设计及扩孔分析

要达到优良的扩孔效果，滑刀端刃碎岩之后，侧面应完成对侧壁岩石的破碎，达到端刃继续扩孔的目的。因为侧面也参加扩孔，因此改进滑刀侧面，在其侧面增加切削刃（如图 8 所示，侧面上的力仍用集中力表示）。此时，F_2 急剧减小，F_3 和 F_1，F_N，$F_N \cdot f$ 成为主要受力，F_2 可忽略。得到方程组(6)。

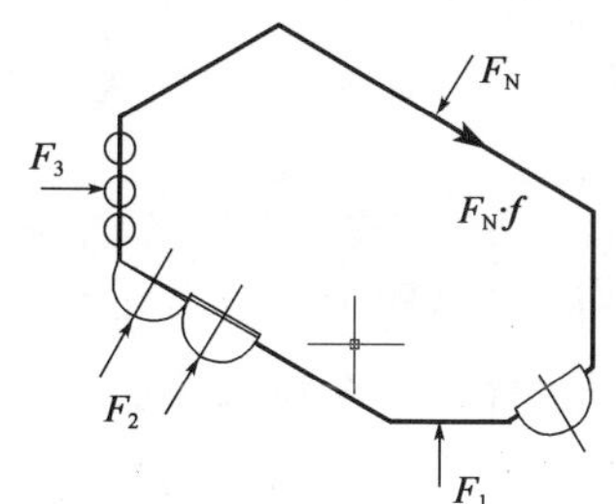

图 8　滑刀改进示意图

$$\begin{cases} \dfrac{A}{2} = F_N \cdot \sin\alpha + f \cdot F_N\cos\alpha \\ F_3 = F_N\cos\alpha - f \cdot F_N\sin\alpha \end{cases} \tag{6}$$

得到：

$$F_N = \frac{A}{2(\sin\alpha + f\cos\alpha)}, F_3 = \frac{A(\cos\alpha - f\sin\alpha)}{2(\sin\alpha + f\cos\alpha)} \tag{7}$$

同理由 $\left.\begin{matrix}\sigma_1\\ \sigma_3\end{matrix}\right\} = \frac{\sigma_x + \sigma_y}{2} \pm \sqrt{\tau_{xy}{}^2 + \frac{(\sigma_x - \sigma_y)^2}{4}}$ 及库仑—纳维叶准则，因为此时 $\sigma_y{}' = \frac{F_3}{N \cdot S'} = \frac{F_3}{3S'} = \frac{A(\cos\alpha - f\sin\alpha)}{6S'(\sin\alpha + f\cos\alpha)}$，仍然忽略最小主应力 σ_x，并将 $\sigma_y{}'$、τ_{xy} 带入库仑—纳维叶方程 $|\tau_f| = \tau_0 + f'\sigma_n$。结合莫尔应力圆，得到：

$$\sqrt{\tau_{xy}{}^2 + \left[\frac{A(1 - f\tan\alpha)}{12S'(\tan\alpha + f)}\right]^2} \geqslant \sin\varphi\left[\frac{\tau_0}{f'} + \frac{A(1 - f\tan\alpha)}{12S'(\tan\alpha + f)}\right] \tag{8}$$

$$C_3 = \tan^2\varphi\left\{\frac{\tau_0}{f'} + \sqrt{\left(\frac{\tau_0}{f'}\right)^2 - \frac{1}{\tan^2\varphi}\left[\frac{\tau_{xy}{}^2}{\sin^2\varphi} - \left(\frac{\tau_0}{f'}\right)^2\right]}\right\}$$

$$C_4 = \tan^2\varphi\left\{\frac{\tau_0}{f'} - \sqrt{\left(\frac{\tau_0}{f'}\right)^2 - \frac{1}{\tan^2\varphi}\left[\frac{\tau_{xy}{}^2}{\sin^2\varphi} - \left(\frac{\tau_0}{f'}\right)^2\right)}\right\}$$

$$\Rightarrow \qquad \tan\alpha_2 \geqslant \frac{1 - fC_4}{C_4 + f} \text{或} \tan\alpha_3 \leqslant \frac{1 - fC_3}{C_3 + f} \tag{9}$$

2.3 扩孔滑刀球齿的磨损与滑槽倾角的关系

假设切削具嵌入孔壁深度为 y，为硬质合金材料。根据爱普斯坦的理论：切削具的磨损体积与摩擦功成正比，即：

$$V = wB \tag{10}$$

式中：w——研磨性系数；

V——切削具磨损体积；

B——摩擦功。

故：$y = wf''A\pi Dvt/(3NS\sin\alpha)$，当 $y = h$ 时，即切削具彻底磨损，得出：

$$t = \frac{3NhS\sin\alpha}{wf''ADV} \tag{11}$$

式中：f''——岩石与切削具的摩擦系数；

D——切削具所在位置钻头的平均直径；

w——岩石的研磨性系数；

A——钻机推进力；

v——钻速；

N——每个滑刀上的切削具数目；

S——切削具面积；

α——滑刀倾角；

t——钻进时间；

h——切削具出刃高度。

可见，要使切削具的寿命尽量长，除了切削具性能材质优良以外，滑刀切削具倾角也应尽量大些，其他形状切削具结论相同。从扩孔能力来看，滑槽倾角更大的钻具，在滑移距离一样时能获得更大的扩孔效果。所以，综合考虑，在理论取值范围内，选择扩孔滑槽角度的最大值作为最优角度。

3 扩孔滑刀滑槽倾角的设计计算

3.1 确定滑刀倾斜角的步骤

(1)确定钻机推进力、扭矩及其他相关参数,如:切削刃面积、钻进地层的各种参数(c、φ),并求出剪切力 τ_{xy} 等,最终由不等式(5)确定钻头翼片的最小倾斜角。

(2)用不等式(9)确定 α 的另一个取值范围。

(3)结合等式(11)及其相关理论,取 α 最大角,最后乘安全系数 k:$\alpha_P=k\alpha_L$ 即为所求角度。

3.2 最优倾斜角计算

假设扩孔钻头为模型所示,未扩孔时钻头直径 132mm,钻头由滑刀连接切削齿,内开圆柱形水口。切削刃直径 10mm,$S=1/2\times4\pi r^2\times3$,设动力头扭矩为 1 500N·m,冲击力为 $A=$ 50kN,推知 $\tau_{xy}=F_{切}/S$,则由式(1)、式(2)以及表1,对 φ 与 c 都取其平均值,得到 α_1、α_2,最后得到 $\alpha_p=k\alpha_L$,其中 $k=1.1$。

常见岩石内摩擦角、粘聚力及滑刀最优切削角 表1

岩土体名称	粘聚力 c(MPa)	内摩擦角 φ(°)	平均值		理论切削角 α_L(°)	实际切削角 α_P(°)
			c(MPa)	φ(°)		
混凝土	1~10	25~65	5	45	56	61.6
页岩	3~30	15~30	17	23	59	64.9
砂岩	8~40	35~50	24	43	41	45.1
花岗岩	20~45	50~60	33	55	37	40.7

4 结语

本文针对锚杆扩孔钻头在静载方式下的碎岩机理和受力进行了分析,并根据材料力学和岩石力学基本理论,得出常见地层条件下,新型扩端锚杆钻具滑动式扩刀的最优倾斜角理论值。由于理论计算过程进行了一定程度的简化和假设,因此,所得理论计算结果还需在今后工程实践中进行对比分析和参数修正,以期获得岩层锚杆钻孔的最优扩孔效果。

参考文献

[1] 程良奎,等.岩土锚固的现状与发展[J].土木工程学报,2001,6.

[2] Turiki W H. Drilling and Completion of Khuff Gas Well. Saudi Arabia. SPE-13680-MS.

[3] Sheshtawy, Howwell M, Cut cost with new BHA for reduced clearance casing Programs. World Oil. 1999,220(12).

[4] 李粮纲,陈惟明,李小青,基础工程施工技术[M].武汉:中国地质大学出版社,2000.

[5] 王立明,施鸣升,等.回转型可回收扩大头锚杆[J].岩土工程学报,2010,8.

[6] 梁月英.土层扩孔压力型锚杆的锚固机理研究[D].中国铁道科学研究院,2012.

[7] 单仁亮,薛友松,张倩.岩石动态破坏的时效损伤本构模型[J].岩石力学与工程学报,2003,22(11):1771-1777.

[8] 陈勇,万教育,等.PDC钻头破岩的动态数值模拟[J].新疆石油天然气,2009,5(3):69-73.

新型土层锚杆扩孔钻具的研制

李粮纲[1]　周　奕[1]　罗　强[2]　孙超杰[1]

(1. 中国地质大学工程学院　2. 无锡金帆钻凿设备股份有限公司)

摘　要　锚杆锚固力是岩土锚固的重要工作性能指标。通过扩大锚杆端部孔径，形成扩大头锚固体，能够大幅度提高土层锚杆的锚固力。本文对新型锚杆扩孔钻具(国家实用新型专利号：ZL201220204187.3)的优化设计方案和工作原理进行了分析研究。对扩孔钻具的结构应力进行了计算。并通过现场试验表明这种新型的扩孔钻具能够在原有锚杆孔内的任意区段扩孔，进行扩孔承压型锚杆施工。

关键词　锚杆扩孔钻具　锚固力　扩孔刀翼　数值模拟

1　引言

锚杆锚固力是岩土锚固的重要指标。土层锚杆扩孔是通过局部加大锚杆孔直径，一方面增大锚固体与土层的接触面积，从而增大了锚固体与地层之间的粘结力或摩阻力，提高了锚固力。更重要的是，土锚的局部扩孔，无论是端部扩大头型还是多扩孔锥型锚杆，改变了锚固力的产生方式，在未扩孔段与扩孔段处交界处形成了一个“台阶”，该“台阶”提供了土体对扩大头环形部分或扩孔锥侧面的支承作用，大幅度提高了土锚的锚固力。因此，这类扩孔型承压锚杆在工程实际中具有良好的应用前景。

近几年来，国内外研发了多种锚杆扩孔机具，但是在扩孔机具施工控制、扩孔质量和操作便捷等方面还存在问题，还需要进一步研制更适合实际施工要求的新型锚杆扩孔机具。

无锡金帆钻凿设备股份有限公司和中国地质大学(武汉)合作研制了一种新型土层锚杆扩孔钻具。这种扩孔钻具通过液压活塞驱动和弹簧的作用反力实施扩孔刀翼的张开和闭合，同时保证刀翼的开度。另外，这种新式的扩孔机具可以在原有锚杆孔的任意区段内扩孔，应用灵活并通过了第一轮生产性试验。获得国家实用新型专利(专利号：ZL201220204187.3)。

2　扩孔锚杆的力学分析计算

普通等直径锚杆的抗拔承载力来源于锚固体与土体的侧摩阻力，属于纯摩擦型锚杆。而端部扩大型锚杆的抗拔承载力主要由三部分组成，一部分是等直径锚固段与土体的侧摩阻力(P_1)，另一部分是扩大头锚固段与土体的侧摩阻力(P_2)，第三部分是土体作用于扩大头截面的端阻力(P_3)。端部扩大型锚杆力学模型见图1。

端部扩大型锚杆抗拔承载力可用下列公式计算：

$$P = P_1 + P_2 + P_3 \tag{1}$$

$$P_1 = \pi D_1 L_1 \tau_f \tag{2}$$

$$P_2 = \pi D_2 L_2 \tau_{fd} \tag{3}$$

$$P_3 = \pi (D_2^2 - D_1^2) P_D \tag{4}$$

式中：P_1——未扩孔锚固段侧摩阻力所提供的抗拔力；

P_2——扩大头锚固段侧摩阻力所提供的抗拔力；

P_3——扩大头截面的端阻力所提供的抗拔力；

L_1、L_2——未扩孔锚固段、扩大头锚固段的长度；

D_1、D_2——未扩孔锚固段、扩大头锚固段的直径；

τ_f、τ_{fd}——未扩孔锚固段、扩大头锚固段侧壁与土层之间的摩阻力；

P_D——土体作用于扩大头截面上的端阻力。

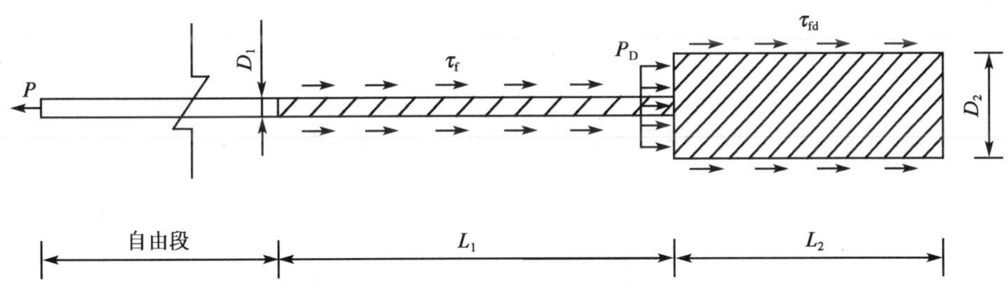

图 1　端部扩大型锚杆力学模型

从以上公式可以得出，在相同锚固长度条件下，端部扩大头型锚杆的承载力明显大于普通圆柱形锚杆。

2.1　端部扩大型锚杆端阻力分析

端阻力即为土体对扩大头截面的正压力所提供的抗拔力。为了确定单位面积上的端阻力 P_D，须作以下假设和简化：

(1)研究对象为基坑支护锚杆，忽略锚杆倾角对端阻力 P_D的影响。

(2)扩大头锚固段有足够大的埋深。

(3)忽略扩大头锚固段前端锚杆体对土应力状态的影响。

(4)定义侧土压力系数为 ξ，表示土体中某点某方向上力的增量引起该点该方向的垂直方向上力的增量，并假定 ξ 各向同性。

上述条件下端部扩大型锚杆前端取一土体单元作为研究对象，假设 x 轴为锚杆轴线方向，y 轴为垂直于锚杆轴线的水平向，z 轴为竖直向，其受力模型见图 2，土体单元的应力计算可采用下列公式：

$$\sigma_x = K_0\gamma h + \sigma_T \quad (5)$$

$$\sigma_y - K_0\gamma h + \xi\sigma_T \quad (6)$$

$$\sigma_z = \gamma h + \xi\sigma_T \quad (7)$$

式中：σ_T——土体单元在 x 轴方向上发生的应力变化量。

当锚杆拉拔力等于零或者接近零时，σ_T 等于零或者趋近于零，此时，σ_y 为最小主应力，σ_z 为最大主应力。当锚杆拉拔力的不断增加时，σ_T 随之增大，σ_x、σ_y 和 σ_z 也不断增大。

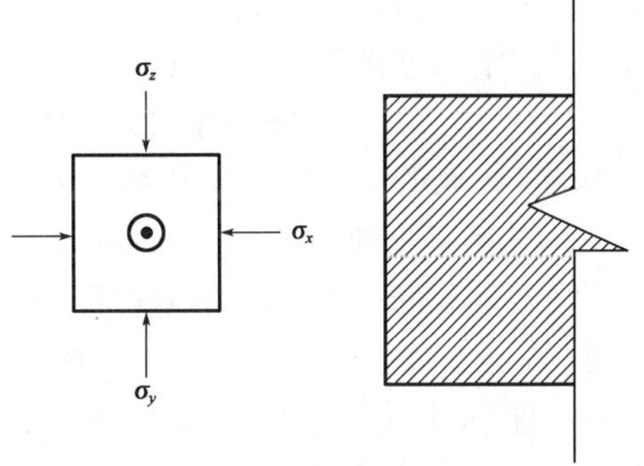

图 2　土体单元的受力模型

由上述公式可以得出，因为侧土压力系数 $\xi<1$，所以 σ_x 增量变化要大于 σ_y 和 σ_z 增量变化，当土体单元达到极限平衡状态时，此时最大主应力为 σ_x，最小主应力为 σ_y，然后根据摩尔—库仑抗剪强度理论式(8)可以推导得出公式(9)。

$$\sigma_1 = \sigma_3 \tan^2\left(45° + \frac{\varphi}{2}\right) + 2c\tan\left(45° + \frac{\varphi}{2}\right) \tag{8}$$

$$P_D = \sigma_x = \frac{(1-\xi)K_0 K_P \gamma h + 2c\sqrt{K_P}}{1-\xi K_P} \tag{9}$$

式中：K_P——端部扩大型锚杆前端土体朗肯土压力系数；

K_0——端部扩大型锚杆前端土体静止土压力系数。

K_0 虽然概念简单，但在缺乏试验数据和当地经验的情况下，对正常固结土可按下式估算：

$$K_0 = 1 - \sin(1.3\varphi) \tag{10}$$

式中：φ——端部扩大型锚杆前端土体的内摩擦角；

c——端部扩大型锚杆前端土体的粘聚力；

h——扩大头锚固段的埋置深度；

γ——扩大头锚固段上覆土层的加权平均重度。

2.1.1 侧压力系数 ξ

侧压力系数 ξ 是土体单元一个方向上侧土压力的增量，引起在与该方向垂直的其他方向上的侧土压力增量。侧压力系数 ξ 表现了受力处土体的位移变化受周围土体的“刚度”约束的程度。比如，当受力处周围的土体是刚体时，此时侧压力系数 ξ 就等于主动土压力系数 K_a，在实际工程中土体不可能是刚体，侧压力系数 ξ 必定小于 K_a。土体受力时必然会引起位移变化，侧压力系数 ξ 必定大于零。在工程实践中，应根据土体的软硬程度、扩大头的埋深等因素来确定，对于一般土层可按以下经验范围取值：

$$\xi = (0.5 \sim 0.95)K_a \tag{11}$$

式中：K_a——朗肯主动土压力系数。

对强度较差的土，ξ 应取较小值，强度较好的土，ξ 应取较大值。

2.1.2 影响端阻力的因素

式(9)表明，影响端阻力的主要因素可归纳为以下三个方面。

(1)扩大头锚固段埋深 h：端阻力与扩大头锚固段埋深 h 呈线性关系，扩大头锚固段埋深 h 越大，扩大处的端阻力越大，端部扩大型锚杆的拉拔力越大。

(2)粘聚力 c：在其他相同的条件下，端阻力与土体粘聚力 c 成正比。

(3)内摩擦角 φ：从式(9)可以得出，参数 ξ、K_0、K_P 均与内摩擦角 φ 相关，因此，φ 是影响端阻力的最主要因素之一。从式(9)的理论公式来看，P_D-φ 的关系曲线是一种双曲线形态，相关试验研究结果也验证了这一点。

2.2 端部扩大型锚杆摩阻力分析

端部扩大型锚杆的侧摩阻力有以下几个特点：

(1)侧摩阻力随拉拔力的增加而变大且由土体浅层向深层传递，沿端部扩大型锚杆的长度呈不均匀分布，且侧摩阻力的峰值随拉拔力 P 的增加沿锚杆长度不断地下移，侧摩阻力峰值出现在靠近扩大头锚固段的未扩孔锚固段单元。

(2)扩大头锚固段变截面前的土体受压，形成一个压密区，导致锚杆与土体的相对位移比较小，不足以充分发挥扩底段的侧摩阻力，从而在扩底截面后形成一个侧摩阻力偏低的受拉区。

3 新型土锚扩孔钻具的设计

通过对国内外现有的几种扩孔钻具的工作方式进行分析对比，认为机械式扩孔机具在工程施工中是实用有效的，但这些扩孔机具都存在着自身的不足。有的扩孔刀翼的张开放式存在不太稳定的因素；有的适用范围存在局限性，只能孔底扩孔。新研制的土层锚杆扩孔钻具是通过液压活塞驱动和弹簧的作用反力实施扩孔刀翼的张开和闭合，同时保证刀翼的开度。另外，这种新式的扩孔钻具可以在原有锚杆孔的任意区段内扩孔，应用灵活。

3.1 扩孔钻具结构的设计

CY-1 型扩孔器主要由扩孔刀翼、活塞、支撑肋、外管、上接头、下接头组成（图 3）。其中，扩孔刀翼与活塞和支撑肋相连，支撑肋与下接头的底座相连。

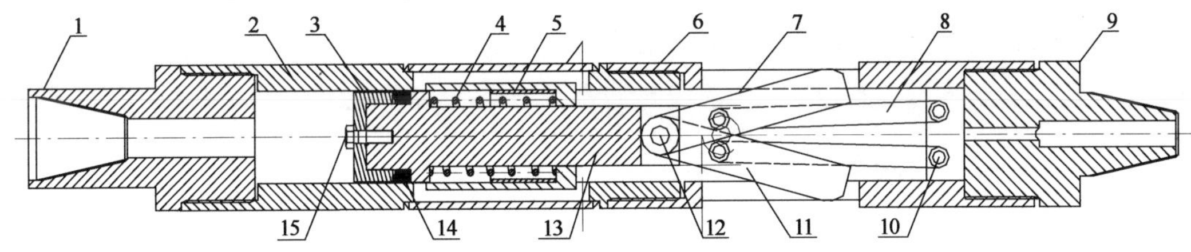

图 3 CY-1 型扩孔钻具结构图

1-上接头；2、6-外管；3-挡圈；4-弹簧；5-挡套；7、11-扩孔刀翼；8-支撑肋；9-下接头；10、12-圆柱销；13-活塞；14-Y 形密封圈；15-弹簧垫圈

工作过程和原理是：在先导孔钻进结束后，将扩孔器与钻杆相连，将其放入预定扩孔位置，开启泥浆泵，同时钻机正转，液体压力压缩活塞下行，扩孔刀翼开始张开。

当环状台阶宽度达到一定程度时就可以施加钻压，这时刀翼的张开就不只是靠液压力了，而是液压力与钻压两力的综合作用。待活塞移至泄压孔位置时，泵压下降，刀翼张开的动力变为在钻压作用下土体对刀翼的推力，刀翼逐渐扩张到 90°，实现钻进扩孔施工。

3.2 扩孔钻具的刀翼扩张控制设计

为刀翼扩张提供推力的设计是整个设计的关键。在扩孔过程中，为确保冲洗液能够流至孔底，循环畅通，设计了液压活塞驱动和钻压给进自扩张的复合动力。起始时，以冲洗液为介质提供液压给活塞，推动活塞下行，为刀翼提供初始动力。在刀翼张开到一定角度泄压后，为刀翼提供动力的变为钻压，这时，靠土体上形成的台阶给刀翼的作用反力，迫使刀翼继续张开，直到最大张开角。

3.3 扩孔钻具的尺寸选取

从最大限度的满足扩孔机具在实际施工的需要考虑，结合先导孔尺寸的限制，并根据岩土钻掘理论确定新型锚杆扩孔钻具的关键部件尺寸，如表 1 所示。

新型土层承压锚杆扩孔钻具关键尺寸表 表 1

名　称	参　数	尺　寸	名　称	参　数	尺　寸
外管外径(mm)	D	110	刀翼自由端到连接销 2 的长度(mm)	L_0	150
外管内径(mm)	D_0	70	刀翼两销距(mm)	L_1	47.5
扩孔刀翼高度(mm)	h	20	刀翼张开后外伸长度(mm)	L_s	95
刀翼张开后角度(°)	θ	90	支撑肋长度(mm)	L_z	189.3

4 锚杆扩孔机具数值模拟与现场试验

为了验证 CY-1 型土层锚杆扩孔钻具设计的合理性，校核关键部件的强度，采用了有限元分析软件 ABAQUS 对钻具工作状态进行了数值模拟和现场试验。

4.1 钻具结构应力分析

根据力学理论，材料的形变比能 u_f 达到简单拉伸屈服时的形变比能 u_f^0，材料产生屈服破坏，故材料的屈服条件为：

$$u_f = u_f^0 \tag{12}$$

单向拉伸屈服时其形状改变比能：

$$u_f^0 = \frac{1+\mu}{6E}(2\sigma_s{}^2) \tag{13}$$

在复杂应力状态下，其形状改变比能：

$$u_f = \frac{1+\mu}{6E}[(\sigma_1-\sigma_2)^2+(\sigma_2-\sigma_3)^2+(\sigma_3-\sigma_1)^2] \tag{14}$$

式中：σ_1、σ_2、σ_3——主应力；

μ——泊松比；

E——弹性模量。

联立求解可得 Mises 屈服条件，即第四强度理论的屈服条件：

$$\sigma_s = \sqrt{\frac{1}{2}[(\sigma_1-\sigma_2)^2+(\sigma_2-\sigma_3)^2+(\sigma_3-\sigma_1)^2]} \tag{15}$$

如果考虑安全系数，得到许用应力，则 Mises 应力强度条件：

$$[\sigma] \geqslant \sqrt{\frac{1}{2}[(\sigma_1-\sigma_2)^2+(\sigma_2-\sigma_3)^2+(\sigma_3-\sigma_1)^2]} \tag{16}$$

4.2 扩孔钻具数值模拟

应用 ABAQUS/CAE 进行强度计算的应力分析，结果以 Mises 应力形式给出，分别对扩孔刀翼、支撑肋、活塞、下接头进行结构强度校核。

扩孔钻具活塞、刀翼、支撑肋和下接头的最大应力和应变值，如表 2 所示。

扩孔机构各部件应力和应变最大值表 表 2

部件	应力(MPa)	应变位置	应变(mm)	应变位置
刀翼 1	137.3	刀翼销孔底部	0.23	刀翼端部
刀翼 2	225.2	刀翼销孔底部	0.26	刀翼端部
连杆	47.6	上部销孔周边	0.027	支撑肋中部
活塞	70.9	销孔上部边缘	0.009	销孔周围及下部区域
下接头	38.2	销孔周围	0.005	销孔周围及上部

钻具各部件最大应变与最大应力值出现在刀翼 1 和刀翼 2。在均布荷载的边缘部位以及刀翼与支撑肋相连接的销孔下部区域应力稍大，最大应力值达到 225.2 MPa。

扩孔钻具均采用45号钢材，其抗拉强度为600MPa，屈服强度为$\sigma_s \geqslant 355$MPa，取安全系数1.2，故其许用应力$[\sigma]=\sigma_s/1.2=296$MPa。新型土锚扩孔钻具结构强度满足使用要求。

4.3 现场试验

2012年5月，在苏州第四人民医院基坑锚固工程施工现场进行了锚杆扩孔施工的试验。基坑面积大约7 000m^2，开挖深度为地表下15m，基坑周边建筑密集。基坑的稳定性对邻近道路和周边的建筑物影响很大。基坑开挖时，采用钢板桩和锚杆进行支护。

4.3.1 地层条件及设备情况

根据前期岩土工程勘察报告，锚杆施工范围内的地层由上至下为：

(1)人工填土：黄褐色，以粘土及粉质粘土为主，含有砖块、碎石、煤屑，可塑状态。

(2)淤泥质粘土：灰褐色，流塑，不均匀，局部含有机质及植物根系，厚度0.2～0.4m。

(3)粘土，粉质粘土：黄褐、灰黄、青灰等色，可塑，局部含有铁锰结核，均匀性较差，厚度4.0～6.0m。

主要试验设备为：无锡金帆YGL-100Q锚固钻机和GPB-90高压泥浆泵。

4.3.2 试验过程

(1)采用YGL-100Q锚固钻机，ϕ160套管钻头开孔，穿过表层，钻至6.0m深度，进入稳定的粘土层。取出一根套管，在孔底提供钻具扩孔位置；连接GPB-90高压泥浆泵，利用变径接头将液压锚杆扩孔钻具与钻机主动钻杆相连接。

(2)扩孔机具连接完毕后，将钻具放在孔外，启动高压泥浆泵，通过高压水流，推动扩孔钻具内活塞下行，迫使两侧刀翼张开。观察刀翼张开角度以及水路畅通情况。试验完毕后，关停高压泥浆泵，切断液压动力，将刀翼收拢。

(3)利用ϕ50钻杆连接扩孔钻具并穿过套管下到孔底。启动高压泥浆泵，选取较高转速，较小钻压的钻进参数钻进扩孔。观察返浆及钻速等情况。当钻进扩孔至10.0m时，停止扩孔，提出整套扩孔钻具。观察扩孔钻具工作状态和扩孔效果。

4.3.3 试验结果及分析

现场试验得出以下结果：

(1)在孔外试验中，通过高压水流，推动扩孔钻具内活塞下行，迫使两侧刀翼张开时，刀翼张开角度约为70°，水路畅通后，水压骤降，刀翼失去继续张开的动力。

(2)在孔内试验时，在钻进扩孔过程中，泥浆从孔口返出。表明钻具的活塞下行到溢流口处，已推动刀具张开，实现了孔底扩孔。

5 结语

(1)新型土层承压锚杆扩孔钻具通过液压推动活塞，控制扩孔刀翼扩张和收拢，实现扩孔钻进施工，达到了设计目标。

(2)运用ABAQUS有限元模拟软件，对钻具扩孔时，整个机构的关键部件进行了模拟，通过应力云图和应变云图的分析，结构的强度是满足使用要求

(3)新型土层承压锚杆扩孔钻具在合理选配泥浆泵和工艺方面可进一步研究。

参考文献

[1] 程良奎，张作瑂，杨志垠.岩土加固实用技术[M].北京：地震出版社，1994.

[2] 程良奎.岩土锚固的现状与发展[J].土木工程学报，2001，6.

[3] Shih-Tsung Hsu. A constitutive model for the uplift behavior of anchors in cohensionless soils. Journal of the Chinese Institute of Engineers,2005,28(2):305-317.
[4] 陆观宏,曾庆军,潘艳珠,等.锚杆扩孔技术及应用研究[J].道路工程,2012,2.
[5] 刘国楠,温科伟,李中国,等.扩大头压力型锚索的现场试验研究[J].西北地震学报,2011, 33(s):303-307.

填充型环氧涂层钢绞线预应力锚索在石门涧悬索桥锚碇中的应用

单继安　费汉兵　马伟杰　游晓祥

（江阴法尔胜住电新材料有限公司）

摘　要　石门涧悬索桥是庐山景区的人行景观桥，经过10多年的运营，原有的拉索防护体系已开始失效，其换索加固设计采用了以填充型环氧涂层钢绞线为预应力筋的拉索体系。在锚碇工程中使用了填充型环氧涂层钢绞线压力分散型锚索，在施工中采用了等荷载法加载张拉的方式进行了验收试验和张拉锁定。随着对工程耐久性和长期经济性的重视，在预应力工程中采用防腐性能优越的填充型环氧涂层钢绞线，既合理又经济。

关键词　填充型环氧涂层钢绞线　锚索　压力分散型　张拉

1　工程概况

石门涧悬索桥是庐山景区的一座人行景观桥，于1993年建成投入使用，由于受当时材料和工艺技术水平的限制，经过10多年的运营，钢索防护体系部分失效，钢索已呈现锈蚀状态。经专家、设计和业主的评审研讨，决定对石门涧悬索桥进行大修加固。因主缆锚碇位于山坡下，在锚洞内常年存在积水，对锚碇安全使用极为不利，所以决定此次大修加固时更换锚碇，并采用预应力锚索将主缆的交换梁锚碇在两岸山体岩石内。

2　预应力锚索的设计方案

预应力锚索是一种可承受拉力的结构系统，本工程的预应力锚索一端固定在稳定岩土层中，另一端锚固于主缆交换梁上，从而将主缆的拉力荷载传递给稳定的岩石基础。

2.1　锚索的预应力筋材料

为确保锚碇使用的耐久性，本工程设计的锚索采用了防腐性能优异的填充型环氧涂层钢绞线，其性能符合《填充型环氧涂层钢绞线》(JT/T 737—2009)[1]的要求。填充型环氧涂层钢绞线的截面如图1所示，填充型环氧涂层钢绞线的外周环氧涂层厚度不小于0.4mm，由于有足够的厚度，使得填充型环氧涂层钢绞线成品全长没有针孔（每盘钢绞线全长经高电压出厂检测）；此外，在钢绞线内部，每根钢丝之间都有环氧树脂填充，所以，填充型环氧涂层钢绞线能有效隔绝氯离子和其他有害离子从钢绞线表面和钢丝之间的间隙侵入，具有卓越的防腐蚀性能，从而能提高锚索的使用寿命。

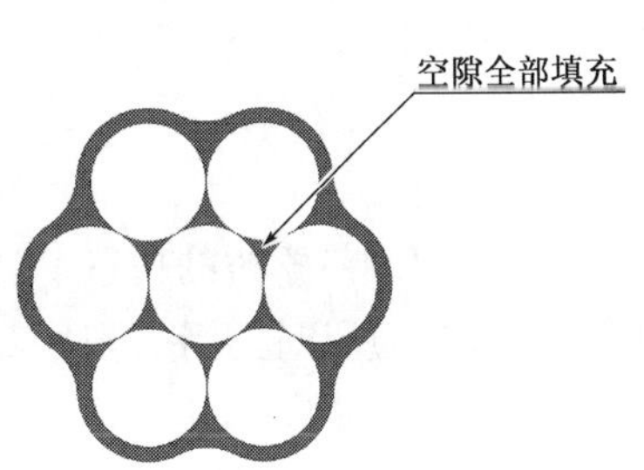

图1　填充型环氧涂层钢绞线截面示意

2.2 锚索的构造

每个主缆的交换梁用 2 根 2 000kN 级的预应力锚索锚碇，全桥共 8 根锚索。每根锚索的钻孔直径为 ϕ180mm，锚索由 14 根直径为 ϕ15.24 的 1 860MPa 级高强度无粘结填充型环氧涂层钢绞线组成(图 2)，锚具采用 FASTEN ECSM15-14，锚垫板采用 340mm×340mm×50mm 钢板制作。

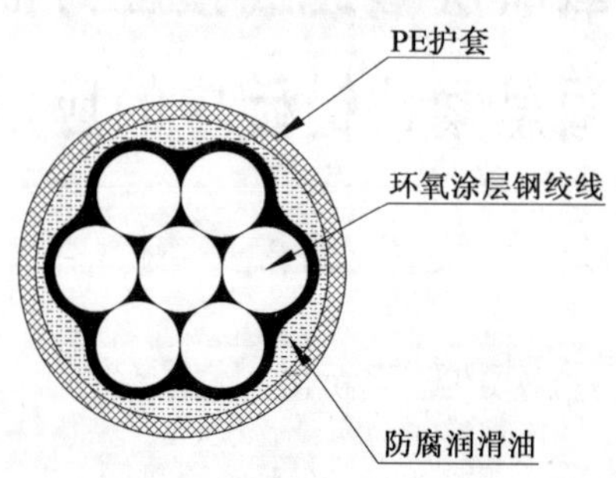

图 2 无粘结环氧涂层钢绞线截面

本工程锚索的构造类型采用了压力分散型，此构造类型的锚索可使张拉荷载分散作用于锚固段的不同部位，避免锚固段集中受力，所以受力较为合理。如图 3 所示，其承载单元分为 4 组，单元锚索组 1、2、3、4 分别由 4、3、3、4 根无粘结钢绞线组成。锚索的设计长度为 26m，锚固段长为 9m，各承载单元间距为 3m。

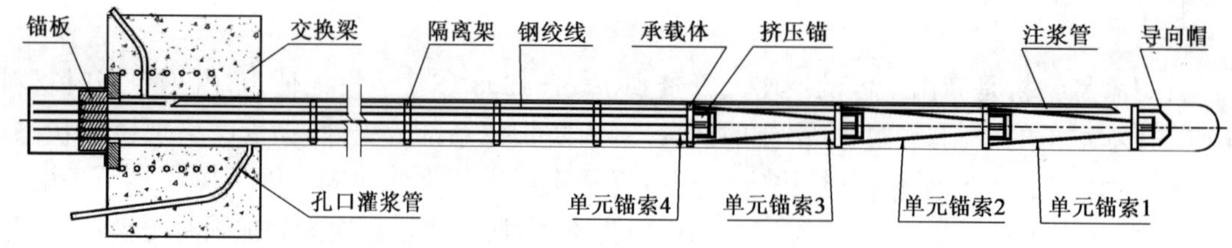

图 3 无粘结压力分散型锚索构造

2.3 锚索的施工要求

石门涧悬索桥主缆的承载力经交换梁传递最终由预应力锚索承载，并锚碇于两岸的岩石基础中，预应力锚索是本工程主缆承载的根本所在，其重要性不言而喻，本工程要求每根锚索都必须通过 2 000kN 抗拔力的验收试验。

3 预应力锚索的施工

根据石门涧悬索桥锚碇预应力锚索的构造及设计文件的要求，制订的锚索施工工艺流程为：造孔→锚索编制→锚索入孔→锚孔注浆→交换梁施工→锚索验收试验→锚具安装→锚索锁定张拉→锚头防护。

3.1 造孔

根据石门涧悬索桥的构造，当锚索的倾角方向与本桥主缆在边跨倾角一致时，交换梁处受力是最理想的，所以锚孔钻造时，对倾角精度有较高的要求，在施工放样时，需予以准确测量，在基槽开挖后，对钻孔的方位应反复进行复核测量。而在钻孔的过程中，应保持钻孔架的稳定，防止钻机发生偏移，避免造成锚索倾角的过大施工偏差。

钻孔完成后，采用高压空气吹孔，将孔中的岩粉及水清出孔外，使孔壁保持清洁，不影响水泥浆与孔壁的粘结锚固，保证锚索的抗拔力达到设计要求。

3.2 锚索编制

与一般拉力型锚索不同，压力分散型预应力锚索在锚固段有多个承载体组件，锚索的拉力荷载就是靠这些承载体传递，所以编索时承载体的安装是锚索编制的关键点，锚索编制的主要工序如下：

(1)将下料的钢绞线按 1-4 分组单元排列，对每根钢绞线进行分组编号，将各钢绞线的编号并用透明胶带贴于钢绞线两端。为防止编号损坏丢失，可在钢绞线的末端用砂轮作切痕标记，如 1 道切痕代表单元组 1，以此类推，这是一种简单而又十分有效的办法。

(2)在锚索的自由端按间隔 2m 计算隔离架数量，穿装于已下料、编号的钢绞线束上。并使各隔离架按规定间隔距离均匀分散布置。检查注浆管和各单元钢绞线的位置，在整个的锚索长度上，注浆管和各钢绞线应顺直排列，不得有扭绞、交叉现象，否则重新穿装隔离架。

(3)安装各单元锚索的承载体，并进行挤压锚的制作。应注意挤压锚安装制作时，须使挤压簧充分塞入挤压套内，且挤压前，需在挤压套表面涂抹润滑油脂，不得进行干挤。

(4)在锚索最前端的承载体上安装导向帽。

(5)压力分散型锚索各组承载体之间的间距须严格符合设计的要求，承载体的间距是否准确，将直接影响到张拉时各单元锚索组受力均匀性，本工程锚索的承载体间隔距离为 3m。

(6)为防止隔离架在锚索入孔过程中自由滑动，在每个隔离架的两侧绑扎束线带进行固定。

(7)检查锚索编制质量，其中注浆管要求平顺，不得弯曲、破损；复核测量单元锚索 1 的钢绞线总长，并作记录。

3.3 锚索入孔

将编制好的锚索人工抬至锚孔附近，根据现场条件，在锚孔场地的高处适当布置吊点，使孔口 3～5m 长的锚索段的倾角与锚孔倾角基本一致，下放锚索，利用锚索本身的自重入孔，入孔时可在入孔点用人力来回晃动，使锚索能顺利下滑。锚索入孔时应注意：

(1)锚索不产生扭转，并使各钢绞线保持顺直排列。

(2)锚索入孔后，应测量锚索钢绞线外露在锚孔外的长度，并核算锚索的入孔深度是否符合要求。

3.4 锚孔注浆

锚孔注浆采用孔底返浆法，注浆时不装锚具，在每根钢绞线周围用棉纱蘸水泥浆封堵并预留出浆孔。用注浆泵将高强水泥浆按设计压力一次性注入，观察回浆情况。当实际注浆量大于计算注浆量、回浆浓度与进浆浓度一致且按设计要求时间摒浆后完成注浆。待浆液达到设计强度后，清除孔口水泥砂浆

3.5 现浇交换梁钢筋混凝土

锚孔注浆后，即可进行交换梁的施工，主要工作包括：

(1)根据交换梁的设计尺寸，清理基槽，浇筑垫层。

(2)制作交换梁钢筋网，安装锚索和主缆的锚下预埋件，包括锚垫板、螺旋筋和预埋钢管。安装时应注意测量锚垫板的角度，使其与锚索和主缆的轴线垂直。

(3)安装预埋管时，注意锚索的外露钢绞线在预埋管内保持顺直，不交叉散乱。

(4)浇筑混凝土，强度等级为 C40，浇筑时，应注意使锚垫板后面的混凝土振捣密实。

3.6 锚索验收张拉试验

按本工程的设计要求，本工程所用8根锚索均须进行张拉力为2 000kN的验收试验。按照相关规范[2]的规定，验收试验的合格标准为：在最后一级荷载作用下1～10min锚索蠕变量不大于1.0mm，如超过，则6～60min内蠕变量不大于2.0mm。

本次试验由业主委托第三方检测机构进行，验收试验采用等荷载法加载[2]，试验过程如下：

(1)将锚索外露于交换梁外的钢绞线去皮清油，用单孔千斤顶分别对每一根钢绞线进行预张拉，使锚索的各钢绞线平直，消除非弹性变形，使各钢绞线在验收试验和锁定锚固阶段以群锚形式张拉时受力均匀。

(2)在交换梁外安装相应的垫环、3 000kN张拉千斤顶和锚板，并连接高压油泵。

(3)在地面设置支架，安装百分表测量基座，以游标卡尺测量锚索钢绞线。在试验过程中，应注意确保支架不受到其他操作平台和人为的扰动。

(4)张拉过程：先依次对长度较长单元锚索1、2、3进行分组补偿张拉，再进行整组张拉，整组张拉分6级，分别为锚索设计力的0.5、0.75、1.0、1.2、1.33、1.5倍。

(5)锚索验收张拉试验的结果如表1所示[3]，除2根锚索因故未能完成，6根锚索的测量数据显示，本工程的锚索施工质量可靠，完全满足设计要求。

锚索验收试验检测结果 表1

锚 索 号	最大加载值(kN)	伸长量(mm)	蠕变量(mm/10min)	满足与否判定
S1	2 009	78.75	0.36	满足
S2	2 009	82.25	0.22	满足
S3	2 009	82.5	—	—
S4	2 009	78.64	0.42	满足
N1	2 009	86.87	0.68	满足
N2	1 783	—	—	—
N3	2 009	89.38	0.48	满足
N4	2 009	88.84	0.18	满足

3.7 锚索锁定张拉

本工程所用8根锚索经验收试验后，其预应力要求锁定在1 000kN。图4为安装工作锚板和工作夹片，再安装液压式限位顶压器、YDC3 000kN千斤顶和工具锚板。

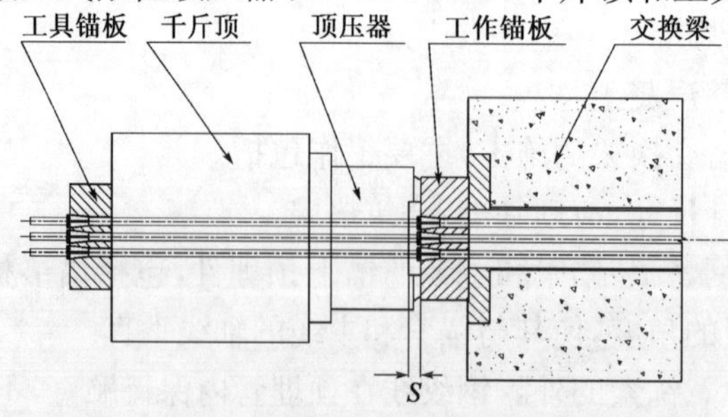

图4 锚索张拉工装图

由于填充型环氧涂层钢绞线的涂层较厚，张拉时工作夹片需要较大的限位距离(图中，S为限位距离，一般 S 为 20～25mm)，所以在千斤顶卸荷放张锚固前，需要用液压顶压器对夹片进行顶推限位，使工作夹片顺利地对环氧涂层钢绞线进行咬合锚固。

锚索锁定张拉仍采用等荷载法，即先依次对长度较长单元锚索 1、2、3 进行分组补偿张拉，再进行整组张拉，整组张拉分 4 级，分别为锚索锁定张拉力的 0.25、0.5、0.75、1.0 倍(即1 000kN)。张拉时应注意测量实际伸长量，并与锚索理论伸长量进行比较，其偏差应在±6%范围内。

3.8 锚头防护

张拉结束 1～2d 后，观察锚具、夹片、锚索及交换梁有无异常。

若无异常，用砂轮切割机切割钢绞线，切割后钢绞线留长不小于 10cm，安装钢质锚头保护罩并灌注防腐油脂。

最后通过预留的注浆孔道对交换梁内的锚索预埋管内压注水泥浆，使锚索的全长均得到了防护。

4 压力分散型锚索的等荷载张拉技术

压力分散型锚索的张拉工艺不同于普通拉力型或压力型锚索。由于压力分散型锚索各组单元锚索长度是不一样的，若直接进行整索同步张拉时，各组单元锚索的张拉力必然各不相同，因而，必须采用等荷载法加载张拉，确保在张拉到目标荷载时，各单元锚索的张拉力是一致的。前述的验收试验和张拉锁定均采用了等荷载法加载张拉，具体实施步骤如下：

4.1 单元锚索的分组补偿张拉计算

图 5 为压力分散型锚索的分组单元锚索的补偿张拉计算简图。

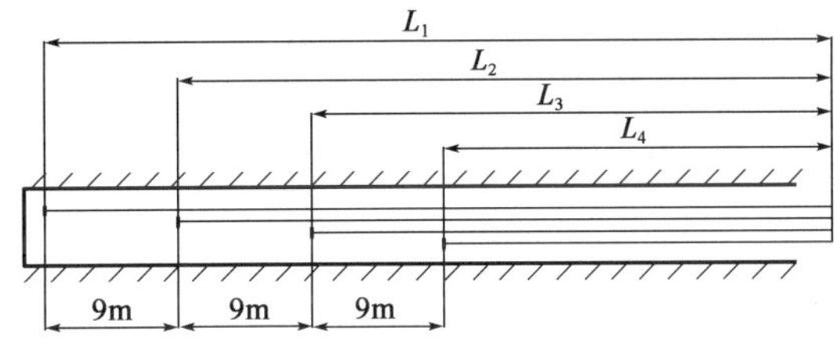

图 5 压力分散型锚索张拉计算图

根据下式计算单元锚索 3 的补偿张拉伸长量(ΔL)。

$$\Delta L=\frac{P\times(L_3-L_4)}{E\times A}$$

式中： P——锚索目标张拉荷载作用下的单根钢绞线的张拉力；

L_1、L_2、L_3 和 L_4——各单元锚索的长度；

E——钢绞线的弹性模量；

A——单根钢绞线的截面面积。

显然，单元锚索 L_2、L_1 的补偿张拉伸长量分别为 $2\Delta L$、$3\Delta L$。

根据计算所得补偿伸长量及千斤顶的油压—张拉力曲线，可换算出各单元锚索组的补偿张拉油压。

4.2 分组补偿张拉

分组补偿张拉时，张拉顺序应依次从长单元锚索组至短单元锚索，可采用把各单元锚索组的张拉夹具错开时间安装到千斤顶的方式来实现[4]。在进行张拉时，先安装单元锚索 1 的工具夹片，张拉至伸长量为 ΔL 时，安装单元锚索组 2 的工具夹片，张拉至伸长量为 $2\Delta L$ 时，安装单元锚索组 3 的工具夹片，张拉至伸长量为 $3\Delta L$ 时，安装单元锚索组 4 的工具夹片，分组补偿张拉结束，见图 4。

4.3 整组分级张拉

补偿张拉结束后，进行整组张拉，整组张拉按规定分级进行。

5 结语

(1)随着对工程耐久性和工程长期经济性的重视，在预应力工程中采用防腐性能优越的填充型环氧涂层钢绞线，既合理又经济。

(2)在锚索施工中，应注意保护填充型环氧涂层钢绞线的环氧涂层，确保钢绞线的防腐性能。

(3)压力分散型预应力锚索可采用分组补偿张拉的等荷载法加载张拉。

(4)在张拉以填充型环氧涂层钢绞线作为预应力筋的拉索时，应采用顶压器或带顶压功能的千斤顶，并采取合适的夹片限位距离。

参考文献

[1] 中国公路学会桥梁和结构工程分会. JT/T 737—2009 填充型环氧涂层钢绞线[S]. 北京：人民交通出版社，2009.

[2] 中国工程建设标准化协会. CECS 22 2005 岩土锚杆(索)技术规程[S]. 北京：中国计划出版社，2005.

[3] 王佶，易贤仁，彭自强，等. 庐山石门涧悬索桥锚杆验收试验[R]. 武汉：武汉马房山理工工程结构检测有限公司，2011.

[4] 周彦清. 压力分散型锚杆在中银大厦基坑工程中的应用[C]//岩土锚固技术与西部开发. 北京：人民交通出版社，2002：400-406.

抗水树脂锚固剂在内蒙古上海庙煤矿一号井的应用

耿会英　张燕军

（邢台市荟森支护用品有限公司）

摘　要　本文介绍了抗水树脂锚固剂的技术特性和使用特点，突出抗水树脂锚固剂承载快、锚固力大的优势，并且适应巷道顶板有淋水的情况。通过在特殊的地质条件下的应用，有效地解决了煤矿巷道顶板在泥岩和有淋水的困难条件下巷道锚杆支护的难题。抗水树脂锚固剂的成功应用，不仅对煤矿巷道支护意义重大，而且也为其他行业的岩土锚固工程提供了技术保障。

关键词　锚杆　锚索　抗水树脂锚固剂

1　引言

近年来，树脂锚杆支护技术在我国得到了广泛应用，实践证明，这种支护材料承载快，锚固力大，安全可靠、操作简便、劳动强度低，可一次成巷，有利于加快掘进速度，降低支护成本。但是，由于矿井井下条件复杂多变，在局部地段巷道出现不同程度的顶板淋水，造成树脂锚杆锚固力降低或失效。

在锚网支护过程中发现钻孔有淋水时树脂锚杆的锚固力减小，达不到设计要求。为了摸清淋水量与锚固力之间的关系，文献[1]在实验室做了大量的试验，试验采用内径为28mm厚壁钢管模拟钻孔，锚杆采用直径20mm螺纹钢，使用2310型普通树脂锚固剂。按照锚杆锚固力拉拔步骤，对钢管内不同水流量的树脂锚杆试验，本试验共测得9组数据，每组4个数据，取3个相近的数据均值，试验数据见表1。

普通树脂锚固剂锚杆锚固力与钢管内水流量的关系　　表1

参　数	水流量(mL/min)								
	0	120	240	360	480	600	900	1 200	1 800
锚固力(kN)	30	26	26	23	16	6	5	3	0
	30	27	24	22	14	4	4	4	0
	28	27	28	20	12	5	4	3	0
均值	29	26.7	26	21.7	14	5	4.3	3.3	0

从表1可以看出，受水影响，普通树脂锚固剂锚杆的锚固力存在一转折点，钻孔淋水小于360mL/min时，锚固力受到较小的影响，锚杆锚固力能保持在75%以上；钻孔淋水大于600mL/min小于1 800mL/min时，锚杆锚固力下降80%以上；1 800mL/min以上时，锚固力为零。

用上述同样的方法，采用抗水树脂锚固剂进行了同样的试验，树脂锚杆锚固力基本不减，见表2。

抗水树脂锚固剂锚杆锚固力与钢管内水流量的关系 表 2

参数	水流量(mL/min)									
	120	240	360	480	600	900	1 200	1 800	2 100	2 400
锚固力(kN)	81	81.6	82	98	65.4	82	81.8	85	83	83.6
	81.8	80	81.4	96	83	84.6	83	84.6	81.5	81.8
	79	80	80	89	88.6	87.3	84.6	83	82	79.4
均值	80.6	80.5	81.1	94	79	85.2	83.1	84.2	82.1	81.6

从表 2 数据可以看出，抗水树脂锚固剂与水量的大小没有关系，其强度不受水分子的干扰，均能达到设计要求。

在宁煤集团石槽村煤矿、红柳煤矿现场试验中，钻孔涌水达 32 000mL/min 时还能锚住，其强度仍能达到设计要求。

2 抗水树脂锚固剂技术特征

(1)抗水树脂锚固剂特性

抗水树脂锚固剂从树脂分子特性入手，通过改变树脂分子官能团的活性及官能度，再利用助剂使树脂分子本身具有一定的亲水性。使其在水环境下发生聚合反应时，不但不受水分子的破坏性干扰，而且还能使其分子在遇水情况下与水中的游离态官能粒子产生反应以生成更多的官能团，使树脂分子发生更迅速更剧烈的聚合反应。

(2)抗水树脂锚固剂特点

抗水树脂锚固剂能够在有水的条件下起到很好的粘结、锚固作用，而不受水分子的干扰。在支护过程中能及时有效地承受载荷，对有水的硐室加固、支护起到了很好的预紧力作用。克服了普通树脂锚固剂因其本身的性质，在有水的情况下其凝胶时间变慢，强度增长速度变缓，并且其最强度变小等缺陷。

①承载快，锚固力大。具有“双快一高”的特征：固化时间快(速度可调)、强度增长快、强度高。锚杆安装后不仅能及时承受荷载，而且锚固力大。

②适应性强，使用范围广。抗水树脂锚固剂不仅应用于井巷支护、井筒安装、水电工程预应力锚杆加固、隧道施工、基础生根等。且能在－30℃条件下储存，－10℃左右的环境中使用。

③安装方便，支护效果好。将抗水树脂锚固剂推入孔底(若两种凝胶速度，较快速段朝里，速度较慢的一端朝外)，用搅拌机具按顺时针方向旋转，随搅拌随推进，直至将锚杆推到孔底。搅拌时间：CKa(超快速)6～10s，CK(超快速)10～15s，K(快速)15～20s，Z(中速)20～25s。

④品种齐全。抗水树脂锚固剂按凝胶时间分为超快速、快速、中速、双速树脂锚固剂。其凝胶时间为：超快速(CKa)T 凝胶 8～25s，超快速(CK)T 凝胶＝26～40s；快速(K)T 凝胶＝41～90s，中速(Z)T 凝胶＝91～180s；直径有 ϕ21mm、ϕ23mm、ϕ25mm、ϕ28mm、ϕ35mm、ϕ42mm、ϕ50mm、65mm；长度有 300mm、350mm、450mm、500mm、600mm、700mm、750mm、880mm 等多种。

3 一号井试验巷道概况

一号井位于内蒙古西南边陲、明长城以北的毛乌素沙漠边缘地带，鄂尔多斯市鄂托克前旗境内，矿井年设计生产能力 400t。2009 年以来，针对一号井特殊的地质条件，有水、岩石遇水泥化等现象，在普通树脂锚固剂根本锚不住的情况下，使用抗水树脂锚固剂后达到了设计要求，解决了一号井巷道支护难题。

试验巷道设计总长度约为 2 940m，每隔 40m 施工一个安全躲避硐室，每隔 100m 施工一个探水硐室。

3.1 地质构造及水文地质

试验巷道处于侏罗系延安组地层中，含水类型为中粒砂岩孔隙水，较为富水，但富水性不稳定，分布不均匀，单位涌水量小。该巷道主要是受五煤顶底板砂岩水的影响，从施工的皮带顺槽来看，顶板有较大淋水，五煤顶底板砂岩含水层最大涌水量为 16.7m^3/h。该含水层作为矿井的主要充水含水层之一，对巷道的掘进及支护有一定的影响。

3.2 巷道布置及支护说明

(1)巷道断面及支护方式

第 1 试验段巷道支护方式为锚网喷＋锚索联合支护，该断面形状直墙圆弧拱。

巷道净宽 5 100mm，净高 3 500mm，墙高 2 500mm，拱高 1 000mm。

第 2 试验段巷道支护方式为锚网＋锚索联合支护，该断面形状直墙圆弧拱。

巷道净宽 4 100mm，净高 3 500mm，墙高 2 500mm，拱高 1 000mm。

第 3 试验段巷道支护方式为锚网＋锚索联合支护，该断面形状直墙圆弧拱。

巷道净宽 4 300mm，净高 3 550mm，墙高 1 400mm，拱高 2 150mm。

探水硐室、信号及躲避硐室支护方式为锚杆网支护，巷道形状为直墙半圆拱形断面。

信号及躲避硐室，净宽 2 000mm，净高 2 000mm，墙高 1 000mm 净深 1 500mm。

(2)支护方式

第 1 试验段采用锚网＋锚索、第 2 试验段采用锚网喷＋锚索作为永久支护。巷道掘出后打锚杆、挂网、拱部锚杆压 W 型钢带，帮部锚杆压钢筋梯，当迎头打锚索不出水时，W 型钢带预留锚索孔，锚索沿巷道方向五花布置，顶部锚索支护距离迎头不超过 5m，墙部紧跟掘进机；遇打锚索有水时，锚索施工拖后迎头 20m。

①钢筋网采用 ϕ6mm 的 Q235 钢筋焊接的网孔为 100mm×100mm 的经纬网，网片规格为 2 150mm×920mm，搭接量为 100mm，H 型钢筋梯配合压网，用 14 号铁丝双股双排扣菱形绑扎，联网扣必须绑扎在经纬网的经、纬交点上，绑扎距离不大于 200mm。

②锚杆选用 ϕ22×2 800mm 高强螺纹阻尼锚杆，间排距离 600mm×600mm，每根锚杆选用 1 支 CK2 550K＋2 支 Z2 550K 抗水型树脂锚固剂(1 快 2 慢)，每根锚杆扭矩不小于 300N·m，锚固力不小于 80kN，外露丝长度 10～40mm。拱部锚杆配合钢带使用、墙部配合钢梯使用。钢梯尺寸为 ϕ12×80mm，钢带使用 3 900mm，BHW 280 3 型，钢梯必须与顶部第一根锚杆(靠近两墙)固定且置于 W 型钢带的上面。底角锚杆距底板距离不大于 150mm。托盘规格：150mm×150mm×12mm。

③锚索采用 ϕ22×7 000mm 中空注浆锚索，8-8 断面间、排距为 1 400mm×1 800mm，共 5 根(拱部正顶 1 根，两肩窝，两墙各一根)，墙部距底板不超过 500mm。每根锚索使用 1 支 CK2 550K＋1 支 Z2 550K 型抗水树脂锚固剂(1 快 1 慢)端锚，预应力不小于 120kN 托盘规格：ϕ250×15mm。锚索张拉完毕后，集中在后路注浆。

④底板硬化。第 2 试验段反底拱位置，先喷 50mm 混凝土，再在底板铺上一层钢筋网，施工 ϕ20×2500mm 全螺纹锚杆，间距 700mm×700mm，每根锚杆选用 1 支 CK2 550K＋2 支 Z2 550K 抗水型树脂锚固剂(1 快 2 慢)，然后在底拱一次喷射 C20 的混凝土。喷浆最厚厚度 400mm。

⑤其他支护。探水硐室、信号及躲避硐室开门前，先施工2组(4根)7m锚索加固，锚索配合11号矿工钢使用，加强支护。

(3)锚杆施工参数

锚杆扭矩不小于设计值(设计值顶部为300N·m)。

锚杆间排距允许偏差范围±100mm。

锚杆角度不小于75°。

锚杆托盘贴紧岩面，锚杆外露长度10～40mm。

底脚锚杆：不高于永久底板，俯角15°；金属网下边缘到底板以下300mm。

(4)锚索施工参数

锚索预紧力不小于设计值(设计值为120kN)。

锚索间排距允许偏差范围±100mm。

锚索角度不小于75°。

4 结语

在内蒙上海庙煤矿一号井这种困难的地质条件下，使用抗水树脂锚固剂进行锚杆、锚索支护，各项技术指标均达到了设计要求，满足了施工需要。抗水树脂锚固剂的成功应用，解决了软岩巷道在顶板淋水的困难条件下的锚杆支护难题，拓展了锚杆支护的应用范围，不仅为煤矿巷道锚杆支护提供了技术保障，也为其他类似条件的岩土工程提供了有益的借鉴。

抗水树脂锚固剂还应用在土卡河水电站，翼中能源葛泉矿，邢东矿、显德汪矿、东庞矿、西庞井、万年矿、中烟临矿，神包矿业公司李家壕煤矿，神宁矿业公司石槽村矿、红柳矿、梅花井，韩城矿业集团等工程中得到了很好的应用。

参考文献

[1] 勾攀峰，等.钻孔淋水对树脂锚杆锚固力的影响分析[J].煤炭学报，2004，29(6).

[2] 张燕军，等.抗水树脂锚固剂在石槽煤矿的应用[C]//岩土锚固技术与工程应用新发展.北京：人民交通出版社，2012.